21世纪高等教育建筑环境与设备工程系列规划教材

供 热 工 程

主　编　田玉卓　闫全英　赵秉文
参　编　王随林　李德英　赵秀敏　于　丹
　　　　江芝芬　姜　坪
主　审　石兆玉　王随林

机 械 工 业 出 版 社

本书为高等院校建筑环境与能源应用工程专业“供热工程”课程教材。

本书详细阐述以热水和蒸汽为热媒的供暖系统和城市集中供热系统的工作原理和设计方法，以及有关运行管理知识；充分反映了近年来供暖和供热领域的新进展，介绍了热力工况新概念、供热收费改革与计量、低温热水地板辐射供暖、变频调节等新技术、新设备、新研究成果；介绍了相关最新设计规范、施工验收规范和设备标准。为便于读者学习、理解，本书结合工程实际，同时结合全国勘察设计注册公用设备工程师暖通空调专业执业资格考试的复习，在各章后有例题、思考题和习题，题型包括专业概念题和案例分析题。

本书可供从事供暖和集中供热的工程技术人员参考使用，也可作为全国勘察设计注册公用设备工程师暖通空调专业执业资格考试复习参考书。

图书在版编目（CIP）数据

供热工程/田玉卓，闫全英，赵秉文主编．—北京：机械工业出版社，2008.1（2023.1 重印）
（21 世纪高等教育建筑环境与设备工程系列规划教材）
ISBN 978-7-111-22782-3

Ⅰ．供…　Ⅱ．①田…②闫…③赵…　Ⅲ．供热系统—高等学校—教材
Ⅳ．TU833

中国版本图书馆 CIP 数据核字（2007）第 174722 号

机械工业出版社（北京市百万庄大街 22 号　邮政编码 100037）
责任编辑：刘　涛　责任校对：陈延翔
封面设计：王伟光　责任印制：单爱军
北京虎彩文化传播有限公司印刷
2023 年 1 月第 1 版第 9 次印刷
169mm×239mm · 29 印张 · 564 千字
标准书号：ISBN 978-7-111-22782-3
定价：69.00 元

电话服务	网络服务
客服电话：010-88361066	机　工　官　网：www.cmpbook.com
010-88379833	机　工　官　博：weibo.com/cmp1952
010-68326294	金　　书　　网：www.golden-book.com
封底无防伪标均为盗版	机工教育服务网：www.cmpedu.com

序

建筑环境与设备工程（2012年更名为建筑环境与能源应用工程）专业是1998年教育部新颁布的全国普通高等学校本科专业目录，将原“供热通风与空调工程”专业和“城市燃气供应”专业进行调整、拓宽而组建的新专业。专业的调整不是简单的名称的变化，而是学科科研与技术发展，以及随着经济的发展和人民生活水平的提高，赋予了这个专业新的内涵和新的元素，创造健康、舒适、安全、方便的人居环境是21世纪本专业的重要任务。同时，节约能源、保护环境是这个专业及相关产业可持续发展的基本条件，因而它们和建筑环境与设备工程志业的学科科研与技术发展总是密切相关，不可忽视。

作为一个新专业的组建及其内涵的定位，它首先是社会需求所决定，也是和社会经济状况及科学技术的发展水平相关的。我国的经济持续高速发展和大规模建设需要大批高素质的本专业人才，专业的发展和重新定位必然导致培养目标的调整和整个课程体系的改革。培养“厚基础，宽口径、富有创新能力”，能符合注册公用设备工程师执业资格并能与国际接轨的多规格的专业人才以满足需要，是本专业教学改革的目的。

机械工业出版社本着为教学服务，为国家建设事业培养专业技术人才，特别是为培养工程应用型和技术管理型人才做贡献的愿望，积极探索本专业调整和过渡期的教材建设，组织有关院校具有丰富教学经济的教授、副教授主编了这套建筑环境与设备工程专业系列教材。

这套系列教材的编写以“概念准确、基础扎实、突出应用、淡化过程”为基本原则，突出特点是既照顾学科体系的完整，保证学生有坚实的数理科学基础，又重视工程教育，加强工程实践的训练环节，培养学生正确判断和解决工程实际问题的能力，同时注重加强学生综合能力和素质的培养，以满足21世纪我国建设事业对专业人才的要求。

我深信，这套系列教材的出版，将对我国建筑环境与设备工程专业人才的培养产生积极的作用，会为我国建设事业做出一定的贡献。

陈在康

前　言

本书是为普通高等学校建筑环境与设备工程专业“供热工程”课程撰写的教材。本书增添了室内供暖和室外供热领域的一些新知识、新理论、新方法，力求内容新颖、充实，且覆盖面广。书中部分内容配合了全国勘察设计注册公用设备工程师暖通空调专业和动力专业执业资格考试的需要，为学习者日后工作打下基础。

与同类教材相比，本书增添了分户热计量、地板辐射采暖、供热系统热力工况等新内容，参考了最新的规范，更便于学生全面掌握供热工程领域的最新知识。

本书由田玉卓、闫全英、赵秉文主编，全书共17章。绪论、第2章由北京建筑工程学院王随林教授编写，第8章、第9章、第11章、第12章由石家庄铁道学院田玉卓教授编写，第1章、第6章、第14章、第15章、第16章由浙江理工大学赵秉文编写，第14章、第15章部分内容由浙江理工大学江芝芬、姜坪编写，第3章、第4章由北京建筑工程学院赵秀敏编写，第5章由北京建筑工程学院于丹编写，第7章、第10章、第13章由北京建筑工程学院闫全英副教授编写，第17章由北京建筑工程学院李德英教授编写。全书由田玉卓教授、闫全英副教授负责统稿。

本书配有网络版多媒体课件。课件具有章节导航、搜索引擎、仿真、视频、图库、综合题库、自我测试、画图板、暖通资源、论坛等功能。内容系统、完整，动画生动、直观，交互系统方便、快捷，功能强大，界面友好。

课件以教案形势撰写，条理清晰，层次分明，重点突出；各章节后有小结、重点。本课件既为教师教学提供方便，也为学习者搭建了良好的自主学习平台。

本书诚请清华大学石兆玉教授、北京建筑工程学院王随林教授审阅。两位教授为本书提出了许多宝贵的意见，谨此表示衷心的感谢。

由于编者水平有限，书中错误和不妥之处，请读者予以批评指正。

编　者

目　　录

绪　　论

0.1　“供热工程”课程的研究对象和主要内容

人类在日常生活和社会生产中都需要使用大量的热能。将自然界的能源直接或间接地转化为热能，以满足人们需要的科学技术，称为热能工程。生产、输配和应用中，低品位热能的工程技术，称为供热工程。在本专业的范畴内，主要是采用热水或蒸汽为热媒（载能体），向中、低品位热用户输配热能，以保证建筑物卫生和舒适条件的用热系统（如供暖、通风、空调和热水供应）及生产工艺用热系统。在人类能源消耗总量中，用以保证建筑物卫生和舒适条件的供暖、空调等能源消耗量占有越来越大的比例。随着我国国民经济的快速发展，供热工程技术的进步与发展成为热能工程中的一个重要组成部分，也成为建筑节能的重要组成部分。

“供热工程”通常包括“供暖工程”和“集中供热”两部分。

0.1.1　供暖工程

供暖是指用人工的方法向室内供给热量，保持一定的室内温度，以创造适宜的生活或工作环境的工程技术。

供暖系统可分为局部供暖系统和集中式供暖系统。热媒制备、热媒输送和热媒利用三个主要组成部分在构造上都在一起的供暖系统，称为局部供暖系统，如烟气供暖（火炉、火墙和火炕等）、电热供暖和燃气供暖等。热源和散热设备分别设置，用热媒管道相连接，由热源向各个房间或各个建筑物供给热量的供暖系统，称为集中式供暖系统。热源对一个或几个小区多幢建筑物的集中供暖方式，在国内也惯称联片供热（暖）。

图 0-1 为集中式热水供暖系统的示意图。热水锅炉 1 与散热器 4 分别设置，通过热水管道 2（供水管和回水管）相连接。循环水泵 5 使热水克服系统内各种

流动阻力循环流动，在锅炉内被加热，经散热器冷却后返回锅炉重新被加热。膨胀水箱3用于容纳供暖系统升温时的膨胀水量，并使系统保持一定的压力。图0-1中的热水锅炉，可以向单幢建筑物供暖，也可以向多幢建筑物供暖。

根据供暖系统中散热设备向室内散热方式的不同，供暖系统可分为对流供暖和辐射供暖。散热设备主要以对流换热方式向室内供暖，称为对流供暖，如散热器供暖系统和热风供暖系统。散热设备主要以辐射换热方式向室内供暖，称为辐射供暖。辐射供暖系统的散热设备，主要有金属辐射板或以建筑物部分顶棚、地板或墙壁作为辐射散热面。在各种供暖方式中，散热器供暖最为常见。近年来，随着新型舒适节能型建筑的发展，低温热水地板辐射供暖方式得到了越来越广泛的应用。

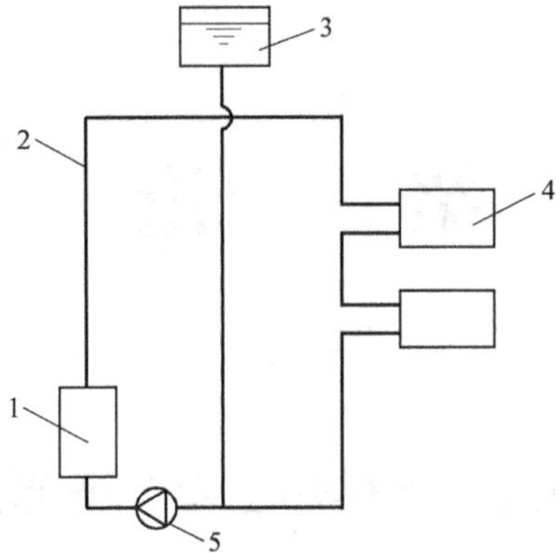

图0-1 集中式热水供暖系统的示意图
1—热水锅炉 2—热水管道 3—膨胀水箱
4—散热器 5—循环水泵

近年来，随着我国建筑节能技术和供热体制改革步伐的加快，对供暖系统的供热计量和热网的调节控制功能提出了更高要求。根据供暖系统收费计量方式不同，供暖系统又可分为集中供暖的常规形式和分户热计量形式。

本书主要讲授以热水和蒸汽作为热媒的集中式散热器供暖和低温热水地板辐射供暖系统、分户热计量供暖系统的工作原理和设计、运行的基本知识。

0.1.2 集中供热

以热水或蒸汽作为热媒，由热源集中向一个城镇或较大区域供应热能的方式称为集中供热。集中供热已成为现代化城镇的重要基础设施之一，是城镇公共事业的重要组成部分。

集中供热系统由三大部分组成：热源、热力网（热网）和热用户。

热源——在热能工程中，泛指能从中吸取热量的任何物质、装置或天然能源。目前最广泛用于供热系统的热源有区域锅炉房和热电厂，在此类热源内，使燃料燃烧产生热能，用以加热供热热媒（热水或蒸汽）。此外，可利用核能、太阳能、地热、电能、工业余热、垃圾焚烧产生的热能等作为集中供热系统的热源。热源是直接消耗能源、实现热能转换的部分，是供热系统能源效率最重要的组成部分。

热网（热力网）——由热源向热用户输送和分配供热介质的管线系统，称为热网。在热媒输送中，还会由于水泵运行、管道散热、水力和热力工况分配不均等原因，造成能量消耗，因此，热网运行工况也是供热系统能源效率重要的组成部分。

热用户——集中供热系统应用热能的用户，称为热用户，如建筑物内供暖、通风、空调、热水供应以及生产工艺用热系统等。热用户的建筑类型及用途，直接影响着供热负荷的大小及系统和设备投资。供热供暖系统及其设备形式和运行调节方式，不仅影响使用效果，也同样影响着供热系统能源效率。

以区域锅炉房为热源的供热系统，称为区域锅炉房集中供热系统。区域锅炉房内设热水锅炉或蒸汽锅炉。如图 0-2 所示，为区域锅炉房集中供热系统的示意图。

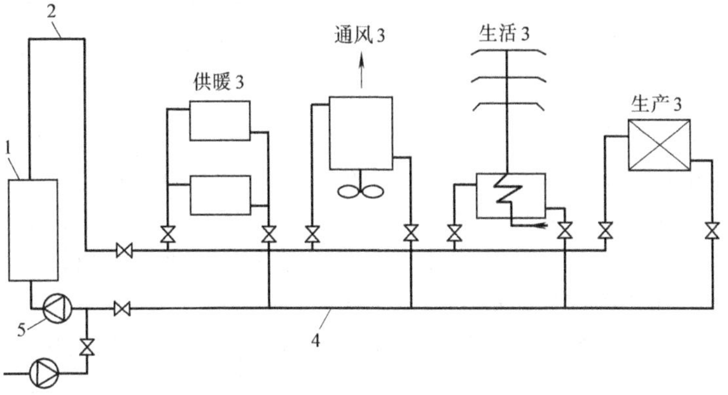

图 0-2　区域锅炉房集中供热系统的示意图

1—热水炉　2—供水干管　3—热用户　4—回水干管　5—循环水泵

由热水炉 1 生产的高温水，通过供水干管 2 输送到供暖、通风、热水供应和生产工艺系统等热用户。在热用户 3 放出热量后，经过回水干管 4，由网路循环水泵 5 把回水加压后送回锅炉重新加热。

以热电厂作为热源的供热系统，称为热电厂集中供热系统。热电厂同时供应电能和热能的能源综合供应方式，称为热电联产（也称为“热化”）。即利用燃料燃烧产生的高品位热能发电，利用低品位热能供热的综合应用能源方式。

目前我国大型火力发电厂平均发电效率约为 33%，热电厂供热时的发电效率可达 20%，剩下的热能 70% 以上可用于供热。因而，与凝汽式发电方式相比，由于供热汽轮机利用做过功的蒸汽实现供热，大大减少了凝汽器的热能损失。热电厂的热能利用效率远高于凝汽式发电厂，约为中小锅炉房供热效率的 2 倍。

区域燃煤锅炉房集中供热的热能利用率低于热电联产，但锅炉热效率也能达到 80% 左右，远比分散锅炉房的锅炉热效率（50% ~60%）高得多。

区域锅炉房特别是热电厂供热，具有明显的节约能源、改善环境和提高人民生活水平，以及保证生产用热要求等主要优点，成为城镇最主要的热源形式。管网造价与输送能耗高，调节控制不当会造成能源浪费等，成为提高供热效率的关键技术问题。

本课程在集中供热部分中，主要阐述集中供热系统的工作原理、设计、运行和调节的基本知识，并以热网和热用户为主。对于热源部分，考虑到本专业设置了“锅炉与锅炉房设备”课程，仅简述供热系统热媒制备部分有关的基本知识和热电厂的某些基本概念。

0.2 供热工程的发展概况

火的使用、蒸汽机的发明、电能的应用，以及原子能的利用，可再生能源的开发利用，使人类利用能源的历史不断发生着重大变革，也使供热工程技术发生了质的飞跃。

人类最早以火的形式利用能源到后来利用原始炉灶获得热能供暖、炊事和照明，属于局部取暖和用能方式。1673 年英国工程师发明了热水在管内流动用以加热房间。1777 年法国人把热水采暖用于房间。蒸汽机的发明，促进了锅炉制造业的发展。19 世纪初期，在欧洲出现了以蒸汽或热水作为热媒的集中供暖系统。1877 年，在美国纽约建成了第一个区域供热锅炉房。20 世纪初，一些工业发达国家，开始利用发电厂内汽轮机的排汽，供给生产和生活用热，其后逐渐形成现代化的热电厂。原子核的裂变和聚变可以释放出巨大的能量，原子能应用于热电联产始于 1965 年。

本世纪，随着全球可持续战略的实施和新能源革命，世界能源结构正在向优质化发展，清洁能源、可再生能源（太阳能、地热能、风能、水能等），将越来越多地替代碳能源。燃料多元化和设备小型化、冷热电联供与多联产、网络化与智能化控制和信息化管理，以及环境友好，成为新一代能源系统主要特征。因此，供热热源与供热方式的多元化，正在促进现代供热技术飞速发展。

0.3 我国供热事业的发展

我国在远古时期，就有钻木取火的传说。故宫的火地供热，是迄今为止保存完好的我国古代宫殿常用取暖方式。火炉、火墙和火炕等局部供暖方式至今不仅在我国北方农村还被广泛地使用，而且，就目前的研究表明，火炕是一种节能、舒适、环保、有发展应用前景的农村供暖方式。

在解放前，我国仅在一些大城市的个别建筑和特殊区域内设置集中式供暖系统，如当时北京的六国饭店、清华大学图书馆和体育馆、东单的德国医院等。又如上海的国际饭店、华山公寓等，被视为高档的建筑设备。

新中国成立后，随着国民经济建设的发展和人民生活水平的不断提高，我国的供热事业得到了迅速的发展。在东北、西北、华北三北地区，公共建筑、工业建筑及城镇居住建筑都实现了集中供暖，不少城镇实现了集中供热。

供暖工程的设计、施工和运行管理，在20世纪50年代期间，主要以学习苏联的技术为主。20世纪60～70年代，我国经济建设走“独立自主，自力更生”的发展道路，从而促进了供热技术的发展，形成了时代的特点。从仿制国外产品转向自主开发，60年代开始，我国能够自行设计开发大中小型的成套供热设备及各种锅炉。设计和制造各种铸铁、钢制和铝合金散热器。热水供暖技术得到快速的发展，并且公共建筑的蒸汽采暖方式逐步被替代，城镇集中供热事业迅速发展起来。70年代末、80年代初改革开放以来，我国经济建设进入快速发展时期，多种供暖系统形式的应用和新型散热设备的研制都有了较大的发展。如工业企业中高温水供暖系统，钢制辐射供暖的应用、新型钢串片、钢板模压等散热器的研制和应用，星级宾馆中供暖与空调相结合的风机盘管系统等。1987年颁布了适合我国国情的国家标准《采暖通风与空气调节设计规范》（GBJ 19—1987）。1989年建设部颁布了《城市供热管网工程施工及验收规范》（CJJ 28—1989），1990年颁布了《城市热力网设计规范》（CJJ 34—2002）。此后，不断完善制定相应配套设计法规文件，对供热事业的发展起到了保证作用。截止到2000年，城镇供热面积达11.077亿m^2，城镇供热面积中住宅面积约占60%以上。

我国是能源消耗大国，在能源消耗结构中，煤炭约占总能耗的75%。供热、通风是能源消耗大户。供热事业的可持续性发展意味着资源持续利用，也意味着不可再生能源消耗的增长。因此，供热工程的发展，在消耗能源的同时也间接地对环境造成污染。生态环境得到保护和社会均衡发展是当前的全球环境问题之一。

新中国成立以来，供热事业的发展对发展我国经济、提高人民生活水平和改善环境发挥了重要作用。优化配置城镇供热资源，坚持集中供热为主，多种方式互为补充，大力开发和利用太阳能、地热等可再生能源和清洁能源。十五规划以来，按照全面落实科学发展观，构建节约型、环境友好型社会的要求，以提高能源利用为核心、以节能为重点，大力实施了城镇供热体制改革。推动了建筑节能和供暖系统的节能，新建住宅基本实现节能50%的目标。

建国初期，哈尔滨工业大学和清华大学等高等院校设立了暖通专业。根据经济建设发展的需求，1999年由暖通专业更名为建筑环境与设备工程专业，到本世纪初已发展到百余所高校。为我国培养了大批暖通专业的高级工程技术人才。与此同时，相关科研机构的研究实践及施工单位的工程积累，均为我国供热事业的发展提供了重要保障。

我国经济建设与社会发展全球可持续战略的实施，城镇化与城市现代化建设速度的加快，必将促进供热事业的可持续发展。

0.4 “供热工程”课程的任务

“供热工程”是建筑环境与设备工程专业的主干课程。“供热工程”课程的研究对象，是以热水和蒸汽作为热媒的供暖（采暖）系统和集中供热系统。

学习本课程之前，应系统地学习“传热学”、“工程热力学”、“流体力学”、“热质交换原理与设备”等专业基础课程。通过本课程的学习和课程设计等实践性教学环节，使读者系统地掌握建筑物供暖系统和集中供热系统的工程设计原理、方法，以及运行管理的基本知识；具有供暖系统和集中供热系统的设计能力和运行管理能力；并能了解和应用相关设计规范、施工验收规范和设备标准等；同时了解和应用供热新技术、新设备、最新研究成果，培养学生的创新意识和创新能力。

第1章

供暖系统的设计热负荷与建筑热工

供暖系统的设计热负荷是供暖系统设计最基本的依据，直接关系到供暖系统方案的选择、供暖管道管径和散热设备的确定，关系到供暖系统的使用效果和经济效益。同时它也是集中供热系统设计的基本数据之一。因此，关系到供热热源设备和供热管网管径的选择及供热系统能耗与社会环境效益。建筑热工设计直接影响供暖热负荷的大小，是建筑节能设计的重要内容。

本章主要阐述供暖系统设计热负荷的计算原则与方法，并介绍相关采暖建筑热工设计要求。

1.1 供暖系统的设计热负荷

1.1.1 供暖系统的设计热负荷

在冬季，随着室外温度的降低，为了满足人们正常生活、生产的需求，保证室内一定的温度，就必须向室内供给热量以补充房间的散热损失，保持供暖房间在要求室温下的热平衡。供暖系统通常利用散热设备向房间供给热量，从而达到供暖的目的。

供暖系统热负荷，是指在某一室外温度下，为了达到要求的室内温度，供暖系统在单位时间内向建筑物供给的热量。它随着建筑物得失热量的变化而变化。

供暖系统的设计热负荷，是指在设计室外温度 t'_w 下，为了达到要求的室内温度 t_n，供暖系统在单位时间内向建筑物供给的热量。

冬季供暖系统的热负荷，应根据建筑物或房间得、失热量确定。

1. 供暖房间失热量

1）围护结构的耗热量。

2）加热经门、窗缝隙渗入室内的冷空气的耗热量，称冷风渗透耗热量。

3）加热由门、孔洞及相邻房间侵入的冷空气的耗热量，称冷风侵入耗热量。

4）加热由外部运入的冷物料和运输工具等的耗热量。

5）通风系统将空气从室内排到室外所带走的热量，称通风耗热量。

6）水分蒸发耗热量。

2. 供暖房间得热量

1）最小负荷班的工艺设备散热量。

2）热管道及其他热表面的散热量。

3）热物料的散热量。

3. 通过其他途径散失或获得的热量

不经常的散热量，可不计入；经常而不稳定的散热量，应采用小时平均值。

对于民用建筑以及产热量很少的工业建筑，热负荷主要考虑围护结构传热耗热量、冷风渗透耗热量、冷风侵入耗热量、太阳辐射得热量。为简化计算，太阳辐射得热和冷风侵入耗热量，分别在围护结构传热耗热量中按一定比例进行附减和附加。

对于集中供暖分户热计量供暖系统，在确定户内采暖设备容量和计算户内管道时，还应考虑间歇供暖和分室调节引起的隔墙或楼板间的传热，计入向邻户传热引起的耗热量附加，也称户间传热负荷，户间传热负荷不统计在供暖系统的总热负荷内。

对户内供暖系统，其供暖系统的设计热负荷，应为围护结构传热耗热量、冷风渗透耗热量与户间传热负荷之和。

1.1.2 围护结构的耗热量

围护结构的耗热量，是指当室内温度高于室外温度时，通过围护结构由室内向室外传递的热量。围护结构的传热过程如图 1-1 所示，是由内表面的对流与辐射换热、外表面的对流与辐射换热和围护结构的导热三个过程组成。影响围护结构传热的室内外各种因素（如室外空气温度、室外风速和风向以及围护结构受到的太阳辐射等因素）都随时间不断发生变化，围护结构的实际传热过程是不稳定传热过程。由于不稳定传热计算比较复杂，同时冬季室内外平均温差比室外温度日波动值大，在连续供暖建筑物内，外围护结构的传热阻作用，当室外温度波动时，引起内表面温度波动很小，因此，在工程中可近似按某一稳定传热计算，而对围护结构传热状况发

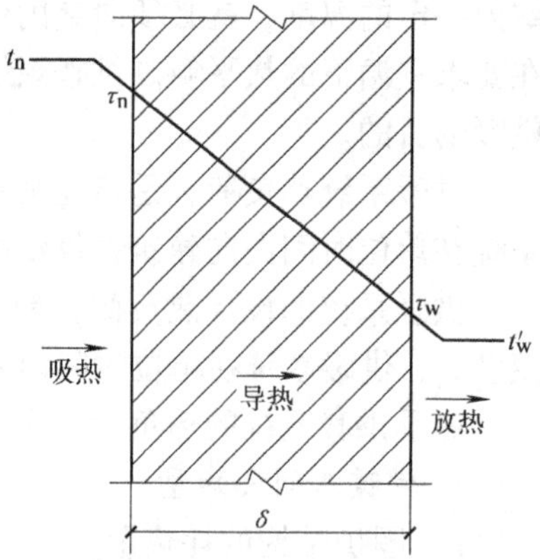

图 1-1 围护结构的稳态传热过程

生变化的影响，用附加或修正的方法加以考虑。

在工程设计中，将建筑物围护结构的传热耗热量 Q'_1 分为基本耗热量 $Q'_{1,j}$ 和附加（修正）耗热量 $Q'_{1,x}$ 两部分进行计算。基本耗热量是指在设计条件下（某一稳定传热状况下），通过房间各部分围护结构（门、窗、墙、屋顶、地板等）从室内到室外的稳定传热量总和。附加（修正）耗热量是指考虑围护结构的传热状况发生变化，对基本耗热量进行修正的耗热量。

1. 围护结构的基本耗热量

建筑物围护结构的基本耗热量，按一维稳态传热过程计算，即假定室内、外空气温度和其他影响传热过程的因素都不随时间变化，可按下式计算

$$q' = KF(t_n - t'_w)a \tag{1-1}$$

式中 q'——围护结构基本耗热量（W）；

K——围护结构的传热系数［W/（m^2·K）］；

F——围护结构的传热面积（m^2）；

t_n——供暖室内计算温度（℃）；

t'_w——供暖室外计算温度（℃）；

a——围护结构的温差修正系数。

整个供暖建筑物或房间的基本耗热量 $Q'_{1,j}$，应等于它的围护结构各部分（墙、窗、门、楼板、屋顶、地面等）基本耗热量 q' 的总和。即

$$Q'_{1,j} = \sum q' = \sum KF(t_n - t'_w)\alpha \tag{1-2}$$

对于低温热水地板辐射供暖，不计算敷设有加热管道地面的热负荷。

以上带“′”上标符号均表示供暖室外计算温度 t'_w 下，即设计工况下的各种参数。

下面分别讨论式（1-2）中各物理量的取值。

（1）供暖室内计算温度 t_n　供暖室内计算温度 t_n，一般是指距地面 2m 以内人们活动区域的空气平均温度。供暖室内计算温度的选取，应满足人们生活和生产工艺的要求。生产要求的室温，一般由工艺设计人员提出。生活用房间的温度，与房间用途、室内潮湿状况和散热强度、劳动强度，以及生活习惯、生活水平等有关，主要取决于人的生理热平衡和对热舒适度的要求。

根据我国《采暖通风与空气调节设计规范》（GB 50019—2003）（以下简称《暖通规范》），冬季室内计算温度应根据建筑物的用途，按下列规定采用：

1）民用建筑的主要房间，宜采用 16～20℃。

2）工业建筑的工作地点：轻作业 18～21℃，中作业 16～18℃，重作业 14～16℃。当每名工人占有面积为 50～100m^2 时，供暖室内计算温度可降至：轻作业 10℃，中作业 7℃，重作业 5℃。

3）辅助建筑物及辅助用室的冬季室内计算温度值，见附录 A 中表 A-1。

4）房间的高度较大时，由于对流作用，房间上部空气温度高于工作区空气温度，使上部围护结构的耗热量加大。因此，对层高超过4m的工业建筑，冬季室内计算温度，按下列规定采用：

a. 地面：采用工作地点温度 t_g（℃）。

b. 屋顶、天窗：采用屋顶下的空气温度 t_d（℃）。

屋顶下的空气温度受车间性质、设备的布置和供暖方式等影响，确定较为复杂，最好按已有的类似厂房进行实测确定。在一些散热比较均匀的车间，可按温度梯度法确定，即

$$t_d = t_g + \Delta t_H(H - 2) \tag{1-3}$$

式中 H——屋顶距地面的高度（m）；

Δt_H——温度梯度（℃/m），应根据车间散热设备的散热情况定，通常取 $\Delta t_H = 0.3 \sim 1.5$℃/m。

c. 墙、门和窗：采用室内平均温度 t_{np}（℃），即

$$t_{np} = \frac{t_g + t_d}{2} \tag{1-4}$$

对于散热量小于23W/m³的生产厂房，当温度梯度不能确定时，可先用工作地点的温度计算围护结构耗热量，再用高度附加的方法进行修正，增加其计算耗热量。

5）对于低温热水地板辐射供暖，由于它是以地板作为散热面以热辐射和对流两种方式向房间供暖，形成较合理的室内温度场和热辐射作用，人的实感温度相对较高，可有2～3℃的等热舒适度效应。因此，全面辐射供暖的耗热量，应将室内计算温度取值降低2℃，或按常规计算热负荷乘以0.9～0.95的修正系数。

6）对于分户热计量供暖住宅，考虑到不同需求的热用户，其室内计算温度可在相应设计标准基础上提高2℃。相当于常规计算热负荷提高了7%～8%，但不计入总热负荷中。

7）设置集中供暖的公共建筑和工业建筑，当其位于严寒地区和寒冷地区，且在非工作时间或中断使用的时间，室内温度必须保持0℃以上。而利用房间的蓄热量不能满足要求时，应按5℃设置值班采暖。

（2）供暖室外计算温度 t'_w　按稳态传热过程计算围护结构的基本耗热量时，需要选取某一个恰当的室外温度值作为室外温度计算值，称为供暖室外计算温度。供暖室外计算温度的取值，对供暖系统设计有关键性的影响。取值过低会造成系统设备投资的浪费，取值过高则不能保证供暖效果。我国采用不保证天数的方法，确定北方城市供暖室外计算温度值。规范规定“采暖室外计算温度，应采用历年平均不保证5天的日平均温度”。统计年份为1951—1980共30年。即30

年的统计年份里，总共可有150天的实际日平均温度低于所取的室外计算温度值。

我国部分城市的供暖室外计算温度 t'_w 值参见附录A中表A-2。

（3）温差修正系数 当供暖房间的围护结构外侧不直接接触室外空气，而中间隔着不供暖的房间或空间时，一般非供暖房间的温度未知，需要通过热平衡确定。为了统一公式计算方便，仍采用供暖室外计算温度值，由此产生的误差引入围护结构的温差修正系数 a 进行修正。温差修正系数 a 可由下面热平衡关系得到（图1-2）

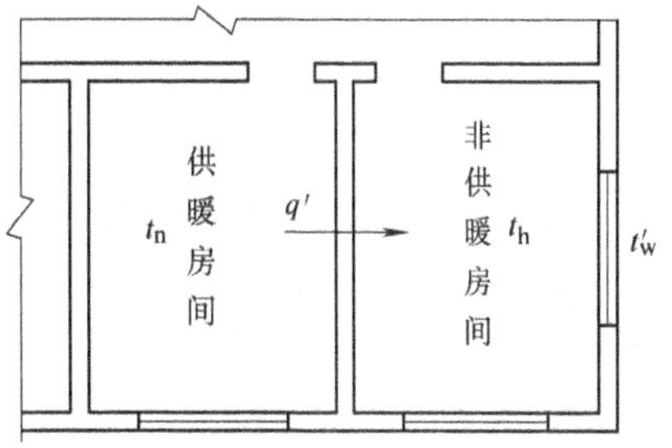

图1-2 供暖房间与非供暖房间的温差传热

$$q' = KF(t_n - t_h) = KF(t_n - t'_w)a \tag{1-5}$$

$$a = \frac{t_n - t_h}{t_n - t'_w} \tag{1-6}$$

式中 K——供暖房间所计算的围护结构的传热系数[W/(m^2·K)]；

F——供暖房间所计算的围护结构的传热面积（m^2）；

t_h——不供暖房间或空间的空气温度（℃）；

a——围护结构的温差修正系数。

围护结构温差修正系数 a 值的大小，取决于非供暖房间或空间的保温性能和透气状况。对于保温性能差，且容易与室外空气流通的情况，非供暖房间或空间的空气温度 t_h 更接近于室外空气温度，则 a 值更接近于1。各种情况下的温差修正系数见附录A中表A-3。

与相邻房间的温差大于或等于5℃时，应计算通过隔墙或楼板的传热量。与相邻房间的温差小于5℃时，且通过隔墙或楼板的传热量大于该房间热负荷的10%时，应计算其传热量。

（4）围护结构的传热系数 K 围护结构的传热阻应按下式计算

$$R_o = \frac{1}{\alpha_n} + R_j + \frac{1}{\alpha_w} = R_n + R_j + R_w \tag{1-7}$$

式中 R_o——围护结构的传热阻（m^2·K/W）；

α_n、α_w——围护结构内、外表面的表面传热系数[W/(m^2·K)]；

R_n、R_w——围护结构内、外表面的热阻（m^2·K/W）；

R_j——由单层或多层材料组成的围护结构本体的热阻（m^2·K/W）；

1）匀质多层材料（平壁）的传热系数。一般建筑物外墙、楼板和屋顶均属于匀质多层材料组成的平壁结构，其传热系数 K 值可按下式计算

$$K=\frac{1}{R_o}=\frac{1}{R_n+\sum R_i+R_w}=\frac{1}{\frac{1}{\alpha_n}+\sum\frac{\delta_i}{\lambda_i}+\frac{1}{\alpha_w}} \tag{1-8}$$

式中 K——围护结构的传热系数［W/（m^2·K)］；

δ_i——围护结构各材料层的厚度（m)；

λ_i——围护结构各层材料的热导率（导热系数）［W/（m·K)］。一些常用建筑材料的热导率 λ 值，见附录 A 中表 A-4。

围护结构内表面换热主要是壁面与邻近空气和其他壁面由于存在温度差而引起的自然对流和辐射换热的综合作用。内表面热阻 R_n 与表面传热系数 α_n 的取值参见表 1-1。

表 1-1　内表面热阻 R_n 与表面传热系数 α_n

序号	围护结构内表面特征	R_n/（m^2·K/W）	α_n/［W/（m^2·K)］
1	墙、地面、表面平整的顶棚、有肋状突出物的顶棚（$h/s\leqslant0.3$）	0.115	8.7
2	有肋状突出物的顶棚（$h/s>0.3$）	0.132	7.6

注：h—肋高；s—肋间净距

围护结构外表面换热主要是由于风力作用产生的强迫对流换热，辐射换热占的比例较小。外表面热阻 R_w 和表面传热系数 α_w 的取值参见表 1-2。

表 1-2　外表面热阻 R_w 与表面传热系数 α_w

序号	围护结构外表面特征	R_w/（m^2·K/W）	α_w/［W/（m^2·K)］
1	与室外空气直接接触的围护结构外表面	0.043	23.3
2	与室外空气自然相通的不供暖地下室顶板的下表面	0.060	16.8
3	有外窗的不供暖地下室顶板的下表面	0.081	12.4
4	不供暖阁楼地板的上表面	0.123	8.1
5	无外窗的不供暖地下室顶板的下表面	0.172	5.8

为方便工程设计，常见围护结构的传热系数可直接从手册中查出。附录 A 中表 A-5 中给出了部分常见围护结构的传热系数 K 值。

2）非匀质围护结构的传热系数。近年来，随着建筑节能技术的发展，工程中各种形式的空心砌块以及填充保温材料的墙体等大量涌现，此类围护结构属于非匀质围护结构。非匀质材料的传热过程，不仅在热流方向上存在有传热，而且在垂直于热流方向的不同材料接触面间也存在传热(图1-3)。计算非匀质围护

结构的传热系数 K 值时，通常采用近似算法或实验数据，下面介绍中国建筑科学研究院建筑物理所推荐的一种方法。

围护结构本体（材料层）的平均传热阻，按下式计算

$$R_{pj}=\left[\frac{F}{\sum_{i=1}^{n}\frac{F_i}{R_{oi}}}-(R_n+R_w)\right]\varphi \tag{1-9}$$

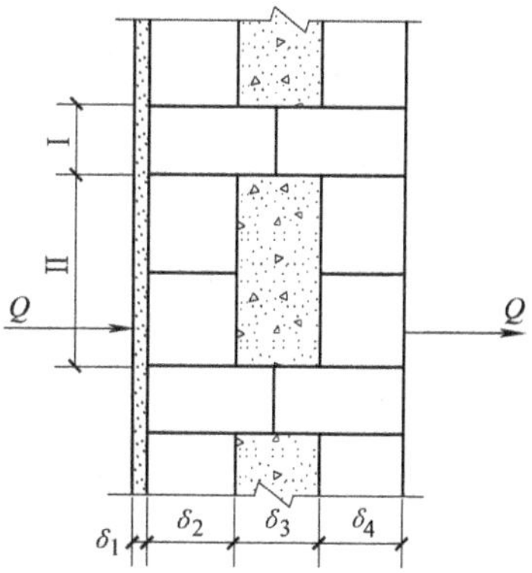

图 1-3 非匀质围护结构

式中 R_{pj}——围护结构材料层的平均传热热阻（$m^2 \cdot K/W$）；

F——与热流方向垂直的总传热面积（m^2）；

F_i——按平行热流方向划分的各个传热面积（m^2）；

其中 $F=\sum_{i=1}^{n}F_i$

R_{oi}——对应于传热面积 F_i 上的总传热阻（$m^2 \cdot K/W$）；

φ——平均传热热阻修正系数，按表 1-3 取值。

由式（1-7）可知，非匀质材料围护结构的传热系数 K 值应由下式计算

$$K=\frac{1}{R_o}=\frac{1}{R_n+R_p+R_w} \tag{1-10}$$

表 1-3 平均传热热阻修正系数 φ 值

序号	λ_2/λ_1 或 $(\lambda_2+\lambda_3)/2\lambda_1$	φ	备 注
1	0.09～0.19	0.86	1. 当围护结构由两种材料组成时，热导率 λ_2 应取较小的值，λ_1 应取较大的值，$\varphi=\lambda_2/\lambda_1$ 2. 当围护结构由三种材料或两种厚度不同的空气间层组成时，$\varphi=(\lambda_2+\lambda_3)/2\lambda_1$ 3. 当围护结构中存在圆孔时，应先将圆孔折算成同面积的方孔，然后再进行计算
2	0.20～0.39	0.93	
3	0.40～0.69	0.96	
4	0.70～0.99	0.98	

3）空气间层的围护结构的传热系数。由于空气热导率比组成围护结构的其他材料的热导率小，为提高围护结构的传热阻，在寒冷地区围护结构内常用空气间层减少传热量。通常采用多孔粘土空心砖墙体、封闭空气层或带有铝箔的空气间层、双层玻璃等。空气间层传热同样是对流和辐射换热的综合过程，对流换热强度，与间层厚度、间层的设置方向和形状以及密闭程度等因素有关。

空气间层热阻值目前很难用理论公式计算，工程上一般按表 1-4 中的数据来确定。

表 1-4　常见空气间层类型及空气间层热阻值 (单位：$m^2 \cdot K/W$)

材料特性		普通空气间层			内壁单面覆铝箔			内壁双面覆铝箔		
间层位置		水平或倾斜		垂直	水平或倾斜		垂直	水平或倾斜		垂直
热流方向		向上	向下		向上	向下		向上	向下	
间层类型		P1	P2	P3	D1	D2	D3	S1	S2	S3
间层厚度/cm	0.5	0.103	0.103	0.103	0.163	0.163	0.163	0.172	0.181	0.181
	1.0	0.138	0.138	0.138	0.258	0.275	0.258	0.292	0.335	0.310
	2.0	0.155	0.172	0.163	0.353	0.430	0.387	0.447	0.559	0.490
	3.0	0.163	0.181	0.172	0.400	0.507	0.439	0.516	0.714	0.593
	4.0	0.172	0.189	0.181	0.421	0.567	0.473	0.550	0.843	0.653
	5.0	0.172	0.198	0.181	0.421	0.602	0.490	0.559	0.937	0.688
	>6.0	0.172	0.198	0.181	0.430	0.636	0.499	0.567	1.015	0.705

由表 1-4 可以看出，当厚度相同时，热流由上向下的空气间层热阻值最大，竖向空气间层次之，热流由下向上的空气间层热阻值最小。另外，当空气间层超过 4cm 左右以后，由于传热空间增大，反而易于空气的对流换热，热阻值几乎不随厚度增加而增大。

4）地面的传热系数。在冬季，室内热量通过靠近外墙地面传到室外的路程较短，热阻较小；而通过远离外墙地面传到室外的路程较长，热阻较大。因此，室内地面的传热系数（或热阻）随着远离外墙的距离而变化。但在离外墙约 8m 远的地面，传热量基本不变。基于上述情况，在工程上一般采用近似的计算方法，把地面沿外墙平行的方向分成四个计算地带（图 1-4）。

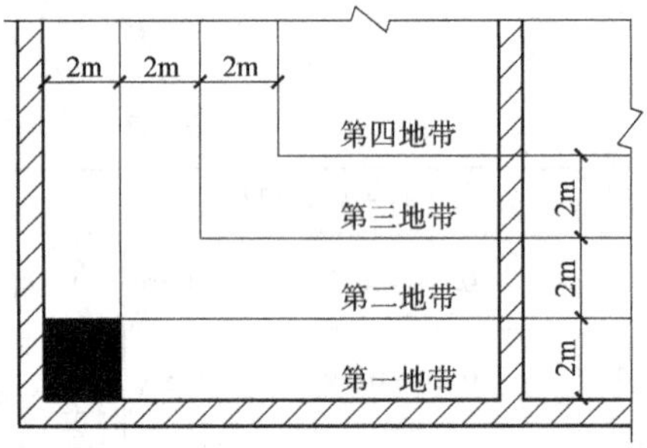

图 1-4　地面传热地带的划分

a. 贴土非保温地面。组成地面的各层材料的热导率 λ 都大于 1.16W/（m·K），各地带的传热系数 K_o 及热阻 R_o 值见表 1-5。

表 1-5　非保温地面的传热热阻 R_o 与传热系数 K_o

地　　带	R_o/ ($m^2 \cdot K/W$)	K_o/ [W/ ($m^2 \cdot K$)]	地　　带	R_o/ ($m^2 \cdot K/W$)	K_o/ [W/ ($m^2 \cdot K$)]
第一地带	2.15	0.47	第三地带	8.60	0.12
第二地带	4.30	0.23	第四地带	14.20	0.07

从外墙内表面起2m为第一地带，第一地带靠近墙角 $4m^2$ 的地面面积（图1-4中的阴影部分）需要计算两次。

工程计算中，也有采用对整个建筑物或房间地面取平均传热系数进行计算的简易方法，详见《供暖通风设计手册》。

b. 贴土保温地面。组成地面的各层材料中，有热导率 λ 小于1.16W/(m·℃)的保温层。各地带的热阻值，可按下式计算

$$R_o' = R_o + \sum \frac{\delta_i}{\lambda_i} \tag{1-11}$$

式中 R_o'——保温地面的传热阻（$m^2 \cdot K/W$）；

R_o——非保温地面的传热阻（$m^2 \cdot K/W$）；

δ_i——保温层的厚度（m）；

λ_i——保温层的热导率［W/（m·K）］。

c. 铺设在地垄墙上的保温地面。各地带的热阻值，可按下式计算

$$R_o'' = 1.18 R_o' \tag{1-12}$$

（5）围护结构的传热面积 F 不同围护结构传热面积的丈量方法，按图1-5的规定计算。

1）门窗面积：按外墙外表面上的净空尺寸计算。

2）外墙面积：高度从本层地面算到上层的地面（底层除外）。平屋顶建筑物，顶层高度是从顶层地面算到平屋顶的上表面。有闷顶的斜屋面，顶层高度应从顶层地面算到闷顶内保温层上表面。外墙的平面尺寸，应按建筑物外廓尺寸计算，拐角房间应从外墙外表面算到内墙中心线。两相邻房间以内墙中线为分界线。

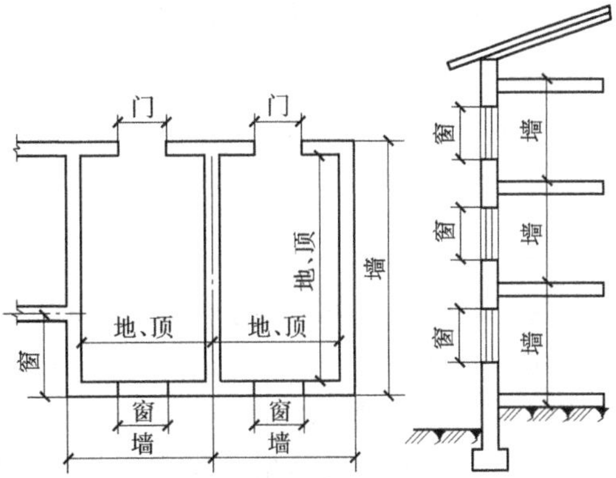

图1-5 围护结构传热面积的丈量方法

3）闷顶和地面面积：应从外墙内表面算至内墙中心线或按两内墙中心线之间的距离计算。对平屋顶，顶棚面积按建筑物外廓尺寸计算。

4）地下室面积：如果地下室外墙全部或部分位于室外地坪以下（图1-6），可以把这部分外墙看作是地下室地面的一部分，同样用划分地带的方法进行计算。即从室外地坪标高处开始向下划分第一地带，一直顺延到地下室地面，总共划分

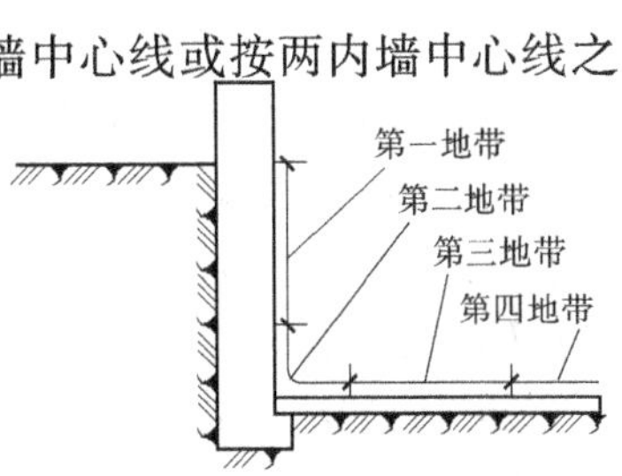

图1-6 地下室传热地带的划分

四个地带。

2. 围护结构附加（修正）耗热量

围护结构的基本耗热量是在稳态传热条件下按式（1-1）计算得出的，实际耗热量会受到气象条件以及建筑物情况等各种因素影响而有所增减。所以需要对房间围护结构基本耗热量进行修正。这些修正耗热量称为围护结构附加（修正）耗热量。

通常按基本耗热量的百分率进行修正。主要包括朝向修正、风力附加、外门附加和高度附加耗热量等。

（1）朝向修正耗热量　朝向修正耗热量是考虑建筑物受太阳照射影响而对围护结构基本耗热量的修正。朝向修正耗热量主要考虑三方面因素：其一，太阳照射建筑物时，阳光透过玻璃窗，使室内直接得热。其二，由于受阳面的围护结构较干燥，传热系数减小；其三，外表面和附近气温升高，围护结构向外传递的热量减少。采用的修正方法是按围护结构的不同朝向，采用了不同修正率 x_{ch}。

需要修正的耗热量等于垂直的外围护结构（门、窗、外墙及屋顶的垂直部分）的基本耗热量乘以相应的修正率。朝向修正率 x_{ch} 的取值见表 1-6。

表 1-6　朝向修正率 x_{ch}

朝　向	x_{ch}	朝　向	x_{ch}
北、东北、西北	0% ~ 10%	东南、西南	-10% ~ -15%
东、西	-5%	南	-15% ~ -30%

选用朝向修正率时应综合考虑当地冬季日照率、建筑物的使用和被遮挡等情况。对于日照率小于 35% 的地区，东南、西南、南向的朝向修正率宜采用 -10% ~0，东、西朝向可不修正。

（2）风力附加耗热量　风力附加耗热量是考虑室外风速变化而对围护结构基本耗热量的影响。在计算围护结构基本耗热量时，围护结构外表面的表面传热系数 α_w 是在一定的室外风速条件下的计算值。我国大部分地区冬季平均风速不大，一般为 2 ~3m/s。因此，《暖通规范》规定：在一般情况下，不必考虑风力附加，只对建在不避风的高地、河边、海岸、旷野上的建筑物，以及城镇、厂区内特别高出的建筑物，才考虑垂直外围护结构附加 5% ~10%。

（3）外门附加耗热量　冬季由于建筑物外门频繁开启，在风压和热压的作用下，冷空气由开启的外门侵入室内。把这部分冷空气加热到室内温度所消耗的热量称为冷风侵入耗热量。

外门附加耗热量可采用外门的基本耗热量乘以表 1-7 中附加率 x_m 来计算。外门附加率，只适用于短时间开启的、无热风幕的外门。阳台门不考虑外门附加。

表 1-7 外门附加率 x_m

外门特征	x_m	外门特征	x_m
一道门	65% n	三道门（有两个门斗）	60% n
两道门（有门斗）	80% n	公共建筑和工业建筑的主要出入口	500%

注：n 为建筑物楼层数。

（4）高度附加率 《暖通规范》规定：民用建筑和工业企业辅助建筑的高度附加率（楼梯间除外），房间高度大于 4m 时，每高出 1m 应附加 2%，但总的附加率不应大于 15%。

高度附加率应附加于房间围护结构基本耗热量和其他附加耗热量的总和上。如果生产厂房选取室内计算温度时已考虑了高度的影响，则不再进行高度附加。

（5）其他附加

1）窗墙比附加。窗墙比超过 0.5 时，对窗的基本耗热量附加 10%。

2）间歇附加。当建筑物不要求全天维持设计室温，而允许定时降低室温时，供暖系统可按间歇供暖设计。此时除上述各项附加外，将基本耗热量附加以下百分数：

仅白天供暖时（例如办公楼、教学楼）20%。

不经常使用时（例如礼堂等），30%。

1.1.3 冷风渗透耗热量

在风压和热压造成的室内外压差作用下，室外的冷空气通过门、窗等缝隙渗入室内，被加热后逸出。把这部分冷空气从室外温度加热到室内温度所消耗的热量，称为冷风渗透耗热量。冷风渗透耗热量，在供暖设计热负荷中占有不小的份额。

影响冷风渗透耗热量的因素很多，如门窗构造、门窗朝向、室外风速与风向、室内外空气温差、建筑物高低以及建筑物内部通道状况等。对于多层建筑，由于房屋高度不高，在工程设计中，冷风渗透耗热量主要考虑风压的作用。对于高层建筑，则应考虑风压与热压综合作用的结果。

计算冷风渗透耗热量的常用方法有缝隙法、换气次数法和百分数法。

（1）缝隙法 通过计算不同朝向的门、窗缝隙的长度以及在风压与热压综合作用下，每米长缝隙渗入的冷空气量，确定其冷风渗透耗热量。这种方法称为缝隙法。

对于多层和高层民用建筑，加热由门窗缝隙渗入室内的冷空气的耗热量，可按下式计算

$$Q_2' = 0.28 c_p \rho_w L (t_n - t_w') \tag{1-13}$$

式中 Q_2' ——冷风渗透耗热量（W）；

c_p——冷空气的比定压热容，$c_p = 1\text{kJ}/(\text{kg}\cdot\text{K})$；

ρ_w——供暖室外计算温度下的空气密度（kg/m^3）；

L——渗透冷空气量（m^3/h）；

0.28——单位换算系数，$1\text{kJ/h} = 0.28\text{W}$。

由式（1-13）可知，在室内外温差一定时，冷风渗透耗热量主要取决于渗透冷空气量 L。渗入室内的冷空气量 L（m^3/h）可根据不同的朝向，按下式确定

$$L = lL_0 m^b \tag{1-14}$$

式中 L_0——通过每米门窗缝隙进入室内的理论渗透冷空气量［$\text{m}^3/(\text{m}\cdot\text{h})$］；

l——门窗缝隙的计算长度（m）；

m——门窗的冷风渗透压差综合修正系数；

b——门窗缝隙渗风指数，$b = 0.56 \sim 0.78$，当无实测数据时，可取 $b = 0.67$；

其中，$m^b L_0$ 表示通过每米门、窗缝隙进入室内的实际渗透冷空气量。

1）通过每米门、窗缝隙进入室内的理论渗透冷空气量 L_0

通过每米门窗缝隙进入室内的理论渗透冷空气量 L_0，是指在基准高度时单独风压作用下，不考虑朝向修正和建筑物内部隔断情况时，通过每米门窗缝隙进入室内的理论渗透冷空气量 L_0［$\text{m}^3/(\text{m}\cdot\text{h})$］，按下式计算

$$L_0 = \alpha\left(\frac{\rho_w v_0^2}{2}\right)^b \tag{1-15}$$

式中 v_0——基准高度（我国气象部门规定，风速观测的基准高度是 $h_0 = 10\text{m}$）冬季室外最多风向的平均风速（m/s）；见《暖通规范》；

α——外门窗缝隙渗风系数［$\text{m}^3/(\text{m}\cdot\text{h}\cdot\text{Pa}^b)$］，当无实测数据时，按表1-8采用。

表1-8 外门窗缝隙渗风系数 α 下限值

建筑外窗空气渗透性能分级	Ⅰ	Ⅱ	Ⅲ	Ⅳ	Ⅴ
α/［$\text{m}^3/(\text{m}\cdot\text{h}\cdot\text{Pa}^{0.67})$］	0.1	0.3	0.5	0.8	1.2

2）冷风渗透压差综合修正系数 m。实际上通过每米缝隙冷风渗透量影响因素很多，因此，根据理论渗透冷空气量计算实际渗透冷空气量时，m 是综合考虑在风压与热压共同作用下，不同建筑物体型、内部隔断和空气流通等因素后，不同朝向、不同高度门、窗的冷风渗透压差综合修正系数。

a. 热压作用。冬季，建筑物的室内、外空气温度不同，室内、外空气间产生密度差，室外的冷空气从下部一些楼层的门窗缝隙渗入室内，通过建筑物内部的竖井（如楼梯间、电梯井、管道井等）上升，从上部一些楼层的门窗缝隙逸出。我们把这种引起空气流动的压力称之为热压。

假设建筑物各层之间完全畅通，空气流动过程中的阻力为零，那么，由建筑物内、外空气密度差和高度差所决定的理论热压，按下式计算

$$p_r = (h_z - h)(\rho_w - \rho_n)g \tag{1-16}$$

式中　p_r——理论热压（Pa）；

ρ_n——形成热压的建筑物内空气柱密度（kg/m^3）；

h_z——建筑物中和面距室外地坪的高度（m）。中和面指的是室内、外压差为零的界面，通常在热压作用下，可以近似地取为建筑物高度的一半，即 $h_z = H/2$（H 为建筑物高度）；

h——计算层门窗中心距室外地坪的高度（m）；

g——重力加速度，$g = 9.81m/s^2$。

从式（1-16）可以看出，当门窗中心处于中和面以下时，热压为正值，室外空气压力高于室内空气压力，冷空气由室外渗入室内；反之，室内空气压力高于室外空气压力，热空气由室内渗出室外。热压作用原理如图1-7所示，图中直线1表示建筑物竖井的理论热压分布线。

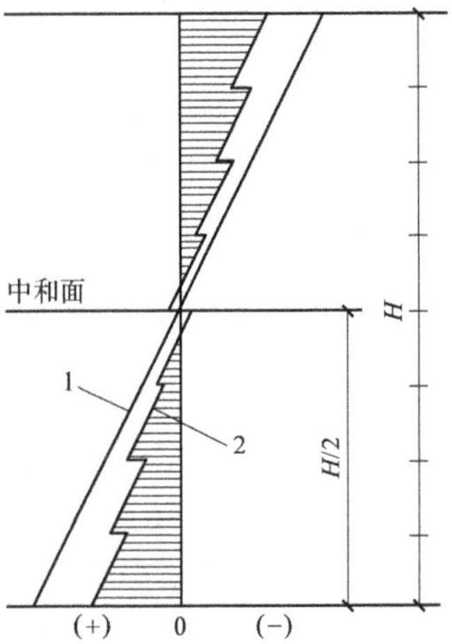

图1-7　热压作用原理图

实际上建筑物外门窗等缝隙两侧的热压差仅是理论热压的一部分，其大小还与建筑物内部贯通通道布置、通气状况及门窗气密性等因素有关，即与空气从建筑物下部渗入、从上部渗出流通路径的阻力状况有关，图1-7中折线2表示各层外窗热压分布线。为了确定外门、窗两侧的有效作用热压差，引入热压差有效作用系数 C_r，因此，门窗两侧的有效热压差可按下式计算

$$\Delta p_r = C_r p_r = C_r(h_z - h)(\rho_w - \rho_n)g \tag{1-17}$$

式中　Δp_r——热压作用下，门窗缝隙两侧产生的实际有效作用压差（Pa），简称有效热压差；

C_r——热压系数，表示在单独热压作用下，门窗缝隙内外空气的有效热压差与相应高度的理论热压的比值，当无条件精确计算时，可以按照表1-9采用，为了便于计算且偏安全，可取下限为0.2。

表1-9　热压系数 C_r 取值表

内部隔断情况	开敞空间	有内门或房门		有前室门、楼梯间门或走廊两端设门	
		密闭性差	密闭性好	密闭性差	密闭性好
C_r	1.0	1.0~0.8	0.8~0.6	0.6~0.4	0.4~0.2

b. 风压作用。当风吹过建筑物时，空气从迎风面门窗缝隙渗入，和室内空气进行热交换后，又从背风面门窗缝隙渗出，冷空气的渗入量取决于门窗两侧的风压差。门窗两侧产生的理论风压差可按下式计算

$$p_f = \frac{\rho_w v_h^2}{2} \tag{1-18}$$

式中 p_f——理论风压差（Pa）；

v_h——任意高度 h 处的室外风速（m/s）。其随高度的变化规律可用下式计算

$$v_h = v_0\left(\frac{h}{h_0}\right)^{\beta} \approx v_0\left(\frac{h}{10}\right)^{0.2} = 0.631h^{0.2}v_0 \tag{1-19}$$

式中 v_0——基准高度 $h_0=10$m 处的平均风速（m/s）；规范给出各城市的冬季平均风速 v_0 值；

β——幂指数，与地面的粗糙度有关，一般可取 $\beta=0.2$。

由于风压作用下，门窗两侧的实际有效风压差还与空气穿过该楼层整个流通途径的阻力状况有关，因此，有效风压差可用下式计算

$$\Delta p_f = \Delta C_f p_f = \Delta C_f \frac{\rho_w v_h^2}{2} = \Delta C_f \frac{\rho_w v_0^2}{2}(0.631h^{0.2})^2 \tag{1-20}$$

式中 Δp_f——风压作用下，门、窗缝隙两侧产生的有效作用压差（Pa），简称有效风压差；

ΔC_f——风压差有效作用系数，简称风压差系数。表示在单独风压作用下，门窗缝隙内外空气的有效风压差与相应高度的理论风压差的比值。在风垂直吹到墙面上，且建筑物内部气流流通阻力很小时，风压差系数可取最大值 $\Delta C_f=0.7$；当建筑物内部气流流通阻力很大时，风压差系数值降低，可取 $\Delta C_f=0.3\sim0.5$。当无实测数据时，可取 $\Delta C_f=0.7$。风压随建筑物高度的变化情况如图 1-8 所示。

门窗作用压差 Δp 与单位缝隙长度渗透空气量 L 之间的关系，通常通过实验确定，其数据整理成指数函数形式 $L=a\Delta p^b$。由此，可得到计算门窗中心线标高为 h 时，风压单独作用下每米缝隙每小时渗入的空气量为

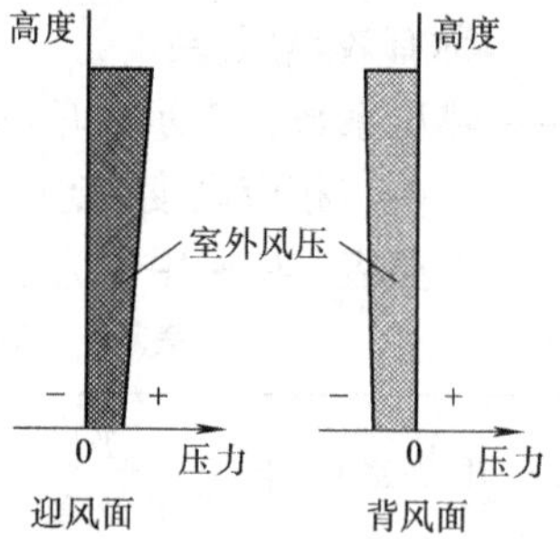

图 1-8 风压分布示意图

$$
\begin{aligned}
L_{fh} &= a\Delta p_f^b \\
&= a\left[\Delta C_f \frac{\rho_w v_h^2}{2}\right]^b \\
&= a\left(\frac{\rho_w v_0^2}{2}\right)^b (0.631^2 \Delta C_f h^{0.4})^b \\
&= L_0 C_h^b
\end{aligned}
\tag{1-21}
$$

式中 L_{fh}——计算门窗中心线标高为h时，风压单独作用下，每米缝隙每小时渗入的空气量［$m^3/(h\cdot m)$］；

C_h——高度修正系数，即计算门窗中心线标高为 h 的渗透空气量时，对基准渗透空气量 L_0 的高度修正系数

$$C_h = 0.631^2 \Delta C_f h^{0.4} \approx 0.3h^{0.4} \tag{1-22}$$

式（1-21）中的 L_{fh}值表示在主导风向，渗透空气量的朝向修正系数 $n=1$ 时，门窗中心线标高为 h 时单位缝长渗透的空气量。同一标高其他朝向（$n<1$）门、窗单位缝长渗透的空气量 L'_{fh} ［$m^3/(h\cdot m)$］应为

$$L'_{fh} = nL_{fh} \tag{1-23}$$

式中 n——风压单独作用下，渗透空气量的朝向修正系数，可按附录 A 中表 A-6 采用。

对于六层及六层以下的民用建筑及生产辅助建筑，主要考虑风压的作用。其中，通过每米门、窗缝隙进入室内的实际渗透冷空气量可用 L'_0 表示，则冷风渗透耗热量 Q'_2（W）可由下式计算

$$Q'_2 = 0.28c_p\rho_w L'_0\ l(t_n - t'_w)n \tag{1-24}$$

式中 L'_0——在基准高度风压的单独作用下，通过每米门窗缝隙进入室内的冷空气量［$m^3/(m\cdot h)$］；渗透冷空气量 L'_0 值可根据冬季室外平均风速，请查阅相关手册。

c. 热压与风压共同作用。实际的冷风渗透现象，是风压与热压共同作用的结果。处于迎风面的外门窗，由于受风压作用，将使单独靠热压形成的中和面向上移，即渗入空气的楼层数会有所增加。而处于背风面的外门窗，由于室外是负压，将使单独靠热压形成的中和面向下移，则渗入空气的楼层数就会有所减少，如图 1-9 所示。如此，就有可能在同一房间内，因朝向不同而渗透风量不等，甚至有的朝向的房间渗入空气，而另一朝向的房间则渗出空气。

《暖通规范》推荐，冷风渗透压差综合修正系数 m 值按下式计算

$$m = C_r\Delta C_f(n^{1/b} + C)C_h \tag{1-25}$$

式中 C——作用于门窗上的有效热压差与有效风压差之比，简称压差比，可按下式计算

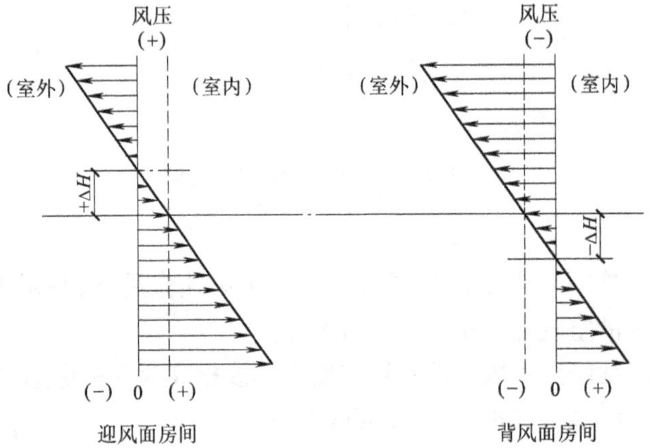

图 1-9 风压与热压共同作用示意图

$$C = 70 \times \frac{h_z - h}{\Delta C_f v_0^2 h^{0.4}} \cdot \frac{t'_n - t'_w}{273 + t'_n} \tag{1-26}$$

式中 h——计算门、窗的中心线标高（m）。分母中 h 是计算风压差时的取值。当 $h \leqslant 10$m 时，仍应按基准高度 $h = 10$m 取值。

t'_n——建筑物内形成热压作用的竖井内空气计算温度（简称竖井温度）（℃）。

其他符号意义同前。

计算 m 值和 C 值时还应注意，如果计算得出的 $C \leqslant -1$，即（$1 + C$）$\leqslant 0$，表示在该计算楼层的所有各朝向门、窗，即使处于主导风向 $n = 1$ 时，也已无冷空气渗入或已有室内空气渗出，此时该楼层所有朝向门、窗的冷风渗透耗热量 Q'_2 均取零值。

3）门窗缝隙的计算长度 l。门窗缝隙的计算长度 l 按各朝向所有可开启的外门、窗缝隙丈量，目前工程上多以下述原则确定：

a. 当房间仅有一面或相邻两面外墙时，全部计入其外门窗的缝隙。

b. 当房间有相对两面外墙时，仅计入风量较大一面外墙的门窗缝隙。

c. 当房间有三面外墙时，仅计入风量较大的两面外墙的门窗缝隙。

d. 当房间有四面外墙时，则计入较多风向的 1/2 外围护结构范围内的外门窗缝隙。

（2）换气次数法 在多层民用建筑耗热量的概算中，往往由于缺乏相关数据，可采用式（1-27）计算室内渗透冷空气量 L（m^3/h），然后通过式（1-12）计算冷风渗透耗热量 Q'_2

$$L = kV \tag{1-27}$$

式中 V——房间体积（m^3）；

k——换气次数（次/h），当无实测数据时，可按表 1-10 采用。

表1-10　换气次数

房间类型	一面有外窗	两面有外窗	三面有外窗	门　厅
k/（次/h）	0.5	0.5～1.0	1.0～1.5	2

（3）百分数法　工业建筑一般层高较高，室内外温差产生的热压相对较大，冷风渗透耗热量可以根据建筑物高度和玻璃窗层数，按照表1-11中的百分数进行估算。

表1-11　渗透耗热量占围护结构总耗热量的百分率（%）

建筑物高度/m		<4.5	4.5～10.0	>10.0
玻璃窗层数	单层	25	35	40
	单、双层均有	20	30	35
	双层	15	25	30

（4）计算例题

【例1-1】　西安市一幢12层办公楼，层高为3.0m，冬季室内供暖计算温度 $t_n=18℃$，室外供暖计算温度 $t'_w=-5℃$，$\rho_w=1.28\text{kg/m}^3$，楼梯间和走廊内平均温度均为 $t_n=8℃$。每间办公室均有一扇单层铝合金框玻璃窗，缝隙长度均为 $l=14\text{m}$，缝隙渗风系数 $a=0.5\text{m}^3/(\text{m}\cdot\text{h}\cdot\text{Pa}^{0.67})$。试用缝隙法计算北向底层、西北向八层和南向12层窗户的冷风渗透耗热量。

【解】　由附录A中表A-2查得，西安市基准高度冬季室外最多风向的平均风速 $v_0=2.7\text{m/s}$；根据表1-9，取热压系数 $C_r=0.4$；取风压差系数 $\Delta C_f=0.7$；取门窗缝隙渗风指数 $b=0.67$。

设中和面标高在建筑物总高度的一半处：$h_z=\dfrac{H}{2}=\dfrac{3\times12}{2}\text{m}=18\text{m}$

1）北向底层窗户的冷风渗透耗热量

设底层窗中心线在层高的一半处，计算热压时取 $h=1.5\text{m}$；因 $h<10\text{m}$，故计算风压时取 $h=10\text{m}$；查附录A中表A-6，西安市渗透空气量的北向修正系数 $n=0.7$。

据式（1-26）得压差比

$$C=70\times\frac{h_z-h}{\Delta C_f v_0^2 h^{0.4}}\cdot\frac{t'_n-t'_w}{273+t'_n}$$

$$=70\times\frac{(18-1.5)\times(8+5)}{0.7\times2.7^2\times10^{0.4}\times(273+8)}=4.169>-1$$

由式（1-22）得高度修正系数

$$C_h=0.3h^{0.4}=0.3\times10^{0.4}=0.754$$

由式（1-25）可得风压与热压共同作用下，冷风渗透压差综合修正系数

$$m = C_r \Delta C_f (n^{1/b} + C) C_h$$
$$= 0.4 \times 0.7 \times (0.7^{1/0.67} + 4.169) \times 0.754 = 1.004 > 0$$

由式（1-15）可得基准高度，风压单独作用下，通过每米门窗缝隙进入室内的理论渗透空气量

$$L_0 = a\left(\frac{\rho_w v_0^2}{2}\right)^b = 0.5 \times \left(\frac{1.28 \times 2.7^2}{2}\right)^{0.67} \text{m}^3/(\text{h} \cdot \text{m}) = 1.403\text{m}^3/(\text{h} \cdot \text{m})$$

则根据式（1-13）、式（1-14）可得北向底层窗户的冷风渗透耗热量

$$Q_2' = 0.28 c_p \rho_w L_0 l (t_n - t_w) m^b$$
$$= 0.28 \times 1 \times 1.28 \times 1.403 \times 14 \times (18 + 5) \times 1.004^{0.67} \text{W}$$
$$= 162.35 \text{W}$$

2）西北向八层窗户的冷风渗透耗热量

设该层窗中心线在本层层高的一半处，计算热压时取 $h = (3 \times 7 + 3/2)$ m $= 22.5$m；因 $h > 10$m，故计算风压时亦取 $h = 22.5$m，$n = 0.25$。

压差比

$$C = 70 \times \frac{h_z - h}{\Delta C_f v_0^2 h^{0.4}} \cdot \frac{t_n' - t_w'}{273 + t_n'}$$
$$= 70 \times \frac{(18 - 22.5) \times (8 + 5)}{0.7 \times 2.7^2 \times 22.5^{0.4} \times (273 + 8)} = -0.822 > -1$$

高度修正系数

$$C_h = 0.3 h^{0.4} = 0.3 \times 22.5^{0.4} = 1.042$$

冷风渗透压差综合修正系数

$$m = C_r \Delta C_f (n^{1/b} + C) C_h$$
$$= 0.4 \times 0.7 \times (0.25^{1/0.67} - 0.822) \times 1.042 = -0.203 < 0$$

则西北向八层窗户已无冷空气渗入或已有室内空气渗出，其冷风渗透耗热量 $Q_2' = 0$。

3）南向十二层窗户的冷风渗透耗热量

设该层窗中心线在本层层高的一半处，计算热压时取 $h = (3 \times 11 + 3/2)$ m $= 34.5$m；因 $h > 10$m，故计算风压时亦取 $h = 34.5$m。

$$C = 70 \times \frac{h_z - h}{\Delta C_f v_0^2 h^{0.4}} \times \frac{t_n' - t_w'}{273 + t_n'}$$
$$= 70 \times \frac{(18 - 34.5) \times (8 + 5)}{0.7 \times 2.7^2 \times 34.5^{0.4} \times (273 + 8)} = -2.54 < -1$$

则十二层各朝向所有窗户已无冷空气渗入或已有室内空气渗出，其冷风渗透耗热量 $Q_2' = 0$。

1.1.4　分户计量供暖系统户间传热负荷

目前工程中户间传热负荷多按下式计算

$$Q'_{hj} = x_h \sum KF\Delta t_h \tag{1-28}$$

式中　Q'_{hj} ——户间总热负荷（W）；

K——户间楼板或隔墙的传热系数［W/（m^2·K）］；

F——户间楼板或隔墙的传热面积（m^2）；

x_h——户间传热量附加率；

Δt_h——户间传热计算温差（℃）。

进行户间传热负荷计算时，必须注意以下几点：

1）户间传热负荷的计算温差 Δt_h，一般宜取 5 ~ 8℃。

2）户间传热量附加率 x_h，是考虑户间楼板及隔墙同时发生传热的概率，一般可取 50%。对于顶层或底层房间，由于垂直方向只有向下或向上传热，宜考虑较大概率，一般可取 70% ~ 80%。

1.2　建筑热工

1.2.1　建筑热工设计分区及设计要求

为使建筑物适应各地不同的气候条件，满足我国现阶段建筑节能的要求，建筑热工设计应根据建筑物所处的建筑气候分区，确定建筑围护结构合理的热工性能参数。表 1-12 给出了建筑气候分区和相应的热工设计要求。

表 1-12　建筑气候分区与热工设计要求

分区名称	分区指标	辅助指标	设计要求
严寒地区	最冷月平均温度 < -10℃	日平均温度小于 5℃ 的天数大于 145 天	必须充分满足冬季保温要求，一般可不考虑夏季防热
寒冷地区	最冷月平均温度 0 ~ -10℃	日平均温度小于 5℃ 的天数为 90 ~ 145 天	应满足冬季保温要求，部分地区兼顾夏季防热
夏热冬冷地区	最冷月平均温度 0 ~ 10℃ 最热冷月平均温度 25 ~ 30℃	日平均温度小于 5℃ 的天数为 0 ~ 90 天，日平均温度大于 25℃ 的天数为 40 ~ 110 天	必须满足夏季防热要求，适当兼顾冬季保温
夏热冬暖地区	最冷月平均温度 > 10℃ 最热冷月平均温度 25 ~ 29℃	日平均温度大于 25℃ 的天数，100 ~ 200 天	必须充分满足夏季防热一般可不考虑冬季保温
温和地区	最冷月平均温度 0 ~ -13℃ 最热冷月平均温度 18 ~ 25℃	日平均温度小于 5℃ 的天数 0 ~ 90 天	部分地区应考虑冬季保温，一般可不考虑夏季防热

1.2.2 建筑物围护结构节能设计

1. 体形系数

体形系数是指建筑物与室外大气接触的外表面积与其所包围的体积的比值。外表面积不包括地面、楼梯间隔墙及户门面积。建筑节能标准要求，住宅建筑体形系数易控制在0.3及0.3以下，若体形系数大于0.3时，则屋顶和外墙应加保温，其传热系数必须符合节能标准要求。

2. 窗墙比

窗墙比是指窗户洞口面积与房间立面单元面积的比值，房间立面单元面积是指房间层高与开间定位线围成的面积。对采暖居住建筑，不同朝向的窗墙比不应超过表1-13中的数值。

表1-13 不同朝向的窗墙比

朝向	窗墙面积比
北	0.25
东西	0.30
南	0.35

3. 围护结构节能设计

根据围护结构形式，计算出的各部分围护结构的传热系数，必须满足有关建筑节能标准规定的围护结构传热系数限制值，若超过限制值，应调整围护结构的构造。根据《公共建筑节能设计标准》（GB 50189—2005），对围护结构传热系数，按气候分区分别作了规定，附录A中表A-7给出了严寒地区围护结构传热系数限值。

围护结构热工性能必须符合建筑热工设计规范。公共建筑围护结构热工节能设计方法有两种：一种为规定性方法，建筑设计符合标准中对体形系数、窗墙比、窗户的保温性能等参数的规定。另一种为性能化方法，如果建筑设计不满足上述对体形系数、窗墙比等参数的规定，必须使用权衡判断法来判定围护结构的总体热工性能是否符合节能要求。

计算围护结构传热耗热量时，外墙因受到主体及结构柱、过梁和圈梁等热桥的影响（图1-10），其传热系数应采用按面积加权平均法求得的平均传热系数。

$$K_m = \frac{(K_P F_P + K_{B1} F_{B1} + K_{B2} F_{B2} + K_{B3} F_{B3})}{F_P + F_{B1} + F_{B2} + F_{B3}} \tag{1-29}$$

式中 K_m——外墙的平均传热系数 [W/(m²·K)]；

K_P——外墙主体部位的传热系数 [W/(m²·K)]；

K_{B1}、K_{B2}、K_{B3}——热桥部位的传热系数 [W/(m²·K)]；

F_p——外墙主体部位的面积（m^2）；

F_{B1}、F_{B2}、F_{B3}——热桥部位的面积（m^2）。

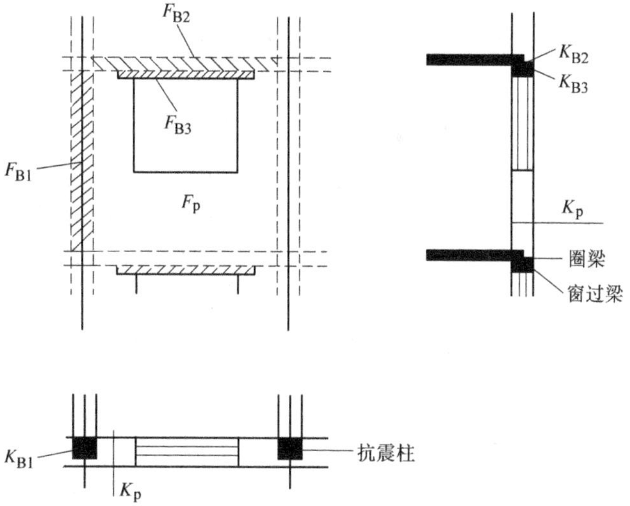

图1-10　外墙主体及周边热桥三视图

1.2.3　围护结构最小传热阻与经济热阻

建筑物在冬季正常供暖时，应满足使用、卫生和经济要求，应具有一定的保温性能，这就需要用围护结构的最小传热阻和经济热阻来评价。

1. 围护结构的最小传热阻

（1）最小传热阻的概念　确定围护结构传热阻时，围护结构内表面温度 τ_n 是一个重要的约束条件，除浴室等相对湿度较大的房间，τ_n 值应满足不出现结露的要求，内表面结露可导致耗热量增大和使围护结构易于损坏。室内温度 t_n 与围护结构内表面温度 τ_n 的差值还要确保卫生舒适的要求，当围护结构内表面温度 τ_n 过低，人体向外辐射热过多，会产生不舒适感。由此而确定的外围护结构的传热阻，称为围护结构的最小传热阻。

（2）最小传热阻的计算　在稳定传热条件下，围护结构热阻、室内外温度、围护结构内表面温度之间的关系式为

$$\frac{t_n - \tau_n}{R_n} = a\frac{t_n - t_w}{R_0} \tag{1-30}$$

工程设计中，规定了不同类型建筑物内，冬季室内计算温度 t_n 与外围护结构内表面温度 τ_n 的允许差值。围护结构的最小传热阻按下式确定

$$R_{o,\min} = \frac{a(t_n - t_{we})}{\Delta t_y \alpha_n} = \frac{a(t_n - t_{we})}{\Delta t_y}R_n \tag{1-31}$$

式中 $R_{o,min}$——围护结构的最小传热阻（$m^2 \cdot K/W$）；

t_n——冬季室内计算温度（℃）；

t_{we}——冬季围护结构室外计算温度（℃）；

Δt_y——冬季室内计算温度与围护结构内表面温度的允许温差（℃），$\Delta t_y = t_n - \tau_n$，按附录 A 中表 A-8 取值；

式（1-31）是按稳定传热计算的。实际随着室外温度波动，围护结构内表面温度也随之波动。热惰性不同的围护结构，在相同的室外温度波动下，围护结构的热惰性越大，则内表面温度波动就越小。因此，工程设计采用热惰性指标 D 来规定冬季室外计算温度 t_{we}。按围护结构的热惰性指标 D 值分成四个等级，见表 1-14。

表 1-14 冬季围护结构室外计算温度

围护结构类型	热惰性指标 D 值	t_{we} 的取值/℃
Ⅰ	>6.0	$t_w = t'_w$
Ⅱ	4.1~6.0	$t_w = 0.6t'_w + 0.4t_{p,min}$
Ⅲ	1.6~4.0	$t_w = 0.3t'_w + 0.7t_{p,min}$
Ⅳ	≤1.5	$t_w = t_{p,min}$

注：1. t'_w 为供暖室外计算温度；$t_{p,min}$ 为累年最低日平均温度。

2. $D \leq 4.0$ 的实心砖墙，计算温度 t_w 应按Ⅱ型围护结构取值。

当采用 $D>6$ 的围护结构（重质墙）时，采用供暖室外计算温度 t'_w 作为检验围护结构最小传热阻的冬季室外计算温度。当采用 $D \leq 6$ 的中型和轻型围护结构时，为了能保证与重质墙围护结构相当的内表面温度波动幅度，就得采用比供暖室外计算温度 t'_w 更低的温度，作为检验中型和轻型围护结构最小传热阻的冬季室外计算温度，亦即要求更大一些的围护结构最小传热阻。

《暖通规范》规定，集中供暖地区的建筑物非透明部分围护结构的传热阻，在任何情况下不应小于最小传热阻，即 $R_o > R_{o,min}$。砖石墙体的传热阻，可比式（1-31）的计算值小 5%；外门（阳台门除外）的最小传热阻，不应小于按供暖室外计算温度所确定的外墙最小传热阻的 60%；当相邻房间的温差大于 10℃时，内围护结构的最小传热阻，亦应通过计算确定。

（3）热惰性指标的计算　多层匀质材料平壁结构的热惰性指标 D 可按下式计算

$$D = \sum D_i = \sum R_i S_i \tag{1-32}$$

式中 R_i——各层材料的传热阻（$m^2 \cdot ℃/W$）；

S_i——各层材料的蓄热系数，[$W/(m^2 \cdot ℃)$]。

材料的蓄热系数 S [W/ (m^2 · ℃)] 值，由下式计算

$$S = \sqrt{\frac{2\pi c\rho\lambda}{Z}} \tag{1-33}$$

式中 c——材料的比热容 [J/ (kg · ℃)];

ρ——材料的密度 (kg/m^3);

λ——材料的热导率 [W/ (m · ℃)];

Z——温度波动周期 (s) (一般取 24h = 86400s)。

【例 1-2】 宁夏固原市某住宅建筑方案设计中，外墙为 370mm 厚重砂浆粘土砖墙，内表面为 20mm 厚水泥砂浆抹面、白灰粉刷，室内供暖计算温度 t_n = 18℃。试计算外墙的传热系数 K，并校核其最小传热阻是否满足规范要求。

【解】 (1) 计算外墙传热系数

外墙内表面换热系数 $\alpha_n = 8.7$W/ (m^2 · K)，外墙外表面换热系数 $\alpha_w = 23.3$W/ (m^2 · K)，固原市供暖室外计算温度 $t'_w = -14$℃；内表面水泥砂浆、白灰层，热导率 $\lambda_1 = 0.87$W/ (m · K)，粘土砖墙的热导率 $\lambda_2 = 0.81$W/ (m · K)。

根据式 (1-7) 可得，外墙的传热阻 R_o 和传热系数 K

$$R_o = \frac{1}{\alpha_n} + \sum\frac{\delta_i}{\lambda_i} + \frac{1}{\alpha_w}$$

$$= \left(\frac{1}{8.7} + \frac{0.02}{0.87} + \frac{0.37}{0.81} + \frac{1}{23.3}\right)\text{m}^2 \cdot \text{K/W} = 0.638\text{m}^2 \cdot \text{K/W}$$

$$K = \frac{1}{R_o} = \frac{1}{0.638}\text{W/ (m}^2 \cdot \text{K)} = 1.567\text{W/ (m}^2 \cdot \text{K)}$$

(2) 计算外墙的最小传热阻 $R_{o,min}$

粘土砖墙的蓄热系数 $S_1 = 10.63$W/ (m^2 · K)；内表面水泥砂浆、白灰层的蓄热系数 $S_2 = 10.75$W/ (m^2 · K)；允许温差 $\Delta t_y = 6.0$℃；温差修正系数 a = 1.0。

根据式 (1-32) 可得，外墙的热惰性指标 D

$$D = \sum R_i S_i = \frac{0.02}{0.87} \times 10.75 + \frac{0.37}{0.81} \times 10.63 = 5.103$$

外墙属于Ⅱ类围护结构，查参考文献 [23] (《供暖通风设计手册》) 得，固原市累年最低日平均温度 $t_{p,min} = -22$℃。则可以计算出

$$t_w = 0.6t'_w + 0.4t_{p,min} = [0.6 \times (-14) + 0.4 \times (-22)]℃ = -17.2℃$$

则根据式 (1-31) 可得已知外墙的最小传热阻 $R_{o,min}$:

$$R_{o,min} = \frac{\alpha(t_n - t_w)}{\Delta t_y \alpha_n} = \frac{1.0 \times (18 + 17.2)}{6.0 \times 8.7}\text{m}^2 \cdot \text{K/W} = 0.674\text{m}^2 \cdot \text{K/W}$$

由此可得 $R_o < R_{o,min}$，则外墙不满足围护结构最小传热阻的要求。应对外围

护结构进行保温。

2. 围护结构的经济传热阻

建筑物围护结构采用的传热阻值，应大于最小传热阻。加大围护结构热阻可以使供热系统建造费用和运行管理费用下降，但却会增加建筑结构建设的费用。所以设置全面供暖的建筑物，其围护结构的传热阻，在符合国家现行有关节能标准的前提下，应根据技术经济比较确定。

围护结构的经济传热阻，指的是在一个规定年限内，使建筑物的建造费用和经营费用之和最小的围护结构传热阻。建造费用主要包括建筑物土建部分和供暖系统的建造费用。经营费用主要包括建筑物土建部分和供暖系统的折旧费、维修费及系统的运行管理费（水、电费，工资、燃料费等）。

建造费用与经营费用的总和 Y 是外围护结构传热阻 R 的函数，即 $Y=f(R)$。令 $\frac{dY}{dR}=0$，即可求得经济热阻。具体计算方法可参见相关专业设计手册。

1.3 计算例题

【例 1-3】 图 1-11 所示为北京市某四层办公楼建筑平面图，试计算一楼 106 房间（门厅）和四楼 415 房间（会议室）的供暖系统设计热负荷。

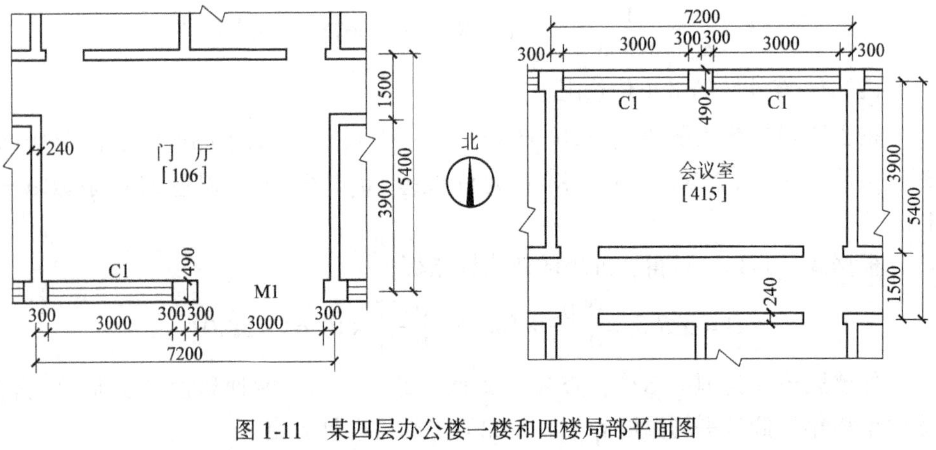

图 1-11 某四层办公楼一楼和四楼局部平面图

已知层高均为 3.9m，106 和 415 周围房间室内供暖设计温度均为 18℃，围护结构的条件为：外墙：490mm 厚重砂浆粘土砖墙，外表面为 20mm 厚水泥砂浆抹面，内表面为 20mm 厚水泥砂浆抹面、白灰粉刷。外墙传热系数为 1.239W/($m^2\cdot K$)。

外窗：C1 为双层铝合金框玻璃窗，宽×高 = 3000mm×2200mm，缝隙长度

为 $l=10.8\text{m}$，传热系数 $K=3.0\text{W}/(\text{m}^2\cdot\text{K})$，通过每米外窗缝隙进入室内的冷空气量 $L_0'=1.2\text{m}^3/(\text{m}\cdot\text{h})$。

外门：M1 为单层铝合金框玻璃门，宽×高=3000mm×3300mm，$l=13.5\text{m}$，传热系数 $K=6.4\text{W}/(\text{m}^2\cdot\text{K})$，通过每米外窗缝隙进入室内的冷空气量 $L_0'=1.1\text{m}^3/(\text{m}\cdot\text{h})$。

地面：非保温地面。

屋顶：具体结构如图 1-12 所示，传热系数 $K=0.75\text{W}/(\text{m}^2\cdot\text{K})$。

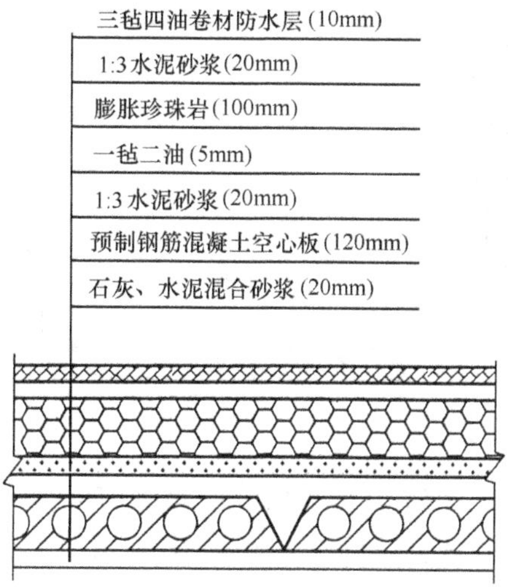

图 1-12 屋顶结构图

【解】

1. 106 房间（门厅）供暖系统设计热负荷

北京市室外气象资料：查附录 A 表 A-2 得，北京市供暖室外计算温度 $t_w'=-9℃$，供暖室内计算温度 $t_n=16℃$。空气密度 $\rho_w=1.303\text{kg/m}^3$，$c=1\text{kJ}/(\text{kg}\cdot\text{K})$。

（1）围护结构传热耗热量 Q_1'

1）南外墙 $F=(7.2\times3.9-3\times2.2-3\times3.3)\text{m}^2=11.58\text{m}^2$，$K=1.239\text{W}/(\text{m}^2\cdot\text{K})$，$x_{ch}=-20\%$，南外墙的传热耗热量为

$$q_1'=aKF(t_n-t_w')(1+x_{ch})$$
$$=1.239\times11.58\times(16+9)\times(1-20\%)\text{W}=286.95\text{W}$$

2）南外窗 $F=3\times2.2=6.6\text{m}^2$，$K=3.0\text{W}/(\text{m}^2\cdot\text{K})$，$x_{ch}=-20\%$，南外窗的传热耗热量为

$$q_1'=aKF(t_n-t_w')(1+x_{ch})$$
$$=3.0\times6.6\times(16+9)\times(1-20\%)\text{W}=396.00\text{W}$$

3）南外门

$F=3\times3.3\text{m}^2=9.9\text{m}^2$，$K=6.4\text{W}/(\text{m}^2\cdot\text{K})$，$x_{ch}=-20\%$，外门附加率 $x_m=500\%$，南外门的传热耗热量为

$$q_1'=aKF(t_n-t_w')(1+x_{ch}+x_m)$$
$$=6.4\times9.9\times(16+9)\times(1-20\%+500\%)\text{ W}=9187.20\text{W}$$

4）地面　地带划分如图 1-13 所示。

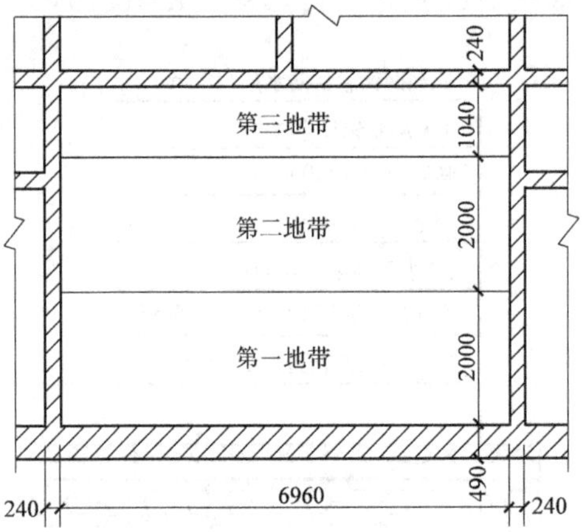

图 1-13　106 地面地带划分图

$F_1=7.2\times2\text{m}^2=14.4\text{m}^2$，$F_2=7.2\times2\text{m}^2=14.4\text{m}^2$。$F_3=7.2\times1.16\text{m}^2=8.35\text{m}^2$。地面各地带传热系数 $K_1=0.47\text{W}/(\text{m}^2\cdot\text{K})$，$K_2=0.23\text{W}/(\text{m}^2\cdot\text{K})$，$K_3=0.12\text{W}/(\text{m}^2\cdot\text{K})$。地面的传热耗热量为

$$q_1'=\sum KF(t_n-t_w')$$
$$=(0.47\times14.4+0.23\times14.4+0.12\times8.35)\times(16+9)\text{ W}=277.05\text{W}$$

106 房间围护结构的传热耗热量

$$Q_1'=(286.95+396.00+9187.20+277.05)\text{ W}=10147.20\text{W}$$

（2）106 房间的冷风渗透耗热量 Q_2'（按缝隙法进行计算）

1）南外窗

渗透冷空气量 $L_0'=1.2\text{m}^3/(\text{m}\cdot\text{h})$，$n=0.15$，代入式（1-24），南外门冷风渗透耗热量

$$Q_{2c}'=0.28c_p\rho_wL_0'\ l(t_n-t_w')n$$
$$=[0.28\times1\times1.303\times1.2\times10.8\times(16+9)\times0.15]\text{ W}=17.73\text{W}$$

2）南外门

渗透冷空气量 $L_0'=1.1\text{m}^3/(\text{m}\cdot\text{h})$，$l=13.5\text{m}$，$n=0.15$，根据式（1-24），南外门冷风渗透耗热量

$$Q'_{2m} = 0.28c_p\rho_w L'_0 \ l(t_n - t'_w)n$$
$$=0.28\times1\times1.303\times1.1\times13.5\times(16+9)\times0.15\text{W}=20.32\text{W}$$

106 房间的冷风渗透耗热量 $Q'_2 = (17.73+20.32)\text{ W}=38.05\text{W}$

106 房间供暖系统设计热负荷为

$$Q' = Q'_1 + Q'_2 = (10147.20+38.05)\text{ W}=10185.25\text{W}$$

计算结果汇总详见表 1-14。

2. 415 房间（会议室）供暖系统设计热负荷

415 房间为会议室，冬季供暖室内计算温度 $t_n=18$℃。

（1）围护结构耗热量 Q'_1

1）北外墙　$K=1.239\text{W}/(\text{m}^2\cdot\text{K})$；$F=(7.2\times4.05-3\times2.2\times2)\text{ m}^2=15.96\text{m}^2$；$x_{ch}=10\%$。北外墙的传热耗热量

$$q'_1 = \alpha KF(t_n - t'_w)(1+x_{ch})$$
$$=1.239\times15.96\times(18+9)\times(1+10\%)\text{ W}=587.3\text{W}$$

2）北外窗　传热系数 $K=3.0\text{W}/(\text{m}^2\cdot\text{K})$，$F=3\times2.2\times2=13.2\text{m}^2$，$x_{ch}=10\%$。

北外窗的传热耗热量

$$q'_1 = \alpha KF(t_n - t'_w)(1+x_{ch})$$
$$=[3.0\times13.2\times(18+9)\times(1+10\%)]\text{ W}=1176.12\text{W}$$

3）屋顶　传热系数 $K=0.75\text{W}/(\text{m}^2\cdot\text{K})$；温差修正系数 $\alpha=1.0$；传热面积 $F=4.14\times7.2=29.81\text{m}^2$。

屋顶的传热耗热量

$$q'_1 = KF(t_n - t'_w)\alpha = 0.75\times29.81\times(18+9)\text{ W}=603.65\text{W}$$

415 房间围护结构的传热耗热量

$$Q'_1 = (87.3+1176.12+603.65)\text{ W}=2367.07\text{W}$$

（2）415 房间的冷风渗透耗热量 Q'_2（缝隙法）

渗透冷空气量 $L'_0=1.2\text{m}^3/(\text{m}\cdot\text{h})$，北外窗的缝隙长度为 $l=10.8\times2=21.6\text{m}$；渗透冷空气量的朝向修正系数 $n=1.0$。根据式（1-24），北外窗冷风渗透耗热量

$$Q'_2 = 0.28c_p\rho_w L'_0 \ l(t_n - t'_w)n$$
$$=[0.28\times1\times1.303\times1.2\times21.6\times(16+9)\times1.0]\text{ W}=236.24\text{W}$$

则可得 415 房间的供暖系统设计热负荷为

$$Q' = Q'_1 + Q'_2 = (2367.07+236.24)\text{ W}=2603.49\text{W}$$

计算结果汇总详见表 1-15。

表 1-15 供暖系统设计热负荷计算表

房间编号	房间名称	围护结构 名称及朝向	围护结构 面积计算	围护结构 面积/m^2	室内供暖计算温度/℃	室外供暖计算温度/℃	室内外计算温度差/℃	温差修正系数	传热系数/[W/(m^2·K)]	朝向修正率	外门附加率	传热耗热量/W
106	门厅	南外墙	7.2×3.9−3×2.2−3×3.3	11.58					1.239	−20%	0	286.95
		南外窗	3×2.2	6.6					3.0			396.00
		南外门	3×3.3	9.9	16	−9	25	1	6.4		500%	9187.20
		地带一	7.2×2	14.4					0.47			169.20
		地带二	7.2×2	14.4					0.23	0	0	82.80
		地带三	7.2×1.16	8.35					0.12			25.02
		围护结构传热耗热量										10147.20
		冷风渗透耗热量					17.73+20.32					38.05
106 房间供暖设计热负荷												10185.25
415	会议室	北外墙	7.2×4.05−3×2.2×2	15.96					1.239	10%		587.3
		北外窗	3×2.2×2	13.2	18	−9	27	1	3.0		0	1176.12
		屋面	4.14×7.2	29.81					0.75	0		603.65
		围护结构传热耗热量										2367.07
		冷风渗透耗热量										236.42
415 房间供暖设计热负荷												2603.49

习 题

1. 何谓供暖设计热负荷、供暖热负荷，两者的主要区别是什么？

2. 在供暖设计热负荷计算时为何要进行风力修正和朝向修正？

3. 当相邻供暖房间室内设计温度（　　）应计算通过隔墙或楼板的传热量。

   A. 等于5℃；B. 小于5℃；C. 大于等于5℃；D. 大于5℃

4. 何谓围护结构的最小传热阻和经济传热阻？

5. 我国建筑气候分区分为哪几个区？对各分区在热工设计上分别有何要求？

6. 试分析分户热计量供暖系统设计热负荷的计算特点。

7. 已知西安市区内某24层商住楼的周围均为4~7层的建筑，计算该商住楼围护结构传热耗热量时，如何处理风力附加率，为什么？

8. 已知宁夏固原市某公共建筑体形系数为0.38。屋面结构自下而上依次为：(1) 钢筋混凝土屋面板 $\delta=150$mm，$\lambda=1.28$W/(m·K)；(2) 挤塑聚苯板保温层 $\delta=100$mm，$\lambda=$

0.03W/(m·K)，λ 的修正系数为 1.15；(3) 水泥砂浆找平（找坡）层 $\delta=30\text{mm}$（最薄位置），$\lambda=0.93\text{W/(m·K)}$；(4) 通风架空层 $\delta=200\text{mm}$，$\alpha_n=12\text{W/(m}^2\text{·K)}$；(5) 混凝土板 $\delta=30\text{mm}$，$\lambda=1.3\text{W/(m·K)}$。试计算该屋面的传热系数，并判断该屋面是否满足最小传热阻的要求。

9. 图 1-14 所示为北京市某六层住宅楼局部建筑平面图，已知层高为 3.0m；外墙为烧结多孔承重粘土砖墙，外墙平均传热系数 $K=1.13\text{W/(m}^2\text{·℃)}$，$D=5.50$，外墙厚度 400mm；外窗为单层钢窗，宽×高 = 2100×1500，$K=1.65\text{W/(m}^2\text{·℃)}$，缝隙长度为 $l=13\text{m}$；贴土非保温地面。试分别计算 301、102 房间供暖设计热负荷。

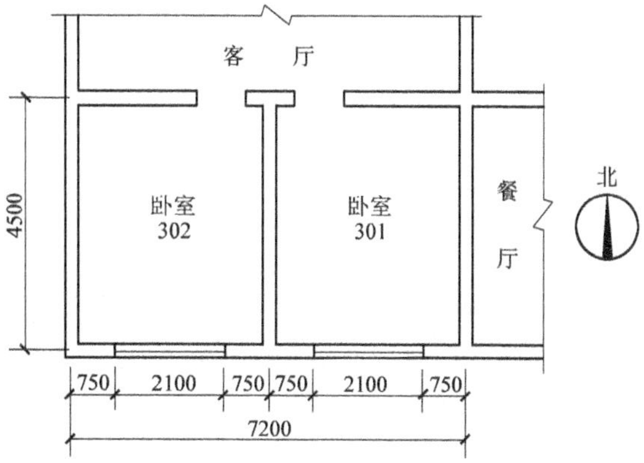

图 1-14 某六层住宅楼三楼局部平面图

第 2 章 供暖系统的散热设备

2.1 概述

供暖系统的散热设备是系统的主要组成部分。供暖系统是通过设置在供暖房间内的散热设备向房间散热以补充房间的热损失，保持室内要求的温度。散热设备向房间散热方式主要包括下列三种类型。

1. 对流供暖

供暖系统的热媒（蒸汽或热水）通过散热设备表面，主要以对流换热方式（对流换热量大于辐射换热量）向房间散热。这种散热设备通称为散热器，这种供暖方式称为散热器对流供暖。

2. 辐射供暖

供暖系统的热媒（蒸汽、热水、热空气、燃气或电热）通过散热设备，散热设备表面主要以辐射换热方式向房间散热，这种供暖方式称为辐射供暖。辐射供暖可采用在建筑物的顶棚、墙面或地板内埋设管道的方式，建筑物部分围护结构与散热设备结合为一体；也可采用在建筑物内悬挂金属辐射板或辐射管的方式。

3. 热风供暖

通过散热设备向房间送高于室温的空气，直接向房间供热。利用热空气向房间供热的系统，称为热风供暖系统。热风供暖系统可采用集中送风方式，也可利用暖风机加热室内再循环空气的方式向房间供热。

本章主要介绍供暖工程中应用最广泛的对流散热器和近年来正在推广应用的低温热水地板辐射散热设备。

2.2 散热器

2.2.1 对散热器的基本要求

散热器的作用是将供暖系统热媒所携带的热量通过散热器壁面传给房间，它是供暖系统的重要设备。散热器的选择应符合下列要求：

(1) 热工性能　散热器的传热系数 K 值越高，即散热性能越好。增大散热器单位体积的散热面积（如加肋片）、提高散热器表面空气流动速度和表面发射率（黑度）及其对房间的角系数等，都可提高其传热系数。

(2) 经济性能　散热器传给房间的单位热量所需金属量越少，成本越低。

散热器的金属热强度是评价散热器经济性能的重要指标。金属热强度是指散热器内热媒平均温度与室内空气温差为1℃时，每千克质量散热器单位时间所散出的热量。即

$$q = K/G \tag{2-1}$$

式中　q——散热器的金属热强度 [W/(kg·℃)]；

K——散热器的传热系数 [W/(m^2·℃)]；

G——散热器每 $1m^2$ 散热器面积的质量（kg/m^2）。

对于同一材质散热器，可采用金属热强度衡量其经济性。q 越大说明散出同样热量所消耗的金属量越少，经济性越好；对各种不同材质的散热器，其经济性能评价标准宜采用散热器单位散热量的成本（元/W）来衡量。

(3) 安装使用方便　散热器的结构形式应便于组合成所需要的散热面积，结构尺寸要小，少占房间面积和空间；散热器的生产工艺应满足大批量生产的要求。在使用过程中，内腔无渣粒脱落，防止堵塞系统调节控制装置。

(4) 卫生美观　散热器外表光滑美观，不积灰和易于清洁，易与建筑装饰相协调。

(5) 使用寿命长　散热器不易被腐蚀和破坏，使用寿命长。

2.2.2 散热器类型

目前，国内外生产的散热器种类繁多，按其制造材质分，主要有铸铁、钢制和铝制散热器三类。按其构造形式分，主要分为柱型、翼型、管型、平板型等。

铸铁散热器的市场占有率大约70%，钢制散热器约占30%。近年来，随着节能环保方针的大力实施，以铸铁为主的传统产品结构发生了较大变化。将在铸铁与钢制散热器互补发展和提高钢制散热器防腐技术基础上，不断扩大钢制散热器生产比例，逐步贯彻2010年散热器产品“以钢为主，以铁为辅，钢铁并存”

的发展原则，同时适度发展铝制散热器。

1. 铸铁散热器

铸铁散热器具有结构简单，耐腐蚀性好，使用寿命长，耐压强度高，普通铸铁散热器的承压能力一般 $p_b = 0.4 \sim 0.5\text{MPa}$，热稳定性好和价格低廉等优点。但其在生产过程中能源与生铁消耗量大、环境污染严重。铸铁散热器在使用过程中内腔易掉砂，易堵塞热量表和温控阀。用于分户热计量供暖系统时，需对内腔作相应处理。铸铁散热器的金属热强度低于钢制散热器。金属热强度一般仅为 0.3W/（kg·℃）左右。

铸铁散热器按其构造形式，主要分为翼型和柱型。

（1）翼型散热器　翼型散热器分为长翼型和圆翼型两种（图 2-1a、b）。翼型散热器的金属热强度和传热系数比较低，外形不美观，积尘不易清除，单体散热量较大，设计选用时不易恰好组成所需的面积，目前很少选用这种散热器。

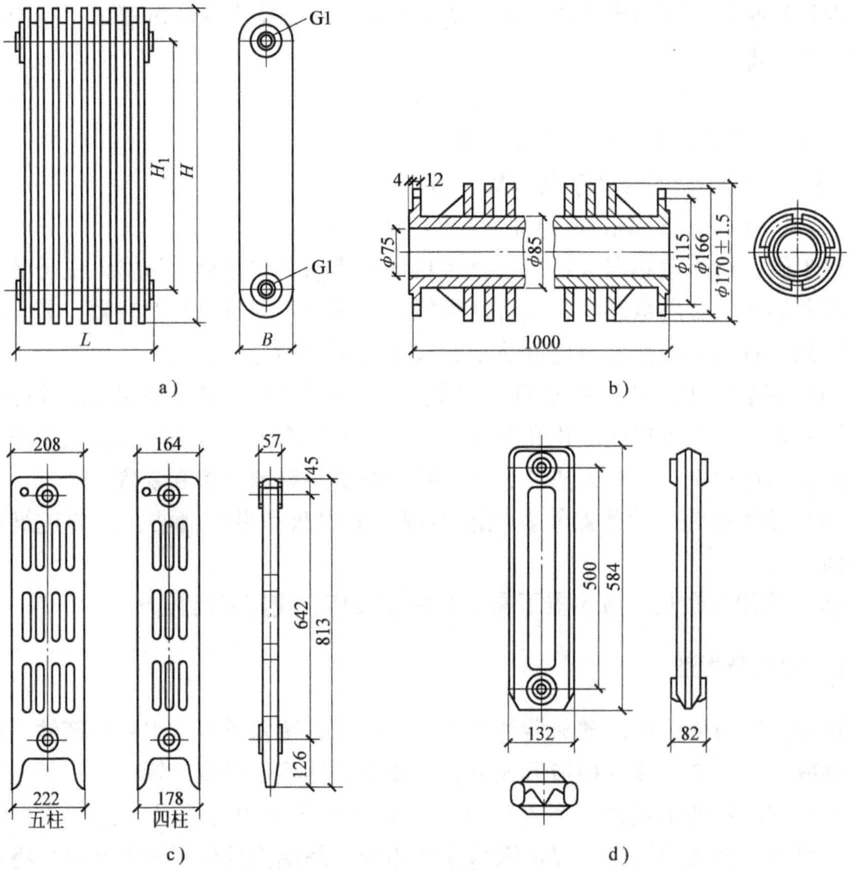

图 2-1　铸铁散热器示意图

a）长翼型散热器　b）圆型散热器　c）四柱型散热器　d）M-132 二柱型散热器

（2）柱型散热器（图2-1c、d） 柱型散热器是呈柱状的单片散热器。每片有几个中空的立柱相互连通。根据散热面积的需要，可将单片组装在一起形成一组散热器。柱型散热器与翼型散热器相比，其金属热强度及传热系数高，容易组成所需的面积，因而得到较广泛应用。

我国常用的柱型散热器主要有二柱、四柱散热器。根据国内标准，散热器每片长度 L 为60mm、80mm两种；宽度 B 有132mm、143mm、164mm三种，散热器同侧进出口中心距 H_1 有300、500、600、900四种标准规格尺寸。最高工作压力：对普通灰铸铁，热水温度低于130℃时，$p_b=0.5$MPa（当以稀土灰铸铁为材质时，$p_b=0.8$MPa）；以蒸汽为热媒时，$p_b=0.2$MPa。

国内散热器标准规定：柱型散热器有五种规格，相应型号标准标记为TZ2—5—5（8）、TZ4—3—5（8）、TZ4—5—5（8）、TZ4—6—5（8）和TZ4—9—5（8）。如标记TZ4—6—5，TZ4表示灰铸铁四柱型，6表示同侧进出口中心距为600mm，5表示最高工作压力0.5MPa。我国常用的几种铸铁散热器的规格见附录B中表B-1。

柱型散热器有带脚和不带脚的两种片型，可分别用于落地或挂墙安装。

2. 钢制散热器

钢制散热器的主要形式有闭式钢串片型、板型、柱型、扁管型和钢制柱型散热器等。

（1）闭式钢串片对流散热器（图2-2）它是由钢管、钢串片、联箱及管接头组成。钢管上的串片为0.5mm厚薄钢片，串片两端折边90°形成封闭垂直空气通道，增强了对流换热，同时使串片不易损坏。闭式钢串片散热器规格以高×宽表示，其长度可按设计要求制作。

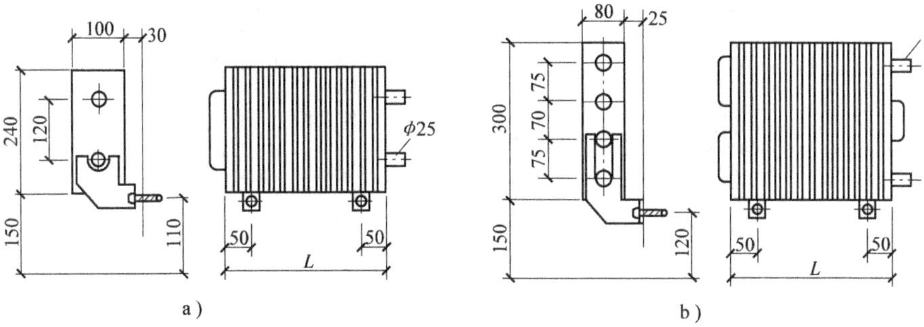

图2-2 闭式钢串片对流散热器示意图

a）240×100型 b）300×80型

（2）板型散热器（图2-3） 它是由面板、背板、进出水口接头、放水门固定套及上下支架组成。背板有带对流片和不带对流片两种。面板、背板多用1.2～1.5mm厚的冷轧钢板冲压成型，在面板直接压出呈圆弧形或梯形的散热器水道。

水平联箱压制在背板上。为增大散热面积，在背板后面焊以0.5mm厚的冷轧钢板对流片。

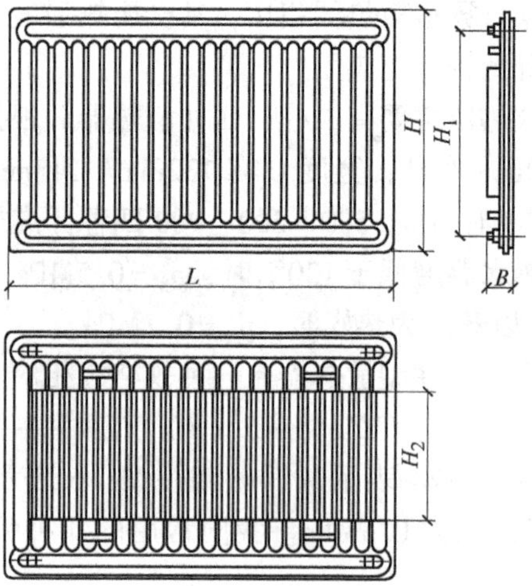

图2-3 钢制板型散热器示意图

(3) 钢制柱型散热器（图2-4） 其构造与铸铁柱型散热器相似。散热器采用1.25~1.5mm厚冷轧钢板冲压延伸形成片状半柱型，将两片片状半柱型经压力滚焊复合成单片，单片之间经气体弧焊联接成散热器。

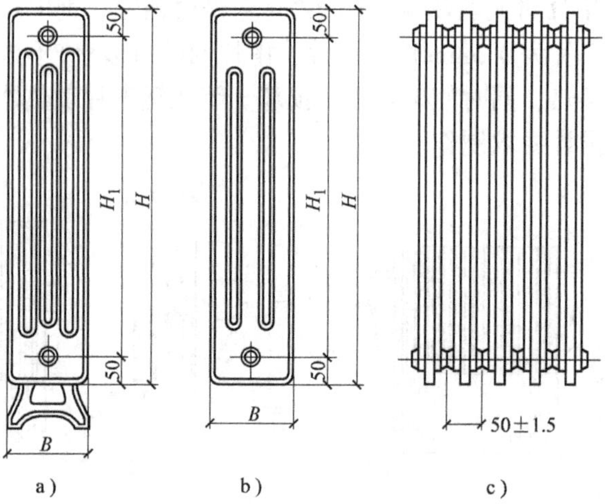

图2-4 钢制柱型散热器示意图

a) GZ_4—B/H_1—P b) GZ_3—B/H_1—P c) 钢制柱型

(4) 扁管型散热器（图2-5） 它是采用52mm×11mm×1.5mm（宽×高×厚）的水通路扁管叠加焊接在一起，两端加上断面35mm×40mm的联箱制成。扁管型散热器外形尺寸是以52mm为基数，形成三种高度规格：416mm（8根），

520mm（10 根）和 624mm（12 根）。长度由 600mm 开始，以 200mm 进位至 2000mm 共八种规格。

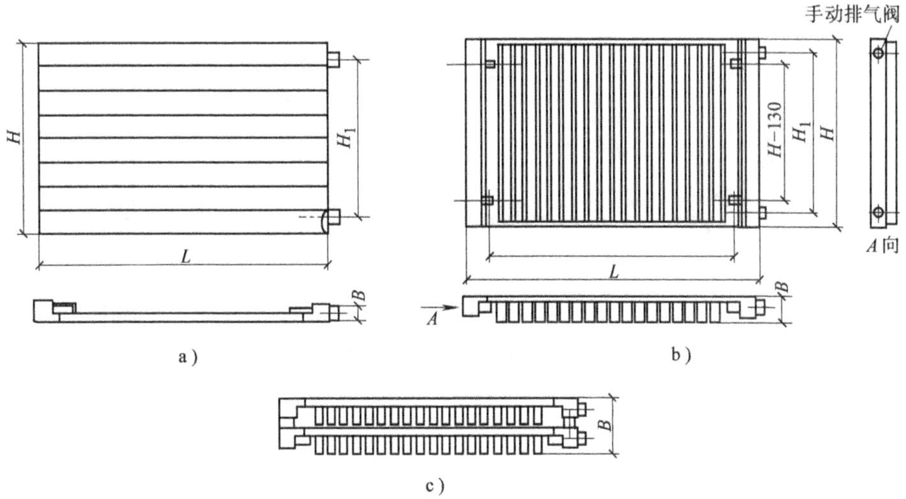

图 2-5　钢制扁管型散热示意图

a）GBD/D 型（单板不带对流片）　b）GBD/DL 型（单板带对流片）

c）GBD/SL 型（单板带对流片）

（5）钢管柱式散热器（图 2-6）　它是近年来出现的新型高档散热器，主要由钢管水平或垂直排列组成。这类散热器系列规格多，热工性能好、承压能力高、安装方便、外形美观。

图 2-6　WGZ 钢管柱式散热器

钢制散热器与铸铁散热器相比，主要优点是：金属耗量少，钢制散热器金属热强度可达 0.8 ~ 1.0 W/（kg · ℃），最高工作压力可达 0.8 ~ 1.2MPa；外形美观光洁，占地小，便于布置。

普通钢制散热器的最主要缺点是容易被腐蚀，使用寿命短，热稳定性差等。为了降低钢制散热器的腐蚀，应控制系统水质和系统补水水质。随着散热器行业的发展，新型钢制散热器耐腐蚀性能得到提高。我国几种传统的钢制散热器的规格见附录 B 中表 B-2。

3. 铝制散热器

铝制散热器（图 2-7），包括铝及铝合金散热器。其热工性能指标大大高于铸铁散热器。质量轻，仅为钢制散热器的 1/4 ~ 1/3，是铸铁散热器的 1/10。承压能力高，与钢制散热器相当。成型容易，可挤压成型为各类轻、薄、美、新的散热器，易与建筑装饰协调。但其价格高，且碱腐蚀严重。近年来铝制散热器防腐技术（如防腐材料内衬及涂层）取得了很大进展，使铝制散热器发展较快。

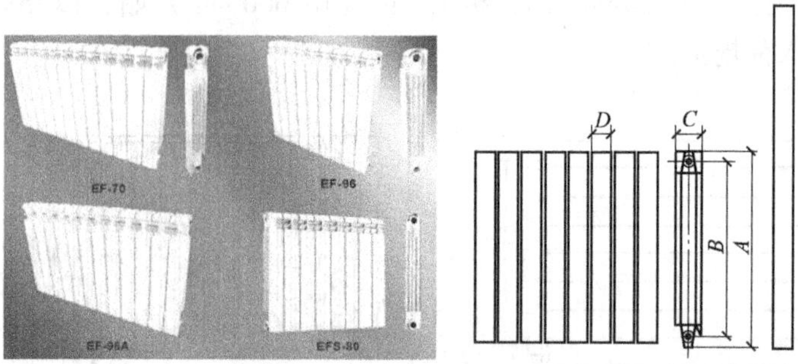

图 2-7 铝制散热器

除以上铸铁、钢制和铝制散热器外，还有其他材质散热器，如铜管铝翅片对流散热器，其美观和可拆、装的外罩，即保证了散热器使用效果，又使散热器美观、易清洁，同时起到防护作用。此外，还有陶瓷散热器和塑料散热器等，可查阅相关资料。

2.2.3 散热器的选用

设计选择散热器时，需考虑对散热器在热工、经济、卫生美观及使用寿命等方面的要求，还应符合下列原则性的规定：

1）散热器的工作压力，应满足系统的工作压力，并符合国家现行有关产品标准的规定。

2）民用建筑宜采用外形美观、易于清扫的散热器。

3）放散粉尘或防尘要求较高的工业建筑，应采用易于清扫的散热器。

4）具有腐蚀性气体的工业建筑或相对湿度较大的房间，应采用耐腐蚀的散热器。

5）采用钢制散热器时，应采用闭式系统，并满足产品对水质的要求，在非采暖季节应充水保养；蒸汽采暖系统不应采用钢制柱型、板型和扁管等散热器。

6）采用铝制散热器时，应选用内防腐型铝制散热器，并满足水质对产品的要求。

7）安装热量表和恒温阀的热水采暖系统，不宜采用水流通道内含有粘砂的散热器。

2.2.4 散热器的布置与安装

散热器的布置与安装应符合下列规定：

1）散热器宜安装在外墙窗台下，沿散热器上升的对流热气流能阻止和改善从玻璃窗下降的冷气流和玻璃冷辐射的影响，使流经室内的空气比较暖和舒适。对于分户热计量系统，为有利于户内管道的布置，当安装或布置有困难时，可靠内墙布置。

2）为防止冻裂散热器，两道外门之间，不应设置散热器。有冻结危险的楼梯间或其他有冻结危险的场所，应由单独的立、支管供暖，且散热器前不得设置调节阀。

3）散热器一般宜明装，内部装修要求较高的民用建筑可采用暗装。暗装时装饰罩应有合理的气流通道、足够的流通面积，并方便维修。托儿所和幼儿园的散热器必须暗装或加防护罩，以防烫伤儿童。安装在装饰罩内的恒温阀必须采用外置传感器，传感器应设在能正确反映房间温度的位置。

4）在垂直单管或双管热水供暖系统中，同一房间的两组散热器可以串联连接；贮藏室、盥洗室、厕所和厨房等辅助用室及走廊的散热器，亦可同邻室串联连接。热水采暖系统两组散热器串联时，可采用同侧连接，但上、下串联管道直径应与散热器接口直径相同，以便水流畅通。

5）在楼梯间布置散热器时，考虑楼梯间热流上升的特点，应尽量布置在底层，当散热器数量过多，在底层无法布置时，可按一定比例分配在下部各层，见附录 B 中表 B-3。住宅楼梯间一般可不设置散热器。

6）铸铁散热器的组装片数，不宜超过下列数值：

粗柱型（包括柱翼型）：20 片；

细柱型：25 片；

长翼型：7 片。

散热器组对后，以及整组出厂的散热器在安装之前应做水压试验。试验压力如设计无要求时应为工作压力的 1.5 倍，但不小于 0.6MPa。检验方法：试验时间为 2～3min，压力不降且不渗不漏。

2.2.5 散热器的计算

散热器计算的任务是确定供暖房间所需散热器的面积和片数（或长度）。

1. 散热器散热面积的计算

散热器散热面积按下式计算

$$F = \frac{Q}{K(t_{pj} - t_n)}\beta_1\beta_2\beta_3 \tag{2-2}$$

式中 F——散热器的散热面积（m^2）；

Q——散热器的散热量（W）；

K——散热器的传热系数 [W/（m^2·℃）]；

t_{pj}——散热器内热媒平均温度（℃）；

t_n——供暖室内计算温度（℃）；

β_1——散热器组装片数修正系数；

β_2——散热器连接方式修正系数；

β_3——散热器安装形式修正系数。

散热器片数或长度可按下式计算

$$n = F/f \tag{2-3}$$

式中 f——每片或每1m长的散热器面积（m^2/片或m^2/m）。

计算散热器散热面积时，由于每组片数或总长度未定，可先假定$\beta_1=1$进行计算，计算出F和n的初始值，然后根据每组的片数或长度乘以修正系数β_1，最后确定散热器面积。

2. 散热器内热媒平均温度t_{pj}

散热器内热媒平均温度t_{pj}随供暖热媒（蒸汽或热水）参数和供暖系统形式而定。在热水供暖系统中，t_{pj}为散热器进出口水温的算术平均值

$$t_{pj} = (t_{sg} + t_{sh})/2 \tag{2-4}$$

式中 t_{sg}——散热器进水温度（℃）；

t_{sh}——散热器出水温度（℃）。

1）对于双管热水供暖系统，散热器的进、出口水温分别为系统的设计供、回水温度。

2）对单管顺流热水供暖系统，每组散热器的进、出口水温沿流动方向下降，因而，每组散热器的进、出口水温必须逐一分别计算（见第3章）。

3）对于单管跨越式热水供暖系统，每组散热器的进口水温的求解方法，同单管顺流系统。但散热器出口水温需根据散热器热平衡原理求得。例如，单管跨越式热水采暖系统（图2-8），立管流量Q，进、出散热器前、后立管水温分别为t_2和t_1，散热器进流系数为α（$\alpha = G_s/G$），则散热器出水温度t_{sh}由散热器热平衡原理

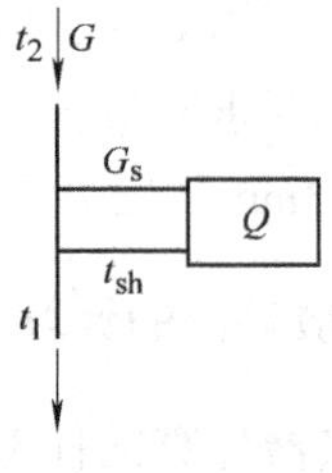

图2-8 跨越式系统

$$G(t_2 - t_1) = G_s(t_2 - t_{sh})$$

将α代入上式得

$$G(t_2 - t_1) = \alpha G(t_2 - t_{sh})$$

则

$$t_{sh} = t_2 - \frac{t_2 - t_1}{\alpha} \tag{2-5}$$

4）对于单双管系统，可通过分析各组散热器在管路中的串、并关系求出散热器的进、出口水温。

在蒸汽供暖系统中，当蒸汽压力≤0.03MPa时，t_{pj}取100℃；当蒸汽表压力大于0.03MPa时，t_{pj}取与散热器进口蒸汽压力相应的饱和温度。

3. 散热器的传热系数 K

散热器传热系数 K 值的物理概念，是表示当散热器内热媒平均温度 t_{pj} 与室内空气温度 t_{pj} 相差1℃时，每 $1m^2$ 散热器面积所散出的热量，单位为W/(m^2·℃)。它是表征散热器散热能力强弱的指标。

散热器的传热过程是由热媒与散热器内表面间的对流换热、散热器壁的导热、散热器外表面与周围空气对流换热和与周围物体间辐射换热三个传热过程所组成。因此，所有影响各个传热过程的因素都成为影响散热器传热系数的因素：散热器的制造情况（如采用的材料、结构形式、几何尺寸、表面喷涂等因素）和散热器的使用条件（如使用的热媒、温度、流量、室内空气温度及流速、安装方式及组合片数等因素），都综合地影响散热器的散热性能，因此，难以用理论的数学模型表征出各种因素对散热器传热系数 K 值的影响。通常通过实验方法确定。

国际标准化组织（ISO）和我国标准《采暖散热器散热量测定方法》（GB/T 1375—1992）规定：散热器传热系数 K 值的实验，应在一个长×宽×高为（4±0.2）m×（4±0.2）m×（2.8±0.2）m的封闭小室内，保持室温恒定下进行。散热器应无遮挡，敞开设置。实验结果整理成 $K=f(\Delta t)$，或 $Q=f(\Delta t)$ 的关系式

$$K = a(\Delta t)^b = a(t_{pj} - t_n)^b \tag{2-6}$$

或

$$Q = A(\Delta t)^B = A(t_{pj} - t_n)^B \tag{2-7}$$

式中 K——在实验条件下，散热器的传热系数［W/（m^2·℃）］；

A、B、a、b——由实验确定的系数；

Q——在散热面积 F 条件下的散热量（W）。

我国常用的散热器测定的实验数据见附录B中表B-1和表B-2。目前，多数厂家样本往往直接给出每片散热器的散热量。

如前所述，散热器的传热系数 K 和散热量 Q 值是在一定的条件下，通过试验测定的。若实际使用情况与实验条件不同，散热器的传热系数 K 和散热量 Q 将发生变化，则应对所测实验值进行修正。式（2-2）中的 β_1、β_2 和 β_3 值正是考虑散热器的实际使用条件与测定实验条件不同，而对 K 或 Q 值，亦即对散热器面积 F 引入的修正系数。

1）散热器组装片数修正系数 β_1。柱型散热器是以10片作为标定实验组合标准。在换热过程中，柱型散热器中间各相邻片间相互吸收辐射热，减少了向房间的辐射热量，只有两端散热器的外侧表面才能把绝大部分辐射热量传给室内。

随着柱型散热器片数的增加，其外侧表面占总散热面积的比例减少，散热器单位面积向房间散热量减少，因而实际传热系数 K 减少，在热负荷一定的情况下所需散热面积应增大。散热器组装片数的修正系数 β_1 值，可按附录 B 中表 B-4 选用。

2）散热器连接方式修正系数 β_2。所有散热器传热系数和散热量标定实验关系式，都在散热器支管与散热器同侧连接、上进下出的实验状况下整理得出。当散热器支管与散热器的连接方式不同时，由于散热器外表面温度场变化的影响，使散热器的传热系数发生变化。因此，对不同连接方式的散热器，应对其传热系数 K 值或散热量 Q 值予以修正。不同连接方式的散热器修正系数 β_2 值，可按附录 B 中表 B-5 选用。

3）散热器安装形式修正系数 β_3。散热器在房间内的安装形式有多种，如敞开装置、在壁龛内、或加装遮挡板等。实验公式 $K=f(\Delta t)$，或 $Q=f(\Delta t)$，都是在散热器敞开装置情况下整理的。当安装形式不同时，散热器对流换热和辐射换热的条件发生变化。因而，需对其 K 或 Q 值进行修正。散热器安装形式修正系数 β_3 值，可按附录 B 中表 B-6 取用。

除以上三方面影响因素外，还有其他影响因素。诸如通过散热器的水流量、散热器表面涂料不同等，都会对其 K 值和 Q 值有影响。

在蒸汽供暖系统中，蒸汽在散热器内表面凝结放热，散热器表面温度均匀，在相同的计算热媒平均温度 t_{pj} 下（如热水散热器的进、出口水温度为 130℃、70℃与蒸汽表压力低于 0.03MPa 的情况相比），蒸汽散热器的传热系数 K 值高于热水散热器的 K 值。

4. 散热器计算例题

【例 2-1】 某房间设计热负荷 2000W，室内安装四柱 813 型散热器，散热器明装，上部有窗台板覆盖，散热器距窗台板高度为 100mm。供暖系统为双管上供下回式。设计供、回水温度为 95℃、70℃，支管与散热器间采用同侧上进下出连接方式，求散热器面积及片数。

【解】 已知：$Q=2000\text{W}$，$t_{pj}=(95+70)℃/2=85.5℃$，$t_n=18℃$，$\Delta t=t_{pj}-t_n=(82.5-18)℃=64.5℃$，查附录 B 中表 B-2，对四柱 813 型散热器

$K=2.237\Delta t^{0.302}=2.237\,(64.5)^{0.302}\text{W}/(\text{m}^2\cdot℃)=7.87\text{W}/(\text{m}^2\cdot℃)$

散热器组装片数修正系数，先假定 $\beta_1=1.0$；

散热器连接形式修正系数，查附录 B 中表 B-5，$\beta_2=1.0$；

散热器安装形式修正系数，查附录 B 中表 B-6，$\beta_3=1.02$；

根据式（2-2）

$$F'=\frac{Q}{K\Delta t}\beta_1\beta_2\beta_3=\frac{2000}{7.87\times64.5}\times1.0\times1.0\times1.02\text{m}^2=4.02\text{m}^2$$

四柱813型散热器每片散热面积为0.23m²（附录B中表B-2）计算片数n'为

$$n' = F'/f = 4.02/0.23 = 14.4 \text{片} \approx 14 \sim 15 \text{片}$$

查附录B中表B-2，当散热器片数为11～20片时，$\beta_1 = 1.05$。

因此，实际所需散热器面积为

$$F = F'\beta_1 = 4.02 \times 1.05\text{m}^2 = 4.22\text{m}^2$$

实际采用片数n为

$$n = F/f = (4.22/0.23)\text{片} = 15.1\text{片}$$

取整数，应采用四柱813型散热器15片。

2.3 低温热水地板辐射供暖散热设备

2.3.1 辐射供暖及其散热设备类型

散热设备主要以辐射换热方式向房间散热（辐射换热散热量约占总散热量的50%以上），称为辐射供暖。

1. 辐射供暖的分类

辐射供暖按其热媒种类不同，分为热水辐射供暖、电热辐射供暖和燃气辐射供暖。辐射供暖按其散热设备构造分为埋管式和组合式。将加热管（塑料管或发热电缆）埋设在建筑围护结构（顶棚、地板或墙体）表面内，将围护结构表面作为散热面的形式为埋管式；将金属板焊接于金属管组成散热面为组合式。辐射供暖系统的散热设备通常称为辐射板面。

辐射供暖按其辐射板表面温度不同，分为低温辐射供暖（表面温度低于80℃）、中温辐射供暖（表面温度为80～120℃）和高温辐射供暖（表面温度为300～500℃）。

辐射供暖按其辐射板面位置不同，分为顶面式、地面式等。

近年来，随着我国舒适、节能住宅的发展和供热收费制度的改革，以及户用燃气供暖热水炉和热泵供暖技术的应用，低温热水地板辐射供暖得到越来越广泛的推广应用。

2. 辐射供暖的应用

中温辐射供暖的散热设备为钢制辐射板，以高温水或蒸汽为热媒。主要用于工业建筑，用于高大的工业厂房中效果更好。也可用于商场、体育馆、展览厅、车站等对美观与装饰要求不太高的大空间公共建筑中。

目前较多采用的辐射供暖主要有低温热水地面辐射供暖、发热电缆地面辐射供暖、顶棚电热膜辐射供暖、热水吊顶辐射供暖、燃气红外线辐射供暖。

本节主要介绍低温热水地板辐射供暖。

2.3.2 低温热水地板辐射供暖及其散热设备

低温热水地板辐射供暖是将加热管埋设在地板构造层中，以不高于60℃的热水为热媒流过加热管，加热地板，通过地面以辐射换热和对流换热方式向室内供给热量的供暖方式。

1. 低温热水地板辐射供暖的特点

低温热水地板辐射供暖与对流供暖相比，主要特点：

1）热舒适度高：地面温度均匀，垂直温度分布合理，室温相同条件下，通常距地面0.05~0.15m内空气温度比对流供暖约高8~10℃；与对流供暖方式相比，空气对流减弱，空气洁净度较高。

2）节约能源：在相同的室内温度下，由于人体辐射热损失减少而实感温度高，可将室内设计温度降低2~3℃，热负荷减少到90%~95%，从而可节约能源，降低运行费用。由于通常热水温度不宜高于60℃，因此，是特别适合于高效利用低品位热能的一种供暖方式。

3）不占据室内地面有效空间：便于装饰、布置家具，不影响室内美观。

4）房间热稳定性好：对于埋管地面构造，地面层和混凝土层蓄热能力强，即使在间歇运行条件下，室温波动小。

5）便于实现分户热计量，只需要在每户的分水器前安装热量表。

6）有利于隔声和降低楼板撞击声。

低温热水地板辐射供暖增加构造层的厚度，减少了房间净高，同时增加了楼板荷载约120kg/m^2。地面下系统维修困难，对施工要求严格。仅适合于建筑热工条件较佳的节能住宅，否则地板表面温度会超标。热媒温差较小，相应流量较大，热媒输送管道断面和输送能耗较散热器供暖大。

低温热水地板辐射供暖技术，目前仍有很多问题处于探讨之中。为了使低温热水地板辐射供暖工程的设计、施工及验收，做到技术先进、经济合理、安全实用和确保质量，北京等地制定了相应的技术规程。

2. 辐射供暖地板构造

低温热水地板辐射供暖属于埋管式。设计时应会同有关专业采取防止建筑物构件龟裂和破损的措施。辐射供暖地板一般由楼板或与土壤相邻的地面、绝热层、加热管、填充层、地面层、以及防水层（或防潮层）构成，其基本构造的一般模式，如图2-9所示。

1）地面层：包括地面装饰层及其找平层。

2）填充层：敷设于加热管周围及以上的构造层，用以保护加热管并使地面温度均匀。宜采用C15豆石混凝土，加热管的填充层厚度不宜小于50mm。地面

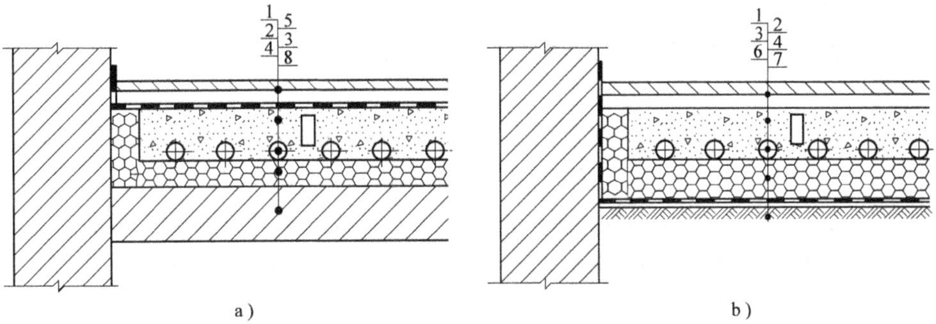

图 2-9　辐射供暖地板基本构成

a）楼层辐射供暖地板的构成　b）底层辐射供暖地板的构成

1—地面层　2—填充层　3—加热管　4—绝热层　5—防水层　6—防潮层　7—土壤　8—楼板

荷载大于 $20kN/m^2$ 时，加热管上部的填充层，应经设计计算确定加固构造措施。为防止因冷热伸缩使地面龟裂而破坏，填充层内适当位置应设置伸缩缝。当面层采用带龙骨的架空木地板时，加热管应敷设在木地板与龙骨间的绝热层之上，可不设豆石混凝土填充层。

3）绝热层：敷设于填充层之下和沿外墙周边的构造层，用以减少无效热损失。与土壤相邻的地面，必须设绝热层，且绝热层下部必须设置防潮层。直接与室外空气相邻的楼板，必须设绝热层。绝热板材宜采用聚苯乙烯泡沫塑料，其物理性能应符合我国主要技术指标，如密度不小于 $20kg/m^3$，热导率不大于 0.041W/（m·℃），压缩应力不小于 100kPa，吸水率不大于 4%。氧指数不小于 30。聚苯乙烯泡沫塑料板的厚度不宜小于以下要求：楼层之间楼板上的绝热层为 20mm，与土壤或不采暖房间相邻的地板上的绝热层为 30mm，与室外空气相邻的地板上的绝热层为 40mm，沿外墙周边 20mm。当采用其他绝热材料时，宜按等效热阻确定其厚度。

4）防水层（或隔离层）：敷设于楼层地面层以下的构造层，用以防止地面水进入填充层和绝热层。对卫生间、洗衣间、浴室和游泳馆等潮湿房间，在填充层上部应设置防水层。

5）防潮层：当绝热层敷设于土壤之上时，绝热层下部应做防潮层，用以防止水汽进入绝热层。

3. 加热管选择及布置

加热管是低温热水地板辐射供暖系统重要组成部分，又是主要的散热设备。户内系统普遍采用塑料管材以便于水平暗装辐射，布置在地面下垫层内的管道，不论采用何种配管方式都要求管道有较长的使用寿命，较小的垫层厚度和较为方便的安装方法，并避免在垫层内有连接管件，因此不宜选用钢管。

（1）塑料管材的选择　低温热水地板辐射供暖加热管种类主要有交联聚乙烯

(PE-X) 管、聚丁烯 (PB) 管、交联铝塑复合 (XPAP) 管、无规共聚聚丙烯 (PP-R) 管。这几种塑料管材均具有抗老化、耐腐蚀、不结垢、承压高、无污染等优点。

塑料类管材的蠕变特性，是指由热作用引起的材料许用应力逐步下降的性质，是与金属管力学特性的主要区别。塑料类管材许用应力受温度的影响很大，如温度每提高 10℃，使用寿命约缩短 2.5 倍。因而，塑料类管材使用寿命主要取决于不同使用温度下对管材的累积破坏作用，冷态下的承压能力，不能用来判断在长期使用条件下的耐久性。

塑料管材质和壁厚的选择，应根据工程的耐久年限、管材的性能、管材的累计使用时间以及系统的运行水温、工作压力等条件确定。

1）塑料管材使用条件分级及选用。用于供暖系统的塑料管材，在全部使用期内，供暖系统的供回水温度存在着时间分布规律，不可能始终处于同一温度下。因此采用塑料管材时，需按不同的温度分布规律，确定使用条件分级。国际标准 ISO10508：1995：推荐了一种方法，并据此对实际寿命周期 50 年时，不同典型使用条件的管材，划分了使用条件分级，见附录 B 中表 B-7。低温热水地板供暖系统的使用条件分级应按不低于 4 级的要求选用。

2）塑料管材壁厚的选用。在确定管道壁厚时，输送压力流体的管道承受的应力，以环向应力为主应力。因此在确定塑料管管壁厚度时，采用环应力来计算。

a. 实际环应力的计算：

在塑料管材的标准中，实际环应力采用下式计算

$$\sigma'_{\mathrm{H}} = \frac{p(D-e)}{2e} \tag{2-8}$$

式中 σ'_{H} ——实际环应力 (MPa)；

p——管道内指定点的压力 (MPa)；

D——管道外径 (mm)；

e——管壁厚度 (mm)。

如令 $S=\dfrac{D-e}{2e}$，可以看出，S 值只与管道的结构尺寸有关，与管道的种类无关。将 S 代入式 (2-8)，可得出下式，管壁环应力与管内工作压力的关系

$$S = \frac{\sigma'_{\mathrm{H}}}{p} \tag{2-9}$$

在管壁的选择中，主要计算 S 值的大小。管道承受同样的环应力时，S 值越大，承压能力越小。S 值越小，承压能力越大。即外径相同时，壁厚越大，承压能力越大。壁厚越小，承压能力越小。

b. 许用环应力的计算：在实际计算中，必须根据工程使用性质、运行水温

及使用频率来选择管材的材质和壁厚。根据管道的使用条件分级，采用累计破坏的计算方法计算许用环应力，该方法通常称为 Miner's 规则，是国际标准 ISO13760：1998 规定采用的方法。表 2-1 给出了不同塑料管材的各级许用环应力。

表 2-1 几种塑料管材的许用环应力 （单位：MPa）

使用条件分级	1	2	3	4	5
PB 管	5.18	5.04	5.46	4.31	10.91
PR-X 管	3.85	3.54	4.00	3.24	7.60
PP-R 管	3.09	2.13	3.30	1.90	6.93

确定了许用环应力以后，根据式（2-9）可计算出管道承受的工作压力为 p_D 时的计算最大 S 值，用 $S_{J,max}$ 表示，$S_{J,max}=\frac{\sigma_D}{p_D}$。所选管材系列的 s 值应小于 $S_{J,max}$。PE-X 管材在不同使用条件分级对应的管径最小壁厚见附录 B 中表B-8。

（2）加热管的布置 应根据房间的热工特性和保证地板表面温度均匀的原则布管。地板供暖加热管的布置主要有三种形式，如图 2-10 所示：

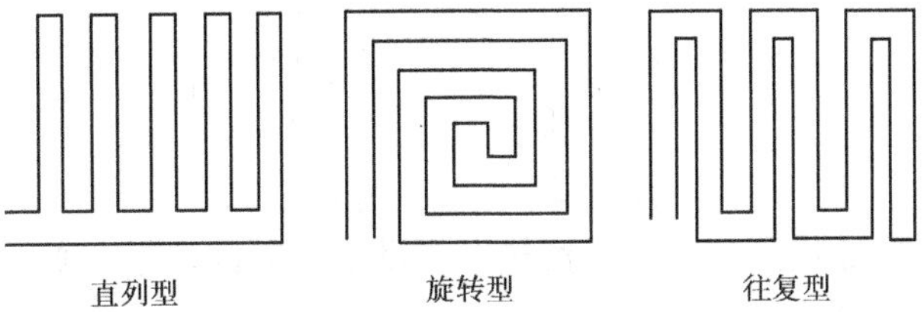

图 2-10 加热管布置

1）直列型（平行排管），构造简单，地板受热不均匀。

2）往复型（蛇形排管），铺设复杂，地面温度场较均匀。

3）旋转型（蛇形盘管），经过其板面中心的任意剖面，都可以保证高低温管间隔布置，温度分布均匀。

上述三种形式的管路均为连续弯管，系统阻力适中，特别适用于较长塑料管弯曲辐射。热损失明显不均匀的房间，宜采用将高温管段优先布置在房间热损失较大的外窗或外墙侧的方式。地面上的固定设备和卫生器具下，不宜布置加热管。

在工程实际中，根据房间的具体情况，三种类型的布置形式也可混用。为使每个分支环路的阻力损失宜于平衡，每个分支环路长度一般控制在 60～80m，连接在同一分水器、集水器上的同一管径的各环路，其加热管的长度宜接近，不宜超过 120m。

4. 低温热水地板辐射供暖散热设备的选择计算

当低温热水地板辐射供暖地板基本构造形式、地面层材料、加热管材选定后，其散热设备（辐射板面）选择计算的主要任务是在设计供回水温度下，确定满足散热量要求的管径和加热管间距。加热管间距，应根据房间热负荷、地面散热量、室内计算温度、平均水温及地面传热热阻等确定。

（1）地板辐射供暖热负荷确定　全面辐射供暖的热负荷，如第1章所述。

局部辐射供暖的热负荷，可按整个房间全面辐射供暖的热负荷乘以该供暖区域面积所占该房间总面积比例，再乘以表2-2中规定的局部辐射供暖热负荷附加系数。

表2-2　局部辐射供暖热负荷附加系数

供暖区域面积与房间总面积比例	0.55	0.40	0.25
附加系数	1.30	1.35	1.5

（2）辐射供暖地面散热量　采用地板辐射供暖时，地面作为散热面，充当供暖系统的散热设备。辐射供暖地面与周围空气对流换热和与周围物体间辐射换热向房间供给热量。因此，单位地板面积散热量 q 可用下列公式计算

$$q = q_f + q_d \tag{2-10}$$

$$q_f = 5\left[\left(\frac{t_{bj}+273}{100}\right)^4 - \left(\frac{t_{fj}+273}{100}\right)^4\right] \tag{2-11}$$

$$q_d = 2.13(t_{bj} - t_n)^{1.31} \tag{2-12}$$

式中　q_f——单位地板面积以辐射换热方式供给房间的热量（W/m²），简称为辐射散热量；

q_d——单位地板面积以对流换热方式供给房间的热量（W/m²），简称为对流散热量；

t_{bj}——地板表面平均温度（℃）；

t_{fj}——室内非加热表面的加权平均温度（℃）；

t_n——供暖室内计算温度（℃）。

（3）房间所需的地面散热量　在进行辐射供暖设计，确定加热管间距时，以房间所需的地面散热量为依据。单位地板面积所需散热量 q_x 为

$$q_x = \frac{Q}{F} \tag{2-13}$$

式中　F——敷设加热管的地面面积（m²）；

Q——房间所需的地面散热量（W）。

由于热媒的供热量应等于敷设加热管的地板的总传热量，其中包括通过地面向房间的散热量和通过楼板（或基础层）向下层房间（或土壤）的传热损失。而

房间所需的地板散热量，即所需地面负担的热负荷 Q，应为房间供暖设计热负荷 Q'扣除来自上层地板向下的传热损失。附录B中表B-9列举出了某种地面材料条件PE-X管的单位地板面积散热量和向下层房间或土壤的传热损失。地面散热量还应考虑家具和其地面覆盖物的影响。

计算房间单位地面耗热量时，其中距外墙1.5m范围内的热量，一般不宜少于外墙部分热负荷的50%。

（4）加热管间距的确定　由于影响地面平均温度及其散热量因素很多，诸如地板的构造、加热管种类规格及其布置间距、室内空气温度、平均水温、水的流速、地面传热热阻及周围非加热表面热工性能等，因此，理论上求解确定管间距复杂。我国《地面辐射供暖技术规程》（JGJ 42—2004）给出了加热管间距设计计算选用表。PE-X管设计计算间距选用表见附录B中表B-9。

（5）地板表面平均温度的校核　确定地面散热量时，应校核地板表面平均温度，确保其不高于最高限值。否则应改善建筑热工性能或其他辅助供暖设备，以满足房间所需散热量要求，并减少地面辐射供暖系统负担的热负荷。

1）地板表面平均温度计算。地板表面平均温度 t_{bj} 与单位地板面积散热量 q 之间的关系，由ASHRAE手册（2002版）提供的计算方法获得的计算数据，经回归得到近似计算式

$$t_{bj} = t_n + 9.82\left(\frac{q_x}{100}\right)^{0.969} \tag{2-14}$$

2）地板表面平均温度最高限值。对于地板采暖的地面温度为了保证人体舒适感，敷设加热管的地板表面平均温度 t_{bj}，应符合表2-3的规定。

表2-3　地板表面平均温度

环境条件	适宜范围/℃	最高限值/℃
人员长期停留区域	24～26	28
人员短期停留区域	28～30	32
无人员停留区域	35～40	42

（6）加热管内热水平均温度的确定　低温热水地板辐射供暖加热管内热水平均温度应按下式计算

$$t_{gp} = t_{bj} + \frac{q}{K_d} \tag{2-15}$$

式中　t_{gp}——加热管内热水平均温度（℃）；

K_d——辐射地板的传热系数［W/（m^2·℃）］。

其中，辐射地板的传热系数 K_d，由下式计算

$$K_d = \frac{2\lambda}{A + B} \tag{2-16}$$

式中 A——加热管间距（m）；

B——加热管上部覆盖层材料的厚度（m^2）；

λ——加热管上部覆盖层材料的热导率［W/（m·℃）］。

为确保管材使用寿命和地面温度的均匀，供水温度不宜超过60℃，供回水温差不宜大于10℃。同一热源输配系统的各房间，应按相同的水温计算。

习　　题

1. 试述散热设备的类型及特点。
2. 为什么散热器应尽量装在窗台下？
3. 影响散热器传热系数和散热量的主要因素有哪些，在设计中如何考虑？
4. 在计算散热器散热面积时，为什么要进行修正？
5. 低温热水地板辐射供暖的特点是什么？
6. 地板辐射供暖加热管的形式有哪些？在工程设计中如何布置？
7. 同一种类型的散热器，当散热器面积增加一倍时，散热量也一定增加一倍吗？为什么？
8. 何谓散热器的金属热强度，其物理意义如何？
9. 低温地板辐射供暖系统采用塑料管材时，确定管壁厚度时与哪些因素有关？
10. 对同一幢建筑物的供暖系统采用130℃/70℃或采用95℃/70℃热水系统，假设室内温度为18℃，散热器 $K=2.503\ (\Delta t)^{0.293}$。试确定两种方案散热器的面积比？

第 3 章 热水供暖系统

以热水作为热媒的供暖系统，称为热水供暖系统。由于热水作为热媒与蒸汽相比，具有卫生条件好、节能等优点，民用建筑应采用热水供暖系统。

室内热水供暖系统的分类方法：

1）按循环动力的不同，分为重力（自然）循环热水供暖系统和机械循环热水供暖系统。

2）按供、回水方式的不同，分为单管系统和双管系统。

3）按管道敷设方式的不同，分为垂直式系统和水平式系统。

4）按热媒温度的不同，分为低温水供暖系统和高温水供暖系统。温度低于或等于100℃的热水，称为低温水。温度高于100℃的热水，称为高温水。室内热水供暖系统，大多采用低温水供暖系统，设计供回水温度多采用95℃/70℃（也有采用85℃/60℃）。高温水供暖系统一般宜在生产厂房中应用。

5）按管道连接及热媒流经路程，分为同程式系统和异程式系统。

近年来随着我国供热收费制度的改革，热水供暖系统按系统装置及功能的不同，又分为常规系统和分户热计量系统。分户热计量供暖系统主要具有分室（或分户）调节和按户热计量的功能。

3.1 重力循环热水供暖系统

3.1.1 重力循环热水供暖系统的基本原理及其作用压力

重力循环热水供暖系统靠水的密度差进行循环。重力循环热水供暖系统是最早采用的一种供暖方式，该方式装置简单，运行时无噪声和不消耗电能。但由于其作用压力小，管径大，作用范围受到限制。一般只适用于单幢建筑物，其作用半径不宜超过50m。

重力循环系统的工作原理，如图3-1所示。假设整个系统只有一个加热中心

2（锅炉）和一个冷却中心1（散热器），用供水管3和回水管4把锅炉与散热器连接起来。在系统的最高处连接一个膨胀水箱5，用它容纳水在受热后膨胀而增加的体积。

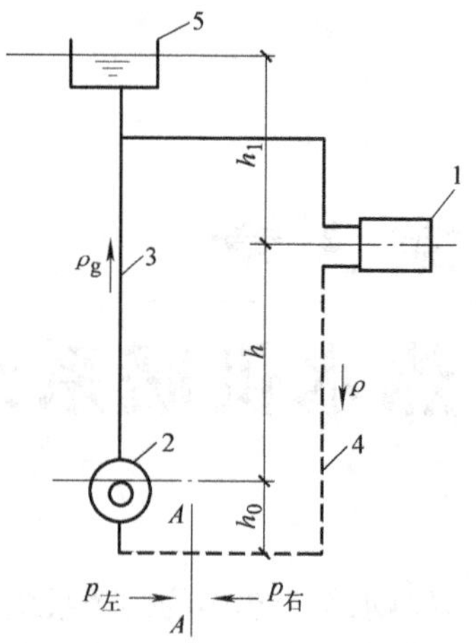

图3-1 重力循环热水供暖系统工作原理图
1—散热器 2—热水锅炉 3—供水管路 4—回水管路 5—膨胀水箱

在系统工作前，先将系统中充满冷水，当水在锅炉内被加热后，密度减小，同时受着从散热器流回来密度较大的回水的驱动，使热水沿供水干管上升，进入散热器。在散热器内水被冷却，再沿回水干管流回锅炉。这样形成水的循环流动。

由此可见，重力循环热水供暖系统的循环作用压力的大小，取决于水温在循环环路的变化状况。不考虑水在沿管路流动时因管壁散热而使水不断冷却的因素，作用压力的计算公式为

$$\Delta p = p_1 - p_2 = gh(\rho_h - \rho_g) \tag{3-1}$$

式中 Δp——重力循环系统的作用压力（Pa）；

g——重力加速度（m/s^2），取9.81m/s^2；

h——冷却中心至加热中心的垂直距离（m）；

ρ_h——回水密度（kg/m^3）；

ρ_g——供水密度（kg/m^3）。

3.1.2 重力循环热水供暖系统的主要形式

重力循环主要有单管和双管两种形式。图3-2a所示为双管上供下回式系统，图3-2b所示为单管上供下回顺流式系统。重力循环系统中水的流速较低，为了使系统中的空气能够顺利的排除，可以采用气水逆向流动。在管道布置的时候，系统的供水干管沿水流方向设向下坡，坡度为0.5%～1%，散热器支管坡度为1%。由于水流速度较低，空气浮升速度大于水流速度，在系统充水和运行过程中，空气能逆着水流动，经过供水干管聚集到系统的最高点，

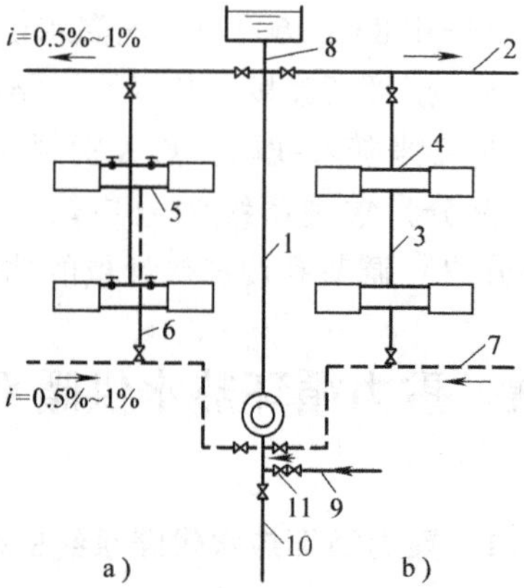

图3-2 重力循环热水供暖系统
a）双管上供下回式系统 b）单管顺流式系统
1—总立管 2—供水干管 3—供水立管 4—散热器供水支管 5—散热器回水支管 6—回水立管 7—回水干管 8—膨胀水箱连接管 9—充水管（接上水管） 10—泄水管（接下水道） 11—止回阀

经过膨胀水箱排除。

为了使系统顺利排除空气和在系统停止运行或检修时能通过回水干管顺利排水，回水干管应有向锅炉房方向的下降坡度。

3.1.3 重力循环系统作用压力的计算

1. 重力循环双管系统作用压力的计算

如图3-3所示，由于供水同时在上、下两层散热器内冷却，形成了两个并联环路和两个冷却中心，作用压力分别为

$$\Delta p_1 = gh(\rho_h - \rho_g) \tag{3-2}$$

$$\Delta p_2 = g(h_1 + h_2)(\rho_h - \rho_g) = \Delta p_1 + gh_2(\rho_h - \rho_g) \tag{3-3}$$

式中 Δp_1——通过底层散热器环路的作用压力（Pa）；

Δp_2——通过上层散热器环路的作用压力（Pa）。

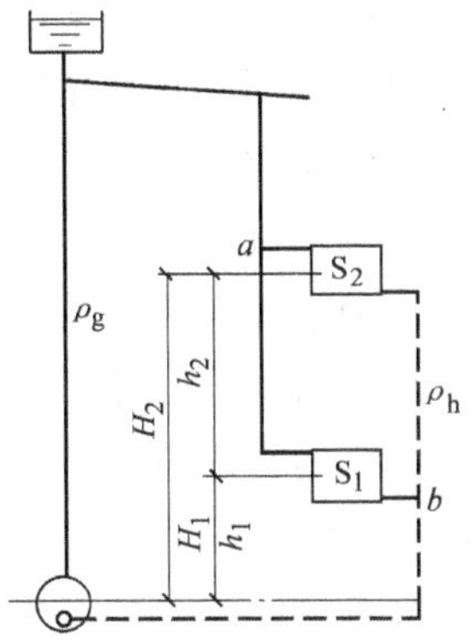

图3-3 双管系统

从上式中可以看出，通过上层散热器环路的作用压力比通过底层散热器的大，其差值为：gh_2（$\rho_h - \rho_g$）。在计算上层环路时，必须考虑这个差值。这也是双管系统出现垂直失调的主要原因。

2. 重力循环单管系统作用压力的计算

单管系统的特点是各层散热器是串联的，如图3-4所示，在上供下回式单管系统中，散热器S_1和S_2串联。引起重力循环作用压力的高差是（$h_1 + h_2$），水冷却后的密度分别为ρ_1、ρ_2，则其循环作用压力为

$$\Delta p = gh_1(\rho_h - \rho_g) + gh_2(\rho_2 - \rho_g) \tag{3-4}$$

或

$$\Delta p = gH_2(\rho_2 - \rho_g) + gH_1(\rho_h - \rho_2) \tag{3-5}$$

若循环环路中有N组散热器串联时，如图3-5所示，其循环作用压力可用一个通式来表示：

$$\Delta p = \sum_{i=1}^{n} gh_i(\rho_i - \rho_g) = \sum_{i=1}^{n} gH_i(\rho_i - \rho_{i+1}) \tag{3-6}$$

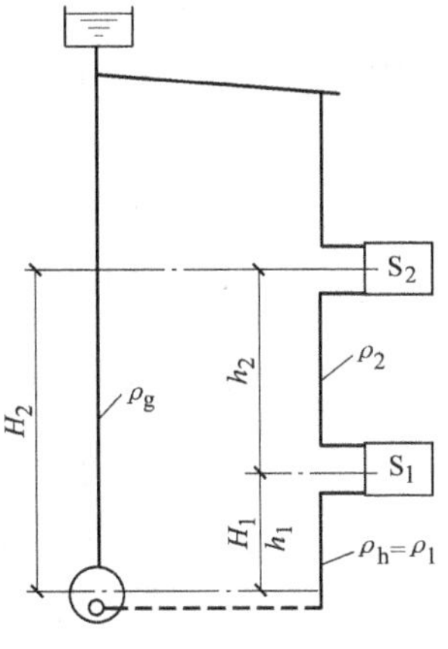

图3-4 单管系统

式中 n——在循环环路中，冷却中心的总数；

i——表示n个冷却中心的顺序数，令沿水流方向最后一组散热器为$i=1$；

g——重力加速度（m/s^2），取$9.81m/s^2$；

h_i——从计算的冷却中心i至冷却中心（$i-1$）之间的垂直距离（m）；

ρ_i——流出所计算的冷却中心的水的密度（kg/m^3）；

ρ_{i+1}——进入所计算的冷却中心的水的密度（kg/m^3）；

H_i——从计算的冷却中心至锅炉中心之间的垂直高度（m）。

从上面作用压力的计算公式可见，单管热水供暖系统的作用压力与水温变化，加热中心与冷却中心的高度差以及冷却中心的个数等因素有关。每一根立管只有一个重力循环作用压力，而且即使最低层散热器低于锅炉中心，也可能使水循环流动。

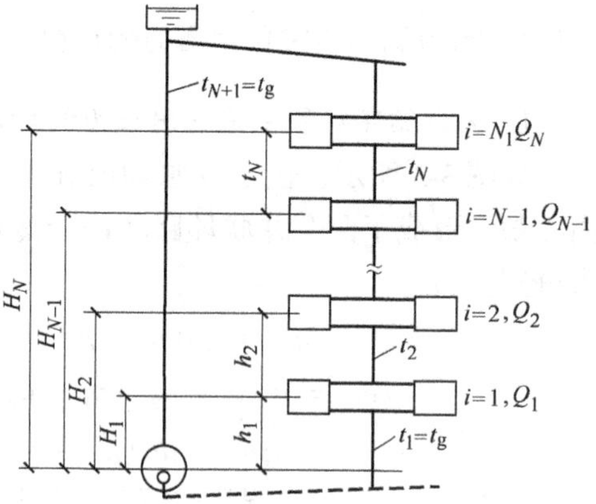

图 3-5 立管示意图

为了计算单管系统的重力循环作用压力，需要求出各个冷却中心之间管路中的水的密度（附录 C 中表 C-1），为此，需要确定各散热器之间管路的水温。

3. 单管系统各层水温的计算

单管系统各层水温的计算，可用下式计算

$$t_i = t_g - \frac{\sum_i^N Q_i}{\sum Q}(t_g - t_h) \tag{3-7}$$

式中 t_i——流出第 i 组散热器的水温（℃）；

t_g——立管的供水温度（℃）；

t_h——立管的回水温度（℃）；

$\sum Q$——立管的总负荷（W）；

$\sum_i^N Q_i$——沿水流方向，在第 i 组（包括第 i 组）散热器前的全部散热器的散热量（W）。

4. 重力循环系统实际循环作用压力

在确定实际循环作用压力时，必须将水沿管路所产生的作用压力计算在内。

在工程计算中，首先采用简化计算方法，先只考虑水在散热器内冷却时产生的作用压力，然后再考虑在不同情况下，由于管路散热，水温沿途变化，而加上一个附加压力。它的大小与系统供水管路的布置状况、楼层高度、所计算的散热器与锅炉之间的水平距离的因素有关。

总的重力循环作用压力，可用下式计算

$$\Delta p_{zh} = \Delta p + \Delta p_f \tag{3-8}$$

式中 Δp_{zh}——重力循环系统总的重力循环作用压力（Pa）；

Δp——重力循环系统中，水在散热器内冷却所产生的作用压力（Pa）；

Δp_f——水在循环管路中冷却的附加作用压力（Pa）；其数值见附录C中表C-2。

3.2 机械循环热水供暖系统

机械循环热水供暖中设置了循环水泵，靠水泵的机械能，使水在系统中强制循环。由于水泵产生的作用压力较大，因此机械循环热水供暖系统的供暖范围可以扩大，是目前应用广泛的一种供暖系统。

机械循环热水供暖系统根据散热器的连接方式可以分为垂直式系统和水平式系统。垂直式系统是指位于同一垂直方向的不同楼层的各散热器用垂直立管连接。水平式系统是指同一楼层的散热器用水平管线连接。

3.2.1 垂直式系统

在垂直式系统中，一根立管可以在一侧或两侧连接散热器，将垂直式系统中供给多个立管或汇集热水的管道称为供水干管或回水干管。垂直式系统按供、回水干管布置位置的不同，有以下几种主要形式：

1. 上供下回式热水供暖系统

上供下回式热水供暖系统有单管系统和双管系统两种形式。如图3-6所示左侧为双管系统，右侧为单管系统。

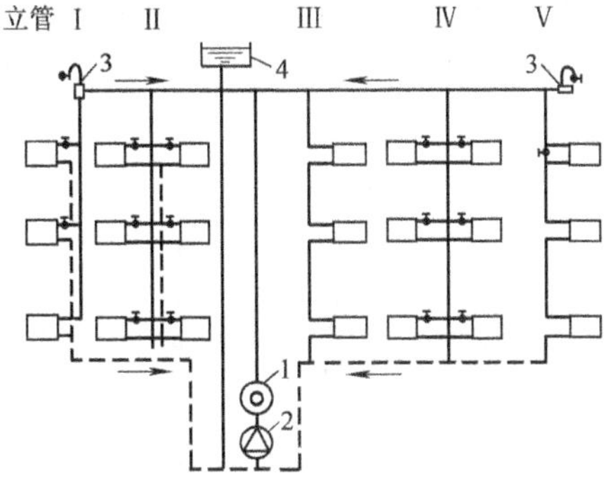

图3-6 机械循环上供下回式热水供暖系统

1—热水锅炉 2—循环水泵

3—集气罐 4—膨胀水箱

在机械循环热水供暖系统中，水在系统中的流速快，水流速度往往超过自水中分离出来的空气气泡的浮升速度，在上供下回式系统，为了排除系统的空气，供水干管应按水流方向设上升坡度，使气泡沿水流方向汇集到系统的最高点，通过设置在最高点的排气装置，将空气排出系统外。供水干管及回水干管的坡度，宜采用0.003，不得小于0.002。

回水干管的坡向与重力循环系统相同，应使系统水能顺利排出。

图3-6中立管Ⅲ是单管顺流式系统，特点是立管中全部的水量顺次流入各层散热器，并顺次地在各散热器中冷却，各层散热器的水温不同。顺流式系统形式

简单，施工方便，造价低。其缺点是不能进行局部调节。

图3-6中立管Ⅳ是单管跨越式系统，立管的一部分水流进散热器，另一部分通过跨越管与散热器流出的回水混合，流入下层散热器。与顺流式相比，由于只有部分立管水流入散热器，在相同的散热量下，散热器的出水温度降低，散热器中热媒和室内空气的平均温差减小，因而所需的散热器面积比顺流式系统大一些。但单管跨越式系统可以在散热器处进行局部调节，可以用在对室温要求严格，需要进行局部调节的建筑上。

图3-6中立管Ⅰ、Ⅱ为双管系统，双管系统的特点是各层散热器的进、出口水温相同，可在散热器处进行局部调节。但双管系统由于重力循环作用压力的影响，一般仅用于四层以下的建筑。

2. 下供下回式热水供暖系统

供、回水干管均位于系统最下面。与上供下回式系统相比，供水干管无效热损失小，建筑物顶棚下无干管，比较美观。另外，下供下回式系统还可以分层施工，分期投入使用，便于冬季施工。该系统常用于有地下室的建筑物以便于布置两根干管。系统的排气可通过在顶层散热器设放气阀或设置空气管来集中排气，如图3-7所示。

3. 中供式热水供暖系统

中供式热水供暖系统的供水干管位于建筑物的中部，如图3-8所示，供水干管将系统垂直分为两部分，上半部分可采用下供下回式系统或上供下回式系统，下半部分可采用上供下回式系统。中供式系统可避免由于顶层梁底标高过低，致使供水干管挡住顶层窗户的不合理布置，并可以减轻系统垂直失调。中供式建筑可用于加建楼层或“品”字形建筑的供暖。

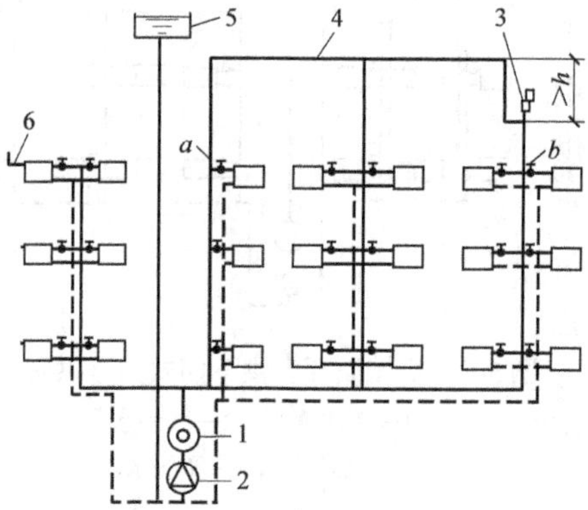

图3-7 机械循环下供下回式系统

1—热水锅炉 2—循环水泵 3—集气阀 4—空气管 5—膨胀水箱 6—冷风阀

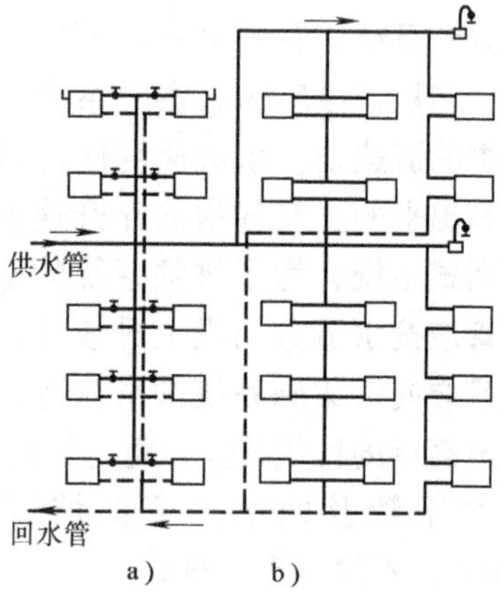

图3-8 机械循环中供式系统

a) 上部系统为下供下回式双管系统

b) 下部系统为上供下回式双管系统

4. 下供上回式系统

如图 3-9 所示供水干管在系统的最下部，回水干管位于系统的最上部，顶部设有顺流式膨胀水箱。水在系统内的流动是自下而上流动，所以又称倒流式系统。该系统的特点是：

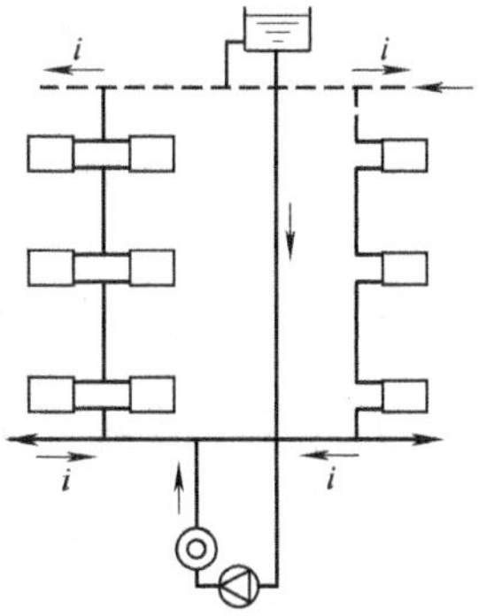

图 3-9 下供上回式系统

1）水和空气的流动方向均为自下向上流动，可通过顺流式膨胀水箱排除系统的空气，无需设置集气管等排气装置。

2）对热损失大的底层房间，由于底层供水温度较高，底层散热器的面积减少。有利于布置底层散热器。

3）当采用高温水供暖时，由于供水干管设在底层，可降低防止高温水汽化所需的水箱标高，减少布置高价水箱的困难。

4）散热器的连接方式采用下进上出，传热系数远低于上进下出式连接，散热器热媒的平均温度几乎等于散热器的出口水温，在相同的立管供水温度下，散热器的面积比上供下回式系统增加。

3.2.2 水平式系统

水平式系统按供水管与散热器的连接方式可分为顺流式（图 3-10）和跨越式（图 3-11）两类。

顺流式系统虽然省管材，但每个散热器不能进行局部调节，所以它只能用在对室温控制要求不严格的建筑物中。

跨越式系统由于增加了跨越管，可以在散热器上进行局部调节，可以用在需要局部调节的建筑物中。

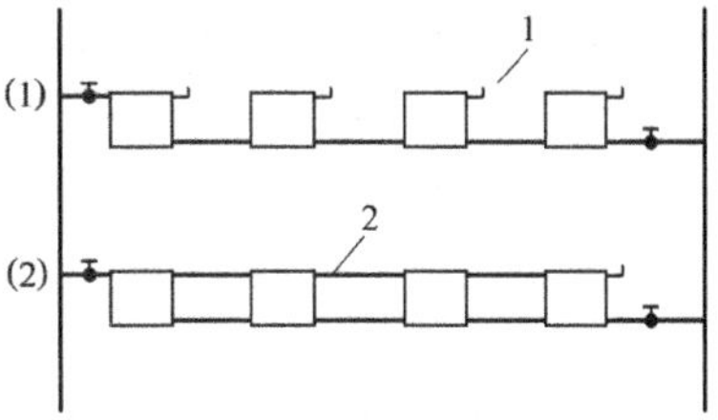

图 3-10 单管水平串联式

1—冷风阀 2—空气阀

水平式系统的排气方式要比垂直式系统复杂些。它可以通过在散热器上设置冷风阀分散排气，如图 3-10（1）和图 3-11（1）所示，也可以在同一层散热器上部串联一根空气管集中排气，如图 3-10（2）和图 3-11（2）所示。对于较小的系统，可用分散排气，对于较大的系统，为了管理方便，宜采用集中排气方式。

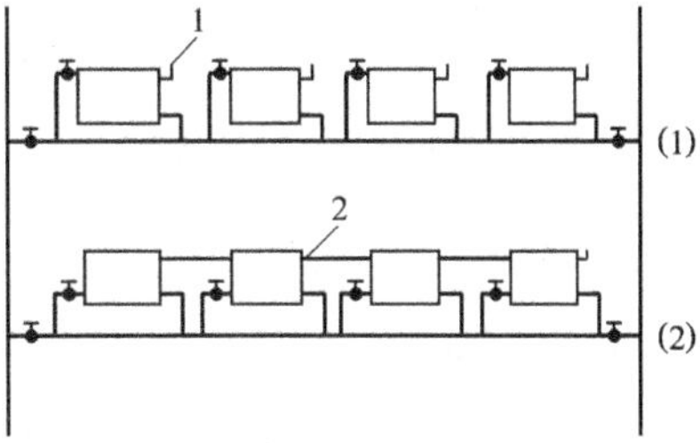

图 3-11 单管水平跨越式

1—冷风阀 2—空气管

水平式系统与垂直式系统相比，具有如

下优点：

1）系统的总造价一般比垂直式系统低。

2）管路简单，便于施工。除了供回水总立管外，没有其他穿过楼板的立管。

3）膨胀水箱的布置，可以利用最高层的辅助房间（如楼梯间、厕所等），不仅降低了造价，而且还不影响建筑物外观的美观。

4）便于分层调节和控制。

3.2.3 同程式系统与异程式系统

对于机械循环系统，按各并联环路水的流程，可将供暖系统划分为同程式系统与异程式系统。

异程式系统（图3-6），各立管环路的总长度不相等。通过近端立管的环路长度比通过远端立管的环路长度短。其特点是系统管路的总长度短，系统金属耗量低。但在较大的系统中，通过各个立管环路的压力损失较难平衡，会出现远近立管流量失调，出现系统的水平热力失调。

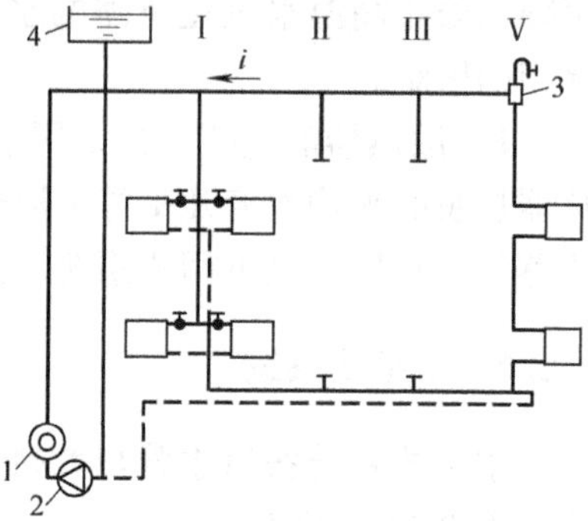

图3-12 同程式系统
1—热水锅炉 2—循环水泵
3—集气罐 4—膨胀水箱

同程式系统如图3-12所示，其特点是各立管环路的总长度都相等，但金属耗量高。除此之外，水力计算时，系统中部立管往往出现供回水压力相等，甚至回水压力高于供水压力的情况，进而导致中部立管出现倒流、滞留现象发生。这种水平热力失调较异程式系统的水平热力失调更难消除。在散热器阻力较小的系统中，不易采用同程式系统。

3.3 高层建筑热水供暖系统

高层建筑层数多，供暖系统的高度增加，水的静压力增加，供暖系统底层散热器承受的压力加大，更容易产生竖向失调。在遵照上述原则下，高层建筑热水供暖系统也可以有多种形式。

3.3.1 分层式高层建筑热水供暖系统

分层式高层建筑热水供暖系统是将系统沿垂直方向分成两个或两个以上的独立系统的形式。各层的分界线取决于集中热网的压力工况、建筑物总层数和所选散热器的承压能力等条件。下层系统可与室外管网直接连接，它的高度取决于室外管网的压力工况和散热器的承压能力。上层系统可采用以下几种连接方式：

（1）高区采用间接连接方式　高区供暖系统与热水网路采用间接连接方式，如图3-13所示。向高区供热的热交换器可设在建筑物的底层、地下室，还可设在室外的集中热力站内。室外热网在用户处提供的资用压力较大、供水温度较高时可采用这种连接方式。

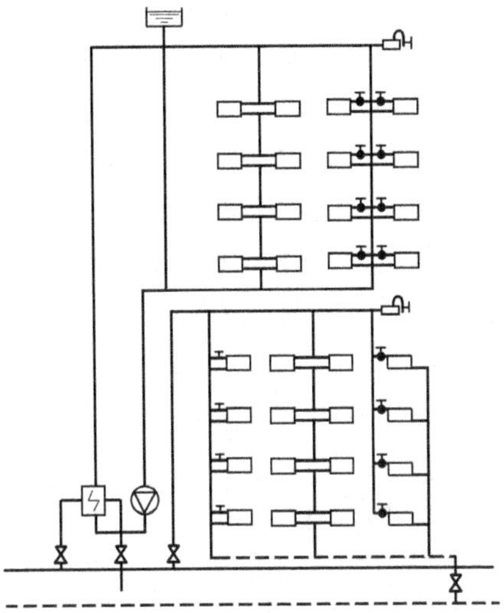

图3-13　分层式热水供暖系统

（2）高区采用双水箱或单水箱连接的系统　如图3-14a所示，在高区设两个水箱，高区系统与外网直接相连（当外网供水压力低于高层建筑水静压力时，采用在供水管设加压泵的方式），利用进、回水两个水箱的水位高差进行高区系统的循环，利用非满管流动的溢流管6与外网回水管压力隔绝。

单水箱连接方式如图3-14b所示，利用系统最高点的压力，使高层系统循环流动。这两种方式简化了入口设备，降低了系统造价，但采用开式水箱，易使空气进入系统，造成系统的腐蚀。当室外管网在用户处提供的资用压力小或温度较低时，可采用这种系统形式。

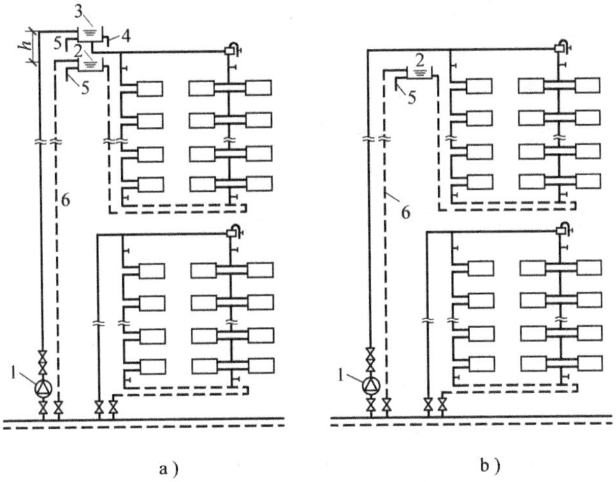

图3-14　高区双水箱或单水箱分层式热水供暖系统

a）双水箱分层式采暖系统　b）单水箱分层式采暖系统

1—加压水泵　2—回水箱　3—进水箱　4—进水箱溢流管　5—信号管　6—回水箱溢流管

3.3.2 双线式系统

双线式系统只能减轻系统竖向失调，不能解决系统下部散热器超压的问题。双线式系统分为垂直式系统和水平式系统。

1. 垂直双线式单管供暖系统

垂直双线式单管供暖系统（图 3-15a）是由竖向的Π形单管式立管组成的。双线系统的散热器通常采用串片散热器、蛇形管或埋入墙内的辐射板结构。由于散热器立管是由上升立管和下降立管组成的，各层散热器的平均温度近似相同，减轻了竖向失调。立管的阻力增加，提高了系统的水力稳定性。

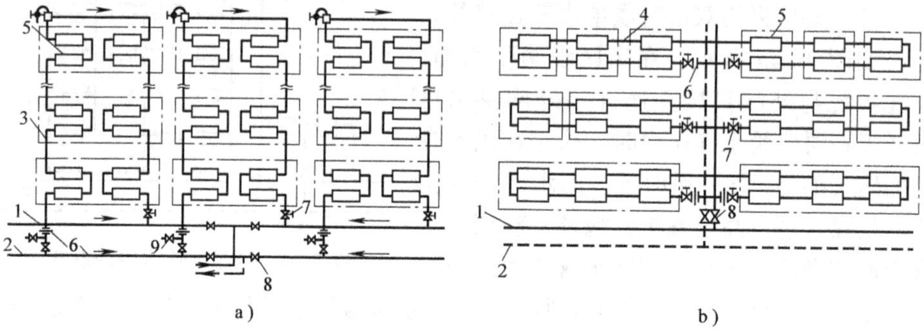

图 3-15 双线式热水采暖系统

a）垂直双线系统 b）水平双线系统

1—供水干管 2—回水干管 3—双线立管 4—双线水平管 5—散热设备 6—节流孔板 7—调节阀 8—截止阀 9—排水阀

2. 水平双线式供暖系统

图 3-15b 所示为水平双线式供暖系统，在水平方向的各组散热器平均温度近似相同，减轻了水平失调。同时水平双线式与水平单管式一样，可以在每层设置调节阀，进行分层调节。此外，为避免系统垂直失调，可在每层水平分支线上设置节流孔板来减轻竖向失调。

3. 单、双管混合式系统

图 3-16 所示为单、双管混合式系统，该系统将散热器沿垂直方向分成组，组内为双管系统，组与组之间采用单管连接。这种系统利用了双管系统散热器可局部调节和单管系统提高水力稳定性的优点，减轻了双管系统层数多时，重力作用压头引起的竖向失调严重的倾向，但该系统不能解决系统下部散热器超压的问题。

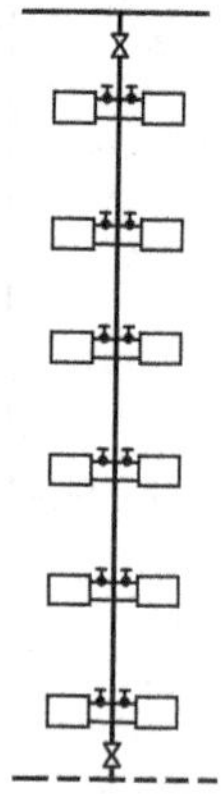

图 3-16 单、双管混合式系统

3.4　集中供暖分户热计量供暖系统

分户热计量供暖系统，是指以集中供热为前提，通过一定的供热调控和计量手段，实现用热量的按户计量与收费。分户热计量供暖系统的特点是，便于分户管理及分户分室控制、调节供热量。为实现分户计量供热，多采用共用立管的分户水平式独立系统。

分户热计量供暖系统主要有垂直式系统和分户水平式室内供暖系统。垂直式系统主要用于既有供暖系统的供热计量改造。分户水平式供暖系统适用于新建住宅供热计量收费系统。

3.4.1　垂直式系统

垂直式系统主要是在原有垂直单管顺流式系统的基础上，为方便调节、计量热量，进行改造时采用的一种系统形式。

1. 垂直式单管系统

这种系统把原来垂直式单管顺流式系统改为带跨越管、温控阀的可调系统。是旧系统改造极易可行的一种方式。一般有两种形式：一种加两通温控阀，一种加三通温控阀。

采用两通温控阀的单管系统，在立管上加装跨越管，跨越管管径比立管管径小一号。加设跨越管的主要目的是使流经散热器的水量可调。改造后散热器实际散热量较原先散热量下降。

采用三通温控阀的单管系统，直接在温控阀上加装旁通管，一部分流量通过旁通管分流，达到调节目的。

2. 垂直式双管系统

对于传统的双管系统，由于存在重力循环作用，垂直失调比较严重，往往只应用于4层以下的建筑。在改造中，在每组散热器进口支管上安装温控阀（图3-17），不仅可以使系统具有可调性，而且增大了末端阻力，温控阀的推荐阻力

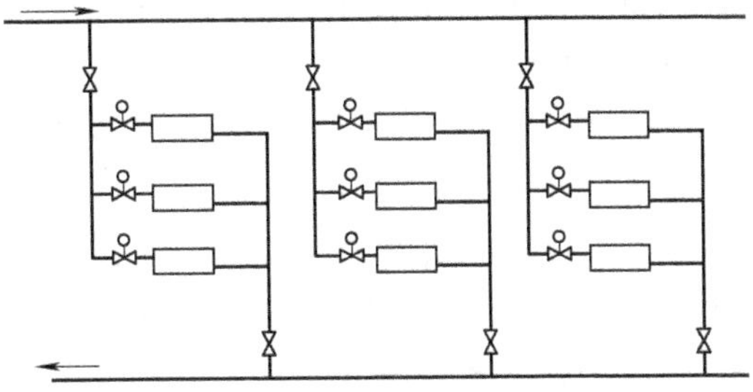

图3-17　加温控阀的双管系统

一般约为10~30kPa，由于温控阀本身较大的阻力以及根据室温自动调节开度的功能使得配备温控阀的垂直双管系统，可以突破楼层数限制。

为计量收费，可以在每组散热器上加装热分配表计量每户的热量。

3.4.2 分户水平式室内供暖系统

分户水平式系统，是指通常在每一个用户内只设一个热力出、入口，入口处设热量表，可计量用户的用热量。户内采用水平式单、双管系统，每组散热器设温控阀进行室温调节。

分户水平式室内采暖系统与以往水平式系统的主要区别在于：

1）水平支管长度限于一个住户内；

2）能够分户计量和调节流量；

3）可分室改变供热量，满足不同的室温要求。

1. 下供下回式系统

（1）水平单管跨越式系统　分户水平单管跨越式系统，如图3-18所示。系统的基本原理和上述垂直单管加跨越管系统相似。楼梯间内设共用立管，每户从立管上接出，用户入口设热量表计量热量，户内为水平单管跨越式系统。在散热器入口加温控阀，通过调节流经散热器和旁通管的流量比例，控制散热器散热量来调节室温。在分户入口处采用分户用热量表计量热量，一户一表。

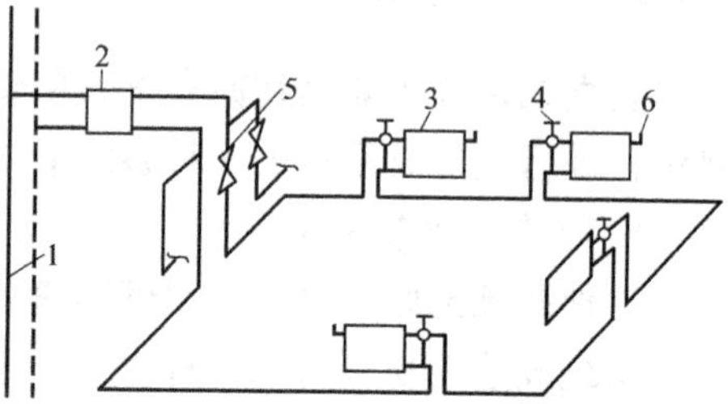

图3-18　分户水平单管跨越式系统示意图

1—共用立管　2—入口装置　3—散热器

4—温控阀　5—调节阀　6—放气阀

户内供暖管路一般应尽量暗敷在本层地面下沟槽或垫层内，或镶嵌在踢脚板内。地面上局部过门管道暗敷在沟槽内，室内无立管。各组散热器的进、出水管下供下回。各组散热器上设置恒温阀和跨越管，使工程造价提高，施工复杂。

（2）水平式双管系统　下供下回水平式双管系统，如图3-19所示，供回水干管暗敷在本层地面下沟槽或垫层内，或镶嵌在踢脚板内。各层散热器的进、出水管下供下回。户内为水平双管系统。散热器温

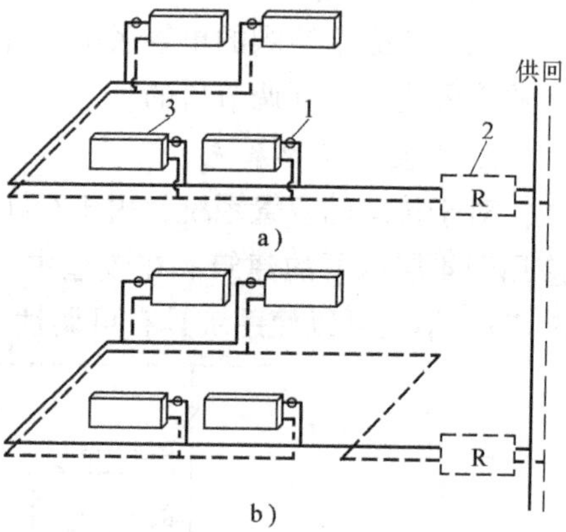

图3-19　下供下回双管系统

a）下供下回双管系统异程系统

b）下供下回双管系统同程系统

1—温控阀　2—入口装置　3—散热器

控阀可通过调节流经散热器的流量调节室温。

2. 上供上回式系统

上供上回式水平双管系统，如图 3-20 所示，供、回水管沿本层天花板下水平布置。各组散热器的进、出水管上供上回，分别连接在供、回水干管上。

分户水平双管系统为变流量系统，随着负荷的变化，流量也发生相应的变化，各个用户之间应采用自力式差压控制装置达到水力平衡。

3. 章鱼式双管系统

章鱼式双管系统是一种水平式双管系统，又称放射式系统，如图 3-21 所示。每层室内系统均从立管上接出分支管。户内系统也为双管，每户设一个分、集水器，管道采用放射状布置暗埋在楼板垫层内。

章鱼式双管系统便于温控阀分室控制，热舒适性好，但需要设分、集水器，全部支管需埋地暗敷。

上述系统需埋地暗装的管材一般选用 PB 管或交联聚乙烯塑料管。

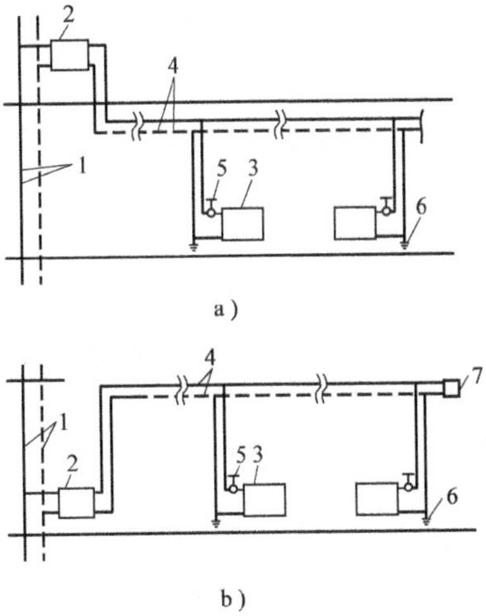

图 3-20 上供上回式水平双管系统
a) 入户装置在上一层 b) 入户装置在本层
1—用立管 2—入口装置 3—散热器
4—户内供回水管 5—温控阀
6—泄水 7—放气阀

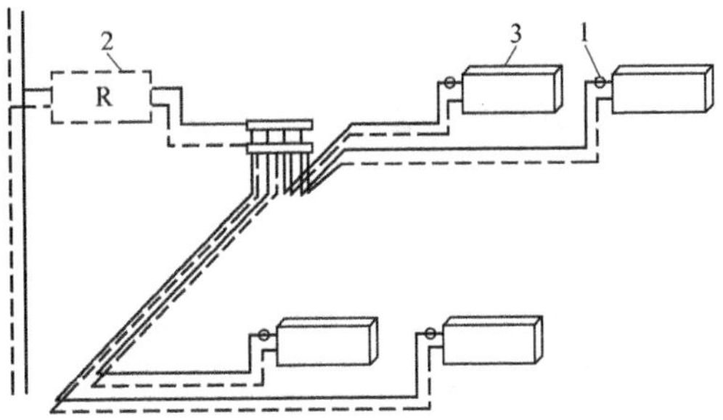

图 3-21 章鱼式双管异程式系统示意图
1—温控阀 2—户内系统热力入口
3—散热器

3.4.3 低温热水地板辐射供暖系统

1. 地板辐射供暖系统

低温热水地板辐射供暖系统是指各层均采用地板热水辐射供暖方式，各户系统之间并联。供回水总立管设在楼梯间，每户为一回路，可实现调节功能，如图

3-22 所示。其特点是舒适性好，不占用使用面积，高效节能，热稳定性好。

在室内系统的布置上，用户入口设分、集水器。每个分支环路都应在分、集水器上分别设置阀门，以便于系统维修和排空。敷设于地面填充层内的支管采用铝塑复合管或塑料管材。室内环路的平面布置，如图 3-23 所示。

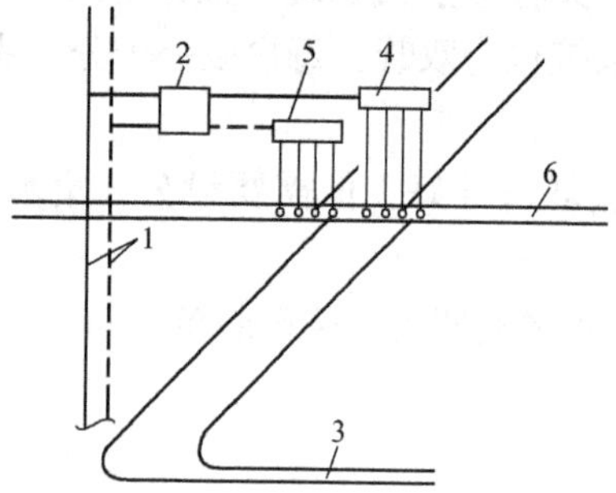

图 3-22　低温热水地板辐射供暖系统

1—总立管　2—入口装置　3—埋地加热管　4—分水器　5—集水器　6—垫层

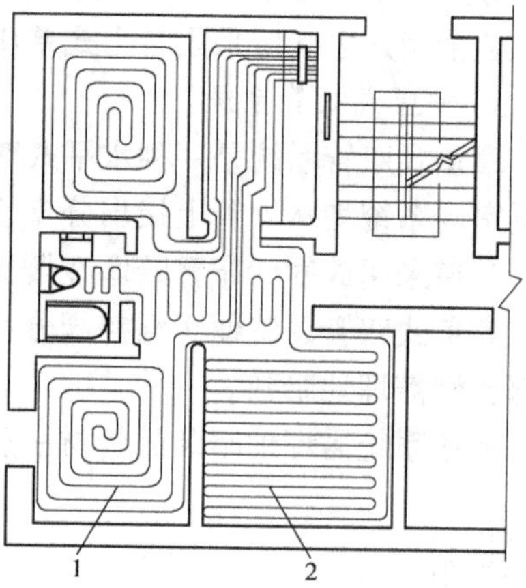

图 3-23　地板辐射供暖系统室内布置图

1—旋转型　2—直线性

2. 分、集水器装置

低温热水地板辐射供暖系统应采用独立的分、集水器装置，分集水装置如图 3-24 所示。

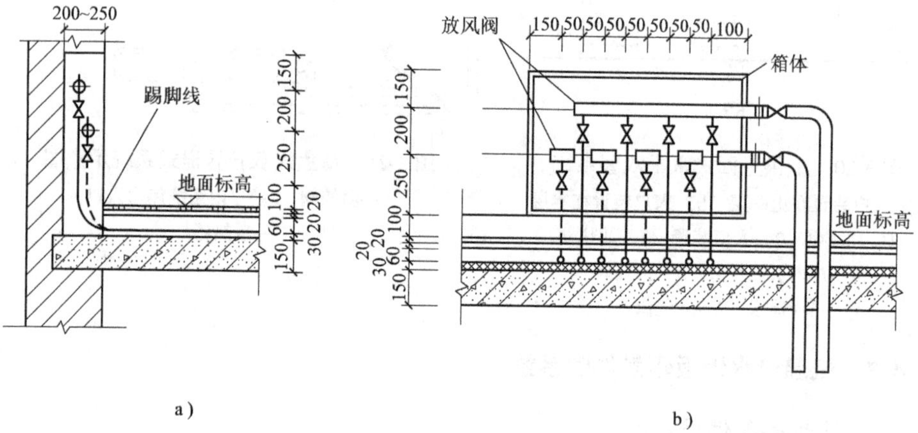

图 3-24　分集水器安装示意图

a）分水器侧视图　b）分水器正视图

系统设置的分、集水器应符合下列要求：

1）每一集配装置的分支环路不宜多于8个，住宅每户至少应设置一套集配装置。

2）集配装置的直径，应大于总供回水管径。

3）集配装置应高于地板加热管，并配置排气阀。

4）总供回水管和每一供回水分支路，均应配置截止阀或球阀。

5）总供回水管阀的内侧，应设置过滤器。

6）建筑设计应为集配装置的合理设计，提供适当的条件。

7）在系统布置的时候，为利于系统的水力平衡和温度均匀，同一集配装置系统各分支管路的加热管的长度宜尽量接近，不超过120m。不同房间和住宅的各主要房间，宜分别设置分支路。

3.4.4　共用供回、水立管

分户热计量供暖系统，一般在楼梯间设管道竖井，竖井内共用供、回水干管与每户的水平系统相连，如图3-22所示。

在共用立管的设计上，应采取防止水力失调的措施，当楼层过高时，应竖向分区；共用立管宜采用下供下回式双管系统，立管的顶点设排气装置，下部设泄水装置。

3.5　供暖系统的主要设备和附件

3.5.1　膨胀水箱

膨胀水箱的作用是用来贮存热水供暖系统加热后的膨胀水量。在重力循环上供下回式供暖系统中，它还起着排气作用。膨胀水箱的另一作用是恒定系统的压力。膨胀水箱一般用钢板制成，通常是圆形或矩形。膨胀水箱构造如图3-25所示。水箱上连有膨胀管、溢流管、信号管、排水管及循环管等管路。

膨胀管与供暖系统的连接点，在机械循环系统中，一般接至循环水泵吸入口处。连接点的压力，无论在系统运行与否，都是恒定的。因此此点称为恒压点。当系统充水的水位超过溢水管口时，通过溢流管将水自动溢流排出。溢流管一般接到附近下水道。

信号管用来检查膨胀水箱是否存水，一般应引到管理人员容易观察到的地方。

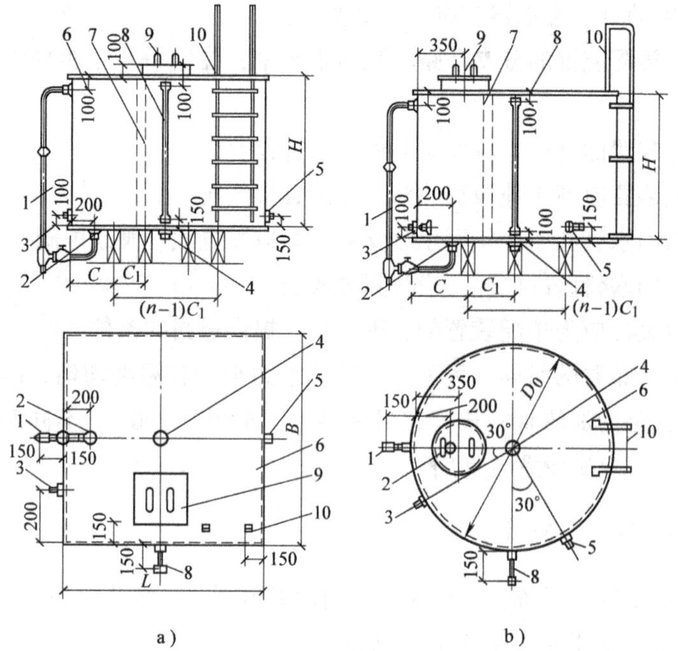

图 3-25 膨胀水箱

a) 方形 b) 圆形

1—溢水管 2—排水管 3—循环管 4—膨胀管 5—信号管

6—箱体 7—内人梯 8—水位计 9—人孔 10—外人梯

在机械循环系统中，循环管应接到系统定压点前的回水干管上，如图 3-26 所示。该点与定压点之间应保持 1.5 ~ 3.0m 的距离。这样可以让少量热水能缓慢地通过循环管和膨胀管流过水箱，以防水箱里的水冻结；同时，膨胀水箱应考虑保温。在重力循环系统中，循环管也可接到供水干管上，应与膨胀管保持一定的距离。

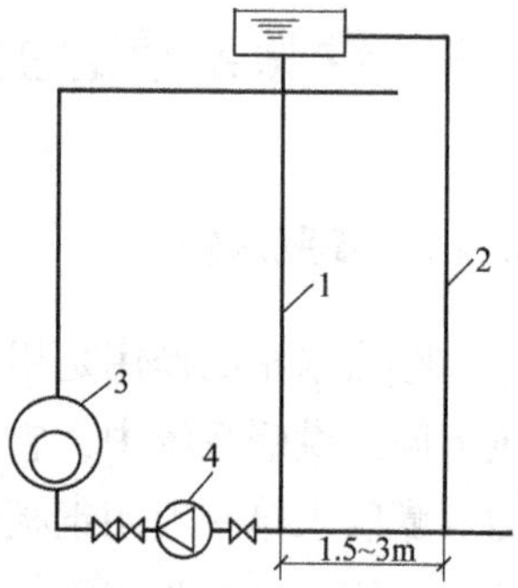

图 3-26 膨胀水箱与机械循环系统的连接方式

1—膨胀管 2—循环管

3—锅炉 4—循环水泵

在膨胀管、循环管和溢流管上，严禁安装阀门，以防止系统超压，水箱冻结或水从水箱溢出。

膨胀水箱的容积，可按下式计算

$$V_p = \alpha \Delta t_{max} V_c$$

式中 V_p——膨胀水箱的有效容积（L）；

α——水的体积膨胀系数$\frac{1}{K}$，$\alpha = 0.0006$，$\frac{1}{K}$；

V_c——系统内的水容量（L）；

Δt_{max}——考虑系统内水受热和冷却时水温的最大波动值（℃），一般上限按供回水的平均温度，下限可取20℃；

在95℃/70℃低温水供暖系统中，Δt_{max} = （95 - 20）℃ = 75℃，则上式可简化为

$$V = 0.045V_c$$

为简化计算，V_c 值可按供给1kW热量所需设备的水容量计算，其值可参考附录C中表C-3选取。

在设计过程中，根据计算的有效容积，选取国家标准图册中的膨胀水箱型号。

3.5.2 热水供暖系统的排气设备

系统的水被加热时，分离出空气，另外在系统停止运行时，通过系统的不严密处也会渗入空气，充水后，也会有些空气残留在系统内。在系统中如积存空气，就会形成气塞，影响水的正常循环。

热水供暖系统的排气设备，可以是手动的，也可以是自动的。目前国内常见的排气设备，主要有集气罐、自动排气阀和冷风阀等几种。

1. 集气罐

集气罐一般是用直径100～250mm的短管制成，分为立式和卧式两种，如图3-27所示。顶部连接直径15mm的排气管，集气罐的安装如图3-28所示。

在机械循环上供下回式系统中，集气罐应设在系统各分环环路供水干管的最末端的最高处，在系统运行时，应定期打开阀门将空气排除。

可根据如下要求选择集气罐的尺寸：

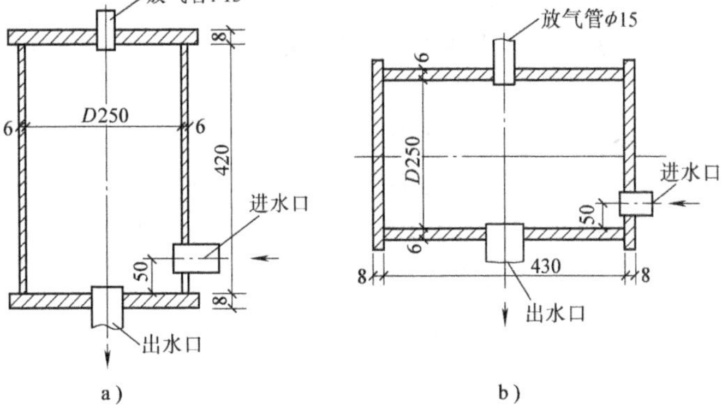

图3-27 集气罐

a）卧式 b）立式

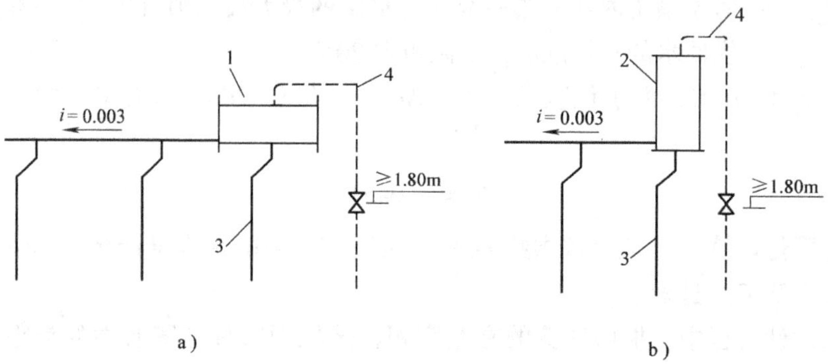

图 3-28 集气罐安装位置示意图

a）卧式集气罐 b）立式集气罐

1—卧式集气罐 2—立式集气罐 3—末端立管 4—*DN*115 放气管

1）集气罐的有效容积应为膨胀水箱有效容积的 1%。

2）集气罐的直径应大于或等于干管直径的 1.5～2 倍。

3）应使水在集气罐中的流速不超过 0.05m/s。

2. 自动排气阀

自动排气阀是靠阀体内的启闭机构自动排除空气的装置。它安装简便，体积小巧，且避免了人工操作管理的麻烦，在热水供暖系统中被广泛应用。

自动排气阀大都是依靠水对阀体的浮力，通过杠杆机构传动，使排气孔自动启闭，实现自动阻水排气的功能。自动排气阀的种类很多，如图 3-29 所示的自动排气阀，当阀内无空气时，阀体中的水将浮子浮起，通过杠杆机构将排气阀关闭，阻止水流通过。当空气从管道进入，积聚在阀体内时，空气将水面压下，浮子的浮力减小，依靠自重下落，排气孔打开，使空气自动排除。空气排除后，水再将浮子浮起，排气阀重新关闭。

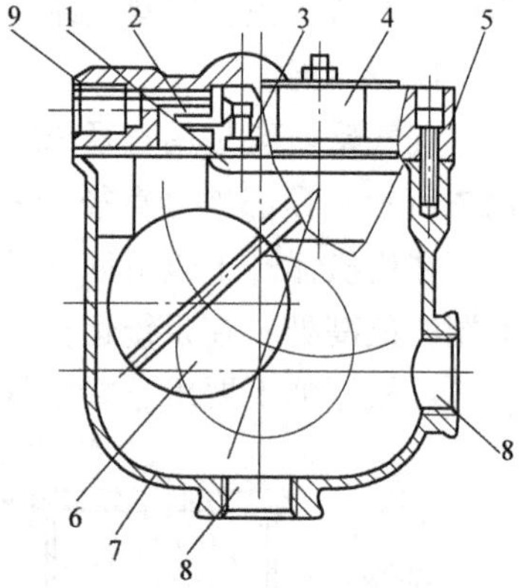

图 3-29 立式自动排气阀

1—杠杆机构 2—垫片 3—阀堵 4—阀盖 5—垫片 6—浮子 7—阀体 8—接管 9—排气孔

自动排气阀常会因水中污物堵塞而失灵，需要拆下清洗或更换，因此，在排气阀前应设阀门。

3. 冷风阀

冷风阀适用于工作压力≤600kPa，工作温度≤130℃的热水及蒸汽供暖散热器或管道上。

冷风阀多用在水平式或下供下回式系统中，它旋紧在散热器上部专设的螺纹孔上，以手动方式排除空气，如图3-30所示。

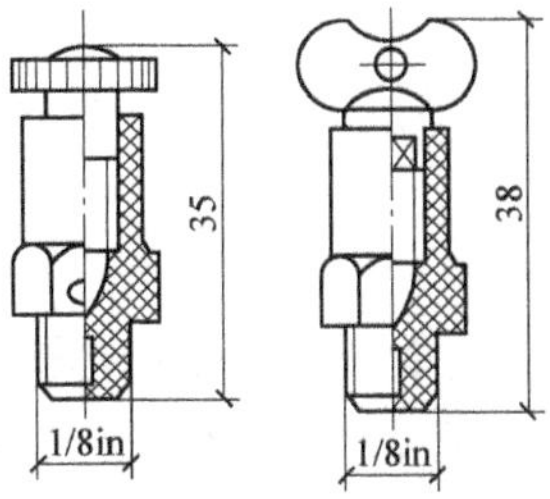

图3-30 冷风阀

3.5.3 计量供热与控制设备

1. 散热器温控阀

散热器温控阀是一种自动控制散热器流量的设备，其由恒温控制器、流量调节阀以及一对连接件组成，如图3-31所示。

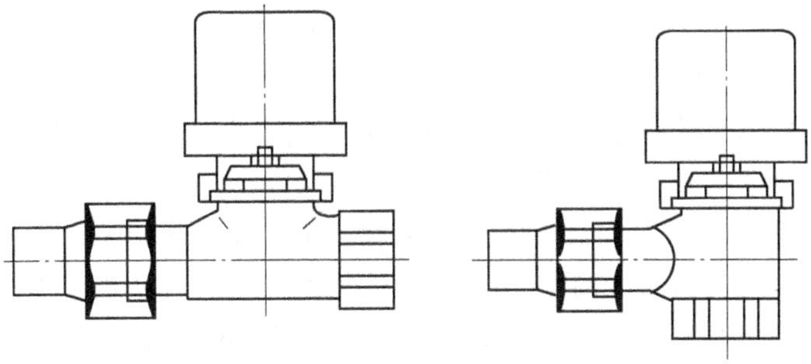

图3-31 散热器温控阀

a）直通温控阀 b）角型温控阀

恒温控制器的核心部件是传感器单元，即温包。温包内充有感温介质，能够感应环境温度，随感应温度的变化产生体积变化，带动调节阀芯产生位移，进而调节散热器的通过水量来改变散热器的散热量。恒温阀根据设定温度自动控制和调节散热器的热水供应。

温控调节阀按照连接方式分为两通型（直通型、角型）和三通型。其中两通型调节阀根据是否具备流通能力预设，还可分为预设定型和非预设定型两种。

两通非预设定型阀和三通型阀主要应用于单管跨越式系统，其流通能力大。两通预设定型阀主要应用于双管系统，其阻力预设功能可以解决双管系统的垂直失调问题。

在确定温控阀规格时，应考虑通过温控阀的水量和压差，从而确定温控阀的 *Kv* 值（阀门全开状态下的最大流量值）。温控阀全开时的阻力不宜小于散热器环路总阻力值的50%，两端压差小于30kPa。温控阀应具备限定最小流量防冻的功能。

散热器温控阀安装在每个散热器的进水管上。温控阀的传感器必须能够时刻感受周围室温。

2. 平衡阀

(1) 手动平衡阀　手动平衡阀是一种调节阀，它的工作原理是通过改变阀芯与阀座的间隙（开度），来改变流经阀门的流动阻力，以达到调节流量的目的，如图3-32所示。

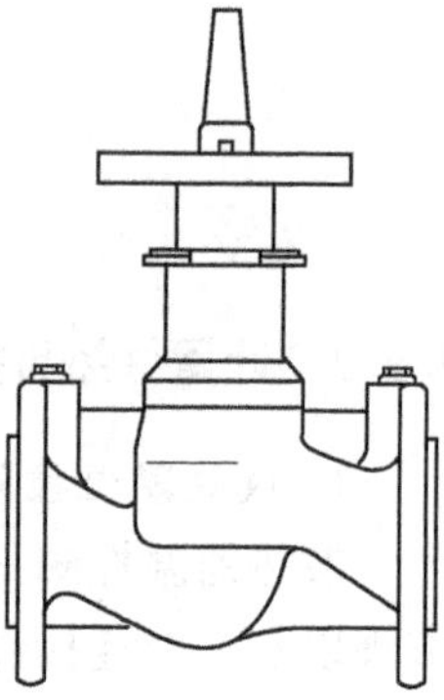

图3-32　手动平衡阀

手动平衡阀与普通阀门的不同之处在于有开度指示、开度锁定装置及阀体上有两个测压接头。在管网平衡调试时，测压接头可与专用智能仪表连接，仪表能显示出流经阀门的压降值和对应开度的流量值。

(2) 自力式流量控制阀　自力式流量控制阀又称定流量阀，如图3-33a所示。自力式流量控制阀的作用是在阀的进出口压差变化的情况下，维持通过阀门的流量恒定，从而维持与之串联的被控对象（如一个环路、一个用户、一台设备等）的流量恒定。管网中应用自力式流量平衡阀，可直接根据设计来设定流量，阀门可在水压作用下，自动消除管线的剩余压头及压力波动所引起的流量偏差。

自力式平衡阀是由一个手动调节阀组和一个自动平衡阀组组成。调节阀组作用是设定流量，自动平衡阀组作用是维持流量恒定。假设系统流体的工作压力为p_1，手动调节阀的前后压力分别为p_2、p_3，如图3-33b所示。当手动调节阀调到某一位置时，即人为确定了“设定流量”Kv手动调节阀的流量系数，流量

a)

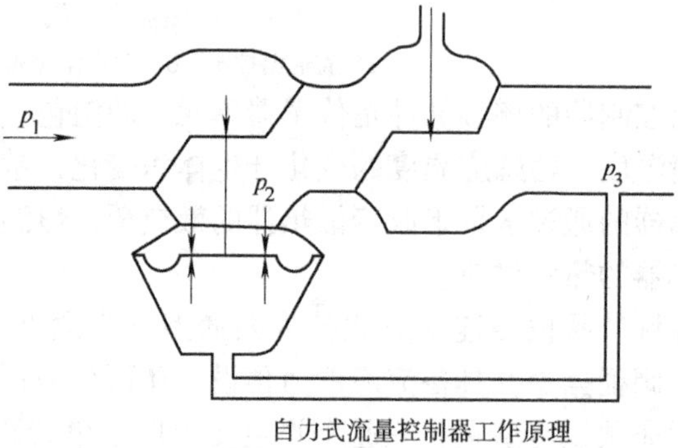

b)

图3-33　自力式流量控制阀

a) 结构图　b) 工作原理示意图

$G=Kv\ (p_2-p_3)^{1/2}$。Kv 设定后，只要 p_2-p_3 不变，则流量 G 不变。当系统流量增大时，(p_2-p_3) 的实际值超过了允许的给定值，此时通过感压膜和弹簧作用使自动调节阀组自动关小，直至流量重新维持到设定流量，反之亦然。

自力式平衡阀自动调节流量的有效范围取决于工作弹簧的性能。一般自力式平衡阀前后压差在 20～300kPa 的范围内能按设定值有效控制流量。当压差小于 20kPa 时，控制流量达不到设定值；压差超过 300kPa 时，可能产生噪声。

（3）自力式差压控制阀　自力式差压控制阀目的是保证两个控制点之间的差压为恒定值，所需的恒定值可通过调节阀门驱动器的弹簧部分来设定，当系统的压差发生变化时，阀门会自动开大或关小，改变自身阻力值，保证控制点的压差为设定值，如图 3-34 所示。

图 3-34　自力式差压控制阀

根据现有的可能出现的最小资用压力值和所需保持的压差值的差值，设计流量，计算 Kv 值来决定差压控制器的口径。同时选择设定范围符合要求的驱动器。

$$K_V = \frac{Q_{max}}{\sqrt{\Delta p_{AVP}}}$$

式中　K_V——自力式压差控制器的流通能力（m^3/h）；

Q_{max}——管道的设计流量（m^3/h）；

Δp_{AVP}——所需要差压控制器承担的压降，bar（$1bar=10^5Pa$）。

3. 热量表

热量表是进行热量测量与计量并作为结算依据的计量仪器，又称能量计、热表。热量表由流量计、温度传感器和积分仪组成，如图 3-35 所示。

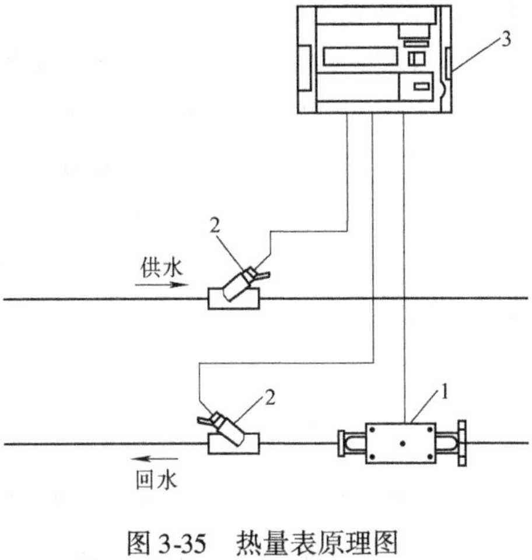

图 3-35　热量表原理图

1—流量计　2—温度传感器　3—积分仪

流量计用于测量流经系统的体积流量，应用于热量表的流量计的形式主要有：机械流速式、文丘里管式、电磁式、超声波式流量计等。

温度传感器用来测量供水温度和回水温度。

积分仪根据流量计提供的流量与温度传感器的温度信号积算消耗的热量，并累计流量和显示其他相关参数。通常积算仪至少能够计算、显示和贮存如下数据：累计热量、累计流量、瞬时流量、功率、供水温度、回水温度和供回水温差，累计运行时间。

热量表的选型主要考虑工作温度、管道压力、实际工作流量及最小流量、管道直径等因素。在安装过程中，无论是户用表、楼用表，一律在流量计前直管段进水处安装过滤器。

3.5.4 热分配表

热分配表可以用来结合热表来测量散热器向房间散发出的热量。只要在住户中的全部散热器上安装热分配表，结合建筑物入口的热量总表的总用热量数据，就可以得到全部散热器的散热量。针对旧有建筑，用热分配表实现热计量，是一种折中可行的办法。

使用方法是：在每个散热器上安装热分配表，测量计算每个用户用热比例，通过总表来计算热量，在每个采暖季结束，由工作人员读表，根据计算，求出每个散热器的耗热量。

热分配表有蒸发式和电子式两种形式，蒸发式热分配表以表内化学液体的蒸发量为依据，分配表中安有细玻璃管，管内充有带颜色的无毒纯净化学液体，上口有一个小细孔，仪表在紧贴散热器侧有导热板，导热板将热量传递到液体管内，使液体挥发并由细孔逃逸出去，致使液面下降，这样，从液体管壁标的刻度可以读出蒸发量。电子式热分配表的功能和使用方法与蒸发式相近，其特点是可根据需要，进行现场编程，利用双传感器测量法，使其测量具有较高的精度和分辨率。另外该仪器可现场读数，也可以遥控读数，为管理工作提供方便。

热分配表构造简单，成本低廉，宜安装，寿命期限长。但热分配表的测量受散热器类型、规格尺寸、散热器位置等多方面的影响，需要有大量的试验工作；其安装位置有严格的要求，需要有专业人员进行，并且每年需要入户更换分配表的玻璃管和读表。

习　题

1. 分户计量热水供暖系统与传统的机械循环热水供暖系统有何区别，如何选用？
2. 试绘制下供下回跨越式分户计量供暖系统，并注明设备及坡度。
3. 膨胀水箱、各接管的作用是什么？分别接到供热系统什么位置？

4. 与普通阀门比较，平衡调节阀的主要作用是什么？

5. 上供下回双管热水供暖系统垂直失调的原因是什么？

6. 相同散热量时，单管顺流式系统与单管跨越式系统相比，哪个所需散热面积大？为什么？

7. 热水供暖系统各种热计量设备的主要特性是什么？存在哪些问题？如何改进？

8. 图3-36为上供下回单双管混合热水供暖系统。

（1）求A点水温；（2）求散热器1的供回水平均温度；（3）求散热器2的面积（不修正）。

已知：$t_n=18℃$，$K=1.76\times(t_p-t_n)^{0.35}$

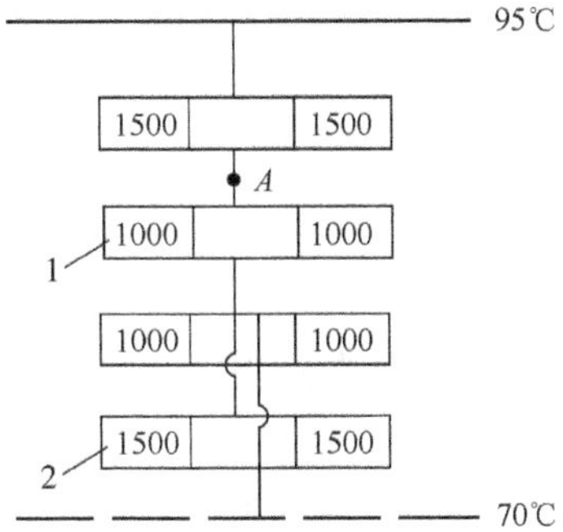

图3-36　散热器热负荷分布

第 4 章

4

室内热水供暖系统的水力计算

4.1 概述

4.1.1 热水供暖系统水力计算的基本公式

热水供暖系统进行管路水力计算的目的，是保证系统中各管段的水流量符合设计要求，以保证流进各散热器的水流量符合需要。

当流体沿管道流动时，由于流体分子间及其与管壁间的摩擦，就要损失能量，称为沿程损失；当流体流过管道的一些附件（如阀门、弯头、三通、散热器等）时，由于流动方向或速度的改变，产生局部旋涡和撞击，也要损失能量，称为局部损失。管段的压力损失，可用下式计算

$$\Delta p = \Delta p_y + \Delta p_j = Rl + \Delta p_j \tag{4-1}$$

式中 Δp——计算管段的压力损失（Pa）；

Δp_y——计算管段的沿程损失（Pa）；

Δp_j——计算管段的局部损失（Pa）；

R——每米管长的沿程损失（Pa/m）；

l——管段长度（m）。

1. 沿程损失的计算

每米管长的沿程损失（比摩阻）（Pa/m），可用流体力学的达西·维斯巴赫公式进行计算

$$R = \frac{\lambda}{d}\frac{\rho v^2}{2} \tag{4-2}$$

式中 λ——管段的摩擦阻力系数（friction factor）；

d——管子内径（m）；

v——热媒在管道内的流速（m/s）；

ρ——热媒的密度（kg/m^3）。

热媒在管道内流动的摩擦阻力系数 λ 取决于管内热媒的流动状态和管壁的粗糙程度，即

$$\lambda = f(Re, \varepsilon) \tag{4-3}$$

$$Re = \frac{vd}{\nu}, \varepsilon = K/d$$

式中 Re——雷诺数，判断流体流动状态的特征数（当 $Re < 2320$，流动为层流流动，当 $Re > 2320$ 时，流动为湍流流动）；

v——热媒在管道内的流速（m/s）；

d——管子内径（m）；

ν——热媒的运动粘度（m^2/s）；

K——管壁的当量绝对粗糙度（m）；

ε——管壁的相对粗糙度。

摩擦阻力系数 λ 值是用实验方法确定的，按照流体的不同流动状态，在热水供暖系统中推荐使用的一些摩擦阻力系数 λ 的计算公式如下。

（1）层流流动　当 $Re < 2320$ 时，流动呈层流状态。在此区域内，摩擦阻力系数 λ 值仅取决于雷诺数 Re 值，可按下式计算

$$\lambda = \frac{64}{Re} \tag{4-4}$$

在热水供暖系统中很少遇到层流状态，仅在自然循环热水供暖系统的个别水流量很小、管径很小的管段内，才会遇到层流的流动状态。

（2）湍流流动　当 $Re < 2320$ 时，流动呈湍流状态，在整个湍流区中，还可分为三个区域：

1）水力光滑管区。摩擦阻力系数 λ 值用布拉修斯公式计算，即

$$\lambda = \frac{0.3164}{Re^{0.25}} \tag{4-5}$$

当雷诺数 Re 在 4000 ~ 100000 范围内，布拉修斯公式能给出相当准确的数值。

2）过渡区。流动状态从水力光滑管区过渡到粗糙区（阻力平方区）的一个区域称为过渡区。过渡区的摩擦阻力系数 λ 值，可用洛巴耶夫公式来计算，即

$$\lambda = \frac{1.42}{\left(\lg Re \cdot \frac{d}{K}\right)^2} \tag{4-6}$$

过渡区的范围，可用下式确定

$$Re_1 = 11\frac{d}{K} \text{或} v_1 = 11\frac{\nu}{K} \tag{4-7}$$

$$Re_2 = 445\frac{d}{K} \text{或} v_2 = 445\frac{\nu}{K} \tag{4-8}$$

式中 v_1、Re_1——流动从水力光滑管区转到过渡区的临界速度和相应的雷诺数值；

v_2、Re_2——流动从过渡区转到粗糙区的临界速度和相应的雷诺数值。

3）粗糙管区（阻力平方区）。在此区域内，摩擦阻力系数 λ 值仅取决于管壁的相对粗糙度。

粗糙管区的摩擦阻力系数 λ 值，可用尼古拉兹公式计算

$$\lambda = \frac{1}{\left(1.14 + 2\lg\frac{d}{K}\right)^2} \tag{4-9}$$

对于管径大于或等于 40mm 的管子，用希弗林松推荐的更为简单的计算公式也可以得出很接近的数值

$$\lambda = 0.11\left(\frac{K}{d}\right)^{0.25} \tag{4-10}$$

此外，也有人推荐计算整个湍流区的摩擦阻力系数 λ 值的统一公式。下面介绍两个统一公式——柯列勃洛克公式（4-11）和阿里特苏里公式（4-12）。

$$\frac{1}{\sqrt{\lambda}} = -2\lg\left(\frac{2.51}{Re\sqrt{\lambda}} + \frac{K/d}{3.72}\right) \tag{4-11}$$

$$\lambda = 0.11\left(\frac{K}{d} + \frac{68}{Re}\right)^{0.25} \tag{4-12}$$

管壁的当量绝对粗糙度 K 值与管子的使用状况（流体对管壁腐蚀和沉积水垢等状况）和管子的使用时间等因素有关。对于热水供暖系统，目前推荐采用下面的数值：

对室内热水供暖系统管路　　$K = 0.2\text{mm}$

对室外热水网路　　$K = 0.5\text{mm}$

根据过渡区范围的判别式［式（4-7）和式（4-8）］和推荐使用的当量绝对粗糙度 K 值，表 4-1 列出水温为 60℃、90℃时相应 $K = 0.2\text{mm}$ 和 $K = 0.5\text{mm}$ 条件下的过渡区临界速度 v_1 和 v_2 值。

表 4-1　过渡区的临界速度

流速 v	水温　$t = 60℃$		水温　$t = 90℃$	
	$K = 0.2\text{mm}$	$K = 0.5\text{mm}$	$K = 0.2\text{mm}$	$K = 0.5\text{mm}$
v_1/（m/s）	0.026	0.01	0.018	0.007
v_2/（m/s）	1.066	0.426	0.725	0.290

从表 4-1 可见，当 $K = 0.2\text{mm}$ 时，过渡区的临界速度为 $v_1 = 0.026\text{m/s}$，$v_2 = 1.066\text{m/s}$。在设计热水供暖系统时，管段内的流速通常都不会超过 v_2 值，

也不大可能低于 v_1 值。因此，热水在室内热水供暖系统管路内的流动状态，几乎都是处于过渡区内。

室外热水网路（K=0.5mm），设计都采用较高的流速（流速常大于0.5m/s），因此，水在热水网路中的流动状态，大多处于阻力平方区内。

室内热水供暖系统的水流量 G，通常以 kg/h 表示。热媒流速与流量的关系式为

$$v = \frac{G}{3600\frac{\pi d^2}{4}\rho} \tag{4-13}$$

式中　G——管段的水流量（kg/h）。

其他符号同式（4-2）。

将式（4-13）的流速 v 代入式（4-2），可得出更方便的计算公式

$$R = 6.25 \times 10^{-8}\frac{\lambda}{\rho} \cdot \frac{G^2}{d^5} \tag{4-14}$$

在给定某一水温和流动状态条件下，式（4-14）的 λ 值和 ρ 值是已知值，管路水力计算基本公式（4-14）可以表示为 $R=f$（d、G）的函数式。只要已知 R、G、d 中的任意两数，就可确定第三个数值。附录 D 中表 D-1 给出室内热水供暖系统的管路水力计算表。利用水力计算表或线算图进行水力计算，可大大减轻计算工作量。

根据水力计算表查出的比摩阻 R 值，再根据管段的长度 l，则可求出沿程损失。

2. 局部损失的计算

管段的局部损失，可按下式计算

$$\Delta p_{\mathrm{j}} = \sum \xi \frac{\rho v^2}{2} \tag{4-15}$$

式中　$\sum\xi$——管段中总的局部阻力系数。

水流过热水供暖系统管路附件（如三通、弯头、阀门等）的局部阻力系数 ξ 值，可查附录 D 中表 D-2。附录 D 中表 D-3 给出了热水供暖系统局部阻力系数 $\xi=1$时的局部阻力 Δp。

3. 压力损失计算

分别求出系统中各管段的沿程损失和局部损失后，两者之和就是该管段的总压力损失。

4.1.2　当量局部阻力法和当量长度法

在实际工程设计中，为了简化计算，常采用所谓“当量局部阻力法”或“当量长度法”进行管路的水力计算。

1. 当量局部阻力法

当量局部阻力法的基本原理是将管段的沿程损失转变为局部损失来计算。

该管段的沿程损失相当于某一局部损失 Δp_{j}，则

$$\Delta p_{\mathrm{j}} = \xi \frac{\rho v^2}{2} = \frac{\lambda}{d} l \frac{\rho v^2}{2}$$

$$\xi_{\mathrm{d}} = \frac{\lambda}{d} l \tag{4-16}$$

式中　ξ_{d}——当量局部阻力系数。

如已知管段的水流量 G（kg/h）时，则根据式（4-13）的流量和流速的关系式，管段的总压力损失 Δp 可改写为

$$\Delta p = Rl + \Delta p_{\mathrm{j}} = \left(\frac{\lambda}{d} l + \sum \xi\right) \frac{\rho v^2}{2} = \frac{1}{900^2 \pi^2 d^4 \cdot 2\rho}\left(\frac{\lambda}{d} l + \sum \xi\right) G^2$$

$$= A\left(\xi_{\mathrm{d}} + \sum \xi\right) G^2 = A \xi_{\mathrm{zh}} G^2 \tag{4-17}$$

$$A = \frac{1}{900^2 \pi^2 d^4 \cdot 2\rho} \tag{4-18}$$

式中　ξ_{zh}——管段的折算局部阻力系数。

其他符号同前。

当水温已知，水的密度 ρ 是一个定值，不同管径 d 对应的 A 值也是一个定值。附录 D 中表 D-4 列出了各种不同管径的 A 值和 $\frac{\lambda}{d}$。附录 D 中表 D-5 给出按式（4-17）编制的水力计算表。

式（4-17）还可改写为

$$\Delta p = A \xi_{\mathrm{zh}} G^2 = s G^2 \tag{4-19}$$

式中　s——管段的阻力特性数（简称阻力数）［Pa/（kg/h）^{2}］。它的数值表示当管段通过 1kg/h 水流量时的压力损失值。

2. 当量长度法

当量长度法的基本原理是将管段的局部损失折合为管段的沿程损失来计算。

如某一管段的总局部阻力系数为 $\sum \xi$，设它的压力损失相当于流经 1m 管段长度的沿程损失，则

$$\sum \xi \frac{\rho v^2}{2} = R l_{\mathrm{d}} = \frac{\lambda}{d} l_{\mathrm{d}} \frac{\rho v^2}{2}$$

$$l_{\mathrm{d}} = \frac{d}{\lambda} \sum \xi \tag{4-20}$$

式中　l_{d}——管段中局部阻力的当量长度（m）。

水力计算基本公式（4-1），可表示为

$$\Delta p = Rl + \Delta p_{\mathrm{j}} = R(l + l_{\mathrm{d}}) = R l_{\mathrm{zh}} \tag{4-21}$$

式中 l_{zh}——管段的折算长度（m）。

当量长度法一般多用在室外热力网路的水力计算上。

4.1.3 室内热水供暖系统水力计算的主要任务

1）已知系统各管段的流量和系统的循环作用压力，确定管段的管径。这种水力计算，一般用于已知各管段的流量和选定的比摩阻值或流速值计算环路的压力损失。

2）已知系统各管段的流量和各管段的管径，确定系统所必需的循环作用压力。这种水力计算，常用于校核计算，检查循环水泵扬程是否满足要求。

3）已知系统各管段的管径和该管段的允许压降，确定通过该管段的水流量。这种情况的水力计算，通常是对已有的热水供暖系统，在管段作用压力已知时，校核各管段通过的水流量。

4.1.4 室内热水供暖系统水力计算中应注意的几点

（1）热水供暖系统的循环作用压力

1）系统循环水泵扬程相应的压力。

2）自然循环作用压力。

（2）系统作用压力应消耗在克服系统管路阻力并留有一定的储备压力

（3）对于并联环路，两节点之间的管路阻力应平衡，不平衡率应符合下列要求：

双管异程系统：±25%；

双管同程系统：±15%；

单管异程系统：±15%；

单管同程系统：±10%。

由于管径限制，若不平衡率较大时，自动调节流量来实现阻力平衡，由此产生流量偏大或偏小，从而偏离设计流量而出现水力失调及热力失调。

（4）热水供暖系统水力计算应从最不利环路开始

1）最不利环路的确定。热水供暖系统的最不利环路是指比摩阻最小的环路，一般为最远立管环路。

2）最不利环路比摩阻的计算与取值。最不利循环环路每米管长的沿程阻力 R_{pj}（Pa/m）可由下式计算

$$R_{pj} = \frac{\alpha \Delta p}{\sum l} \tag{4-22}$$

式中 Δp——最不利循环环路的循环压力（Pa）；

$\sum l$——最不利循环环路的总长度（m）；

α——沿程压力损失约占总压力损失的估计百分数；查附录D中表D-6，一般取 $\alpha = 50\%$。

选择适当的比摩阻 R_{pj} 值是一个技术经济问题，如果选用较大的 R_{pj} 值，则管径可减小（当流量一定），但系统的阻力损失增加，循环水泵的扬程增大，电能消耗增大，但初投资减小。如果选用较小的 R_{pj} 值，则管径可增大，系统的阻力损失减小，运行泵费用减小，但初投资增大。所以全面考虑 R_{pj} 值的选取具有一定的经济意义和技术意义，为了各循环环路易于平衡，最不利环路的比摩阻 R_{pj}，一般取 60～120Pa/m。

（5）近立管环路限定流速　在实际计算时，为了平衡各并联环路压力损失，尽量提高近环路分支管段的 R 值，流速增大，局部构件产生抽吸作用，或产生漩涡、噪声。《暖通规范》规定，最大允许的水流速度不应大于下列数值：民用建筑 1.2m/s；生产厂房的辅助建筑物 2m/s；生产厂房 3m/s。

（6）采暖系统供水供汽干管的末端，回水干管的始端 $d \geqslant 20$mm。

4.2　重力循环双管系统管路的水力计算

【例 4-1】　确定重力循环双管热水供暖系统管路的管径，如图 4-1 所示。热媒参数：供水温度 $t_g = 95℃$，$t_h = 70℃$。锅炉中心距底层散热器中心距离为 3m，层高为 3m。每组散热器的供水支管上有一截止阀。

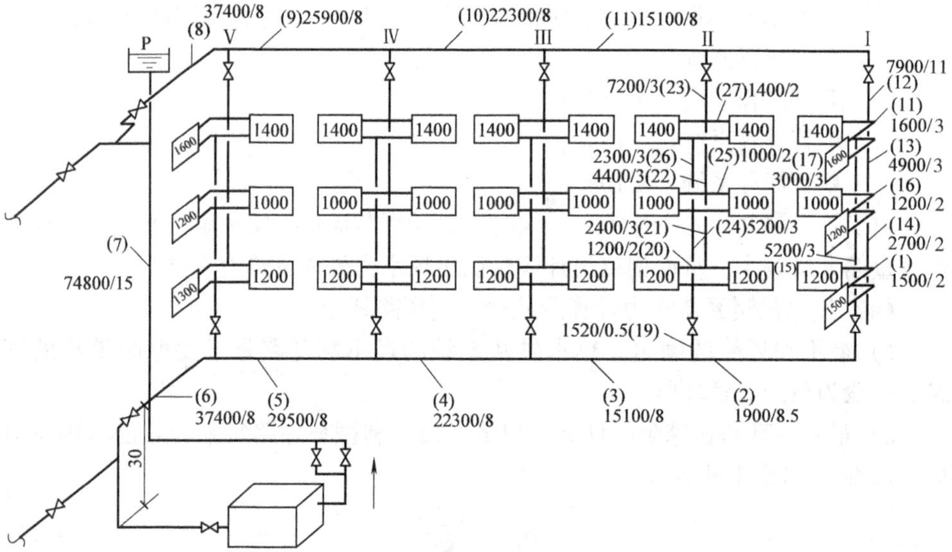

图 4-1　例 4-1 的管路计算图

【解】　图为系统的一个支路。图中括号内为管段编号，数字中“/”前表示管段热负荷（W），“/”后表示管段长度（m）。散热器内的数字表示其热负荷（W）。罗马字表示立管编号。

计算步骤：

(1) 选择最不利环路　最不利环路是通过立管Ⅰ的最底层散热器 $Ⅰ_1$（1500W）的环路。这个环路从散热器 $Ⅰ_1$ 顺序地经过管段1、2、3、4、5、6进入锅炉再经过7、8、9、10、11、12、13、14进入散热器 $Ⅰ_1$。

(2) 计算通过最不利环路散热器 $Ⅰ_1$ 的作用压力 $\Delta p'_{Ⅰ1}$，根据式

$$\Delta p'_{Ⅰ1} = gH(\rho_h - \rho_g) + \Delta p_f$$

由已知条件可知，立管Ⅰ距锅炉的水平距离在30～50m范围内，下层散热器中心距锅炉中心的垂直高度小于15m。因此，查附录C中表C-2，得 $\Delta p_f = 350\text{Pa}$。根据供回水温度，查附录C中表C-1，得 $\rho_h = 977.81\text{kg/m}^3$，$\rho_g = 961.92\text{kg/m}^3$。将已知数据代入上式，得

$$\Delta p'_{Ⅰ1} = [9.81 \times 3 \times (977.81 - 961.92) + 350]\ \text{Pa} = 818\text{Pa}$$

(3) 确定最不利环路各管段的管径 d

1）求最不利环路的平均比摩阻 R_{pj}（Pa/m）

$$R_{pj} = \frac{\alpha \Delta p_{Ⅰ1}}{\sum l}$$

式中　$\sum l$——最不利环路的总长度（m）；

$\sum l =（2+8.5+8+8+8+8+15+8+8+8+8+11+3+3）\text{m} = 106.5\text{m}$

α——沿程损失占总压力损失的估计百分数；查附录D中表D-6，得 $\alpha = 50\%$。

代入上式，得

$$R_{pj} = \frac{0.5 \times 818}{106.5}\text{Pa/m} = 3.84\text{Pa/m}$$

2）根据各管段的热负荷，计算各管段的流量 G（kg/h）

$$G = \frac{3600Q}{4.187 \times 10^3 (t_g - t_h)} = \frac{0.86Q}{t_g - t_h}$$

3）根据 G、R_{pj}，查附录D中表D-1，选择最接近 R_{pj} 的管径。将查出 d，v，R 和 G 值列入表4-2的第5、6、7栏和第3栏中。

例如，对管道②，$Q = 7900\text{W}$，当 $\Delta t = 25℃$ 时，$G = [0.86 \times 7900/(95-70)]\ \text{kg/h} = 272\text{kg/h}$。查附录D中表D-1，选择接近 R_{pj} 的管径。如取DN32mm，用补插计算，可求出 $v = 0.08\text{m/s}$，$R = 3.39\text{Pa/m}$。

(4) 确定各管段的沿程损失 Δp_y

将每一管段 R 与 l 相乘，列入水力计算表4-2的第8栏中。

(5) 确定各管段的局部损失 Δp_j

1）确定局部阻力系数 ξ。根据系统图中管路的实际情况，利用附录D中表D-2，列出各管段局部阻力管件名称及数量（见表4-3）。最后，将各管段总局部阻力系数 $\sum\xi$ 列入表4-2的第9栏。

应注意：在统计局部阻力时，对于三通和四通管件的局部阻力系统，计算一

次并列在流量较小的管段上。

2）利用附录 D 中表 D-3，根据各管段流速 v，可查出动压力 Δp_d 值，列入表 4-2 的第 10 栏中。根据 $\Delta p_j=\Delta p_d\sum\xi$，将求出各管段的 Δp_j 值，列入表 4-2 的第 11 栏中。

（6）求各管段的压力损失 $\Delta p=\Delta p_y+\Delta p_j$　将表 4-2 中第 8 栏与第 11 栏相加，列入表 4-2 第 12 栏中。

（7）求最不利环路总压力损失，即 $\Delta p_{I1}=\sum(\Delta p_y+\Delta p_j)_{1-14}=712\text{Pa}$

（8）计算富裕压力值　考虑由于施工的具体情况，可能增加一些在设计计算中未计入的压力损失。因此，要求系统应有 10% 以上的富裕度。

$$\Delta\%=\frac{\Delta p'_{I1}-\sum(\Delta p_y+\Delta p_j)_{1-14}}{\Delta p_{I1}'}$$

式中　Δ%——系统作用压力的富裕率

$$\Delta\%=\frac{818-712}{818}\times100\%=13\%>10\%$$

（9）确定通过立管 I 第二层散热器环路中各管段的管径

1）计算通过立管 I 第二层散热器环路的作用压力 $\Delta p'_{I2}$

$$\begin{aligned}\Delta p_{I2}'&=gH_2(\rho_h-\rho_g)+\Delta p_f\\&=[9.81\times6\,(977.81-961.92)+350]\ \text{Pa}\\&=1285\text{Pa}\end{aligned}$$

2）确定通过立管 I 第二层散热器环路中各管段的管径。

a. 求平均比摩阻 R_{pj}

根据并联环路节点平衡原理（管段 15、16 与管段 1、14 为并联管路），通过第二层管段 15、16 的资用压力为

$$\begin{aligned}\Delta p'_{15,16}&=\Delta p'_{I2}-\Delta p'_{I1}+\sum(\Delta p_y+\Delta p_j)_{1,14}\\&=(1285-818+32)\ \text{Pa}\\&=499\text{Pa}\end{aligned}$$

管段 15、16 的总长度为 5m，平均比摩阻为

$$R_{pj}=0.5\Delta p'_{15,16}/\sum l=(0.5\times499/5)\ \text{Pa/m}=49.9\text{Pa/m}$$

b. 根据同样方法，按 15 和 16 管段的流量 G 及 R_{pj}，确定管段的 d，将相应的 R、v 值列入表 4-2 中。

c. 确定管段 15、16 的压力损失 $(\Delta p_y+\Delta p_j)_{15,16}$

d. 求通过底层与第二层并联环路的压降不平衡率

$$x_{I2}=\frac{\Delta p'_{15,16}-\sum(\Delta p_y+\Delta p_j)_{15,16}}{\Delta p'_{15,16}}\times100\%$$

$$=\frac{499-524}{499}\times 100\% = -5\%$$

此相对差额在允许 ±15% 范围内。

（10）确定通过立管Ⅰ第三层散热器环路上各管段的管径 计算方法与前相同。计算结果如下：

1）通过立管Ⅰ第三层散热器环路的作用压力

$$\begin{aligned}\Delta p'_{\mathrm{I}3} &= gH_3(\rho_h-\rho_g)+\Delta p_f\\ &= [9.81\times 9\ (977.81-961.92)\ +350]\ \mathrm{Pa}\\ &=1753\mathrm{Pa}\end{aligned}$$

2）管段 15、17、18 的资用压力

管段 15、17、18 与管段 13、14、1 为并联环路。通过管段 15、17、18 的资用压力为

$$\begin{aligned}\Delta p'_{15,17,18} &= \Delta p'_{\mathrm{I}3}-\Delta p'_{\mathrm{I}1}+\sum(\Delta p_y+\Delta p_j)_{(1,13,14)}\\ &= (1753-818+41)\ \mathrm{Pa}\\ &=976\mathrm{Pa}\end{aligned}$$

3）管道 15、17、18 的实际压力损失为（459 + 159.1 + 119.7）Pa = 738Pa。

4）不平衡率 $x_{\mathrm{I}3}$ =（976 − 738）/976 = 24.4% > 15%

因 17、18 管段已选用最小管径，剩余压力只能用第三层散热器支管上的阀门消除。

（11）确定通过立管Ⅱ各层环路各管段的管径 作为异程式双管系统的最不利循环环路是通过最远立管Ⅰ底层散热器的环路。对与它并联的其他立管的管径计算，同样应根据节点压力平衡原理与该环路进行压力平衡计算确定。

1）确定通过立管Ⅱ底层散热器环路的作用压力。

$$\begin{aligned}\Delta p_{\mathrm{II}1} &= gH_1(\rho_h-\rho_g)+\Delta p_f\\ &= [9.81\times 3\ (977.81-961.22)\ +350]\ \mathrm{Pa}\\ &=818\mathrm{Pa}\end{aligned}$$

2）确定通过立管Ⅱ底层散热器环路各管段管径 d。管段 19-23 与管段 1、2、12、13、14 为并联环路，对立管Ⅱ与立管Ⅰ可列出下式，从而求出管段 19-23 的资用压力

$$\begin{aligned}\Delta p_{19\text{-}23} &= \sum(\Delta p_y+\Delta p_j)_{1,2,12\text{-}14}-(\Delta p'_{\mathrm{I}1}-\Delta p'_{\mathrm{II}1})\\ &= [132-(818-818)]\ \mathrm{Pa}\\ &=132\mathrm{Pa}\end{aligned}$$

3）管段 19-23 的水力计算同前，结果列入表 4-2 中，其总阻力损失 $\sum(\Delta p_y+\Delta p_j)_{19\text{-}23}=132\mathrm{Pa}$

4）与立管Ⅰ并联环路相比的不平衡率刚好为零。通过立管Ⅱ的第二、三层各环路的管径确定方法与立管Ⅰ中的第二、三层环路计算相同，不再赘述。其计算结果列入表4-2中。其他立管的水力计算方法和步骤完全相同。

通过该双管系统水力计算结果，可以看出，第三层的管段虽然取用了最小管径（DN15mm），但它的不平衡率大于15%。这说明对于高于三层以上的建筑物，如采用上供下回式的双管系统，若无良好的调节装置（如安装散热器温控阀等），竖向失调状况难以避免。

表4-2 重力循环双管热水供暖系统管路水力计算表

1	2	3	4	5	6	7	8	9	10	11	12
管段号	Q/W	G/(kg/h)	L/m	d/mm	v/(m/s)	R/(Pa/m)	$\Delta p_y=RL$/Pa	$\Sigma\xi$	Δp_d/Pa	$\Delta p_j=\Delta p_d\Sigma\xi$/Pa	$\Delta p=\Delta p_y+\Delta p_j$/Pa
立管Ⅰ　第一层散热器Ⅰ$_1$环路　作用压力$\Delta p'_{Ⅰ1}$=818Pa											
1	1500	52	20.	20	0.04	1.38	2.8	25	0.79	19.8	22.6
2	7900	272	8.5	32	0.08	3.39	28.8	4.0	3.15	12.6	41.4
3	15100	519	8.0	40	0.11	5.58	44.6	1.0	5.95	5.95	50.6
4	22300	767	8.0	50	0.10	3.18	25.4	1.0	4.92	4.92	30.3
5	29500	1015	8.0	50	0.13	5.34	42.7	1.0	8.31	8.31	51.0
6	37400	1287	8.0	70	0.10	2.39	19.1	2.5	4.92	12.3	31.4
7	74800	2573	15	70	0.20	8.69	130.4	60.	19.66	118	248.4
8	37400	1287	8.0	70	0.10	2.39	19.1	3.5	4.92	17.2	36.3
9	29500	1015	8.0	50	0.13	5.34	42.7	1.0	8.31	8.31	51.0
10	22300	767	8.0	50	0.10	3.18	25.4	1.0	4.92	4.92	30.3
11	15100	519	8.0	40	0.11	5.58	44.6	1.0	5.96	5.96	50.6
12	7900	272	11	32	0.08	3.39	37.3	4.0	3.15	12.6	49.9
13	4900	169	3.0	32	0.05	1.45	4.4	4.0	1.23	4.9	9.3
14	2700	93	3.0	25	0.04	1.95	5.58	4.0	0.79	3.2	9.1
ΣL=106.5m　　$\Sigma(\Delta p_y+\Delta p_j)_{1-14}$=712Pa											
系统作用压力富裕率$\Delta\%=[\Delta p'_{Ⅰ1}-\Sigma(\Delta p_y+\Delta p_j)_{1-14}]/\Delta p'_{Ⅰ1}=(818-712)/818=13\%>10\%$											
立管Ⅰ　第二层散热器Ⅰ$_2$环路　作用压力$\Delta p'_{Ⅰ2}$=1285Pa											
15	5200	179	3.0	15	0.26	97.60	292.8	5.0	33.23	166.2	459
16	1200	41	2.0	15	0.06	5.15	10.30	31.0	1.77	54.9	65.0

（续）

1 管段号	2 Q/W	3 G/(kg/h)	4 L/m	5 d/mm	6 v/(m/s)	7 R/(Pa/m)	8 $\Delta p_y = RL$/Pa	9 $\Sigma\xi$	10 Δp_d/Pa	11 $\Delta p_j = \Delta p_d \Sigma\xi$/Pa	12 $\Delta p = \Delta p_y + \Delta p_j$/Pa
$\Sigma\ (\Delta p_y + \Delta p_j)_{15,16} = 524\text{Pa}$											
不平衡率 $x_{12} = [\Delta p'_{15,16} - \Sigma\ (\Delta p_y + \Delta p_j)_{15,16}]\ /\ \Delta p'_{15,16} = (499 - 524)\ /499 = -5\%$											
立管Ⅰ　第三层散热器环路　作用压力 $\Delta p'_{\text{Ⅰ}3} = 1753\text{Pa}$											
17	3000	103	3.0	15	0.15	34.60	103.8	5.0	11.06	55.3	159.1
18	1600	55	2.0	15	0.08	10.98	22.0	31.0	3.15	97.7	119.7
$\Sigma\ (\Delta p_y + \Delta p_j)_{17,18} = 279\text{Pa}$											
不平衡率 $= [\Delta p'_{15.17.18} - \Sigma\ (\Delta p_y + \Delta p_j)_{15.17.18}]\ /\Delta p'_{1.17.18} = (976 - 738)\ /976 = 24.4\% > 15\%$											
立管Ⅱ　通过第一层散热器环路　作用压力 $\Delta p_{19\text{-}23} = 132\text{Pa}$											
19	7200	248	0.5	32	0.07	2.87	1.4	3.0	2.41	7.2	8.6
20	1200	41	2.0	15	0.06	5.15	10.3	27.0	1.77	47.8	58.1
21	2400	83	2.0	20	0.07	5.22	15.7	4.0	2.41	9.6	25.3
22	4400	152	3.0	25	0.07	4.76	14.3	4.0	2.41	9.6	23.9
23	7200	248	3.0	32	0.07	2.87	8.6	3.0	2.41	7.2	15.8
$\Sigma\ (\Delta p_y + \Delta p_j)_{19,23} = 132\text{Pa}$											
不平衡率 $= [\Delta P'_{19\text{-}23} - \Sigma\ (\Delta P_y + \Delta P_j)_{19\text{-}23}]\ /\Delta p'_{19\text{-}23} = (132 - 132)\ /132 = 0\%$											
立管Ⅱ　通过第二层散热器环路　作用压力 $\Delta p_{\text{Ⅱ}2} = 1285\text{Pa}$											
24	4800	165	3	15	0.24	83.8	251.4	5.0	28.32	141.6	393
25	1000	34	2	15	0.05	2.99	6.0	27.0	1.23	33.2	39.2
$\Sigma\ (\Delta p_y + \Delta p_j)_{24,25} = 432\text{Pa}$											
不平衡率 $= \dfrac{[\Delta p'_{\text{Ⅱ}3} - \Delta p'_{\text{Ⅱ}1} + \Sigma\ (\Delta p_y + \Delta p_j)_{20,21}] - \Sigma\ (\Delta p_y + \Delta p_j)_{24,25}}{\Delta p'_{\text{Ⅱ}2} - \Delta p'_{\text{Ⅱ}1} + \Sigma\ (\Delta p_y + \Delta p_j)_{20,21}}$ $= \dfrac{(1285 - 818 + 83) - 432}{550} \times 100\% = 21.5\% > 15\%$											
立管Ⅱ　通过第三层散热器环路　作用压力 $\Delta p'_{\text{Ⅱ}3} = 1753\text{Pa}$											
26	2800	96	3	15	0.14	30.4	91.2	5.0	9.64	48.2	139.4
27	1400	48	2	15	0.07	8.6	17.2	27.0	2.41	65.1	82.3
$\Sigma\ (\Delta p_y + \Delta p_j)_{26,27} = 222\text{Pa}$											
不平衡率 $= \dfrac{[\Delta p'_{\text{Ⅱ}3} - \Delta p'_{\text{Ⅱ}1} + \Sigma\ (\Delta p_y + \Delta p_j)_{20,22}] - \Sigma\ (\Delta p_y + \Delta p_j)_{24,26,27}}{\Delta p'_{\text{Ⅱ}3} - \Delta p'_{\text{Ⅱ}1} + \Sigma\ (\Delta p_y + \Delta p_j)_{20,23}}$ $= \dfrac{(1753 - 818 + 107) - 615}{1042} \times 100\% = 41\% > 15\%$											

表 4-3 例题 4-1 的局部阻力系数计算表

管段号	局部阻力	个数	$\Sigma\xi$
1	散热器	1	2.0
	ϕ20mm，90°弯头	2	2×2.0
	截止阀	1	10
	乙字弯	2	2×1.5
	分流三通	1	3.0
	合流四通	1	3.0
			$\Sigma\xi=25.0$
2	ϕ32mm 弯头	1	1.5
	直流三通	1	1.0
	闸阀	1	0.5
	乙字弯	1	1.0
			$\Sigma\xi=4$
3	直流三通	1	2×0.5=1.0
4			1.0
5			0.5
			$\Sigma\xi=1.0$
6	ϕ70mm，90°弯头	2	5×0.5=2.5
	直流三通	1	2×0.5=1.0
	闸阀	1	2.5
			$\Sigma\xi=2.5$
7	ϕ70mm，90°弯头	5	3×0.5=1.5
	闸阀	2	0.5
	锅炉	1	1.5
			$\Sigma\xi=6$
8	ϕ70mm，90°弯头	3	1.0
	闸阀	1	
	旁流三通	1	
			$\Sigma\xi=3.5$
9	直流三通	1	1.0
10			
11			$\Sigma\xi=1.0$
12	ϕ32mm 弯头	1	1.5
	直流三通	1	1.0
	闸阀	1	0.5
	乙字弯	1	1.0
			$\Sigma\xi=4.0$
13	直流三通	1	2.0
14	ϕ32mm 弯头或	1	2.0
	ϕ25mm		
	括弯		$\Sigma\xi=4.0$
15	直流四通	1	2.0
	ϕ15mm 括弯	1	3.0
			$\Sigma\xi=5$
16	ϕ15mm，90°弯头	2	2×2.0
	ϕ15mm 乙字弯	2	2×1.5
	分合流四通	2	2×3.0
	截止阀	1	16
	散热器	1	2.0
			$\Sigma\xi=31.0$
17	直流四通	1	2.0
	ϕ15mm 弯头	1	3.0
			$\Sigma\xi=5$
18	ϕ15mm 弯头	2	2×2.0
	ϕ15mm 乙字弯	2	2×1.5
	分流四通	1	3.0
	合流三通	1	3.0
	截止阀	1	16.0
	散热器	1	2.0
			$\Sigma\xi=31.0$
19	旁流三通	1	1.5
	ϕ32mm 闸阀	1	0.5
	ϕ32mm 乙字弯	1	1
			$\Sigma\xi=3.0$
20	ϕ15mm 乙字弯	2	2×1.5
	截止阀	1	16.0
	散热器	1	2
	分流三通	1	3
	合流四通	1	3
			$\Sigma\xi=27.0$
21	直流四通	1	2.0
22	ϕ20mm 或	1	2.0
	ϕ25mm 括弯		$\Sigma\xi=4.0$

（续）

管段号	局部阻力	个数	Σξ
23	旁流三通	1	
	φ32mm 乙字弯	1	
	闸阀	1	
			Σξ = 3.0
24	φ15mm 括弯	1	3.0
	直流四通	1	2.0
			Σξ = 5.0
25	φ15mm 乙字弯	2	2 × 1.5
	截止阀	1	16
	散热器	1	2.0
	分流四通	2	2 × 3.0
			Σξ = 27.0
26	φ15mm 括弯	1	3.0
	直流四通	1	2.0
			Σξ = 5.0
27	φ15mm 乙字弯	2	2 × 1.5
	φ15mm 截止阀	1	16.0
	散热器	1	2.0
	合流三通	1	3.0
	分流三通	1	3.0
			Σξ = 27.0

4.3 机械循环热水供暖系统的水力计算

机械循环热水供暖系统与重力循环系统相比，作用半径大。其室内热水供暖系统的总压力损失一般约为 10 ~ 20kPa，对分户计量水平系统或较大系统可达 20 ~ 50kPa。

管道内水冷却产生的重力循环作用压力，占机械循环总压力的比例很小，可忽略不计。对机械循环双管系统，水在各层散热器冷却所形成的重力循环作用压力不等，在进行各立管散热器并联环路的水力计算时，应计算在内，不可忽略。对机械循环单管系统，如建筑物各部分层数不同时，高度和各层热负荷分配比不同的立管之间所产生的重力循环作用压力不相等，在计算各立管之间并联环路的压降不平衡率时，应将其重力循环作用压力的差额计算在内。

整个热水供暖系统总的计算压力损失，宜增加 10% 的附加值，以此确定系统必须的循环作用压力。

热水管道的水力计算方法有等温降和不等温降两种计算方法，本节主要阐述等温降的计算方法。

等温降的水力计算方法的特点是设定系统中每根立管的温度降均相等，即供水和回水温度都相同，在各立管耗热量已知的情况下，系统中各管段的流量已事先确定，然后根据流量来选择适当的管径。

4.3.1 异程式系统的水力计算步骤

异程式系统的水力计算步骤如下：

（1）计算最不利环路　异程式系统的水力计算从系统的最不利环路开始。最不利环路是指允许平均比摩阻 R 最小的一个环路。一般取最远立管的环路作为最不利环路。最不利环路的平均比摩阻 R_{pj}（Pa/m）由下式计算

$$R_{pj} = \frac{\alpha \Delta p}{\sum l} \tag{4-23}$$

（2）计算各管段的流量 G（kg/h）

$$G = \frac{3600Q}{4.187 \times 10^3 (t'_g - t'_h)} = \frac{0.86Q}{t'_g - t'_h} \tag{4-24}$$

1）根据 R_{pj} 值和已知的各管段设计流量，查水力计算表附录 D 中表 D-1，得到在设计流量下各管段的管径 d 和实际比摩阻 R 值。最不利环路的平均比摩阻应在 60～120Pa/m。计算各管段的局部阻力损失，计算各管段的压力损失。最不利环路的实际总阻力损失 ΔH 为各管段的阻力损失的总和。

2）计算最不利环路的阻力及富裕压力值，根据最不利环路的各管段的阻力，计算出的总阻力 ΔH。比较系统可利用的作用压力，求出富裕压力值。系统的作用压力应留有 10% 以上的富裕度，用于考虑设计计算中未计入的损失。即

$$\Delta = \frac{\Delta p - \Delta H}{\Delta p} \times 100\% \geqslant 10\% \tag{4-25}$$

式中　Δ——系统作用压力的富裕值（%）；

Δp——最不利环路的作用压力（Pa）；

ΔH——最不利环路的实际总阻力（Pa）。

如不满足上式，则需要调整环路中某些管段的管径。

（3）最末端第二根立管的计算　最末端第二根立管的作用压力 Δp_2 为与其并联的最不利环路的各管段的阻力损失总和。

先确定计算立管的平均比摩阻 R_{pj} 可用下式计算

$$R_{pj} = \frac{0.5\Delta p_2}{\sum l} \tag{4-26}$$

式中　Δp_2——第二根立管的作用压力（Pa）；

R_{pj}——第二根立管的平均比摩阻（Pa/m）；

$\sum l$——与最不利环路并联的管段的总长度（m）。

根据计算的 R_{pj} 和已知的各管段设计流量，查水力计算表，得到在设计流量下各管段的管径和实际比摩阻 R 的值，并计算管段的阻力损失 ΔH_2。

最末端第二根立管的阻力损失与其作用压力的不平衡率应保持在 ±15% 之内。其计算公式为

$$\Delta = \frac{\Delta p_2 - \Delta H_2}{\Delta p_2} \times 100\% \tag{4-27}$$

式中　Δ——立管间的不平衡百分率（%）；

Δp_2——最末端第二根立管的作用压头（Pa）；

ΔH_2——最末端第二根立管的总阻力损失（Pa）。

（4）用同样的方法，由远及近计算其他立管，并使其不平衡率应保持在 ±15% 之内，必要时通过立管的阀门节流来达到。

4.3.2　计算例题

【例 4-2】　确定机械循环垂直单管顺流式热水供暖系统管路的管径（图 4-2）。热媒参数：供水温度 $t_g=95℃$，回水温度 $t_h=70℃$。系统与外网连接。在引入口处外网的供回水压差为 30kPa。图 4-2 表示出系统两个支路中的一个支路。散热器内的数字表示散热器的热负荷。楼层高为 3m。

【解】　计算步骤

（1）与例 4-1 相同，在系统图上进行管段编号、立管编号并注明各管段的热负荷和管长，如图 4-2 所示。

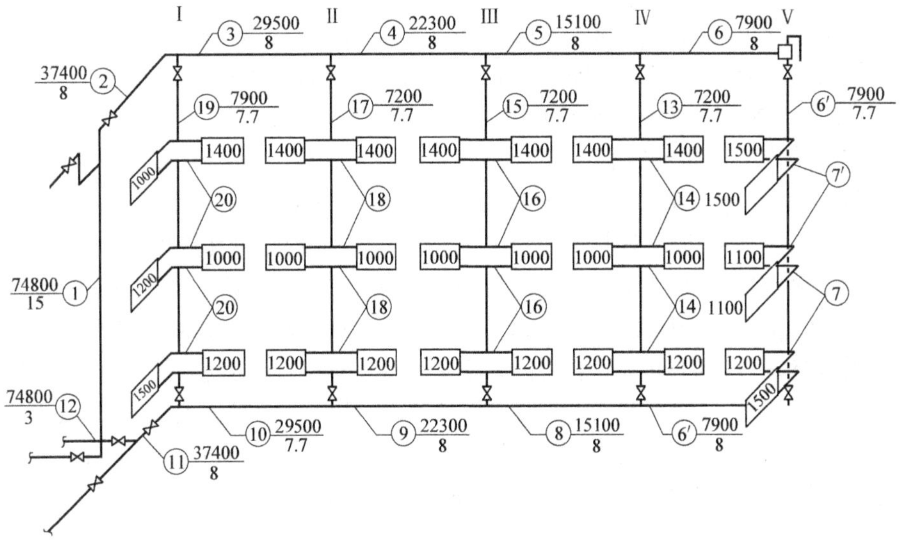

图 4-2　例 4-2 的管路计算图

（2）确定最不利环路。本系统为异程式单管系统，一般取最远立管的环路作为最不利环路。最不利环路是从入口到立管Ⅴ，这个环路包括管段 1 到管段 12。

（3）计算最不利环路各管段的管径　如前所述，虽然本例题引入口处外网的供回水压差较大，但考虑系统中各环路的压力损失易于平衡，本例题采用推荐的平均比摩阻 R_{pj} 大致为 60～120Pa/m 来确定最不利环路各管段的管径。

水力计算方法与例 4-1 相同。首先，确定各管段的流量。根据 G 和选用的 R_{pj} 值，查附录表 D 中表 D-1，将查出的各管段 d、v、R 值列入表 4-4 的水力计算表中。最后算出最不利环路的总压力 $\sum\Delta p=(\Delta p_y+\Delta p_j)_{1-12}=8633\text{Pa}$。入口处的剩余循环压力，用调节阀节流消耗掉。

（4）确定立管Ⅳ的管径　立管Ⅳ与最末端供回水干管和立管Ⅴ（管道 6、7）为并联环路。根据并联环路节点压力平衡原理，立管Ⅳ的资用压力 $p'_{\text{Ⅳ}}$，可由下式确定

$$p'_{\text{Ⅳ}}=\sum(\Delta p_y+\Delta p_j)_{6,7}-(\Delta p_{\text{Ⅴ}}-\Delta p_{\text{Ⅳ}})$$

式中　$\Delta p_{\text{Ⅴ}}$——水在立管Ⅴ的散热器中冷却时所产生的重力循环作用压力（Pa）；

$\Delta p_{\text{Ⅳ}}$——水在立管Ⅳ的散热器中冷却时所产生的重力循环作用压力（Pa）。

由于两根立管各层热负荷的分配比例大致相等，$\Delta p_{\text{Ⅴ}}=\Delta p_{\text{Ⅳ}}$，因而 $p'_{\text{Ⅳ}}=\sum(\Delta p_y+\Delta p_j)_{6,7}$。

立管Ⅳ的平均比摩阻为

$$R_{pj}=\frac{0.5\Delta p'_{\text{Ⅳ}}}{\sum l}=\frac{0.5\times2719}{16.7}\text{Pa/m}=81.4\text{Pa/m}$$

根据 R_{pj} 和 G 值，选立管Ⅳ的立、支管的管径，取 $DN15\text{mm}\times15\text{mm}$。计算出立管Ⅳ的总压力损失为 2941Pa。与立管Ⅴ的并联环路相比，其不平衡百分率 $x_{\text{Ⅳ}}=-8.2\%$。在允许值 ±15% 范围之内。

（5）确定立管Ⅲ的管径　立管Ⅲ与管段 5-8 并联。同理，资用压力 $\Delta p'_{\text{Ⅲ}}=\sum(\Delta p_y+\Delta p_j)_{5\text{-}8}=3524\text{Pa}$。立管管径选用 $DN15\text{mm}\times15\text{mm}$。计算结果，立管Ⅲ的压力损失为 2941Pa。不平衡百分比 $x_{\text{Ⅲ}}=16.5\%$，稍超过允许值。

（6）确定立管Ⅱ的管径　立管Ⅱ与管段 4-9 并联。同理，资用压力 $\Delta p'_{\text{Ⅱ}}=\sum(\Delta p_y+\Delta p_j)_{4\text{-}9}=3937\text{Pa}$。立管选用最小管径 $DN15\text{mm}\times15\text{mm}$。计算结果，立管Ⅱ压力损失为 2941Pa。不平衡百分率 $x_{\text{Ⅱ}}=25.3\%$，超出允许值。

（7）确定立管Ⅰ的管径　立管Ⅰ与管段 3-10 并联。同理，资用压力 $\Delta p'_{\text{Ⅰ}}=\sum(\Delta p_y+\Delta p_j)_{3\text{-}10}=4643\text{Pa}$。立管选用最小管径 $DN15\text{mm}\times15\text{mm}$。计算结果，立管Ⅰ总压力损失为 3517Pa。不平衡率 $x_{\text{Ⅰ}}=24.3\%$，超出允许值，剩余压头用阀门消除。

结论：通过机械循环系统水力计算（例 4-2）结果，可以看出：

1）例 4-1 与例 4-2 的系统热负荷、立管数、热媒参数和供热半径都相同，机械循环系统的作用压力比重力循环系统大得多，系统的管径就细很多。

2）由于机械循环系统供回水干管的 R 值选用较大，系统中各立管之间的并联环路压力平衡较难。例 4-2 中，立管Ⅰ、Ⅱ、Ⅲ的不平衡百分率都超过 ±15% 的允许值。在系统初调节和运行时，只能靠立管上的阀门进行调节，否则在例 4-2 的异程式系统必然会出现近热远冷的水平失调。如系统的作用半径较大，同

时又采用异程式布置管道，则水平失调现象更难以避免。

3）为避免采用例4-2的水力计算方法而出现立管之间环路压力不易平衡的问题，在工程设计中，可采用下面的一些设计方法，来防止或减轻系统的水平失调现象：

a. 供、回水干管采用同程式布置。

b. 仍采用异程式系统，但采用“不等温降”方法进行水力计算。

c. 仍采用异程式系统，采用首先计算最近立管环路的方法。

上述的第三个设计方法是首先计算通过最近立管环路上各管段的管径，然后以最近立管的总压力损失为基准，在允许的不平衡率范围内，确定最近立管后面的供、回水干管和其他立管的管径。如仍以例4-2为例。首先，求出最近立管Ⅰ的总压力损失$\sum(\Delta p_y+\Delta p_j)_{19,20}=3517\text{Pa}$，然后根据$3517\times1.15\text{Pa}=4045\text{Pa}$的总资用作用压力，确定管段3-10的管径。计算结果表明：如将管段5、6、8均改为DN32mm，立管Ⅱ-Ⅳ管径改为20mm×15mm，则立管间的不平衡率可满足设计要求。这种水力计算方法简单，工作可靠，但增大了系统许多管段的管径。

表4-4 机械循环单管顺流式热水供暖系统管路水力计算表

1	2	3	4	5	6	7	8	9	10	11	12
管段号	Q/W	G/(kg/h)	l/m	d/mm	v/(m/s)	R/(Pa/m)	$\Delta p_y=RL$/Pa	$\sum\xi$	Δp_d/Pa	$\Delta p_j=\Delta p_d\sum\xi$/Pa	$\Delta p_j=\Delta p_y+\Delta p_y$/Pa
立管 Ⅴ											
1	74800	2573	15	40	0.55	116.41	1746.2	1.5	148.72	223.1	1969.3
2	37400	1287	8	32	0.36	61.95	495.6	4.5	63.71	286.7	782.3
3	29500	1015	8	32	0.28	39.32	314.6	1.0	38.54	38.5	353.1
4	22300	767	8	32	0.21	23.09	184.7	1.0	21.68	21.7	206.4
5	15100	519	8	25	0.26	46.19	369.5	1.0	33.23	33.2	402.7
6	7900	272	23.7	20	0.22	46.31	1097.5	9.0	23.79	214.1	1311.6
7		136	9	15	0.2	58.08	522.7	45	19.66	884.7	1407.4
8	15100	519	8	25	0.26	46.19	369.5	1	33.23	33.2	402.7
9	22300	767	8	32	0.21	23.09	184.7	1	21.68	21.7	206.4
10	29500	1015	8	32	0.28	39.32	314.6	1	38.54	38.5	353.1
11	37400	1287	8	32	0.36	61.95	495.6	5	63.71	318.6	814.2
12	74800	2573	3	40	0.55	116.41	349.2	0.5	148.72	74.4	423.6

（续）

1	2	3	4	5	6	7	8	9	10	11	12
管段号	Q/W	G/(kg/h)	l/m	d/mm	v/(m/s)	R/(Pa/m)	$\Delta p_y = RL$/Pa	$\Sigma\xi$	Δp_d/Pa	$\Delta p_j = \Delta p_d\Sigma\xi$/Pa	$\Delta p_j = \Delta p_y + \Delta p_y$/Pa
立管 V											
$\Sigma l = 114.7\text{m}$　$\Sigma(\Delta p_y + \Delta p_j)_{1\text{-}12} = 8633\text{Pa}$ 入口处的剩余循环作用压力，用阀门节流											
立管Ⅳ　资用压力 $\Delta p'_{\text{Ⅳ}} = \Sigma(\Delta p_y + \Delta p_j)_{6,7} = 2719\text{Pa}$											
13	7200	248	7.7	15	0.36	182.07	1401.9	9	63.71	573.4	1975.3
14		124	9	15	0.18	48.84	439.6	33	16.93	525.7	965.3
$\Sigma(\Delta p_y + \Delta p_j)_{13,14} = 2941\text{Pa}$ 不平衡率 $x_{\text{Ⅳ}} = [\Delta p'_{\text{Ⅳ}} - \Sigma(\Delta p_y + \Delta p_j)_{13,14}]/\Delta p'_{\text{Ⅳ}} = (2719-2941)/2719 = -8.2\%$（在 ±15% 以内）											
立管Ⅲ　资用压力 $\Delta p_{\text{Ⅲ}} = \Sigma(\Delta p_y + \Delta p_j)_{5\text{-}8} = 3524\text{Pa}$											
15	7200	248	7.7	15	0.36	182.07	1401.9	9	63.71	573.4	1975.3
16		124	9	15	0.18	48.84	439.6	33	15.93	525.7	965.3
$\Sigma(\Delta p_y + \Delta p_j)_{15,16} = 2941\text{Pa}$ 不平衡率 $x_{\text{Ⅲ}} = [\Delta p'_{\text{Ⅲ}} - \Sigma(\Delta p_y + \Delta p_j)_{15,16}]/\Delta p'_{\text{Ⅲ}} = (3524-2941)/3524 = 16.5\% > 15\%$（用立管阀门节流）											
立管Ⅱ　资用压力 $\Delta p'_{\text{Ⅱ}} = \Sigma(\Delta p_y + \Delta p_j)_{4\text{-}9} = 39374\text{Pa}$											
17		248	7.7	15	0.36	182.07	1401.9	9	63.71	573.4	1975.3
18		124	9	15	0.18	48.84	439.6	33	15.93	525.7	965.3
$\Sigma(\Delta p_y + \Delta p_j)_{17,18} = 2941\text{Pa}$ 不平衡率 $x_{\text{Ⅱ}} = [\Delta p'_{\text{Ⅱ}} - \Sigma(\Delta p_y + \Delta p_j)_{17,18}]/\Delta p'_{\text{Ⅱ}} = (3937-2941)/3937 = 25.3\% > 15\%$（用立管阀门节流）											
立管Ⅰ　资用压力 $\Delta p'_{\text{Ⅰ}} = \Sigma(\Delta p_y + \Delta p_j)_{3\text{-}10} = 4643\text{Pa}$											
19	7900	272	7.7	15	0.39	217.19	1672.4	9	74.78	673.0	2345.4
20		136	9	15	0.20	58.08	522.7	33	19.66	648.8	1171.5
$\Sigma(\Delta p_y + \Delta p_j)_{19,20} = 3517\text{Pa}$ 不平衡率 $x_{\text{Ⅰ}} = [\Delta p'_{\text{Ⅰ}} - \Sigma(\Delta p_y + \Delta p_j)_{19,20}]/\Delta p'_{\text{Ⅰ}} = (4643-3517)/4643 = 24.3\% > 15\%$（用立管阀门节流）											

4.4 机械循环单管同程式热水供暖系统管路的水力计算

因同程式系统中通过各立管环路的管长接近相等，它比异程式系统更适于采用等温降的水力计算方法。其计算步骤如下：

1）计算通过最远立管的环路。与异程式系统最不利环路的计算方法相同，来确定各个管段的管径及其阻力损失，并验算热力入口处的富裕压力。

2）用同样方法，计算通过最近立管的环路。

3）求最近立管与最远立管环路的阻力损失不平衡率，并调整相应管径，使其在 ±5% 以内。

4）绘制系统干管压力和阻力损失平衡图，并计算出其余干管的资用压力。

5）确定其他立管管径。

6）求各立管的不平衡率，不平衡率应在 10% 以内。

【例 4-3】 将例 4-2 的异程式系统改为同程式系统。已知条件与例 4-2 相同。管路系统如图 4-3 所示。

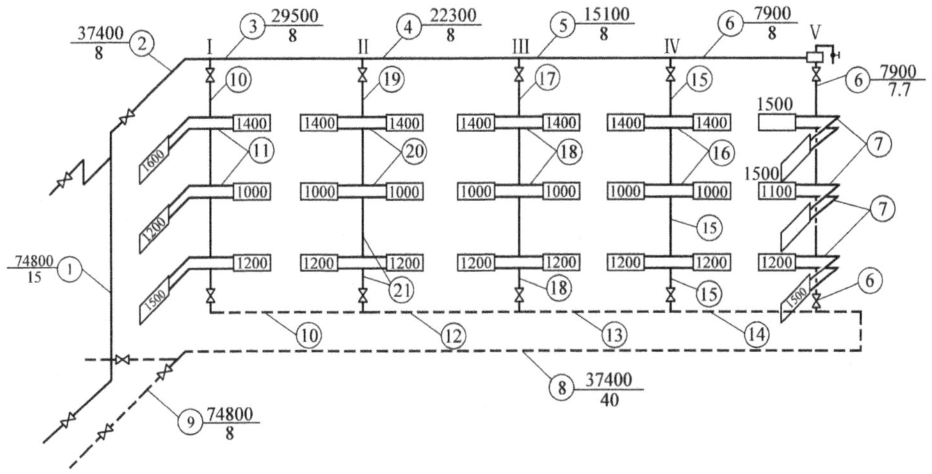

图 4-3 同程式系统管路系统图

【解】

(1) 首先计算通过最远立管 V 的环路。确定出供水干管各个管段、立管 V 和回水总干管的管径及其压力损失。计算方法与例 4-2 相同，见水力计算表 4-5。

(2) 用同样方法，计算通过最近立管 I 的环路，从而确定出立管 I 、回水干管各管段的管径及压力损失。

(3) 求并联环路立管 I 和立管 V 的压力损失不平衡率，使其不平衡率在 ±5% 以内。

(4) 根据水力计算结果，利用图示方法如图 4-3 所示，表示出系统的总压力损失及各立管的供、回水节点间的资用压力值。

根据水力计算表和图 4-3 可知，立管Ⅳ的资用压力应等于入口处供水管起点，通过最近立管环路到回水干管管道 13 末端的压力损失，减去供水管起点到供水干管管段5末端的压力损失的差值，亦即等于（6461－4359）Pa＝2102Pa（见表4-5的第13栏数值）。其他立管的资用压力确定方法相同，见表4-5。

表4-5　机械循环同程式单管热水供暖系统管路水力计算表

管段号	Q/W	G/kg/h	l/m	D/mm	v/(m/s)	R/(Pa/m)	$\Delta p_y = RL$/Pa	$\Sigma\xi$	Δp_d/Pa	$\Delta p_j = \Delta p_d \times \Sigma\xi$/Pa	$\Delta p_j = \Delta p_y + \Delta p_y$/Pa	供水管起点到计算管段末端的压力损失
1	2	3	4	5	6	7	8	9	10	11	12	13
通过立管Ⅴ的环路												
1	74800	2573	15	40	0.55	116.7	1746.2	1.5	148.72	223.1	1969.3	1969
2	37400	1287	8	32	0.36	61.95	495.6	4.5	63.71	286.7	782.3	2752
3	29500	1015	8	32	0.28	39.32	314.6	1	38.54	38.5	353.1	3105
4	22300	767	8	25	0.38	97.51	780.1	1	70.99	71.0	851.1	3956
5	15100	519	8	25	0.26	46.19	369.5	1	33.23	33.2	402.7	4359
6′	7900	272	8	20	0.22	46.31	370.5	1	23.79	23.8	394.3	4753
6	7900	272	9.5	20	0.22	46.31	439.9	7.0	23.79	166.5	606.4	5359
7		136	9	15	0.20	58.08	522.7	45	19.66	884.7	1407.4	6767
8	37400	1287	40	32	0.36	61.95	2478	8	63.71	509.7	2987.7	9754
9	74800	2573	3	40	0.55	116.41	349.2	0.5	148.72	74.4	423.6	10178
$\Sigma(\Delta p_y + \Delta p_j)_{1\text{-}9} = 10178\text{Pa}$												
通过立管Ⅰ的环路												
10	7900	272	9	20	0.22	46.31	416.8	5	23.79	119.0	535.8	3287
11		136	9	15	0.20	58.08	522.7	45	19.66	884.7	1407.4	4695
10′	7900	272	8.5	20	0.22	46.31	393.6	5	23.79	119.0	512.6	5207
12	15100	519	8	25	0.26	46.19	369.5	1	33.23	33.2	402.7	5610
13	22300	767	8	25	0.38	97.51	780.1	1	70.99	71.0	851.1	6461
14	29500	1015	8	32	0.28	39.32	314.6	1	38.54	38.5	353.1	6814
管道3-7与管道10-14并联 $\Sigma(\Delta p_y + \Delta p_j)_{10\text{-}14} = 4063\text{Pa}$ $\Delta p_{3\text{-}7} = 3931\text{Pa}$　$\Sigma(\Delta p_y + \Delta p_j)_{1,2,8,9,10\text{-}14} = 10226\text{Pa}$ 不平衡率 $= \dfrac{\Delta p_{3\text{-}7} - \Delta p_{10\text{-}14}}{\Delta p_{3\text{-}7}} = \dfrac{3931 - 4063}{3931} \times 100 = -3.4\%$ 系统总压力损失为10226Pa，剩余作用压力，在引入口处用阀门节流												
立管Ⅳ资用压力 $\Delta p'_{\text{Ⅳ}} = (6461 - 4359)\text{Pa} = 2102\text{Pa}$												
15	7200	248	6	20	0.2	38.92	233.5	3.5	19.66	68.8	302.3	

（续）

管段号	Q/W	G/kg/h	l/m	D/mm	v/(m/s)	R/(Pa/m)	$\Delta p_y = RL$/Pa	$\Sigma\xi$	Δp_d/Pa	$\Delta p_j = \Delta p_d \times \Sigma\xi$/Pa	$\Delta p_j = \Delta p_y + \Delta p_y$/Pa	供水管起点到计算管段末端的压力损失
16		124	9	15	0.18	48.84	439.6	33.0	15.93	525.7	965.3	
15′	7200	248	3.5	15	0.36	182.07	637.2	4.5	19.66	286.7	923.9	
$\Sigma\ (\Delta p_y + \Delta p_j)_{15,15',16} = 2191\text{Pa}$												
不平衡率 $= \dfrac{\Delta p'_{\text{IV}} - \Sigma\ (\Delta p_y + \Delta p_j)_{15,15',16}}{\Delta p'_{\text{IV}}} = \dfrac{2102-2191}{2102} \times 100\% = -4.2\%$												
立管Ⅲ　资用压力 $\Delta p'_{\text{III}} =\ (5610-3956)\ \text{Pa} = 1654\text{Pa}$												
17	7200	248	9	20	0.2	38.92	350.3	3.5	19.66	68.8	419.1	
18		124	9	15	0.18	48.84	439.6	33.0	15.93	525.7	965.3	
18′	7200	248	0.5	20	0.2	38.92	19.5	4.5	19.66	88.5	108.0	
$\Sigma\ (\Delta p_y + \Delta p_j)_{17,18,18'} = 1492\text{Pa}$												
不平衡率 $= \dfrac{\Delta p'_{\text{III}} - \Sigma\ (\Delta p_y + \Delta p_j)_{15,15',16}}{\Delta p'_{\text{III}}} = \dfrac{1654-1492}{1654} \times 100 = 9.8\%$												
立管Ⅱ　资用压力 $\Delta p'_{\text{II}} =\ (5207-3105)\ \text{Pa} = 2102\text{Pa}$												
19	7200	248	6	20	0.20	38.92	233.5	3.5	19.66	68.8	302.3	
20		124	9	15	0.18	48.84	439.6	33.0	15.93	525.7	965.3	
21	7200	248	3.5	15	0.36	182.07	637.2	4.5	63.71	286.7	923.9	
$\Sigma\ (\Delta p_y + \Delta p_j)_{19,20,21} = 2191\text{Pa}$												
不平衡率 $= \dfrac{\Delta p'_{\text{II}} - \Sigma\ (\Delta p_y + \Delta p_j)_{19\text{-}21}}{\Delta p'_{\text{II}}} = \dfrac{2102-2191}{2102} \times 100 = -4.2\%$												

应注意：如水力计算结果和图示表明，个别立管供、回水节点间的资用压力过小或过大，则会使下一步选用该立管的管径过粗或过细，设计很不合理。此时，应调整第一、二步骤的水力计算，适当改变个别供、回水干管的管段直径，校核立管两端的作用压差，使各立管的管径满足并联环路不平衡率的要求。

（5）确定其他立管的管径。根据各立管的资用压力和立管各管段的流量，选用合适的立管管径。计算方法与例题4-2的方法相同。

（6）求各立管的不平衡率。根据立管的资用压力和立管的计算压力损失，求各立管的不平衡率。不平衡率应在 ±10% 以内。

通过同程式系统水力计算例题可见，虽然同程式系统的管道金属耗量多于异程式系统，但它可以通过调整供、回水干管的各管段的压力损失来满足立管间不平衡率的要求。

通过上述计算结果可知，在较大的室内热水供暖系统中，如采用等温降方法进行异程式系统的水力计算（如例4-2），立管间的压降不平衡率往往难以满足要求，必然会出现系统的水平失调。对于同程式系统，如前所述，如在水力计算中一些立管的供回水干管之间的资用压力很小或为零时，该立管的水流量很小，甚至出现停滞现象，同样也会出现系统的水平失调。

一个良好的同程式系统的水力计算，应使各立管的资用压力值不要变化太大，以便于选择各立管的合理管径。为此，在水力计算中，管路系统前半部供水干管的比摩阻 R 值，宜选用稍小于回水干管的 R 值；而管路系统后半部供水干管的 R 值，宜选用稍大于回水干管的 R 值。

4.5 不等温降的水力计算

不等温降的水力计算，就是在单管系统中每根立管温降不必相等的前提下进行水力计算。它以并联环路节点压力平衡的基本原理进行水力计算。首先选定管径，在并联环路上，当其中一个并联环路压力损失确定后，根据平衡要求的压力损失计算立管的流量，从而确定立管的实际温度降。这种计算方法对各立管间的流量分配，完全遵守并联节点压力平衡的水力学规律，能使设计工况与实际工况一致。不等温降的方法适用于各种室内采暖系统。

1. 热水管道的阻力数的计算

前已述及，根据式（4-19），管段的阻力数表示当管段通过单位流量时的压力损失值。

（1）串联管路　对于由串联管路组成的热水管路（图4-4），串联管路的总压降为

$$\Delta p = \Delta p_1 + \Delta p_2 + \Delta p_3$$

式中　Δp_1、Δp_2、Δp_3——各串联管段的压力损失（Pa）；

根据式（4-19），可得 $S_{ch}G^2 = s_1G^2 + s_2G^2 + s_3G^2$

由此可得

$$S_{ch} = s_1 + s_2 + s_3 \tag{4-28}$$

式中　G——热水管路的流量（kg/h）；

s_1、s_2、s_3——各串联管段的阻力数［Pa/（kg/h）^{2}］；

S_{ch}——串联管段管路的总阻力数［Pa/（kg/h）^{2}］。

式（4-27）表明：在串联管路中，管路中总阻力数为各串联管段阻力数之和。

（2）并联管路　对于并联管路（图4-5），管路的总流量为各并联管段流量之和，即

$$G = G_1 + G_2 + G_3 \tag{4-29}$$

根据式（4-19），可得

$$G = \sqrt{\frac{\Delta p}{S_b}};G_1 = \sqrt{\frac{\Delta p}{s_1}};G_2 = \sqrt{\frac{\Delta p}{s_2}};G_3 = \sqrt{\frac{\Delta p}{s_3}} \tag{4-30}$$

将式（4-29）代入式（4-28），可得

$$\sqrt{\frac{1}{S_b}} = \sqrt{\frac{1}{s_1}} + \sqrt{\frac{1}{s_2}} + \sqrt{\frac{1}{s_3}} \tag{4-31}$$

又由于　$\Delta p = s_1G_1^2 = s_2G_2^2 = s_3G_1^2$

则　$G_1 : G_2 : G_3 = 1/\sqrt{s_1} : 1/\sqrt{s_2} : 1/\sqrt{s_3} = \alpha_1 : \alpha_2 : \alpha_3$　(4-32)

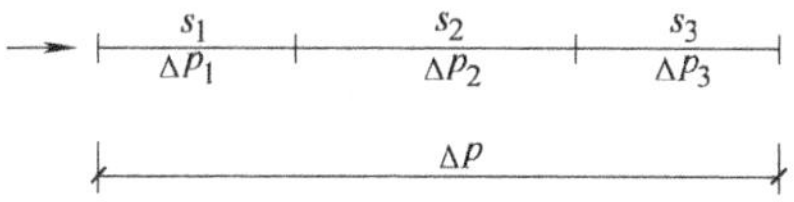

图4-4　串联管路

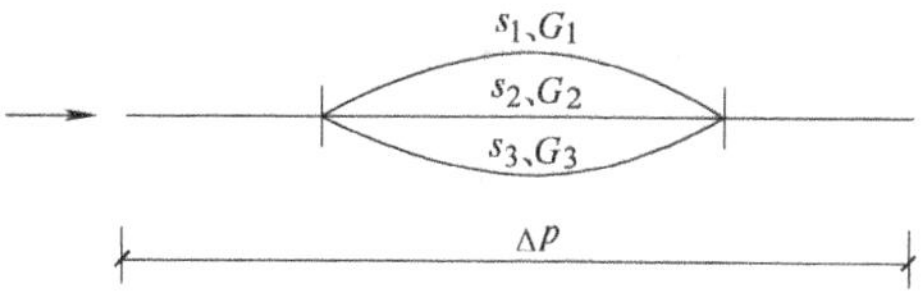

图4-5　并联管路

由式（4-31）可见，在并联管路上，各分支管段的流量分配与其阻力数成反比。此外，各分支管段的阻力状况（即其阻力数 s 值）不变时，管道的总流量增加或减少多少倍，并联环路分支管段也相应增加或减少多少倍。

2. 不等温降的水力计算方法

进行室内热水供暖系统不等温降的水力计算时，一般从循环环路的最远立管开始。

1）给定最远立管的温降。一般按设计温降增加2~5℃。由此求出最远立管的计算流量。根据立管的流量，选用 R（或 v）值，确定最远立管管径和环路末端供、回水干管的管径及相应的压力损失值。

2）确定环路最末端的第二根立管的管径。该立管与上述计算管段为并联环路。根据节点的压力损失 Δp，给定该立管管径，从而确定通过环路最末端的第二根立管的计算流量和计算温度降。

3）按照上述方法，由远及近，依次确定出该环路上供、回水各管段的管径及其相应的压力损失，以及各立管的管径、计算流量和计算温度降。

4）系统中有多个分支环路时，按上述方法计算各个分支循环环路。计算得出的各循环环路在节点压力平衡状况下的流量总和，一般都不会等于设计要求的总流量，最后需要根据并联环路流量分配和压降变化的规律，对初步计算出的各循环环路的流量、温降和压降进行调整，整个水力计算才结束。最后，确定各立

管散热器所需的面积。

【例4-4】 将例4-2（图4-6）的异程式系统采用不等温降法进行系统管路的水力计算。设计供回水温度为95℃/70℃。用户入口处外网的资用压力为10kPa。

本例题采用当量阻力法进行水力计算。整根立管的折算阻力系数 ξ_{zh}，按附录D中表D-7选用。

【解】 （1）求最不利环路的平均比摩阻 R_{pj}　一般从最远立管环路为最不利环路。根据式

$$R_{pj}=\alpha\Delta p/\sum l=(0.5\times10000/114.7)\ \text{Pa/m}=43.6\text{Pa/m}$$

（2）计算立管Ⅴ　设立管的温降 $\Delta t=30℃$（比设计温降大5℃），立管流量 $G_{\text{V}}=(0.86\times7900/30)\ \text{kg/h}=226\text{kg/h}$。根据流量 G_{V}，参照 R_{pj} 值，选用立、支管管径为20mm×15mm。

根据附录D中表D-7，得整根立管的折算阻力系数 $\xi_{zh}=(\lambda/d)l+\sum\xi=72.7$（最末立管设置集气罐 $\xi=1.5$，刚好与附录D中表D-7的标准立管的旁流三通 $\xi_{zh}=1.5$ 相等）。

根据 $G_{\text{V}}=226\text{kg/h}$，$d=20\text{mm}$，查附录D中表D-5，当 $\xi_{zh}=1.0$ 时，$\Delta p=15.93\text{Pa}$。立管的压力损失 $\Delta p_{\text{V}}=\xi_{zh}\Delta p=72.7\times15.93\text{Pa}=1158\text{Pa}$。

（3）计算供、回水干管6和6′的管径　管段流量 $G_6=G'_6=G_{\text{V}}=226\text{kg/h}$。选定管径为20mm，$\lambda/d$ 值由附录D中表D-4查出1.8，管道总长度为(8+8)m=16m。两个直流三通，$\sum\xi=2\times10=2.0$。管道6和6′的 $\xi=(\lambda/d)l+\sum\xi=1.8\times16+2.0=30.8$。

根据 G 及 d 值，查附录D中表D-5，当 $\xi=1.0$ 时，管段 $d=20\text{mm}$ 通过流量为226kg/h的压力损失 $\Delta p=15.93\text{Pa}$，管段6和6′的压力损失 $\Delta p_{6,6'}=30.8\times15.93\text{Pa}=491\text{Pa}$。

（4）计算立管Ⅳ　立管Ⅳ与环路6-Ⅴ-6′并联。因此，立管Ⅳ的作用压力 $\Delta p'_{\text{IV}}=\Delta p_{6\text{-V-}6'}=(1158+491)\ \text{Pa}=1649\text{Pa}$。立、支管选用管径为DN20×15。查附录D中表D-7，立管的折算阻力系数 $\xi_{zh}=72.7$，则当 $\xi=1.0$ 时，立管Ⅳ的压力损失 $\Delta p=\dfrac{\Delta p_{6\text{-V-}6'}}{\xi_{zh}}=\dfrac{1649}{72.7}\text{Pa}=22.69\text{Pa}$。

根据 $\Delta p=15.93\text{Pa}$ 和管径DN20mm，查附录D中表D-5，得 $G_{\text{IV}}=270\text{kg/h}$（根据 $\Delta p=sG^2$，用比例法求 G 值，在附录D表D-5中，当 $G=264\text{kg/h}$ 时，$\Delta p=21.68\text{Pa}$，可求得 $G_{\text{IV}}=G(\Delta p/\Delta p)^{0.5}=264\times(22.69/21.68)^{0.5}\ \text{kg/h}=270\text{kg/h}$。）

立管Ⅳ的热负荷 $Q_{\text{IV}}=7200\text{W}$。由此可求出该立管的计算温降 $\Delta t_j=0.86Q/G=0.86\times7200\times270℃=22.9℃$。

按照上述步骤，对其他水平供、回水干管和立管从远至近顺次地进行计算。计算结果列于表4-6中，在此不再详述。最后得出图4-6右侧循环环路初步的计算流量 $G_{j1}=1196\text{kg/h}$，压力损失 $\Delta p_{j1}=4513\text{Pa}$。

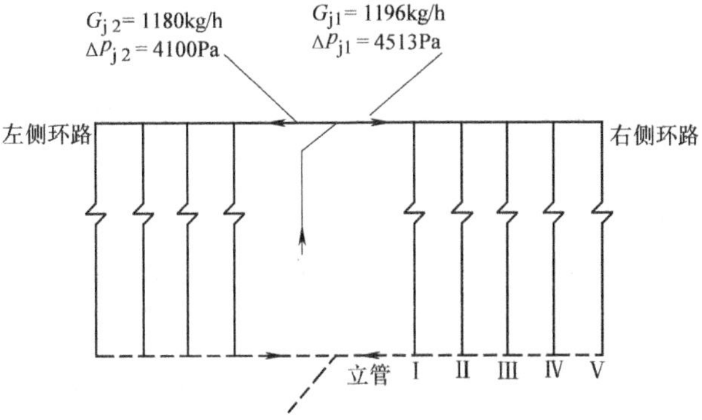

图4-6 例4-4的管路系统简化示意图

用同样的方法，计算图4-6中左侧循环环路。现假定左侧循环环路的初步计算流量 $G_{j2}=1180\text{kg/h}$，初步计算压力损失 $\Delta p_{j2}=4100\text{Pa}$。

右环路的阻力数 $S_1=\dfrac{\Delta p_{j1}}{G_{j1}^2}=\dfrac{4513}{1196^2}=0.00316$

左环路的阻力数 $S_2=\dfrac{\Delta p_{j2}}{G_{j2}^2}=\dfrac{4100}{1180^2}=0.00295$

将左环计算压力损失按与右侧相同考虑（左环路与右环路平衡时，左环路的压力损失与右环路相等），此时左环路压力损失为 $\Delta p_{j2}=4513\text{Pa}$。通过左环的阻力数可计算出左环的流量，则左环流量变为1238kg/h，则系统初步计算的总流量为：

初步计算的总流量 $G_j=(1238+1196)\text{kg/h}=2424\text{kg/h}$

系统设计的总流量 $G_s=0.86\sum Q/(t_g-t_h)=[0.86\times74800/(95-70)]\text{kg/h}=2573\text{kg/h}$

两者不相等。因此，需要近一步调整各循环环路的流量、压降和各立管的温度降。

（5）调整各循环环路的流量、压降和各立管的温度降　根据并联环路流量分配和压降变化的规律，按下列步骤进行调整。

1）确定调整后的流量及流量调整系数 K_G

根据式（4-33）　　$G_{t1}:G_{t2}=1/\sqrt{s_1}:1/\sqrt{s_2}$

$$G_{t1}:(G_s-G_{t1})=1/\sqrt{s_1}:1/\sqrt{s_2}$$

右环调整后的流量 $G_{t1}=1264\text{kg/h}$

右环路的流量调整系数 $K_{G1}=G_{t1}/G_{j1}=1264/1195=1.057$

同理　左环调整后的流量 $G_{t2}=1309\text{kg/h}$

左环路的流量调整系数 $K_{G2}=G_{t2}/G_{j2}=1309/1180=1.109$

2）求温降调整系数 K_T

右环路温降调整系数 $K_{T1}=\dfrac{1}{K_{G2}}=\dfrac{1}{1.057}=0.946$

左环路温降调整系数 $K_{T2}=\dfrac{1}{K_{G2}}=\dfrac{1}{1.109}=0.902$

3）校核各立管的流量和温降。根据右环和左环不同流量调整系数和温降调整系数，乘以各侧环路立管的第一次算出的流量和温降，求得各立管的最终计算流量和温降。右侧环路的调整结果，见表 4-6 的第 12 和 13 栏。

4）求压降调整系数 K_p

压力损失调整系数

右环压降调整系数 $K_{p1}=K_{G1}^2=1.117$

左环压降调整系数 $K_{p2}=K_{G2}^2=1.230$

调整后右侧环路的压力损失 $\Delta p_{t(2\text{-}11)}=\Delta p_{j1}\alpha_{p1}=4513\times1.117\text{Pa}=5041\text{Pa}$

调整后左侧环路压力损失 $\Delta p_{t2}=\Delta p_{j2}\alpha_{p2}=(4100\times1.230)\text{Pa}=5043\text{Pa}\neq 5401\text{Pa}$（计算误差）

（6）确定系统供、回水总管管径及系统的总压力损失　并联环路水力计算调整后，最后一步是确定系统供、回水总管管径及系统的总压力损失。供、回水总管管径 1 和 12 的设计流量 $G_{zh}=2573\text{kg/h}$。选用管径 $d=40\text{mm}$。根据表 4-3 水力计算的数据，得出 $\Delta p_1=1969.3\text{Pa}$，$\Delta p_{12}=423.6\text{Pa}$。

系统的总压力损失

$$\Delta p_{1-12}=\Delta p_1+\Delta p_{t(2-11)}+\Delta p_{12}=(1969.3+5045+423.6)\text{Pa}=7438\text{Pa}$$

至此，系统的水力计算全部结束。

水力计算结束后，最后进行所需的散热面积计算。由于各立管的温降不同，通常近处立管的流量比按等温降法计算的流量大，远处立管的流量会小。因此，即使在同一楼层散热器热负荷相同的条件下，近处立管的散热器的平均水温增高，所需的散热器面积会小些，而远处立管要增加些散热面积。

综上所述，异程式系统采用不等温降法进行水力计算的主要优点是：完全遵守节点压力平衡分配流量的规律，并根据各立管的不同温降调整散热面积，从而有可能在设计角度上去解决系统的水平失调现象。因此，当采用异程式系统时，宜采用不等温降法进行管路的水力计算。对大型的室内热水供暖系统，宜采用同程式系统。

表 4-6　例 4-4 不等温降的水力计算表

1	2	3	4	5	6	7	8	9	10	11	12	13
管段号	热负荷 Q/W	管径 d ($d_{立} \times d_{支}$) /mm	管长 l/m	$\frac{\lambda}{d}l$	$\sum\xi$	总阻力 ξ_{zh}	$\xi_{zh}=1$ 的压力损失 Δp/Pa	计算压力损失 Δp_j/Pa	计算流量 G_j/(kg/h)	计算温降 Δt_j/℃	计算流量 G_j/(kg/h)	调整温降 Δt_t/℃
立管Ⅴ	7900	20×25				72.7	15.93	1158	226	30	239	28.4
6+6′	7900	20	16	28.8	2.0	30.8	15.93	491	226		239	
立管Ⅳ	7200	20×15				72.7	22.69	1649	270	22.9	285	21.7
5+8	15100	25	16	20.8	2.0	22.8	29.5	673	496		524	
立管Ⅲ	7200	15×15				48.4	48.0	2322	216	28.7	228	27.2
4+9	22300	32	16	14.4	2.0	16.4	19.72	323	712		753	
立管Ⅱ	7200	15×15				48.4	54.65	2645	230	26.9	243	25.4
3+10	29500	32	16	14.4	2.0	16.4	34.54	566	942		996	
立管Ⅰ	7900	15×15				48.4	66.34	3211	254	26.7	268	25.3
2+11	37400	32	16	14.4	9.0	23.4	55.66	1302	1196		1264	

水力计算成果：右侧环路　$\Delta p_{j1(2\text{-}11)}=4513\text{Pa}$；$G_{j1}=1196\text{kg/h}$

假设　左侧环路　$\Delta p_{j2}=4100\text{Pa}$；$G_{j2}=1180\text{kg/h}$

调整后右侧环路　$\Delta p_{t(2\text{-}11)}=5041\text{Pa}$；$G_{t1}=1264\text{kg/h}$

左侧环路　$\Delta p_{t2}=5043\text{Pa}$；$G_{t2}=1309\text{kg/h}$

4.6　分户计量热水供暖系统水力计算

分户热计量供暖系统水力计算的基本步骤和方法是遵循上述水力计算方法的。但由于增加了调控和计量设备，使之与传统的单、双管系统有所不同。总压力损失应包括两部分：一部分是户内系统的压力损失，主要包括散热器阻力、恒温阀阻力、室内管道阻力、用户入口阻力；另一部分是自建筑供暖入口至该用户入口的压力损失。

4.6.1　散热器供暖系统的水力计算

由于系统中使用温控阀、自动平衡阀、热表等高阻力元件，管道和散热器的压力已不是系统的主要阻力，在设计计算时，应考虑这些装置的压力，以保证系统有足够的作用压力。

计算步骤可分为以下几步：

第一步：确定各管段的流量。

第二步：确定最不利环路及其平均比摩阻值。选择最不利环路时，与传统系统不同的是除了环路的远近距离外，还要认真考虑自然循环压力和调控计量设备阻力的影响。对于传统的垂直式系统改造项目，最不利环路的平均比摩阻一般按60～120Pa/m；对于按户分环的双管系统，下供下回式共用立管的平均比摩阻一般按30～60Pa/m；各层水平支路平均比摩阻一般小于200Pa/m。

第三步：进行最不利环路的计算（确定管径、计算压力损失）。散热器温控阀的压降推荐选取在10～30kPa间。热计量表的阻力值根据热表阻力特性曲线确定。根据推荐平均比摩阻值，确定各段管道管径，并计算出最不利环路的压力损失。

第四步：校核富裕压力。根据第三步计算出最不利环路在设计工况下的压降值与系统入户处的供回水资用压差值相比较，校核外网系统提供的资用压差是否满足要求。分户计量供暖系统热力入口的资用压差 一般取40 ～50kPa，入口处剩余的循环压差用平衡阀消耗掉。

第五步：计算其他并联环路。首先，计算并联环路的资用压力，由资用压力确定并联环路的平均比摩阻，重复第三和第四步的计算，完成系统的设计。

上述计算可以看出，由于新设备的使用，传统水力计算的一些限制已被突破，例如，双管式系统适用于4层以下的建筑中的这个限制已被打破。在设计计算中，应充分考虑新设备、装置的使用对水力计算的影响，并根据相关应用及设备说明进行选型。

4.6.2 地板辐射供暖的水力计算

地板辐射供暖系统水力计算的主要任务是确定加热管管径和管路压力损失。计算原理与方法同散热器供暖系统，详见第4章4.2节。

1. 确定各回路热媒的流量

$$G = \frac{0.86Q}{t_g - t_h} \tag{4-33}$$

式中 $t_g - t_h$——热媒流过加热管的供回水温差（℃），低温辐射地板供暖的供回水温差不宜大于10℃；

Q——每根加热管所负担的热负荷（kW）。

2. 确定各回路加热管的管径

加热管的管径采用限定流速法，按下式计算

$$d = 0.0188 \times \left(\frac{G}{v}\right)^{0.5} \tag{4-34}$$

式中 d——加热管内径（m）；

v——流过加热管热媒的流速（m/s），加热管热媒流速在0.25～0.5m/s之间为宜，一般不应小于0.25m/s。

3. 确定各回路加热管的压力损失

加热管路的压力损失包括沿程阻力和局部阻力。由于加热盘管的转弯半径较大，局部阻力很小，可忽略。因此，近似认为盘管管路的阻力为沿程阻力。沿程阻力Δp_y按下式计算

$$\Delta p_y = \lambda \cdot \frac{l}{d}\frac{\rho v^2}{2} \tag{4-35}$$

由于塑料管的粗糙度在0.0007m左右，内壁比较光滑，每根盘管的流量基本在0.15～1.0kg/h之间，盘管内流体的流动状态在水力光滑管区，λ值按式（4-5）计算。考虑到分、集水器及阀门的局部阻力，盘管管路的总阻力可在沿程阻力基础上附加10%～20%。盘管管路的阻力一般在20～50kPa之间。每套分、集水器环路总压力损失不宜大于30kPa。

塑料管及铝塑复合管单位管长沿程阻力，见附录D表D-8水力计算表。塑料管及塑料复合管局部阻力系数（ξ）值，见附录D中表D-9。

习　题

1. 等温降法和不等温降法水力计算原理的主要区别是什么？
2. 同程系统和异程系统水平失调各有何特点，如何减轻水平失调？
3. 新分户计量供暖系统与传统供暖系统水力计算方法的主要区别是什么？
4. 热水供暖系统水力计算时，最不利环路及并联环路的平均比摩阻如何确定？
5. 某低温热源供水温度50℃，可利用温差10℃，流量100t/h。

（1）确定一个供暖期（120天）可利用的热量。

（2）如果t_n=18℃，利用四柱813散热器（$K=2.237\Delta t^{0.302}$），试确定采用此低温水其散热面积F_D与常规供暖95℃/70℃时散热面积F_C的比值。

（3）如果供暖面积热指标为40W/m²，计算可供暖面积。

6. 某热水供暖系统由左右两个环路组成，左侧环路的阻力为20Pa/（m³·h），右侧环路的阻力为40Pa/（m³·h），若总流量为1000kg/h，请问左右两环路的流量各是多少？

7. 某低温地板辐射供暖系统，供回水温度为60℃/50℃是，计算阻力为70 kPa（其中，最不利环路压力损失为30kPa）。当供回水温度调整为50℃/43℃时，系统以及加热管的管径不变，只改变加热管的布置密度，使其中最不利环路压力损失为40 kPa。请问热力入口供回水压差应增加多少？

8. 某热水供暖系统，供暖系统设计热负荷为260kW，供回水温度为95℃/70℃，系统计算阻力为60kPa。但是热力入口处，供热管网供回水压差只有40kPa。请问该供暖系统的实际流量应是多少？

9. 机械循环热水供暖系统如图4-7所示。供、回水温度为95℃/70℃，用户入口处压力为

10kPa。试进行水力计算；如图 4-7 改为同程式系统，试确定最不利环路及最近立管的管径。

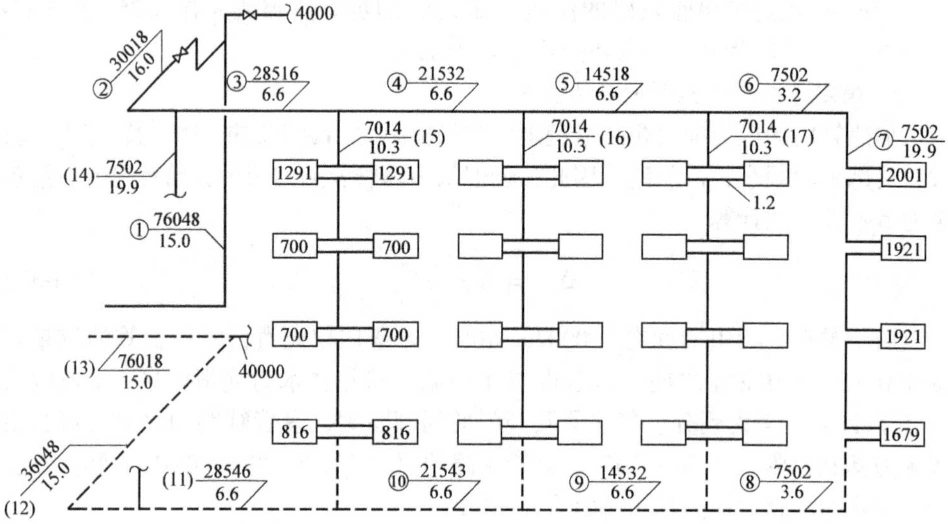

图 4-7 机械循环热水供暖系统

第 5 章

5

室内蒸汽供暖系统

以蒸汽作为热媒的供暖系统称为蒸汽供暖系统。由热源产生的蒸汽，通过输送管路送入散热设备，蒸汽在散热设备内凝结放热后变成凝结水，经疏水器沿凝水管路返回热源，重新加热成蒸汽，如此反复完成供热循环。蒸汽供暖系统多用在工业建筑中。

5.1 室内蒸汽供暖系统的概述

5.1.1 蒸汽作为热媒的特点

蒸汽作为热媒与热水相比，具有以下特点：

1. 蒸汽的放热量远大于热水的放热量

蒸汽供暖系统中，蒸汽发生相变，凝结而放出潜热；热水供暖系统中，热水依靠温度降低放出热量，无相态变化，释放的是显热。因此，当供暖系统热负荷相同时，蒸汽供暖系统的热媒流量比热水供暖系统的热水流量少得多。

2. 散热设备内热媒温度高

蒸汽供暖系统中蒸汽的凝结放热过程为定压定温过程，蒸汽凝结成水放出的热量是汽化热（汽化潜热），散热设备的表面温度近似等于该压力下蒸汽的饱和温度，而热水供暖系统中散热设备的表面温度近似为进出口水温的平均值。蒸汽供暖系统中散热设备的表面温度较高，散热面的传热系数大，所以对相同热负荷的供暖系统，蒸汽供暖系统更节省散热面积，设备投资小。

但是，过高的表面温度易造成烫伤，而且由于加热散热器上的积灰产生异味造成卫生条件较差。此外，蒸汽供暖系统易出现“跑、冒、滴、漏”的现象，因而蒸汽供暖系统不宜在民用建筑中使用，而是广泛应用在工业建筑中。

3. 状态参数发生改变

蒸汽在流动过程中靠自身的压力克服流动过程中阻力。沿途蒸汽压力和蒸汽温度逐渐下降，但始终处于饱和状态。通常，流出散热设备的凝水温度稍低于凝结压力下的饱和温度。低于饱和温度的数值称为过冷度，过冷却放热量很少，一般可忽略不计。当稍微过热的蒸汽进入散热设备，其过热度不大时，也可忽略。热媒在输送过程中，饱和蒸汽压力、温度、焓值沿途下降。在经过阻力较大的阀门时，蒸汽被绝热节流，焓值不变，压力下降，温度一般降低。从散热设备流出的饱和凝水，压力不断下降，沸点改变，凝水部分重新汽化，形成二次蒸汽等。

4. 蒸汽的密度小，产生的水静压力小

蒸汽的密度比水的密度小得多，自身重力引起的静压力较小，因而在高层建筑中通常采用蒸汽供暖，避免产生较大的水静压力。蒸汽的比体积比水的比体积大得多，因此蒸汽供暖管道中的流速通常比热水流速高得多，可大大减轻滞后现象。

5. 蒸汽的热惰性小

由于蒸汽的热惰性小，供汽时可很快加热房间，但冷却速度也很快，因此适用于间歇供暖的场合，如工厂车间、会议厅、剧场等人员停留时间不长并且要求迅速加热的建筑。

5.1.2 室内蒸汽供暖系统的分类

1. 蒸汽供暖系统按蒸汽压力不同分类

1）高压蒸汽供暖系统，供汽压力高于0.07MPa。

2）低压蒸汽供暖系统，供汽压力等于或低于0.07MPa。

3）真空蒸汽供暖系统，供汽压力低于大气压力。

2. 蒸汽供暖系统按回水动力不同分类

1）重力回水蒸汽供暖系统，凝结水靠位差自流回水。

2）机械回水蒸汽供暖系统，凝结水靠凝结水泵回水，系统较大。

3）余压回水蒸汽供暖系统，疏水器后有足够的压力输送凝结水。

3. 蒸汽供暖系统按凝水管形式不同分类

1）干式凝结水蒸气供暖系统，非满管流。

2）湿式凝结水蒸气供暖系统，满管流（断面充满水）。

4. 蒸汽供暖系统按蒸汽干管布置形式不同分类

1）上供式蒸汽供暖系统。

2）中供式蒸汽供暖系统。

3）下供式蒸汽供暖系统。

5. 蒸汽供暖系统按立管布置形式不同分类

1）单管式蒸汽供暖系统。

2）双管式蒸汽供暖系统。

5.2　室内低压蒸汽供暖系统

5.2.1　低压蒸汽供暖系统的工作原理

1. 重力回水低压蒸汽供暖系统

如图5-1所示，为重力回水低压蒸汽供暖系统示意图。图5-1a是上供式，图5-1b是下供式。在系统运行前，锅炉充水至Ⅰ—Ⅰ面。锅炉加热后产生的蒸汽，在其自身压力作用下，克服流动阻力，沿供汽管道进入散热器内，并将积聚在供汽管道和散热器内的空气驱入凝结水管，最后，经连接在凝结水管末端的B点处排出。蒸汽在散热器内冷凝放热。凝结水靠重力作用沿凝结水管路返回锅炉，重新加热变成蒸汽，继续循环。

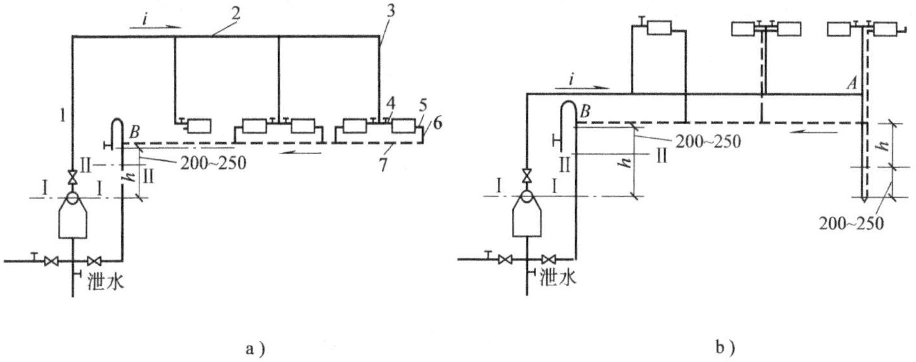

图5-1　重力回水低压蒸汽供暖系统

1—蒸汽总立管　2—室内蒸汽干管　3—蒸汽立管

4—蒸汽支管　5—凝结水支管　6—凝结水立管　7—凝结水干管

系统运行前，锅炉充水至Ⅰ—Ⅰ平面，在锅炉工作时，在蒸汽压力的作用下，总凝结水立管的水位升高h值，达到Ⅱ—Ⅱ水面。当凝结水干管内为大气压力时，h值即为锅炉压力所折算的水位高度。为使系统内的空气能从B点处顺利排除，B点前的凝结水干管不能充满水。在干管的横断面，上部应充满空气，下部充满凝水，凝结水靠重力流动。这种非满管流动的凝水管，称为干式凝结水管。显然，它必须敷设在Ⅱ—Ⅱ水面以上，再考虑锅炉压力波动，B点应高出Ⅱ—Ⅱ水面约200～250mm。第一层散热器应在Ⅱ—Ⅱ水面以上才不致被凝结水堵塞。水面Ⅱ—Ⅱ以下的总凝结水立管全部充满凝结水，凝结水满管流动，称为湿式凝结水管。

重力回水低压蒸汽供暖系统形式简单，无需设置储水箱和凝结水泵，因此运行时不消耗电能。当供暖系统作用半径较长时，系统需要较高的蒸汽压力才能将蒸汽输送到最远的散热器。如仍用重力回水方式，凝结水管里的Ⅱ—Ⅱ水面高度可能达到甚至超过底层散热器的高度，底层散热器就会充满凝结水并积聚空气，导致蒸汽无法进入从而影响散热。因此，重力回水低压蒸汽供暖系统通常在小型系统中使用，当系统作用半径较大，系统所需供汽压力较高时常采用机械回水系统。

2. 机械回水低压蒸汽供暖系统

在机械回水低压蒸汽供暖系统中增加了凝结水箱和凝结水泵，如图 5-2 所示。从蒸汽锅炉 1 产生的高压蒸汽，进入分汽缸 2，然后通过减压阀 11 调节后，分配到各个热用户。根据用户要求的压力，经过蒸汽管进入散热器 7。蒸汽在散热器内放出汽化热，凝结为凝结水。凝结水从散热器流出经过凝结水管 5 及疏水器 4 进入室外凝结水管流回锅炉的凝结水箱 8 中，再经凝结水泵 9 送入锅炉，重新被加热为蒸汽。在低压蒸汽供暖系统中，常使凝结水箱低于所有散热器和凝水管，并使凝水干管顺流坡向凝结水箱，以便凝结水靠重力自流入凝水箱。为使凝结水管中的空气经凝结水箱上的空气管排往大气，凝结水干管应作干式设计。

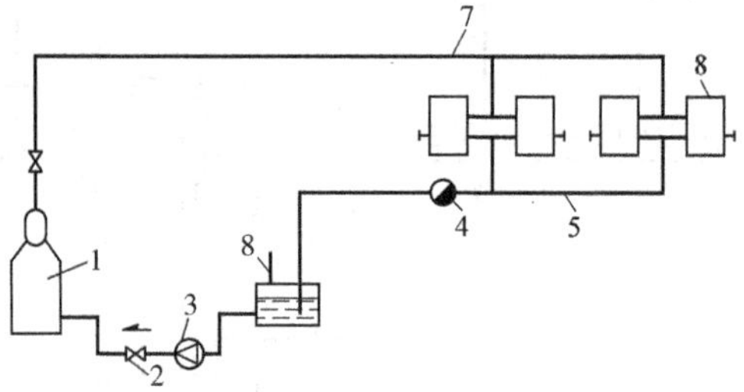

图 5-2　机械回水低压蒸汽供暖系统

1—蒸汽锅炉　2—止回阀　3—凝结水泵　4—疏水器　5—凝结水管
6—散热器　7—蒸汽管　8—空气管

3. 双管下供下回式低压蒸汽供暖系统

如图 5-3 所示，为双管下供下回式低压蒸汽供暖系统，室内蒸汽干管与凝结水干管均敷设在地下室或地沟内，通过在室内蒸汽干管的末端设置疏水器来排除凝结水。供汽立管中，凝结水与蒸汽逆向流动，运行时容易产生噪声，凝结水过多容易发生水击现象。

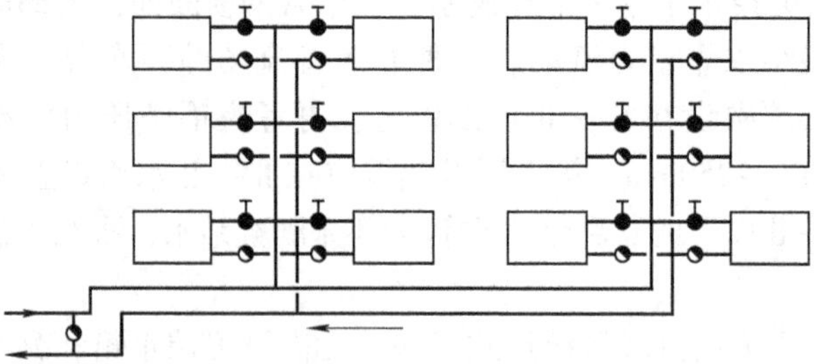

图 5-3　双管下供下回式低压蒸汽供暖系统

双管下供下回式低压蒸汽供暖系统适合室温需要调节的多层建筑中，可以缓和上冷下热的失调现象。顶层室内无需设置供汽干管，比较美观，缺点是需要敷设地沟。

4. 双管中供式低压蒸汽供暖系统

图5-4所示为双管中供式低压蒸汽供暖系统，适合顶层或顶棚下不便设置蒸汽干管的多层建筑。中供式可以弥补上供式和下供式的缺点，不必像下供式那样设置蒸汽干管末端疏水器，立管长度比上供式小，可以利用蒸汽干管的沿途散热。

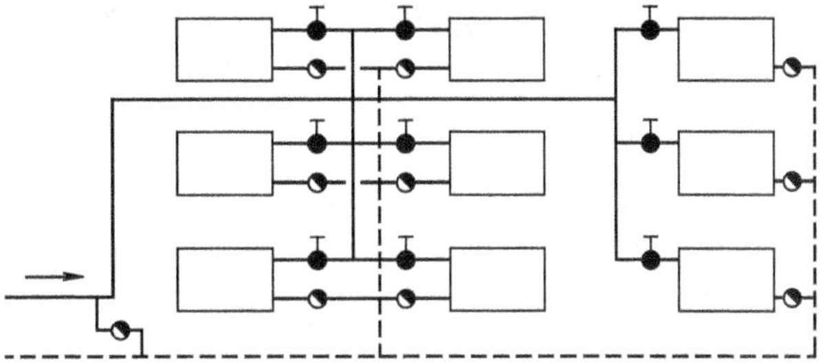

图5-4 双管中供式低压蒸汽供暖系统

5. 单管上供下回式低压蒸汽供暖系统

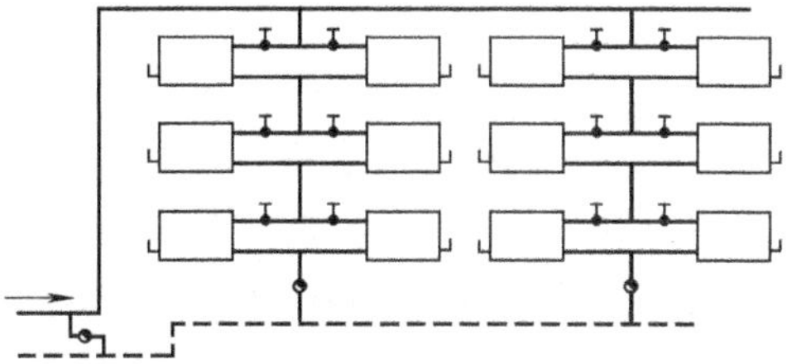

图5-5 单管上供下回式低压蒸汽供暖系统

图5-5所示为单管上供下回式低压蒸汽供暖系统，立管采用单管，可以节省管材。蒸汽与凝结水同向流动，不易产生水击现象。底层散热器易充满凝结水，使散热器内的空气无法通过凝结水干管排出。由于散热器内低压蒸汽的密度比空气小，通常在每组散热器的1/3高度处设置自动排气阀，可以排出散热器内的空气。

6. 单管下供下回式低压蒸汽供暖系统

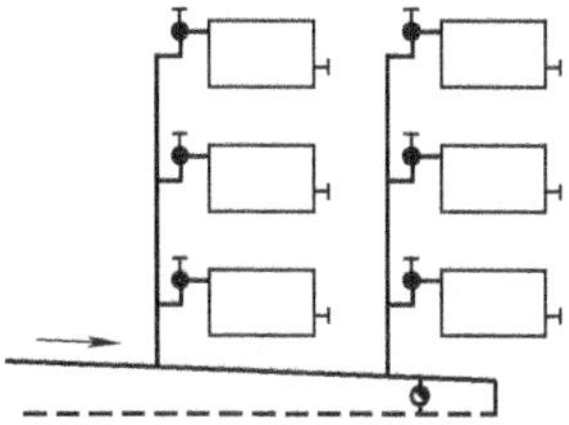

图5-6 单管下供下回式低压蒸汽供暖系统

图5-6所示为单管下供下回式低压蒸汽供暖系统，建筑顶层无供汽干管，比较美观，安装简便，造价低，缺点是需要敷设地沟，只适合于三层以下建筑。

为了将凝结水顺利流回立管，散热器支管与立管的连接点必须低于散热器出口水平面，散热器支管上的阀门应采用转心阀或球形阀。采用单根立管节省管道，但立管中汽、水逆向流动，故立、支管的管径都需粗一些。在每个散热器上必须安装自动排气阀。一旦停止供汽时，散热器内形成负压，自动排气阀迅速补入空气，凝结水排除干净，下次启动时，不会产生水击。

5.2.2 低压蒸汽供暖系统的特点

1. 蒸汽靠自身的压力克服阻力

合适的供汽压力将直接影响散热器中蒸汽的冷凝放热、空气和凝结水的排出。

当供汽压力符合设计要求时，蒸汽沿途压力下降克服阻力，散热器入口蒸汽剩余压力除了保证克服散热器内部阻力外，还要靠散热器内蒸汽的压力将散热器内的空气趋入凝结水管。此时，散热器中充满的全部是蒸汽，进入的蒸汽量恰能被散热器表面冷却下来，形成一层凝结水薄膜。凝结水顺利流出，不积留在散热器内，空气排除干净，散热器正常工作。

当供汽压力较低时，进入散热器的蒸汽量小于设计值，不能完全充满整个散热器，因此无法将供汽前散热器中积存的空气完全排除，此时，沿散热器壁流动的凝结水，也因蒸汽饱和分压力降低、器壁的散热以及空气的吸热而发生过冷却，散热器表面平均温度降低，散热器的散热量减少，最终造成房间温度低于设定值。

当供汽压力过高时，进入散热器的蒸汽量超过了散热器表面的凝结能力，使得过剩的蒸汽进入凝结水管，造成热量的浪费。同时，散热器的表面温度和放热量均高出设计值，使房间过热。

在设计低压蒸汽供暖系统时，应使散热器内的蒸汽压力比大气压力稍高一点，以克服阻力使蒸汽流入散热器并将散热器中的空气排入凝结水管，通常散热器入口阀门前的蒸汽剩余压力为1500～2000Pa。

2. 设置疏水器

为了避免供汽压力过高时未凝结的蒸汽窜入凝结水管，可在每个散热器出口或在每根凝结水立管下端安装疏水器。疏水器的作用是自动阻止蒸汽逸漏，而且能迅速地排出用热设备及管道中的凝结水，同时能排除系统中积留的空气和其他不凝性气体。

3. 沿途排出凝结水

在蒸汽供暖系统中，管道中部分蒸汽通过管壁向周围空气放热凝结成水。沿途凝结水夹杂在蒸汽流中高速流动形成水滴，管底的沿途凝结水被蒸汽掀起形成“水塞”。在管路的阀门、弯头或向上的管段等流动方向发生改变时，水滴和水塞在高速下与管壁撞击，产生水击现象，出现噪声、振动或局部高压，严重时能破坏管件接口的严密性和管路支架。因此，在敷设蒸汽及凝结水管路时，必须有足够的坡度排出凝结水。一般沿蒸汽流动方向设下坡，保持汽、水同向流动。蒸汽干管坡度宜采用0.003，进入散热器支管的坡度0.01～0.02；供汽干管向上拐弯处，必须设置疏水装置，定期排出沿途流来的凝结水；为了保持蒸汽的干度，避免沿途凝结水进入供汽立管，供汽立管宜从供水干管的上方侧接出，有利于排出凝结水。

4. 设置空气管

蒸汽压力将散热器内的空气驱入干式凝结水管，通过上部空间进入凝结水箱，经凝结水箱上部排入大气。

当停止供汽时，散热器和管路内会出现一定的真空度，应打开空气管的阀门，使空气通过干式凝结水管迅速进入系统。以免空气从系统的接缝处渗入，使接缝处生锈、不严密，造成渗漏。最好在散热器上设置蒸汽自动排气阀以补进空气。蒸汽自动排气阀是靠阀体内的膨胀芯热胀冷缩来防止蒸汽外逸和让冷空气通过阀体进入散热器。

低压蒸汽供暖系统中蒸汽的饱和温度较低，二次蒸汽量少，运行可靠，卫生条件好，多用在民用建筑中。

5.3 室内高压蒸汽供暖系统

室内高压蒸汽供暖系统是工厂采暖常用的形式。高压蒸汽供暖系统与低压蒸汽供暖系统相比，供汽压力高，热媒流速大，系统的作用半径也较大，相同热负荷时，系统所需管径和散热器面积小。但是蒸汽压力高，导致散热器表面温度高，输送过程中无效损失大，易烫伤人，容易烧焦落在散热器上的有机灰尘，卫生条件和安全条件差。而且，由于凝结水温度高，凝结水回流过程中易产生二次蒸汽，如果沿途凝结水回流不畅，会产生严重的水击现象。

5.3.1 高压蒸汽供暖系统的形式

1. 上供下回式高压蒸汽供暖系统

高压蒸汽供暖系统多采用上供下回式，如图5-7所示。高压蒸汽通过室外蒸汽管路进入用户入口的高压分汽缸。室内各供暖系统的蒸汽，在用热设备冷凝放热，冷凝水沿凝结水管道流动，经过疏水器后汇流到凝结水箱，然后，用凝结水泵压送回锅炉房重新加热。由于高压蒸汽的压力较高容易引起水击。为了减轻水击现象，使蒸汽管道下坡，蒸汽与凝结水同向流动。各散热器的凝结水通过室内凝结水管进入集中设置的疏水器，排除管路中的凝结水，并靠疏水器后的余压将凝结水送回凝结水箱。

高压蒸汽供暖系统在每个环路凝结水干管末端集中设置疏水器。在每组散热器的进出口支管上均安装阀门，以便调节供汽量和检修散热器时关断管路。为了使系统内各组散热器供汽量均匀，易采用同程式管路布置。

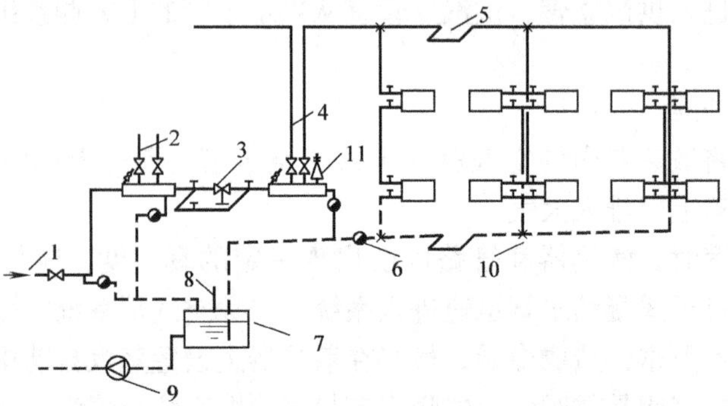

图 5-7　上供下回式高压蒸汽供暖系统

1—室外蒸汽管道　2—分汽缸　3—减压阀　4—用户蒸汽供热管　5—补偿器
6—疏水器　7—开式凝结水箱　8—空气管　9—凝结水泵　10—固定支架　11—安全阀

2. 上供上回式高压蒸汽供暖系统

车间地面上不便于布置凝结水管时，也可以将系统的供汽干管和凝结水干管设于房屋上部，即采用上供上回式系统，如图 5-8 所示。

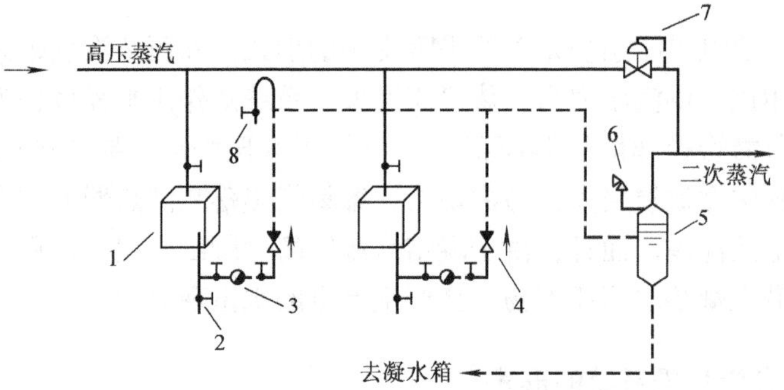

图 5-8　上供上回式高压蒸汽供暖系统

1—散热设备　2—泄水阀　3—疏水器　4—止回阀
5—二次蒸发箱　6—安全阀　7—蒸汽压力调节阀　8—排气阀

凝结水靠疏水器后的余压作用上升到凝结水干管，再返回室外管网。在每组散热设备的凝结水出口处，除安装疏水器外，还应安装止回阀，防止停止供汽后散热设备被凝结水充满。系统需考虑设置泄水管和排空气管，以及时排出每组散热设备和系统中的空气和凝结水。

压力较高的室内各热用户的高温凝结水先引入专门设置的二次蒸发箱，通过二次蒸发箱分离出二次蒸汽，再就地利用。分离后留下的纯凝结水靠位差作用送回凝结水箱。

高压蒸汽供暖系统启动时，如果升压过快极易产生水击现象，空气也不易排出。此系统不利于运行管理，泄水不便，只适合工业厂房使用散热量较大的暖风机供暖系统，且地面不易敷设地沟的场合。

5.3.2 高压蒸汽供暖系统的特点

1. 系统中空气的排除

在系统运行时，可以借助蒸汽的高压将部分空气驱走；将散热设备与疏水器间的凝结水管路设置成干式凝结水管路，通过疏水器内的排气阀或空气旁通阀将空气分离出来，最后由凝结水箱上部的排气管排向大气。也可以在疏水器前设置排气管将空气直接排出系统。干式凝结水管路沿凝结水流动方向必须设置大于0.005的坡度，以顺利排除空气。当干式凝结水管路通过过门地沟时，必须设向上的空气绕行管，以排出空气。

2. 设置补偿器

高压蒸汽和凝结水温度高，在供汽和凝结水干管上，往往需要设置补偿器和固定支架，以补偿管道的热伸长。

3. 二次蒸汽的回收利用

高温凝结水设置二次蒸发箱的室内高压蒸汽供热系统如图5-8所示。二次蒸发箱一般架设在距地面约3m处，箱内蒸汽的压力可根据二次蒸汽的使用要求和回收凝结水的稳定要求确定，一般为20～40Pa。在运行中，当用汽量大于二次蒸汽量、箱内压力降低时，可通过压力调节器自动控制蒸汽补给管补入蒸汽，维持二次蒸发箱内压力恒定；当用汽量小于二次蒸汽量时，箱内压力增加，箱上的安全阀会自动排汽降压。

高压蒸汽供暖系统蒸汽压力高，设计与管理不当时，漏汽量大，水击危害严重，维修工作量多。

5.3.3 高压蒸汽供暖系统凝结水回收方式

高压蒸汽供暖系统凝结水回收方式，根据凝结水回流动力的不同，分成余压回水和加压回水；根据凝结水是否与大气相通，分为开式和闭式。

1. 余压回水凝结水回收系统

利用凝结水克服疏水器阻力后的余压将凝结水送回锅炉房内高位凝结水箱的方式称为余压回水。

余压回水系统设备简单，是被普遍采用的高压凝结水回收方式。为避免高低压凝结水合流时相互干扰，影响低压凝结水的排出，可采用如下措施：①将高压凝结水管作成喷嘴顺流插入低压凝结水管中；②将高压凝结水管做成多孔管顺流插入低压凝结水管中。

2. 加压回水凝结水回收系统

当凝结水余压不足以将凝结水送回锅炉房时，可在用户处设置凝结水箱，收集多个用户不同压力的高温凝结水，处理二次蒸汽后，用水泵将凝结水加压送回锅炉房，称为加压回水方式。

3. 开式凝结水回收系统

各散热设备排出的高温凝结水靠余压送入开式高位水箱，在水箱中泄掉过高压力，并通过水箱上的空气管排出二次蒸汽变成凝结水，再依靠高位凝结水箱与锅炉房凝结水箱之间的高差通过湿式凝结水管返回锅炉房。

开式系统由于采用了开式高位水箱，不可避免的产生二次蒸汽，造成热能损失，同时空气渗入易腐蚀管道，污染环境。因此，开式系统适用于凝结水量小于10t/h，作用半径小于500m，且蒸汽量不多的小型工厂。

4. 闭式凝结水回收系统

当工业厂房的蒸汽供暖系统使用较高压力时，凝结水管道中产生的二次蒸汽量较大。可在凝结水回收系统中设置闭式二次蒸发箱，凝结水靠疏水器后的余压被送入与大气隔绝的封闭的二次蒸发箱，散热设备与二次蒸发箱间的凝结水管路仍属于干式凝结水管，在二次蒸发箱内二次蒸汽与凝结水分离，二次蒸汽引入附近的低压蒸汽用热设备加以利用，分离出来的凝结水通过闭式满管流的湿式凝结水管流回锅炉房的凝结水箱。空气通过二次蒸发箱前的排气阀排出。

这种方式可避免室外余压回水管中汽水两相流动时产生水击现象，减少低压凝结水合流时相互干扰，缩小外网的管径。但系统中设置了二次蒸发箱，设备增多，运行管理复杂。更详细的内容见第7章凝结水回收系统。

5.4 疏水器及其他附属设备

5.4.1 疏水器

1. 疏水器的类型

疏水器按照作用原理的不同可分为三类：

（1）机械型疏水器　利用蒸汽和凝结水的密度不同，以凝结水液位的高低控制凝结水排水孔开关的疏水器。此类疏水器包括浮筒式、钟形浮子式、自由浮球式、倒吊筒式等。

（2）热动力型疏水器　利用蒸汽和凝结水热力学（流动）特性的不同来工作的疏水器。此类疏水器包括圆盘式、脉冲式、孔板或迷宫式疏水器。

（3）热静力型疏水器　利用蒸汽和凝结水温度不同引起恒温元件膨胀或变形来工作的疏水器。此类疏水器包括波纹管式、双金属片式、液体膨胀式等。

2. 常用疏水器简介

（1）浮筒式疏水器　浮筒式疏水器属机械型疏水器，如图5-9所示。凝结水管路中的凝结水首先进入疏水器外壳，当壳内充水至一定水位时，浮筒升起关闭阀孔，当凝结水充满外壳后进入浮筒，充水至90%浮筒时，浮筒下沉阀孔开启，凝结水借蒸汽压力排出，凝结水排出一定流量后浮筒再度浮起，阀孔再次关闭，如此反复工作。浮筒内余留的凝结水起到水封的作用，阻止蒸汽的流出。

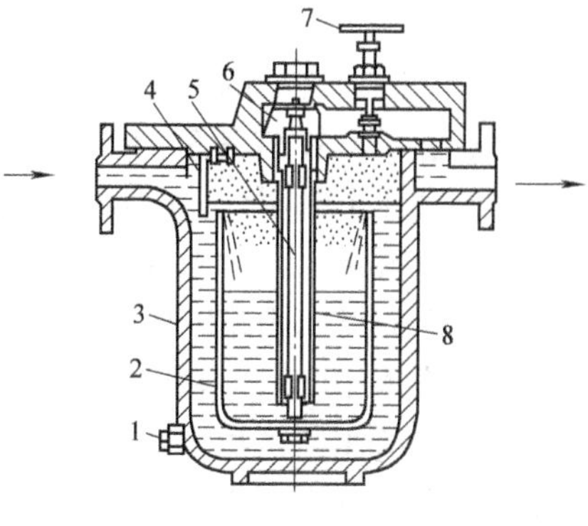

图5-9　浮筒式疏水器

1—排污栓塞　2—浮桶　3—阀体　4—挡板　5—阀针　6—阀座　7—排气阀　8—中央套管

图5-10所示是浮筒式疏水器工作原理图。图5-10a为浮筒内充水90%即将下沉，阀孔即将开启的情况，图5-10b为浮筒即将上浮，阀孔即将开启的情况。浮筒的下沉与上浮取决于浮筒的容积、质量，阀杆的质量，阀孔的直径及阀孔前后凝结水的压差。浮筒底部附带有重块，可通过改变重块进行调节，以适应不同凝结水压力及压差时的情况。

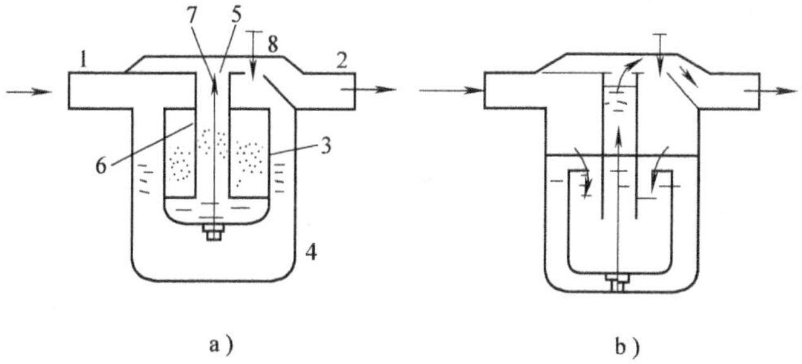

图5-10　浮筒式疏水器工作原理

a）阻汽状态　b）排水状态

1—蒸汽入口　2—凝结水出口　3—开口浮桶　4—外壳　5—阀孔　6—导向装置　7—顶针　8—排气阀

浮筒式疏水器在正常工作情况下，储汽量只等于水封套筒上排气孔的漏汽量，数量很小。疏水器前凝结水的表压力在500kPa或更小时便能启动疏水。排水孔阻力较小，因而疏水器的背压较高。浮筒式疏水器的主要缺点是体积大、排量小、活动部件多、筒内易沉渣垢、阀孔易磨损、维修量较大。

（2）圆盘式疏水器　圆盘式疏水器属于热动力型疏水器，如图5-11所示。它是利用蒸汽和凝结水不同的热力学特性来排水阻汽的。当凝结水流入孔A时，凝结水压力大于圆盘形阀片上的压差而开启阀片，水经环形槽B由小孔向下流出。当蒸汽在阀片下面由阀孔经环形槽流向出口时，由于阀片和阀座之间比较狭窄，压力下降，蒸汽的比体积急剧增大，阀片下面蒸汽流速剧增，造成阀片下面的静压下降。同时，蒸汽在环形槽与出口孔处受阻，被迫从阀片和阀盖之间的缝隙冲入阀片上部的控制室，动压转化成静压，在控制室内形成比阀片下更高的压力，迅速将阀片压下而阻汽。阀片关闭一段时间后，由于控制室内蒸汽凝结，压力下降会使阀片瞬时开启，造成周期性漏汽，因此，新型的圆盘式疏水器凝结水先通过阀盖夹套再进入中心孔，以减缓控制室内蒸汽的凝结。

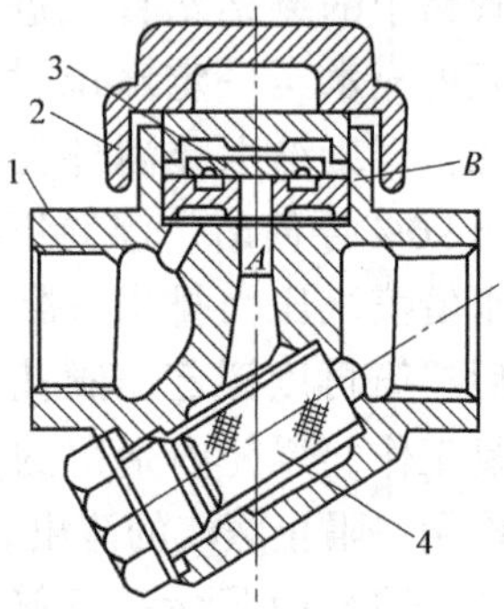

图 5-11 圆盘式疏水器

1—阀体 2—阀片

3—阀盖 4—过滤器

圆盘型疏水器体积小、质量轻、结构简单、安装维修方便，但容易出现周期性漏汽现象，在凝结水量小或疏水器前后压差过小时会发生连续漏汽，当周围环境温度较高，控制室内的蒸汽凝结缓慢，阀片不易打开，会使排水量减少。

(3) 温调式疏水器 温调式疏水器属于热静力型疏水器，如图 5-12 所示。疏水器的动作部件是一个波纹管的温度敏感元件，波纹管内部冲入易蒸发的液体，当蒸汽通过时，由于蒸汽温度很高，使波纹管内易蒸发的液体温度增高，体积膨胀，波纹管轴向伸长带动阀芯关闭阀孔通道，防止蒸汽逸漏。当疏水器中的蒸汽向四周散热，温度下降变成凝结水时，波纹管收缩打开阀孔使凝结水流出。当空气或冷的凝结水通过时，阀孔常开，顺利排水。疏水器尾部带有调节螺钉，向前调节可减小疏水器的阀孔间隙，提高凝结水过冷度。此种疏水器排放的凝结水温度为 60～100℃，为使疏水器前凝结水温度降低，疏水器前 1～2m 管道不保温。

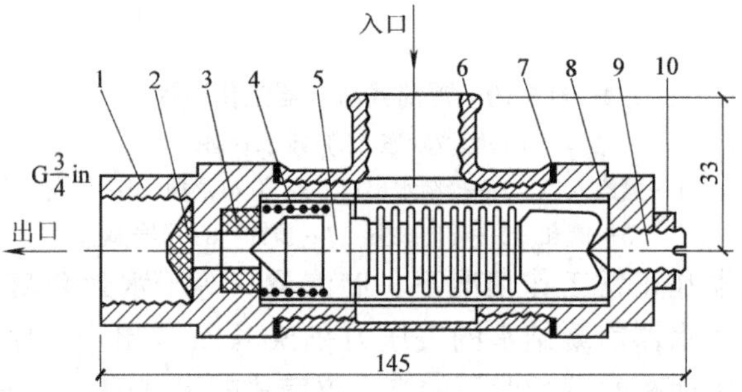

图 5-12 温调式疏水器

1—大管接头 2—过滤网 3—网座 4—弹簧

5—温度敏感元件 6—三通 7—垫片 8—后盖

9—调节螺钉 10—锁紧螺母

温调式疏水器加工工艺要求较高，适用于排除过冷凝结水，不宜安装在周围环境温度高的场合。

3. 疏水器的选择计算

选择疏水器时，应首先确定疏水器的类型。疏水器的选型应根据系统的压力、温度、流量等情况确定。要求疏水器在单位压降下凝结水排量大，漏汽量小，能顺利排出空气，对凝结水流量、压力和温度的适应性强，且结构简单、活动部件少，便于维修、体积小，金属耗量少，使用寿命长。疏水器类型确定后，需选定疏水器的规格型号，疏水器的内部有一排水小孔，选择疏水器的规格尺寸，确定疏水器的排水能力，就是选择排水小孔的直径或面积。

（1）疏水器的排水量计算　疏水器的排水量可通过生产厂家的样本直接查得，若缺乏这方面的数据，也可以按照下式计算

$$G = 0.1A_p d^2 \sqrt{\Delta p} \tag{5-1}$$

式中　G——疏水器的排水量（kg/h）；

d——疏水器的排水阀孔直径（mm）；

Δp——疏水器前后的压力差（kPa）；

A_p——疏水器的排水系数。

（2）疏水器的选择倍率　选择疏水器的阀孔直径的时候，考虑实际运行时负荷和压力的变化情况，疏水器的设计排水量应大于用热设备的理论排水量。

疏水器的理论排水量 G_L 等于用热设备中蒸汽的理论流量，即 $G_L = \frac{3.6Q}{r}$，疏水器的设计排水量为 $G_{sh} = KG_L$。

式中　G_{sh}——疏水器的设计排水量（kg/h）；

G_L——疏水器的理论排水量（kg/h）；

K——疏水器的选择倍率，应根据热用户系统和使用情况选择，如表5-1所示。

表5-1　疏水器的选择倍率 K

系　统	使用情况	K	系　统	使用情况	K
供暖	$p_b \geq 100\text{kPa}$	2～3	淋浴	单独换热器	2
	$p_b < 100\text{kPa}$	4		多喷头	4
热风	$p_b \geq 200\text{kPa}$	2	生产	一般换热器	3
	$p_b < 200\text{kPa}$	3		大容量、常间歇、速加热	4

（3）疏水器前后压力的确定原则　疏水器前后压力和压差的确定直接影响到疏水器的选择以及疏水器后余压回水管路资用压力的大小。

疏水器前压力 p_1 的确定：当疏水器安装在用热设备出口凝结水支管上时，$p_1 = 0.95p_b$，此处的 p_b 表示用热设备前的蒸汽表压力。当疏水器安装在凝结水干管末端时，$p_1 = 0.7p_b$，此处的 p_b 表示供热系统入口的蒸汽表压力。

疏水器后压力 p_2 的确定：p_2 值高对余压凝结水管路有利但对选择疏水器不利，通常厂家提供最大允许背压 $p_{2,max}$。通常情况下 $p_2=0.5p_1$。疏水器后为干凝结水管路时，p_2 等于大气压力。

4. 疏水器的安装方式

疏水器多为水平安装，疏水器与管路的连接方式，如图 5-13 所示。

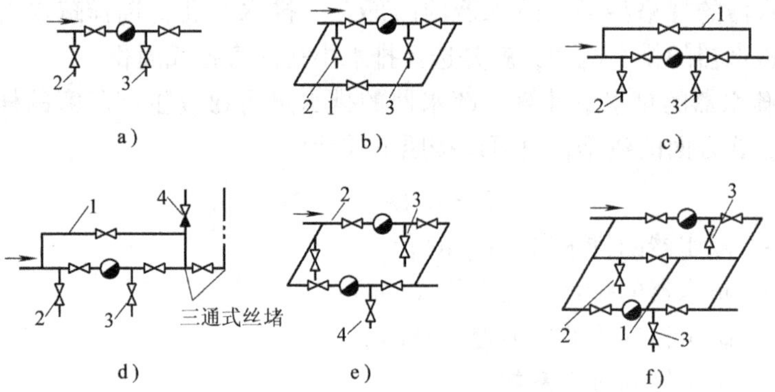

图 5-13　疏水器的安装方式

a）不带旁通管水平安装　b）带旁通管水平安装　c）旁通管垂直安装

d）旁通管垂直安装（上方）　e）不带旁通管并联安装　f）带旁通管并联安装

1—旁通管　2—冲洗管　3—检查管　4—止回阀

疏水器前后需设置阀门，用以截断检修。疏水器前后需设置冲洗管和检查管。冲洗管位于疏水器前阀门的前面，用以放空气和冲洗管路。检查管位于疏水器与后阀门之间，用以检查疏水器工作情况。旁通管极易产生副作用。对小型供暖系统可考虑不设旁通管。对于不允许中断供汽的生产用热设备，为了检修疏水器，应安装旁通管和阀门。多台疏水器并联时，也可不设旁通管。疏水器前端应设过滤器，疏水器后应装止回阀。

5.4.2 减压阀

在蒸汽供暖系统中通常采用减压阀降低蒸汽的压力。减压阀通过调节阀孔的大小对蒸汽进行节流降压。目前常用的国产减压阀有活塞式、波纹管式、波膜式等。

1. 活塞式减压阀的工作原理

如图 5-14 所示，为活塞式减压阀的工作原理图，主阀 1 由活塞 2 上面的阀前蒸汽压力与下弹簧 3 的弹力相互平衡控制作用而上下移动，增大或减小阀孔的流通面积。针阀 4 由薄膜片 5 带动升降，开大或关小室 d 和室 e 的通道，薄膜片的弯曲度由上弹簧 6 和阀后蒸汽压力的相互作用来操纵。开启前，主阀关闭。启动时，旋紧螺钉 7 压下薄膜片 5 和针阀 4，阀前压力为 p_1 的蒸汽便通过阀体内 a

通道、e室、d室和阀体内b通道到达活塞2上部空间，推下活塞，打开主阀。蒸汽流过主阀，压力下降为p_2，经阀体内c通道进入薄膜片5下部空间，作用在薄膜片上的压力与旋紧的弹簧力相平衡。调节旋紧螺钉7使阀后压力达到设定值。当某种原因使阀后p_2升高时，薄膜片5由于下面的作用力变大而上弯，针阀4关小，活塞2的推动力下降，主阀上升，阀孔通路变小，p_2下降。反之，动作相反。可以保持p_2在一个较小的范围内波动，处于基本稳定状态。

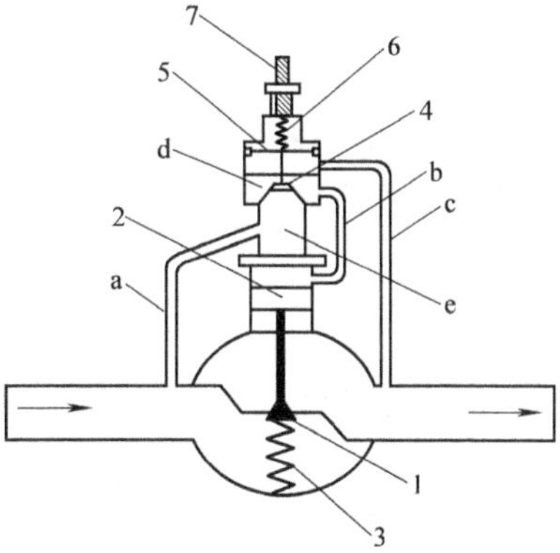

图5-14 活塞式减压阀工作原理图
1—主阀 2—活塞 3—下弹簧 4—针阀 5—薄膜片 6—上弹簧 7—旋紧螺钉

活塞式减压阀适用于工作温度低于300℃、工作压力达1.6MPa的蒸汽管道，阀前与阀后最小调节压差为0.15MPa。活塞式减压阀工作可靠，工作温度和压力较高，适用范围广。

2. 减压阀的选择计算

蒸汽流过减压阀阀孔的过程是绝热节流过程，通过减压阀孔口的蒸气量与流体的临界压力比有关，根据减压阀的不同工况，计算可分下列两种情况：

1）当减压阀的减压比β大于临界压力比β_1，即$\beta=\frac{p_2}{p_1}>\beta_1$时

$$G = 11.38fu\sqrt{2\frac{\kappa}{\kappa-1}\cdot\frac{p_1}{v_0}\left[\left(\frac{p_2}{p_1}\right)^{\frac{2}{\kappa}}-\left(\frac{p_2}{p_1}\right)^{\frac{\kappa+1}{\kappa}}\right]} \tag{5-2}$$

式中 G——蒸气流量（kg/h）；

f——减压阀流通面积（m^2）；

u——减压阀孔的流量系数，一般取0.6；

κ——流体的等熵指数；

p_1——阀孔前流体的压力（kPa）；

p_2——阀孔后流体的压力（kPa）；

v_0——阀孔前流体的比体积（m^3/kg）。

对于饱和蒸汽，$\kappa=1.135$，$\beta_1=\left(\frac{2}{\kappa+1}\right)^{\frac{\kappa}{\kappa-1}}=0.577$，则

$$G = 46.7fu\sqrt{\frac{p_1}{v_0}\left[\left(\frac{p_2}{p_1}\right)^{1.76}-\left(\frac{p_2}{p_1}\right)^{1.88}\right]} \tag{5-3}$$

对于过热蒸汽，$\kappa=1.3$，$\beta_1=0.546$，则

$$G = 33.5fu\sqrt{\frac{p_1}{v_0}\left[\left(\frac{p_2}{p_1}\right)^{1.54} - \left(\frac{p_2}{p_1}\right)^{1.77}\right]} \tag{5-4}$$

2）当减压阀的减压比β等于或小于临界压力比β_1，即$\beta \leqslant \beta_1$时，应按最大流量方程式计算

$$G_{\max} = 11.38fu\sqrt{2\frac{\kappa}{\kappa+1}\left(\frac{2}{\kappa+1}\right)^{\frac{2}{\kappa-1}} \cdot \frac{p_1}{v_0}} \tag{5-5}$$

对于饱和蒸汽，$\kappa = 1.135$，则

$$G_{\max} = 7.23fu\sqrt{\frac{p_1}{v_0}} \tag{5-6}$$

对于过热蒸汽，$\kappa = 1.3$，则

$$G_{\max} = 7.59fu\sqrt{\frac{p_1}{v_0}} \tag{5-7}$$

当要求阀后蒸汽压力较小时，或减压阀前后压力比大于5～7时，应串联装两个减压阀，使噪声和振动减小，而且运行安全可靠。在热负荷波动频繁而剧烈时，为使第一级减压阀工作稳定，两阀之间的距离应尽量拉长一些。在热负荷稳定时，其中一个减压阀可以用节流孔板代替。

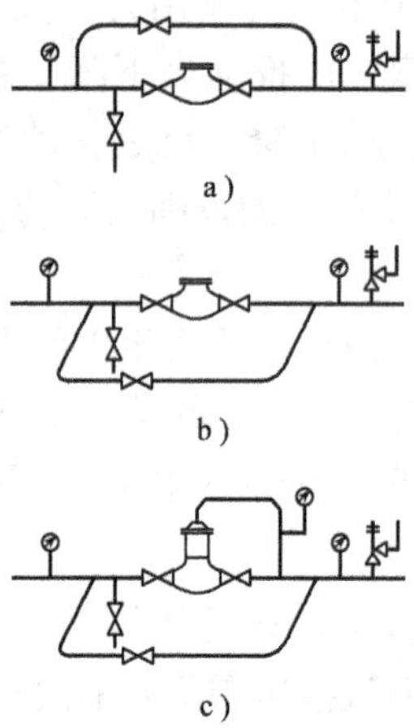

图5-15　减压阀的安装方式

a）活塞式减压阀旁通管垂直安装

b）活塞式减压阀旁通管水平安装

c）薄膜式或波纹管式减压阀安装

3. 减压阀的安装

减压阀与管路的连接方式，如图5-15所示。旁通管的作用是为了保证供汽。当减压阀发生故障需要检修时，可关闭减压阀两侧的截止阀，暂时通过旁通管供汽。减压阀两侧应分别设高压和低压压力表，为防止减压后的压力超过允许的限度，阀后应装安全阀。

5.4.3　二次蒸发箱

二次蒸发箱的结构简单，如图5-16所示。二次蒸发箱的作用是将室内各用汽设备排出的凝结水，在较低的压力下分离出一部分二次蒸汽，并将低压的二次蒸汽输送到热用户利用。

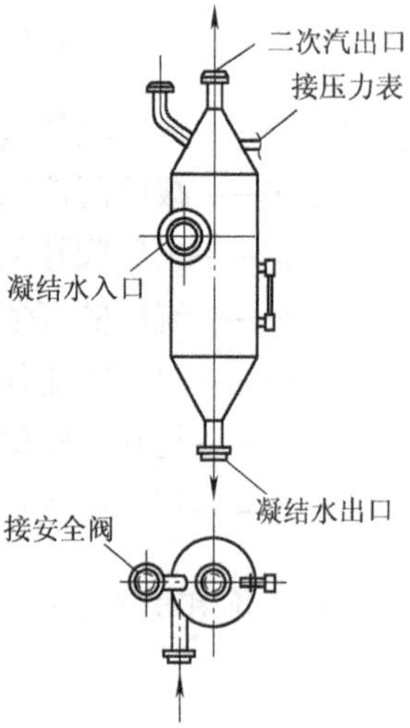

图5-16　二次蒸发箱

高压含汽凝结水沿切线方向的管道进入箱内，由于进口阀的节流作用，压力下降，凝结水分离出一部分二

次蒸汽。水的旋转运动使汽水分离，水向下流动，沿凝结水管送回凝结水箱。

二次蒸发箱的容积可按 $1m^3$ 容积每小时分离出 $2000m^3$ 蒸汽来确定。箱中20%的体积存水，80%的体积为蒸汽分离空间。

如果有 G（kg/h）凝结水流入二次蒸发箱，每1kg 凝结水的二次汽化率为 x，蒸发箱内的压力为 p_3，相应蒸汽比体积为 v（m^3/kg），则每小时凝结水产生的二次蒸汽的体积应为 Gxv。

二次蒸发箱的容积为

$$V = Gxv/2000 = 0.005Gxv \tag{5-8}$$

蒸发箱的截面积按蒸汽流速不大于 2.0m/s 来设计，而水流速应不大于 0.25m/s，二次蒸发箱的型号及规格见国家标准图集。

5.5 室内蒸汽供暖系统管路的水力计算

5.5.1 低压蒸汽供暖系统管路水力计算

1. 低压蒸汽供暖系统水力计算方法

在低压蒸汽供暖系统中，靠锅炉出口处蒸汽本身的压力，使蒸汽沿管道流动，最后进入散热器凝结放热。

蒸汽在管道流动时，同样有摩擦损失 Δp_y 和局部损失 Δp_j。计算蒸汽管道内的单位长度摩擦损失时，同样可利用达西·维斯巴赫公式进行计算，见式（4-2）。蒸汽的流量因沿途凝结而不断减少，蒸汽的密度也因蒸汽压力沿管路降低而变小，但变化并不大，在计算低压蒸汽管路时可以忽略，而认为每个管段内的流量和整个系统的密度 ρ 是不变的。在低压蒸汽供暖管路中，蒸汽的流动状态处于湍流过渡区，其摩擦系数 λ 值可按第4章公式进行计算。室内低压蒸汽供暖系统管壁的粗糙度 $K=0.2mm$。

附录E中表E-1给出低压蒸汽管径计算表，制表时蒸汽的密度取值 $0.6kg/m^3$。

低压蒸汽供暖管路的局部压力损失的确定方法与热水供暖管路相同，各构件的局部阻力系数 ζ 值同样可按附录D中表D-2确定，其动压头值可见附录E中表E-2。

在散热器入口处，蒸汽应有1500～2000Pa的剩余压力，以克服阀门和散热器入口的局部阻力，使蒸汽进入散热器，并将散热器内的空气排出。

在进行低压蒸汽供暖系统管路的水力计算时，同样先从最不利的管路开始，亦即从锅炉到最远散热器的管路开始计算。为保证系统均匀可靠地供暖，尽可能使用较低的蒸汽压力供暖，进行最不利管路的水力计算时，通常采用控制比压降或按平均比摩阻方法进行计算。

控制比压降法是将最不利管路的每1m总压力损失约控制在100Pa/m来设计；平均比摩阻法是在已知锅炉或室内入口处蒸汽压力条件下进行计算

$$R_{pj}=\frac{\alpha(p_g-2000)}{\sum l} \tag{5-9}$$

式中 α——沿程压力损失占总压力损失的百分数，取 $\alpha=60\%$（见附录D中表D-6）；

p_g——锅炉出口或室内用户入口的蒸汽压力（Pa）；

2000——散热器入口处的蒸汽剩余压力（Pa）；

$\sum l$——最不利管路管段的总长度（m）。

当锅炉出口或室内用户入口处蒸汽压力高时，得出的平均比摩阻 R_{pj} 值会较大，此时控制比压降值按不超过100Pa/m。

最不利管路各管段的水力计算完成后，即可进行其他立管的水力计算。可按平均比摩阻法来选择其他立管的管径，但管内流速不得超过下列的规定最大允许流速：

1）当汽、水同向流动时流速30m/s。

2）当汽、水逆向流动时流速20m/s。

规定最大允许流速主要是为了避免水击和噪声，便于排除蒸汽管路中的凝结水；因此，对汽水逆向流动时，蒸汽在管道中的流速限制得低一些，在实际工程设计中，常采用更低的流速，使运行更可靠些。

低压蒸汽供暖系统凝结水管路，在排气管前的管路为干凝结水管路，管路截面的上半部为空气，管路截面下半部流动凝结水，凝结水管路必须保证0.005以上的向下坡度，属非满管流状态。目前，确定干凝结水管路管径的理论计算方法，是以靠坡度无压流动的水力学计算公式为依据，并根据实践经验总结，制定出不同管径下所能担负的输热能力。

排汽管后面的凝结水管路，可以全部充满凝结水，称为湿凝结水干管；其流动状态为满管流。在相同热负荷条件下，湿式凝结水管选用的管径比干式的小。

低压蒸汽供暖系统干凝结水管路和湿凝结水管路的管径选择表可见附录E中表E-3。

2. 低压蒸汽供暖系统水力计算例题

【例5-1】 如图5-17所示，为重力回水的低压蒸汽供暖管路系统的一个支路。锅炉房设在车间一侧。每个散热器的热负荷均为4000W。每根立管及每个散热器的蒸汽支管上均装有截止阀。每个散热器凝结水支管上装一个恒温式疏水器，总蒸汽立管保温。试确定各管段的管径及锅炉蒸汽压力。

【解】 （1）确定锅炉压力 根据已知条件，从锅炉出口到最远散热器的最不利支路的总长度 $\sum l=80$m。如按控制每米总压力损失（比压降）为100Pa/m设计，

并考虑散热器前所需的蒸汽剩余压力为2000Pa，则锅炉的运行表压力 p_b 应为

$$p_b = (80 \times 100 + 2000)\ \text{Pa} = 10\text{kPa}$$

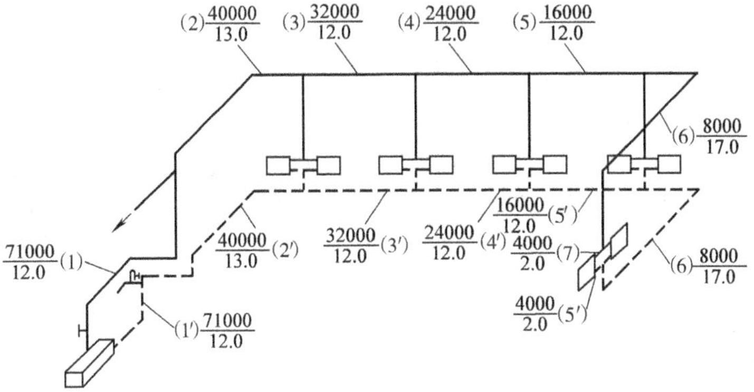

图5-17 例5-1管路计算图

在锅炉正常运行时，凝结水总立管比锅炉蒸发面高出约1.0m，下面的管段必然全部充满凝结水。考虑锅炉工作压力波动因素，增加200~250mm的安全高度。因此，重力回水的干凝结水干管（图中排汽管 A 点前的凝结水管路）的布置位置，至少要比锅炉蒸发面高出 $h=(1.0+0.25)\ \text{m}=1.25\text{m}$。否则，系统中的空气无法从排汽管排出。

（2）最不利管路的水力计算　采用控制比压降法进行最不利管路的水力计算。

1）低压蒸汽供暖系统摩擦损失约占总压力损失的60%，确定最不利管路的平均比摩阻。

$$R_{pj} = (100 \times 0.6)\ \text{Pa/m} = 60\text{Pa/m}$$

2）根据 R_{pj} 和各管段的热负荷，确定各管段的管径，并计算其压力损失。

由附录E中表E-1、表E-2和附录D中表D-2可得到各管段的比摩阻 R、管径 d、流速 v 及管段的阻力。如计算管段1，热负荷 $Q_1=71000\text{W}$，按附录E中表E-1，现选用 $d=70\text{mm}$。根据表中数据可知：当 $d=70\text{mm}$，$Q=61900\text{W}$ 时，相应的流速 $v=12.1\text{m/s}$，比摩阻 $R=20\text{Pa/m}$。当选用相同的管径 $d=70\text{mm}$，热负荷改变为 $Q_1=71000\text{W}$ 时，相应的流速 v_1 和比摩阻 R_1 的数值，可按下式关系式折算得出。

$$v_1 = v \times \frac{Q_1}{Q} = 12.1 \times \frac{71000}{61900}\text{m/s} = 13.9\text{m/s}$$

$$R_1 = R \times \left(\frac{Q_1}{Q}\right)^2 = 20 \times \left(\frac{71000}{61900}\right)^2 \text{Pa/m} = 26.3\text{Pa/m}$$

计算结果列于表5-3和表5-4中。

（3）其他立管的水力计算　通过最不利管路的水力计算结果，即可确定其他

立管的资用压力。立管的资用压力应等于从该立管与供汽干管节点起到最远散热器的管路的总压力损失值。根据该立管的资用压力，可以选择该立管与支管的管径。其水力计算结果列于表 5-2 和表 5-3 中。

表 5-2 室内低压蒸汽供暖系统管路水力计算表

管段编号	热量 Q/W	长度 l/m	管径 d/mm	比摩阻 R/(Pa/m)	流速 v/(m/s)	摩擦压力损失 $\Delta p_y = Rl$/Pa	局部阻力系数 $\Sigma\xi$	动压力 p_d/Pa	局部压力损失 $\Delta p_j = p_d \Sigma\xi$/Pa	总压力损失 $\Delta p = \Delta p_y + \Delta p_j$/Pa
1	2	3	4	5	6	7	8	9	10	11
1	71000	12	70	26.3	13.9	315.6	10.5	61.2	642.6	958.2
2	40000	13	50	29.3	13.1	380.9	2.0	54.3	108.6	489.5
3	32000	12	40	70.4	16.9	844.8	1.0	90.5	90.5	935.3
4	24000	12	32	86.0	16.9	1032.0	1.0	90.5	90.5	1122.5
5	16000	12	32	40.8	11.2	489.6	1.0	39.7	39.7	529.3
6	8000	17	25	47.6	9.8	809.2	12.0	30.4	364.8	1174.0
7	4000	2	20	37.1	7.8	74.2	4.5	19.3	86.9	161.1
$\Sigma l = 80$m						$\Sigma\Delta p = 5370$Pa				
立管Ⅳ 资用压力 $\Delta p_{6\text{-}7} = 1335$Pa										
立管	8000	4.5	25	47.6	9.8	214.2	11.5	30.4	349.6	563.8
支管	4000	2.0	20	37.1	7.8	74.2	4.5	19.3	86.9	161.1
					$\Sigma\Delta p = 725$Pa					
立管Ⅲ 资用压力 $\Delta p_{5\text{-}7} = 1864$Pa										
立管	8000	4.5	25	47.6	9.8	214.2	11.5	30.4	349.6	563.8
支管	4000	2.0	15	194.4	14.8	388.8	4.5	69.4	312.3	701.1
					$\Sigma\Delta p = 1265$Pa					
立管Ⅱ 资用压力 $\Delta p_{4\text{-}7} = 2987$Pa 立管Ⅰ 资用压力 $\Delta p_{3\text{-}7} = 3922$Pa										
立管	8000	4.5	20	137.9	15.5	620.6	13.0	76.1	989.3	1609.9
支管	4000	2.0	15	194.4	14.8	388.8	4.5	69.4	312.3	701.1
					$\Sigma\Delta p = 2311$Pa					

表 5-3 例 5-1 室内低压蒸汽供暖系统的局部阻力系数

局部阻力名称	管段号								
	1	2	3，4，5	6	7	其他立管		其他支管	
						$d = 25$mm	$d = 20$mm	$d = 20$mm	$d = 15$mm
截止阀	7.0			9.0		9.0	10.0		
锅炉出口	2.0								
90°揻弯	3×0.5 =1.5	2×0.5 =1.0		2×1 =2.0		1.0	1.5		

（续）

局部阻力名称	管段号								
	1	2	3，4，5	6	7	其他立管		其他支管	
						$d=25$mm	$d=20$mm	$d=20$mm	$d=15$mm
乙字弯					1.5			1.5	1.5
直流三通		1.0	1.0	1.0					
分流三通					3.0			3.0	3.0
旁流三通						1.5	1.5		
$\Sigma\xi$ 总局部阻力系数	10.5	2.0	1.0	12.0	4.5	11.5	13.0	4.5	4.5

（4）低压蒸汽供暖系统凝结水管路管径确定　如图5-16所示，排汽管A处前的凝结水管路为干凝结水管路，计算方法简单。根据各管段所负担的热负荷，按附录E中表E-3选择管径。管段1属于湿凝结水管路，因管路不长，仍按干式选择管径，将管径稍选粗一些。计算结果见表5-4。

表5-4　例5-1室内低压蒸汽供暖系统凝结水管路

管段编号	7′	6′	5′	4′	3′	2′	1′	其他立管的凝结水管段
热负荷/W 管径 d/mm	4000 15	8000 20	16000 20	24000 25	32000 25	40000 32	71000 32	8000 20

通过水力计算表明，低压蒸汽供暖系统并联环路压力损失的相对差额，即所谓节点压力不平衡率较大，特别是近处的立管。即使选用了较小的管径，蒸汽流速已很高，也不可能达到平衡的要求，只好调整近处立管或支管的阀门节流。

（5）蒸汽供暖系统水平失调的自调性　蒸汽供暖系统远近立管并联环路节点压力不平衡而产生水平失调的现象与热水供暖系统相比，有些不同的地方。在热水供暖系统中，如不进行调节，则通过远近立管的流量比例总不会发生变化。在蒸汽供暖系统中，疏水器工作正常情况下，当近处散热器蒸汽量增多后，疏水器阻汽工作，使近处散热器压力升高，进入近处散热器的蒸汽量就自动减少；待近处疏水器正常排水后，进入近处散热器的蒸汽量又在增多，因此，蒸汽供暖系统水平失调具有自调性和周期性的特点。

5.5.2　高压蒸汽供暖系统管路的水力计算

室内高压蒸汽供暖管路的水力计算原理与低压蒸汽完全相同。在计算管路的摩擦损失时，由于室内系统作用半径不大，仍可将整个系统的蒸汽密度作为常数代入达西·维斯巴赫公式进行计算。沿途凝结水使蒸汽流量减小的因素也可忽略不计。

管内蒸汽流动状态属于湍流过渡区及阻力平方区。管壁的绝对粗糙度 K 值，在设计中仍采用0.2mm。

在进行室内高压蒸汽管路的局部损失计算时，将局部阻力换算为当量长度进行计算。

室内蒸汽供暖管路的水力计算任务是选择管径和计算其压力损失，通常采用比摩阻法或流速法进行计算。计算从最不利环路开始。

1. 平均比摩阻法

当蒸汽系统的起始压力已知时，最不利管路的压力损失为该管路到最远用热设备处各管段的压力损失的总和。为使疏水器能正常工作和留有必要的剩余压力使凝结水排入凝结水管网，最远用热设备处还应有较高的蒸汽压力。因此，在工程设计中，最不利管路的总压力损失不宜超过起始压力的1/4。平均比摩阻按下式确定

$$R_{pj} = \frac{0.25\alpha p}{\sum l} \quad (5\text{-}10)$$

式中 α——摩擦压力损失占总压力损失的百分数，高压蒸汽系统一般为0.8；

p——蒸汽供暖系统的起始表压力（Pa）；

$\sum l$——最不利管路的总长度（m）。

2. 流速法

通常，室内高压蒸汽供暖系统的起始压力较高，蒸汽管路可以采用较高的流速，仍能保证在用热设备处有足够的剩余压力。按《暖通规范》规定，高压蒸汽供暖系统的最大允许流速不应大于下列数值：①汽、水同向流动时80m/s；②汽、水逆向流动时60m/s。

在工程设计中，通常取常用的流速来确定管径并计算其压力损失。为了使系统节点压力不要相差很大，保证系统正常运行，最不利管路的推荐流速值要比最大允许流速低得多。通常推荐采用 $v=15\sim40$m/s（小管径取低值）。

在确定其他支路的立管管径时，可采用较高的流速，但不得超过规定的最大允许流速。

3. 限制平均比摩阻法

由于蒸汽干管压降过大，末端散热器有充水不热的可能，因而，高压蒸汽供暖系统的干管的总压降不应超过凝结水干管总坡降的1.2～1.5倍。选用管径较粗，但工作正常可靠。

室外高压蒸汽供暖系统的疏水器，大多连接在凝结水支干管的末端。从用热

设备到疏水器入口的管段，属于干式凝结水管，为非满管流的流动状态。此类凝结水管的选择，可按附录E中表E-5的数值选用。只要保证此凝结水支干管路的向下坡度 $i \geqslant 0.005$ 和足够的凝结水管管径，即使远近立管散热器的蒸汽压力不平衡，但由于干凝结水管上部截面有空气与蒸汽的联通作用和蒸汽系统本身流量的一定自调节性能，不会严重影响凝结水的重力流动。

【例5-2】 如图5-18所示，为室内高压蒸汽供暖管路系统的一个支路。各散热器的热负荷与例5-1相同，均为4000W。用户入口处设分汽缸，与室外蒸汽管网相接。在每一个凝结水支路上设置疏水器。散热器的蒸汽工作表压力为200kPa。试确定高压蒸汽供暖管路的管径和用户入口的供热蒸汽管路起始压力。

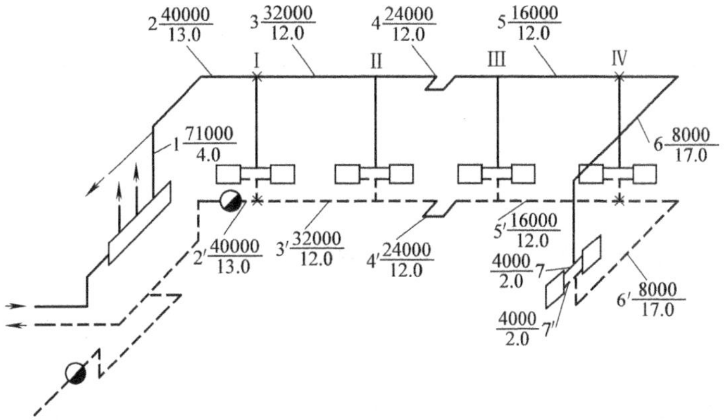

图5-18 例5-2管路计算图

【解】 (1) 计算最不利管路 按推荐流速法确定最不利管路的各管段的管径。附录E中表E-4为蒸汽表压力200kPa时的水力计算表，按此表选择管径。

室内高压蒸汽管路局部压力损失，通常按当量长度法计算。局部阻力当量长度值见附录E中表E-5。

计算过程和计算结果列于表5-5中。

最不利管路的总压力损失为25kPa，考虑10%的安全裕度，则蒸汽入口处供暖蒸汽管路起始的表压力不得低于

$$p_{\mathrm{h}} = (200 + 1.1 \times 25)\ \mathrm{kPa} = 227.5\mathrm{kPa}$$

(2) 其他立管的水力计算 由于室内高压蒸汽系统供汽干管各管段的压力损失较大，各分支立管的节点压力难以平衡，通常就按流速法选用立管管径。剩余过高压力，可通过关小散热器前的阀门方法来调节。

表 5-5 室内高压蒸汽供暖系统管路水力计算表

管段编号	热负荷 Q/W	管长 l/m	管径 d/mm	比摩阻 R/（Pa/m）	流速 v（m/s）	当量长度 l_d/m	折算长度 l_{zh}/m	压力损失 $\Delta p=Rl$/Pa
1	2	3	4	5	6	7	8	9
1	71000	4.0	32	282	19.8	10.5	14.5	4089
2	40000	13.0	25	390	19.6	2.4	15.4	6006
3	32000	12.0	25	252	15.6	0.8	12.8	3226
4	24000	12.0	20	494	18.9	2.1	14.1	6965
5	16000	12.0	20	223	12.6	0.6	12.6	2810
6	8000	17.0	20	58	6.3	8.4	25.4	1473
7	4000	2.0	15	71	5.7	1.7	3.7	263
		$\sum l=72.0$m			$\sum\Delta p\approx 25$kPa			
其他立管	8000	4.5	20	58	6.3	7.9	12.4	719
其他立管	4000	2.0	15	71	5.7	1.7	3.7	263
				$\sum\Delta p=982$Pa				

表 5-6 例 5-2 室内高压蒸汽供暖系统各管段的局部阻力当量长度 （单位：m）

局部阻力名称	管段号								
	1 $DN=32$	2 $DN=25$	3 $DN=25$	4 $DN=20$	5 $DN=20$	6 $DN=20$	7 $DN=15$	其他立管 $DN=20$	其他支管 $DN=15$
分汽缸出口	0.6								
截止阀	9.9					6.4		6.4	
直流三通		0.8	0.8	0.6	0.6	0.6			
90°摵弯		2×0.8=1.6				2×0.7=1.4		0.7	
方形补偿器				1.5					
分流三通							1.1		1.1
乙字弯							0.6		0.6
旁流三通								0.8	
总计	10.5	2.4	0.8	2.1	0.6	8.4	1.7	7.9	1.7

（3）凝结水管段管径的确定　按附录 E 中表 E-5，根据凝结水管段所负担的热负荷，确定各干凝结水管段的管径见表 5-7。

表 5-7 例 5-2 室内高压蒸汽供暖系统凝结水管径表

管段编号	2′	3′	4′	5′	6′	7′	其他立管的凝结水立管段
热负荷管径 *DN*/mm	40000 25	32000 25	24000 20	16000 20	8000 20	4000 15	8000 20

习　　题

1. 简述蒸汽供暖系统的特点。
2. 简述蒸汽供暖管路水力计算的特点。
3. 简述蒸汽供暖系统的主要设备。
4. 简述疏水器的种类及工作原理。
5. 简述活塞式减压阀的工作原理。

6

第6章 集中供热系统的热负荷

集中供热系统的热用户主要包括供暖、通风、空气调节、生活热水供应和生产工艺等用热系统。这些用热系统的热负荷的大小及其性质是供热规划和设计的重要依据。

集中供热系统的热负荷，按其性质可分为季节性热负荷和常年性热负荷两大类。

(1) 季节性热负荷　供暖、通风、空调系统的热负荷是季节性热负荷。季节性热负荷的特点是：它与室外温度、湿度、风向、风速和太阳辐射热等气候条件密切相关。其中对热负荷的大小起决定性作用的是室外温度，因而在全年中变化很大。

(2) 常年性热负荷　生活用热（主要指热水供应）和生产工艺等系统用热属于常年性热负荷。常年性热负荷的特点是：与气候条件关系不大，而且它的用热状况在全天中变化较大。

对于集中供热系统进行规划或初步设计时，往往还未进行各类建筑物的具体设计，不可能提供较准确的建筑物热负荷资料。因此，通常采用概算指标法来确定各类热用户的热负荷。

本章介绍集中供热系统热负荷的概算方法、热负荷图和年耗热量。

6.1 集中供热系统热负荷的概算

6.1.1 供暖设计热负荷的概算

供暖设计热负荷是城市集中供热系统中最主要的热负荷，通常占全部设计热负荷的80% ~90%以上。供暖设计热负荷的概算，可采用体积热指标法或面积热指标法等进行计算。

1. 体积热指标法

建筑物的供暖设计热负荷，可按下式概算

$$Q'_n = q_v V_w (t_n - t'_w) \times 10^{-3} \tag{6-1}$$

式中 Q'_n——供暖设计热负荷（kW）；

q_v——建筑物供暖体积热指标［W/（m^3·℃）］，它表示各类建筑物在室内外温差1℃时，1m^3 建筑物外围体积的供暖设计热负荷；

V_w——供暖建筑物的外围体积（m^3）；

t_n——供暖室内计算温度（℃）；

t'_w——供暖室外计算温度（℃）。

根据第1章围护结构传热耗热量计算的基本原理可知，供暖体积热指标 q_v 的大小，主要与建筑物的围护结构及外形有关。建筑物围护结构传热系数越大、采光率越大、单位外围体积的外露面积越大或长宽比越大，单位体积的热损失越大，亦即 q_v 的值也越大。因此，从建筑物围护结构及其外形方面考虑降低 q_v 的值，可以降低集中供热系统供暖设计热负荷，这也是建筑节能的重要途径。

各类建筑物的供暖体积热指标 q_v，可参见相关设计手册或当地设计单位历年积累的资料数据。

2. 面积热指标法

$$Q'_n = q_f F \times 10^{-3} \tag{6-2}$$

式中 Q'_n ——供暖设计热负荷（kW）；

q_f——建筑物供暖面积热指标（W/m^2），它表示1m^2 建筑面积的供暖设计热负荷；

F——供暖建筑物的建筑面积（m^2）。

建筑物的供暖热负荷 Q'_n，主要取决于通过外围护结构（外墙、门、窗等）向外界传递的热量，它与建筑物平面尺寸和层高有关，因而不是直接取决于建筑平面面积。所以，用体积热指标表征建筑物供暖热负荷的大小，物理概念清楚。但采用供暖面积热指标法，比体积热指标更易于概算。所以近年来在城市集中供热系统规划设计中，国内外常采用供暖面积热指标法进行概算。

在总结我国许多单位进行建筑物供暖热负荷的理论计算和实测数据工作的基础上，我国《城市热力网设计规范》（CJJ34—2002）给出的供暖面积热指标的推荐值，见表6-1。表中数据可作为参考。

随着我国对建筑节能要求的不断提高，各地区根据当地的情况制定了相应的供暖热指标，应根据当地规定的指标计算节能。住宅的供暖面积热指标可取30~45W/m^2。

表 6-1　供暖面积热指标 q_f 推荐值　　（单位：W/m^2）

建筑物类型	住宅	居住区综合	学校办公	医院托幼	旅馆	商店	食堂餐厅	影剧院展览馆	大礼堂体育馆
面积热指标	30 ~ 45	45 ~ 55	50 ~ 70	55 ~ 70	50 ~ 60	55 ~ 70	100 ~ 130	80 ~ 105	100 ~ 150

注：1. 表中数据适用于我国东北、华北、西北地区。
2. 热指标中已包括约 5% 的管网热损失。

3. 城市规划指标法

对一个城市新区进行供热规划设计，各类型的建筑面积尚未具体落实时，可用城市规划指标来估算整个城市新区的供暖设计热负荷。

根据城市规划指标，首先确定该区域的居住人数，然后根据街区规划的人均建筑面积、街区住宅与公共建筑的建筑比例指标，来估算该街区的综合供暖热指标值。

表 6-1 推荐的居住区综合供暖面积热指标中，未采取节能措施的建筑为 60 ~ 67W/m^2，采取节能措施后的建筑为 45 ~ 55W/m^2。此数据是根据北京许多居住街区的规划资料，按居住区公共建筑占居住区总建筑面积的 14% 和公共建筑的平均供暖热指标为住宅的 1.3 倍条件估算的。当然，各地区和街区建设的具体情况不同，综合热指标差别可能较大。利用城市规划指标确定供热规划热负荷的方法，目前在我国应用不多，有待整理和总结这方面的资料。

6.1.2　通风空调设计热负荷的概算

1. 通风设计热负荷

为了保证室内具有一定的洁净度及温湿度等要求，就要对生产厂房、公共建筑及居住建筑进行通风或空气调节。在采暖季节中加热从室外进入的冷空气所耗的热量，称为通风热负荷。通风热负荷也属于季节性热负荷，但由于通风系统的使用和各班次工作情况不同，一般公共建筑和工业厂房的通风热负荷，在一昼夜间波动也较大。

建筑物通风设计热负荷，可采用通风体积热指标和百分数法进行概算。

（1）通风体积热指标法

$$Q'_t = q_t V_w (t_n - t'_{wt}) \times 10^{-3} \tag{6-3}$$

式中　Q'_t——通风设计热负荷（kW）；
V_w——供暖建筑物的外围体积（m^3）；
t_n——供暖室内计算温度（℃）；
t'_{wt}——通风室外计算温度（℃）；
q_t——建筑物通风体积热指标［W/（m^3·℃）］，它表示建筑物在室内外温差 1℃时，1m^3 建筑物外围体积的通风设计热负荷。

通风体积热指标 q_t 值，取决于建筑物的性质和外围体积。工业厂房的通风体积热指标值，可参考相关设计手册选用。对于一般的民用建筑，室外空气无组织地从门窗等缝隙进入，预热这部分空气到室温所需的渗透和侵入耗热量，已计入供暖设计热负荷中，不必另行计算。

(2) 百分数法　对于通风空调的民用建筑（如旅馆、体育馆等），通风设计热负荷可按该建筑物的供暖设计热负荷的百分数进行概算，即

$$Q'_t = K_t Q'_n \tag{6-4}$$

式中　Q'_t——通风设计热负荷（kW）；

Q'_n——供暖设计热负荷（kW）；

K_t——建筑物通风、空调新风加热热负荷系数，一般可取0.3～0.5。

2. 空调设计热负荷

空调设计热负荷的概算，可采用空调负荷概算指标进行计算。空调负荷概算指标，是指建筑物中每 $1m^2$ 空调面积所需提供的热（冷）负荷值。

(1) 冬季空调设计热负荷　冬季空调设计热负荷，主要包括围护结构的传热耗热量和加热新风耗热量。按下式计算

$$Q'_k = q_k A \times 10^{-3} \tag{6-5}$$

式中　Q'_k——空调冬季设计热负荷（kW）；

A——空调建筑物的建筑面积（m^2）；

q_k——空调热指标（W/m^2），可按表6-2取值。

北方地区冬季室内外温差较大，加热新风耗热量也较大，设计选用时严寒地区空调热指标应取较大值，而寒冷地区空调热指标应取较小值。

(2) 夏季空调设计热负荷　在夏季，蒸汽型溴化锂吸收式冷水机有相当大的冷负荷。夏季空调设计负荷按下式计算

$$Q'_1 = \frac{q_1 A \times 10^{-3}}{COP} \tag{6-6}$$

式中　Q'_1——空调夏季设计热负荷（W）；

q_1——空调冷指标（W/m^2），可按表6-2取值；

A——空调建筑物的建筑面积（m^2）；

COP——吸收式制冷机的制冷系数，一般可取0.7～1.2。

表6-2　空调热指标 q_k、冷指标 q_1 推荐值　（单位：W/m^2）

建筑物类型	办公	医院	旅馆、宾馆	商店、展览馆	影剧院	体育馆
热指标 q_k	80～100	90～120	90～120	100～120	115～140	130～190
冷指标 q_1	80～110	70～100	80～110	125～180	150～200	140～200

空调夏季冷负荷主要包括围护结构传热、太阳辐射、人体及照明散热等形成的冷负荷和新风冷负荷。设计时需综合考虑空调建筑物的不同用途、人员的群集情况、照明等设备的使用情况后，再确定空调冷指标。

式（6-5）和式（6-6）中空调建筑物的建筑面积 A 均指建筑物的总面积，考虑到空调面积一般占总建筑面积的70%～90%，且室内空调设备的同时使用系数一般为0.8～0.9，所以，当空调面积占总建筑面积的比例过低时，应对 A 值适当进行折算。

吸收式制冷机的制冷系数 COP 应根据制冷机的性能、热源参数、冷却水温度、冷冻水温度等条件确定。一般双效溴化锂吸收式制冷机组 COP 值可达1.0～1.2，单效溴化锂吸收式制冷机组 COP 值可达0.7～0.8。

6.1.3 生活用热的设计热负荷

1. 热水供应用热

热水供应的热负荷取决于用水量。住宅建筑的热水用量，取决于住宅内卫生设备的完善程度和人们的生活习惯。公共建筑（浴池、食堂、医院等）和工厂的热水用量与其使用性质和工作制度有关。

一般可以按照两种方法进行计算，一种是按用水单位数计算供暖期的热水供应平均小时热负荷，适用于已知规模的建筑区或建筑物；另一种计算方法是热指标法，可用于居住区生活热水热负荷的估算。

（1）平均热负荷

1）根据使用热水的单位数（如人数、每人次数、床位数等）和相应的热水用水标准，先确定全天的热水量和耗热量，然后再进一步计算热水供应系统的实际小时热负荷。

供暖期热水供应平均小时热负荷按下式计算

$$Q'_{r,p} = \frac{cm\rho v(t_r - t_l)}{T} = 0.001163\,\frac{mv(t_r - t_l)}{T} \tag{6-7}$$

式中 $Q'_{r,p}$——供暖期热水供应平均小时热负荷（kW）；

m——用热水单位数（住宅为位人数，公共建筑为每日人次数，床位数）；

v——每个用热水单位每天用水量（L/d）；

t_r——生活热水温度（℃），一般取60～65℃；

t_l——冷水计算温度（℃），取最冷月平均水温；

T——每天供水小时数（h/d）；

c——水的比热容，c=4.1868kJ/（kg·℃）；

ρ——水的密度，按 $\rho=1000\text{kg/m}^3$ 计算；

0.001163——单位换算系数。(0.001163 =4.1868 ×10³/3600 ×1000)。

2）平均热负荷也可根据居住区生活热水热指标，按下式估算

$$Q'_{r,p} = q_{sh}F \times 10^{-3} \tag{6-8}$$

式中　$Q'_{r,p}$——居住区供暖期的热水平均热负荷（kW）；

F——居住区的总建筑面积（m^2）；

q_{sh}——居住区生活热水热指标（W/m^2），根据建筑物类型采用，居住区可按表6-3，选用冷水温度较高时采用较小值，冷水温度较低时采用较大值。

表6-3　居住区供暖期生活热水日平均热指标 q_{sh} 推荐值　　（单位：W/m^2）

用水设备情况	热　指　标
住宅无生活热水设备，只对公共建筑供热水时	2～3
全部住宅有沐浴设备，并供给生活热水时	5～15

（2）最大热负荷

$$Q_{sh,max} = K_h Q_{sh,pj} \tag{6-9}$$

式中　$Q_{sh,max}$——生活热水最大热负荷（kW）；

$Q_{sh,pj}$——生活热水平均热负荷（kW）；

K_h——小时变化系数，根据用热水计算单位数按《建筑给水排水设计规范》（GB 50015—2003）中的相关规定选用。

《城市热力网设计规范》中规定，计算热力网干线生活热水热负荷时，无论用户有无储水箱，均按平均热负荷计算。一是生活热水用户数量一般比较多，最大负荷同时出现的可能性小，即小时变化系数小；二是目前生活热水热负荷占总热负荷的比例较小。而支线的个别用户，生活热水热负荷占的比例可能较大。所以支线设计时应考虑生活热水用户有无储水箱的问题，当用户有足够容积的储水箱时，应采用生活热水平均热负荷；当用户无足够容积的储水箱时，应采用生活热水最大热负荷，最大热负荷叠加时应考虑同时使用系数。

2. 其他生活用热

开水供应、蒸饭等用热负荷的概算，可根据一些指标，参照上述方法计算。例如，计算开水供应用热量，加热温度可取105℃，用水标准可取2～3L/（天·人），蒸饭锅的蒸汽消耗量，当蒸煮量为100kg时，约需耗蒸汽100～250kg（蒸煮量越大，单位耗汽量越小）。一般开水和蒸锅要求的加热蒸汽表压力为0.15～0.25MPa。

6.1.4　生产工艺设计热负荷

生产工艺热负荷是指为了满足生产过程中用于加热、烘干、蒸煮、清洗、熔

化等过程的用热，或作为动力用于驱动机械设备工作的耗汽（如汽锤、汽泵等）。生产工艺热负荷的大小以及所需要的热媒种类和参数，主要取决于生产工艺过程的性质、用热设备的形式以及工厂的工作制度等因素，它和生活热水热负荷一样，属于全年性热负荷。

对已有工厂的热负荷，有工厂提供，规划或设计部门进行核算。通常采用产品单位能耗指标法，或按全年实际耗煤量来核算。

在较多生产工艺用热设备或热用户时，它们的最大负荷往往不会同时出现。在考虑集中供热系统生产工艺总的热负荷或供热管网承担的热负荷时，应考虑各设备或各用户的同时使用系数。同时使用系数是用热设备运行的实际最大热负荷与所有用热设备的最大热负荷之和的比值。利用同时使用系数可使总负荷适当降低，有利于供热的经济效果。热设备运行的实际最大热负荷应取经核实后的各热用户最大热负荷之和乘以同时使用系数。同时使用系数一般可取 0.6～0.9。根据蒸汽管网上各用户的不同情况，当各用户生产性质相同、生产负荷平稳且连续生产时间较长，同时使用系数可取较高值，反之取较低值。

工业企业用汽量估算指标，可参考相关设计资料或实际耗热定额进行计算。

6.2 热负荷图

热负荷图是用来表示整个热源或热用户系统，热负荷随室外温度或时间变化的图，热负荷图形象、直观地反映热负荷变化的规律。对集中供热系统设计、技术经济分析和运行管理都很重要。

常用的热负荷图主要有热负荷时间图、热负荷随室外温度变化图和热负荷延续时间图。

6.2.1 热负荷时间图

热负荷时间图用来表示热源或用户系统热负荷在某一时间内的变化情况。热负荷时间图的特点是，图中热负荷的大小按照它们出现的先后排列。常见的热负荷时间图有全日热负荷图、月热负荷图和年热负荷图。

1. 全日热负荷图

全日热负荷图是以小时（h）为横坐标，以小时热负荷为纵坐标，从零开始逐时绘制的。

如图 6-1 所示，为一典型的热水供应全日热负荷图。图形表示整个热源或用户系统的热负荷在一昼夜的变化情况，曲线与坐标轴围合的面积即全日耗热量。

对全日热负荷图，如前所述，它受室外温度影响不大，但在全日中小时的变化较大。因此，对生产工艺热负荷，必须绘制全日热负荷图，为设计集中供热系统提供基础数据。而且需要分别绘制出冬季和夏季典型工作日的全日生产工艺热负荷图，由此确定生产工艺的最大、最小热负荷和冬季、夏季平均热负荷值。

对季节性的供暖、通风等热负荷，它的大小主要取决于室外温度，而在全天中小时的变化不大。通常用它的热负荷随室外温度变化图来反映热负荷变化的规律。

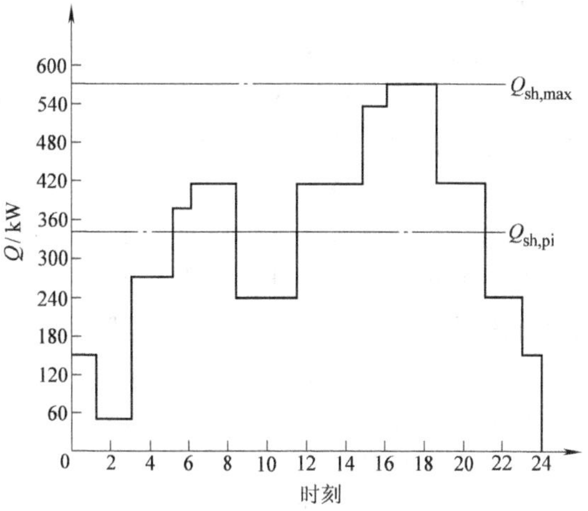

图6-1　某住宅小区生活热水全日热负荷图

2. 月热负荷图

月热负荷图是在全日热负荷图的基础上，以日为横坐标，以日热负荷为纵坐标来绘制的，曲线与坐标轴围合的面积即月耗热量。月热负荷图可以表明每日均衡情况，是确定供热方案、选定供热设备的重要依据。

3. 年热负荷图

年热负荷图是以一年中的月份为横坐标，以每月的热负荷为纵坐标绘制的热负荷时间图。如图6-2所示，为一典型的热水供应全年热负荷图。

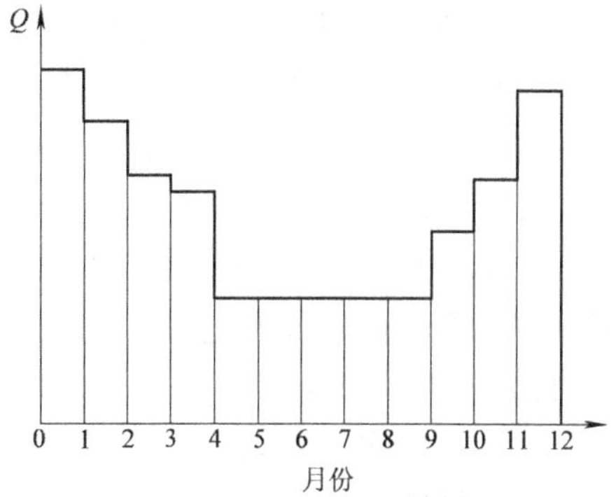

图6-2　年热负荷图

对季节性的供暖、通风热负荷，可根据该月份的室外平均温度确定，热水供应热负荷按平均小时热负荷确定，生产工艺热负荷可根据日平均热负荷确定。年热负荷图是规划供热系统全年运行的原始资料，也是用来制定设备维修计划和安排职工休假日等方面的基本参考资料。

6.2.2　热负荷随室外温度变化图

季节性供暖、通风、空调热负荷的大小，主要取决于当地的室外温度，利用热负荷随室外温度变化图能很好地反映季节性热负荷的变化规律。如图6-3所示，为某住宅区的热负荷随室外温度的变化曲线图（开始供暖的室外温度一般为5℃）。图中横坐标为室外温度，纵坐标为供暖系统的热负荷。根据式（6-1），建筑物的供暖设计热负荷与室内外温差成正比，因此，$Q_n=f(t_w)$ 为线性关系。图6-3中的线1表示供暖热负荷随室外温度变化的曲线；同理，冬季通风热负荷，室外温度在5℃ $>t_w>t'_{wt}$期间，$Q_t=f(t_w)$也为线性关系。当室外温度低于冬季通风室外计算温度 t'_{wt}时，通风热负荷为最大值，不随室外温度而改变。图 6-3 中的线 2 表示通风热负荷随室外温度变化的曲线。

图 6-3 中的线 3 表示热水供应热负荷随室外温度变化的曲线，热水供应热负荷受室外温度影响较小，因而它呈一条水平直线，但在夏季期间，热水供应的热负荷比冬季要低。

将这三条线的热负荷的纵坐标值相加，得出图 6-3 中的曲线 4，即为该住宅区总热负荷随室外温度变化的曲线图。

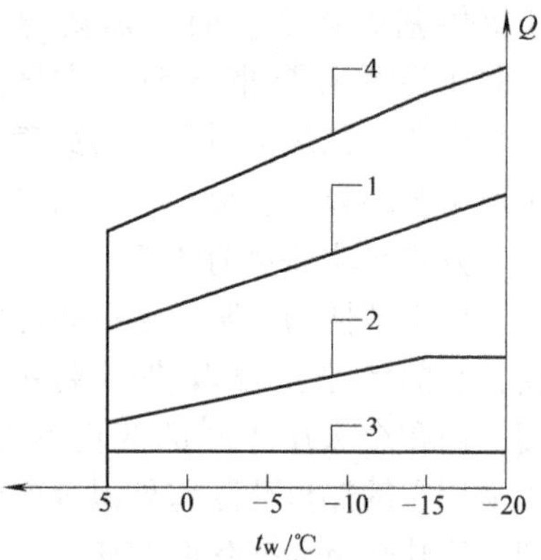

图 6-3　热负荷随室外温度变化曲线图

6.2.3　热负荷延续时间图

在供热工程规划设计中，需要绘制热负荷延续时间图。热负荷延续时间图的特点与热负荷时间图不同，在热负荷延续时间图中，热负荷不是按出现时间的先后来排列，而按其数值的大小来排列。绘制热负荷延续图时，需要有热负荷随室外温度变化曲线和室外气温变化规律的资料。

1. 供暖热负荷延续时间图

在供暖热负荷延续时间图中，纵坐标为供暖热负荷 Q_n。表示供暖热负荷 Q_n 的纵坐标把横坐标分为左右两个区，横坐标的左方为室外温度 t_w，右方表示供暖小时数 n，如图 6-4 所示。n'代表供暖期中室外温度 $t_w \leqslant t'_w$（t'_w 为供暖室外计算温度）出现的总小时数；n_1 代表供暖期间室外温度 $t_w \leqslant t_{w1}$ 出现的总小时数；n_2 代表供暖期间室外温度 $t_w \leqslant t_{w2}$ 出现的总小时数；n_z 代表整个供暖期的供暖总小时数。

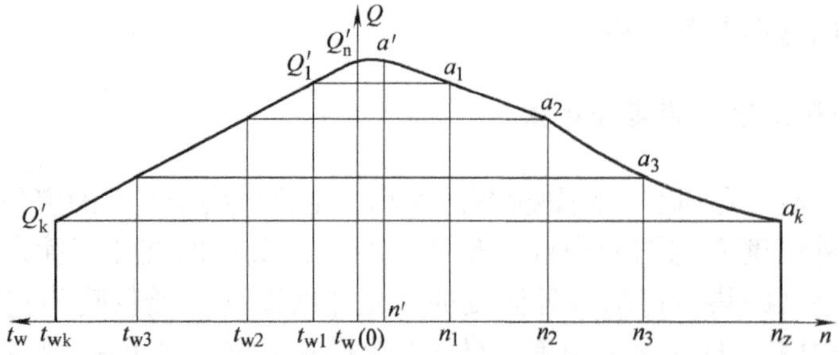

图 6-4　供暖热负荷延续时间图

供暖热负荷延续时间图的绘制方法如下：首先，绘出坐标系左方供暖热负荷随室外温度变化曲线图（以直线 Q'_n—Q'_k 表示）。然后，通过 t'_w时的热负荷 Q'_n 引一水平线，与相应出现的总小时数 n'的横坐标上引的垂直线相交于 a'点。同理，通过 t_{w1}时的热负荷 Q'_1 引一水平线，与相应出现的总小时数 n_1 的横坐标上引的垂直线相交于 a_1 点。依此类推，在图 6-4 右侧连接 Q'_n、a'、a_1、a_2、a_3、…、a_k 等点形成的曲线，即可得出供暖热负荷延续时间图。图中曲线所包围的面积就是供暖期间的供暖年总耗热量。

附录 F 给出了我国北方部分城市不同室外温度下相应的延续小时数。该资料是按 1951 年—1980 年 30 年历年的日平均数值得出的，可供绘制季节性的热负荷延续时间图时应用。

当供暖系统或居住区具有供暖、通风和热水供应等多种热负荷时，也可根据整个热负荷随室外温度变化的曲线图（见图 6-3 曲线 4），按上述绘制方法，绘制相应的总热负荷延续时间图。

2. 利用数学公式绘制供暖热负荷延续时间图的方法

热负荷延续时间图对集中供热系统，特别是对以热电厂为热源的集中供热系统的技术经济分析很有用处。如对确定热电厂供热机组形式、规格和台数，确定热媒的最佳参数、多热源供热系统的热源运行方式等技术和经济问题，都是非常有用的资料。

如利用数学公式，$Q_t = f(n)$ 的函数式表示供暖热负荷延续时间曲线，则对目前大量使用计算机技术的控制过程，带来诸多方便。

（1）函数公式法　根据该地区不同室外温度的延续小时数，利用最小二乘法，可以拟合 $t_w = f(n)$ 的函数表达式，如

$$t_w = A + Bn + Cn^2 + Dn^3 + En^4 + \cdots \qquad (6\text{-}10)$$

式中　t_w——某一室外温度（℃）；

A、B、C、D、E——常数值；

n——延续小时数，其指数次数取决于所要求达到的精度。

根据热负荷随室外温度变化的规律 $Q = f(t_w)$，由此可导出 $Q = f(n)$ 的数学表达式。

该方法拟合的精度较高，但必需掌握该地区室外温度的延续小时数，亦即需要有该地区的详细室外气温的统计资料。

（2）无量纲综合公式法　各城市的地理位置和气象条件等因素都有很大差别，但也有一些共同点。

1）根据《暖通规范》，各城市的起始供暖室外温度都是 +5℃。

2）根据《暖通规范》，不保证天数为 5 天的原则，确定各城市的供暖室外计算温度 t'_w 值。

3）各城市供暖期长短（n_z）与其室外温度变化幅度，大致也有一定规律。

基于上述这些共同特点，根据许多城市从1951年—1980年30年历年的室外日平均气温的资料，通过数学分析和回归计算，可用下列无量纲群形式的数学模型，来表达供暖期内的气温分布规律

$$R_t = \begin{cases} 0 & N \leqslant 5 \\ R_n^b & 5 < N \leqslant N_z \end{cases} \tag{6-11}$$

或用下式表示

$$t_w = \begin{cases} t'_w & N \leqslant 5 \\ t'_w + (5 - t_{pj})R_n^b & 5 < N \leqslant N_z \end{cases} \tag{6-12}$$

式中 t_w——某一室外温度（℃）；

t'_w——供暖室外计算温度（℃）；

t_{pj}——供暖期室外日平均温度（℃）；

5——供暖期开始及终止供暖的室外日平均温度（℃）；

R_t、R_n——两个无量纲群，分别代表无量纲室外气温和无量纲延续天数或小时数；

$$R_t = \frac{t_w - t'_w}{5 - t'_w} \tag{6-13}$$

$$R_n = \frac{N - 5}{N_z - 5} = \frac{n - 120}{n_z - 120} \tag{6-14}$$

式中 N_z——供暖期总天数（d）；

n_z——供暖期总小时数（h）；

5、120——不保证天数（5 d）、不保证小时数（120h）；

N、n——延续天数 d（d）、延续小时数（h），即供暖期内室外日平均温度等于或低于某 t_w 的历年平均天数或小时数；

b——R_n 的指数值；

$$b = \frac{5 - \mu t_{pj}}{\mu t_{pj} - t'_w} \tag{6-15}$$

式中 μ——修正系数；

$$\mu = \frac{N_z}{N_z - 5} = \frac{n_z}{n_z - 120} \tag{6-16}$$

根据供暖热负荷与室内、外温度成正比关系，即

$$\bar{Q} = \frac{Q_n}{Q'_n} = \frac{t_n - t_w}{t_n - t'_w} \tag{6-17}$$

式中 Q'_n——供暖设计热负荷（kW）；

Q_n——室外温度 t_w 下的供暖热负荷（kW）；

$\overline{Q}$——供暖相对热负荷比；

t_n——供暖室内计算温度（℃），取 $t_n = 18℃$。

综合式（6-11）和式（6-12），可得出供暖热负荷延续时间图的数学表达式

$$\overline{Q} = \begin{cases} 1 & N \leqslant 5 \\ 1 - \beta_0 R_n^b & 5 < N \leqslant N_z \end{cases} \tag{6-18}$$

或

$$Q_n = \begin{cases} Q'_n & N \leqslant 5 \\ (1 - \beta_0 R_n^b) Q'_n & 5 < N \leqslant N_z \end{cases} \tag{6-19}$$

式中

$$\beta_0 = \frac{5 - t'_w}{t_n - t'_w} \tag{6-20}$$

利用无量纲综合公式法绘制供暖热负荷延续时间图的最大优点是：当缺乏某一城市详细的室外气温分布统计资料的情况下，只要从《暖通规范》中查出该城市的供暖室外计算温度 t'_w、供暖期天数 N_z 和供暖期室外日平均温度 t_{pj}，就可以利用式（6-19）绘制出供暖热负荷延续时间图。

表6-4 给出了我国部分城市的无量纲综合公式中的 β_0 和 b 值，通过这些数据的验证，按无量纲综合公式绘制的供暖热负荷延续时间曲线，某一室外温度 t_w 下热负荷偏差率（与某一室外温度 t_w 下的理想公式（6-17）与式（6-18）确定的热负荷的差异），一般不超过 ±5%；整个供暖期供热总耗热量的相对误差很小，其值在 1.74% ~2.85% 以内，因而所具有的精度，可适用于工程计算上。

表6-4　我国部分城市的 β_0 和 b 值

城市名称	β_0	b	城市名称	β_0	b	城市名称	β_0	b
哈尔滨	0.705	0.910	通辽	0.658	1.004	北京	0.519	0.909
佳木斯	0.705	0.998	呼和浩特	0.649	0.857	天津	0.519	0.737
牡丹江	0.690	0.981	银川	0.606	0.742	石家庄	0.500	0.669
长春	0.683	0.897	西宁	0.581	0.856	济南	0.480	0.510
乌鲁木齐	0.675	1.042	太原	0.567	0.730	西安	0.435	0.652
沈阳	0.649	0.831	兰州	0.552	0.904	郑州	0.435	0.496

3. 生产工艺热负荷延续时间图

相对于供暖热负荷延续时间图，生产工艺全年热负荷延续时间图的绘制要复杂许多，并且与实际的差距也较大。根据我国能源部的有关规定，至少要有冬季和夏季典型日（周）的生产工艺热负荷时间图作为依据来绘制生产工艺年热负荷延续时间图。

图6-5a、b表示冬季和夏季典型日的生产工艺热负荷图。横坐标为一昼夜的小时时刻，纵坐标为热负荷。图中所示生产工艺热负荷 Q_a 在冬季和夏季的每天工作小时数为 (m_1+m_2) 和 (m_3+m_4)，假定冬季和夏季的实际工作天数为 N_d 和 N_x，则在横坐标表示延续小时数 $n_a=(m_1+m_2)N_d+(m_3+m_4)N_x$ 处，引垂直线交生产工艺热负荷值 Q_a 于 a 点。同理，$n_b=(m_5+m_6)N_d+m_7N_x$。依次方法类推，则可以绘制出按生产工艺热负荷大小排列的延续时间图。

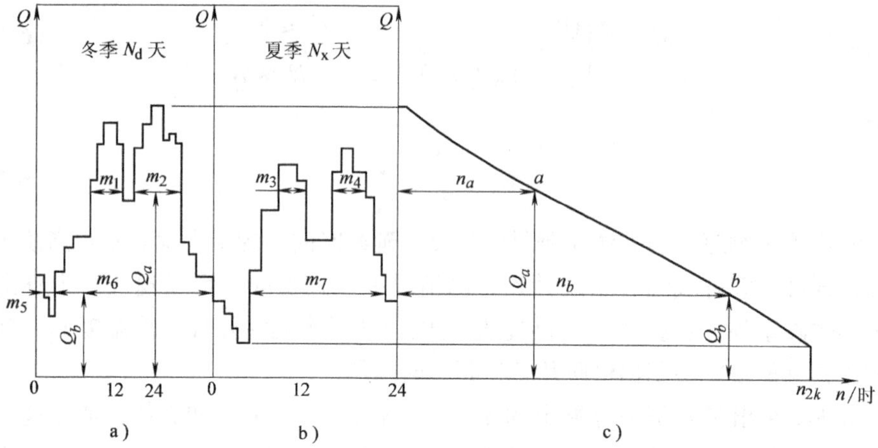

图6-5　生产工艺热负荷延续时间图的绘制

a）冬季典型日的热负荷图　b）夏季典型日的热负荷图　c）生产工艺热负荷延续时间图

如果热电厂同时具有生产工艺热负荷和民用性质（供暖、通风、空调和热水供应）热负荷，热电厂的总热负荷延续时间图可将两个延续时间图叠加得出。

在实际工程中，绘制切合实际的生产工艺热负荷延续时间曲线图是难以做到的。对以热电厂为热源的集中供热系统，各类热用户的总热负荷延续时间曲线，主要用于热电厂选择供热汽轮机的机型、台数等，对集中供热系统的管网设计作用不是很大。

6.3　年耗热量的计算

集中供热系统的年耗热量是指各类热用户全年耗热量的总和。各类热用户年耗热量分别按下述方法计算。

6.3.1　民用建筑的年耗热量

1. 供暖全年耗热量

已知供暖设计热负荷，可计算出供暖期供暖平均热负荷

$$Q_{n,pj} = Q'_n\left[\frac{t_n - t'_{w,pj}}{t_n - t'_w} \times \frac{N-5}{N} + \frac{5}{N}\right] \tag{6-21}$$

式中 $Q_{n,pj}$——供暖期供暖平均热负荷（kW）；

Q'_n——供暖设计热负荷（kW）；

t_n——供暖室内计算温度（℃）；

t'_w——供暖室外计算温度（℃）；

$t'_{w,pj}$——供暖期除去最冷五天（供暖历年平均不保证天数）后的平均室外温度（℃）；

N——供暖期天数（d）。

由于$t'_{w,pj}$需要根据历年气象资料统计计算，比较繁琐，所以在实际工程中平均热负荷多采用下式近似计算

$$Q_{n,pj} = Q'_n\frac{t_n - t_{w,pj}}{t_n - t'_w} \tag{6-22}$$

式中 $t_{w,pj}$——供暖期室外平均温度（℃），可从设计手册中查取。

工程经验表明，采用式（6-22）近似计算的误差通常不超过1%，这对于一般工程计算是完全允许的。那么，供暖全年耗热量就可以按下式计算

$$Q_{n,a} = Q_{n,pj} \times N \times 24 \times 3600 \times 10^{-6} = 0.0864Q'_nN\frac{t_n - t_{w,pj}}{t_n - t'_w} \tag{6-23}$$

式中 $Q_{n,a}$——供暖全年耗热量（GJ）。

对于分户热计量供暖系统，全年耗热量应该比集中连续供热时有所减少，在设计计算过程中应适当予以考虑。

2. 供暖期通风耗热量

与供暖全年耗热量的近似方法相同，我们可以得出供暖期通风耗热量的计算公式

$$Q_{t,a} = Q_{t,pj} \times N \times n_t \times 3600 \times 10^{-6} = 0.0036Q'_tNn_t\frac{t_{n,t} - t_{w,pj}}{t_{n,t} - t'_{w,t}} \tag{6-24}$$

式中 $Q_{t,a}$——供暖期通风耗热量（GJ）；

$Q_{t,pj}$——供暖期通风平均热负荷（kW）；

N——供暖期天数（d）；

n_t——供暖期内通风装置每日平均运行小时数（h）；

Q'_t——通风设计热负荷（kW）；

$t_{n,t}$——通风室内计算温度（℃）；

$t_{w,pj}$——供暖期室外平均温度（℃）；

$t'_{w,t}$——冬季通风室外计算温度（℃），当供暖建筑物设置机械通风系统

时，为保持冬季供暖室内温度，选择机械送风系统的空气加热器时，室外计算参数宜采用供暖室外计算温度 t'_w。

3. 空调供暖耗热量

与供暖全年耗热量的近似计算方法相同，同样可得出空调供暖耗热量的计算公式

$$Q_{k,a} = Q_{k,pj} \times N \times n_k \times 3600 \times 10^{-6} = 0.0036 Q'_k N n_k \frac{t_{n,k} - t_{w,pj}}{t_{n,k} - t'_{w,k}} \tag{6-25}$$

式中 $Q_{k,a}$——空调供暖耗热量（GJ）；

$Q_{k,pj}$——供暖期空调平均热负荷（kW）；

N——供暖期天数（d）；

n_k——供暖期内空调装置每日平均运行小时数（h）；

Q'_k——空调冬季设计热负荷（kW）；

$t_{n,k}$——空调室内计算温度（℃）

$t_{w,pj}$——供暖期室外平均温度（℃）；

$t'_{w,k}$——冬季空调室外计算温度（℃）。

4. 热水供应全年耗热量

$$Q_{r,a} = Q_{r,pj} \times 350 \times 24 \times 3600 \times 10^{-6} = 30.24 Q_{r,pj} \tag{6-26}$$

式中 $Q_{r,a}$——生活热水全年耗热量（GJ）；

$Q_{r,pj}$——生活热水平均热负荷（kW）；

350——全年（减去15天检修期）工作天数（d）。

生活热水热负荷的全年耗热量应按不同季节的统计资料计算，如生活热水热负荷占总热负荷的比例不大，可不考虑随季节的变化按平均值计算。

6.3.2 工业建筑的年耗热量

本章6.2节已经述及，生产工艺的年负荷曲线应根据冬季和夏季的典型日（周）负荷曲线进行绘制。当无法获得典型日（周）负荷曲线时，全年耗热量可根据供暖期和非供暖期各自的最大、最小热负荷及用汽小时数，按线性关系近似计算。供暖期和非供暖期热负荷的线性方程

$$Q_n = \frac{Q_{max,n}(n - n_i) + Q_{min,n} n_i}{n} \tag{6-27}$$

$$Q_s = \frac{Q_{max,s}(n_n - n_i) + Q_{min,s}(n_i - n)}{n_n - n} \tag{6-28}$$

式中 Q_n——供暖期生产工艺热负荷（kW）；

Q_s——非供暖期生产工艺热负荷（kW）；

$Q_{max,n}$、$Q_{min,n}$——供暖期最大、最小热负荷（kW）；

$Q_{max,s}$、$Q_{min,s}$——非供暖期最大、最小热负荷（kW）；

n_i——延续小时数（h）；

n——供暖期小时数（h）；

n_n——全年用汽小时数（h）。

习　　题

1. 简述集中供热系统热负荷分类、特点及计算方法。

2. 影响供暖面积热指标和体积热指标的主要影响因素有哪些？

3. 试述空调冬季热负荷与空调夏季热负荷的异同。

4. 采用热指标法计算生活热水热负荷时，针对供热管网干线和支线的不同，在热负荷计算方法上有何不同？

5. 简述供暖热负荷延续时间图的绘制方法。请绘制沈阳地区热负荷延续时间图，并计算出室外温度在 $-5 \sim -15$℃时的供热量。

6. 采暖设计热负荷常用的概算方法是（　　）。

A. 体积热指标法　B. 面积热指标法　C. 城市规划指标法　D. 百分数法

7. 冬季通风室外计算温度是指（　　）。

A. 历年平均不保证1天的日平均温度。

B. 历年最热月14时的月平均温度的平均值。

C. 历年平均不保证5天的日平均温度。

D. 累年最冷月平均温度。

7

第7章 集中供热系统

集中供热系统是由热源、热网和热用户三部分组成。热源主要包括区域锅炉房、热电厂。热网为连接热源与热用户的管路系统。热用户为使用热能的单位，如建筑物、工厂等。由热源生产的蒸汽或热水通过管网输送给一个城市（镇）或小区热用户如采暖、空调通风、生活和生产工艺用户等。集中供热是现代化城市的基础设施之一，也是城市公用事业的一项重要设施。

集中供热系统，按照管道内输送的介质不同分为热水供热系统和蒸汽供热系统。按照热源形式不同分为区域锅炉房集中供热系统、热电厂集中供热系统、工业余热集中供热系统和地热集中供热系统等。按照热网形式不同分为单管制集中供热系统、双管制集中供热系统和多管制集中供热系统。

7.1 热水供热系统及热网形式

热水供热系统是以热水作为热媒输送到热用户的供热系统。热水供热系统主要应用于供暖、通风和热水供应等热用户。根据热媒是否被取出来使用，热水供热系统分为闭式系统和开式系统。

在闭式系统中，用户利用热媒所携带的热量，而不消耗热媒，热媒放热后返回热源，在热源中重新吸收热量，如此循环不已（双管闭式系统）。在开式系统中，热网的循环水部分或全部地从热网中取出，直接用于生产或热水供应热用户。

7.1.1 闭式热水供热系统

在闭式热水供热系统中，热水沿外网供水管输送到各个热用户，在热用户系统的用热设备内放出热量后，沿着外网回水管返回热源。双管制闭式热水供热系统是应用最广泛的热水供热系统。

下面分别介绍闭式热水供热系统外网与供暖、空调通风、热水供应等热用户的连接方式。

1. 供暖热用户与热水外网的连接方式

供暖热用户与热水外网的连接方式可分为直接连接和间接连接两种方式，如图7-1所示。直接连接是用户系统直接连接于热水网路上。热水网路的水力工况(指压力和流量状况）和热力工况与供暖热用户有着密切的联系。间接连接是在供暖系统热用户处或在热力站内设置水-水换热器，把用户系统与热水网路隔开，形成两个独立系统。用户与网路之间的水力工况互不影响。

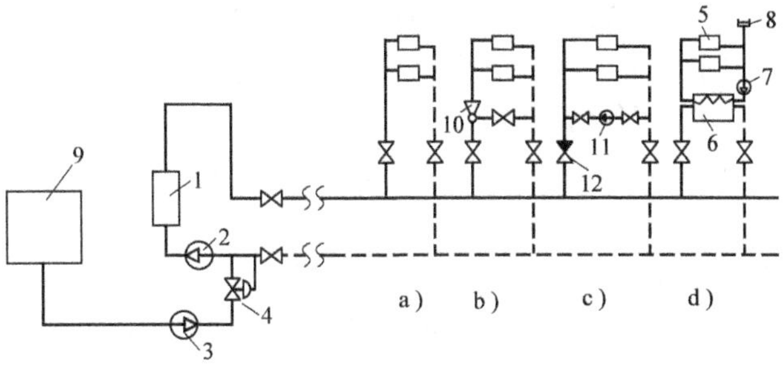

图7-1 双管制闭式热水供热系统与供暖用户连接示意图
a）无混合装置的直接连接 b）装水喷射器的直接连接
c）装混合水泵的直接连接 d）间接连接
1—热源 2—外网循环水泵 3—补给水泵 4—补给水压力调节器
5—供暖热用户 6—水-水换热器 7—供暖热用户系统的循环水泵
8—膨胀水箱 9—补给水箱 10—水喷射器 11—混合水泵 12—止回阀

（1）直接连接 直接连接包括以下几种形式：

1）无混合装置的直接连接。无混合装置的直接连接方式如图7-1a所示。热水由外网供水管直接进入供暖系统热用户，在散热器内放热后，返回外网回水管去。这种直接连接方式最简单，造价低。但只能是用户系统的水力工况和热力工况与外网相同时方可采用，即外网设计供水温度不超过《暖通规范》中规定的散热器供暖系统的最高热媒温度，且用户引入口处热网的供、回水管的资用压差大于供暖系统用户要求的压力损失时才能采用。

绝大多数低温水热水供热系统采用无混合装置的直接连接方式。

当集中供热系统采用高温水供热，外网设计供水温度超过上述供暖卫生标准时，如采用直接连接方式，就要采用装水喷射器或装混合水泵的形式。

2）装水喷射器的直接连接。装水喷射器的直接连接方式如图7-1b所示。外网供水管的高温水进入水喷射器，抽引回水管中的低温回水进入喷射器，与供水混合，降温升压后送入用户，满足用户系统的要求。

水喷射器无活动部件，构造简单，运行可靠，网路系统的水力稳定性好，不需要消耗电能。在高温水热水供热系统中得到应用。但由于抽引回水需要消耗能量，外网供、回水管之间需要足够的资用压差，才能保证水喷射器正常工作。一般要求资用压差为 8 ~ 12mH_2O（1mH_2O = 9.806kPa）。这种系统，不需要其他能源，而是靠外网与用户系统连接处供、回水压差工作的。

3）装混合水泵的直接连接。装混合水泵的直接连接方式如图 7-1c 所示。当用户入口处，热水外网的供、回水压差较小，不能满足水喷射器正常工作所需的压差，或设集中泵站将高温水转为低温水，向多幢或街区建筑物供暖时，可采用装混合水泵的连接方式。

来自外网的高温水与混合泵送来的供暖系统的回水混合以后进入供暖系统，降低供暖系统的供水温度。在外网供水管入口处应装设止回阀，以防止当混合水泵的扬程高于外网供、回水管的压差时，而将外网回水抽入外网供水管内。通过调节混合水泵的阀门和外网供、回水管进出口处的阀门开启度，可以在较大范围内调节进入用户供热系统的供水温度和流量。

在热力站处设置混合水泵的连接方式，可以集中管理。但混合水泵消耗电能，运行费用比水喷射器高。装混合水泵的连接方式是我国目前城市高温水供热系统中应用较多的一种直接连接方式。

（2）间接连接　间接连接方式如图 7-1d 所示。外网供水管的热水进入热力站或建筑物用户入口的水-水换热器内，通过换热器将热能传递给供暖系统热用户的循环水，冷却后的回水返回外网回水管流回热源再加热。供暖系统的循环水由热用户系统的循环水泵驱动循环。

间接连接外网的压力工况和流量工况不受用户的影响，便于外网进行管理，国内北方大中城市集中供热大部分采用间接连接。

间接连接外网的供水温度可提高到 110 ~ 130℃，而用户供暖系统供水温度仍能保持 95℃或更低，满足房间卫生要求。

但间接连接需在热力站或建筑物入口设置水-水换热器，在供暖系统热用户增设循环水泵等设备，造价比直接连接高，循环水泵需经常维护，并消耗电能，运行费高。

用户供暖系统与热力网的连接方式应按下列原则确定：

1）当热力网水力工况能保证用户内部系统不汽化、不超过用户内部系统的允许压力，热力网供、回水压差大于用户系统阻力，且用户采暖系统设计供水温度等于热网设计供水温度时，应采用无混合装置的直接连接。

2）当热力网水力工况能保证用户内部系统不汽化、不超过用户内部系统的允许压力，但用户采暖系统设计供水温度低于热网设计供水温度时，应采用有混水降温装置的直接连接。当用户引入口处供水管和回水管压力差较小时，可采用装混合水泵的直接连接。当用户引入口处供水管和回水管压力差较大时，能满足水喷射器正常工作要求时，应采用装水喷射器的直接连接。离心式水泵与喷射器相比，价格较贵，运行中需要经常维护并消耗一定电能，故在一般情况下，不采用这种连接方式，在旧有建筑中的局部供热改为集中供热时，往往采用这种连接更为简便。此时，只要利用原有水泵，将热网供水干管的高温水与回水干管的低温水相混合，即可满足一个区域或一个建筑群的供热。

3）当有下列情况之一时，用户供暖系统应采用间接连接：

建筑物供暖系统高度高于热力网水压图供水压力线或静态压力线时；供暖系统承压能力低于热力网回水压力时；热力网供、回水压差低于用户供暖系统阻力，且不宜采用加压泵时；有其他特殊要求时。

2. 热水供应热用户与外网的连接方式

在闭式热水供热系统中，外网的循环水仅作为热媒，供给热用户热量，而不从外网中取出使用。因此，闭式热水供热系统中的热水供应热用户与外网的连接必须通过水-水换热器。根据用户热水供应系统中是否设置储水箱及其设置位置不同，连接的方式有以下几种形式：

（1）无储水箱的连接方式　无储水箱的连接方式如图7-2a所示。热水网路供水通过表面式水-水换热器将城市上水加热，而后全部返回热网回水管。在热水供应系统的供水管上宜装置温度调节器，使系统的供水温度控制在60～65℃之间，否则热水供应的供水温度将会随用水量的大小而剧烈地变化。

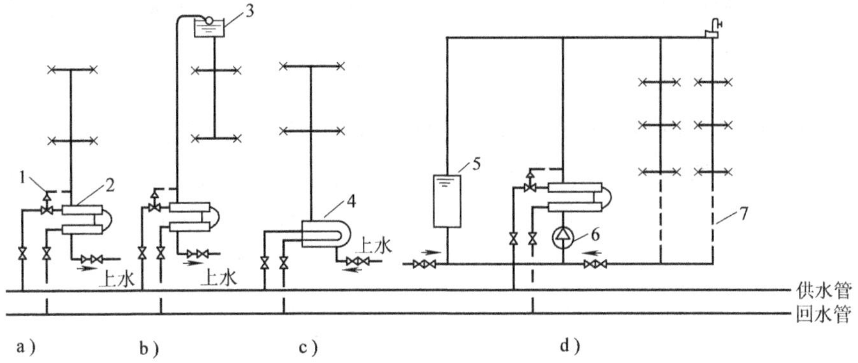

图7-2　双管制闭式热水供热系统与热水供应用户的连接方式示意图

1—温度调节阀　2—水-水换热器　3—上部储水箱　4—容积式换热器

5—下部储水箱　6—循环水泵　7—循环管

无储水箱的连接方式最为简单，常用于一般的住宅或公用建筑中。

（2）装设上部储水箱的连接方式　装设上部储水箱的连接方式如图7-2b所示。城市上水通过表面式水-水换热器被外网来的热水加热，从换热器出来之后，首先进入设置在建筑物高处的储水箱中，然后热水再沿配水管输送到各取水点使用。上部储水箱起着储存热水和稳定水压的作用。

装设上部储水箱的连接方式常用在浴室或用水量很大的工业企业中。

（3）装设容积式换热器的连接方式　装设容积式换热器的连接方式如图 7-2c 所示。城市上水进入容积式换热器，被外网来的热水加热到用户要求的温度，然后送入各用水点。容积式换热器装设在建筑物用户引入口或热力站处，它兼起换热和储存热水的功能，不必再设置上部储水箱。

容积式水-水换热器的传热系数低，需要较大的换热面积。但易于清除水垢，所以宜用在城市上水硬度高、易结水垢的场合。

装设容积式换热器的连接方式主要适用于工业企业和公用建筑的小型热水供应系统上。

（4）装设下部储水箱的连接方式　装设下部储水箱的连接方式如图 7-2d 所示。图中所示为一个装有下部储水箱同时还带有循环管的热水供应系统与热网的连接方式。装设循环管路和热水供应循环水泵的目的，是使热水能不断地循环流动，以避免开始用热水时，要先放出大量的冷水。

下部储水箱与换热器用管道连接，形成一个封闭的循环环路。当用户用水量较小时，从换热器出来的部分热水，流进储水箱蓄热，当用户用水量较大时，从换热器出来的热水量不能满足用户要求，储水箱内的热水就会被城市上水自下而上挤出，补充供应的热水量。为了使储水箱能自动地充水和放水，应将储水箱上部的连接管尽可能选粗一些。

装设下部储水箱的连接方式比较复杂，造价高，但工作可靠，多用在对热水要求较高的旅馆或住宅中使用。

3. 通风系统热用户与外网的连接方式

通风系统热用户与外网的连接方式如图 7-3 所示。由于通风用户是对室外新风进行加热，通风系统中加热空气的设备能承受较高的压力，并对热媒参数无严格限制，因此通风用户用热设备空气加热器与热网的连接，采用最简单的直接连接方式。

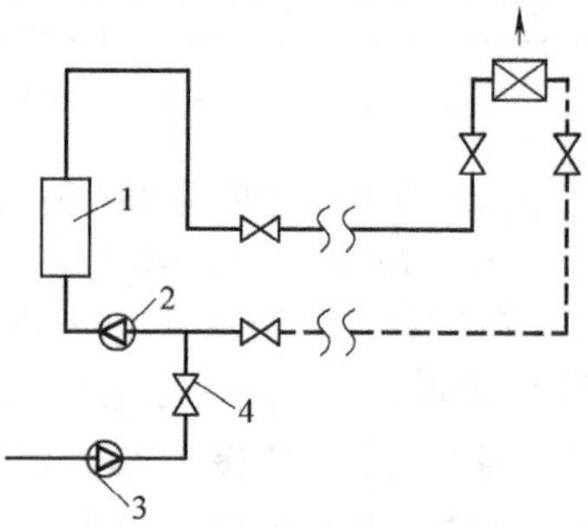

图 7-3　双管制闭式热水供热系统与通风系统热用户的连接方式示意图

1—热源　2—外网循环水泵　3—补给水泵　4—补给水压力调节器

在热水供热系统中，供暖、通风和热水供应热用户通常都是并联在热水网路上，网路的循环水量等于各用户最大水量之和。在确定热水供应热用户网路循环水量时按以下原则：若热水供应用户没有储水箱，则网路循环水量按热水供应用户的最大小时热负荷来确定；若装设有储水箱时，按热水供应用户小时平均热负荷来确定。

4. 闭式双级串联和混联连接的热水供热系统

对于闭式系统，为了减少热水供应用户所需的外网循环水量，当生活热水热负荷较小时，生活热水加热器与采暖系统可采用并联连接；当生活热水热负荷较大时，可采用供暖系统与热水供应系统串联或混联连接的方式。

图7-4所示是一个双级热水供应加热器串联的连接方式。为了充分利用系统中供暖回水的热量，热水供应系统的用水首先由串联在外网回水管上的水加热器（第Ⅰ级加热器）加热。如热水供应水温仍低于所要求的温度，则通过水温调节器将阀门打开，进一步利用外网供水管的高温水通过第Ⅱ级加热器将水加热到所需温度。为了保证供暖用户的热舒适，在供水管上安装室温自动调节器，以稳定供暖系统的热力工况。为了保证热水供应用户的用水温度，在第Ⅱ级加热器的供水管上，装设水温自动控制器。

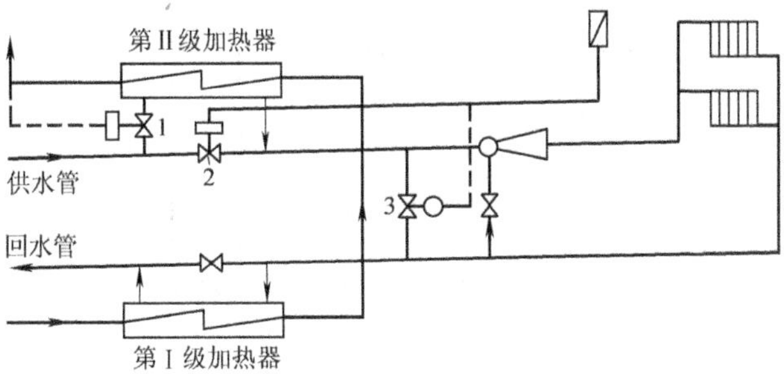

图7-4 串联两个热水供应加热器的连接图

1—水温控制阀门自动调节器 2、3—室温控制阀门自动调节器

图7-5是热水供应第Ⅱ级加热器与供暖系统并联的示意图。与图7-4所示系统相比，同样是利用第Ⅱ级加热器将经过第Ⅰ级加热器的水进一步加热到所需温度。所不同的是经过第Ⅱ级加热器冷却后的网路供水不再进入供暖系统供水中，而直接进入供暖系统回水中。因此这种系统不要求提高供水温度，即热网供水只要根据供暖负荷变化进行调节即可。同时由于它设置了热水供应第Ⅰ级加热器而充分地利用了供暖回水热量。然而需将热网循环水量的一部分供给热水供应第Ⅱ级加热器，因此其水量稍有增加。

图7-6所示是一个混联连接的图式，热水供应系统的用水在Ⅰ级与Ⅱ级加热器中经过两级加热，以利用供暖系统换热器回水的热能。在Ⅱ级加热器中，进入

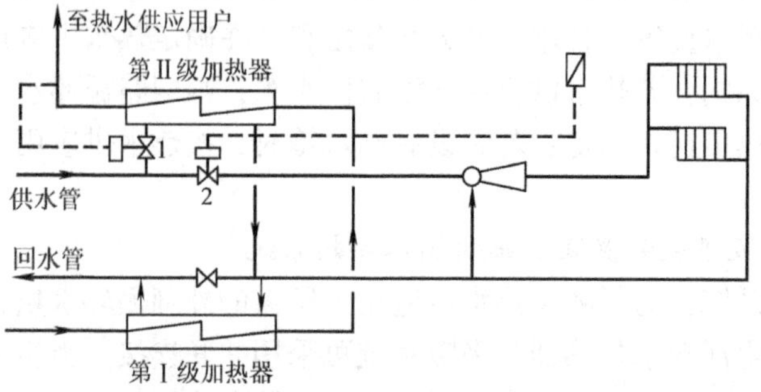

图 7-5　热水供应第Ⅱ级加热器和供暖系统并联示意图

1—水温控制阀门自动调节器　2—室温控制阀门自动调节器

用户引入口的一部分热网水被用作加热器的加热用水，而在Ⅰ级加热器中，从供暖换热器和Ⅱ级加热器排出的两股水混合后作为该加热器的加热用水。在热网水侧，Ⅱ级加热器与供暖换热器是并联连接的，而Ⅰ级加热器与供暖换热器则是串联连接的，所以这种连接方式称为混联连接。

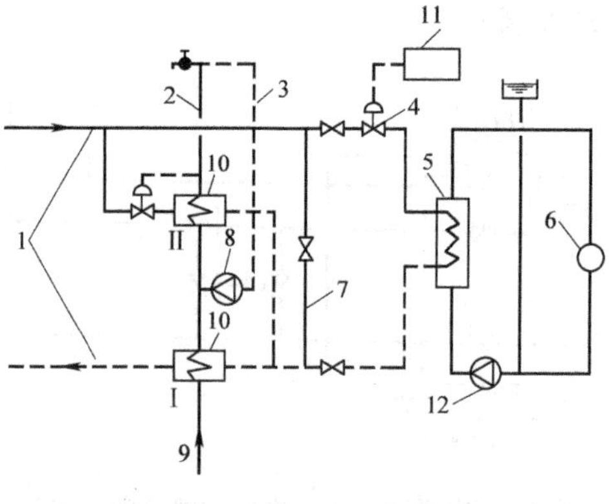

图 7-6　闭式混联连接示意图

1—热网供水管和回水管　2—热水供应系统　3—再循环管路　4—供暖系统流量调节阀

5—供暖系统换热器　6—供暖系统热用户　7—旁通管　8—热水供应系统循环水泵

9—城市上水　10—热水供应加热器　11—室内温度传感器　12—供暖系统循环水泵

由于具有热水供应的供暖热用户系统与外网连接采用了串联式或混联式，利用了供暖系统回水的部分热量预热上水，可减少网路的总计算循环水量，适宜用在热水供应负荷较大的城市热水供应系统上。除了采用混合联接的连接方式外，供暖热用户与热水外网采用了间接连接。这种全部热用户（供暖、热水供应、通风空调等）与热水外网均采用间接连接的方式，使用户系统与热水网路的水力工况（流量与压力状况）完全隔开，便于进行管理。

7.1.2　开式热水供热系统

开式热水供热系统是指用户热水供应用水直接从热水外网取水，而供暖和空调通风热用户系统仍采用闭式系统连接，如图7-7所示。开式热水供热系统的热水供应热用户与网路的连接，有下列几种形式。

1. 无储水箱的连接方式

如图7-7a，热水直接从网路的供、回水管取水，混合后送入热水供应用户。通过混合三通后的水温可由温度调节器来控制。为了防止网路供水管的热水直接流入回水管，回水管上应设止回阀。

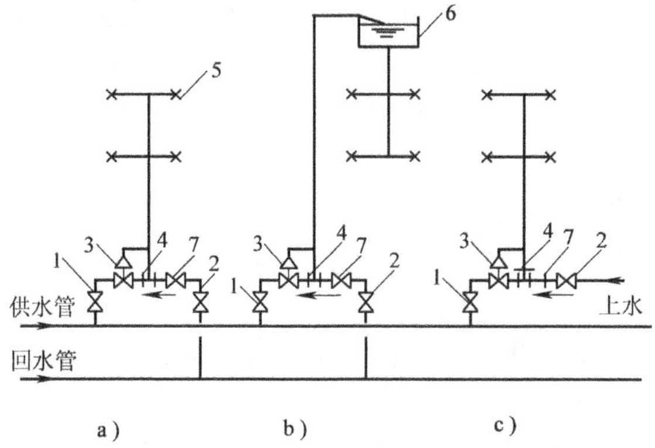

图7-7　开式热水供热系统连接示意图

a）无出水箱的连接方式　b）装有上部出水箱的连接方式　c）与上水直接混合的连接方式

1—供水管阀门　2—回水管阀门　3—温度调节器　4—混合三通

5—取水点　6—出水箱　7—止回阀

直接取水的方式要求网路供水管和回水管的压力均大于热水供应用户系统的水静压力、管路阻力损失和取水点水头的总和。

这种连接是最简单的连接方式，它适用于小型住宅和公用建筑。

2. 装设上部储水箱的连接方式

见图7-7b，这种连接方式常用于集中用水量大的用户，如浴室、洗衣房和工业厂房等，靠外网流量满足不了短时间集中用水量。网路供水和回水先在混合三通中混合，然后送到上部储水箱，热水再沿配水管送到各取水点。

3. 与上水混合的连接方式

见图7-7c，当热水供应用户的用水量很大，外网供水温度 $t_g>65℃$ 时，建筑物中（如浴室、洗衣房等）来自供暖空调用户系统的回水量不足与供水管中的热水混合时，则可采用这种连接方式。

网路供水管的压力应高于上水管的压力，在上水管上要安装止回阀，防止外网供水流入上水管路。如果上水压力高于外网供水压力时，在上水管上安装减压阀。

7.1.3 开式热水供热系统和闭式热水供热系统的比较

(1) 闭式热水供热系统的网路补水量小于开式热水供热系统　正常情况下，闭式系统的补水量是网路系统不严密处的漏水量，漏水量不超过热水供热系统总循环水量的1%。而开式热水供热系统的补水量除了补充漏水量外，还应补充热水供应用户的用水量，由此开式系统的水处理设备投资和运行费用较高。另一方面，闭式系统易于监测系统的严密性，补水量大小显示了漏水率，而开式系统由于热水供应用户用水量波动大，补水量的大小无法判定漏水状况。

(2) 闭式热水供热系统热水供应用户水质优于开式系统　在闭式系统中，外网循环水通过间壁式水-水换热器将城市上水加热到要求水温，用户用水水质稳定、卫生。而开式系统直接使用网路中循环水，由于循环水要经历大量的用户，路途远，水质容易被污染，不符合卫生要求。

(3) 开式热水供热系统设备简单，投资和运行维护费用少　在闭式热水供热系统中，在热力站或用户引入口处，热水供应用户与外网间需安装表面式水-水换热器，设备增多，投资增加，运行管理上也较复杂。当城市上水中含氧量或暂时硬度高时，换热器和管道易受到腐蚀或结垢，影响其使用寿命和热交换效果。而开式系统则避免了这些缺点。

(4) 在低位热能利用方面，开式系统优于闭式系统　对于开式热水供热系统，用于热水供应用户的补充水量，可以用热电厂汽轮机的冷凝器或工厂企业的低温废水预热，减少了热损失，提高了热能利用率。另一方面，当集中供热系统采用集中质调节时，闭式系统要求外网的水温高于开式系统。

7.1.4 热水供热系统热网形式

在确定热水供热系统热网形式时，应考虑供热的可靠性、安全性和经济性。当部分管段发生故障时，热网应具备一定的后备供热能力。根据管网结构，热网形式主要包括枝状管网和环状管网两种形式，如图7-8和图7-9所示，其中最常见的是枝状管网。

1. 枝状管网

枝状管网布置优点是形式简单，金属耗量小，基建投资小，运行管理简便。但枝状管网不具备后备供热的能力。当供热管网某点出现故障时，故障点之后的热用户都将停止供热。由于建筑物本身具有一定的蓄热能力，若迅速排除故障，建筑物室温不致大幅

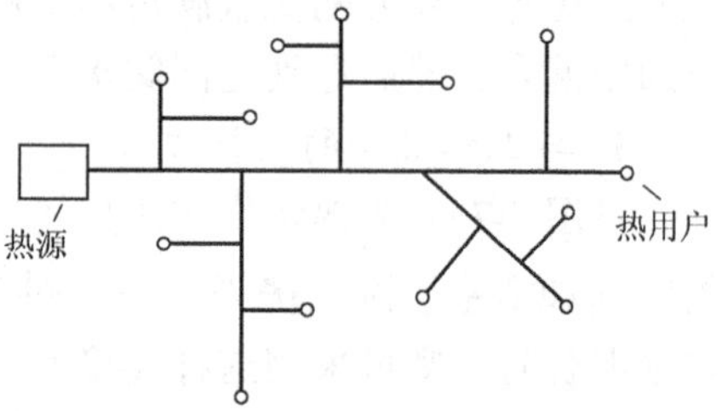

图7-8　枝状管网示意图

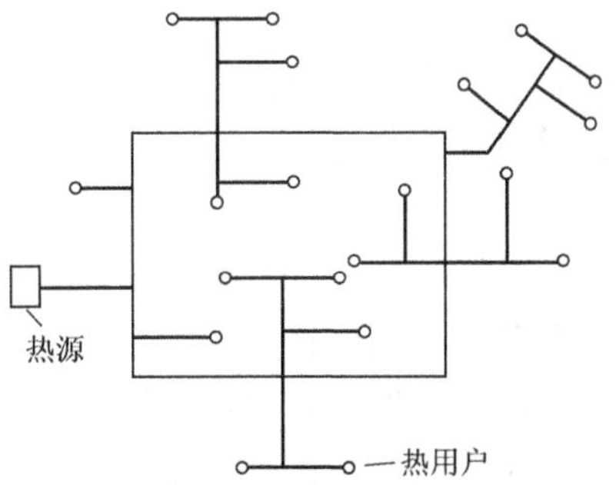

图 7-9 环状管网示意图

度降低，所以枝状管网仍是目前供热管网最普遍采用的方式。

为缩小管网发生事故时的影响范围，迅速消除故障，对于大型管网，在与干管相连接的管路分支处，及在与分支管路相连接的较长的用户支管处，均应装设阀门。如图 7-10 所示为一个大型集中供热系统管网的示意图。

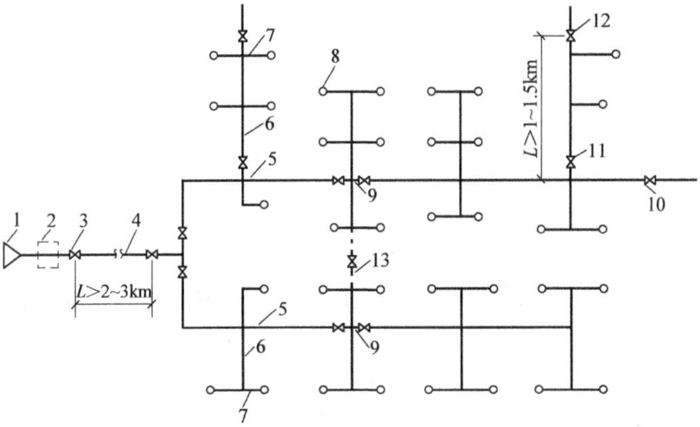

图 7-10 大型热水供热系统的管网示意图

1—热电厂或区域锅炉房 2—热源出口阀门 3—阀门 4—输送干线的分段阀门 5—主干线 6—支干线 7—用户支线 8—热力站 9、10、11、12—输配干线上的分段阀门 13—连通管

热水从热源沿输送干线（指无分支管的干线），经输配干线（有分支管线接出的主干线和支干线）、支干线、用户支线，进入热用户，在用户内放热后沿相同路线返回热源。自热源引出的每根管线，通常也采用枝状管网布置。在长度超过 2000m 的输送干线和输配干线上，应设置分段阀门。输送干线每隔 2000～3000m，输配干线每隔 1000～1500m 宜装设一个分段阀门。

对具有几根输配干线的热网，可在输配干线之间设置连通管。在无故障时，连通管上的阀门是关闭的，一旦出现故障，可关闭干线上的分段阀门，打开连通管上的阀门，由另一根干线向出现故障的干线上的部分用户供热。

连通管的配置提高了整个管网的供热后备能力。连通管的流通量，应按热负荷较大的干线切除故障段后，供应其余热负荷的70%确定。当然，增加干线之间的连通管的数目和缩短输送干线两个分段阀门之间的距离，可以提高网路供热的可靠性，但热网的基建费用要相应增加。

2. 环状管网

环状管网网路的输配干线呈环状，每一根支干线从环状管线中引出。环状管网布置的主要优点是具有很高的供热后备能力。当输配干线某处出现事故时，可以切除故障段后，通过环状管网由另一方向保证供热。但环状管网的投资大，运行管理更为复杂，热网要有较高的自动控制措施。

3. 热水供热系统的形式

根据管网的管道数量，热水供热系统包括单管制、双管制和多管制形式。

图7-11为单管制开式热水供热系统的示意图。这种系统用于供暖和通风空调等所需管网水的平均小时流量与供热水所需的平均小时流量相等的场合。在我国气候较寒冷地区，供暖和空调所需的管网水量总是大于供热水所需的水流量。在这种情况下，供热水所不用的那部分水被排入下水道，这是不经济的，所以单管制应用的很少。

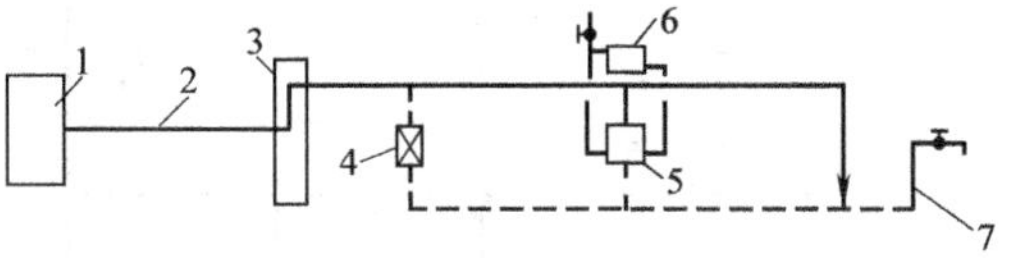

图7-11　单管制开式热水供热系统

1—热源　2—热网供水管　3—用户引入口　4—通风热用户　5—换热器　6—供暖用户　7—热水供应系统

图7-12为双管制闭式热水供热系统的示意图。热源生产的热水通过供水管输送到用户，把热量传递给用户，水温降低后全部经过回水管返回到热源。其热源的流出水量与流进水量相等。这种系统是应用最广泛的一种系统。

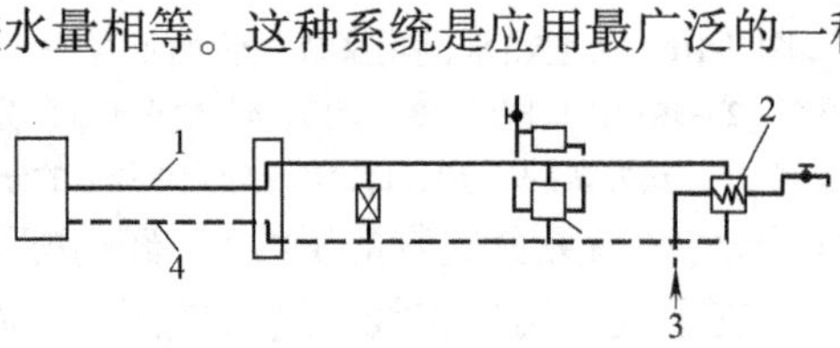

图7-12　双管制开式热水供热系统

1—热网供水管　2—水-水换热器　3—城市上水　4—热网回水管

图7-13是双管制开式热水供热系统示意图。由热源产生的高温水大部分供给供暖或通风热用户，降温后循环水返回热源，另一小部分供给热水供应用户，直接从热网中取出使用，这部分水不返回热源。

图7-14为三管制闭式热水供热系统示意图。它具有两条供水管路、一条回

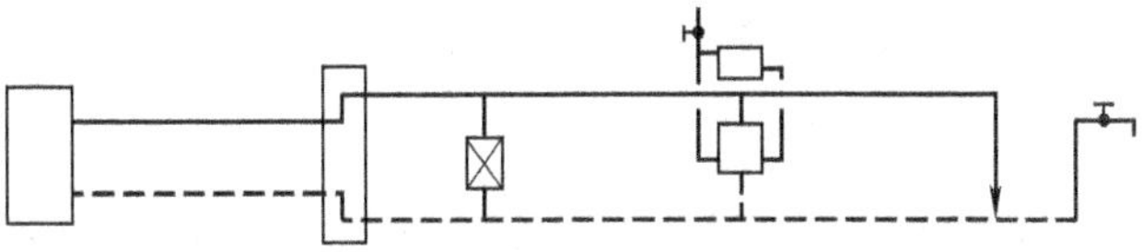

图 7-13 双管制闭式热水供热系统

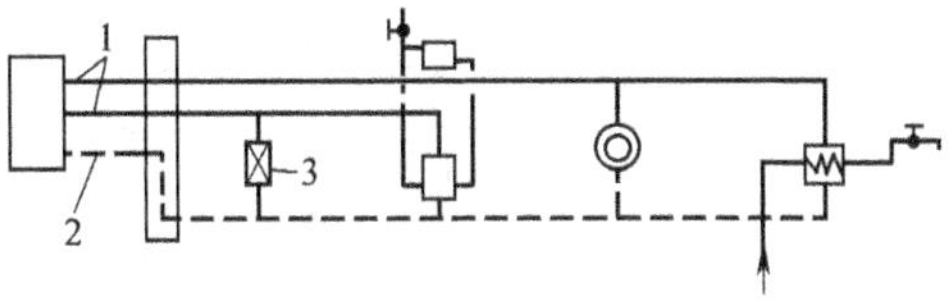

图 7-14 三管制闭式热水供热系统

1—热网供水管 2—热网回水管 3—生产工艺热用户

水管路，其中一条供水管供应生产工艺设备和热水供应换热器，水温基本保持不变；而另一条供水管送入供暖通风用户，由于采用供热调节，水温随室外气候发生变化以满足供暖和空调通风用热要求。来自各用户的回水通过一条总回水管返回到热源。

图 7-15 为四管制闭式热水供热系统示意图。该系统是将季节性用热的供暖和空调通风用户，与常年性用热的热水供应用户和生产工艺用户分开。它们分别使用一套供水管和回水管。季节性用热的热负荷随室外温度变化，根据气温变化调节供回水温度。而常年性负荷基本不变，供水温度保持不变。

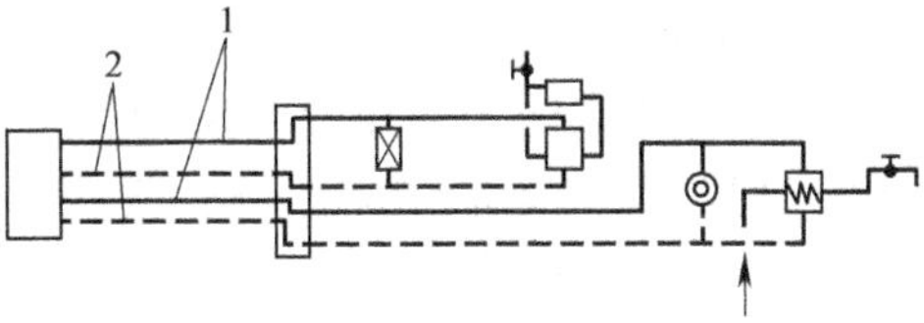

图 7-15 四管制闭式热水供热系统

1—热网供水管 2—热网回水管

7.2 蒸汽供热系统及热网形式

蒸汽供热系统，常应用于工业厂房或工业建筑中，主要承担向生产工艺用户供热，例如用于加热、蒸煮、烘干、溶化或汽锤、汽泵等气动装置。同时也可向热水供应用户、空调通风和供暖用户供热。当热源生产的蒸汽输送到各个热用户的热力站或引入口处，不同的用户与蒸汽外网有不同的连接方式。

7.2.1 热用户与蒸汽外网的连接方式

1. 供暖热用户与蒸汽外网的连接方式

供暖热用户与蒸汽外网的连接方式包括无混合装置的直接连接、装设蒸汽喷射泵的直接连接和间接连接三种，如图7-16所示。

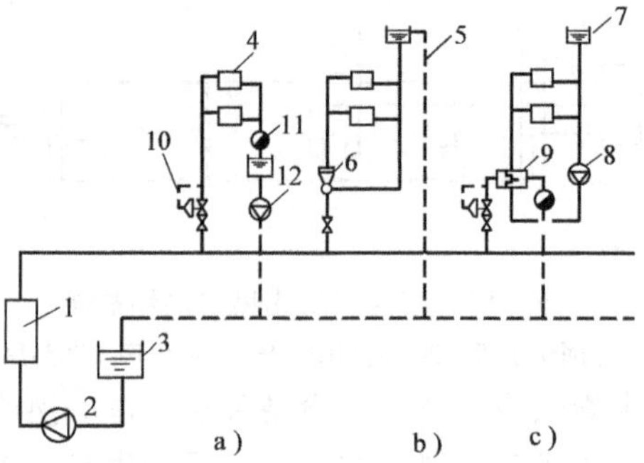

图7-16 供暖热用户与蒸汽外网的连接方式

1—锅炉 2—锅炉给水泵 3—凝结水箱 4—散热器
5—溢流管 6—蒸汽喷射器 7—膨胀水箱 8—循环水泵
9—供暖系统用的蒸汽-水换热器 10—减压阀 11—疏水器 12—用户凝结水泵

（1）无混合装置的直接连接 外网蒸汽直接进入散热器内向室内散热。进入供暖用户的蒸汽压力不能超过散热设备的承受压力，所以蒸汽在进入散热器前必须经过减压阀降压后才能进入散热设备。散热后的凝结水通过疏水器进入用户凝结水箱，然后由凝结水泵送回热源，如图7-16a所示。

（2）装设蒸汽喷射泵的直接连接 若用户要求用热水供暖，则可采用这种方法。外网的蒸汽进入喷射泵，抽引供暖系统回水，混合后成为达到供水温度的热水，进入供暖用户。系统中多余的水量从水箱溢流回凝结水管，如图7-16b所示。

（3）间接连接 当用户采用热水供暖，蒸汽外网与用户也可采用间接连接，在用户引入口或热力站处设置汽-水换热器。外网蒸汽经减压后（满足换热器承压要求）进入汽-水换热器，散热后凝结水经疏水器靠余压流回外网凝结水管。热水供暖用户自己形成一套循环系统，包括循环水泵和定压装置。供暖用户循环水在汽-水换热器中吸热升温后，送入用户，放热后回水由循环水泵加压后在进入换热器，如此循环，如图7-16c所示。

2. 热水供应用户与蒸汽外网的连接方式

热水供应用户与外网可采用蒸汽直接加热上水的连接方式、装设容积式换热器的连接方式和无储水箱的连接方式，如图7-17a、b、c所示。

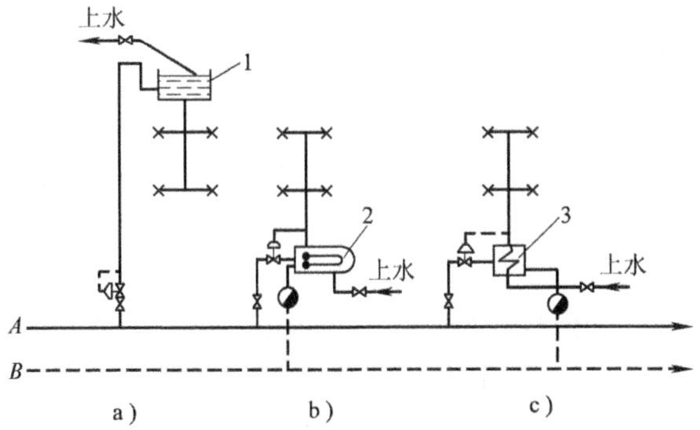

图7-17 热水供应热用户与蒸汽外网的连接方式
1—储水箱 2—容积式换热器 3—表面式汽水换热器

3. 通风用户与蒸汽外网的连接方式

采用直接连接方式，如图7-18所示。外网的蒸汽经减压阀降压后，满足散热设备（空气加热器）的承压要求，直接向散热设备散热，散热后的凝结水经疏水器流回外网凝结水管。

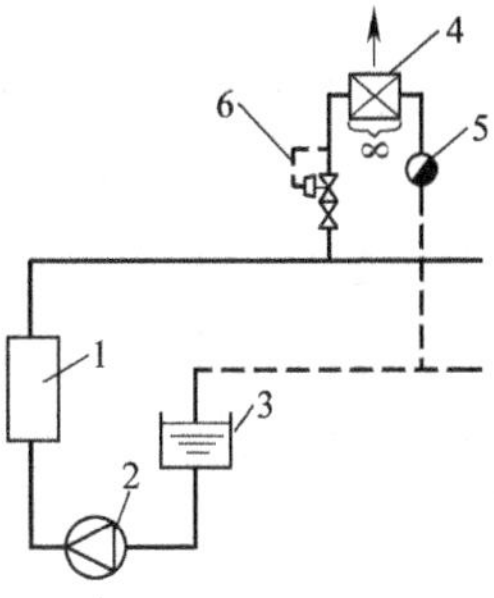

图7-18 通风热用户与蒸汽外网的连接方式
1—锅炉 2—锅炉给水泵 3—凝结水箱 4—空气加热装置 5—疏水器 6—减压阀

4. 生产工艺用户与蒸汽外网的连接方式

采用直接连接方式，如图7-19所示。外网蒸汽经过用户减压阀降到工艺设备所需压力，供给工艺用热设备，凝结水经疏水器后流进用户凝结水箱，经凝结水泵送回外网凝结水管。凝结水有玷污可能或回收凝结水在技术经济上不合理时，凝结水可采用不回收方式。此时，应在用户内对其凝结水及其热量加以就地利用，对于直接用蒸汽加热的生产工艺，就不产生凝结水了，也不用回收凝结水。

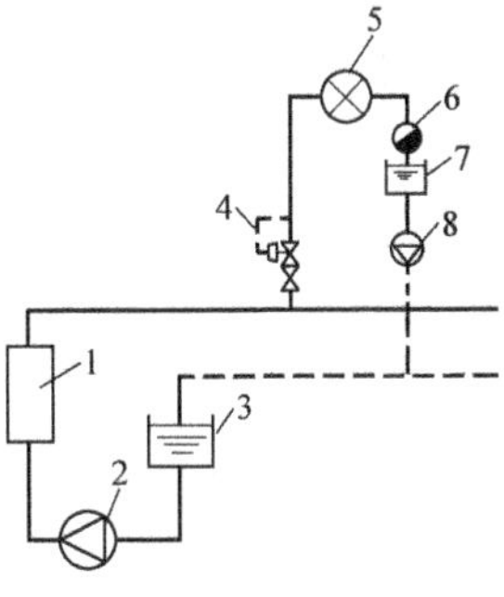

图7-19 生产工艺用户与蒸汽外网的连接方式
1—锅炉 2—锅炉给水泵 3—凝结水箱 4—减压阀 5—生产工艺用热设备
6—疏水器 7—用户凝结水箱 8—用户凝结水泵

7.2.2 凝结水回收系统

蒸汽在用热设备内放热凝结后，凝结水流出用热设备，经疏水器、凝结水管道返回热源的管路系统及其设备组成的整个系统，称为凝结水回收系统。

凝结水水温较高，同时也是良好的锅炉补水，所以应尽可能地回收。但在下列几种情况下可考虑不设凝结水回收管道：凝结水回收率低，且很分散；凝结水虽能回收，但被污染，返回热源还要重新处理；能在用户处利用凝结水的热能和水资源。正确设计凝结水回收系统，提高凝结水回收率，保证凝结水质量，是蒸汽供热系统的关键问题。

根据是否与大气相通，凝结水回收系统分为开式凝结水回收系统和闭式凝结水回收系统。根据凝结水的流动方式不同，凝结水回收系统分为单相流凝结水回收系统和两相流凝结水回收系统。其中单相流又分为满管流和非满管流两种流动方式。凝结水依靠水泵动力或位能差，充满整个管道断面呈有压流动的流动方式为满管流；凝结水依靠管道坡度，不充满整个管道断面的流动方式为非满管流。根据凝结水流动动力的不同，凝结水回收系统分为重力回水式凝结水回收系统和机械回水式凝结水回收系统。重力回水是利用凝结水位能差或管道坡度，驱使凝结水满管或非满管流动的方式。机械回水是利用水泵动力驱使凝结水满管有压流动的流动方式。下面介绍几种常用的凝结水回收系统。

1. 非满管流的凝结水回收系统

又称低压自流式凝结水回收系统，如图 7-20 所示。蒸汽在用热设备散热后变成的凝结水经疏水器，依靠重力作用，沿坡向锅炉房凝结水箱的凝结水管道，自流到凝结水箱。这种凝结水回收方式适用于供热面积较小，地形坡向凝结水箱的场合，锅炉房应位于供热系统的最低点。

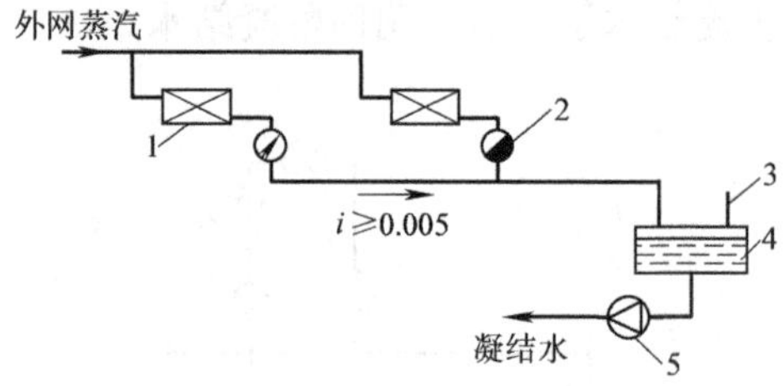

图 7-20 低压自流式凝结水回收系统

1—用热设备 2—疏水器 3—排气管 4—凝结水箱 5—凝结水泵

2. 两相流的凝结水回收系统

又称余压回水系统，如图 7-21 所示。蒸汽在用热设备散热后变成的凝结水经疏水器，直接接到凝结水管道上，依靠疏水器后的背压将凝结水送回锅炉房或凝结水分站的凝结水箱中。这种方式适用于耗气量较少、用汽点分散、用汽压力相差不大的蒸汽供热系统中。

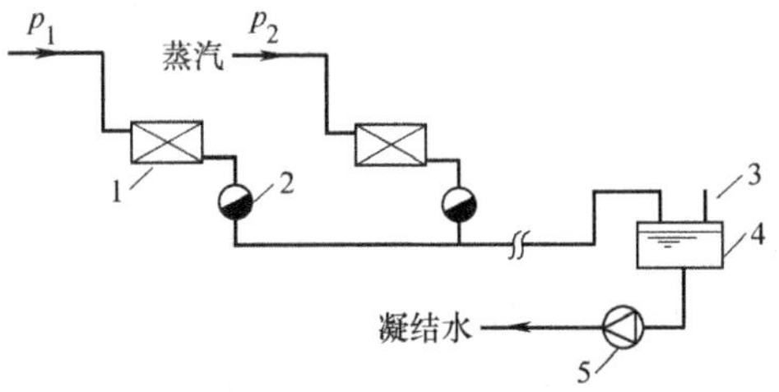

图7-21 余压回水系统

1—用热设备 2—疏水器 3—排气管 4—凝结水箱 5—凝结水泵

3. 重力式满管流凝结水回收系统

蒸汽在用热设备散热后变成的凝结水经疏水器，首先集中到一个承压的高位水箱中，排出二次蒸汽后，直接流入室外凝结水管网。如图7-22所示为一重力式满管流凝结水回收系统。依靠高位水箱与锅炉房或凝结水分站中的凝结水箱顶部回形管之间的高差，凝结水呈满管流流回水箱。这种凝结水回收方式工作可靠，适用于地势较平坦且坡向热源的蒸汽供热系统。

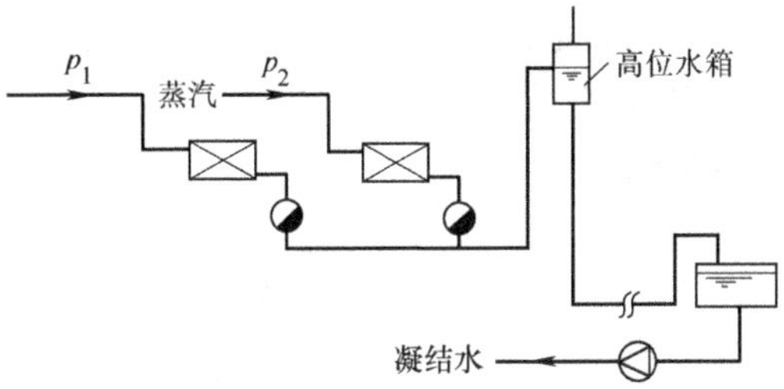

图7-22 重力满管流凝结水回收系统

以上三种凝结水回收系统均属于开式凝结水回收系统，系统中的凝结水箱或高位水箱与大气相通。在运行过程中，二次蒸汽通过水箱顶部设置的排气管排出。在开式凝结水回收系统中，凝结水的余热没有得到充分利用，当系统停止运行时，空气易进入系统内，使凝水管道易于遭受腐蚀。若采用闭式凝结水回收系统，可避免空气进入系统，还可利用凝结水余热。

4. 闭式余压凝结水回收系统

闭式余压凝结水回收系统的工作原理与前述的开式余压回水系统相似，不同之处在于闭式余压凝结水回收系统的凝结水箱是承压水箱，同时水箱上需设置安全水封，它的作用是把凝结水回收系统与室外大气隔断。当二次蒸汽压力过高时，蒸汽从安全水封排出，当系统停止运行时，安全水封可防止空气进入。

如图7-23所示为一集中利用二次蒸汽的闭式余压凝结水回收系统。凝结水进入水箱后，大量的二次蒸汽分离出来，通过汽-水换热器来利用蒸汽的热量。二次蒸汽的热量可用来加热锅炉房的软化水或加热城市上水供热水供应用户使用。为使闭式凝结水箱在系统停止运行时仍能保持一定的压力，通过压力调节器对水箱进行补汽，补汽压力为5kPa。

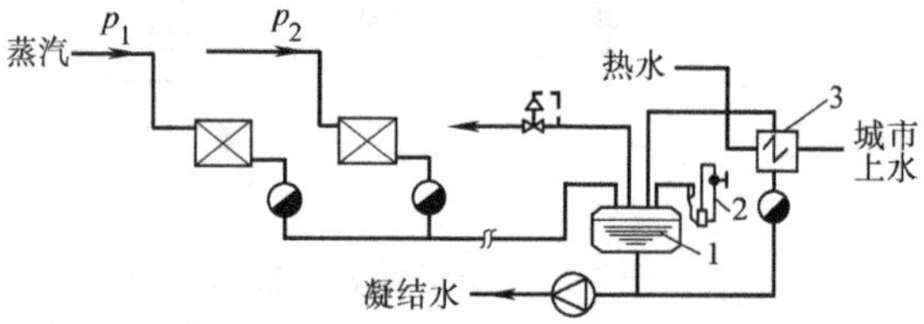

图7-23　闭式余压凝结水回收系统

1—闭式凝结水箱　2—安全水封　3—换热器

5. 闭式满管流凝结水回收系统

如图7-24所示为一闭式满管流凝结水回收系统。蒸汽在用热设备散热后变成的凝结水经疏水器，集中送到二次蒸发水箱中，二次汽的热量可用于供暖或其他用热用途。二次蒸发箱的安装高度一般为3～4m，设计压力为20～40kPa，在运行期间二次蒸发箱的压力，取决于二次汽利用的多少。当生成的二次汽少于所需时，可通过减压阀补汽，满足需要和维持箱内压力。二次蒸发箱中的凝结水经多级水封进入室外凝结水管道，依靠多级水封与凝结水箱顶部的回形管间的水位差，使凝结水返回凝结水箱。

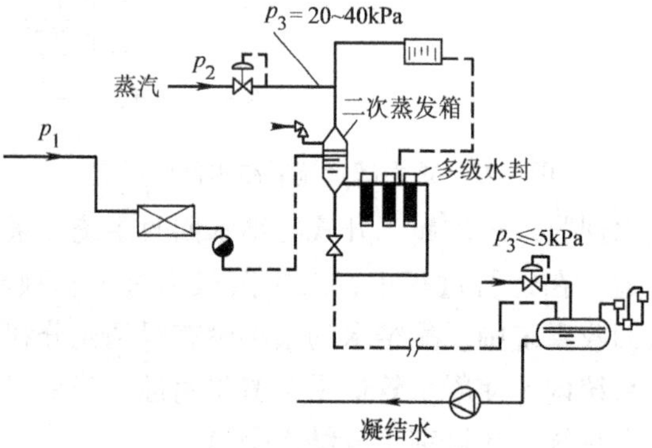

图7-24　闭式满管流凝结水回收系统

闭式满管流凝结水回收系统适用于能分散利用二次汽、地形起伏不大、地形坡向凝结水箱的场合。

6. 机械回水式凝结水回收系统

对于大型的蒸汽供热系统，若采用余压回水或重力回水方式，凝结水管道须选用较大的管径，在经济上不合理，这时可采用机械回水方式。凝结水送入凝结水箱，然后依靠水泵的动力将凝结水送回热源。图7-25所示为机械回水系统。这种系统可以是开式系统和闭式系统。

机械回水系统增加了设备的投资和运行费用，多用于大型蒸汽供热系统中。

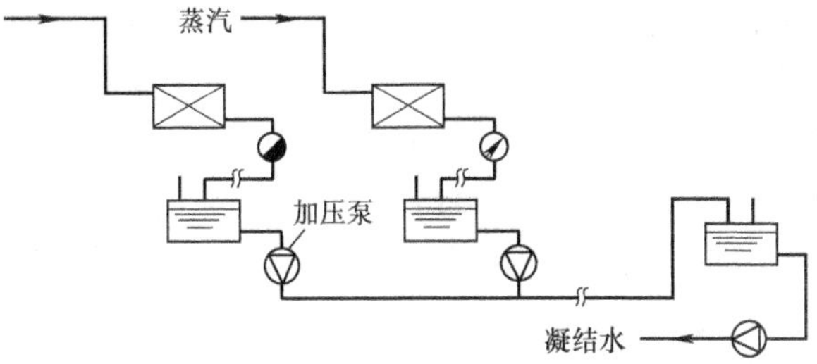

图7-25 机械回水系统

7.2.3 凝结水回收系统的改进方法

凝结水回收系统的回收设备主要包括疏水器、集水箱、凝结水泵等，这些设备会带来一些问题，如由于汽水共存造成的水击现象，疏水器选型不当造成的漏汽现象，普通水泵运行时产生的汽蚀，凝结水不能有效利用等。目前随着凝结水回收技术的不断提高和完善，凝结水回收设备的不断改进和新型高性能回收设备的不断研制，凝结水回收系统正在逐步完善。

为了充分利用凝结水中的二次汽，有效利用其能量，一些系统在管路里设置凝结水扩容箱，使凝结水闪蒸产生二次蒸汽，回收闪蒸蒸汽，从而达到能量的充分利用并解决管路里的水击问题。为解决高温饱和凝结水的泵内汽蚀问题，一些系统利用喷射增压原理研制高温饱和凝结水密闭回收装置，解决了离心泵在泵送高温饱和凝结水时产生的汽蚀问题，并解决了喷射泵喷射增压过程中本身的汽蚀问题，为闭式回收系统充分利用凝结水中的热能，最大量地回收凝结水，节约燃料和软化水，提高凝结水回收系统的经济性提供了可能。利用“热泵”抽吸闪蒸汽技术研制的JCRS型无疏水阀的热泵式凝结水回收装置，利用蒸汽喷射式热泵，将凝结水的闪蒸汽升压，回收利用，做到汽水同时回收，使可用蒸汽量大于锅炉的供汽量。并可使凝结水在闪蒸汽被吸走时温度降低，用防汽蚀泵打回再用，节能效果显著。带自增压环加压装置的蒸汽回收压缩机，可将蒸汽及高温凝结水以高温方式直接压进锅炉，这种回收设备的回收热效率较高。还有真空回收新方法利用水引射器造成比大气压力还低的负压点，使蒸汽凝结水的设备出口背压处于满足疏水器运行状态，为保证回收的连续性，在进入引射器前利用换热器。将两相流体蒸汽凝结水转变成一相。该方法具有回水流畅、回收半径大、回收管道铺设不受限制、节能降耗等优点。

7.2.4 蒸汽供热系统的热网形式

蒸汽供热系统多采用枝状管网布置方式。根据热用户的要求，蒸汽供热系统有单管制、双管制和多管制等几种。单根蒸汽管和凝结水管的双管制热网系统形式是最普遍采用的方式。若凝结水质量不符合要求，或凝结水回收率很低，敷设凝结水管道不经济时，可不布置凝结水回收管道，采用单管制。若工厂用户要求不间断供热，可采用复线蒸汽管供热的热网系统形式，但复线敷设（每根各负担50%的热负荷）增加了热网的初投资。若各热用户要求不同的蒸汽压力，或季节性热负荷的比例较大，可考虑双根或多根蒸汽管的热网系统形式。

1. 单管制蒸汽供热系统

单管制蒸汽供热系统如图7-26所示，这种形式的系统只有一根供蒸汽管而无凝结水回水管。热源产生的蒸汽由供汽管送入各个用户，放热后变成凝结水，凝结水不返回热源，用于热水供应及工艺用途或排入疏水系统。这种系统不回收凝结水，经济性差，一般用于用汽量不大的系统。

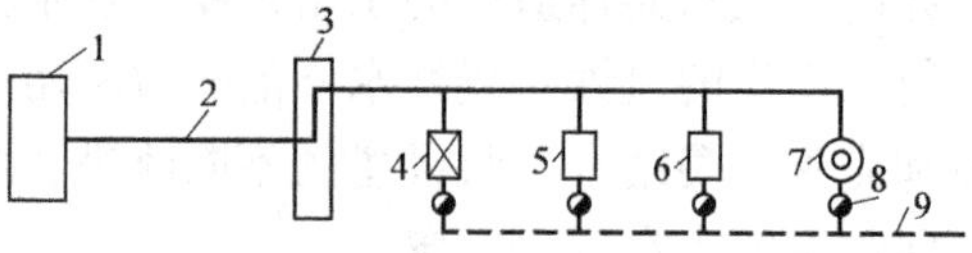

图7-26 单管制蒸汽供热系统

1—热源 2—蒸汽管路 3—用户引入口 4—通风用户 5—供暖用户 6—热水供应用户 7—工艺用户 8—疏水器 9—排水管

2. 双管制蒸汽供热系统

双管制蒸汽供热系统如图7-27所示，它由一根蒸汽管和一根凝结水管组成。热源产生的蒸汽在各个热用户放热后，凝结水收集到热力站的总凝水箱，然后由凝结水泵送到热源。这种系统目前是应用最广的系统。

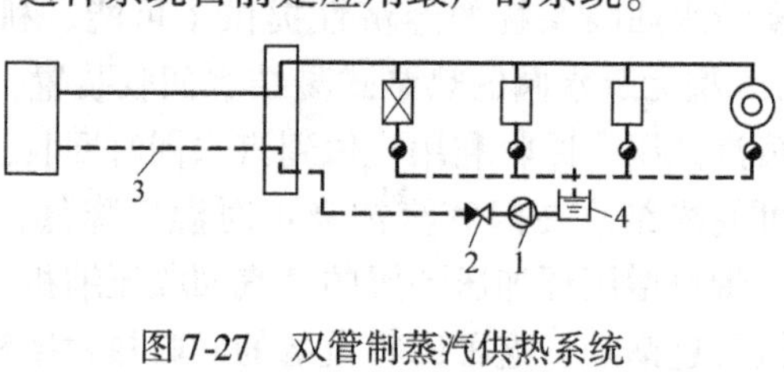

图7-27 双管制蒸汽供热系统

1—凝结水泵 2—止回阀 3—凝结水管 4—凝结水箱

3. 多管制蒸汽供热系统

多管制蒸汽供热系统由不同压力的多根蒸汽管和单根凝结水管组成。当用户要求的压力不同时，设三条以上蒸汽管，而凝结水统一回到热力站凝水箱，由凝水泵送回热源。图7-28所示为一三管制蒸汽供热系统，生产工艺用户和热水供应用户共用一根蒸汽管，供暖热用户和通风热用户共用一根蒸汽管。

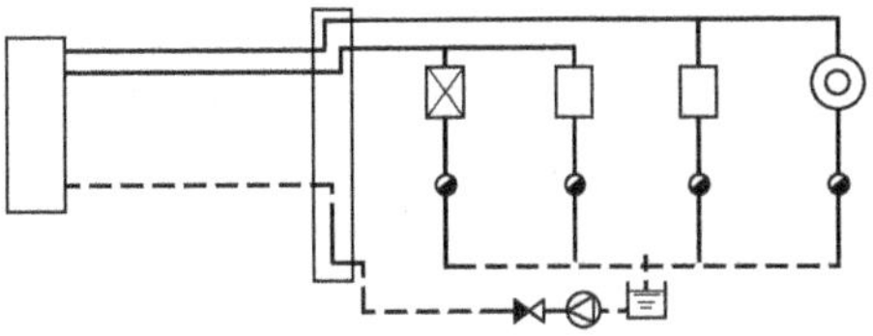

图 7-28 三管制蒸汽供热系统

7.3 集中供热系统热媒的选择

集中供热系统的热媒主要是蒸汽和热水两种。集中供热系统热媒的选择，主要取决于热用户的使用特征和要求，同时也与选择的热源形式有关。

7.3.1 热媒的使用特点

在集中供热系统中，以蒸汽作为热媒，具有以下优点：

1）适用面广，能满足多种热用户的要求，特别是生产工艺用热，大都要求蒸汽供热。

2）在用户系统的散热器或换热器中，蒸汽作为传热介质，温度高，传热系数大，减小了换热设备的换热面积，从而降低了设备的费用。

3）蒸汽供热系统由蒸汽输送管和凝结水输送管组成，由于蒸汽管道压力损失小，且凝结水回收时可利用坡度、重力或余压等能量，输送介质所耗电能较小。

4）蒸汽的密度较小，水静压力小，使得用户的连接方式简单，运行管理也较方便。

以热水作为热媒，具有以下优点：

1）热水供热系统热能利用率高，节约燃料。以热水作为供热介质，没有凝结水和蒸汽的漏损以及二次蒸汽造成的热损失。

2）热水供热系统供热半径大，可以远距离输送。

3）热水供热系统稳定性好。热水供热系统中水量大，水的比热容大，系统的蓄热能力较高，在热力工况和水力工况短时间失调时，也不会引起供暖状况的很大波动。

4）热水供热系统易于进行供热调节。热水供热系统在室外温度发生变化时，可通过改变供水温度或流量的方法进行调节，既减少了热网损失，又能较好地满足舒适卫生的要求。

7.3.2 热媒种类的选择

集中供热系统以热水或蒸汽作为热媒，按以下原则确定：

1）供应居住与公共建筑物的供暖、通风及生活热水热量的城市或区域供热系统，宜采用热水作为热媒。

2）同时供应生产、供暖、通风及生活热水用户的城市或区域供热系统，宜采用蒸汽作为热媒。

3）当供暖、通风和生活用热用户为主要热负荷，同时生产工艺用户必须采用蒸汽供热时，可采用蒸汽和水两个独立的供热系统。

4）对于以生产用热量为主的系统，供暖热负荷较小时，宜选用蒸汽作为热媒，室内供暖可考虑采用间接连接或喷射泵连接的热水供暖。

7.3.2 热媒参数的确定

集中供热系统热媒参数的选择，按以下原则确定：

1）以热电厂为热源，设计供水温度可取110～150℃，回水温度取70℃。采用直接连接时取较小值，间接连接时取较大值。

2）以区域锅炉房为热源，供热规模较小时，采用95/70℃的水温，供热规模较大时，应采用较高供水温度。

3）生活热水负荷的管道，对于闭式系统，供水温度不低于70℃，开式系统不低于60℃。

习 题

1. 对于蒸汽集中供热系统，在什么情况下可不设凝结水回收系统？
2. 热水供热系统的供暖热用户与热网的连接方式如何选择？
3. 城市热力网的供热介质
   A. 应采用蒸汽为热媒。
   B. 供暖通风空调宜采用水作为供热介质，而生产工艺宜采用蒸汽为热媒。
   C. 应采用低温热水为热媒。
   D. 应采用高温热水为热媒。
4. 集中供热系统若以热电厂或大型区域锅炉房为热源时，热水设计参数通常为
   A. 设计供水温度110～150℃，回水温度不应高于70℃。
   B. 设计供水温度小于等于95℃，回水温度高于70℃。
   C. 设计供水温度110～150℃，回水温度应高于70℃。
   D. 设计供水温度小于等于95℃，回水温度不应高于70℃。
5. 蒸汽热力网的蒸汽管道，宜采用单管制。当符合下列情况时，可采用双管制或多管制
   A. 各用户所需蒸汽参数相差很大。

B. 各用户所需蒸汽参数基本相同，但每天使用蒸汽的时间不同。

C. 季节性热负荷占总热负荷的比例很大。

D. 季节性热负荷占总热负荷的比例很小。

6. 蒸汽供热系统的凝结水应尽量回收和利用，在下列哪种情况下可不设凝结水回收系统：

A. 凝结水回收率低，且很分散。

B. 凝结水虽能回收，但被污染，返回热源处还要重新处理。

C. 能在用户处利用凝结水的热能和水资源。

D. 凝结水回收率高且无污染，根据凝结水管网投资等因素，进行技术经济比较后，认为合算的。

第 8 章

8

热水网路的水力计算和水压图

1. 热水网路水力计算的主要任务

1）根据热水网路各管段的计算流量和比摩阻范围来确定各管段的管径。

2）根据各管段的计算流量和各管段的管径，计算各管段的压力损失和热水网路的总压力损失。

3）对于已经建成的供热管网，在管道管径、管道允许压力降已知的条件下，计算管道的通过能力。

2. 热水网路水力计算的主要目的

1）根据热水网路水力计算结果，绘制热水供热管网的水压图。

2）根据供热管网的水压图选择用户系统与供热管网的连接方式及用户入口装置；选择热水供热系统的循环水泵、补水泵及中继加压泵的流量和扬程。

8.1 热水网路的水力计算

8.1.1 热水网路水力计算的基本公式

室内热水供暖系统管路水力计算的基本原理与公式完全适用于室外热水网路，为简化计算，室外供热管网水力计算多采用局部阻力当量长度法。

热水网路的水流量通常以吨/时（t/h）表示，每米管长的沿程损失（比摩阻）R，管径 d 和水流量 G_t 的关系式（4-14）可写为

$$R = 6.25 \times 10^{-2} \frac{\lambda G_t^2}{\rho d^5} \tag{8-1}$$

式中 R——每米管长的沿程损失（比摩阻）（Pa/m）；

G_t——管段的水流量（t/h）；

d——管道的内径（m）；

ρ——水的密度（kg/m³）；

λ——管道内壁的摩擦阻力系数。

室外热水供热管网一般处于阻力平方区，一般来说 $D \geqslant 40$mm，摩擦阻力系数 λ 通常采用希弗林松公式（4-10）计算。即

$$\lambda = 0.11\left(\frac{K}{d}\right)^{0.25}$$

式中　K——管壁的当量绝对粗糙度（m）；对室外热水网路，取 $K = 0.5 \times 10^{-3}$ m。

将上式的摩擦阻力系数 λ 代入式（8-1）中，计算可得 R、G_t、d 三者的关系式

$$R = 6.88 \times 10^{-3} K^{0.25} \frac{G_t^2}{\rho d^{5.25}} \tag{8-2}$$

$$d = 0.387 \times K^{0.0476} \frac{G_t^{0.381}}{(\rho R)^{0.19}} \tag{8-3}$$

$$G_t = 12.06 \frac{(\rho R)^{0.5} d^{2.625}}{K^{0.125}} \tag{8-4}$$

在设计工作中，为简化水力计算的过程，通常是利用水力计算图表来进行计算。水力计算表见附录 G 中表 G-1。在计算过程中，应注意实际设计条件与附录 G 中表 G-1 制表条件不相一致，应进行如下修正：

（1）供热管道绝对粗糙度的改变对比摩阻的修正　当热水供热管道实际的绝对粗糙度 K_{sh} 与制表条件 K_{bi}（$K_{bi} = 0.5$mm）不同时，应对单位长度的沿程阻力损失 R 值进行修正

$$R_{sh} = \left(\frac{K_{sh}}{K_{bi}}\right)^{0.25} R_{bi} = mR_{bi} \tag{8-5}$$

式中　R_{bi}、K_{bi}——按附录 G 中表 G-1 查出的比摩阻（Pa/m）和规定的当量绝对粗糙度（mm）（表中 $K_{bi} = 0.5$mm）；

K_{sh}——水力计算中实际的当量绝对粗糙度（mm）；

R_{sh}——相应 K_{sh} 条件下的实际比摩阻（Pa/m）；

m——K 值修正系数，其值见表 8-1。

（2）热水密度的改变对热水流速及比摩阻的修正　水力计算表附录 G 中表 G-1 是在一定密度下编制的。当管内热媒密度 ρ_{sh} 与制表条件 ρ_{bi}（$\rho = 958.38\text{kg/m}^3$）不相一致时，应对流速 v_{sh} 和单位长度沿程阻力损失 R_{sh} 进行修正

$$v_{sh} = \left(\frac{\rho_{bi}}{\rho_{sh}}\right) v_{bi} \tag{8-6}$$

$$R_{sh} = \left(\frac{\rho_{bi}}{\rho_{sh}}\right) R_{bi} \tag{8-7}$$

式中 ρ_{bi}、R_{bi}、v_{bi}——附录G中表G-1中采用的热媒密度（kg/m^3）和在表中查出的比摩阻（Pa/m）和流速（m/s）值；

ρ_{sh}——水力计算中热媒的实际密度（kg/m^3）；

R_{sh}、v_{sh}——相应于实际 ρ_{sh} 条件下的实际比摩阻（Pa/m）和流速（m/s）值。

又在水力计算中，如欲保持表中的质量流量和比摩阻不变，而热媒密度不是 ρ_{bi} 而是 ρ_{sh} 时，则对所查得的管径进行修正

$$d_{sh} = \left(\frac{\rho_{bi}}{\rho_{sh}}\right)^{0.19} d_{bi} \tag{8-8}$$

式中 d_{bi}——根据水力计算表的 ρ_{bi} 条件下查出的管径值（m）；

d_{sh}——实际密度 ρ_{sh} 条件下的管径值（m）。

在水力计算中，由于水在不同温度下，密度差别很小，热水网路可不进行密度修正。但对蒸汽网路不同密度的修正计算是必要的。

热水网路的计算经常采用当量长度法。

根据式（4-10）和式（4-20），当量长度 l_d 可用下式求出

$$l_d = \sum \xi \frac{d}{\lambda} = 9.1 \frac{d^{1.25}}{K^{0.25}} \sum \xi \tag{8-9}$$

式中 $\sum\xi$——管段的总局部阻力系数；

d——管道的内径（m）；

K——管道的当量绝对粗糙度（m）。

附录G中表G-2，给出热水网路一些管件和附件的局部阻力系数 ξ 和 $K=0.5$mm 时的局部阻力当量长度值。

（3）供热管道绝对粗糙度的改变对当量长度 l_d 的修正　当热水供热管道实际的绝对粗糙度 K_{sh} 与制表条件的绝对粗糙度 K_{bi} 不相一致时，应进行如下的修正

$$l_{sh,d} = \left(\frac{K_{bi}}{K_{sh}}\right)^{0.25} l_{bi,d} = \beta l_{bi,d} \tag{8-10}$$

式中 K_{bi}、$l_{bi,d}$——局部阻力当量长度表（附录G中表G-2）中采用的 K 值（$K=0.0005$m）和局部阻力当量长度（m）；

K_{sh}——水力计算中实际采用的当量绝对粗糙度（m）；

$l_{sh,d}$——相对 K_{sh} 条件下的局部阻力当量长度（m）；

β——K 值修正系数，其值见表8-1。

热水网路中管段总压降应等于

$$\Delta p = \Delta p_y + \Delta p_j = R(l + l_d) = R l_{zh} \tag{8-11}$$

式中 l_{zh}——管段的折算长度（m）。

表8-1　K值修正系数 m 和 β 的值

K/mm	0.1	0.2	0.5	1.0
m	0.669	0.795	1.0	1.189
β	1.495	1.26	1.0	0.84

在进行估算时，局部阻力的当量长度 l_d 可按管道实际长度 l 的百分数来计算。即

$$\Delta p_j = \alpha_j \Delta p_y \tag{8-12}$$

$$l_d = \alpha_j \tag{8-13}$$

式中　α_j——局部阻力当量长度百分数（%）（见附录G中表G-3）；

l——管道的实际长度（m）。

8.1.2　热水网路的水力计算

在进行热水网路水力计算之前，应绘制热水供热管网的平面布置图，布置阀门、补偿器等管道构件。并注明各用户的计算热负荷，各用户系统的阻力损失，热源及热力站的位置及热媒的计算温度。

热水网路的水力计算，首先是进行热水网路主干线的水力计算，在主干线水力计算的基础上，进行分支干线的计算。一般按下列步骤进行。

1. 确定热水网路中各管段热媒的计算流量

供热管道的设计流量，应根据热负荷来确定。各个管段的计算流量是该管段所负担的各个用户的设计流量之和，管段的计算流量用来确定各管段直径及其阻力损失。

用户的设计流量按下式计算

$$G = 3.6 \times \frac{Q}{c(t_1 - t_2)} \tag{8-14}$$

式中　G——热水网路设计流量（t/h）；

Q——各热用户系统的设计热负荷（kW）；

t_1——热水网路的设计供水温度（℃）；

t_2——各种热负荷相应的热水网路回水温度（℃）；

c——水的比热容，$c = 4.187\text{kJ/(kg}\cdot℃)$。

对具有多种热用户的供热管网，当采用集中质调节时，网路计算管段的设计流量应按下式计算

$$G_{zh} = G_n + G_t + G_r = \frac{3.6}{c} \times \left(\frac{Q_n}{t_1 - t_2} + \frac{Q_t}{t_1' - t_{2.t}} + \frac{Q_r}{t_1'' - t_{2r}}\right) \tag{8-15}$$

式中　G_{zh}——计算管段的设计流量（t/h）；

G_n、G_t、G_r——计算管段担负供暖、通风、热水供应热负荷的设计流量（t/h）；

Q_n、Q_t、Q_r——计算管段担负供暖、通风、热水供应的设计热负荷（kW）；

t_1'——在冬季通风室外计算温度 $t'_{w,t}$ 时的网路供水温度（℃）；

t_{2r}——在冬季通风室外计算温度 $t'_{w,t}$时，流出空气加热器的网路回水温度，采用与供暖热负荷质调解时相同的回水温度（℃）；

t_1''——供暖开始（$t_w=+5℃$）或开始间歇调解时的网路供水温度（一般取 70℃）（℃）；

$t_{2.t}$——供暖开始（$t_w=+5℃$）或开始间歇调解时，流出热水供应的水-水换热器的网路回水温度（℃）。

应该指出，热水网路的热水用户很多，各用户的用热时间不一。因此在确定热水网路的干线、支线的计算流量时，参照第 6 章的相关内容。

2. 确定热水网路的主干线及其平均比摩阻

热水网路水力计算是从主干线开始。网路中平均比摩阻最小的一条管线，称为主干线。在一般情况下，热水网路各用户要求预留的作用压差基本相等，所以通常从热源到最远用户的管线就是主干线。

主干线的平均比摩阻 R 值，对确定整个管网的管径起着决定性作用。热水网路主干线的比摩阻，通常是通过技术经济分析的方法来确定。由式（8-2）可以看出，当管段的通过能力一定时，管段的比摩阻与管道直径 d 的 5.25 次方成反比。即管径增大，将使该管段比摩阻减小，使热水网路的阻力损失减小，因而循环水泵的功率减小，经常运行费用也减少。但供热管道直径增大，将使供热管网的建设投资增加。

如选用的 R 值较大，热媒流速高，管径越小，从而降低了管网的基建投资和热损失，但网路循环水泵的基建投资和电耗随之增加。同时，比摩阻 R 值的大小，还影响供热管网水力工况的稳定性。比摩阻 R 值增大，供热管网的水力稳定性将下降。

因此需要找出一个经济的比摩阻值，使热水供热管网在规定的计算年限内总费用最少。经济比摩阻是综合考虑管网和热力站的投资与运行电耗及热损失费用等得出的最佳管径设计比摩阻值。当供热管网主干线供、回水干管总长度较长时，比摩阻选用较小值，反之选取较大值。在供热管网主干线末端易选用比摩阻的较小值。影响经济比摩阻值的因素很多，“经济比摩阻”的值是一个有待探讨的问题。

根据《热网规范》，在一般情况下热水网路主干线的比摩阻，建议采用30～70Pa/m进行计算。

3. 进行热水网路主干线的计算

1）根据热水网路主干线各管段的计算流量 G 和经济比摩阻 R 值，由附录 G 中表 G-1 热水网路水力计算表，确定各管段的管径 d 和相应的实际比摩阻 R 值。

2）根据选用的管径 d 和管段中局部阻力形式，由附录 G 中表 G-2 热水网路局部阻力当量长度表，确定各管段局部阻力的当量长度 l_d 的总和及折算长度 l_{zh}。

3）根据各管段的折算长度和各管段的实际比摩阻，计算各管段总压降及主干线的总压降。

4. 进行热水网路支干线的计算

根据主干线水力计算结果，确定热水网路支干线各管段的管径及其阻力损失。

与主干线并联环路的比摩阻应根据水力平衡的原则确定。热水网路支干线及支线的水力计算与其主干线水力计算的不同点，在于各管段比摩阻的确定方法不同。支干线及支线的比摩阻则是根据各分支管段起点和终点间的压力降，即资用压力来确定的。充分利用热水网路主干线所提供的作用压头，减小分支管段直径，这样经济合理，又有利于管网的水力平衡。往往尽量提高其比摩阻 R 值，但管道内热媒流速不得超过限定流速。根据《热网规范》，支干线比摩阻不易大于300Pa/m 。连接一个热力站的支线比摩阻可大于300Pa/m。该指标实际是对不同管径内热媒流速的限定。

距离热源或热力站较近的并联环路有时即使选用了较大的比摩阻仍不能消除主干线提供的作用压头，通常在用户引入口或热力站处安装调压板、调压阀门、平衡阀等消除剩余压头。

用于热水网路的调压板，一般用不锈钢或铝合金制成。不锈钢调压板的厚度一般为23mm。调压板通常安装在供水管上，也可装在回水管上。这取决于热水网路的水压图状况。调压板的安装示意，如图 8-1 所示。

流体流过调压板，其水流线收缩，然后压力有所回升。其压力恢复程度取决于调压板直径与管子内径的比例（d/D_n）。对选用 $d/D_n<0.2$ 的调压板，其孔径可近似用下式计算

$$d = 10\left(\frac{G_t^2}{H}\right)^{0.25} \tag{8-16}$$

式中　d——调压板的孔径（mm）；为防止堵塞，$d \geqslant 3$ mm；

G_t——管段的计算流量（t/h）；

H——调压板需消耗的剩余压头（mH_2O）。

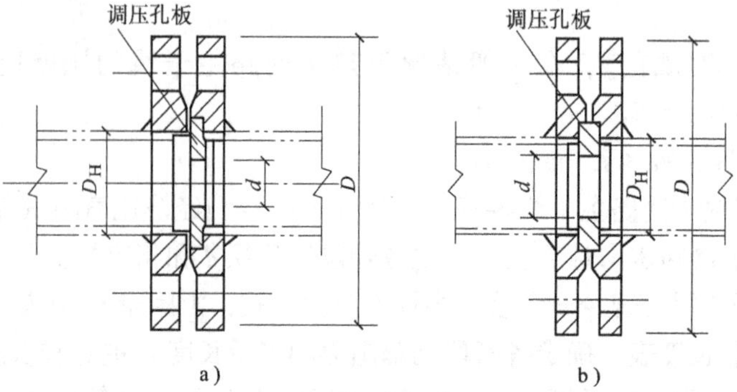

图 8-1　调压板的安装

a) 不锈钢调压板（板厚度 δ = 3mm）　b) 铝合金调压板（板厚度 δ = 6mm）

$d/D_n > 0.2$ 的调压板，可查阅有关节流装置的专门手册，利用计算公式或线算图，选择调压板的孔径。调压板的孔径较小时易于堵塞，而且调压板不能随意进行调节。手动调节阀通过调节阀杆的启升程度，调节要求消除的剩余压头值，并能对流量进行控制，运行效果较好。

【例 8-1】 如图 8-2 所示，为某厂区热水供热系统，其网路平面布置图（各管段的长度、阀门及方形补偿器的布置）。网路的计算供水温度 $t_g = 130℃$，计算回水温度 $t_h = 70℃$。供暖热用户 E、F、D 的供暖设计热负荷 Q_n 分别为：3.518GJ/h、2.513GJ/h、4.523GJ/h；用户内部的压力损失分别为 $\Delta p_E = 6 \times 10^4 Pa$、$\Delta p_F = 5 \times 10^4 Pa$、$\Delta p_D = 5 \times 10^4 Pa$。试进行热水网路的水力计算。

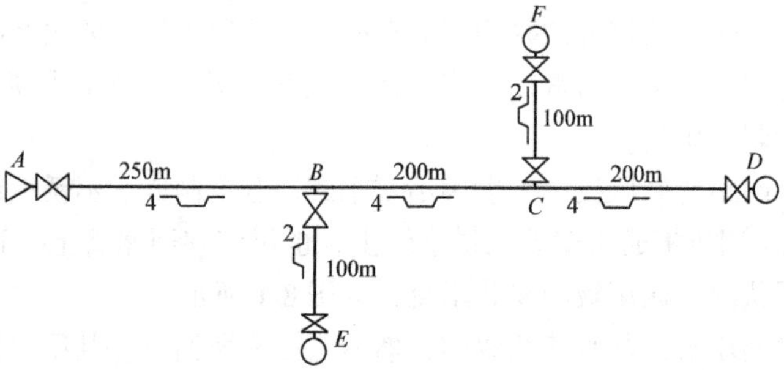

图 8-2　例 8-1

【解】

1. 确定各用户的设计流量

热用户 D，根据式（8-13）

$$G = 3.6 \times \frac{Q_D}{c(t_g - t_h)} = 238.8 \times \frac{4.523}{130 - 70} t/h = 18t/h$$

其他用户和管段的设计流量的计算方法同上。各管段的设计流量列入表 8-2

中，并将已知各管段的长度列入表8-2中。

表8-2 水力计算表

管段编号		计算流量 $G/$（t/h）	管段长度 l/m	局部阻力当量长度之和 l_d/m	折算长度 l_{zh}/m	公称直径 d/mm	流速 $v/(\mathrm{m/s})$	比摩阻 $R/(\mathrm{Pa/m})$	管段压力损失 $\Delta p/\mathrm{Pa}$
1		2	3	4	5	6	7	8	9
主干线	*AB*	42	250	63.84	313.84	150	0.69	40.8	12805
	BC	28	200	54.84	254.84	125	0.66	47.6	12132
	CD	18	200	44.48	244.84	100	0.66	64.1	15694
支线	*BE*	14	100	22.16	122.16	80	0.77	110.8	13535
	CF	10	100	18.6	118.6	70	0.78	142.2	16865

2. 热水网路主干线的计算

从热源到最远热用户 *D* 的管线是主干线。

首先取主干线的平均比摩阻在 $R=30\sim70\mathrm{Pa/m}$ 范围之内，确定主干线各管段的管径。

管段 *AB*：计算流量 $G=(14+10+18)\ \mathrm{t/h}=42\mathrm{t/h}$

根据管段 *AB* 的计算流量和 *R* 值的范围，由附录 G 中表 G-1，可确定管段 *AB* 的管径和相应的比摩阻 *R*、管径及流速：$R=40.8\mathrm{Pa/m}$，$d=150\mathrm{mm}$，$v=0.69\mathrm{m/s}$

管段 *AB* 的局部阻力当量长度 l_d，可由附录 G 中表 G-2 查出，如下

闸阀 $1\times2.24\mathrm{m}=2.24\mathrm{m}$；方形补偿器 $4\times15.4\mathrm{m}=61.6\mathrm{m}$

局部阻力当量长度之和 $l_d=(2.24+61.6)\ \mathrm{m}=63.84\mathrm{m}$

管段 *AB* 的折算长度 $l_{zh}=(250+63.84)\ \mathrm{m}=313.84\mathrm{m}$

管段 *AB* 的压力损失⊿ $\Delta p=R\times l_{zh}=40.8\times313.84\mathrm{Pa}=12805\mathrm{Pa}$

用同样的方法，可计算主干线其他管段 *BC* 和 *CD*，确定其管径和压力损失。计算结果列于表8-2。

管段 *BC* 和 *CD* 的局部阻力当量长度 l_d 值，如下

管段 *BC*	$DN=125\mathrm{mm}$	管段 *CD*	$DN=100\mathrm{mm}$
直流三通	$1\times4.4\mathrm{m}=4.4\mathrm{m}$	直流三通	$1\times3.3\mathrm{m}=3.3\mathrm{m}$
异径接头	$1\times0.44\mathrm{m}=0.44\mathrm{m}$	异径接头	$1\times0.33\mathrm{m}=0.33\mathrm{m}$
方型补偿器	$4\times12.5\mathrm{m}=50\mathrm{m}$	方型补偿器	$4\times9.8\mathrm{m}=39.2\mathrm{m}$
总当量长度	$l_d=54.84\mathrm{m}$	闸阀	$1\times1.65\mathrm{m}=1.65\mathrm{m}$
			$l_d=44.48\mathrm{m}$

由水力计算表8-2可得，主干线 *AD* 供回水干管总的压力损失等于

$$2\times(12805+12132+15694)\ \mathrm{Pa}=81262\mathrm{Pa}。$$

3. 支线的计算　　管段 BE

管段 BE 的资用压力为：

$\Delta p_{BE} = \Delta p_{BC} + \Delta p_{CD} + (\Delta p_D - \Delta p_E) = (12132 + 15694 - 10000)\text{Pa} = 17826\text{Pa}$

设局部损失与沿程损失的估计比值 $\alpha_j = 0.6$（见附录 G 中表 G-3），则比摩阻大致可控制为

$R = \Delta p_{BE}/l_{BE}(1 + \alpha_j) = [178262/100 \times (1 + 0.6)]\text{Pa/m} = 111\text{Pa/m}$

根据 R 和 $G_{BE} = 14\text{t/h}$，由附录 G 中表 G-1 得出

$$R_{BE} = 110.8\text{Pa/m}; d_{BE} = 80\text{mm}; v = 0.77\text{m/s}$$

管段 BE 的局部阻力当量长度 l_d，查附录 G 中表 G-2，得

分流三通 $1 \times 3.82\text{m} = 3.82\text{m}$；方形补偿器 $2 \times 7.9\text{m} = 15.8\text{m}$；闸阀 $2 \times 1.28\text{m} = 2.56\text{m}$

总当量长度 $l_d = (3.82 + 15.8 + 2.56)\ \text{m} = 22.16\text{m}$。

管段 BE 的折算长度 $l_{zh} = (100 + 22.16)\ \text{m} = 122.16\text{m}$。

管段 BE 的压力损失

$$\Delta p_{BE} = R \times l_{zh} = (110.8 \times 122.16)\text{Pa} = 13535\text{Pa}$$

管段 CF

管段 CF 的资用压差 $\Delta p_{CF} = \Delta p_{CD} = 15694\text{Pa}$

则比摩阻大致可控制为

$R = \Delta p_{CD}/l_{CF}(1 + \alpha_j) = [15694/100 \times (1 + 0.6)]\text{Pa/m} = 98.09\text{Pa/m}$

根据 R 和 $G_{CF} = 10\text{t/h}$，由附录 G 中表 G-1 得出

$$R_{CF} = 142.2\text{Pa/m}; d_{CF} = 70\text{mm}; v = 0.78\text{m/s}$$

同管段 BE，计算该管段的总当量长度、折算长度、压力损失。计算结果见表 8-2。

8.2 水压图的基本概念

由水力计算结果表明，水力计算只能确定热水管道中各管段的压力损失（压差）值，不能确定热水管道上各点的压力（压头）值。为此热水供热系统的设计，宜在水力计算基础上绘制水压图，通过水压图可以清晰的表示出热水管路中各点的压力值。

8.2.1 绘制水压图的理论基础

绘制水压图的理论基础是流体力学中的伯努利方程式。

如图 8-3 所示，设热水流经管段 1-2，根据伯努利方程式，可列出断面 1 和 2

之间的能量方程，用水头高度的形式表示

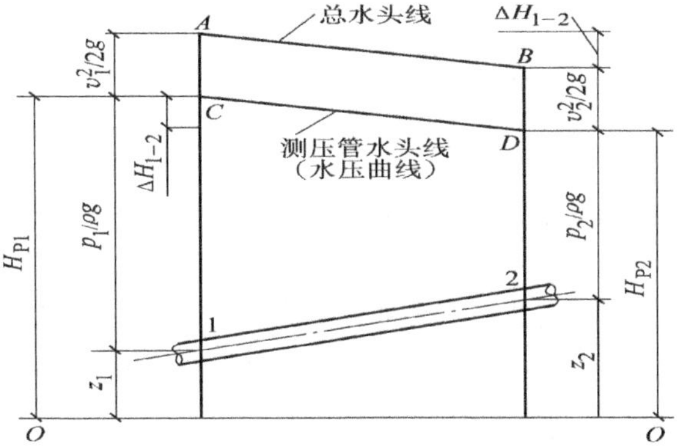

图 8-3　总水头与测压管水头线

$$\frac{p_1}{\rho g} + z_1 + \frac{v_1^2}{2g} = \frac{p_2}{\rho g} + z_2 + \frac{v_2^2}{2g} + \Delta H_{1-2} \tag{8-17}$$

式中　p_1、p_2——断面 1、2 的压力（Pa）；

z_1、z_2——断面 1，2 的管中心线距某一基准面 O-O 的位置高度（m）；

v_1、v_2——断面 1、2 的水流平均速度（m/s）；

ρ——水的密度（kg/m^3）；

g——自由落体的重力加速度，取 9.81m/s^2；

$\Delta H_{1\text{-}2}$——水流经管段 1-2 的水头损失（m）。

图 8-3 中，四条能量线分别是：总水头线 AB，测压管水头线 CD，水流轴线（管轴线）1-2 和基准面线 $O-O$。这几条线的垂直距离，反映了各断面的各种水头值。

$\frac{p}{\gamma} + z + \frac{v^2}{2g}$ 称为总水头。管路中各断面总水头的连线，称为总水头线，如图中线 AB。断面 1-2 的总水头差值，表示水流过管段 1-2 的压头损失 $\Delta H_{1\text{-}2}$。

管道中任意一点的测压管水头高度，就是该点距离基准面 $O-O$ 的位置高度与该点的测压管水柱高度之和，即 $\frac{p}{\rho g} + z$。表示测压管水面相对于基准面的高度，称为测压管水头。在热水管路中，将管路各断面的测压管高度顺次连接起来的曲线称为热水管路的水压曲线。

利用水压图分析热水供热系统管路水力工况时，必须明确下面几个重要的概念。

1）利用水压曲线，可以确定管道中任何一点的压力（压头）值。管道中任意点的压头值就是等于该点测压管水头高度与该点所处的位置标高之间的高差（m）。如 1 点的压头值等于（$H_{P1} - z_1$）。

2）利用水压曲线，可表示出各管段的压头损失值。由于热水网路管道中各处的流速差别不大，因而（$v_1^2/2g$）－（$v_2^2/2g$）的差值与管段1-2的ΔH_{1-2}相比，可忽略不计，也即式（8-17）可改写为

$$\left(\frac{p_1}{\rho g}+z_1\right)-\left(\frac{p_2}{\rho g}+z_2\right)=\Delta H_{1-2} \tag{8-18}$$

3）根据水压曲线的坡度，可以确定管段单位管长平均压降的大小，水压曲线越陡，管段的单位管长的平均压头降就越大。

4）由于热水管路系统是一个水力连通器，因此，只要已知或固定管路上任意一点的压力，则管路中其他各点的压力也就已知或固定了。

8.2.2 绘制水压图的基本方法

下面首先以一个简单的机械循环热水供暖系统为例，说明绘制水压图的基本方法，并分析该系统在工作和停止运行时的压力状况。

如图8-4所示，假设一个机械循环热水供暖系统，膨胀水箱1连接在回水管循环水泵2进口侧O点处。设基准面为$O-O$，并以纵坐标表示供暖系统的高度和测压管水头的高度，横坐标表示供暖系统水平干线管路的计算长度，根据上述方法，可在此坐标范围内绘制出供暖系统供、回水管的水压曲线和纵断面图。这个图组成了室内热水供暖系统的水压图。

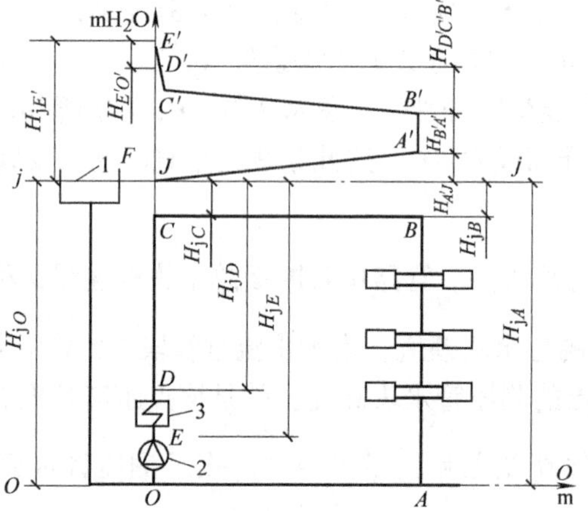

图8-4　室内热水供暖系统的水压图

1—膨胀水箱　2—循环水泵　3—锅炉

设膨胀水箱的水位高度为j-j。如系统中不考虑漏水或加热时水膨胀的影响，因而在循环水泵运行时，膨胀水箱的水位不再改变。O点处的压头（压力）就等于H_{jO}（m）。

当系统未运行或系统循环水泵停止工作时，由于系统中各点的能量值相等，

所以整个系统的水压曲线呈一条水平线。各点的测压管水头都相等，其值为H_{jO}，即水箱的水位高度。但是系统中各点的压力值不一定相等，系统中A、B、C、D、E和O点的压头分别为H_{jA}、H_{jB}、H_{jC}、H_{jD}、H_{jE}和H_{jO}（m）。当系统停止工作时的水压曲线，称为静水压曲线。

当系统运行时，A点的测压管水头必然高于O点的测压管水头，其差值应为管段OA的压头损失值，由此可以确定A'点。根据系统水力计算结果或运行时的实际压头损失，同理就可确定B、C、D和E各点的测压管水头高度，亦即B'、C'、D'和E'各点在纵坐标上的位置。

如顺次连接各点的测压管水头的顶端，就可组成热水供暖系统的水压图。其中，$H_{A'j}$线表示回水干管的水压曲线，线D'、C'、B'表示供水干管的水压曲线。系统运行时的水压曲线，称为动水压曲线。

$H_{B'A'}$——水流经立管BA的压头损失；

$H_{D'C'B'}$——水流经供水管的压头损失；

$H_{E'D'}$——从循环水泵出口侧到锅炉出口管段的压头损失；

$H_{jE'}$——循环水泵的扬程。

由动水压曲线，可清晰地看出系统运行时各点压头的大小。如A点的压头应等于该点测压管水头A'点到该点的位置高度差（用$H_{A'A}$表示）。同理，B、C、D、E和O点的压头分别为$H_{B'B}$、$H_{C'C}$、$H_{D'D}$、$H_{E'E}$和H_{jO}（m）。

8.2.3 膨胀水箱的作用

通过上述分析可见，当膨胀水箱的安装高度超过用户系统的充水高度，且膨胀水箱的膨胀管又连接在靠近循环水泵进口侧时，就可以保证系统无论在运行或停止时，各点压力都超过大气压力，这样，系统中不会出现负压，以致引起热水汽化或吸入空气等，从而保证系统可靠地运行。

由此可见，在机械循环热水供暖系统中，膨胀水箱不仅起着容纳系统水膨胀体积的作用，还起着对系统定压的作用。对热水供热（暖）系统起定压作用的设备，称为定压装置。

应当指出：热水供热（暖）系统水压曲线的位置，取决于定压装置对系统施加压力的大小和定压点的位置。采用膨胀水箱定压的系统各点压力，取决于膨胀水箱安装高度和膨胀管与系统的连接位置。

8.2.4 定压点设置在供水管上的压力状况

如将膨胀水箱连接在热水供暖系统的供水干管上如图8-5所示，则系统的水压曲线位置与图8-4不同。此时，整个系统各点的压力都降低了。同时如果供暖系统的水平供水干管过长，阻力损失较大，则有可能在干管上出现负压。如图8-5所示，*FB*段供水干管的压力低于大气压力，就会吸入空气或发生水的汽化，影响系统的正常运行。由于这个原因，从安全运行角度出发，在机械循环热水供暖系统中，应将膨胀水箱的膨胀管连接在循环水泵吸入口侧的回水干管上。

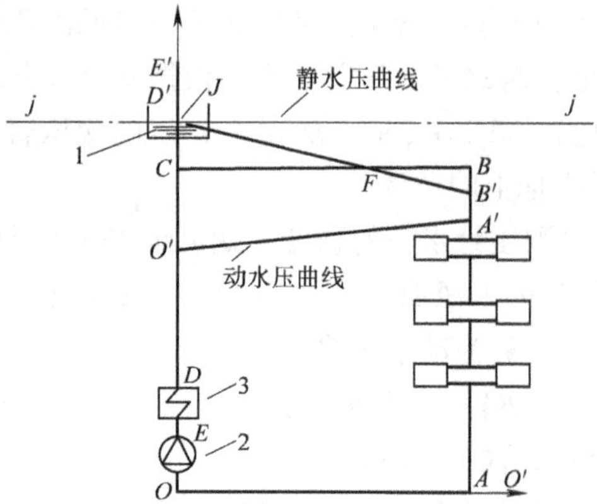

图8-5 膨胀水箱连接在热水供暖系统供水干管上的水压图

1—膨胀水箱 2—循环水泵 3—锅炉

8.3 热水网路的水压图

集中热水供热系统供热范围较大，热水网路上连接着许多热用户，它们所处地势高低不同，各热用户的建筑高度不一，而且对供水温度和压力要求可能各有不同。在进行供热管网的设计时，必须考虑整个网路的压力状况。通过绘制热水网路的水压图，用以全面地反映热网和各热用户的压力状况，确定热水供热系统的最佳运行工况，确定用户系统与供热管网的合理连接方式。

8.3.1 热水网路压力状况的基本技术要求

热水供热系统不论运行与否，管网系统内热媒压力都应满足“不超压”、“不汽化”、“不倒空”的基本技术要求，同时给用户提供足够的资用压力。

（1）不超压 在与热水网路直接连接的用户系统内，必须保证系统内任何一点不发生实际压力超过该用户系统用热设备及管道构件所能承受的允许压力。如供暖用户系统一般常用的国产柱形铸铁散热器，其承压能力为4×10^5Pa（$40mH_2O$）。因此，作用在该用户系统最底层散热器的表压力，无论在网路运行或停止运行时都不应超过4×10^5Pa。

（2）不汽化 在水温超过100℃的高温水供水管道和用户系统内，热媒压力都不低于该水温下的汽化压力。

从运行安全角度考虑，《热网规范》规定，除了满足上述要求外还应留有30～50kPa的富裕量，以防止高温水汽化。不同水温下的汽化压力见表8-3。

表8-3　不同水温下的汽化压力

水温/℃	100	110	120	130	140	150
汽化压力/mH_2O	0	4.6	10.3	17.6	26.9	38.6

注：$1mH_2O=10kPa$

(3) 不倒空　与热水网路直接连接的用户系统，无论系统运行与否，其用户系统回水管出口处的压力，必须高于用户系统的充水高度，以免系统倒空吸入空气，破坏正常运行和腐蚀管道。

(4) 保证热用户有足够的资用压力　在热水网路的热力站或用户引入口处，供、回水干管之间必须有足够的资用压差，满足热力站或用户系统克服内部阻力所需的作用压头，以保证用户系统流量。

(5) 热水网路回水管内任何一点的压力，都应比大气压力至少高出50kPa，以免吸入空气。

8.3.2　绘制热水网路水压图的步骤和方法

根据上述对水压图的基本要求，下面以一个连接着四个供暖用户的高温水供热系统为例，阐述绘制热水网路水压图的步骤和方法。如图8-6所示，下部是网路的平面图，上部是网路的水压图。

1. 确定热水网路水压图的基准面及坐标轴

通常以热水供热系统循环水泵吸入口侧的回水管中心线的高度（或其他合适的高度）为基准面。做出$O-x$轴，$O-y$轴，如图8-6所示。沿供热管网主干线，按一定的比例在横坐标上标出供热管道的长度。

纵坐标表示供热管道地形纵断面、用户系统建筑标高和热网各点热媒测压管水头高度。按照网路上的各点和各用户从热源出口开始沿管线的计算距离，在O-x轴上的相应位置按一定比例标出地面标高和房屋标高。

2. 确定静水压曲线的位置

静水压曲线是网路循环水泵停止工作时，网路上各点的测压管水头的连接线。此时网路各点的测压管水头相等，因此它是一条水平直线。静水压曲线的高度必须满足下列技术要求。

1）与热水网路直接连接的供暖用户系统内，底层散热器所承受的静水压力不应超过散热器的允许压力。

2）热水网路及与它直接连接的用户系统内，不会出现汽化和倒空。

所谓“不汽化”是指：静水压力线的高度必须大于该温度下对应的热媒汽化压力，并留有2～5mH_2O的富裕量。

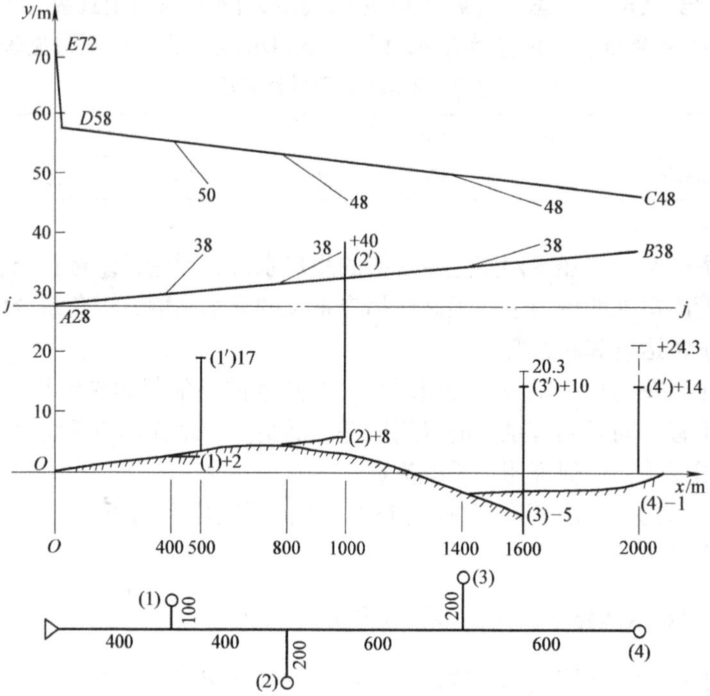

图 8-6 热水网路的水压图

所谓“不倒空”是指：静水压线的高度不应低于与外网直接连接的用户系统的充水高度，并应有 2~5mH_2O 的富裕量。

以图 8-6 为例，假设网路供、回水温度为 120℃/70℃。用户 1、2 采用低温水供暖，用户 3、4 直接采用高温水供暖。用户 1、3、4 楼高为 15m，用户 2 为一高层建筑，楼高 32m。

方案一：四个用户全部采用直接连接，并保证所有用户都满足“不倒空”的条件，静水压曲线的高度应不低于 44m（用户 2 房屋标高 40m，再加 4m 的安全裕量）。静水压线 44m 的高度，超过了用户 1、3、4 底层一般铸铁散热器的承压能力（40mH_2O）。这样会使多数用户采用间接连接的方式，增加了基建投资费用。

方案二：当用户 2 采用间接连接时，系统的高温水可能达到的最高点是在用户 4 顶部，4′标高为 14m。保证高温水不汽化，加上 120℃ 水的汽化压力 10.3mH_2O（103kPa），再加上 3~5 mH_2O（30~50kPa）的安全裕量，可确定出静水压线的高度在 28m 处，如图 8-6 所示中的 *j-j* 线。

这样，当网路循环水泵停止运行时，所有用户都不会倒空，不会出现汽化，而且底层散热器也不会超过 4bar（400kPa）的允许压力。除用户 2 外，其他用户系统都可采用比较简单而低造价的直接连接方案。

静水压线的位置靠系统所采用的定压系统来保证。往往以静态压力线的位置高度作为热水供热系统定压点的压力值，并且热水供热系统的定压点通常设在回水管循环水泵的吸入端。

在静水压线的基础上，先从循环水泵吸入端开始，绘制热水供热管网回水干管的动态压力线，再绘制供水干管的动态压力线。

3. 确定回水管动水压曲线的位置

在网路循环水泵运行时，网路回水干管各点的测压管水头的连接线，称为回水干管动水压曲线。

在热水网路设计中，根据回水管的平均比压降（每米管长的压力损失），亦即确定回水管水压曲线的坡度，初步绘制回水管动水压线。如果已知热水网路水力计算结果，则可按各管段的实际压力损失，确定回水管动水压线。

回水干管动水压曲线的位置应满足下列要求：

1）回水管动水压曲线应保证所有直接连接的用户系统不倒空。供热管网回水管内热媒的压力，在用户入口处，必须大于用户系统的充水高度；网路上任何一点的压力不应低于 $5mH_2O$（50kPa）的要求。这是控制回水管动水压曲线最低位置的要求。

2）回水管内热媒压力不应超过直接连接的用户系统散热设备的允许压力。这是控制回水管动水压曲线最高位置的要求。

如对采用一般铸铁散热器的供暖用户系统，当与热水网路直接连接时，回水管的压力不应超过 4bar（$1bar=10^5Pa$）。为分析方便，可以认为用户系统底层散热器所承受的压力就是热网回水管在用户入口处压力。

在图 8-6 中，定压点设在网路循环水泵的吸入端（图 8-6 中的 A 点）。采用高位水箱定压时，为保持静水压线 j-j 的高度，高位水箱的水位高度，应比循环水泵中心线高出 28m。实际往往难以实现。如采用补给水泵定压，只要补给水泵加在定压点的压力维持在 $28mH_2O$（280kPa）的压力，就能保证系统循环水泵停止运行时对压力的要求了。

如定压点 A 点设在网路循环水泵的吸入端，在网路循环水泵运行时，回水主干线末端 B 点的动水压曲线的高度应高于 A 点，其高度差应等于回水主干线的总压降。

根据热水供热管网的水力计算结果，按照各管段的长度及其压力降，从循环水泵的吸入端开始，逐段依次绘制，一直画到最末端用户系统引入口处。压力线的坡向指向热水的流动方向，各管段的坡度应表示其比压降的大小。

通过水力计算，本例回水干管的总压降为 $10mH_2O$（100kPa），则 B 点的水压曲压线上的标高应为（28+10）m=38m。这样就可确定回水主干线的动水压曲线的末端位置。

4. 确定供水干管动水压曲线的位置

在网路循环水泵运行时，网路供水干管内各点的测压管水头的连接线，称为供水管动水压曲线。同理，供水干管动水压曲线沿着水流方向逐渐下降，它在每米管长上降低的高度反映了供水干管的比压降。

供水干管动水压曲线的位置，应满足下列要求：

1）网路供水干管与网路直接连接的用户系统的供水管中，任何一点的压力都不应低于热媒的汽化压力，并应有 3～5mH_2O 的富裕量，即不出现汽化现象。

2）在网路上任何一用户入口处或热力站的供、回水管之间的资用压差，应满足用户入口或热力站所要求的循环压力，即给用户提供足够的资用压头。

上述这两个要求实质上就是限制供水干管动水压线的最低位置。

在本例中，由于假设定压点位置设在网路循环水泵的吸入端，回水管动水压线全部高出静水压线 j-j，所以供水管内热水不会出现汽化现象。

网路供、回水管之间的资用压差，在网路末端最小，因此，只要选定网路末端用户入口或热力站处所要求的作用压头，就可确定网路供水主干线末端的动水压线的水位高度。根据供水干管的平均比压降或根据热网供水干管的水力计算结果，可绘出供水主干管的动水压曲线。

本例中，假设末端用户 4 资用压差为 10mH_2O（100kPa），供水干管动水压曲线在末端 C 点的标高为（38 + 10）m = 48m，供水干管总压力损失与回水干管相等，即 10mH_2O（100kPa），在热源出口处 D 点，供水管动水压曲线的标高为（48 + 10）m = 58m。

水压图中 E 点和 D 点的高差为热源内部的压力损失，本例中假设为 14mH_2O（140kPa），则 E 点标高为（58 + 14）m = 72m，这样就可确定供水主干线的动水压曲线。由网路主干线的动水压曲线 $ABCDE$ 及静水压曲线 j-j 线可得，网路循环水泵扬程为（72 − 28）m = 44m。

热水网路主干线的动水压曲线绘制完成后，根据分支管线在各分支交点处的供、回水的测压管水头高度和分支管线的水力计算结果，按照分支管线各管段的长度及其压力降来绘制各分支管线的动水压曲线。

这样由热水网路的平面布置图，供热管网地形纵断面和用户系统建筑的标高图，动水压曲线 $ABCDE$ 及静水压曲线 j-j 线，组成了热水网路主干线的水压图。

8.3.3 确定用户系统的压力状况及与热网的连接方式

当热水网路水压图的水压曲线位置确定后，就可以确定用户系统与网路的连接方式及其压力状况（图 8-6）。

（1）用户系统 1　它是一个低温水供暖的热用户（外网 120℃水与回水混合

后进入用户系统)。从水压图可见，在网路循环水泵停止运行时，静水压线对于用户1满足不汽化和不倒空的技术要求。

1) 不会出现汽化。在用户系统1，120℃高温水可能达到的最高点，在标高+2m处。该点压力 [为 (28 - 2) $mH_2O = 26mH_2O$，即260kPa]，超过该点水温下的汽化压力。

2) 不会出现倒空。用户系统的充水高度仅在标高17m处，低于静水压线。

用户系统1位于网路系统的前端。热水网路提供给前端热用户的资用压头ΔH，往往超过用户系统的设计压力损失ΔH_j。如在本例中，设用户1的资用压头$\Delta H_1 = 12mH_2O$，而用户系统1的压力损失为$2mH_2O$ (20kPa)。在此情况下，可以考虑采用水-水喷射器的连接方式。如图8-7a所示，为连接方式示意图和其相应的水压图。图中ΔH_p是表示水喷射器为抽引回水本身消耗的能量($10mH_2O$，即100kPa)。在运行时，作用在用户系统供水管的压力，仅比回水管的压力高出ΔH_j (mH_2O)。

由图8-7中回水管动水压曲线的位置可知，用户系统1底层散热器的压力大约是 (38 - 2) $mH_2O = 36mH_2O$，即360kPa，因此不致使用户系统1底层散热器压坏，该用户系统满足与外网直接连接的全部要求。

假设用户系统1的压力损失较大，假设$\Delta H_j = 5mH_2O$，网路供、回水的资用压差，不足以克服水喷射器的内部阻力水头，保证水混合后提供足够的作用压头，此时就要采用混合水泵的连接方式。采用混合水泵连接方式示意图及其相应水压图（图8-7b)。

混合水泵的扬程ΔH_B应不小于混水点以后用户系统（或二级网路系统）的总阻力 ($\Delta H_B = \Delta H_j$)。

采用混水泵时，不应少于两台，其中一台备用。

(2) 用户系统2　它是一个高层建筑的低温水供暖的热用户，前边分析过，为使作用在其他用户的散热器压力不超过允许压力，对用户2采用间接连接。如图8-7c所示为连接方式示意图及其相应的水压图。

在本例中，用户系统2与热网连接处供回水的压差为$10mH_2O$ (100kPa)。如水-水换热器的设计压力损失$\Delta H_g = 4mH_2O$，此时只需将进入用户2的供水管用阀门节流（节流压力损失$6mH_2O$)，使阀门后的水压线标高由48m下降到42m [(48 - 6) m = 42m]，即可满足设计工况的要求。如图8-7c所示，为供暖用户系统的示意图及相应的水压图。其中，循环水泵的扬程ΔH_B，用来克服水-水换热器的阻力ΔH_E及供暖系统的阻力ΔH_j，即

$$\Delta H_B = \Delta H_E + \Delta H_j$$

在本例设计水压图条件下，如在设计或运行上采取一些措施，用户2也可考虑与网路直接连接。

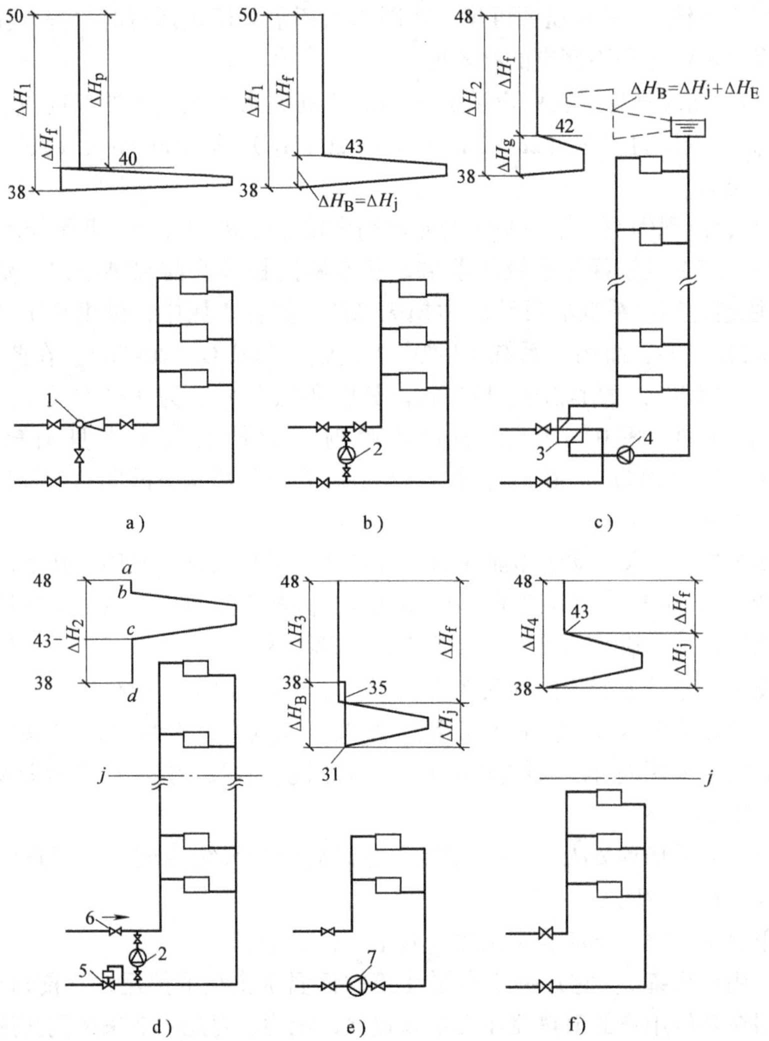

图 8-7　热水网路与供暖用户系统的连接方式和相应的水压图

1—水喷射器　2—混合水泵　3—水-水换热器　4—用户循环水泵

5—“阀前”压力调节阀　6—止回阀　7—回水加压泵

ΔH_1、ΔH_2...——用户 1、2 等的费用压头　ΔH_f——阀门节流损失

ΔH_j——用户压力损失　ΔH_g——水-水换热器的压力损失　ΔH_p——水喷射器本身消耗的损失

图中数字表示该处的测压管水头标高

在设计用户入口时，在用户 2 的回水管上安装一个“阀前”压力调节阀，见图 8-8。在供水管上安装止回阀。“阀前”压力调节阀的工作原理是，当回水管的压力作用在阀瓣上的力超过弹簧的平衡拉力时，阀孔才能开启。弹簧的选用拉力要大于局部系统静压力 3 ~ 5mH_2O（30 ~ 50kPa）。因此，为保证用户 2 系统不

会出现倒空，当网路循环水泵停止运行时，弹簧的平衡压力超过用户系统的水静压力，就将阀瓣拉下，阀孔关闭。它与安装在供水管上的止回阀一起将用户系统2与网路截断。

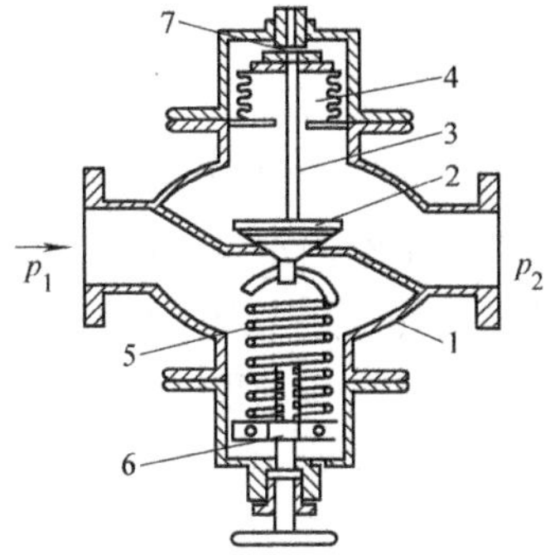

图8-8 “阀前”压力调节阀结构示意图

1—阀体 2—阀瓣 3—阀杆 4—薄膜 5—弹簧 6—调紧器 7—调节杆

如图8-7d所示为安装了“阀前”压力调节阀的水压图。其中H_{ab}表示供水管阀门节流，ΔH_{bc}表示用户系统的压力损失，C点的水压线位置应比用户系统的充水高度超出3～5mH_2O。ΔH_{cd}表示阀前压力调节阀的压力损失。由水压图水压曲线的位置可见，它满足了用户系统与网路直接连接的所有技术要求。

如在本例中用户2的引入口处没有安装阀前压力调节阀，而又欲采用直接连接方式时，在网路正常运行时，必须将用户引入口处回水管上的阀门节流，使其节流压降等于ΔH_{cd}，亦即使流出用户系统处的回水压力高过它的水静压力。这样用户2在运行时能充满水且正常运行。当网路循环水泵一旦停止运转时，必须立即关闭用户2的回水管上的电磁阀（供水管上仍安装止回阀），使用户系统2完全与网路截断，避免使低处用户承受过高的压力。这种方法当然不如采用间接连接方式或安装阀前压力调节阀安全可靠。

(3) 用户系统3　在循环水泵停止工作时，底层散热器承受的压力为[28－(－5)] mH_2O＝33mH_2O（330kPa），不会使底层散热器压坏。在运行工况时，用户系统3入口处的回水管压力为[38－(－5)] mH_2O＝43mH_2O（430kPa），超过了一般铸铁散热器所允许承受的压力。

为此，用户系统3入口的供水管要节流。如在本例中，进入用户系统3供水管的测压管水头要下降到标高35mH_2O以下，使底层散热器不超压。这么一来，用户系统的作用压头不但不足，反而成为负值了。因此要在用户入口的回水管上安装加压水泵，抽引用户系统的回水，压入外网去。如假设系统3的设计压力损失为4mH_2O，则该用户回水加压泵的扬程应等于[38－(35－4)] m＝7m。用户系统3与热网的连接方式及其相应的水压图，如图8-7e所示。

用户系统回水泵加压的连接方式，主要用在热水网路所提供的资用压头小于用户或热力站所要求的压力损失的场合。这种情况常出现在热水网路末端的一些用户或热力站上。因为当热水网路上连接的用户热负荷超过设计热负荷，或网路没有很好地进行初调节时，末端一些用户或热力站很容易出现作用压头不足的情况。此外，当利用热水网路再向一些用户供暖时（例如工厂的回水再向生活区供暖，这种方式也称为“回水供暖”），也多需用回水泵加压的方式。

必须指出，利用用户或热力站的回水泵加压的方式，往往由于选择水泵的流量或扬程过大，影响邻近热用户的供热工况，形成网路的水力失调。因而需要慎重考虑和正确选择回水加压泵的流量和扬程，详见本章第5节内容。

（4）用户系统4　它是一个高温水供暖的用户。网路提供用户的资用压头（ΔH_4 = 10mH$_2$O）如大于用户所要求的压力损失（在本例中，假设 ΔH_j = 5mH$_2$O），则只要在用户4入口的供水管上节流（48mH$_2$O − 5mH$_2$O），使进入用户的供水管测压管水头标高降到38mH$_2$O + 5mH$_2$O = 43mH$_2$Om处，就可满足对水压图的一切要求，达到正常运行。

8.3.4　热水网路循环水泵的选择

（1）网路循环水泵流量的确定　对具有多种热用户的闭式热水供热系统，原则上应首先绘制供热综合调节曲线，将各种热负荷的网路总水量曲线相叠加，得出相应某一室外温度下的网路最大设计流量（详见第11章），以此为依据选择。对目前常见的只有单一供暖热负荷，或采用集中质调节的具有多种热用户的并联闭式热水供暖系统，网路总的最大设计流量，亦即网路循环水泵的流量，可按式（8-13）和式（8-14）确定。

（2）网路循环水泵扬程的确定　网路循环水泵的扬程应不小于设计流量条件下热源、热网和最不利用户环路的压力损失之和

$$H = 1.1 \sim 1.2(H_r + \Delta H + H_y) \tag{8-19}$$

式中　H——循环水泵的扬程相应的压力（mH$_2$O）；

H_r——热水网路循环水通过热源内部的压力损失（mH$_2$O）。它包括热源加热设备（热水锅炉或换热器）和管路系统等的压力损失，一般可取 H_r =（10～15）mH$_2$O；

ΔH——热水网路供、回水管的压力损失（mH$_2$O），根据热水网路水力计算结果确定；

H_y——主干线末端用户系统的压力损失（mH$_2$O）。

用户系统的压力损失与用户的供暖系统形式、与用户的连接方式及用户入口设备有关。

应当指出，循环水泵是在闭合环路上工作的，它所需要的扬程，仅取决于闭合环路中的总压力损失，而与建筑物高度和地形无关。

选择循环水泵时，应注意：

1）循环水泵的流量—扬程特性曲线（*G-H* 线），在水泵工作点附近应比较平缓，以便当网路水力工况发生变化时，循环水泵的扬程变化较小。一般单级水泵特性曲线比较平缓，宜选用单级水泵作为网路循环水泵用。

2）循环水泵的承压、耐温能力应与热网的设计参数相适应。循环水泵多安装在热网的回水管上。循环水泵允许的工作温度，一般不应低于80℃。如安装在热网供水管上，则必须采用耐高温的 *R* 型热水循环水泵。

3）循环水泵的工作点应在水泵高效工作范围。

4）循环水泵的台数的选择，与热水供热系统所采用的供热调节方式有关。循环水泵的台数不得少于两台，其中一台备用；设置三台或三台以下循环水泵并联运行时，应设备用泵；当四台或四台以上水泵并联运行时，可不设备用水泵。

多热源联网运行或采用中央质—量调节的单热源供热系统，热源的循环水泵应采用调速泵。

对具有热水供应热负荷的热水供热系统，在非供暖期间流量大大小于供暖期间流量，可考虑增设专为供应热水热负荷用的循环水泵。

5）当多台水泵并联运行时，应绘制水泵和热网水力特性曲线，确定其工作点，进行水泵选择。

8.4 热水网路的定压方式

为实现热水管网设计水压图的运行工况，必须通过设置定压装置，采用一定的定压方式，来维持热水供热系统中定压点压力恒定。

供热系统在运行或停止状态下，压力始终保持不变的点称为恒压点。供热系统在无泄漏补水，并忽略热水体积膨胀时，恒压点的压力值是唯一的，且等于静水压线值。恒压点的位置一般在系统循环水泵入口处，也可在系统的任何一点，视供热系统的情况而定。

维持恒压点压力恒定不变是热水供热系统正常运行的基本条件。热水供热系统由于不严密，产生漏水损失，将引起系统内压力的波动。为维持热水供热系统内热媒压力一定或在一定范围内波动，必须不断地向系统内补水。所以热水供热系统的定压系统往往和补水系统同时考虑。

热水网路常用的定压方式有膨胀水箱定压，补给水泵定压，惰性气体（氮气）定压，蒸汽定压等。

8.4.1 膨胀水箱定压方式

利用膨胀水箱安装在用户系统的最高处来对系统定压的方式，称为高位水箱定压方式。高位水箱定压方式的设备简单，工作安全可靠。

膨胀水箱定压，是利用安装在高处的开口水箱所造成的静压头来维持恒压点的压力值。水箱内水位的高度根据热水网路的静水压曲线来确定。由供暖系统的水压图可知，膨胀水箱的膨胀管与供热系统的连接位置，即恒压点的位置对热水网路安全可靠运行至关重要，通常选在锅炉房内回水管循环水泵吸入口端。

高位水箱定压设备简单，运行可靠，压力稳定。同时可作热水供热系统的补充水和溢水之用。一般应用于供热范围不大的低温热水供热系统。对于高温热水供热系统。为了防止系统最高点产生汽化，水箱必须装得很高。高位水箱一般安装在高层建筑物或锅炉房的顶部，往往受到安装条件的限制而采用其他的定压方式。

8.4.2 补给水泵定压方式

补给水泵定压方式主要有四种形式：补给水泵连续补水定压方式，补给水泵间歇补水定压方式，定压点设在旁通管上的补水定压方式，变频调速补水定压方式。

1. 补给水泵连续补水定压方式

如图 8-9 所示，定压点设在网路循环水泵的吸入端。利用压力调节阀保持定压点的压力恒定。补给水泵定压装置是由补给水箱、补给水泵和压力调节阀组成。

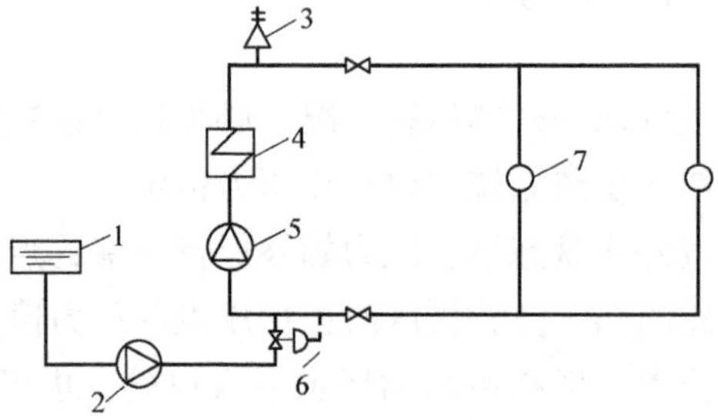

图 8-9 补给水泵连续补水定压方式示意图

1—补给水箱 2—补给水泵 3—安全阀 4—加热装置（锅炉或换热器）
5—网路循环水泵 6—压力调节器 7—热用户

补给水泵定压方式，是通过压力调节阀来保持循环水泵吸入端的压力恒定。通常采用直接作用式压力调节阀（薄膜式压力调节阀），当循环水泵运行时，由阀后压力直接控制压力调节阀的启闭，保持循环水泵入口处的压力恒定。当定压点处压力过高时，通过压力调节阀的薄膜作用，使阀门的开启度减小，从而减少进入热水供热系统中的水量，使该点压力降到规定值。反之调节阀门开启度增大，补水量增加，使该点压力回升到所要求的压力值，从而使循环水泵吸入端的压力保持恒定。

补给水泵定压方式是目前国内集中供热系统常用的一种定压方式，特别是对于系统规模较大、供水温度较高的供热系统，多采用连续补水定压方式。

2. 补给水泵间歇补水定压方式

如图8-10所示，补给水泵2的起动和停止运行是由电接点式压力表6表盘上的触点开关控制的。压力表6的指针到达相当于 H_A 的压力时，补给水泵停止运行；当网路循环水泵的吸入端的压力下降到 H_A' 的压力时，补给水泵就重新启动补水。这样，网路循环水泵的吸入端处压力保持在 H_A 和 H_A' 之间的范围内。

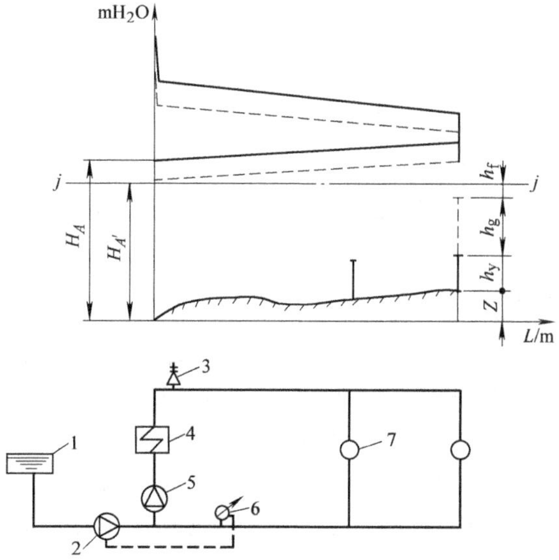

图8-10 补给水泵间歇补水定压方式示意图

1—补给水箱 2—补给水泵 3—安全阀 4—加热装置（锅炉或换热器）
5—网路循环水泵 6—电接点压力表 7—热用户
Z—地势高差 h_y—用户系统充水高度 h_g—汽化压力值 h_f—富裕值（3~5mH_2O）

间歇补水定压方式要比连续补水定压方式少耗一些电能，设备简单。但其动水压曲线上下波动，不如连续补水方式稳定。通常取 H_A 和 H_A' 之间的波动范围为5mH_2O 左右，不宜过小，否则触点开关动作过于频繁而易于损坏。

间歇补水定压方式宜使用在供热系统规模不大、供热温度不高、系统漏水量较小的系统中。

对大型的热水供热系统，为了适当的降低网路的运行压力和便于调节网路的压力工况，可采用定压点设在旁通管上的连续补水定压方式。

3. 补给水泵补水定压点设在旁通管处的定压方式

如图8-11所示，在热源的供、回水干管之间连接一根旁通管，利用补给水泵使旁通管J点保持符合静水压线要求的压力。利用旁通管定压点连续补水定压方式，靠调节旁通管上的两个阀门m和n的开启度，可控制网路的动水压曲线升高或降低。

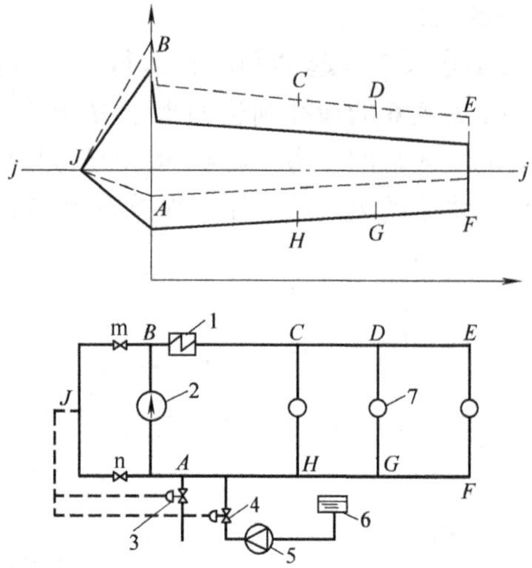

图8-11 旁通管定压点补水定压方式示意图

1—加热装置（锅炉或换热器） 2—网路循环水泵 3—泄水调节阀

4—压力调节阀 5—补给水泵 6—补给水箱 7—热用户

注：虚线为关小阀门m的水压图

如将旁通管上阀门m关小，旁通管段BJ的压降增大，J点压力降低，通过脉冲管传递到压力调节阀4的膜室上，调节阀的阀孔开大，作用在A点上的压力升高，从而使整个网路的动水压曲线升高到如图8-11虚线的位置。如将阀门m完全关闭，则J点压力与A点压力相等，网路整个动水压曲线位置都高于静压力线。反之，如将旁通管上的阀门n关小，J点压力升高，调节阀的阀孔自动关小，作用在A点上的压力降低，网路的动水压曲线则可降低。如由于某种原因（如水温不断升高等原因），即使压力调节阀完全关闭，压力仍不断升高，则泄水调节阀3开启，泄放网路水，一直到定压点的压力恢复到正常为止。

当网路循环水泵停止运行时，整个网路压力先达到运行时的平均值然后下降，通过补给水泵的补水作用，使整个系统压力维持在定压点J的静压力。

利用旁通管定压点连续补水定压方式，对调节系统的运行压力，具有较大的灵活性。但旁通管不断通过网路水（网路循环水泵的计算流量，要包括这一部分流量），循环水泵流量的增加将多消耗电能。

4. 补水泵变频调速定压方式

鉴于膨胀水箱定压使用范围的局限，连续运行补水泵定压的耗电，间歇运行补水泵定压的压力波动，其他定压方式的复杂、昂贵，目前，国内外更多使用补水泵变频调速定压。

补水泵变频调速定压的基本原理是根据供热系统的压力变化，改变电源频率，平滑无级地调整补水泵转速，而随之调节补水量，实现恒压点压力的恒定。

由水泵特性曲线可知，水泵流量与转速成正比，水泵转速与频率也成正比关系，调节频率即调节转速，则可直接调节补水泵的补水量。

如图8-12所示，给出了补水泵调速定压的调节框图。一般采用旁通定压为宜，此时压力给定值固定不变。由压力传感器测出循环水泵旁通管上被调压力值，将其压力信号反馈，与压力给定值比较，若不等，由调节器计算出变频器的输入电流，变频器根据输入电流值，自动将频率调至其相应值。变频器将频率输出信号传给补水泵，进而改变补水泵转速，调节补水量，使恒压点压力维持在给定值。

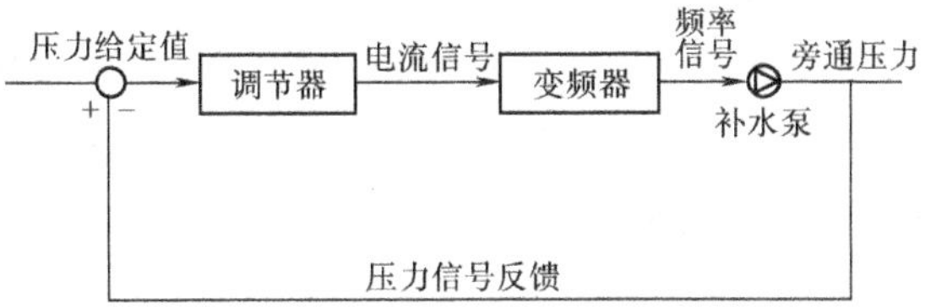

图8-12 变频调速定压调节框图

补水泵变频调速定压方式节能效果明显，与补水泵连续定压相比较，节省了补水泵系统调节的节流损耗。如图8-13所示，补水泵在连续运行时，工作点在B_1点，采用变频调速定压，在满足相同补水量G_B的前提下，由于补水泵转速从n_1下降为n_2，则工作点改变为B_2，补水泵节约的能耗可由面积AB_1B_2C表示。

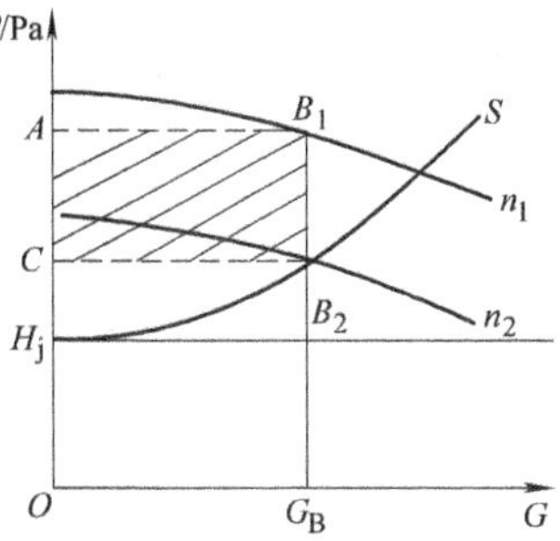

图8-13 变频调速示意图

综上所述，利用补给水泵定压方式，设备简单，容易实现，是目前国内集中供热系统中最普遍的一种定压方式。但补给水泵定压方式的可靠性完全依赖于电源，对于大型的热水网路应设双路电源。除此之外在工程实践中，由于突然停电，锅炉内的高温水会发生汽化而发生事故，因此在设计时必须要考虑到供热系统的突然停电，应采取一些辅助措施，保证系统安全可靠的运行。

5. 突然停电时热水供热系统安全运行措施

如图8-14所示，为突然停电时，补水泵定压方式的热水供热系统安全运行原理图。

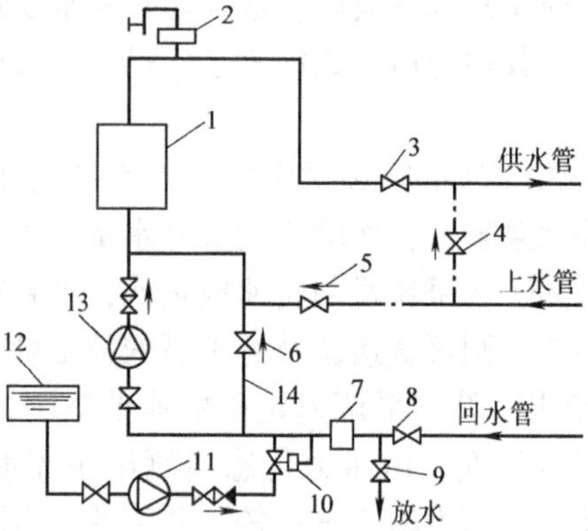

图 8-14　热水锅炉房内采用补给水泵连续补水定压图式

1—热水锅炉　2—集气罐　3—供水管总阀门　4、5、6—止回阀　7—除污器
8—回水管总阀门　9—放水阀　10—补水压力调节器　11—补给水泵
12—补给水箱　13—网路循环水泵　14—旁通泄压管

如图 8-14 所示，采用补水泵连续补水定压的热水锅炉供热系统示意图。当突然停电时，会使补给水泵定压装置失去作用。当补给水泵、循环水泵不能工作时，可立即关闭供、回水管总阀门 3 和 8，并同时缓慢开启锅炉顶部集气罐 2 上的放气阀门排汽。由于上水压力的作用，止回阀 5 开启，上水流经热水锅炉，并由集气罐排出，从而避免了炉膛的余热引起的炉水汽化。同时，如上水压力大于系统内静水压曲线所要求的压力，还可通过带有止回阀的管道 4，维持网路和用户系统都不会发生汽化。

当循环水泵停止运行时，由于压力管道中流体流动突然受阻，流体的动能转变为压力能，使循环水泵吸入口的回水压力急剧增高，会产生水击现象。强烈的水击波通过回水管迅速传给热用户，甚至会使承压能力较低的散热器破裂。系统中循环水的水容量和流速越大，以及循环水泵停止转动的时间越短，则水击力越大。在循环水泵的压水管路和吸水管路之间连接一根带有止回阀 6 的旁通管 14 作为泄压管，防止因突然停电而造成的水击破坏事故的发生。当循环水泵正常工作时，压水管路中的压力高于吸水管路中的压力，止回阀 6 关闭。因为当突然停电、停泵时，在循环水泵的吸水管路中的水压增高，而压水管路中水压降低，使吸水管路中的压力高于压水管路中的压力，止回阀 6 开启，网路循环水从旁通管 14 中通过，从而减小了水击力。

6. 热水网路补水装置的选择

在闭式热水供热系统中，采用补给水泵定压时，补给水泵的流量，主要取决于整个系统的渗漏水量。系统的渗漏水量与供热系统的规模、施工安装质量和运行管理水平有关，难以有准确的定量数据。目前《热网规范》规定：闭式热水管网补水装置的补水量，不应小于供热系统循环流量的2%；事故补水量不应小于供热系统循环流量的4%；对开式热水供热系统，开式热水网路补水装置的补水量，不应小于生活热水最大设计流量和供热系统泄漏量之和。

补水装置的补水压力不应小于补水点管道压力再加30～50Pa。当补水装置同时用于维持管网静态压力时，其压力应满足静态压力的要求。

补给水泵扬程由下式计算

$$H = H_b + H_{xs} + H_{ys} - h \tag{8-20}$$

式中 H——热水网路补给水泵的扬程（m）；

H_b——热水网路补水点的压头值（m）；

H_{xs}——补给水泵吸水管路的压头损失（m）；

H_{ys}——补给水泵压出管路的压头损失（m）；

h——补给水箱最低水位高出补水点的高度（m）。

闭式热水供热系统的补给水泵台数，不应少于两台，可不设备用泵，正常时一台工作，事故时两台工作；开式热水供热系统的补给水泵不宜少于三台，其中一台备用。

8.4.3 气体（氮气）定压方式

气体定压分为氮气定压和空气定压两种形式，定压原理相同，其特点是利用低位定压罐保持供热系统恒压。气体定压是定压罐中充满气体，而空气定压则是定压罐中罐充空气，为防止空气在水中溶解，通常在空气定压罐中设置皮囊，用来隔离空气与水，防止腐蚀。

如图8-15所示，为采用氮气定压的热水供热系统示意图。网路回水经除污器9除去水中杂质后，通过循环水泵10加压进入热水锅炉6，被加热后进入供热管网。系统的压力状况靠连接在循环水泵吸入端的氮气罐5内的氮气压力来控制。氮气从氮气瓶1流出，经减压后进入氮气罐，并充满氮气罐最低水位Ⅰ-Ⅰ以上空间，保持一定的压力 p_1。当热水网路中水容积因膨胀或系统漏水而发生变化时，氮气罐内气体容积及压力也相应发生变化。

当供热系统内的水受热膨胀时，氮气罐内水位上升，罐内气体空间减小而压力增高，当水位升高到达最高正常水位Ⅱ-Ⅱ时，罐内的压力到达最大压力 p_2。p_1 和 p_2 的大小由网路水压图来决定，同时也用来确定氮气罐的容积。

在氮气罐上装有水位控制器4自动控制补水泵的启闭。当系统漏水或水冷缩时，氮气罐内水位下降，罐内水位降低到最低水位Ⅰ-Ⅰ后仍继续下降时，则补给水泵11自动开启向系统内补水，以维持系统要求的压力工况。当罐内水位升

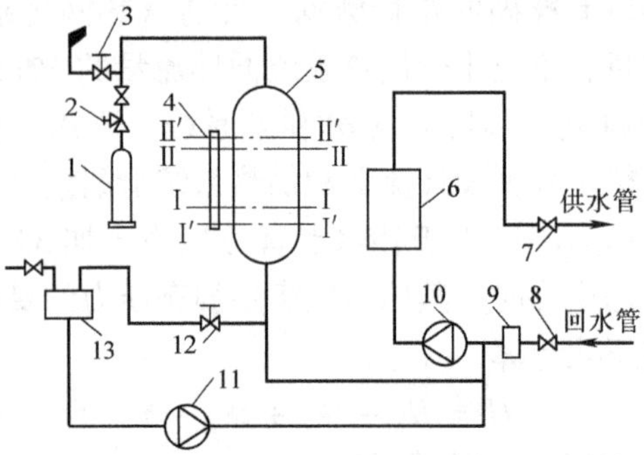

图 8-15　氮气定压方式的原则性系统图

1—氮气瓶　2—减压阀　3—排气阀　4—水位控制器　5—氮气罐
6—热水锅炉　7、8—供、回水管总阀门　9—除污器
10—网路循环水泵　11—补给水泵　12—排水阀的电磁阀　13—补给水箱

高到达最高正常水位Ⅱ-Ⅱ时补给水泵停止运行，如系统水仍继续受热膨胀引起罐内水位继续上升，则通过水位信号器 4 自动控制使排水阀 12 开启，让水位下降以降低罐内压力。当排水阀开启后仍不足使罐内水位下降，以致罐内压力继续上升时，排气阀 3 自动排气泄压。

因氮气罐内氮气的漏失和溶解，当水位降低到Ⅰ-Ⅰ附近时，罐内压力将低于规定的压力值 p_1，氮气瓶打开自动补气，保持 p_1 压力。氮气定压方式的热水供暖系统的水压图见图 8-16，其中虚线表示热水供暖系统最低动水压线（相应氮气罐最低水位时的工况），实线表示热水供暖系统最高动水压线（相应氮气罐最高水位时的工况）。j-j 线表示最低的静水压线。氮气罐的压力在 p_1-p_2 之间波动，也称为变压式的氮气定压方式。

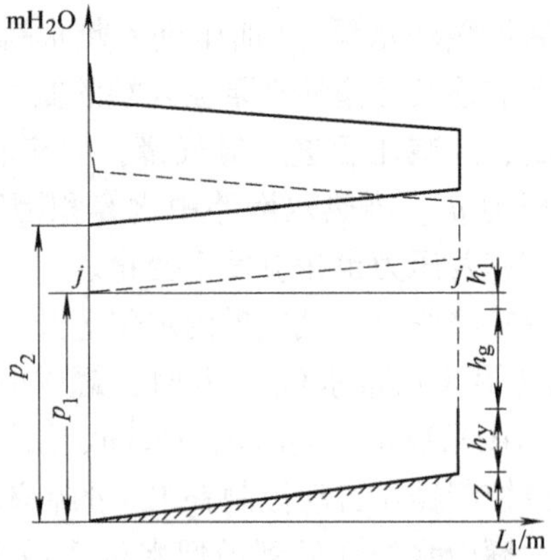

图 8-16　氮气定压的热水供热系统水压图

氮气罐的罐体总容积是由系统水的净膨胀量 V_1、罐内最小的气体空间 V_2 以及低水位所需的最小水容积 V_3 组成，如图 8-17 所示。

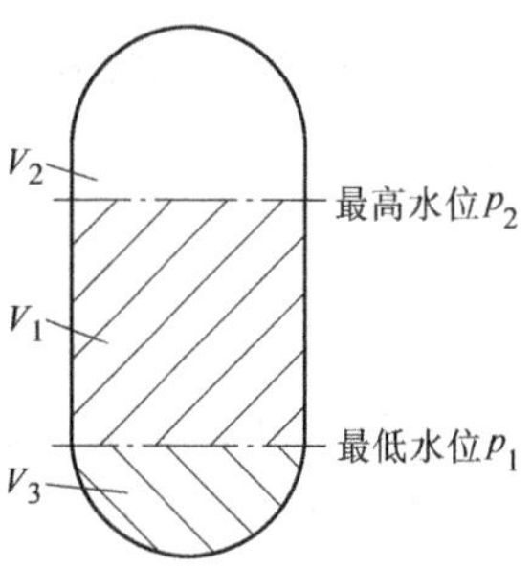

图 8-17 变压式氮气罐总容积示意图

随着氮气罐内水位的变化，氮气压力也相应的发生变化。如按等温过程考虑，根据热力学原理，气体的容积与相应压力之间的关系应符合下式

$$pV = C \tag{8-21}$$

式中 V——氮气罐内气体空间的容积（m^2）；

p——相应容积下的绝对压力（Pa）；

C——常数。

设在最高水位时罐内的氮气压力为 p_2，此时的气体容积为 V_2。则最低水位时罐内的氮气压力为 p_1，其相应的气体容积为（V_1+V_2），则根据等温条件可得

$$p_1(V_1+V_2) = p_2 V_2$$

则 $$V_2 = p_1 V_1/(p_2-p_1) = V_1/[(p_2/p_1)-1] \tag{8-22}$$

氮气罐内的最低压力和最高压力差 p_2-p_1 值，可通过对热水供热系统水压图的分析和网路水压曲线所允许的上下波动范围来确定。由式中可见，p_2/p_1 值越大，则其所需的容积越小。

系统的净膨胀量 V_1 与系统运行工况密切相关，它与供热系统运行方式（间歇或连续供热）、热水的设计温差、热水的温升速度和系统漏水率有关。由于系统不可避免地会不断漏水，因而实际的净增水量大为减少。在连续供热情况下，V_1 采用系统总水容量的 2% ~3% 的就足够了。当系统漏水率较高，氮气罐不再起容纳膨胀水量的功能，而起着一个突然停电事故补给水箱的作用，或起着补充系统漏水和系统水冷缩量的作用了。

最低水位时水容积 V_3，主要是为沉积泥渣、连接管道及防止氮气进入管道系统而设置的。一般 V_3 可按下式求得

$$V_3 = (0.1 \sim 0.3)(V_1+V_2) \tag{8-23}$$

总容积 $V=V_1+V_2+V_3$ 就可确定变压式氮气罐的总容积。

氮气定压热水供热系统运行安全可靠，由于氮气罐内的压力随系统的水温升高而增加，同时，罐内气体起着缓冲压力传播的作用，因而能较好地防止系统出现汽化及水击现象，但需要消耗氮气，设备复杂，氮气罐体积也大，目前这种定压方式多用于供水温度较高的热水供热系统中。

目前，也有采用空气定压的方式，与氮气定压方式的不同在于，空气与水必须采用弹性密封材料（如橡胶等）相隔离，以免增加水中的溶氧量。

8.4.4 蒸汽定压方式

蒸汽定压方式常用的有三种形式：蒸汽锅筒定压方式，外置膨胀罐的蒸汽定压方式，采用淋水式加热器的蒸汽定压方式。

1. 蒸汽锅筒定压方式

如图 8-18 所示，为蒸汽锅筒定压的高温水供热系统原理图。热水锅炉通常是满水运行。采用蒸汽锅筒定压时，锅炉是非满水运行，可利用蒸汽锅炉改装而成，或采用蒸汽-热水两用锅炉。

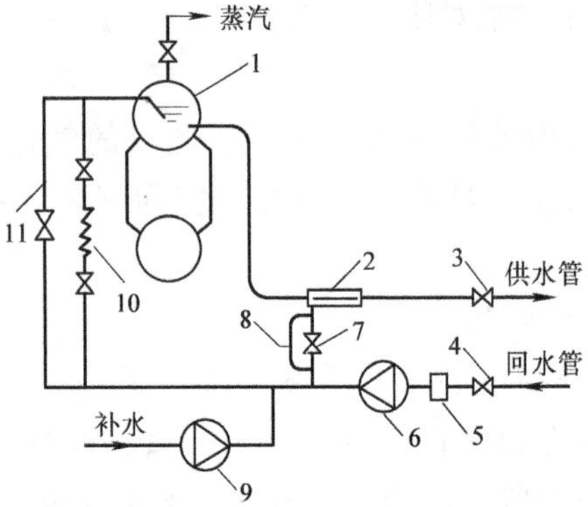

图 8-18 蒸汽锅筒定压方式系统图

1—蒸汽、热水两用锅炉 2—混水器 3、4—供回水总阀门 5—除污器 6—网路循环水泵 7—混水阀 8—混水旁通管 9—补给电泵 10—锅炉省煤器 11—省煤器旁通管

网路回水经除污器 5，利用网路循环水泵 6 加压后，经锅炉尾部省煤器 10 和省煤器的旁通管 11，送入锅炉的上锅筒。在锅炉内水被加热到饱和温度后，从上锅筒水面下引出，为防止饱和水因压降而汽化，锅炉供水应立即向下引入混水器 2，在混水器中，饱和水与部分网路回水混合，使其水温下降到网路要求的温度。为防止偶然性完全关闭混水阀 7，引起饱和水汽化，宜在混水阀旁加装一根不带阀门的小管径混水旁通管 8。混水器的构造如图 8-19 所示。系统的漏水由锅炉给水泵补水，以控制上锅筒的正常水位。

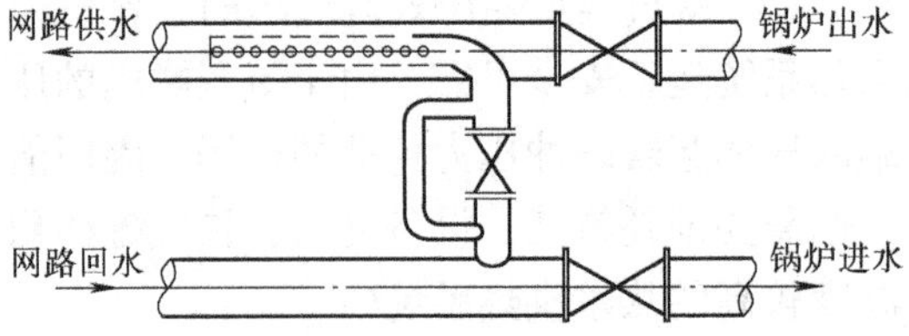

图 8-19 混水器

该热水供热系统的定压是靠锅炉上锅筒蒸汽空间的压力 p_g 来保证的。

如图 8-20 所示，为蒸汽锅筒定压的高温水供热系统的水压图。从水压图可见，为了防止最远或最高用户顶部的高温水汽化，热源处锅筒空间的蒸汽压力 p_g 必须大于下列三项之和，即：①从锅筒到最远或最高用户顶部的供水管路压降 H_g；②计算供水温度下的饱和压力 H_y；③该热用户与锅筒水位的标高差 Z。

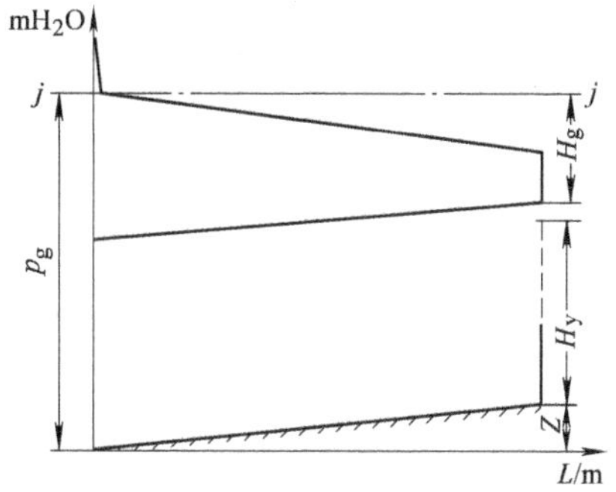

图 8-20　蒸汽锅筒定压的热水供热系统的水压图

蒸汽锅筒定压的高温水供热系统，具有以下优点：

1）系统压力采用高温水锅炉加热过程伴生的蒸汽来定压，简单而较经济，不像氮气定压系统那样，需要氮气和复杂的设备。

2）由于采用自然循环式高温水热水锅炉作为热源，因此，它的运行方式与蒸汽锅炉完全相同。锅炉内部即使出现汽化，也不致出现炉内局部汽水冲击。

3）蒸汽锅筒定压的热水锅炉，可以一炉两用。在供热水的同时，可供蒸汽，在必要时还可按照蒸汽锅炉方式运行，完全供应蒸汽。因而这种系统适合同时需用蒸汽和热水的一般中小型工厂、医院和饭店等单位。

蒸汽锅筒定压的高温水供热系统，具有以下缺点：

1）用来定压的蒸汽压力高低，取决于锅炉的燃烧状况。如锅炉燃烧状态不稳定或燃烧状态不好，就会影响到系统的压力状况。

2）如运行管理不善，操作不当，锅炉出现低水位时，蒸汽易窜入网路，引起严重的汽水冲击。

多台锅炉并联运行时，若各锅炉的燃烧不均匀，可能会引起各台锅炉内的水位变动较大。因此，在采用两台自然循环热水锅炉时，应把它们的上锅筒蒸汽空间之间及水空间之间用蒸汽平衡管和热水平衡管相互连通，以避免大的水位波动。

2. 外置蒸汽罐定压方式

若两台或两台以上的锅炉采用蒸汽定压方式时，可考虑采用外置膨胀罐的蒸汽定压方式。

如图8-21a所示，为外置膨胀罐的蒸汽定压方式，从热水锅炉1加热后的高温水，分别通过锅炉引出管的阀门适当减压后送入置于高处的膨胀罐3内。膨胀罐中的高温水因减压产生的少量蒸汽积聚在罐的上部，用以维持罐中蒸汽空间的压力，达到对系统定压的目的。网路的循环水从膨胀罐的水空间抽出，通过混水器12适当降温后，经供水管输送到各热用户去。

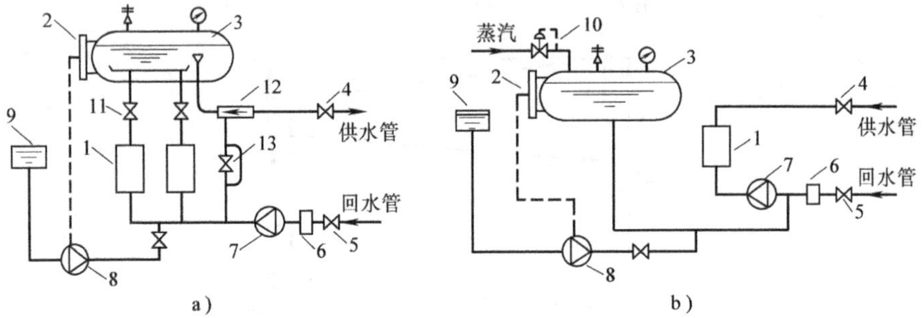

图8-21 采用蒸汽罐定压的系统示意图

a）采用蒸汽膨胀罐的图示 b）采用蒸汽加压罐的图示

1—热水锅炉 2—水位调节器 3—膨胀罐 4、5—供、回水总阀门 6—除污器 7—网路循环水泵 8—补给水泵 9—补给水箱 10—蒸汽减压阀 11—锅炉出水管总阀门 12—混水器 13—混水阀

膨胀罐内的蒸汽压力是不随着它的蒸汽空间大小而改变的，它仅取决于罐内高温水层的水温，因此膨胀罐的水容量越大，则罐的蓄热能力越好，对蒸汽压力的稳定越为有利，反之，则蒸汽压力容易波动。

外置膨胀罐的总容积V同样应是蒸汽空间所需的容积V_1、水净膨胀量所需的容积V_2和沉渣及储备所需的容积V_3（即最低水位下的容积）之和。

水净膨胀量所需的容积V_2是由最低运行温度到最高运行温度中整个系统水容积的变化所决定的。沉渣及储备所需的容积V_3在工程实践中可取$0.4V_2$，但最低水位到罐底的距离不小于0.7m。蒸汽空间所需的容积为$0.2(V_2+V_3)$较合适，但最高水位（最小的蒸汽空间）距罐顶不应小于0.3~0.4m。

在蒸汽、热水锅炉房中，如热水供热系统考虑采用蒸汽定压时，也可以采用如图8-21b所示的蒸汽加压罐定压的方式。来自蒸汽锅炉的蒸汽通过减压阀10向蒸汽加压罐3内的水层上部不断供汽，以维持罐中压力，达到定压的目的。根据系统水压曲线的要求，蒸汽加压罐可连接在循环水泵的入口或出口处。蒸汽罐内的水位可通过水位调节器2自动控制补给水泵8的启闭来保持。

由于膨胀罐内的蒸汽压力主要取决于罐内高温水层的水温，因此膨胀罐内的水容积越大，则罐的蓄热能力越好，罐内蒸汽压力越稳定。反之，蒸汽压力容易波动。外置蒸汽罐定压方式，通常宜用于大型而又连续的供热系统上。

8.5 中继加压泵站

8.5.1 供回水干管设置中继加压泵站

对于地形复杂且供热距离很长的供热区域，或因原有热水网路扩建改造等原因，如只在热源处设置网路循环水泵和补给水泵，往往难以满足网路和大多数用户压力工况的要求时。在此情况下，就需要在网路供水或回水管上设置中继加压泵站，甚至需要设置两个或两个以上的补水定压点，才能使其压力工况满足要求。

如图8-22a所示，是一个供热距离很长的热水网路。由于供热距离过远，网路后部的回水干管的动水压曲线过高（图中虚线所示），会使后部的用户承受超过散热器所能承受的压力。如降低供回水干管的动水压曲线，在网路回水干管上设置回水加压泵站，就可使后部用户承受的压力降低到允许范围内（图中实线所示）。

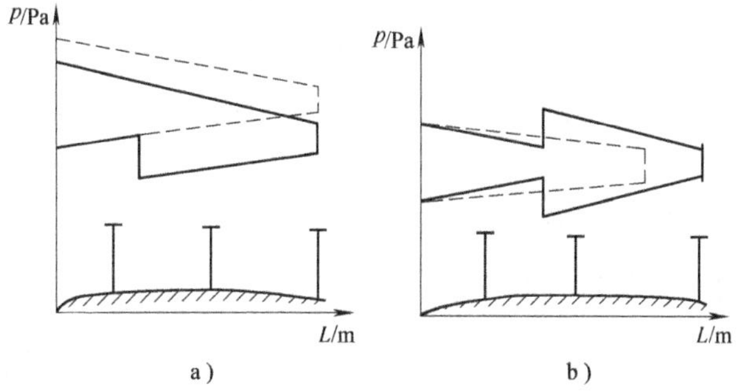

图8-22 中继加压泵站的设置

如图8-22b所示，是原有热水网路扩建的例子。由于扩建接入了许多用户，网路流量增大，在管径不改变的情况下，网路的动水压曲线坡度增大，后部网路的用户的资用压头和流量就显得不足。这可根据具体情况，在供水干管、回水干管或者在供回水干管上设置加压水泵来解决。图中虚线表示原有的网路水压图。实线表示在供水干管和回水干管分别设置加压水泵，扩大了供热范围的水压图。

在实践中利用用户或在供水管上装设加压泵加压的方式，往往由于选择水泵的流量或扬程过大，影响邻近热用户的供热工况，形成网路的水力失调（见第9章所述）。需要慎重考虑和正确选择供、回水加压泵的流量和扬程。

如图8-23所示，是因为末端用户不热，在供水管上装设加压泵的情况。由于加压泵的扬程及流量选择过大，网路部分用户供热效果得到改善，部分用户供热效果恶化。图中虚线表示热网未装设加压泵的水压图，热用户 *CD* 的资用压力接近零。供水干管装设加压泵后，其资用压力增加到 $\Delta H_{c'd'}$。循环水量也相应有所增加，于是末端用户的供暖效果得到改善，图中实线部分。但热网的水力工况却发生了比较大的变化，*BE* 两点的资用压力由原来的正压差变成了负值 $\Delta H_{b'e'}$，这种负压区的出现，说明热网的水力工况更加恶化，加压泵造成了该区段的热用户将发生倒流现象，即热网将变成了回水供暖，这些用户的供暖质量明显变差。

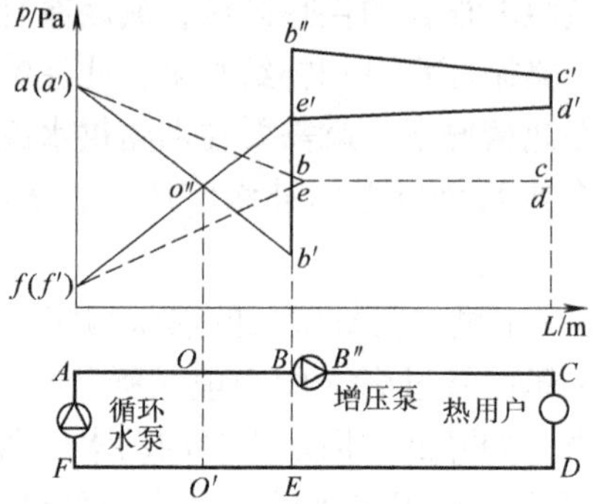

图 8-23 供水干管设置加压泵不当

综上所述，在网路供回水干管设置中继加压泵站，使某些热用户的流量加大，在一定程度上改善了供热效果。但是必须指出，不论在供水干管上，还是在任一用户处安装加压泵，热网的总循环流量都会增加，干线的压力降随之增加，导致其他用户资用压力和循环流量减小，由此可见，热水网路设置中继加压泵站对热网水力工况的影响特别值得关注。

8.5.2 热水网路中设置两个静压区

如图 8-24 所示，是一个地形高差悬殊，热源位于高处的例子。如果不在网路回水干管上设置加压水泵，网路的动水压曲线将如图中虚线所示。在网路后部位于低处的用户，将承受很高的压力，甚至超过散热设备的承受能力。图中实线表示在网路回水干管上设置了加压水泵的动水压曲线。

在地势高差悬殊的场合，当网路循环水泵和加压泵停止运行时，网路的某些区域有可能出现超压（如本图例中将在网路后部出现）需要采取措施，立即将网路截断为两个区域，维持不同的水静压线。在图 8-25 中，靠在供水干管设置自动截断阀 6 和在回水干管上设置止回阀 7 来实现。当网路循环水泵 2 和回水加压泵 8 停止运转时，网路后部的回水干管压力升高，当到达 j_2—j_2 静水线的压力时，自动截断阀 6 关闭和回水管上的止回阀 7，一起保护网路后部的用户免受前面网路高水静压力的直接作用，将网路分成了压力状况不同的两个区域。前面网路的水静压力 j_1—j_1，靠热源的补给水泵 3 和补水压力调节阀 1 的作用来保证。后面网路的水静压线 j_2—j_2，通过补水调节阀 9 节流降压来保证。

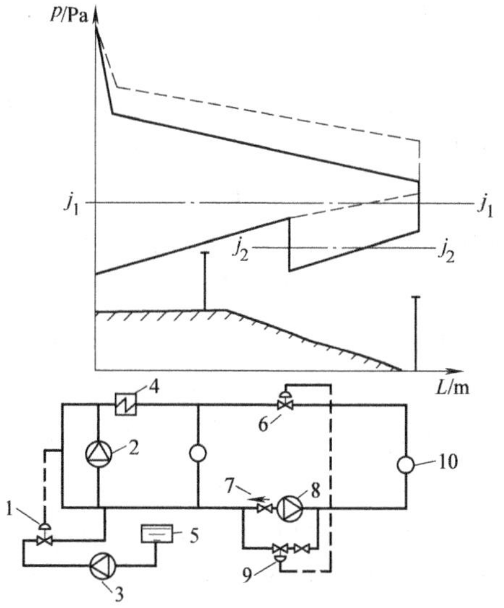

图 8-24　地形高差悬殊、热源在高处时，设置中继加压泵站的示意图
1—补水压力调节阀　2—网路循环水泵　3—补给水泵
4—加热装置（锅炉或换热器）　5—补给水箱　6—自动截断阀
7—止回阀　8—中继回水加压泵　9—补水调节阀　10—热用户

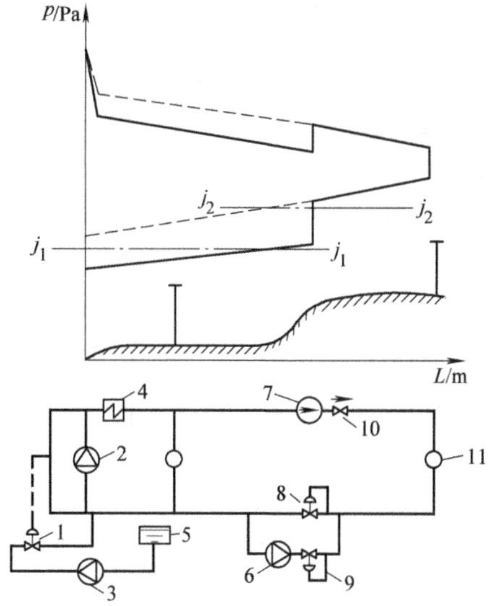

图 8-25　地形高差悬殊、热源在低处时，设置中继加压泵站的示意图
1—补水压力调节阀　2—网路循环水泵　3—补给水泵
4—加热装置（锅炉或换热器）　5—补给水箱　6—泵站补给水泵　7—中继供水加压泵
8—“阀前”压力调节器　9—泵站补水压力调节阀　10—止回阀　11—热用户

如图 8-25 所示，是一个地形高差悬殊，热源位于低处的例子。图中虚线表示没有在供水干管上设置加压水泵的水压图。此时，供水干管出口处压力高，前面网路回水管动水压曲线也很高，有可能使前面网路的热用户超压。如在供水干管上设置加压水泵，同时，顺着地势特点，在回水干管上设置“阀前”压力调节器 8，则其动水压曲线如图 8-25 实线所示。

在供水干管上设置加压水泵，可降低热源出口供水管的压力；同时，通过加压水泵增压，同样可以保证后部网路的高温水不汽化。“阀前”压力调节器起着节流降低前部网路回水管压力的作用。在网路循环水泵和加压水泵停止运转时，同样需要将网路截断为两个区域，维持不同的静水压线。供水干管上的止回阀 10 起着保护前面用户免受后面网路的高水静压力的作用。又由于回水干管压力下降，当压力下降到静压力线 $j_2—j_2$ 的位置时，“阀前”压力调节器 8 自动关闭，从而实现了将网路分成压力状况不同的两个区域的目的。前面网路的静水压线 $j_1—j_1$，靠热源的补给水泵 3 和补水调节阀 1 来保证。后面网路的静水压线$j_2—j_2$，靠补给水泵 6 和补水调节阀 9 来保证。补给水泵 6 的扬程应为 $j_2—j_2$ 与 $j_1—j_1$ 两条静水压线之间的差值。

习　题

1. 某 120℃/70℃高温水供热系统，为保证热水网路的可靠运行，其压力状况应该满足哪些基本要求？当用户要求供回水温度 85℃/70℃时，用户应采取哪种连接方式？为什么？

2. 热水网路的定压方式主要有哪些？简述各种定压方式的定压原理及特点。

3. 绘制水压图时，如何理解不超压、不倒空、不汽化、为用户提供足够的作用压力。

4. 热水网路补水泵的扬程及流量与哪些因素有关？

5. 某厂区热水管网如图 8-26 所示，a、b、c 各用户的计算热负荷分别为：

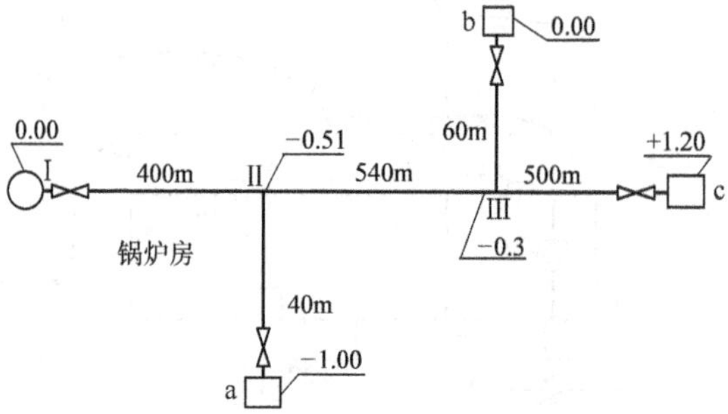

图 8-26　某厂区热水管网平面布置图

0.8×10^6W、1×10^6W、2×10^6W。供回水温度为 110℃/70℃，每隔 60m 设置一个方形补偿器，锅炉房内部系统压力损失为 4mH_2O，每个用户内部系统的压力损失为 5mH_2O，各用户建筑物高度为 8m。

(1) 试进行水力计算，并确定循环水泵的扬程。

(2) 绘制该系统的水压图（按比例），并在图上标明图中各点位置及其对应的数值。

(3) 若系统采用膨胀水箱定压，标明恒压值、恒压点。

(4) 当系统运行时，请标出 a 用户入口处供水管的压力值、测压管水头值及该用户的资用压力。

(5) 当系统停止运行时，请标出分支点Ⅱ的压力值及测压管水头值。

6. 热水集中供热系统，一般供回水温度为95℃/70℃。若需采用130℃/70℃的高温热水锅炉供热，锅炉本体阻力为40kPa，若增设旁通管使通过锅炉的循环水量保持不变。请问是否需要改变循环水泵的扬程和流量，为什么？

7. 确定闭式双管热水网路循环水泵的扬程与如下哪个条件无关：

A. 热源内部阻力损失。

B. 主干线供、回水管的阻力损失。

C. 主干线末端用户系统与循环水泵安装位置的高差。

D. 主干线末端用户系统的阻力损失。

8. 当供暖系统用户与闭式双管热水网路的供、回水设计温度相同时，供暖建筑物的引入口处：

A. 应采用间接连接。

B. 应采用无混水装置的直接连接。

C. 应采用装水喷射器的直接连接。

D. 应采用装混合水泵的直接连接。

第9章

9

热水供热系统的水力工况

热水网路的任务是按照热用户的需求，把热源生产的热能输送给各个热用户系统。通过热水供热管网的水力计算，达到了按各热用户的计算流量把热能分配给各个用户系统的目的。然而，在热水供热系统实际运行过程中，由于种种原因，使流量的分配不符合各热用户系统要求的计算流量，因而造成各热用户或各供暖房间产生冷热不均的现象。

1. 热用户的水力失调

热水供热系统各热用户的实际流量与要求的流量之间的不一致性，称为该热用户的水力失调。其水力失调程度可用实际流量与规定流量的比值来衡量。即

$$x = \frac{V_s}{V_g} \tag{9-1}$$

式中　x——水力失调度；

V_s——热用户的实际流量（m^3/h）；

V_g——热用户的规定流量（m^3/h）。

对于整个网路系统来说，各热用户的水力失调状况是多种多样的，水力失调分为一致失调和不一致失调。一致失调又可分为一致等比失调和一致不等比失调。

当网路中各热用户的水力失调度 x 都大于1或都小于1时，称为一致失调。所有热用户的水力失调度 x 值都相等的水力失调状况，称为等比失调。所有热用户的水力失调度 x 值不相等的水力失调状况（失调度 x 都大于1或都小于1，但不相等），称为不等比失调。当网路中各热用户的水力失调度有的大于1，有的小于1的水力失调状况称为不一致失调。

2. 热水供热系统的水力工况

热水供热系统中流量、压力分布状况称为水力工况。热水供热系统是一个具有许多并联环路的复杂的水力系统，各环路之间的水力工况相互影响，相互制约，在运行中，任何一个热用户系统的流量发生改变，都将会引起其他热用户系

统的流量随之发生改变，引起了水力失调，亦即引起供热系统水力工况的改变。

引起热水供热系统水力失调的原因是多方面的，在设计时，网路各分支环路或供暖用户系统各立管环路之间，其压力损失未能在设计流量分配下达到平衡；系统开始运行时没有进行很好的初调节；运行过程中热用户的实际流量发生变化等。

在这一章我们将讨论热水供热系统水力工况的计算方法，分析热水供热系统水力工况的变化规律和对水力失调的影响。研究改善系统水力失调状况的方法，提高供热质量，即提高热水供热系统水力稳定性。

9.1　热水网路水力工况计算的基本原理

9.1.1　热水网路水力工况计算原理

在室外热水网路中，热水在供热管道内的流动状态大多处于阻力平方区，其压力降 Δp 与流量 V 的关系服从二次幂规律。即

$$\Delta p = R(l + l_d) = sV^2 \tag{9-2}$$

式中　s——网路计算管段的阻力数 [Pa/ (m³/h)²]，它表示管段通过 1m³/h 水流量时的压降；

l_d——管段局部阻力当量长度（m）；

l——管段长度（m）。

将式（8-2）代入上式可得

$$s = 6.88 \times 10^{-9} \frac{k^{0.25}}{d^{5.25}}(l + l_d)\rho \tag{9-3}$$

式中　k——管道内壁表面当量绝对粗糙度（mm）；

d——管道管径（mm）。

其他符号同前。

由式（9-3）可见，在已知水温参数下，网路各管段的阻力数 s 仅取决于管段本身的管径 d、长度 l、管道内壁表面当量绝对粗糙度 k 值以及管段局部阻力当量长度 l_d 的大小，它不随流量变化。因此，对于一定的管段，如果管道本身结构特性及其阀门开启度不变，其阻力数 s 值亦不变。

热水网路由许多串联管段和并联管段组成，串联管段和并联管段总阻力数的计算方法在第 4 章已经阐述。

根据并联管段和串联管段各阻力数的计算方法，可逐步算出整个热水网路的总阻力数 s_{zh} 值。再利用图解法或计算法，进一步确定循环水泵的工作点，求出热源输出的总流量，如图 9-1 所示。

图解法：根据 $\Delta p = s_{zh}V^2$，可绘出热水网路水力特性曲线，它表示出热水网路循环水泵流量 V 及其压降 Δp 之间关系（图 9-1 中曲线 1）。再根据水泵样本，绘出水泵工作特性曲线（H-G 曲线，图 9-1 中曲线 2）。这两条曲线的交点 A 即水泵运行工作点，亦即确定了网路的总流量和总压降。当网路阻力特性改变时，水泵运行工作点也在变。当供热管网阻力特性数增加时（如关小阀门等），热水网路水力特性曲线由 1 变到 3，水泵工作点由 A 点改变到 B。

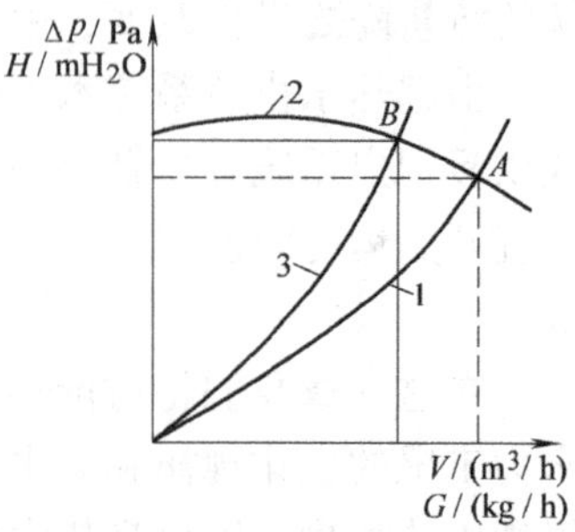

图 9-1　水泵与热水网路的特性曲线

计算法：计算方法的实质是将水泵的特性曲线用 $\Delta p = f(V)$ 函数式表示出来，然后根据已知的热水网路水力特性曲线 $\Delta p = S_{zh}V^2$，两个公式联立求解，得出循环水泵工作点 Δp 和 V 值。

水泵的特性曲线用下列函数表示

$$\Delta p = a + bV + cV^2 + dV^3 + L \tag{9-4}$$

式中　a、b、c、d——根据水泵的特性曲线数据拟合的函数式中的数值。

运行期间，在热水供热系统中，当任一管段的阻力数发生变化时（如调整用户阀门，接入新用户等），则必然使热水网路的总阻力数 s 值随之改变，热水网路的水力特性曲线也将相应地发生变化。工作点 A 的位置随之改变。热水供热系统的总压力降和总流量将发生变化。不仅网路总流量和总压降变化，而且由于分支管段的阻力数变化，也要引起流量分配变化。

9.1.2　热水网路流量分配原理

网路正常水力工况改变后的流量再分配的计算步骤：

1）根据正常水力工况的流量和压降，求出网路各管段和用户系统的阻力数。

2）根据热水网路中管段的连接方式，利用求串联管段和并联管段总阻力的计算公式，逐步地求出正常水力工况改变后整个系统的总阻力数。

3）求出整个系统的总阻力数后，利用上述的图解法，画出网路的特性曲线与网路循环水泵的特性曲线相交，求出新的工作点。也可利用上述计算法求解确定新的工作点 Δp 和 V 值。当水泵特性曲线较平缓时，也可近似视为 Δp 不变，利用下式求出水力工况变化后的网路总流量 V'

$$V' = \sqrt{\frac{\Delta p}{s'_{zh}}} \tag{9-5}$$

式中　V'——网路水力工况变化后的总流量（m^3/h）；

Δp——网路循环水泵扬程对应的出口压力，设水力工况变化前后的扬程不变（Pa）；

s'_{zh}——网路水力工况改变后的总阻力数［$Pa/(m^3/h)^2$］。

4）顺次按各并联管段流量分配的计算方法分配流量，求出网路各管段及各用户在正常工况改变后的流量。

9.2　热水网路水力工况的分析及计算

9.2.1　热水网路水力工况的计算方法

根据水力工况计算的基本原理，就可以分析和计算热水网路的流量分配，研究它的水力失调状况。

当网路中各管段和各热用户的阻力数已知时，可以通过求出各用户占总流量的比例方法，来分析网路水力工况变化的规律。

如图9-2所示，为一个有几个用户的热水网路系统。

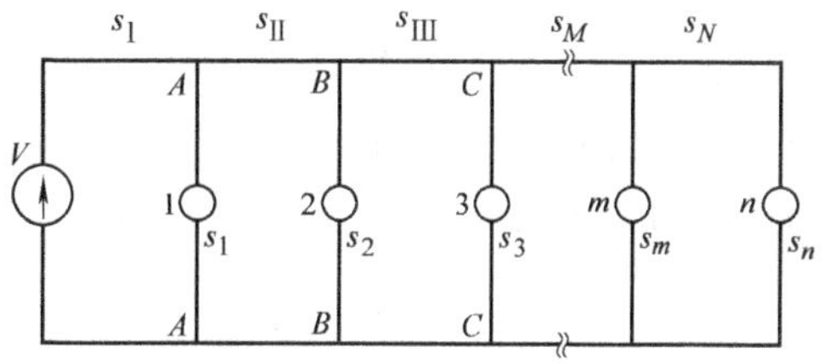

图9-2　热水网路系统示意图

s_1、s_2、s_3、…、s_n 表示支线与用户的阻力数，$s_{Ⅰ}$、$s_{Ⅱ}$、$s_{Ⅲ}$、…、s_N 表示干线各管段的阻力数，V 表示网路总流量，V_1、V_2、V_3、…、V_n 表示用户流量。

利用总阻力数的概念，用户1处的 Δp_{AA} 可由下式确定

$$\Delta p_{AA} = s_1 V_1^2 = s_{1-n} V^2 \tag{9-6}$$

式中　s_{1-n}——热用户1分支点的网路总阻力数［$Pa/(m^3/h)^2$］（用户1到用户 n，含热用户1分支点的总阻力数）。

由式（9-6），可得出用户1的流量占总流量的比例，即相对流量比 $\overline{V}_1$

$$\overline{V}_1 = \frac{V_1}{V} = \sqrt{\frac{s_{1-n}}{s_1}} \tag{9-7}$$

对于用户2，同理，Δp_{BB} 可用下式表示

$$\Delta p_{BB} = s_2 V_2^2 = s_{2-n}(V - V_1)^2 \tag{9-8}$$

式中　s_{2-n}——热用户2分支点的网路总阻力数（用户2到用户 n，含热用户2分支点的总阻力数）。

从另一分析来看，用户1分支点的 Δp_{AA} 也可写成

$$\Delta p_{AA} = s_{1-n} V^2 = s_{Ⅱ-n}(V - V_1)^2 \tag{9-9}$$

其中 $s_{Ⅱ-n} = s_{Ⅱ} + s_{2-n}$ 表示热用户1之后的网路总阻力数。

式（9-8）与式（9-9）两式相除，可得

$$\frac{s_2 V_2^2}{S_{1-n} V^2} = \frac{s_{2-n}}{s_{\mathrm{II}-n}}$$

$$\overline{V}_2 = \frac{V_2}{V} = \sqrt{\frac{s_{1-n} s_{2-n}}{s_2 s_{\mathrm{II}-n}}} \tag{9-10}$$

根据上述推算，可以得出第 m 个用户的相对流量比为

$$\overline{V}_m = \frac{V_m}{V} = \sqrt{\frac{s_{1-n} s_{2-n} s_{3-n} \cdots s_{m-n}}{s_m s_{\mathrm{II}-n} s_{\mathrm{III}-n} \cdots s_{M-n}}} \tag{9-11}$$

由式（9-11）可以得出如下结论：

1）各用户的相对流量比取决于网路各管段和用户的阻力数，而与网路流量无关。

2）第 d 个用户与第 m 个用户（$m>d$）之间的流量比，仅取决于用户 d 和用户 d 以后（按水流动方向）各管段和用户的阻力数，而与用户 d 以前各管段和用户的阻力数无关。因此，如假定 $d=4$，$m=7$，则从式（9-11）可得

$$\frac{V_d}{V_m} = \frac{V_4}{V_7} = \sqrt{\frac{s_{\mathrm{V}-n} s_{\mathrm{VI}-n} s_{\mathrm{VII}-n} s_7}{s_{5-n} s_{6-n} s_{7-n} s_4}} \tag{9-12}$$

基于上述分析可得出：热水网路各热用户流量的比值，因取决于管网阻力特性数的大小，只要管网阻力特性数一定，各热用户的流量比就一定。热水管网的任一区段阻力特性发生改变时，位于该区段之后的用户流量呈一致等比失调。

9.2.2 热水网路水力工况分析

在实际工程中，当热水供热管网任一管段或用户系统的阻力数改变时，对于由此而引起的热水供热系统水力工况、压力工况的变化和各用户系统的水力失调情况，通常借助于热水供热系统的压力图来进行定性的分析。

为说明水力工况变化过程和调节过程中对管网压力工况的影响，下面以几种常见的水力工况变化情况为例，根据上述的基本原理，并利用水压图，定性地分析水力失调的规律性。

如图 9-3a 所示，为一个带有五个热用户的热水网路。假定该热水供热系统经调整后，供热管网按各用户系统的计算流量来进行分配。如改变阀门 A、B、C、D 的开启度，热水供热系统的水力工况、压力工况和通过各用户系统的流量都将发生变化。

1. 关小供水干管阀门 A 的水力工况、压力工况

当减小供水干管阀门 A 的开度时，由于阀门 A 节流，网路的总阻力数增大，因而，热水供热系统的水力特性曲线变陡，循环水泵的工作点向左移，循环水泵

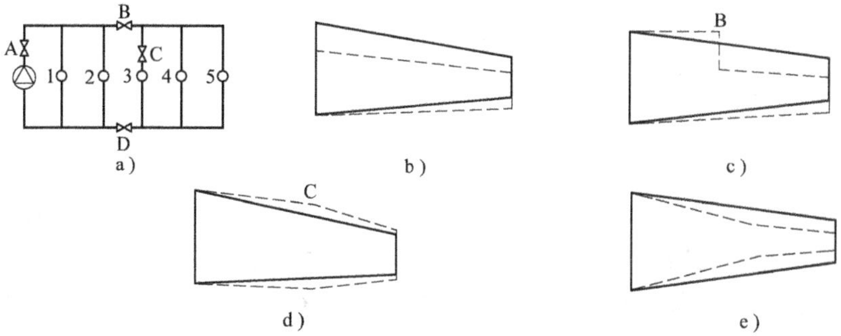

图9-3 热水网路的水力工况变化示意图

的流量减少。由于热用户1～5的网路干管各管段和各用户系统（包括分支管路）的阻力数没有改变，因而根据式（9-16）的推论可以肯定，各热用户的流量分配比例不变，即都按同一比例减少，网路产生一致的等比失调。

热水网路的压力工况，由于循环水泵 *G-H* 特性曲线比较平缓，其扬程变化很小，为便于进行分析，对于循环水泵扬程的变化忽略不计，近似地认为循环水泵扬程不变。在热水供热系统的水压图中，由于阀门A关小，局部阻力增大，A点处压力急剧下降，管网干管各管段内热媒流量的减少，使其比压降减小，压力线的坡度变得平缓。

如图9-3b所示，图中实线为正常工况下的水压曲线，虚线为阀门A关小后的水压曲线。

继续关小阀门A，则网路的供、回水管水压曲线更为平缓，当阀门A完全关闭时，网路供、回水干管的水压曲线合为一条直线，也就是网路供回水干管上任何一点压力均为热源内回水管的压力。此时网路中各点压力均低于正常运行时的压力，这时供热系统没有任何危险。

2. 关小阀门B时的水力工况、压力工况

当阀门B关小时，由于节流，供热系统总阻力数增大，其循环流量减少，供热管网干管各管段，由于流量减少，其比压降减小，管网干管的水压曲线坡度减小，供水管和回水管的水压曲线变得平缓，并且使供水管在B点处压力急剧下降。变化后的水压曲线，如图9-3c中虚线所示。

根据变化后的水压曲线，阀门B以前的用户系统1、2的作用压力增大，通过用户系统1、2的流量将有所增加。但由于阀门B关小后，其阻力数增大，使阀门B以前各管段的阻力随之发生变化，所以通过用户系统1、2的作用压力及流量增加的比例不同，这些用户会出现不等比一致失调。

由于阀门B关小后，供水管在B点处的压力急剧下降，B点以后各用户系统的作用压力减小，通过用户系统3、4、5的流量减小，由于阀门B以后的供热管网干管各管段和用户系统及其分支管路的阻力数都未改变，所以用户系统3、4、5的流量按相同比例减少，产生一致等比失调。

对于网路上所有用户来说，流量的改变有增有减，因此整个网路的水力工况就会出现不一致失调。

3. 用户3停止工作时的水力工况、压力工况

当阀门C关闭后，用户3的流量为零，其阻力变为无穷大，使网路总阻力增大，总流量随之减少，但从热源到用户系统3之间的供、回水干管各管段，由于流量减少，比压降减小，其水压曲线的坡度变得平缓；用户1、2的作用压力增大，通过用户1、2的流量增加。假定网路水泵扬程不变，对于用户3以后的热用户，由于用户3处的供、回水管间的作用压力增大，用户4、5的作用压力增大，通过用户4、5的流量按相同比例增加。并使用户3以后的供水管和回水管的水压曲线变陡。变化后的水压曲线见图9-3d的虚线所示。

对于整个热水供热系统，由于阀门C关闭，用户3停止工作，使热水供热系统的总流量减少。然而，通过用户1、2、4、5的流量却都有所增加，出现一致的水力失调现象。而用户4、5出现等比的一致失调，用户1、2出现不等比的一致失调。

在关断用户时，特别注意关阀门的次序，假若首先关闭用户回水管阀门，则用户系统处于承受供水干管的压力作用状态，可能引起系统的破坏。

4. 关小或完全关闭回水干管阀门D的水力工况、压力工况

如图9-4所示，实线表示系统正常运行时的水压图，当减小回水干管D阀的开度，系统阻力数增加，循环水泵扬程有所增加，流量减小，水压图如图9-4中虚线。前端热用户的作用压力及流量比正常工况时有不同程度的增加，水压曲线变得平缓。后端热用户的作用压力及流量比正常工况时减小；当继续减小阀门开度，情况会进一步恶化。当完全关断D阀时，网路的供、回水干管的水压曲线在D处合为一条直线，水压图如图9-4中点画线。此时D点以后网路供回水干管上任何一点均保持相当高的压力，散热设备承受相当高的压力。

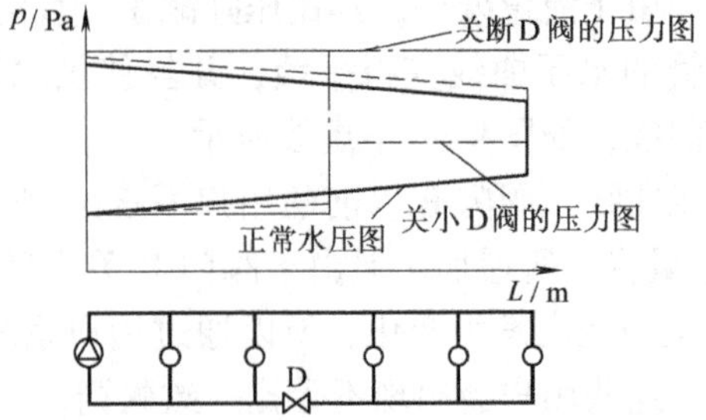

图9-4 调节回水干管阀门的开度

由此可见，在实际供热管网运行期间，当回水干管总阀门误关或运行前未打开时，整个网路均承受循环水泵全压力的作用，这种工况是很危险的。因此热水网路投入运行时，必须先打开回水干管阀门。

5. 热水网路未进行初调节的水力工况、压力工况

由于网路近端热用户的作用压差很大，在选择用户分支管路的管径时，又受到管道内热媒流速和管径规格的限制，其剩余作用压差在用户分支管路上难以全部消除。如网路未进行初调节，前端热用户的实际阻力数远小于设计值，网路总阻力数比设计的阻力数小，网路总流量增加。位于网路前端的热用户，其实际流量比规定流量大得多。网路干管前部的水压曲线将变陡；而位于网路后部的热用户，其作用压力和流量将小于设计值。网路干管后部的水压曲线将变平缓，如图9-3e中虚线。对于整个热水供热系统，由于靠近热源的用户流量增加，而距热源较远的用户流量减小，因而是不一致的水力失调。

由此可见，热水网路投入运行时，必须进行很好的初调节。

6. 用户3增设加压泵的水力工况、压力工况

在热水网路运行时，由于种种原因，有些热用户或热力站的作用压力会出现低于设计值，热用户或热力站的流量不足。在这种情况下，热用户或热力站往往要求增设加压泵（加压泵可设在供水管上或回水管上）。

如图9-5所示，在用户3回水管上安装加压泵的水力工况。下面定性地分析，在用户增设加压泵后，整个网路水力工况变化的情况。图9-5中的实线表示在用户3处未增设加压泵时的水压图。假设用户3处未增设回水加压泵时作用压力为Δp_{BE}，低于设计要求。

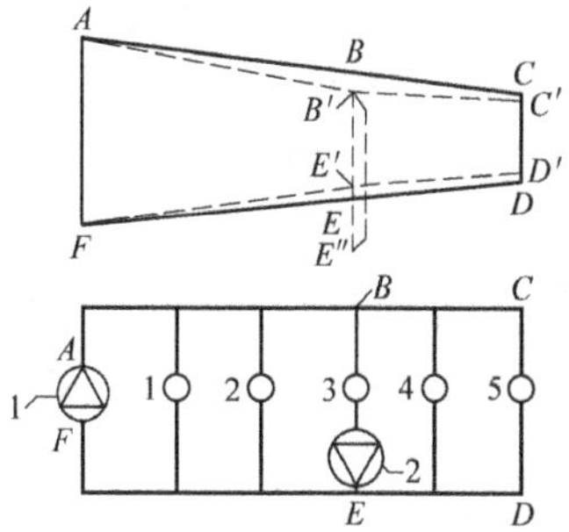

图9-5 用户增设回水加压泵的网路水力工况变化示意图

1—网路循环水泵 2—用户回水加压水泵

在用户3回水管上增设的加压泵运行时，可以视为在热用户3及其支管上（管端BE）增加了一个阻力数为负值的管段（$\Delta p = sG^2$，$\Delta p < 0$，$G > 0$，$s < 0$）。其负值的大小与水泵工作的扬程和流量有关。由于在热用户3上的阻力数减小，（假设网路循环水泵的扬程不变），则热网总流量增加。热用户3前的干线AB和

EF 的流量增大，动水压曲线变陡，用户 1 和 2 的资用压力减小，流量减小，呈非等比失调。热用户 3 后面的热用户 4 和 5 的作用压力减小，流量减小，呈一致等比失调。整个网路干线的动水压曲线如图 9-5 的虚线 $AB'C'D'E'F$ 所示。热用户 3 由于回水加压泵的流量增大，其压力损失 $\Delta p_{B'E''}$ 增加。

由此可见，在用户处装设加压泵，能够起到增加该用户流量的作用，但同时会加大热网总循环水量和前端干线的压力损失，而且其他热用户的资用压力和循环水量将相应减少，甚至使原来流量符合要求的用户反而流量不足。

如图 9-6a 所示，为热用户 3 在供水管上装设加压泵的水力工况。图中实线表示热用户未装设加压泵的水压图，由于中部热用户的资用压力较小，供热效果差，于是在用户供水管上装设加压泵，见图中虚线的水压图。加压泵的设置加大了热网循环流量，导致供热系统近端供水干管压力陡降，系统末端供回水干管资用压力过小，在极端情况下，将出现如图 9-6b 所示的情况，使末端用户资用压力为零，末端用户水力工况更加恶化。

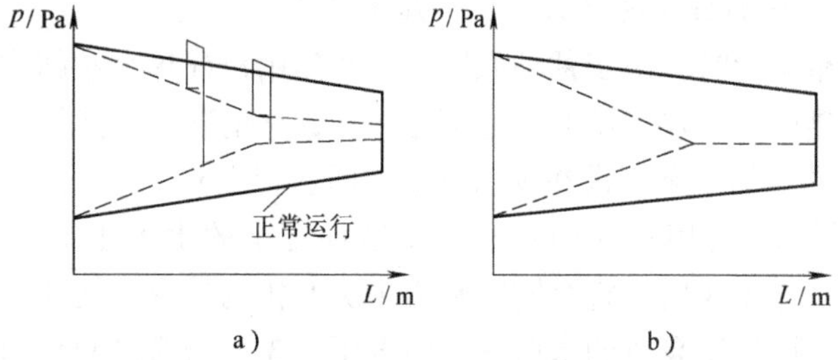

图 9-6 用户处设置加压泵

a) 中端设置增压泵 b) 末端资用压力为零

由此可见，在热水网路运行过程中，不得任意在用户处增设加压泵，必须分析对整个网路水力工况的影响因素后才能采用。

下面定量分析水力工况改变及热用户流量的变化情况。

【例 9-1】 某热水供热管网有 5 个热用户，每个热用户的热媒流量均为 $G=100\text{m}^3/\text{h}$，循环水泵扬程相应的压力为 $\Delta p=6\times10^5\text{Pa}$，网路正常运行工况的水压图、干管各管段及各热用户系统的压力损失，如图 9-7 所示。若关闭用户 3，试求其他热用户的热媒流量及其水力失调情况。

【解】 (1) 根据正常工况下的流量和压降，求网路干管各管段（包括供、回水管）和各热用户的阻力特性数 s。

如用户 5：已知流量 $100\text{m}^3/\text{h}$，压力损失为 10^5Pa，根据式 (9-2)

$$s_5=\frac{\Delta p}{V^2}=\frac{1\times10^5}{100^2}\text{Pa}/(\text{m}^3/\text{h})^2=10\text{Pa}/(\text{m}^3/\text{h})^2$$

同样，可求得网路干管和各热用户的阻力 s 值，见表 9-1。

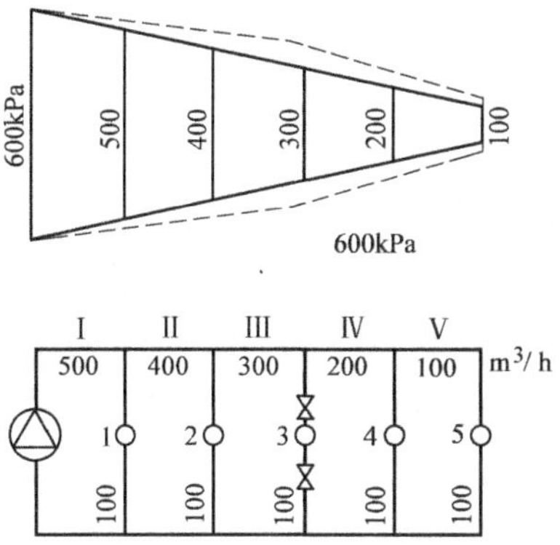

图9-7 例9-1图

表 9-1

网路干管	I	II	III	IV	V
压力损失 Δp/Pa	1×10^5	1×10^5	1×10^5	1×10^5	1×10^5
流量 V/（m^3/h）	500	400	300	200	100
阻力 s/［Pa/（m^3/h）^{2}］	0.4	0.625	1.11	2.5	10

（2）计算水力工况改变后网路总阻力数 s

由图9-7知，关闭用户3，管网总阻力发生改变，需重新计算。但管网干管各管段及其他各用户系统的构成没有改变，因此这部分的阻力没有改变。

本例题应从热用户5开始向热源方向，按串并联管段的关系逐次进行计算。

1）计算热用户3以后的网路总阻力数

因用户3以后的管网中，干管和热用户系统的组成关系没有变化，故可按正常工况条件来考虑。

$$s_{\text{IV-5}} = \frac{30\times10^4}{200^2}\text{Pa/(m}^3\text{/h)}^2 = 7.5\text{Pa/(m}^3\text{/h)}^2$$

2）计算热用户2之后的网路总阻力（热用户3关闭，下同）

由图9-7知，热用户3关闭后，此部分无并联管段，只有管网的干管管段Ⅲ与热用户3以后的管网串联，因此这部分管网的总阻力数应等于干管管段Ⅲ与热用户3以后热网的阻力数之和。即

$$s_{\text{III-5}} = s_{\text{III}} + s_{\text{IV-5}} = (1.11+7.5)\text{Pa/(m}^3\text{/h)}^2 = 8.61\text{Pa/(m}^3\text{/h)}^2$$

3）计算热用户2分支点（包含用户2在内）的网路总阻力数 $s_{2\text{-}5}$

由图9-7知，热用户2与热用户2以后的网路并联于热用户2的分支点处，因此需按并联管段求其总阻力。故总阻力数 $s_{2\text{-}5}$ 可由式（9-6）求得

$$\frac{1}{\sqrt{s_{2-5}}}=\frac{1}{\sqrt{s_{\text{Ⅱ}-5}}}+\frac{1}{\sqrt{s_5}}=\frac{1}{\sqrt{8.61}}+\frac{1}{\sqrt{40}}=0.341+0.158=0.499$$

$$s_{2-5}=\frac{1}{0.499}\text{Pa/(m}^3\text{/h)}^2=4.016\text{Pa/(m}^3\text{/h)}^2$$

4）计算热用户 1 以后的网路总阻力数 $s_{\text{Ⅱ}-5}$

同理，管网干管Ⅱ与热用户 2 分支点以后的管网串联，故阻力数相加。即

$$s_{\text{Ⅱ}-5}=s_{\text{Ⅱ}}+s_{2-5}=(0.625+4.016)\text{Pa/(m}^3\text{/h)}^2=4.641\text{Pa/(m}^3\text{/h)}^2$$

5）计算热用户 1 分支点（包含用户 1 在内）以后的网路总阻力数 s_{1-5}，同理

$$\frac{1}{\sqrt{s_{1-5}}}=\frac{1}{\sqrt{s_{\text{Ⅱ}-5}}}+\frac{1}{\sqrt{s_1}}=\frac{1}{\sqrt{4.641}}+\frac{1}{\sqrt{50}}=0.464+0.141=0.605$$

$$s_{1-5}=\frac{1}{0.605^2}\text{Pa/(m}^3\text{/h)}^2=2.732\text{Pa/(m}^3\text{/h)}^2$$

6）计算整个网路的总阻力数 s

$$s=s_{\text{Ⅰ}}+s_{1-5}=(0.4+2.732)\text{Pa/(m}^3\text{/h)}^2=3.132\text{Pa/(m}^3\text{/h)}^2$$

（3）求网路在工况变动后的总流量 V。假定网路循环水泵的扬程不变，扬程相应的压力 $\Delta p=6\times10^5\text{Pa}$，则

$$V=\sqrt{\frac{\Delta p}{s}}=\sqrt{\frac{6\times10^5}{3.132}}\text{m}^3\text{/h}=437.7\text{m}^3\text{/h}$$

（4）根据各并联管段流量分配比例的计算公式（9-7），求各热用户的流量。

1）求热用户 1 的流量

$$V_1=V\frac{\sqrt{1/s_1}}{\sqrt{1/s_{1-5}}}=437.7\times\frac{0.141}{0.605}\text{m}^3\text{/h}=102\text{m}^3\text{/h}$$

2）求热用户 2 的流量

$$V_2=V_{\text{Ⅱ}}\frac{\sqrt{1/s_2}}{\sqrt{1/s_{2-5}}}=(437.7-102)\times\frac{0.158}{0.499}\text{m}^3\text{/h}=106.3\text{m}^3\text{/h}$$

3）求热用户 4、5 的流量 V_4、V_5

热用户 3 之后的网路各管段阻力不变。因此，在水力工况变化后各管段的流量均按同一比例变化。干管Ⅳ的水力失调系数 x 值为

$$x=\frac{437.7-102-106.3}{200}=\frac{229.4}{200}=1.147$$

因此，热用户 4，5 的流量分别为

$$V_4=1.147\times100\text{m}^3\text{/h}=114.7\text{m}^3\text{/h}$$

$$V_5=1.147\times100\text{m}^3\text{/h}=114.7\text{m}^3\text{/h}$$

其计算结果列于表9-2。

表　9-2

热　用　户	1	2	3	4	5
压力损失 Δp/Pa	5×10^5	4×10^5		2×10^5	1×10^5
流量 V/ (m^3/h)	100	100		100	100
阻力 s/ [Pa/ (m^3/h)^2]	50	40		20	10
正常工况时流量/ (m^3/h)	100	100	100	100	100
工况变动后流量/ (m^3/h)	102	106.3	0	114.7	114.7
水力失调度 x	1.02	1.063	0	1.147	1.147
正常工况时用户的作用压差 Δp/Pa	5×10^5	4×10^5	3×10^5	2×10^5	1×10^5
改变工况后用户的作用压差 Δp/Pa	5.234×10^5	4.529×10^5	3.945×10^5	2.63×10^5	1.314×10^5

(5) 确定水力工况变动后各用户的作用压差

当网路水力工况变化后，热用户1的作用压差等于热源出口的作用压差减去干线Ⅰ的压力损失，即

$$\Delta p_1 = \Delta p - \Delta p_{\mathrm{I}} = \Delta p - s_{\mathrm{I}} V_{\mathrm{I}}^2$$
$$= (6\times10^5 - 0.4\times437.7^2)\mathrm{Pa} = 52.34\times10^4\mathrm{Pa}$$

同理，可计算出各热用户的作用压差，其结果列于表9-2。

根据管网水力工况改变后的各热用户的作用压差、各热用户的压力损失等条件，绘出工况改变后的水压曲线，图9-7中虚线表示水力工况变化后的各用户的作用压差变化图。

上述计算表明，只要热网各管段及各用户的阻力为已知值，则可通过计算的方法，确定网路的水力工况——各管段和各热用户的流量以及相应的作用压差，但计算非常繁琐。近年来，网络计算理论的不断完善，使得这类计算问题越来越容易。利用模拟分析理论研究热水网路水力工况，甚至配合微机监控系统，对热网进行遥控等技术，在国内得到了广泛应用。

9.3　热水网路的水力稳定性

为了探讨影响热水网路水力失调程度的因素，并研究改善网路水力失调状况的方法，在本节中着重讨论热水网路水力稳定性问题。

9.3.1 热水网路的水力稳定性

所谓水力稳定性就是指网路中各个热用户在其他热用户流量改变时保持本身流量不变的能力。

通常用热用户的规定流量 v_g 和工况变动后可能达到的最大流量的 v_{max} 的比值衡量热水网路的水力稳定性。即

$$y = \frac{V_g}{V_{max}} = \frac{1}{x_{max}} \tag{9-13}$$

式中 y——热用户的水力稳定性系数；

V_g——热用户的规定流量（m^3/h）；

V_{max}——热用户可能出现的最大流量（m^3/h）；

x_{max}——工况变动后热用户可能出现的最大水力失调度。

$$x_{max} = \frac{V_{max}}{V_g}$$

热用户的规定流量按下式算出

$$V_g = \sqrt{\frac{\Delta p_y}{s_y}} \tag{9-14}$$

式中 Δp_y——热用户在正常工况下的作用压差（Pa）；

s_y——热用户系统及用户支管的总阻力数［$Pa/(m^3/h)^2$］。

一个热用户可能的最大流量出现在其他用户全部关断时。这时网路干管中的流量很小，阻力损失接近于0，因而热源出口的作用压差可认为是全部作用在这个用户上。由此可得

$$V_{max} = \sqrt{\frac{\Delta p_r}{s_y}} \tag{9-15}$$

式中 Δp_r——热源出口的作用压差（Pa）。

Δp_r 可以近似地认为等于网路正常工况下的网路干管的压力损失 Δp_w 和这个用户在正常工况下的压力损失 Δp_y 之和，即

$$\Delta p_r = \Delta p_w + \Delta p_y$$

因此，这个用户可能的最大流量计算式可以改写为

$$V_{max} = \sqrt{\frac{\Delta p_w + \Delta p_y}{s_y}} \tag{9-16}$$

于是，它的水力稳定性就是

$$y = \frac{V_g}{V_{max}} = \sqrt{\frac{\Delta p_y}{\Delta p_w + \Delta p_y}} = \sqrt{\frac{1}{1 + \Delta p_w/\Delta p_y}} \tag{9-17}$$

由式（9-21）可见，水力稳定性 y 的极限值是1和0。

9.3.2 提高热水网路水力稳定性

在 $\Delta p_w=0$ 时（理论上，网路干管直径为无限大），$y=1$。此时，这个热用户的水力失调度 $x_{max}=1$，即无论工况如何变化都不会使它水力失调，因而它的水力稳定性最好。在这种情况下，任何用户流量变化，都不会引起其他热用户流量变化。

当 $\Delta p_y=0$ 或 $\Delta p_w=\infty$ 时（理论上，用户系统管径无限大或网路干管管径无限小），$y=0$。此时，热用户的最大水力失调度 $x_{max}=\infty$，水力稳定性最差。任何其他用户流量的改变，其改变的流量将全部转移到这个用户上。

实际上热水网路的管径不可能为无限小或无限大。热水网路的水力稳定系数 y 总在0和1之间。因此，当水力工况变化时，任何用户流量改变时，它的一部分流量将转移到其他热用户中去。

以例9-1为例，热用户3关闭后，其流量从 $100m^3/h$ 减到0，其中只有一部分流量（$37.7m^3/h$）转移到其他用户上，而整个网路的流量减少了 $62.3m^3/h$。

提高热水网路水力稳定性主要方法是相对地减小网路干管的压降，或相对地增大用户系统的压降。

为了减少网路干管的压降，就需要适当增大网路干管管径，即在进行网路水力计算时，选用较小的比摩阻 R 值。特别是增大靠近热源干管管径，对提高网路的水力稳定性来说，其效果更为显著。

为了增大用户系统的压降，可采用水喷射器、调压孔板、安装高阻力、小管径阀门等措施。在运行时应合理进行网路的初调节和运行调节，应尽可能将网路干管上的所有阀门开大，把剩余的作用压差消耗在用户系统上。

对于供热质量要求较高的系统，可在用户引入口处安装必要的自动调节装置（如流量调节器等），以保证热用户的流量恒定，不受其他用户的影响。安装流量调节器以保证流量恒定的方法，实质上就是改变用户系统总阻力，以适应变化工况下用户作用压差的变化，从而保证流量恒定。

提高热水网路水力稳定性，使供热系统正常运行，可以节约热能和减小电能消耗，便于供热系统的初调节和运行调节。因此，在热水供热系统中，必须在关注造价的同时，对提高热水网路水力稳定性问题给予充分的重视。

习　题

1. 何谓热水网路的水力稳定性？何谓水力失调？如何提高热水网路的水力稳定性？

2. 在有7个热用户并联的热水供热系统中，若第4个用户安装回水增压泵，增压泵的作用使系统流量如何改变？使供水干管的比摩阻如何改变？网路上其他热用户失调状况如何？

画出相应的压力工况。

3. 某热水供热系统采用两台相同型号的循环水泵并联运行，当一台循环水泵工作时，单台泵的流量、扬程如何变化？

4. 某热水网路上有三个采暖用户，如图 9-8 所示。当 A、B、C 三个阀门全开时，各用户的流量为：$V_1 = V_2 = V_3 = 100\text{m}^3/\text{h}$，若

（1）A、B 阀门关闭，用户 3 的流量为多少？用户室温如何变化？

（2）A 阀门关闭，用户 2、用户 3 的流量为多少？室温如何变化？

（3）定性地画出 B 阀门关闭，A 阀门和 C 阀打开时的水压图（假设循环水泵扬程保持不变）。

（4）三个用户哪个用户的水力稳定性最好，为什么？

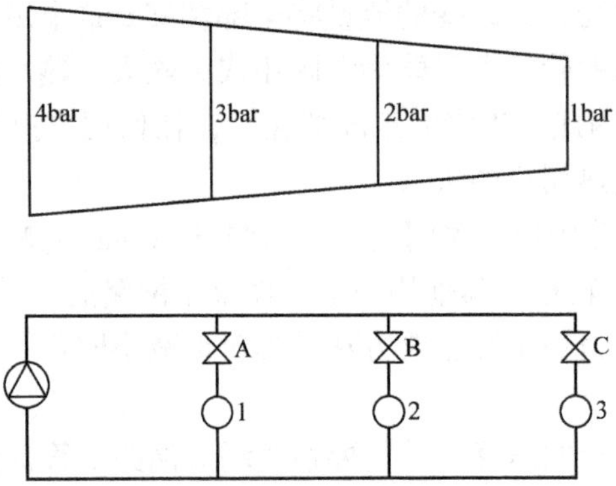

图 9-8　题 4 图

第 10 章

10

供热系统的热力工况

供热系统中温度、供热量、散热量的分布状况称为供热系统的热力工况。供热系统的热力工况直观地反映了供热系统的供热效果。供热系统的热力工况取决于水力工况和换热设备传热性能及建筑物的传热状况。

本章在分析换热设备传热特性基础上，研究水力工况变动对热力工况的影响。

10.1 换热设备的传热特性

10.1.1 间壁式换热器传热量的计算

供热系统中的换热设备主要包括热力站内的换热器和建筑物室内的散热器，二者均属于间壁式换热器。对于间壁式换热器，传热量可由下式计算

$$Q = KF\Delta t_p \tag{10-1}$$

式中 Q——换热器的传热量（W）；

K——换热器的传热系数［W/（m^2·℃）］；

F——换热器的传热面积（m^2）；

Δt_p——换热器内流体的平均传热温差（℃）。

若传热温差用对数平均值计算，则传热量为

$$Q = KF\frac{\Delta t_d - \Delta t_x}{\ln\dfrac{\Delta t_d}{\Delta t_x}} \tag{10-2}$$

若传热温差用算术平均值计算，则传热量为

$$Q = KF\frac{\Delta t_d + \Delta t_x}{2} \tag{10-3}$$

Δt_d、Δt_x——换热器进、出口端冷热流体的最大、最小温差（℃）。

在非设计工况下，热流体和冷流体的出口温度一般是未知的，所以公式中的温差项 Δt_d、Δt_x、Δt_p 难以计算，给分析热力工况变化带来不便。在这里我们引入有效系数或称效能的概念，它是一个无量纲量[1]。

10.1.2 换热器效能的概念和计算

换热器效能用 ε 表示，它的物理意义为在单位热容下，换热流体之间最大温差为1℃时换热器的传热量，也可表示加热流体的温降或被加热流体的温升与冷、热流体间最大温差的比值。ε 值反映了换热器换热能力的大小，亦即换热特性，它是个小于1的数值。当换热器传热面积 F 无穷大时，$\varepsilon = 1.0$。

若将平均传热温差 Δt_p 用线性关系近似描述，换热器的传热量可由下式计算

$$Q = \varepsilon_x W_x \Delta t_{zd} = \varepsilon_d W_d \Delta t_{zd} \qquad (10\text{-}4)$$

式中 ε_x、ε_d——换热器小流量侧和大流量侧的有效系数或称效能；

W_x、W_d——换热器小流量侧和大流量侧流体的热容（W/℃）；

Δt_{zd}——温差（℃）。

上式中，换热器中热流体与冷流体之间的最大温差为热流体进口温度与冷流体进口温度的差值。

下面以逆流换热器为例说明效能的概念和计算方法，如图10-1所示为逆流换热器示意图。

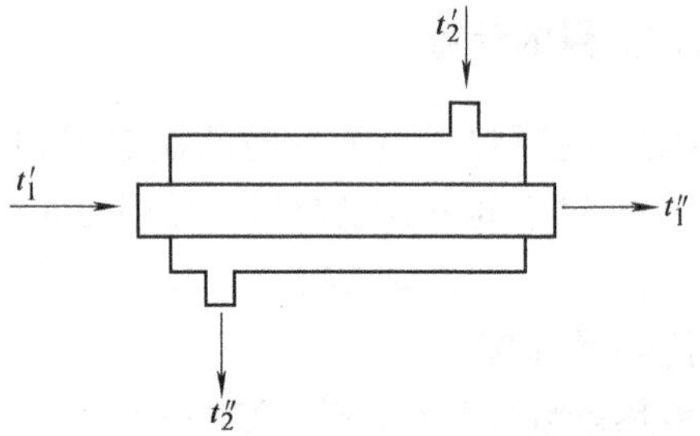

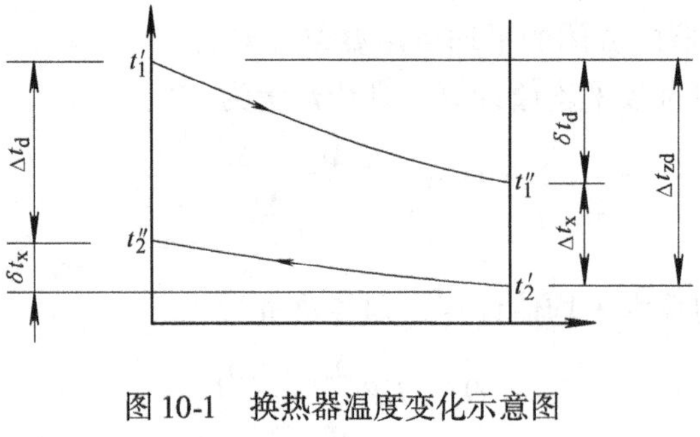

图10-1 换热器温度变化示意图

根据效能的概念，效能可写为

$$\varepsilon_x = (t_2'' - t_2')/(t_1' - t_2') \tag{10-5}$$

$$\varepsilon_d = (t_1' - t_1'')/(t_1' - t_2') \tag{10-6}$$

$$\Delta t_{zd} = t_1' - t_2' \tag{10-7}$$

$$W_x = c_x G_x \tag{10-8}$$

$$W_d = c_d G_d \tag{10-9}$$

式中 t_1'、t_1''——换热器热流体的进、出口温度（℃）；

t_2'、t_2''——换热器冷流体的进、出口温度（℃）；

G_x——换热器中流量小的流体的流量（kg/s），此处为热流体的流量；

G_d——换热器中流量大的流体的流量（kg/s），此处为冷流体的流量；

c_x、c_d——换热器中小流量侧和大流量侧流体的比热容［J/（kg·K）］。

若 δt_d、δt_x 分别表示两种流体温度变化中的最大值和最小值，则

$$\delta t_d = \Delta t_{zd} - \Delta t_x \tag{10-10}$$

$$\delta t_x = \Delta t_{zd} - \Delta t_d \tag{10-11}$$

在图 10-1 所示的情况下，温度变化较大的为热流体，温度变化较小的为冷流体。根据热平衡

$$Q = W_d \delta t_x = W_x \delta t_d \tag{10-12}$$

则有

$$\delta t_x = Q/W_d \tag{10-13}$$

$$\delta t_d = Q/W_x \tag{10-14}$$

进而

$$\Delta t_d = \Delta t_{zd} - Q/W_d \tag{10-15}$$

$$\Delta t_x = \Delta t_{zd} - Q/W_x \tag{10-16}$$

将式（10-15）、式（10-16）代入式（10-2）得

$$\ln\left(\frac{\Delta t_{zd} - Q/W_d}{\Delta t_{zd} - Q/W_x}\right)^{-1} = \frac{KF}{W_x}\left(\frac{W_x}{W_d} - 1\right)$$

令

$$NTU = KF/W_x$$

这里 NTU 称为传热单元数，它是一个无量纲的量。上式化简为

$$\exp\left[NTU\left(\frac{W_x}{W_d} - 1\right)\right] = \frac{\Delta t_{zd} - Q/W_x}{\Delta t_{zd} - Q/W_d}$$

移项整理后得

$$\Delta t_{zd}\left[1-\exp NTU\left(\frac{W_x}{W_d}-1\right)\right]=\left[\frac{1}{W_x}-\frac{1}{W_d}\exp NTU\left(\frac{W_x}{W_d}-1\right)\right]Q$$

$$Q=\frac{1-\exp NTU\left(\frac{W_x}{W_d}-1\right)}{1-\frac{W_x}{W_d}\exp NTU\left(\frac{W_x}{W_d}-1\right)}W_x\Delta t_{zd}$$

其中效能为

$$\varepsilon=\frac{1-\exp NTU\left(\frac{W_x}{W_d}-1\right)}{1-\frac{W_x}{W_d}\exp NTU\left(\frac{W_x}{W_d}-1\right)} \tag{10-17}$$

式（10-17）为逆流换热器效能 ε 的计算公式。同样方法可以计算顺流流动方式下的效能计算式。当换热器内冷热流体交叉流动时，ε 的计算式更为复杂。

下面介绍一种简化的效能的计算公式，它是一种近似方法。将换热器冷热流体的平均传热温差 Δt_p 用如下线性关系式表示

$$\Delta t_p=\Delta t_{zd}-a\delta t_x-b\delta t_d \tag{10-18}$$

式中　a、b——与换热器冷热流体流动方式有关的常数。

若温差用对数平均值计算，通常情况下对任何流动方式，系数 b 可视为定值，$b=0.65$；系数 a 取值如下：

逆向流动　　　　$a=0.35$

交差流动　　　　$a=0.425-0.55$

顺向流动　　　　$a=0.65$

如果式（10-18）中 Δt_p 为算术平均温差，则 $a=0.5$，$b=0.5$。

此时效能 ε 的计算值可用下式表示

$$\varepsilon=\frac{1}{a\frac{W_x}{W_d}+b+\frac{1}{NTU}} \tag{10-19}$$

经验算，用式（10-19）计算的线性近似值与用对数平均温差为基础计算的精确值相当吻合。对于有一种热媒发生相变的换热器，两种计算方法的最大误差约为 6%。对于热媒不发生相变的换热器，尤其是逆向流动的水-水换热器，最大误差不超过 3%～4%。

当换热器中有一种热媒发生相变，例如汽-水加热器或汽-空加热器等，则该热媒在换热过程中温度不变，该侧 $W_d=\infty$，此时 ε 值为

$$\varepsilon=\frac{1}{b+1/NTU} \tag{10-20}$$

对于供暖系统中的散热器，Δt_p 通常按算术平均温差计算，此时 $b=0.5$。

若散热器前连接有混水装置，则散热器的效能 ε_n 按下式计算

$$\varepsilon_n = \frac{1}{\dfrac{0.5+u}{1+u} + \dfrac{1}{NTU_n}} \tag{10-21}$$

式中 NTU_n——散热器传热单元数；

u——混水装置的混合比。若混水装置前外网供水流量为 G_0，系统回水量为 G_h，则 $u = G_h/G_0$。

当热网与室内供暖系统为无混合装置的直接连接时，$u=0$，则有

$$\varepsilon_n = \frac{1}{0.5 + \dfrac{1}{NTU_n}}$$

为了研究热力工况变化，通常将参数已知的工况作为基本工况（通常指设计工况），用角码“′”表示。则换热器的任意工况（不带角码）的参数可由设计工况计算。对于任意工况下的传热单元数 NTU 可由下式计算

$$NTU = NTU' \overline{W}_1^{m1} \overline{W}_2^{m2} / \overline{W}_x \tag{10-22}$$

式中 NTU、NTU'——任意工况和设计工况下的传热单元数；

$\overline{W}_1$、$\overline{W}_2$——热流体、冷流体在任意工况下与设计工况下的热容的比值；

$\overline{W}_x$——小流量流体在任意工况和设计工况下的热容的比值。

任意工况下与设计工况下流体热容的比值，称为相对热容比。用公式表示为

$$\overline{W}_1 = W_1/W_1'$$

$$\overline{W}_2 = W_2/W_2'$$

$$\overline{W}_x = W_x/W_x'$$

m_1、m_2 为指数，与热媒种类、换热器结构及热媒流动方式有关。在逆流分段式水-水加热器中，$m_1 = 0.33 \sim 0.5$；$m_2 = 0.33 \sim 0.5$。对于有相变发生的汽-水加热器和汽-空加热器，当被加热流体的流动为湍流时，$m_1 = 0$，$m_2 = 0.33 \sim 0.5$。对于用热水加热的空气加热器，当热媒的流动为湍流时，$m_1 = 0.12 \sim 0.20$，$m_2 = 0.33 \sim 0.5$。

若供暖装置采用柱型散热器

$$NTU_n = NTU_n' \overline{Q}_n^{B/(1+B)} / \overline{W}_s \tag{10-23}$$

式中 $\overline{Q}_n = Q_n/Q_n'$——任意工况下供暖热负荷与设计工况下供暖热负荷的比值，称为相对热负荷比；

$\overline{W}_s = W_s/W_s'$——散热器内热媒的热容在任意工况下与设计工况下的比值；

B——散热器传热指数，一般 $B = 0.17 \sim 0.37$。

供暖室外计算温度时的工况为供暖设计工况，在这种情况下

$$NTU_n' = K'F/W_s' = \left[\frac{Q_n'}{\dfrac{t_g' + t_h'}{2} - t_n}\right] \bigg/ \left(\frac{Q_n'}{t_g' - t_h'}\right) = \frac{t_g' - t_h'}{\dfrac{t_g' + t_h'}{2} - t_n} = \frac{t_g' - t_h'}{t_{pj}' - t_n}$$

(10-24)

式中 t_g'、t_h'——散热器设计供、回水温度（℃）；

t_{pj}'——设计工况下，散热器内热媒平均温度（℃）；

t_n——供暖房间室内设计温度（℃）。

为了便于计算，常将供暖参数整理为单位供暖建筑面积的数值。令 g 表示单位供暖建筑面积下供暖系统通过的水流量 [kg/（m^2 · s）]，q 表示单位供暖建筑面积下当室内外温差为1℃时散热器的散热量（W/℃），$q = KF/A$（A 为供暖建筑面积，m^2），则有

$$NTU_n' = \frac{K'F}{A} \bigg/ \frac{W_s}{A} = \frac{q'}{cg'} \text{ 或 } NTU_n = \frac{q}{cg} \tag{10-25}$$

即

$$\varepsilon_n = \frac{1}{0.5 + \dfrac{cg}{q}} \tag{10-26}$$

若求出任意工况下的传热单元数 NTU_n 和效能 ε_n，则散热器任意工况下的散热量为

$$Q_n = \varepsilon_n W_s (t_g - t_n) \tag{10-27}$$

散热器置于空气中，假定空气温度恒定，当供水温度相同时，Δt_{zd} = 常数，则相对热负荷比为

$$\overline{Q}_n = \frac{\varepsilon_n}{\varepsilon'_n}\overline{W}_s = \overline{\varepsilon}_n \overline{G}$$

式中 $\overline{G}$——任意工况下热媒流量与设计流量的比值，称为相对流量比。

10.1.3 散热器的散热量与流量的关系

美国ASHRAE手册系统篇给出了反映以上这种关系的曲线，如图10-2所示。图中分别表示了相对流量比 $0 < \overline{G} < 1$ 和 $0 < \overline{G} < 1.6$ 时的情形，横坐标为相对流量比 $\overline{G}$，纵坐标为相对热负荷比 $\overline{Q}$，设计供水温度 t_g = 90℃，图中曲线1、2、3、4分别表示设计供、回水温差为10℃、20℃、30℃、40℃的情形。

图10-2a 中的曲线1显示，当系统实际运行流量下降为设计流量的70%时，散热器散热量比设计散热量减小了5%；系统实际运行流量下降为设计流量的50%时，散热量减小10%；系统实际运行流量下降为设计流量的20%时，散热量减小了30%；系统实际运行流量下降为设计流量的10%时，散热量减小

50%。当流量有大幅度减小时，散热量才会有明显下降。比较曲线 1、2、3、4 会发现：流量减小相同的数值，不同的设计供、回水温差对散热器的影响也不同。当流量减小 50% 时，曲线 1、2、3、4 情况下的散热量分别下降 10%、18%、25%、33%；当流量减小 20% 时散热量分别下降 69%、50%、40% 和 32%。设计供、回水温差愈小，设计流量愈大时，流量的变化对散热器的影响愈小；反之亦然。

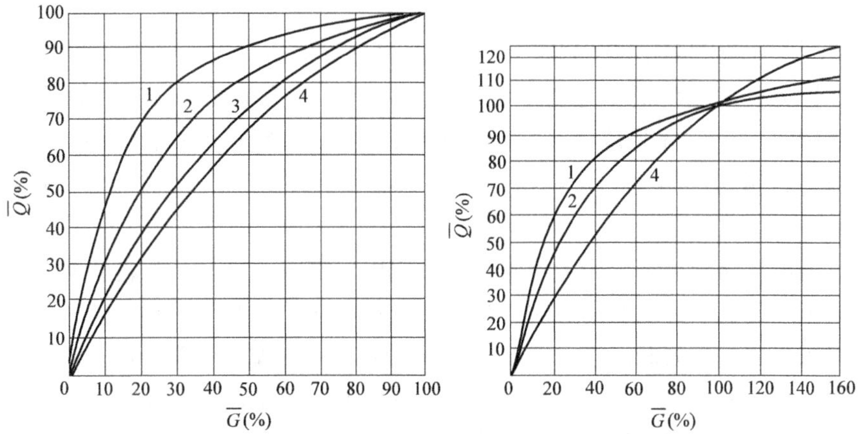

a）$0<G<1$　　b）$0<G<1.6$

图 10-2 相对流量比与相对热负荷比的关系

图 10-2b 显示，当流量大于设计流量时，散热器的散热量也相应增加，但不同的设计供、回水温差，散热量增加的幅度也不同，其变化规律与流量小于设计流量时的现象相似。设计流量愈大，其散热量随流量增大而增加的幅度愈小；设计流量愈小，其散热量随流量增大而增加的幅度愈大。如实际运行流量增加至设计流量的 160% 时，曲线 1 工况下的散热量增加到设计值的 105%；曲线 2 工况下的散热量增加到设计值的 110%；曲线 4 工况下的散热量则增加为设计值的 125%。同一文献还给出曲线 1 在流量增加到设计值的 300% 时，散热量也只增加 110%。

以上的分析显示：当供暖系统的供水温度一定，散热器的散热量将随流量的增加而增加，这是因为散热器回水温度升高使散热器内热媒的平均温度 t_{pj} 增加了。但是散热器内热媒平均温度 t_{pj} 的升高是有限度的，它不能大于供水温度 t_g，$t_{pj} \leqslant t_g$。当流量 G 无穷大时，散热器的回水温度近似等于供水温度，此时 $t_{pj}=t_g$，随着流量的增加，散热量亦趋于由 t_g 决定的某一最大极限值。从式（10-26）可看出，q 的增加速度小于 g 的增加速度，因此随着流量的增加，有效系数 ε_n 将减小，也就是说在散热器中单位热容所能传递的热量减小。当流量很大时，散热器的散热能力接近饱和，散热能力变差。在设计供、回水温度差小于

30℃的情况下，当流量变化在设计流量的±20%（即从80%～120%）时，散热量的变化在设计值的±10%范围内。

散热器的传热特性，对进一步研究供热系统的热力工况与水力工况之间的关系至关重要，也是掌握供热系统初调节与运行调节的基础。

10.2 热力工况的垂直失调

供暖的主要目的，是创造一个适合人们正常生活、工作和生产的室内温度环境，因此，室温的高低是衡量供热效果和进行热力工况分析计算的最主要参数。我国目前的设计规范规定：一般民用住宅的供暖设计室温 $t_n=18℃$。在设计运行时，考虑到资金、燃料的不足，室温能达到16℃以上，也认为满足设计要求。

热用户热媒的流量、压力损失直接影响用户室内的温度、散热量等，也就是说热力工况受到水力工况的影响。当热用户各房间的室温与平均室温不同时，称为供暖系统的热力失调。热力工况的失调包括水平失调和垂直失调。

当热用户内出现水力失调时，由于流量分配的不均匀性引起用户水平方向各房间的室温的不均匀性称为供暖系统热力工况的水平失调。在同一建筑物内，不同楼层房间室温的不均匀性称为供暖系统热力工况的垂直失调。这里介绍一下同一建筑物内不同楼层之间的垂直热力失调。

10.2.1 系统流量对热力工况垂直失调的影响

供暖系统热负荷的计算公式可以写作

$$Q=q_v(t_n-t_w) \tag{10-28}$$

式中 Q——建筑物的热负荷（W）；

t_w——室外温度（℃）；

q_v——建筑物在室内外温差为1℃时的耗热量（W/℃）。

把式（10-27）与式（10-28）联立求解，可得到计算室内温度的公式

$$t_n=\frac{(\varepsilon_n W_s t_g/q_v)+t_w}{(\varepsilon_n W_s/q_v)+1} \tag{10-29}$$

在供水温度 t_g 和室外温度 t_w 一定的情况下，式（10-29）反映了建筑物室温 t_n 与水流量 G（W_s）之间的关系。

对于目前采用最为广泛的单管上供下回式供暖系统，同一立管的水流量相等，供水温度随楼层的不同而不同。上一层散热器的回水温度即为下一层散热器的供水温度。

现以某地区某建筑物供暖系统为例，说明系统流量对热力工况垂直失调的影响。该地区室外供暖设计温度 $t_w' = -18℃$，用户单位供热建筑面积的设计流量为 4.2kg/（m^2·h），建筑物楼层为五层。表 10-1 给出了近端、中端和远端的几个五层建筑物在不同水力失调度下室温的变化情况。

表 10-1 供暖系统热力工况的垂直失调

室外气温/℃	单位面积平均流量 g/［kg/（m^2·h）］	水力失调度	供水温度	回水温度	用户区段	用户水力失调度	平均室温/℃				
							五层	四层	三层	二层	一层
-18	4.2	1.0	60	45	近端	1.0	18.0	18.0	18.0	18.0	18.0
					中端	1.0	18.0	18.0	18.0	18.0	18.0
					远端	1.0	18.0	18.0	18.0	18.0	18.0
-4.1	3.7	0.89	47	36.6	近端	0.89	18.0	18.0	18.0	18.0	18.0
					中端	0.89	18.0	18.0	18.0	18.0	18.0
					远端	0.89	18.0	18.0	18.0	18.0	18.0
-4.1	4.7	1.12	46.5	38.3	近端	2.3	17.6	18.1	18.8	19.4	20.1
					中端	0.8	17.4	17.3	17.2	17.0	16.9
					远端	0.26	15.9	14.0	12.3	10.7	9.1

10.2.2 室外温度对热力工况垂直失调的影响

表中显示，在采暖室外设计温度 -18℃下，设计供、回水温度为 60℃/45℃时，水力工况不存在失调，热力工况也不存在垂直失调，建筑物各层室温均达设计室温 18℃。当室外气温 $t_w = -4.1℃$（当地供暖期平均气温），各用户单位供热面积流量一致，均为 3.7 kg/（m^2·h），一致水力失调度为 $x = 0.89$，供、回水温度为 47.0℃/36.6℃时，各楼层的室温也可都达到 18℃，无热力工况垂直失调。在同一室外气温（$t_w = -4.1℃$）下，若各用户流量不一致，存在不一致水力失调时，各楼层的室温将各不相同，出现明显的热力工况垂直失调。在系统的近端用户，流量愈大，上层室温愈低，下层室温愈高；而系统远端用户，流量愈小，上层室温愈高，下层室温愈低。近端用户水力失调度 $x = 2.3$ 时，五层至一层室温分别为 17.6℃、18.1℃、18.8℃、19.4℃和

20.1℃，最高层最底层的室温偏差为2.5℃。远端用户水力失调度 $x=0.26$ 时，五层至一层室温分别为15.9℃、14.0℃、12.3℃、10.7℃和9.1℃，最高层与最底层的室温偏差为6.8℃。这说明：流量愈大，上下层室温偏差愈小；流量愈小，上下层偏差愈大。

还应注意，当室外气温 $t_w=-4.1$℃时，保证热力工况不发生垂直失调的条件并不是水力失调度 $x=1.0$，而是 $x=0.98$。当室外温度变化时，保证热力工况不出现垂直失调的水力失调度也随之变化；室外温度愈高，保证热力工况不出现垂直失调的水力失调度愈小。总之，对应于某一室外温度，存在着唯一最佳水力失调度，以保证系统热力工况在垂直方向上的稳定。当然相应的还要调整供水温度，上述热力工况稳定条件才能实现。

10.2.3 热力稳定性

室内单管系统热力工况垂直失调的上述现象，也是由散热器的热力特性决定的。流量越大，散热器表面平均温度的差异愈小，所以室温偏差也愈小；流量愈小，散热器表面平均温度的差异愈大，因此室温偏差也愈大。这样，为保证不发生严重的垂直热力失调，通常不希望流量过小。

10.3 热力工况的水平失调

热水供热管网上热用户的平均室温与室内设计温度不同，距离热源远近不同的各热用户平均室内温度存在不均匀性的现象称为供热管网的热力失调，它是一种水平方向的失调。供热管网上各热用户实际达到的平均室温 t_{np} 与设计室内计算温度 t_n 的偏差，反映了供热系统热力工况的失调程度。定义热用户的实际平均室温与设计室内温度的比值为热网上用户的热力失调度，用符号 x_r 表示，则热力失调度的公式可写为

$$x_r = \frac{t_{np}}{t_n},$$

$x_r=1$，表示供热系统上热用户的实际平均室温为设计室内温度，无热力失调现象。当 $x_r>1$，表示热用户实际平均室温超过设计室内温度，出现房间过热的热力失调现象；当 $x_r<1$，表示热用户实际平均室温低于设计室内温度，出现房间过冷的热力失调现象。若供热管网上各热用户的热力失调度不同，则供热系统存在冷热不均现象。

10.3.1 流量对水平热力工况的影响

图10-3显示了有5个热用户的北京市某供热系统，从热源开始由远至近，

热用户的编号顺序为1、2、3、4、5。采暖室外设计温度 $t'_w = -9℃$，散热器选用铸铁四柱813型，平均每 $1m^2$ 供暖建筑面积安装0.5片散热器，面积热指标为 $52.3W/m^2$，单位供暖建筑面积室内外温差为1℃时的耗热量 q_f 为 $1.94W/(m^2·℃)$。在设计工况下，各热用户的单位供暖建筑面积水流量等于设计水流量，即

$$g = g' = 2.25kg/(m^2·h)$$

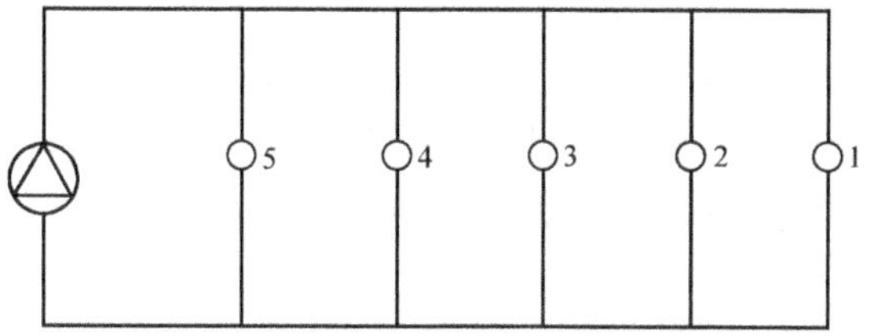

图10-3 供热系统示意图

此时各用户的室温为设计室温，即 $t_n = 18℃$。此工况下系统设计供、回水温度 $t_g = 75℃$，$t_h = 55℃$，设计供、回水温差 $\Delta t = 20℃$。

表10-2列出了图10-3所示系统的水力、热力工况发生失调时的数据。热用户4、5的水流量分别为3.2kg（m^2·h），5.4 kg（m^2·h）时，其平均室温分别为19.9℃和20.2℃。当热用户1、2、3的水流量分别为0.35kg（m^2·h）、0.7kg（m^2·h）和1.6kg（m^2·h）时，其平均室温分别为4.4℃、11.3℃和17.5℃。

表10-2 供热系统水平失调时的热力工况

用户	运行流量 $g/[kg/(m^2·h)]$	水力失调度 $x = g/g'$	单位供暖面积散热器散热量/$[W/(m^2·℃)]$	有效系数	回水温度/℃	平均室温/℃
1	0.35	0.16	0.78	0.88	12.9	4.4
2	0.7	0.31	0.88	0.75	27.2	11.3
3	1.6	0.71	0.94	0.48	47.5	17.5
4	3.2	1.42	0.96	0.273	59.9	19.9
5	5.4	2.40	0.98	0.165	66	20.2

室内温度的高低主要受系统流量的影响。在设计工况下，流量与室温的关系如图10-4所示。当水流量等于设计流量时，平均室温即为设计室温；水流量大于

设计水流量时，此时水力失调度大于1，室温将高于设计室温，流量愈大室温愈高，但随着流量的增加，室温的增加比较缓慢；水流量小于设计水流量时，此时水力失调度小于1，平均室温低于设计室温，流量愈少，平均室温愈低。当水力失调度 $x>>1$ 时，室温的变化缓慢；当水力失调度 $x<<1$ 时，室温的变化较明显。

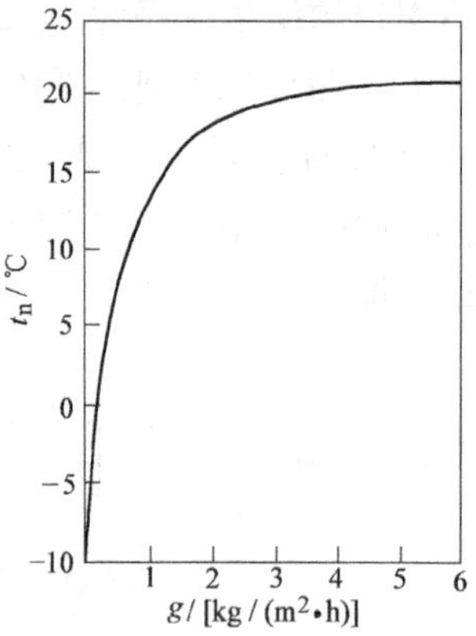

图 10-4　室温与流量的关系

在非设计工况下，室外温度 $t_w>t_w'$，水力失调对热力工况的影响也有类似情形。根据式（10-27），当 $t_w=18$℃时，$\overline{Q}_n=0$，散热器的散热量 $q=0$，亦即 $\varepsilon_n=0$，由式（10-29）可知 $t_n=18$℃。在这种情况下，水流量的大小对室温没有影响。

10.3.2　室外温度对水平热力工况的影响

不同室外温度下流量与室温的关系如图10-5所示。图中显示，供热系统在相同的水力失调工况下，室外温度愈低，热力工况失调度愈大，即对室温的影响愈严重。当室外温度达到供暖室外计算温度时，影响达到最大。随着室外温度的逐渐提高，热力工况的失调也逐渐减小，即对室温的影响逐渐减弱。当室外温度达到室内计算温度时，热力失调消除，对室温不再有影响。我国规定 $t_w=+5$℃为开始供热和停止供热时的室外温度，由图10-5看出，此时水力工况的失调对热力工况的影响不可忽视。

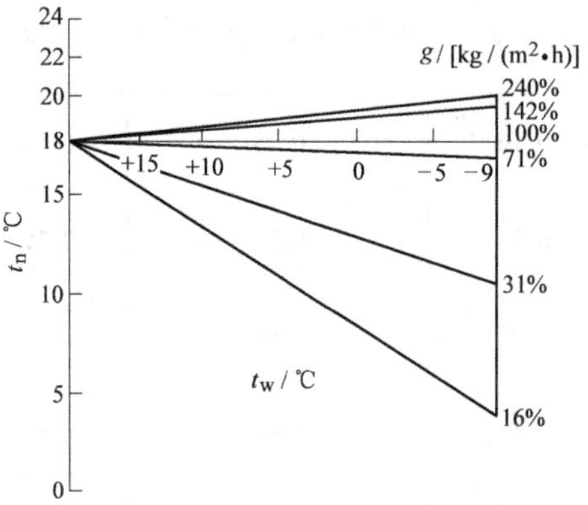

图 10-5　不同室外温度下流量与室温的关系

由于种种原因，供热系统水力失调是难以避免的。根据多年的测试，我国供热系统水力工况水平失调的情况大致为：近端热用户水流量是设计流量的2~3

倍，即水力失调度 $x=2\sim3$；远端热用户水流量是设计流量的 0.2 ~ 0.5 倍，即水力失调度 $x=0.2\sim0.5$。中端热用户水流量大体接近设计流量。在这种情况下，近端热用户平均室温在 20℃左右甚至更高。远端热用户平均室温常常在 10℃左右甚至更低。供热系统各热用户室温的不均匀性即热力工况的水平失调主要是由系统的热用户流量分配不均衡即水力工况的水平失调引起的。当近端热用户室温达 20℃以上，甚至热得开窗户时，其热用户流量一般要超过设计流量的 2 ~ 3倍以上；当末端热用户室温 10℃都不到时，其流量一般不超过设计流量的 0.5 倍。

10.4 提高热力工况稳定性的措施

一个运行良好的供热系统应该保证热力工况稳定，既不发生各热用户间或立管间的水平失调，也不出现同一立管间的垂直失调，使各供暖房间室温均匀一致。但是由于设计、施工、安装和运行等多方面的原因，目前我国供热系统普遍存在冷热不均现象。如何消除供热系统的热力工况水平失调和垂直失调，一直是人们十分关注的问题。

为了克服热力工况失调现象，提高供热效果，国内多采用“大流量、小温差”的运行方式，即依靠加大热水泵、增加水泵并联台数或增设加压泵等方式提高系统循环流量，这种方法在一定程度上缓解了热力工况的失调，但它也存在很大的局限性。

表 10-3 显示了在大流量的运行方式下，系统热力工况的变化情况。在设计工况下，供、回水温度为 75℃/55℃，设计循环水量为 11.25kg/h，此时各用户单位供暖面积的平均水流量为 2.25kg/（m^2·h），系统供热量为 262W，室内设计室温为 18℃。若供水温度保持 75℃不变，观察一下流量不同时各热用户室温的变化情况。

当总流量增加到 15.75kg/h，此时水力失调度 $x=1.4$，单位面积平均流量为 3.15kg/（m^2·h），用户 1、2 的平均室温由 4.4℃和 11.3℃分别提高到 8.5℃和 13.6℃，分别增加了 4.1℃和 2.3℃。4、5 用户由原来的 19.9℃、20.2℃提高到 20.0℃和 20.7℃，增加了 0.1℃和 0.5℃，变化较小。比较远端用户 1 和近端用户 5，室温的最大偏差由原来的 15.8℃下降为 12.2℃，1 用户的热力失调度由 0.3 增加到 0.53，5 用户的热力失调度由 1.37 降低到 1.28。

当系统流量提高到设计工况的 6.25 倍，单位面积平均流量为14.1kg/（m^2·h）时，用户 1 和 5 室温之间的最大偏差下降为 6.0℃。这就是说，系统流量愈大，最远端用户室温提高得愈多，始、末端用户室温偏差愈小，水力失调对热力失调的影响愈小，愈有利于消除热力工况水平失调。

表 10-3 大流量运行时的水力工况和热力工况

系统水力工况和热力工况									用户水力工况和热力工况				
运行总流量/(kg/h)	单位面积运行流量/[kg/(m²·h)]	单位面积设计流量/[kg/(m²·h)]	水力失调度	供水温度/℃	回水温度/℃	总供热量/W	相对热负荷比	供热量浪费率(%)	用户编号	运行流量/[kg/(m²·h)]	水力失调度	室温/℃	平均室温/℃
11.25	2.25	2.25	1.0	75	57.5	230	0.875	31.9	1	0.35	0.16	4.4	14.8
									2	0.70	0.31	11.3	
									3	1.6	0.71	17.5	
									4	3.2	1.42	19.9	
									5	5.4	2.4	20.2	
15.75	3.15	2.25	1.4	75	61.6	245.5	0.938	25.0	1	0.5	0.22	8.5	16.2
									2	1.0	0.44	13.6	
									3	2.25	1.0	18	
									4	4.5	2.0	20.0	
									5	7.5	3.33	20.7	
30.0	6.0	2.25	2.67	92	82.3	338.4	1.293	61.0	1	0.94	0.42	18.0	25.8
									2	1.87	0.83	23.6	
									3	4.27	1.90	27.4	
									4	8.50	3.78	29.3	
									5	14.4	6.4	30.7	

（续）

系统水力工况和热力工况									用户水力工况和热力工况				
运行总流量/(kg/h)	单位面积运行流量/[kg/(m² · h)]	单位面积设计流量/[kg/(m² · h)]	水力失调度	供水温度/℃	回水温度/℃	总供热量/W	相对热负荷比	供热量浪费率(%)	用户编号	运行流量/[kg/(m² · h)]	水力失调度	室温/℃	平均室温/℃
70.3	14.1	2.25	6.25	75	71.4	294.4	1.125	23.8	1	2.25	1.00	18.0	21.5
									2	4.44	1.97	19.8	
									3	10.06	4.47	22.5	
									4	20.00	8.99	23.6	
									5	33.75	15.00	24.0	
70.3	14.1	2.25	6.25	66.6	63.4	260.5	0.999	≈0	1	2.25	1.00	15.7	17.9
									2	4.44	1.97	17.2	
									3	10.06	4.47	18.5	
									4	20.00	8.99	18.9	
									5	33.75	15.00	19.0	

但是，大流量运行方式，并没有从根本上消除系统的水力失调。在这种情况下，系统的运行存在着一些缺点。

（1）增大了系统的水泵　供热系统运行流量愈大，热用户平均室温愈趋于均匀，热力工况的水平失调愈能得到消除。参看表10-3，在设计工况下，如果系统不存在水力工况失调现象，则各热用户平均室温皆为18℃，此时系统总供热量为262W（225kcal/h）。

若热源的装机容量不变，全靠增大系统循环流量来改善热力工况，则循环流量愈大，末端用户平均室温提高愈多；与此同时，系统供水温度下降愈多，回水温度提高愈多。

当总循环流量为70.3kg/h，单位供暖建筑面积平均流量为14.0kg/（m^2·h）时，1~5用户的平均室温分别为15.7℃、17.2℃、18.5℃、18.9℃和19.0℃，即系统各用户的总平均室温达17.9℃。此时系统供水温度66.6℃，回水温度63.4℃，系统总供热量为261W（224kcal/h）。热力工况已接近设计工况。

若系统循环流量继续增大，达到某一数值，则各用户平均室温都将能达到设计室温18℃。此时系统总供热量应为设计值262W。因此，无限制的增加循环流量，从理论上讲完全可以消除系统的热力工况失调。但是，循环流量的增加，必然要相应的配置大功率循环水泵或增加水泵并联台数。由于流量与水泵轴功率成三次方关系，流量的增加，将带来电能的更大消耗。从提高供热系统运行水平出发，依靠增加循环流量，改善供热效果的方法是不可取的。

（2）增大了热源的容量　在循环流量增加受限的情况下，往往不足以消除用户冷热不均的现象。这时，提高系统供水温度，也可达到提高末端用户平均室温进而改善供热效果的目的。但应该指出，提高系统供水温度与提高系统循环水量的作用有明显的不同。在锅炉燃烧正常情况下，适当提高系统循环水量，系统总供热量不会有明显变化，亦即系统各用户总平均室温已定，主要作用是缩小了各用户的室温偏差，在各用户间起到了均匀、调节室温的功能。提高系统供水温度，主要作用是普遍提高各用户的室温，亦即提高系统的总平均室温。因而相应提高了系统总供热量。

（3）增大了能耗　大流量的运行方式，将引起能耗的增加，可从以下几方面说明：

1）抑制锅炉的热容量。若供热系统运行流量和供水温度相同，水力工况失调时的系统回水温度将高于正常水力工况时系统的回水温度。系统的总供热量低于设计供热量。这是由散热器的散热特性和系统水流量分配不均引起的。末端用户由于流量不足影响了散热器的散热能力。从热源处看误认为是系统回水温度升高，锅炉热容量不足。但在大多数的情况下，锅炉热容量是够的，主要是热源提供的供热量无法有效的散出去，致使回水温度提高。在系统存在冷热不均现象时，首先应进行初调节即流量均匀调节，然后再考察锅炉热容量的大小。

2）提高了耗电费用。按照《民用建筑节能设计标准》规定，供热系统中循环水泵的电功率一般控制在单位供热建筑面积为0.35～0.45W/m^{2}范围内。而在大流量的运行方式下，我国目前系统循环水泵的实际电功率在0.5～0.6W/m^{2}之间，有的甚至高达0.6～0.9 W/m^2。若考虑锅炉热容量的额外增加，由鼓、引风机、除渣机和炉排电动机等辅助设备所消耗的电能，则供热系统的实际耗电费用还会进一步增加。

3）增加了供热量的浪费。在供热系统热力工况失调的情况下，近端用户室温超过设计室温，是一项热量浪费；末端用户室温未达到设计室温，由辅助热源供热（如烧火炉），也是一项热量的浪费。当采用提高系统供水温度的措施时，系统各用户总平均室温高出设计室温的那部分供热量也属浪费之列。

（4）增加了设备投资　大流量运行造成系统需要更大的水泵，更大的锅炉，有时还要增加系统管径，配置增压泵等，所有这些技术措施，增加了设备的投资，因而并不经济。

（5）降低了系统的可调节性　通过以上分析，可看出大流量运行并不是一种有效的运行方式，应该逐渐取缔。供热系统热力失调的根本原因是水力失调即流量分配不均所致。所以进行系统的流量调节即初调节来消除系统热力失调才是最有效、最经济的方法。

习　　题

1. 何谓热力工况？
2. 何谓热力失调？热力失调有哪些类型？
3. 提高热力稳定性的措施有哪些？

第11章 热水供热系统的供热调节

11

11.1 初调节与运行调节

11.1.1 热水供热系统的初调节

在通常情况下，供暖系统在建成投入运行后，由于各种原因，如设计本身的问题，小区扩建、改建的问题，调整阀门等客观因素，都会使供暖用户系统的流量不能满足流量的要求，使一些用户的室温不符合设计要求，即存在水力失调现象。所以要求热水供热系统在投入运行初期，利用预先安装的调节阀，对各支路的流量进行合理调节。这种调节方法称为供热系统的初调节，供热系统初调节亦即流量调节。依靠流量调节消除系统运行工况失调问题，并将各热用户的运行流量调配到理想流量（热负荷需求的流量），解决系统流量分配不均问题。

热水供热系统初调节的目的，是将热水供热系统实际工况水压图调整到设计工况水压图。室内供暖系统进行初调节的目的是使供暖建筑物内所有散热器的热量分配达到设计值，以保证各个房间都达到供暖设计室温。

一般来说，供热系统初调节是在整个供热管网和用户系统工程安装完毕后进行，也是供热管网和用户系统运行前的必不可少的环节。通过对供热管网和用户系统的初调节，使系统运行达到设计状态。供热系统的初调节也可在供热系统运行期间进行。

初调节的方法包括：阻力系数法、预定计划法、比例法、补偿法、计算机法、模拟分析法、模拟阻力法（CCR 法）、温度调节法、自立式调节法及简易快速法等，详见有关资料。

热水供热系统初调节分为室外和室内两部分。首先通过调节各用户入口处和网路上的调节阀，使热水网路的水力工况满足各用户的要求，然后再进行室内系统的调节。

11.1.2　热水供热系统的运行调节

热水供热系统通常有供暖、通风、空调、生活热水和生产工艺用热等多种热负荷用户系统，而这些热用户的热负荷一般不是恒定的，特别是建筑物供暖热负荷，往往根据室外气象条件发生改变。热水供热系统不仅保证在设计条件下热负荷符合设计值要求，而且在任何冬季室外条件下都能得到保证。要达到以上要求，不但需要正确的设计，而且要求对供热系统的供热量根据用户热负荷变化情况进行合理的供热调节。

在城市集中热水供热系统中，供暖热负荷是最主要的热负荷，甚至是唯一的热负荷。热水供暖系统、供暖设备等，是根据供暖设计热负荷而确定。在实际运行过程中，建筑物供暖热负荷的大小及室内温度的高低随着室外温度、日照、风速等气象参数的改变而变化。如 $Q = qV(t_n - t_w)$，在整个供暖季，随着 t_w 的变化而变化。如仍按设计热负荷向供暖建筑供热，多数时间会使室温过高而造成能源浪费。因此，在热水供热系统中，通常按照供暖热负荷随室外温度的变化规律，作为供热调节的依据。供暖系统供热调节的目的在于供暖用户散热器的散热量与用户热负荷的变化规律相适应。从而达到热量供需平衡，即按需供热，以保证室内温度满足用户要求。

因此，在热水供暖系统中，随着室外气象参数的变化，按照热负荷随室外温度的变化规律，热源的供热量应进行相应的调节，使散热设备的散热量与热负荷的变化规律相适应，由此进行的调节为运行调节，即供热调节。

综上所述，热水供热系统的调节方式分为初调节和运行调节。热水供热系统中网路的水力工况对供热调节有着重要的影响，因此实现供热调节的前提必须进行流量调节，使热水网路在稳定工况下运行。

运行调节根据调节地点不同分为集中调节、局部调节和个体调节。集中调节在热源处进行；局部调节在热力站及建筑引入口进行，如分户计量用户根据室温自行调节；个体调节在散热设备处单独进行，如散热器手动或温控阀调节。

热水供热系统的集中供热调节方法，主要有下列几种：

1）质调节。

2）量调节。

3）分阶段改变流量的质调节。

4）间歇调节。

11.2　供暖热负荷供热调节的热平衡关系式

热水供热系统供热调节的目的就是根据供暖热负荷随室外温度的改变而对热

源的供热量进行调节控制，以便维持供暖建筑物室内所要求的温度。

当热水供暖系统在稳定状态下运行时，若不计管网沿途热损失，系统的供热量应等于用户散热设备的散热量，同时也应等于供暖用户围护结构的耗热量。基于热平衡原理，推导供暖热负荷供热调节的计算公式。

11.2.1 设计工况

当供暖室外计算温度为 t'_w，散热设备采用散热器时，供暖系统在稳定工况条件下运行，设计工况时的热平衡方程式如下

$$Q'_1 = Q'_2 = Q'_3 \tag{11-1}$$

$$Q'_1 = q'_v V(t_n - t'_w) \tag{11-2}$$

$$Q'_2 = K'F(t'_{p,j} - t_n) \tag{11-3}$$

$$Q'_3 = 1.163G'(t'_g - t'_h) \tag{11-4}$$

式中 Q'_1——建筑物的供暖设计热负荷（W）；

Q'_2——在供暖室外计算温度 t'_w 下，散热器散出的热量（W）；

Q'_3——在供暖室外计算温度 t'_w 下，热水网路向供暖用户输送的热量（W）；

q'_v——建筑物的供暖体积热指标 [W/(m³·℃)]；

t'_g——进入供暖用户的供水温度（℃）；如用户与热网采用无混水装置的直接连接方式，则热网的供水温度 $\tau'_1 = t'_g$；如用户与热网采用混水装置的直接连接方式，则 $\tau'_1 > t'_g$；

t'_h——供暖用户的回水温度（℃）；如供暖用户与热网采用直接连接，则热网的回水温度与供暖系统的回水温度相等，$\tau'_2 = t'_h$；

$t'_{p,j}$——散热器内热媒平均温度（℃）；

G'——供暖系统的循环流量（kg/h）；

K'——设计工况下散热器的传热系数 [W/(m²·℃)]。

其他符号同前。

散热器的放热方式属于自然对流放热，它的传热系数为 $K = \alpha(t'_{p,j} - t_n)^b$。如就整个供暖系统来说，可近似地认为：$t'_{p,j} = (t'_g + t'_h)/2$，则式（11-3）可改写为

$$Q'_2 = \alpha F\left(\frac{t'_g + t'_h}{2} - t_n\right)^{1+b} \tag{11-5}$$

若以带“′”上标符号，表示在供暖室外计算温度 t'_w 下的各种参数，而不带上标符号表示在某一室外温度 $t_w(t_w > t'_w)$ 下的各种参数。

11.2.2 运行工况

在保证室内计算温度 t'_n 条件下，可列出与上面相对应的实际运行工况时的

热平衡方程式。即

$$Q_1 = Q_2 = Q_3 \tag{11-6}$$

$$Q_1 = qV(t_n - t_w) \tag{11-7}$$

$$Q_2 = \alpha F\left(\frac{t_g + t_h}{2} - t_n\right)^{1+b} \tag{11-8}$$

$$Q_3 = 1.163G(t_g - t_n) \tag{11-9}$$

若令在运行调节时，相应 t_w 下的供暖热负荷与供暖设计热负荷之比，称为相对供暖热负荷比 $\overline{Q}$，而称其流量之比为相对流量比 $\overline{G}$，则

$$\overline{Q} = \frac{Q_1}{Q'_1} = \frac{Q_2}{Q'_2} = \frac{Q_3}{Q'_3} \tag{11-10}$$

$$\overline{G} = \frac{G}{G'} \tag{11-11}$$

同时，为了便于分析计算，假设供暖热负荷与室内外温差的变化成正比，即把供暖热指标视为常数（$q' = q$）。但实际上，由于室外的风速和风向，特别是太阳辐射热的变化与室内外温差无关，因此这个假设会有一定的误差。如不考虑这一误差影响，则

$$\overline{Q} = \frac{Q_1}{Q'_1} = \frac{t_n - t_w}{t_n - t'_w} \tag{11-12}$$

即相对供暖热负荷比 $\overline{Q}$ 等于相对的室内外温差比。考虑整个供暖季散热器面积保持不变，则综合上述公式，可得

$$\overline{Q} = \frac{t_n - t_w}{t_n - t'_w} = \frac{(t_g + t_h - 2t_n)^{1+b}}{(t'_g + t'_h - 2t_n)^{1+b}} = \overline{G}\frac{t_g - t_h}{t'_g - t'_h} \tag{11-13}$$

式（11-13）是散热器热水供暖系统供热调节的基本公式。式中分母的数值，均为设计工况下的已知参数。在某一室外温度 t_w 的运行工况下，如果保持室内温度 t_n 值不变，则应保证有相应的 t_g、t_h、$\overline{Q}(Q)$ 和 $\overline{G}(G)$ 四个未知值，但只有三个联立方程式，因此需要引进补充条件，才能求出四个未知值的解。所谓引进补充条件，就是在前一节中叙述的相应的调节方法。

11.3 直接连接热水供暖系统的集中供热调节

11.3.1 集中质调节

随着室外温度的变化，只改变供暖系统的供水温度，而供暖系统的循环流量保持不变的调节方法，称为质调节。一般来说，供暖系统的散热器平均计算温差随室外温度升高而降低。

1. 无混合装置的直接连接的热水供暖系统

对无混合装置的直接连接的热水供暖系统，由于系统流量不变，即补充条件 $\overline{G}=1$，将此条件代入热水供暖系统供热调节的基本公式（11-13）联立求解，可求出质调节的供、回水温度的计算公式

$$\tau_1 = t_g = t_n + 0.5(t'_g + t'_h - 2t_n)\overline{Q}^{1/(1+b)} + 0.5(t'_g - t'_h)\overline{Q} \tag{11-14}$$

$$\tau_2 = t_h = t_n + 0.5(t'_g + t'_h - 2t_n)\overline{Q}^{1/(1+b)} - 0.5(t'_g - t'_h)\overline{Q} \tag{11-15}$$

或写成下式

$$\tau_1 = t_g = t_n + \Delta t'_s\overline{Q}^{1/(1+b)} + 0.5\Delta t'_j\overline{Q} \tag{11-16}$$

$$\tau_2 = t_h = t_n + \Delta t'_s\overline{Q}^{1/(1+b)} - 0.5\Delta t'_j\overline{Q} \tag{11-17}$$

式中 $\Delta t'_s = 0.5(t'_g + t'_h - 2t_n)$——用户散热器的设计平均计算温差（℃）；

$\Delta t'_j = t'_g - t'_h$——用户的设计供、回水温度差（℃）。

根据上述质调节公式，绘制出质调节曲线，对采用无混水装置与网路直接连接的供暖用户，在任意室外温度 t_w 下，确定出相应的网络供水温度 t_g 进行质调节。

2. 有混合装置的直接连接的热水供暖系统

对有混合装置的直接连接的热水供暖系统，如用户或热力站处设置水喷射器、混合水泵，如图 11-1 所示。式（11-16）所求的 t_g 值是混水后进入供暖用户的供水温度，则 $\tau_1 > t_g$，$\tau_2 = t_h$。网路的供水温度 τ_1，还应根据混合比再进一步求出。

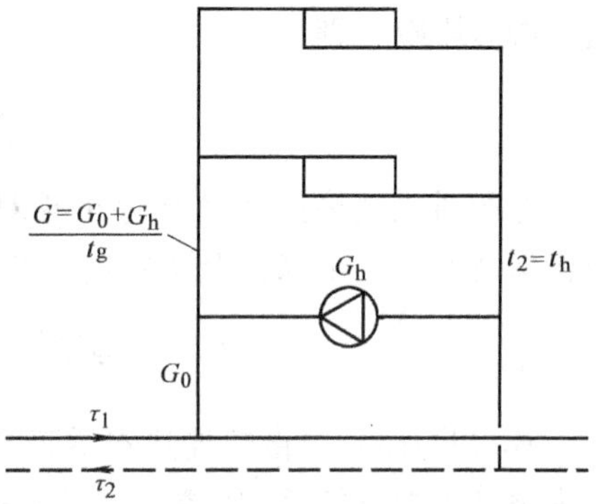

图 11-1 带混水装置的直接连接供暖系统与热水网路连接示意图

混合比（或喷射系数）u，可用下式表示

$$u = G_h/G_0 \tag{11-18}$$

式中 G_0——热水网路的循环水量（kg/h）；

G_h——从供暖系统抽引的回水量（kg/h）。

在设计工况下，根据热平衡方程式

$$cG'_0\tau'_1 + cG'_h t'_h = (G'_0 + G'_h)ct'_g$$

由此可得

$$u' = \frac{\tau'_1 - t'_g}{t'_g - t'_h} \tag{11-19}$$

式中 τ'_1——网路的设计供水温度（℃）。

在任意室外温度 t_w 下，只要保持供暖用户系统的总阻力数 S 值不变，则混合比 u 不会改变，仍与设计工况下的混合比 u' 相同，即

$$u = u' = \frac{\tau_1 - t_g}{t_g - t_h} = \frac{\tau'_1 - t'_g}{t'_g - t'_h} \tag{11-20}$$

即

$$\tau_1 = t_g + u(t_g - t_h) = t_g + u\overline{Q}(t'_g - t'_h) \tag{11-21}$$

根据式（11-21），即可求出在热源处进行质调节时，网路的供水温度 τ_1 随室外温度 t_w（即 $\overline{Q}$）的变化关系式。

将式（11-16）和式（11-20）代入式（11-21），由此可得出对有混合装置的直接连接热水供暖系统的网路供、回水温度

$$\tau_1 = t_n + \Delta t'_s \overline{Q}^{1/(1+b)} + (\Delta t'_w + 0.5\Delta t'_j)\overline{Q} \tag{11-22}$$

$$\tau_2 = t_h = t_n + \Delta t'_s \overline{Q}^{1/(1+b)} - 0.5\Delta t'_j \overline{Q} \tag{11-23}$$

式中　$\Delta t'_w = \tau'_1 - t'_g$——网路与用户系统的设计供水温度差（℃）。

根据式（11-16）、式（11-17）、式（11-22）和式（11-23），可绘制在热源处进行质调节时，网路的供水温度 τ_1 随室外温度 t_w（即 $\overline{Q}$）的变化的水温曲线。

【例11-1】　哈尔滨市供暖室外计算温度 $t'_w = -26℃$，要求室内计算温度 $t_n = +18℃$，选用四柱型散热器，$b = 0.35$。当采用集中质调节时：

1）当热水网路设计供、回水温度为95℃/70℃时，绘制质调节曲线；

2）若室外温度 $t_w = -15℃$，试确定质调节相应的供、回水温度；

3）当热水网路设计供、回水温度为130℃/70℃时，供暖用户采用混水装置的直接连接。供暖系统供、回水温度为95℃/70℃时，绘制质调节曲线。

【解】 1. 对于95℃/70℃的热水供热系统，根据式（11-16）和式（11-17）

其中　$\Delta t'_s = 0.5(t'_g + t'_h - 2t_n) = [0.5 \times (95 + 70 - 2 \times 18)]℃ = 64.5℃$

$$\Delta t'_j = t'_g - t'_h = (95 - 70)℃ = 25℃$$

$$1/(1 + b) = 1/(1 + 0.35) = 0.74$$

将上列数据代入下式

$$\tau_1 = t_g = t_n + \Delta t'_s \overline{Q}^{1/(1+b)} + 0.5\Delta t'_j \overline{Q}$$

$$\tau_2 = t_h = t_n + \Delta t'_s \overline{Q}^{1/(1+b)} - 0.5\Delta t'_j \overline{Q}$$

得

$$t_g = 18 + 64.5\overline{Q}^{0.74} + 12.5\overline{Q}$$

$$t_h = 18 + 64.5\overline{Q}^{0.74} - 12.5\overline{Q}$$

由上式可求出 $t_g = f(\overline{Q})$ 和 $t_h = f(\overline{Q})$ 的质调节曲线，其中 $\overline{Q} = \dfrac{t_n - t_w}{t_n - t'_w}$。计算结果见表11-1。水温曲线见图11-2。

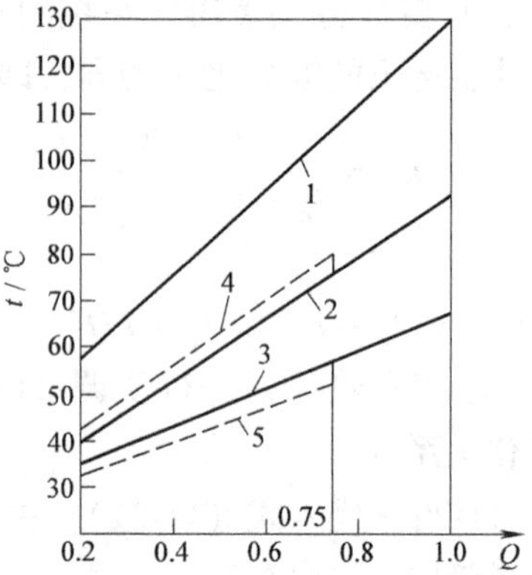

图 11-2 供暖热负荷质调节水温调节曲线

1—130℃/95℃/70℃热水供暖系统，网路供水温度 τ_1 曲线

2—130℃/95℃/70℃热水供暖系统，混水后的供水温度 t_g 曲线；

或95℃/70℃的系统，网路和用户的供水温度 $\tau_1=t_g$ 曲线

3—130℃/95℃/70℃和95℃/70℃的系统，网路和用户的回水温度，$\tau_2=t_h$ 曲线

4、5—95℃/70℃的系统，按分阶段改变流量的质调节的供水温度（曲线4）和回水温度（曲线5）

表 11-1 热水供暖系统质调节热水网路的供、回水温度 （单位:℃）

系统形式		有混水装置的直接连接			无混水装置的直接连接	
设计参数		130℃/95℃/70℃			95℃/70℃	
t_w	$\overline{Q}$	τ_1	t_g	τ_h	t_g	t_h
+5	0.30	58.2	47.9	40.5	47.9	40.5
0	0.41	70.7	56.4	46.2	56.4	46.2
-5	0.52	82.7	64.4	51.4	64.4	51.4
-10	0.64	94.4	72.2	56.3	72.2	56.3
-15	0.75	105.8	79.5	60.8	79.5	60.8
-20	0.86	116.9	86.7	65.1	86.7	65.1
-23	0.93	123.5	90.9	67.6	90.9	67.6
-26	1.0	130.0	95.0	70.0	95.0	70.0

2. 室外温度 $t_w=-15$℃，质调节相应的负荷比 $\overline{Q}$ 为

$$\overline{Q}=\frac{t_n-t_w}{t_n-t'_w}=\frac{18-(-15)}{18-(-)26}=0.75$$

将 $\overline{Q}=0.75$ 代入上两式，可得 $t_g=79.5$℃，$t_h=60.8$℃。

3. 对有混水装置的热水供热系统（130℃/95℃/70℃）

根据式（11-22）和式（11-23）

$$\tau_1=t_n+\Delta t'_s\overline{Q}^{1/(1+b)}+(\Delta t'_w+0.5\Delta t'_j)\overline{Q}$$

$$\tau_2=t_h=t_n+\Delta t'_s\overline{Q}^{1/(1+b)}-0.5\Delta t'_j\overline{Q}$$

其中 $\Delta t'_w = \tau'_1 - t'_g = (130-95)℃ = 35℃$，代入上式，得

$$\tau_1 = t_n + 64.5_s\overline{Q}^{1/(1+b)} + 47.5\overline{Q}$$

$$\tau_2 = t_h = t_n + 64.5\overline{Q}^{1/(1+b)} - 12.5\overline{Q}$$

计算结果见表11-1。水温调节曲线如图11-2所示。

从上述的供热质调节公式可以看出，热网的供回水温度 τ_1、τ_2 是相对热负荷比 $\overline{Q}$ 的单质函数。

结论：根据上述质调节基本公式，水温调节曲线以及例题分析，网路的供、回水温度随室外温度的变化有如下规律：

1）随着室外温度 t_w 的升高，网路和供暖系统的供、回水温度随之降低，供、回水温差比也随之减小，其相对供、回水温差比等于该室外温度下的相对热负荷比，即

$$\overline{Q} = \Delta\bar{\tau}_w = \Delta\bar{t}_j$$

$$\frac{t_n - t_w}{t_n - t'_w} = \frac{\tau_1 - \tau_2}{\tau'_1 - \tau'_2} = \frac{t_g - t_h}{t'_g - t'_h} \tag{11-24}$$

2）由于散热器传热系数 K 值的变化规律为 $K = \alpha(t_{p,j} - t_n)^b$，供、回水温度调节曲线呈一条向上凸的曲线，而不是直线。

3）随着室外温度 t_w 的升高，散热器的平均计算温差亦随之降低。在某一室外温度 t_w 下，散热器的相对平均计算温差比与相对热负荷比具有如下关系

$$\overline{Q}^{1/(1+b)} = \Delta\bar{t}_s$$

$$\left(\frac{t_n - t_w}{t_n - t'_w}\right)^{1/(1+b)} = \frac{t_g + t_h - 2t_n}{t'_g + t'_h - 2t_n} \tag{11-25}$$

式中 $\Delta\bar{t}_s = \Delta t_s/\Delta t'_s$——表示在 t_w 温度下，散热器的计算温差，与设计工况下的计算温差的比值。

由此可见，在给定散热器面积的条件下，散热器的平均计算温度差是散热器散热量的单值函数。因此，进行热水供暖系统的供热调节，实质上是调节散热器的平均计算温差，即调节供回水平均温度，来满足不同工况时散热器的散热量。

集中质调节只需在热源处改变网路供回水温度，运行管理方便。网路的循环水量保持不变，网路的水力工况稳定。对于热电厂热水供热系统，由于网路供水温度随室外温度升高而降低，可充分利用汽轮机的低压抽汽，从而有利于提高热电厂的经济效益。所以集中质调节是最为广泛采用的供热调节方式。但由于在整个供暖季，网路循环流量保持不变，消耗电能较多。同时，对于有多种热负荷的热水供热系统，各热用户要求的供热参数（供水温度）不同时，采用集中质调节则较难同时满足各种热用户的要求。如连接有生活热水热负荷的热水供热系统，进行质调节时，闭式热水供热系统任何时候供水温度应保证不低于70℃，开式热水供热系统任何时候供水温度应保证不低于60℃。当生活热水温度可以低于

60℃时，供水温度可相应降低。对连接有通风用户的热水供热系统，如网路温度过低，通风系统的送风温度过低会产生吹冷风的不舒适感。

11.3.2 集中流量调节

随着室外温度的变化，在热源处不断改变网路循环水流量，而网路的供水温度保持不变的调节方法，称为流量调节。

进行集中流量调节时，对应基本公式（11-13）来说，补充条件为：$t_g = t'_g$。联立求解，可求出某一室外温度 t_w 下的 $\overline{Q}(Q)$、t_h 和 $\overline{G}(G)$ 值

$$t_h = 2t_n + (t'_g + t_h - 2t_n)\overline{Q}^{1/(1+b)} - t'_g \tag{11-26}$$

$$\overline{G} = \frac{t'_g - t'_h}{t_g - t_h}\overline{Q} \tag{11-27}$$

$$\overline{Q} = \frac{t_n - t_w}{t_n - t'_w}$$

【例 11-2】 仍以例 11-1 为例，热水供暖系统设计供、回水温度为 95℃/70℃，采用集中量调节。当室外温度 $t_w = -15$℃，试确定流量调节相应的回水温度 t_h 及流量比 $\overline{G}$。

【解】 根据式（11-26）和式（11-27）相应的回水温度 t_h 及流量比 $\overline{G}$ 为

$$t_h = \left\{2\times18 + (95+70-2\times18)\left[\frac{18-(-15)}{18-(-26)}\right]^{1/(1+0.35)} - 95\right\}\text{℃} = 45.3\ \text{℃}$$

$$\overline{G} = \frac{95-70}{95-45.3}\times\frac{18-(-15)}{18-(-26)} = 0.38$$

采用流量调节时，随着室外温度升高，网路水流量迅速地减小，常常会使供暖系统产生严重的竖向热力失调。集中流量调节的优势在于节省电耗。在实际运行中，随着室外温度的不断变化而改变网路流量难以运行管理，所以，目前在国内很少采用单一集中流量调节的方式进行供热调节，流量调节往往作为集中质调节的一种辅助方式，对局部供暖系统作辅助性的调节。

11.3.3 分阶段改变流量的质调节

在供暖期按室外温度高低分为几个阶段，不同时间段，采用不同的流量，同时改变系统的供水温度的调节方法，称为分阶段改变流量的质调节。

分阶段改变流量的质调节，是在供暖期中按室外温度高低分成几个阶段，在室外温度较低的阶段中，保持设计最大流量；而在室外温度较高的阶段中，保持较小的流量。

即令

$$\varphi = \overline{G} = 常数$$

将这个补充条件代入供暖系统的供热调节基本公式（11-13），可得出以下调节公式

（1）对无混水装置的供暖系统

$$\tau_1 = t_g = t_n + \Delta t'_s \overline{Q}^{1/(1+b)} + 0.5\frac{\Delta t'_j}{\varphi}\overline{Q} \tag{11-28}$$

$$\tau_2 = t_h = t_n + \Delta t'_s \overline{Q}^{1/(1+b)} - 0.5\frac{\Delta t'_j}{\varphi}\overline{Q} \tag{11-29}$$

（2）对有混水装置的供暖系统

$$\tau_1 = t_n + \Delta t'_s \overline{Q}^{1/(1+b)} + (\Delta t'_w + 0.5\Delta t'_j)\frac{\overline{Q}}{\varphi} \tag{11-30}$$

$$\tau_2 = t_h = t_n + \Delta t'_s \overline{Q}^{1/(1+b)} - 0.5\Delta t'_j\frac{\overline{Q}}{\varphi} \tag{11-31}$$

式中符号同前。

在中小型热水供热系统中，一般可选用两台不同规格的循环水泵。如其中一台循环水泵的流量按设计值100%选择，另一台按设计值的70%～80%选择。在大型热水供热系统中，也可考虑选用三台不同规格的水泵。由于水泵扬程与流量的平方成正比，水泵的电功率与流量的立方成正比，节约电能效果显著。因此，分阶段改变流量的质调节的供热调节方式，在区域锅炉房热水供热系统中，得到较多的应用。

对直接连接的供暖用户系统，采用此调节方式时，应注意不要使进入供暖系统的流量过少。通常不应小于设计流量的60%，即 $\varphi = \overline{G} \geqslant 60\%$。如流量过少，对双管供暖系统，由于各层的重力循环作用压头的比例差增大，引起用户系统的垂直失调。对单管供暖系统，由于各层散热器传热系数 K 值变化程度不一致的影响，也同样会引起垂直失调。

【例11-3】　仍以例11-1为例，热水供暖系统设计供、回水温度为95℃/70℃，采用分阶段改变流量的质调节。室外温度 t_w 从 -15℃～-26℃为一个阶段，水泵流量为设计流量。室外温度 t_w 从5℃～-15℃为一个阶段，水泵流量为设计流量的75%。试绘制水温调节曲线，并与供、回水温度为95℃/70℃质调节曲线相比较。

【解】　1）由例11-1可知，室外温度 t_w 从 -15℃～-26℃这个阶段，水泵流量为设计流量，流量比 $\overline{G}=1$，此阶段仍为质调节。供、回水温度与例11-1相同，见表11-2。

2）供暖始末室外温度 $t_w = 5℃$，到室外温度 $t_w = -15℃$，这个阶段流量比 $\overline{G}=0.75$，将 $\varphi = \overline{G} = 0.75$ 代入式（11-28）和式（11-29）可得

$$t_g = 18 + 64.5\overline{Q}^{0.74} + 16.67\overline{Q}$$
$$t_h = 18 + 64.5\overline{Q}^{0.74} - 16.67\overline{Q}$$

计算结果列于表 11-2。水温调节曲线，如图 11-2 所示。

由图 11-2 可见，采用分阶段改变流量的质调节时，室外温度 t_w 从 +5℃到 -15℃这个阶段内，由于网路流量减少到设计流量的 75%，与供、回水温度为 95℃/70℃的质调节曲线相比较，网路的供水温度升高，回水温度降低，供回水温差增大。从散热器散热量来分析，在某一室外温度 t_w 下，如果要保证室内温度为一定值，散热器的散热量也应为某一确定值，所以，无论采用质调节或是采用其他调节方法，散热器内热媒平均温度应保持一致。所以网路供水温度的升高与回水温度的降低的数值应该相等，表 11-2 的数据也能说明了这一点。

表 11-2

调节方法	室外温度 t_w/℃	-26	-23	-20	-15	-10	-5	0	+5
	相对热量比 $\bar{Q}$	1.0	0.93	0.86	0.75	0.64	0.52	0.41	0.30
质调节 $\bar{G}=1$	供水温度 t_g/℃	95	90.9	86.7	79.5	72.2	64.4	56.4	47.9
	回水温度 t_h/℃	70	67.6	65.1	60.8	56.3	51.4	46.2	40.5
分阶段改变流量的质调节	供水温度 t_g/℃	95	90.9	86.7	79.5	75.0	66.4	58.2	48.9
	回水温度 t_h/℃	70	67.6	65.1	60.8	53.5	49.4	44.4	39.5
	相对流量比 $\bar{G}$	1.0				0.75			

11.3.4 间歇调节

当室外温度升高时，不改变网路的循环水量和供水温度，只减少每天供暖小时数的调节方法，称为间歇调节。

间歇调节可以在室外温度较高的供暖初期和末期进行。热水供热系统通常采用集中质调节方式进行供热调节，在室外温度较高时，为满足加热生活用热水的需要，热水供热系统的供水温度保持 70℃而不能再降低。在这种情况下为防止供暖房间过热，往往采用间歇调节作为一种辅助的调节措施。

当采用间歇调节时，热水网路的流量和供水温度保持不变，网路每天工作总时数 n 随室外温度的升高而减少。它可按下式计算

$$n = 24\frac{t_n - t_w}{t_n - t''_w} \tag{11-32}$$

式中 t_w——间歇运行时的某一室外温度（℃）；

t''_w——开始间歇调节时的室外温度（相应于热水网路保持的最低供水温度）（℃）。

【例 11-4】 仍以例 11-1 为例，热水供暖系统设计供、回水温度为 95℃/

70℃，网路上连接有供暖用户和热水供应用户。如热源按供暖用户质调节水温曲线进行供热调节，但热水供应用户供水温度不得低于70℃，因此，当供水温度达到70℃时供暖用户应进行间歇调节。

试确定室外温度+5℃时，网路每日工作小时数。

【解】 根据式（11-16）得 $t_g=18+64.5\overline{Q}^{0.74}+12.5\overline{Q}$

由上式反算 $t_g=70$℃时，相应室外温度 $t''_w=-8.7$，代入式（11-32），可得

$$n=24\times\frac{t_n-t_w}{t_n-t''_w}=24\times\frac{18-5}{18+8.7}\text{h/d}=11.7\text{h/d}$$

当采用间歇调节时，为使网路远端和近端的热用户通过热媒的时间接近，在区域锅炉房的锅炉压火后，网路循环水泵应继续运转一段时间。运转时间相当于热媒从离热源最近的热用户流到最远热用户的时间。因此，网路循环水泵的实际工作小时数，应比由式（5-35）的计算值大一些。

必须指出，间歇调节和目前国内常用的间歇供暖制度有本质的不同。间歇供暖是指在设计工况每天只供若干小时，而保持平均室温达到设计值。因此间歇供暖要求供暖设备的出力比连续供暖相应的增加。而间歇调节是指在设计工况时为连续供暖，只有在室外温度升高时才减少供暖时数。

目前国内大部分供暖系统都是锅炉设备大，用户散热设备大，与用户热负荷不匹配，所以在运行过程中锅炉采用“间歇”运行，即使在冬季最冷时也是这样。锅炉频繁起火、压火，网路供、回水温度总是在不断变化，必然造成热量的浪费。

上述热水供热系统的运行调节，从原理上来讲，根据室外气象条件，以供回水温度和流量为依据来控制供热量，从而使室温达到要求。实施上述调节方法的条件是：供暖系统各用户的供暖设计热负荷应与实际需要的热量相一致；供暖系统应在稳定状态下连续运行（间歇调节除外）；系统循环水量必须控制到理论值。

11.4 间接连接热水供暖系统的集中供热调节

上节介绍的调节方式是用于直接连接的热水供暖系统，对于通过换热器进行换热的间接连接的热水供热系统，上述调节方法只适用于二级网系统。

供暖用户系统与热水网路采用间接连接时，通常对供暖用户系统按质调节方式进行供热调节，以保证供暖用户系统的水力工况稳定。

热水网路的供、回水温度 τ_1 和 τ_2，取决于一级网路采取的调节方式及水-水换热器的热力特性。通常可采用集中质调节或质量-流量调节方法。间接连接热水供热系统如图11-3所示。

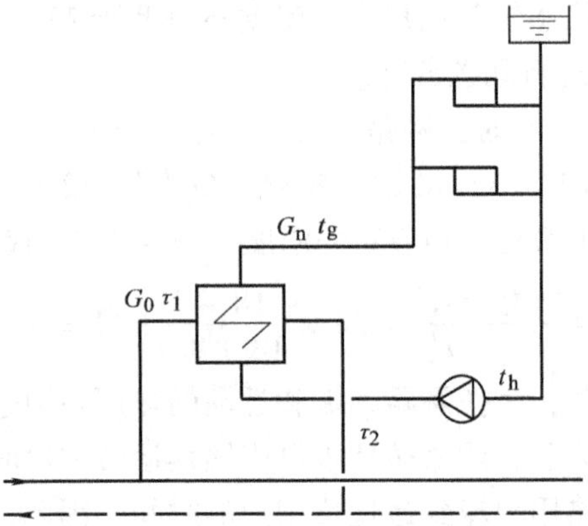

图 11-3　间接连接热水供暖系统

11.4.1　热水网路采用质调节

热水网路进行质调节的目的在于，二级网供暖系统进行质调节，即 $\bar{G}_n=1$ 时，t_g 随着室外温度 t_w 的升高而改变时，热水网路 τ_1、τ_2 如何适应 t_g 的变化而进行的调节。

在进行集中质调节时，引进补充条件热水网路的相对流量比 $\bar{G}_0=1$，热水网路应满足下列热平衡方程

$$\bar{Q}_0=\bar{G}_0\frac{\tau_1-\tau_2}{\tau_1'-\tau_2'}=\frac{\tau_1-\tau_2}{\tau_1'-\tau_2'} \tag{11-33}$$

式中　$\bar{Q}_0$——热水网路供给的相对热量比；

τ_1'、τ_2'——热水网路的设计供、回水温度（℃）；

τ_1、τ_2——在室外温度 t_w 时的网路的设计供回水温度（℃）。

用户系统水-水换热器应满足下列热平衡方程

$$\bar{Q}=\bar{K}\frac{\Delta t}{\Delta t'} \tag{11-34}$$

式中　$\bar{Q}$——在室外温度 t_w 时的相对供暖热负荷比；

$\bar{K}$——水-水换热器的相对传热系数比；

Δt——运行工况 t_w 时，水-水换热器的对数平均温差（℃）。

$$\Delta t=\frac{(\tau_1-t_g)-(\tau_2-t_h)}{\ln\dfrac{\tau_1-t_g}{\tau_2-t_h}} \tag{11-35}$$

$\Delta t'$——设计工况下，水-水换热器的对数平均温差（℃）。

$$\Delta t' = \frac{(\tau'_1 - t'_g) - (\tau'_2 - t'_h)}{\ln \dfrac{\tau'_1 - t'_g}{\tau'_2 - t'_h}} \tag{11-36}$$

水-水换热器的相对传热系数比 $\bar{K}$ 值，取决于选用的水-水换热器的传热特性，由实验数据得出。对于管壳式水-水换热器，$\bar{K}$ 值近似由下式计算

$$\bar{K} = \bar{G}_0^{0.5} \times \bar{G}_n^{0.5} \tag{11-37}$$

式中　$\bar{G}_0$——水-水换热器中，加热介质的相对流量比，即热水网路的相对流量比；

$\bar{G}_n$——水-水换热器中，被加热介质的相对流量比，即供暖用户系统的相对流量比。

当热水管网和供暖用户均采用质调节时，即引进补充条件 $\bar{G}_0 = 1$，$\bar{G}_n = 1$ 时，可近似认为两种工况时水-水换热器的传热系数相等，即

$$\bar{K} = 1 \tag{11-38}$$

根据式（11-33），将式（11-35）、式（11-38）代入式（11-34），可得出供热调节的基本公式

$$\bar{Q} = \frac{\tau_1 - \tau_2}{\tau'_1 - \tau'_2} = \frac{t_g - t_h}{t'_g - t'_h} \tag{11-39}$$

$$\bar{Q} = \frac{(\tau_1 - t_g) - (\tau_2 - t_h)}{\Delta t'_g \ln \dfrac{\tau_1 - t_g}{\tau_2 - t_h}} \tag{11-40}$$

由式（11-39）得

$$\tau_1 - \tau_2 = \bar{Q}(\tau'_1 - \tau') \tag{11-41}$$

$$t_g - t_h = \bar{Q}(t'_g - t'_h) \tag{11-42}$$

式（11-41）、式（11-42）联立求解，并代入式（11-40）中得

$$\ln \frac{\tau_1 - t_g}{\tau_2 - t_h} = \frac{(\tau'_1 - t'_g) - (\tau'_2 - t'_h)}{\Delta t'} \tag{11-43}$$

令

$$\frac{(\tau'_1 - t'_g) - (\tau'_2 - t'_h)}{\Delta t'} = D$$

则

$$\frac{\tau_1 - t_g}{\tau_2 - t_h} = e^D \tag{11-44}$$

式（11-41）、式（11-44）联立求解得

$$\tau_1 = \frac{[(\tau'_1 - \tau'_2)\bar{Q} + t_h]e^D - t_g}{e^D - 1} \tag{11-45}$$

$$\tau_2 = \tau_1 - (\tau'_1 - \tau'_2)\bar{Q} \tag{11-46}$$

由上式可求出热水网路采用质调节的相应供、回水温度 τ_1、τ_2。其中在某一室外温度 t_w 时，上式中 $\bar{Q}$、$\Delta t'$、τ'_1、τ'_2 均为已知值，t_g、t_h 值可通过供暖

系统质调节公式（11-16）和式（11-17）进行计算确定。

11.4.2 热水网路采用质量-流量调节

供暖用户系统与热水网路采用间接连接时，二者水力工况互不影响。热水网路可采用质量-流量调节，即同时改变供水温度和流量的供热调节方法。

随着室外温度的变化，如何选择流量的变化规律，是一个优化调节方法的问题。目前采用的一种方法是，调节流量使之随着供暖热负荷的变化而变化，使热水网路的相对流量比等于供暖系统相对热负荷比，亦即认为增加了一个补充条件

$$\overline{G}_0 = \overline{Q} \tag{11-47}$$

在此调节方式下，根据式（11-37）

$$\overline{K} = \overline{G}_0^{0.5} \times \overline{G}_n^{0.5} = \overline{Q}^{0.5} \times \overline{G}_n^{0.5} = \overline{Q}^{0.5} \tag{11-48}$$

此时，$\overline{G}_n = 1$

将式（11-42）代入式（11-34）中得

$$\overline{Q}^{0.5} = \frac{(\tau_1 - t_g) - (\tau_2 - t_h)}{\Delta t'_g \ln \dfrac{\tau_1 - t_g}{\tau_2 - t_h}} \tag{11-49}$$

同理，根据式 $\overline{Q} = \overline{G}_0 \dfrac{\tau_1 - \tau_2}{\tau'_1 - \tau'_2}$，得

$$\tau_1 - \tau_2 = \tau'_1 - \tau'_2 = \text{常数} \tag{11-50}$$

又因

$$t_g - t_h = \overline{Q}(t'_g - t'_h)$$

上述两式与式（11-43）联立求解，得

$$\ln \frac{\tau_1 - t_g}{\tau_1 - (\tau'_1 - \tau'_2) - t_h} = \frac{(\tau'_1 - \tau'_2) - (t'_g - t'_h)\overline{Q}}{\Delta t'_g \overline{Q}^{0.5}} \tag{11-51}$$

令

$$\frac{(\tau'_1 - \tau'_2) - (t'_g - t'_h)\overline{Q}}{\Delta t'_g \overline{Q}^{0.5}} = c$$

则

$$\frac{\tau_1 - t_g}{\tau_1 - (\tau'_1 - \tau'_2) - t_h} = e^c$$

由此得出

$$\tau_1 = \frac{[(\tau'_1 - \tau'_2) + t_h]e^c - t_g}{e^c - 1} \tag{11-52}$$

$$\tau_2 = \tau_1 - (\tau'_1 - \tau'_2) \tag{11-53}$$

由上式可求出热水网路按 $\overline{G}_0 = \overline{Q}$ 的规律，采用质量-流量调节的相应供、回水温度 τ_1、τ_2 值。其中在某一室外温度 t_w 时，式中 $\overline{Q}$、$\Delta t'$、τ'_1、τ'_2 均为已知值，t_g、t_h 值可通过供暖系统质调节公式计算确定。

采用质量-流量调节方法，网路流量随供暖热负荷的减少而减少，可大大节省热水网路循环水泵的电耗。但是，系统中需要设置变速泵，并配置相应的自控设施，才能达到较好的运行效果。

11.5 供热综合调节

前面本章叙述的热水供热系统的集中调节，实际是热水供暖系统的供热调节。只适用于热负荷是同一类型的情况，对具有多种热负荷的热水供热系统，通常根据供暖热负荷采用集中供热调节，而其他热负荷则根据需要在热力站或用户处进行辅助性的局部调节。这种调节称为供热综合调节。

本节主要讨论闭式热水供热系统，如图 11-4 所示，当供暖热负荷采用集中质调节，供暖用户流量 G_n 保持不变，即 $\bar{G}_n=1$ 时，对热水供应和通风热负荷进行局部调节的方法。

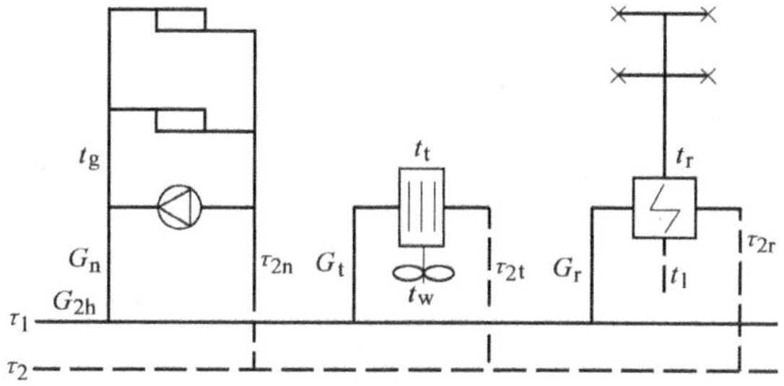

图 11-4 闭式并联热水供热系统

为便于分析，假设热水供暖系统，在整个供暖季均采用集中质调节。在室外温度 $t_w=5$℃开始供暖时，热水网路的供水温度 τ_1 高于 70℃，完全可以保证热水供应用户系统用热要求。热水网路可不必采取间歇调节。

如图 11-5 所示，热水网路根据供暖热负荷采用集中质调节。网路供水温度

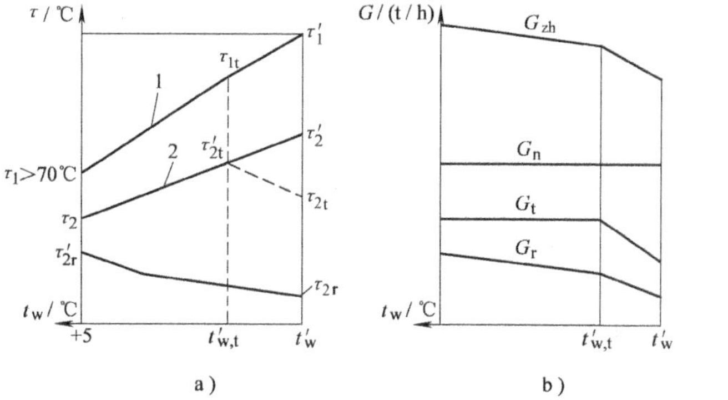

图 11-5

a) 闭式热水供热系统供热综合调节水温曲线 b) 各种热用户及网路总流量图

t_w'—供暖室外计算温度，℃ $t_{w,t}'$—冬季通风室外计算温度，℃

G_{zh}、G_n、G_t、G_r—分别为网路总流量、供暖、通风、热水供应用户流量，kg/h

曲线为 1，流出供暖用户系统的回水温度曲线为 2。

11.5.1 热水供应用户系统

首先讨论热水供应用户的设计工况。热水供应用户的用热量和用水量，受室外温度影响较小。在设计热水供应用水-水换热器及管路系统时，最不利工况应考虑网路供水温度 τ_1 最低时的工况。因为此时换热器的对数平均温差最小，所需散热面积或网路水流量最大。此时，

$$\Delta t'_{r} = \frac{(\tau'_{1r} - t_{r}) - (\tau'_{2r} - t_{l})}{\ln \dfrac{\tau'_{1r} - t_{r}}{\tau'_{2r} - t_{l}}} \tag{11-54}$$

式中 $\Delta t'_{r}$——在设计工况下，热水供应用水-水换热器的对数平均温度（℃）；

t_{r}、t_{l}——热水供应系统中热水和冷水的温度（℃）；

τ'_{1r}——供暖季热水网路最低供水温度（℃）；

τ'_{2r}——设计工况下，流出水-水换热器的网路设计回水温度（℃）。

热水网路设计回水温度 τ'_{2r} 由设计要求给出。τ'_{2r} 值较高时，则换热器的对数温差增大，换热器的面积减小；但热水网路进入换热器的水流量增大，管径较粗。因此，这是一个技术经济问题。通常可按 $\tau'_{1r} - \tau'_{2r} = 30 \sim 40$℃来确定设计工况下的 $\Delta t'_{r}$ 值。

当室外温度 t_{w} 下降时，热水供应用热量可以认为变化很小（$\overline{Q}_{r} = 1$），但此时热水网路供水温度 τ_1 升高。为保持换热器的换热能力不变，流出换热器的回水温度 τ_{2r} 应降低，因此就需要进行局部流量调节。

在某一室外温度 t_{w} 下，可列出下列供热调节热平衡方程式

热水网路热平衡方程 $$\overline{Q}_{0r} = \overline{G}_{r} \frac{\tau_1 - \tau_{2r}}{\tau'_{1r} - \tau'_{2r}} = 1 \tag{11-55}$$

水-水换热器热平衡方程 $$\overline{Q}_{r} = \overline{K}_{r} \frac{\Delta t_{r}}{\Delta t'_{r}} = 1 \tag{11-56}$$

又根据式（11-37），可得

$$\overline{K}_{r} = \overline{G}_{r}^{0.5} \tag{11-57}$$

式中 τ_1、τ_{2r}——在室外温度 t_{w} 下，热水网路供水温度和流出换热器的网路回水温度（℃）；

$\overline{G}_{r}$——热水网路供给水-水换热器系统的相对流量比（℃）；

$\overline{K}_{r}$——换热器的相对传热系数比；

Δt_{r}——在室外温度 t_{w} 下，水-水换热器的对数平均温差（℃）。

$$\Delta t_{r} = \frac{(\tau_1 - t_{r}) - (\tau_{2r} - t_{l})}{\ln \dfrac{\tau_1 - t_{r}}{\tau_{2r} - t_{l}}}$$

将式（11-57）代入热平衡方程（11-56），可得

$$\bar{G}_{r}^{0.5}=\frac{(\tau_1-t_r)-(\tau_{2r}-t_1)}{\Delta t'_r\ln\frac{\tau_1-t_r}{\tau_{2r}-t_1}}=1 \tag{11-58}$$

式（11-55）和式（11-58）联立求解。在两式中，$\bar{G}_r$、τ_{2r}为未知数。因此，通过试算或迭代方法，可确定在某一室外温度 t_w 下，对热水供应热负荷进行流量调节的相对流量比和相应的流出水-水换热器的热水网路回水温度。热水供应热用户的网路回水温度曲线为曲线 $\tau'_{2r}-\tau_{2r}$，如图 11-5a 所示，相应的流量见图 11-5b。

11.5.2　通风用户系统

在供暖期间，通风热负荷随室外温度变化。最大通风热负荷开始出现在冬季通风室外计算温度 $t'_{w,t}$的时刻。当 t_w 低于 $t'_{w,t}$时，通风热负荷保持不变，但网路供水温度升高，通风用热水网路流量减小，故应以 $t'_{w,t}$作为设计工况。

在设计工况下，可列出下面的热平衡方程式

$$Q'_t=G'_tc(\tau'_1-\tau'_{2t})=K'_tF'(\Delta\tau'_{p,j}-\Delta t'_{p,j}) \tag{11-59}$$

式中　Q'_t——通风设计热负荷（W）；

G'_t——在设计工况 $t'_{w,t}$下，热水网路进入通风用户系统空气加热器的水流量（kg/h）；

τ'_1、τ'_{2t}——在设计工况 $t'_{w,t}$下，空气加热器加热热媒（热水网路）的进、出口水温（℃）。可由供暖热负荷集中质调节水温曲线确定；

F'——空气加热器的加热面积（m^2）；

$\Delta\tau'_{p,j}$——在设计工况下，空气加热器加热热媒的平均温度（℃）；

$$\Delta\tau'_{p,t}=(\tau'_{1t}+\tau'_{2t})/2$$

$\Delta t'_{p,j}$——在设计工况 $t'_{w,t}$下，空气加热器被加热热媒（空气）的进、出口平均温度（℃）；

$$\Delta t'_{p,t}=(t'_{w,t}+t'_t)/2$$

t'_t——在设计工况下，通风用户系统的送风温度（℃）；

K'_t——在设计工况 $t'_{w,t}$下，空气加热器的传热系数（℃）。

空气加热器的传热系数，在运行过程中，如果通风量不变，加热热媒温度和流量参数变化幅度不大时，可近似为常数，即

$$\bar{K}_t=K_t/K'_t=1 \tag{11-60}$$

式中　$\bar{K}_t$——空气加热器的相对传热系数比，即任何工况下的传热系数与设计工况的传热系数的比值。

在室外温度 $t_w \geqslant t'_{w,t}$ 的区域，通风设计热负荷随室外温度 t_w 的升高而减少。相应地，由于热水网路是按供暖热负荷进行集中质调节，热水网路供水温度 τ_1 也相应下降。如通风热负荷采用质调节，可以得出：通风质调节与供暖质调节曲线的回水水温差别很小。因此，在此区域内，流出空气加热器的网路回水温度 $\tau_{2,t}$，认为与供暖回水温度曲线接近，可按同一条回水温度曲线绘制水温调节曲线。

在室外温度 $t'_{w,t} > t_w \geqslant t'_w$ 时，通风热负荷保持不变，保持最大值 Q'_t（$\bar{Q}=1$）。室内再循环空气与室外空气相混合，使空气加热器前的空气温度始终保持为 $t'_{w,t}$ 值。

当室外温度 t_w 降低时，通风热负荷不变，但热水网路供水温度 τ_1 升高，因而流出空气加热器的网路回水温度 $\tau_{2,t}$ 应降低，以保持空气加热器的平均计算温差不变。为此需要进行局部的流量调节。

根据式（11-60），认为 $\bar{K}_t=1$，在此区间内某一室外温度 t_w 下可列出下列热平衡方程

$$\bar{Q}_t = \bar{G}_t \cdot \frac{\tau_1 - \tau_{2t}}{\tau'_{1t} - \tau'_{2t}} = 1 \tag{11-61}$$

$$\bar{Q}_t = \frac{\tau_1 + \tau_{2t} - t'_{w,t} - t'_t}{\tau'_{1t} + \tau'_{2t} - t'_{w,t} - t'_t} = 1 \tag{11-62}$$

上两式联立求解，得出

$$\tau_{2t} = \tau'_{1t} + \tau'_{2t} - \tau_1 \tag{11-63}$$

$$\bar{G}_t = \frac{\tau'_{1t} - \tau'_{2t}}{2\tau_1 - \tau'_{1t} - \tau'_{2t}} \tag{11-64}$$

在整个供暖季，流出空气加热器的热水网路回水温度以曲线 $\tau_2 - \tau'_{2t} - \tau_{2t}$ 表示，如图 11-5a 所示，相应的流量曲线如图 11-5b 所示。

通过上述分析和图 11-5b 可见，对具有多种热负荷的热水供热系统，热水网路的设计流量，并不是在室外供暖计算温度 t'_w 出现，而是在热水网路供水温度 τ_1 最低的时刻出现。因此，制定供热调节方案，是进行具有多种热用户的热水供热系统网路水力计算的重要步骤。

如前所述，前面分析的热水供热系统，假设是不需要采用间歇调节的情况。如对供暖室外计算温度 t'_w 较低，而热水供热系统的设计供水温度 τ'_1 又较低的情况（如 $t'_w \leqslant -13$℃、$\tau'_1 \leqslant 130$℃时），在寒初寒末时，热水网路供水温度 τ_1，如按质调节供热，就会低于 70℃，这时不得不辅以间歇调节，以保证热水供应系统水温的要求。

对需要间歇调节的热水供热系统，在连续供热期间，供热综合调节的方法与上述内容完全相同。在间歇调节期间，对通风用户，由于通风热负荷随室外温度

升高而减小，但热水网路供水温度 τ_1 在间歇调节期间保持不变，因而需要辅以局部的流量调节。对热水供应和供暖用户的影响，视其采用间歇调节方式而定。

习　　题

1. 何谓热水供热系统的初调节？何谓运行调节？
2. 简述热水供热系统的运行调节方法。
3. 何谓热水供热系统的间歇调节，它与间歇供暖制度有何区别？
4. 请推导供热调节的基本公式。
5. 热水供暖系统的设计供、回水温度为 95℃/70℃，采用分阶段改变流量的质调节。室外温度 t_w 从 -10℃ 到 -20℃ 为一个阶段，水泵流量为设计流量。室外温度 t_w 从 +5℃ 到 -10℃ 为一个阶段，水泵流量为设计流量的 75%。试绘制水温调节曲线。

第 12 章 蒸汽供热系统管网的水力计算与水力工况

12

12.1 蒸汽管网的水力计算

12.1.1 蒸汽管网水力计算方法

蒸汽供热管网与一般蒸汽供暖系统管路水力计算方法有些区别，主要因为室外高压蒸汽管网蒸汽压力高且流速大，管线长。因此蒸汽在输送过程中由于压力和温度的降低会使蒸汽密度沿管长有较大的变化。在实际工程设计中，常采用下面几种计算方法。

1. 分管段取平均蒸汽密度进行计算

开始，先假定主干线始端管段的压力损失，求得该管段的平均压力及蒸汽密度；由此，选定管径，计算在假定密度下的实际压力损失；然后进行校核计算，即求出实际压力损失下的管段中蒸汽的实际密度，如果假定密度与实际密度的误差超过了计算精度允许的范围，则要重新假定与校核，直至假定密度与实际密度基本相符后，进行下一管段的计算。

这种计算方法比较准确，但是计算繁琐。

2. 以整个主干线取平均蒸汽密度进行计算

在实际工程设计中，为了简化计算，也可采用以整个主干线始端和末端的假定平均蒸汽密度进行水力计算。只需要最终得到的主干线实际平均密度与预先假定主干线的平均密度基本相符就可以了。这样将整个主干线视为一个计算管段的计算方法，简化了计算过程，经常得到采用。

这种计算方法，与逐段计算方法相比较计算误差较大，但对管网前端的管段，由于计算的平均蒸汽密度比实际运行时管段平均蒸汽密度小，则对管网前端的管段输送能力有利。同理对管网后端的管段输送能力不利。因此，管网越长，主干线始、末端压差越大，对后部管网越不利。

3. *以主干线终端用户要求的蒸汽压力进行计算*

在实际工程设计中，也可采用以主干线终端用户要求的蒸汽压力作为已知值，然后假定该管段的始端压力或热源出口蒸汽压力进行水力计算，选择主干线各管段的管径，最后确定热源必须保证的最低蒸汽出口压力值。

这种由主干线终端开始计算的水力计算方法，与由主干线始端开始计算的方法比较，由于从末端开始计算的平均蒸汽密度低于从前端开始计算的平均蒸汽密度值，因而在相同的流速下，从末端开始的计算方法选出的管径要粗些。这种设计方法安全但偏于保守。

在计算蒸汽管道的压力损失时，热水网路水力计算的基本公式同样适用。

在计算蒸汽管道的沿程压力损失时，流量 G、管径 d 与比摩阻 R 三者的关系式，与热水网路水力计算的基本公式（8-2）、式（8-3）和式（8-4）完全相同。即

$$R = 6.88 \times 10^{-3} K^{0.25} \frac{G_t^2}{\rho d^{5.25}} \tag{12-1}$$

$$d = 0.387 \times \frac{K^{0.0476} G_t^{0.381}}{(\rho R)^{0.19}} \tag{12-2}$$

$$G_t = 12.06 \times \frac{(\rho R)^{0.5} d^{2.625}}{K^{0.125}} \tag{12-3}$$

式中 R——每米管长的沿程压力损失（比摩阻）（Pa/m）；

G_t——管段的蒸汽质量流量（t /h）；

d——管道的内径（m）；

K——蒸汽管道的当量绝对粗糙度（m），取 $K=0.2$mm；

ρ——管段中蒸汽的密度（kg/m^3）。

同样在工程设计中，为了简化蒸汽管道水力计算过程，通常也是利用计算图或表格进行计算。附录 H 中表 H-1 给出了蒸汽管道水力计算表。该表是按 $K=0.2$mm，蒸汽密度 $\rho=1$kg/m^3 编制的。

在蒸汽网路水力计算中，由于网路长，蒸汽在管道流动过程中的密度变化大，因此必须对密度的变化予以修正计算。

如计算管段的蒸汽密度 ρ_{sh} 与计算采用的水力计算表中的密度 ρ_{bi} 不相同，则应按式（8-6）和式（8-7），对表中查出的流速和比摩阻进行修正

$$v_{sh} = \left(\frac{\rho_{bi}}{\rho_{sh}}\right) v_{bi} \tag{12-4}$$

$$R_{sh} = \left(\frac{\rho_{bi}}{\rho_{sh}}\right) R_{bi} \tag{12-5}$$

式中符号表示的意义同式（8-6）和式（8-7）热水网路的水力计算。

又当蒸汽管道的当量绝对粗糙度 K_{sh} 与计算采用的蒸汽水力计算表中的 $K_{bi}=0.2mm$（钢管）不符时，同样按式（8-5）进行修正

$$R_{sh}=\left(\frac{K_{sh}}{K_{bi}}\right)^{0.25}R_{bi} \tag{12-6}$$

蒸汽管道的局部阻力系数，通常用当量长度表示，同样按式（8-9）进行计算。即

$$l_d=\sum\zeta\frac{d}{\lambda}=9.1\times\frac{d^{1.25}}{K^{0.25}}\sum\zeta \tag{12-7}$$

式中符号表示的意义同式（8-9）。

室外蒸汽管道局部阻力当量长度 l_d 值，可按附录 G 中表 G-2 热水网路局部阻力当量长度表。但因 K 值不同，需按下式进行修正

$$l_{sh,d}=\left(\frac{K_{bi}}{K_{sh}}\right)^{0.25}l_{bi,d}=\left(\frac{0.5}{0.2}\right)^{0.25}l_{bi,d}=1.26l_{bi,d} \tag{12-8}$$

式中符号表示的意义同式（8-10）。

当采用当量长度法进行水力计算，蒸汽网路中计算管段的总压降为

$$\Delta p=R(l+l_d)=Rl_{zh} \tag{12-9}$$

式中 l_{zh}——管段的折算长度（m）。

【例 12-1】 蒸汽网路中某一管段，通过流量 $G_t=4.0t/h$，蒸汽平均密度 $\rho=4.0kg/m^3$。

（1）如选用 $\phi108\times4$ 的管子，试计算其比摩阻 R 值。

（2）如要求控制比摩阻 R 在 200Pa/m 以下，试选用合适的管径。

【解】 （1）根据附录 H 中表 H-1 的蒸汽管道水力计算表（$\rho_{bi}=1.0kg/m^3$），查出当 $G_t=4.0t/h$，公称直经 $DN100$ 时

$$R_{bi}=2342.2Pa/m;\ v_{bi}=142m/s$$

管段流过蒸汽的实际密度 $\rho_{sh}=4.0kg/m^3$。根据式（12-4）和式（12-5）进行修正，得出实际的比摩阻 R_{sh} 和流速 v_{sh} 值为

$$v_{sh}=\left(\frac{\rho_{bi}}{\rho_{sh}}\right)v_{bi}=\frac{1}{4}\times142m/s=35.5m/s$$

$$R_{sh}=\left(\frac{\rho_{bi}}{\rho_{sh}}\right)R_{bi}=\frac{1}{4}\times2342.2Pa/m=585.6Pa/m$$

（2）根据式（12-4）和式（12-5）及上述计算可见，在相同的蒸汽质量流量 G_t 和同一管径 d 条件下，流过的蒸汽密度越大，其比摩阻 R 及流速 v 值越小，呈反比关系。因此，在蒸汽密度 $\rho=4.0kg/m^3$，要求控制的比摩阻为 200Pa/m 以下，因表中蒸汽密度为 $\rho=1.0kg/m^3$，则表中控制的比摩阻值，相应为 200 ×

(4/1)　=800Pa/m 以下。

根据附录 H 中表 H-1，设 $\rho=1.0\text{kg/m}^3$，控制比摩阻 R 在 800Pa/m 以下，应选用的管道的公称直径为 $DN125\text{mm}$，相应的 R_{bi} 值及 v_{bi} 值为

$$R_{bi}=723.2\text{Pa/m};\ v_{bi}=90.6\text{m/s}$$

最后，确定蒸汽密度 $\rho=4.0\text{kg/m}^3$ 时的实际比摩阻及流速值。

$$R_{sh}=\left(\frac{\rho_{bi}}{\rho_{sh}}\right)R_{bi}=\frac{1}{4}\times723.2\text{Pa/m}=180.8\text{Pa/m}<200\text{Pa/m}$$

$$v_{sh}=\left(\frac{\rho_{bi}}{\rho_{sh}}\right)v_{bi}=\frac{1}{4}\times90.6\text{m/s}=22.65\text{m/s}$$

12.1.2　蒸汽管网的水力计算（分管段取平均蒸汽密度）

蒸汽管网水力计算的任务，是在保证热用户所需供汽量和压力的前提下，合理地确定各管段的管径。现将蒸汽网路水力计算的步骤简述如下：

在进行蒸汽网路水力计算前，应绘制供热管网平面布置图，注明各热用户的计算热负荷、蒸汽参数、管道长度、管道附件、补偿器的类型及数量。蒸汽管网宜采用枝状布置，当用汽量较少且管网较短，可采用由热源直接通往各用户的辐射状布置。

（1）根据各热用户的计算流量，确定蒸汽网路各管段的计算流量　各热用户的计算流量，应根据各热用户的蒸汽参数及其计算热负荷，按下式确定

$$G'=A\frac{Q'}{r} \tag{12-10}$$

式中　G'——热用户的计算流量（t/h）；

Q'——热用户的计算热负荷，通常用 GJ/h，MW 或 Mkcal/h 表示；

r——用汽压力下的汽化热（汽化潜热），(kJ/kg 或 kcal/kg)；

A——采用不同计算单位的系数，见表 12-1。

表 12-1　不同计算单位的系数 A 值

r \ Q'	GJ/h（10^9J/h）	MW（10^6W）	Mkcal/h（10^6kcal/h）
kJ/kg	1000	3600	
kcal/kg			1000

蒸汽网路中各管段的计算流量是由该管段所负担的各热用户的计算流量之和来确定。但对蒸汽管网的主干线管段，应按各用户的最大蒸汽流量之和乘以同时使用系数确定。饱和蒸汽供热时应考虑补偿管道热损失产生的凝结水的蒸汽量。

（2）确定蒸汽网路主干线和平均比摩阻　主干线应是从热源到某一热用户的平均比摩阻 $R_{p,j}$ 最小的一条管线。主干线的平均比摩阻，按下式计算

$$R_{p,j} = \frac{\Delta p}{\sum l(1+\alpha_j)} \tag{12-11}$$

式中　Δp——热网主干线始端与末端的蒸汽压力差（Pa）；

$\sum l$——主干线长度（m）；

α_j——局部阻力所占比例系数，可选用附录G中表G-3的数值。

（3）进行主干线管段的水力计算　按主干线上压降均匀分布来假定管段末端压力。通常从热源出口的总管段开始进行水力计算。热源出口蒸汽的参数为已知，需先假定管段的末端蒸汽压力。用下式计算

$$p_m = p_s - \frac{\Delta p}{\sum l} l_j \tag{12-12}$$

式中　p_m、p_s——计算管段末与始端蒸汽压力（Pa）；

l_j——计算管段的长度（m）。

由此得出该管段蒸汽的平均密度 $\rho_{p,j}$

$$\rho_{p,j} = \frac{\rho_s + \rho_m}{2} \tag{12-13}$$

式中　ρ_s、ρ_m——计算管段始端和末端的蒸汽密度（kg/m^3）。

（4）根据该管段假定的蒸汽平均密度 $\rho_{p,j}$ 和按式（12-11）确定的平均比摩阻 $R_{p,j}$ 值　将 $R_{p,j}$ 值换算为蒸汽管路水力计算表 ρ_{bi} 条件下的平均比摩阻 $R_{bi,p,j}$ 值。通常水力计算表采用 $\rho_{bi}=1kg/m^3$，得

$$\frac{R_{bi,p,j}}{R_{p,j}} = \left(\frac{\rho_{p,j}}{\rho_{bi}}\right)$$

$$R_{bi,p,j} = \rho_{p,j} R_{p,j} \tag{12-14}$$

（5）根据计算管段的计算流量和水力计算表 ρ_{bi} 条件下得出的 $R_{bi,p,j}$ 值，按水力计算表，选择蒸汽管道直径 d、比摩阻 R_{bj} 和蒸汽在管道内的流速 v_{bi}。

（6）根据该管段假设的平均密度 $\rho_{p,j}$，将从水力计算表中得出的比摩阻 R_{bi} 和 v_{bi} 值，换算为在 $\rho_{p,j}$ 条件下的实际比摩阻 R_{sh} 和流速 v_{sh}。如水力计算表 $\rho_{bi}=1kg/m^3$，则

$$R_{sh} = \left(\frac{1}{\rho_{p,j}}\right) R_{bi} \tag{12-15}$$

$$v_{sh} = \left(\frac{1}{\rho_{p,j}}\right) v_{bi} \tag{12-16}$$

蒸汽在管道内的最大允许流速，按《热网规范》，不得大于下列规定：

过热蒸汽：公称直径 $DN>200mm$ 时，80m/s

公称直径 $DN \leqslant 200$mm 时，50m/s

饱和蒸汽：公称直径 $DN > 200$mm 时，60m/s

公称直径 $DN \leqslant 200$mm 时，35m/s

（7）按所选的管径，计算管段的局部阻力总当量长度 l_d（查附录 G 中表 G-2），并按下式计算该管段的实际压力降

$$\Delta p = R_{sh}(1 + l_d) \tag{12-17}$$

（8）根据计算管段的始端压力和实际末端压力 $p'_m = p_s - \Delta p_{sh}$，确定该管段蒸汽的实际平均密度 $\rho'_{p,j}$

$$\rho'_{p,j} = \frac{\rho_s + \rho'_m}{2} \tag{12-18}$$

式中　ρ'_m——实际末端压力下的蒸汽密度（kg/m^3）。

（9）校核计算管段的实际平均密度 $\rho'_{p,j}$ 与原假定的蒸汽平均密度 $\rho'_{p,j}$ 是否相等　如两者相等或差别很小，则该管段的水力计算过程结束。如两者差别较大，则应重新假定 $\rho'_{p,j}$，然后按同一计算步骤和方法进行计算，直到两者相等或差别很小为止。

（10）蒸汽管道分支线的水力计算　蒸汽网路主干线所有管段逐次进行水力计算结束后，即以分支线与主干线节点处的蒸汽压力作为分支线的始端蒸汽压力，按主干线水力计算的步骤和方法进行水力计算。

12.1.3　计算例题

【例 12-2】　如图 12-1 所示，为某厂区蒸汽供热管网的平面布置。锅炉出口的饱和蒸汽表压力为 10bar。各用户系统所要求的蒸汽表压力及流量如图 12-1 所示。试进行蒸汽网路的水力计算。主干线不考虑同时使用系数。

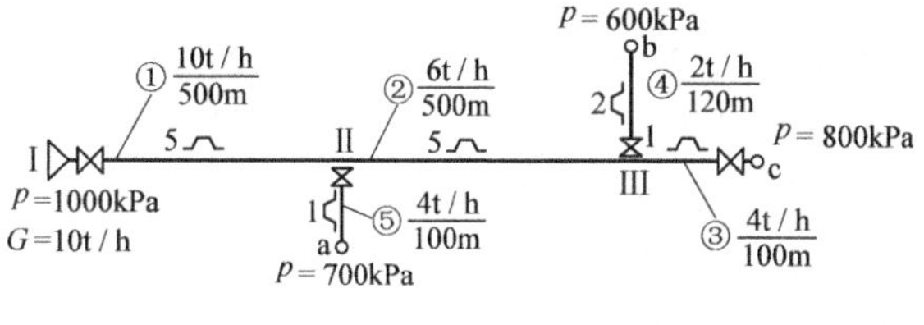

图 12-1　例 12-2

【解】　从锅炉出口 I 到用户 c 的管线为主干线。根据式（12-11）

$$R_{p,j} = \frac{\Delta p}{\sum l\ (1+\alpha_j)} = \frac{(10-8)\ \times 10^5}{(500+500+100)\ (1+0.5)} \text{Pa/m} = 121.2\text{Pa/m}$$

式中　$\alpha_j = 0.5$，采用附录 G 中表 G-3 的估算数值。

（1）已知锅炉出口的蒸汽压力，进行管段①的水力计算。预先假设管段①末

端的蒸汽压力。根据式（12-12）

$$p_m = p_s - \frac{\Delta p}{\sum l} l_1 = 10 - \frac{(10-8)}{1100} \times 500\text{bar} = 9.09\text{bar}\ (9.09\times 10^5\text{Pa})$$

（2）根据管段始、末端的蒸汽压力，求出该管段假设的平均密度。

$$\rho_{p,j} = \frac{\rho_s + \rho_m}{2} = \frac{\rho_{11} + \rho_{10.1}}{2} = \frac{(5.64 + 5.18)}{2}\text{kg/m}^3 = 5.41\text{kg/m}^3$$

（3）根据式（12-14）将平均比摩阻换算为水力计算表 $\rho_{bi} = 1\text{kg/m}^3$ 条件下的等效值。即

$$R_{bi,p,j} = \frac{\rho_{p,j}}{1} R_{p,j} = 5.41 \times 121.2\text{Pa/m} = 655.7\text{Pa/m}$$

（4）根据 $R_{bi,p,j}$ 的控制值，利用附录 H 中表 H-1，选择合适的管径。管段①的蒸汽流量 $G_t = 10\text{t/h}$，选用管子的公称直径 $DN175\text{mm}$，相应的比摩阻及流速值为

$$R_{bi} = 628.6\text{Pa/m};\ v_{bi} = 107\text{m/s}$$

（5）根据上述数据，换算为实际假设条件下的比摩阻及流速值。根据式（12-15）和式（12-16）

$$R_{sh} = \left(\frac{1}{\rho_{p,j}}\right) R_{bi} = \frac{1}{5.41} \times 628.6\text{Pa/m} = 116.2\text{Pa/m}$$

$$v_{sh} = \left(\frac{1}{\rho_{p,j}}\right) v_{bi} = \frac{1}{5.41} \times 107\text{m/s} = 19.78\text{m/s}$$

（6）求出管段①的当量长度 l_d 值及折算长度 l_{zh} 值。

管段①的局部阻力：1 个截止阀，5 个方形补偿器（锻压弯头）。根据选用的管径 $DN175\text{mm}$，查附录 G 中表 G-2

$$l_{bi,d} = (39.5 + 5 \times 19)\ \text{m} = 134.5\text{m}$$

根据式（12-8）　$l_d = 1.26 \times l_{bi,d} = 1.26 \times 134.5\text{m} = 169.5\text{m}$

管段①的折算长度　$l_{zh} = l + l_d = (500 + 169.5)\ \text{m} = 669.5\text{m}$

（7）求管段①在假设平均密度 $\rho_{p,j}$ 条件下的压力损失

管段①的总压降：　$R_{sh} l_{zh} = 116.2 \times 669.5\text{Pa} = 77792\text{Pa} \approx 0.77792\text{bar}$

（8）求管段①末端的蒸汽表压力

$p'_m = p_s - \Delta p_{sh} = (10 - 0.77792)\ \text{bar} = 9.22\text{bar}$

（9）校核管段①的平均密度 $\rho'_{p,j}$，是否与开始假定的平均蒸汽密度 $\rho_{p,j}$ 相符。根据式（12-18）

$$\rho'_{p,j} = \frac{(\rho_s + \rho'_m)}{2} = \frac{(\rho_{11} + \rho_{10.22})}{2} = \left(\frac{5.64 + 5.242}{2}\right)\text{kg/m}^3 = 5.441\text{kg/m}^3$$

原假定的蒸汽平均密度 $\rho_{p,j} = 5.41\ \text{kg/m}^3$，两者相差较大，需重新计算。

重新计算时，通常都以计算得出的蒸汽平均密度 $\rho'_{p,j}$ 作为该管段的假设蒸汽平均密度 $\rho_{p,j}$。再重复以上计算方法，一般重复一次或两次，就可满足 $\rho'_{p,j} = \rho_{p,j}$

的计算要求。

管段①得出的计算结果，列入表 12-2 中。

假设平均蒸汽密度 $\rho_{p,j}=5.441\text{kg/m}^3$，计算后的蒸汽平均密度 $\rho'_{p,j}=5.44\text{kg/m}^3$。两者差别很小，计算即可停止。

计算结果得出，管段①末端蒸汽表压力为 9.22bar，以此值作为管段②的始端蒸汽表压力值；管段②末端蒸汽表压力为 8.48bar，以此值作为管段③的始端蒸汽表压力值；按上述计算步骤和方法进行其他管段的计算，管段③的末端蒸汽表压力为 8.25 bar。

主干线的水力计算结果列入表 12-2 中。

主干线水力计算完成后，即可进行分支线的水力计算。下面以通向用户 b 的分支线为例，进行水力计算。

（1）根据主干线的水力计算，主干线在分支线节点 c 处的蒸汽表压力为 8.48 bar，则分支线④的平均比摩阻为

$$R_{p,j}=\frac{(8.48-6.0)\times10^5}{120\times(1+0.8)}\text{Pa/m}=1148\text{Pa/m}$$

（2）根据分支管始、末端蒸汽压力，求假设的蒸汽平均密度

$$\rho_{p,j}=\frac{(\rho_{9.5}+\rho_{7.0})}{2}=\frac{(4.90+3.668)}{2}\text{kg/m}^3=4.284\text{kg/m}^3$$

（3）将平均比摩阻 $R_{p,j}$ 值换算为水力计算表 $\rho_{bi}=1\text{kg/m}^3$ 条件下的等效值

$$R_{bi,p,j}=\frac{\rho_{p,j}}{1}R_{p,j}=4.284\times1148\text{Pa/m}=4877\text{Pa/m}$$

（4）根据 $\rho_{bi}=1\text{kg/m}^3$ 的水力计算表，选择合适的管径

蒸汽流量 $G_4=2.0\text{t/h}$，选用管子 $DN65\text{mm}$，相应的比摩阻及流速为

$$R_{bi}=5213\text{Pa/m};\ v_{bi}=164\text{m/s}$$

（5）换算到在实际假设条件 ρ_{sh} 下的比摩阻及流速值

$$R_{sh}=\left(\frac{1}{\rho_{p,j}}\right)R_{bi}=\frac{1}{4.284}\times5213\text{Pa/m}=1217\text{Pa/m}$$

$$v_{sh}=\left(\frac{1}{\rho_{p,j}}\right)v_{bi}=\frac{1}{4.284}\times164\text{m/s}=38.28\text{m/s}$$

（6）计算管段④的当量长度及折算长度

管段④的局部阻力：1 个截止阀、1 个分流三通、2 个方形补偿器。

当量长度　$l_d=1.26\times(9.6+3.0+2\times6.8)\text{ m}=33.0\text{m}$

折算长度　$l_{zh}=l+l_d=(120+33.0)\text{ m}=153.0\text{m}$

（7）求管段④的压力损失

$$\Delta p_{sh}=R_{sh}l_{zh}=1217\times153\text{Pa}=186201\text{Pa}\approx1.86\text{bar}$$

表 12-2　高压蒸汽管网水力计算表

管段编号	蒸汽流量 G/(t/h)	公称直径 DN/mm	管段长度/m			管段始端表压力 p_s/bar	假设管段末端压力 p_m/bar	假设蒸汽平均密度 $\rho_{p,j}$/(kg/m^3)	$\rho_{bi}=1kg/m^3$ 条件下			平均密度 $\rho_{p,j}$ 条件下			管段末端表压力 p'_m/(bar)	实际平均密度 $\rho'_{p,j}$/(kg/m^3)	累计压力损失 $\Delta p=\Sigma\Delta p_{sh}$/(bar)
			实际度 l/m	当量长度 l_d/m	折算长度 l_{zh}/m				管段平均比摩阻 $R_{bi,p,j}$/(Pa/m)	比摩阻 R_{bi}/(Pa/m)	流速 v_{bi}/(m/s)	比摩阻 R_{sh}/(Pa/m)	流速 v_{sh}/(m/s)	管段压力损失 Δp_{sh}/(bar)			
1	2	3	4	5	6	7	8	9	10	11	12	13	14	15	16	17	18
主干线																	
1	10	175	500	169.5	669.5	10.0	9.09	5.41	655.7	628.6	107	116.2	19.78	0.78	9.22	5.441	
								5.441	659.4	659.3	94.4	115.6	19.67	0.774	9.226	5.44	0.774
2	6.0	150	500	104.8	604.8	9.22	8.32	5.03	609.1	624.3	94.4	124.13	18.77	0.75	8.476	5.07	
								5.07	614.5	624.3	90.6	123.14	18.62	0.745	8.48	5.07	1.519
3	4.0	125	100	66.25	166.65	8.48	8.0	4.781	578.5	723.2	164	151.3	20.0	0.252	8.244	4.84	
								4.84	586.6	723.2	164	149.42	18.7	0.249	8.246	4.83	1.768
分支线																	
4	2.0	65	120	33.0	153.0	8.48	6.0	4.284	4877	5213	105	1217	38.28	1.86	6.62	4.43	
								4.43	5126	5213	105	1177	37.0	1.80	6.68	4.44	
5	4.0	80	100	27.6	127.6	9.22	7.0	5.44	5937	6664	211	1388	44.0	1.77	7.46	4.92	
								4.92	6081	6664	211	1355	34.2	1.73	7.50	4.92	

（8）求管段④的末端蒸汽表压力

$$p'_{\mathrm{m}} = p_{\mathrm{s}} - \Delta p_{\mathrm{sh}} = (8.48 - 1.86)\ \mathrm{bar} = 6.62\quad \mathrm{bar} = 6.62\mathrm{kPa}$$

（9）校核管段④的平均密度 $\rho'_{\mathrm{p,j}}$。根据式（12-18）

$$\rho'_{\mathrm{p,j}} = \frac{\rho_{\mathrm{s}} + \rho'_{\mathrm{m}}}{2} = \frac{\rho_{9.5} + \rho_{7.62}}{2} = \frac{4.90 + 3.96}{2}\mathrm{kg/m^3} = 4.43\mathrm{kg/m^3}$$

原假定的蒸汽平均密度 $\rho_{\mathrm{p,j}} = 4.284\mathrm{kg/m^3}$，$\rho_{\mathrm{p,j}}$ 与 $\rho'_{\mathrm{p,j}}$ 相差较大，需再次计算。

最后求得到达用户 b 的蒸汽表压力为 6.62bar，满足使用要求，计算结果列入表 12-2 中。

通向用户 a 分支管线的管段⑤的水力计算，如表 12-2 所示。用户 a 处蒸汽表压力为 9.22bar，满足使用要求。

12.2　凝结水管网的水力工况与水力计算

在第 7 章介绍的几种凝结水回收方式可知，由于回收方式的不同，凝结水在凝结水管路中的流动状态不同。为了正确设计凝结水系统，必须对凝结水管路中各管段的压力状况及凝结水的流动状态进行分析，方能正确地确定各管段的管径。下面结合一个包括各种流动状况的凝结水回收系统，分析各种凝水管道的水力工况和相应的水力计算方法，如图 12-2 所示。

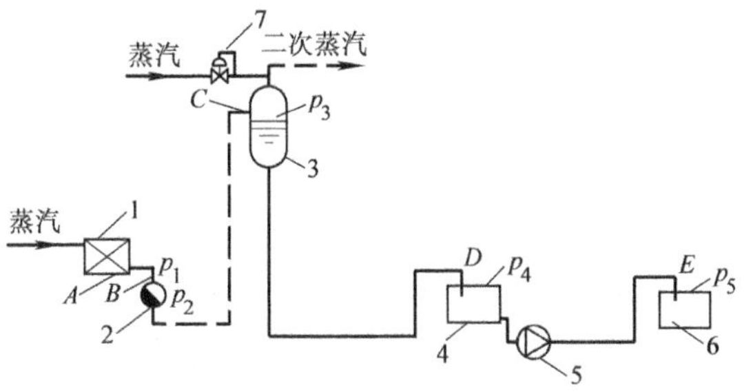

图 12-2　包括各种流动状况的凝结水回收系统示意图

1—用汽设备　2—疏水器　3—二次蒸发箱　4—凝水箱
5—凝水泵　6—总凝水箱　7—压力调节器

12.2.1　管段 *AB*

由用热设备出口至疏水器入口的管段，由于疏水器间歇工作，该管段经常是凝结水和蒸汽交替充塞，甚至夹有空气，该管段的凝水流动状态属非满管流。管段 *AB* 的水力计算，根据凝水管段所承担的热负荷，查附录 E 中表 E-5（蒸汽供暖系统干式和湿式自流凝结水管管径计算表）确定这类凝结水管段的管径。

应当注意，疏水器的安装高度应低于用热设备的排出口，使凝结水靠自重沿不小于0.05的坡度流向疏水器，防止在用热设备中积水。

另外，在一些大型的换热器上（如热电厂采用的大型立式汽-水换热器等），疏水器并不装在换热器的底部，而装在换热器本体下部的某一水平面上，其目的是用以维持换热器出口具有一定过冷度。这种疏水器上部连着蒸汽平衡管，利用浮球等构件，起着控制换热器水位的作用。在此情况下，该管段的凝水流态就属于满管流，而不是非满管流状态。

12.2.2 管段 *BC*

从疏水器出口到二次蒸发箱或（或高位水箱）凝水箱入口的管段，由于不可避免的通过疏水器时形成的二次蒸汽及疏水器漏汽，蒸汽和凝水呈汽水混合物充满管道截面，这种余压回水方式属于两相流的流动状态。蒸汽与凝水在管道内形成的两相流动现象有多种形式：乳状混合物、水膜状、汽水分层、汽水充塞、汽泡状。

1. 乳状混合物密度的计算

由上所述，两相流动的流态比较复杂，凝结水和蒸汽的速度及流量对流态的影响关系也比较复杂。在计算摩擦阻力和局部阻力时，采用和热水相同的公式。只是在计算中，其密度采用汽水混合物的密度。

其乳状混合物的密度可用下式求得

$$\rho_r = \frac{1}{v_r} = \frac{1}{x(v_q - v_s) + v_s} \tag{12-19}$$

式中 ρ_r—— 汽水乳状混合物的密度（kg/m^3），见附录H中表H-2；

v_r—— 汽水乳状混合物的比体积（m^3/kg）；

v_s——凝结水比体积，可近似取0.001m^3/kg；

v_q——在凝结水管段末端或凝结水箱（或二次蒸发箱）压力下的饱和蒸汽比体积（m^3/kg）；

x——1kg汽水混合物中所含蒸汽的质量分数（%）；

$$x = x_1 + x_2$$

x_1——疏水器的漏汽率（%）。根据疏水器类型、产品质量、工作条件及管理水平而异，一般采用0.01~0.03；

x_2——凝水通过疏水器阀孔及凝结水管道后，由于压力下降而产生的二次蒸汽量（%）。根据热平衡原理，x_2可按下式计算

$$x_2 = \frac{(h_1 - h_3)}{r_3} \tag{12-20}$$

h_1——疏水器前 p_1 压力下饱和凝结水的比焓（kJ/kg）；

h_3——在凝结水管段末端，或凝结水箱（或二次蒸发箱）p_3 压力下的饱和凝结水的比焓（kJ/kg）；

r_3——在凝水管段末端，或凝结水箱（或二次蒸发箱）p_3 压力下蒸汽的汽化热（kJ/kg）。

以上计算是假定二次汽化集中在管道末端。实际上，二次汽是在疏水器处和沿管道压力不断下降而逐渐产生的，管壁散热又会减少一些二次汽的生成量。以管道末端汽水混合物密度作为余压凝结水系统计算管道的凝水密度，亦即以最小的密度值作为管段的计算依据，水力计算选出的管径有一定的富裕度。

按式（12-20），在不同的 h_1 和 h_3 下，可计算出不同的 x_2 值。在不同的凝结水管末端压力 p_3 和 x_2 值下，按式（12-19）计算得出汽水乳状混合物的密度 ρ_r 值。

在进行余压凝结水系统管道水力计算中，由于凝结水管道的汽水混合物密度 ρ_r，不可能刚好与采用的水力计算表中所规定的介质密度 ρ_{bi} 和管壁的绝对粗糙度 K_{bi} 相同，因此，应如同蒸汽网路水力计算一样，对查表得出的比摩阻 R_{bi} 和流速 v_{bi} 予以修正。

凝结水管道的管壁当量绝对粗糙度，对闭式凝水管道（钢管），取 $K=0.5\text{mm}$，对开式凝结水系统采用 $K=1.0\text{mm}$。

2. *管段 BC 的水力计算*

对余压凝结水管网（如从用户系统的疏水器到热源或凝结水分站的凝结水箱的管道），常可采用室外热水管道的水力计算表（附录 G 中表 G-1），或按理论计算公式进行计算，并进行修正计算。

管网的局部阻力损失，对余压凝结水管道，由于比摩阻计算的精确性就不很高，通常多采用局部阻力所占的份额估算。对室外凝结水管网，可采用附录 G 中表 G-3 的数据。

余压凝结水管道的资用压力 Δp，应按下式计算

$$\Delta p = (p_2 - p_3) - h\rho_n g \tag{12-21}$$

式中 p_2——凝结水管始端表压力，或疏水器出口凝水表压力（Pa）；

p_3——凝结水管末端表压力，即凝结水箱或二次蒸发箱内的表压力（Pa）；

h——疏水器后凝水提升高度（m）；

g——重力加速度，$g=9.81\text{m/s}^2$；

ρ_n——凝结水管的凝结水密度（kg/m^3），从安全角度出发，考虑重新开始运行时，管路充满冷凝水，取 $\rho_n=1000\text{kg/m}^3$。

为了安全运行，凝结水管末端的表压力 p_3，应取凝结水箱或二次蒸发箱内

可能出现的最高值。对开式凝结水回收系统，表压力 $p_3=0$。

确定 BC 管段的管径及水力计算方法：

1）确定凝结水管起始端的压力，即疏水器后的压力。

2）确定二次蒸发箱的高度，二次蒸发箱一般高于疏水器 2～3m，其高度不宜大于 5m。

3）计算管段内蒸汽含量，求汽水混合物的密度。

4）确定管段的允许比摩阻 R

$$R=\frac{\Delta p}{l(1+\alpha_j)}=\frac{(p_2-p_3)-h\rho_n g}{l(1+\alpha_j)}$$

5）根据管段所承担的凝结水量，利用凝结水管网水力计算表（附录 H 中表 H-3），参照允许比摩阻 R，确定管径及比摩阻，并换算成实际条件下的比摩阻。

凝结水管道的计算流量应按蒸汽管道的计算流量乘以用户的凝结水回收率。

6）求出管段的实际压力损失 Δp_{sh}，当 $\Delta p_{sh}\leqslant(p_2-p_3)-h\rho_n g$ 时，计算结束。

12.2.3 管段 CD

从二次蒸发箱（或高位水箱）出口到凝结水箱的管段。管中流动的凝结水是 p_3 压力的饱和凝水。如管中压降过大，凝结水仍有可能汽化。

管段 CD 中的凝结水是靠二次蒸发箱与凝结水箱中的压力差及其水位差的总势能而满管流动。实际运行过程中二次蒸发箱的压力 p_3 是波动的，选管径时，应考虑最不利工况，二次蒸发箱的表压力 p_3 按高位开口水箱考虑，即表压力 $p_3=0$。而凝结水箱的压力 p_4，应采用箱内可能出现的最高值。其资用压力 Δp 按下式计算

$$\Delta p=h\rho_n g-p_4 \tag{12-22}$$

式中 Δp——最大凝结水量通过管段 CD 的压力损失，Pa；

h——二次蒸发箱（或高水位箱）中水面与凝结水箱回形管顶的标高差，m；

p_4——凝结水箱中的表压力，Pa。对开式凝结水箱，表压力 $p_4=0$，对闭式水箱，为安全水封限制的表压力；

g——重力加速度，$g=9.81\text{m/s}^2$；

ρ_n——管段 CD 中的凝结水密度，对不再汽化的过冷凝结水，取 $\rho_n=1000\text{kg/m}^3$。

根据上式绘制出水压图，如图 12-3 所示。现对此管段的水力工况进一步分析。

1）运行期间，p_3 和 p_4 压力经常波动，二次蒸发箱内水面随之上下升降。连接二次蒸发箱出口的凝结水立管会交替为汽水充满。因此，该凝水立管应按非

满管流动状态设计，管径宜放粗些。

2）采用闭式凝结水箱时，除必须在水箱处设置安全水封装置外，宜向凝结水箱放入蒸汽，形成蒸汽垫层。压力宜在5kPa左右。

3）在凝结水管工作或停止运行时，为了避免在最不利情况下（凝结水箱表压力 $p_4=0$，二次蒸发箱 p_3 达到最大值），蒸汽逸入凝结水外网，凝结水箱的回形管顶与该用户和室外凝结水管网干线的连接点（图12-3的 D 点）间的标高差应不小于 $p_3\times10^{-4}$m。

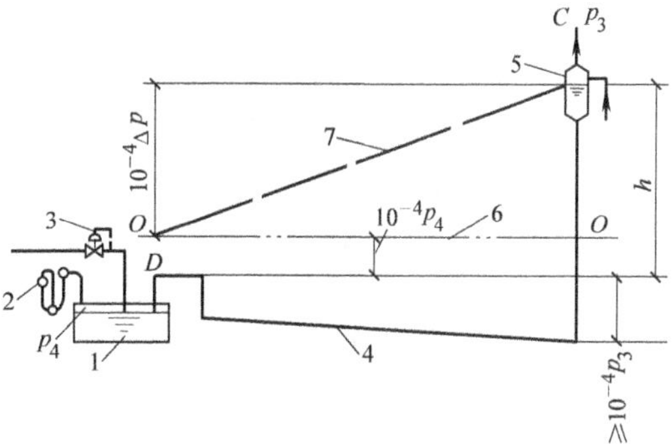

图12-3　管段 CD 的水压线

1—凝结水箱　2—安全水封　3—蒸汽补汽的压力调节器　4—外网凝结水管线　5—二次蒸发箱　6—静水压线　7—动水压线（线 C-O）

4）为了保证蒸汽不窜入凝结水管网，可在二次蒸发箱出口处安装多级水封，形成所谓“闭式满管流凝结水回收系统”（图12-4）。多级水封的高度，按二次蒸发箱内达到最高设计压力时能够阻汽来设计，凝结水流过多级水封后的表压力为零。多级水封出口的安装高度应等于其入口处动水压线高度再加上适当的安全裕度；同时，二次蒸发箱的高度应略高于水封高度。凝结水箱回形管顶与外网凝水管敷设的最高点之间应有一定的标高差，以避免当凝结水泵抽水时凝水箱出现一定的真空度，产生虹吸现象，使部分凝结水管道倒吸而不充满整个管道截面。凝结水箱可能达到的最大真空度 p'_4，一般为2～5kPa真空度。

闭式满管流凝结水回收系统的水压图，如图12-4所示。以上要求已标注在图12-3和图12-4中。

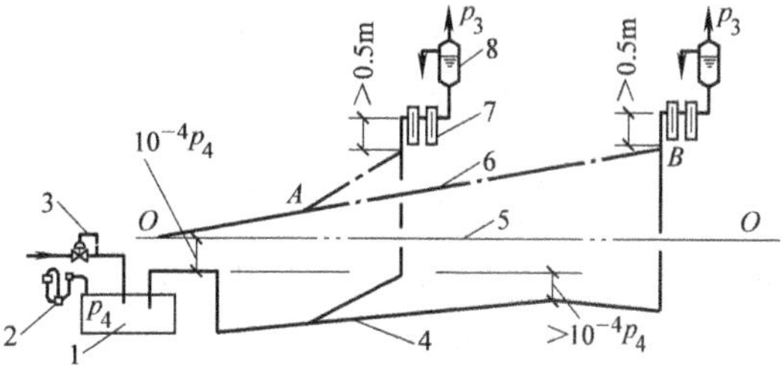

图12-4　安装多级水封图示

1—凝结水箱　2、7—安全水封　3—压力调节器　4—凝结水管网　5—静压力线 O-O　6—动压力线 OAB　8—二次蒸发箱

水力计算选择管径时，可按室外热水网路水力计算表（附录G中表G-1）进行计算。当采用管壁的当量绝对粗糙度 K 值不同时，应进行修正。

水封是利用水柱压力大于蒸汽压力而封住蒸汽，使蒸汽不能泄漏到凝结水管道中。图12-5是多级水封结构示意图。水封的高度应根据蒸汽压力 p_3 确定。当水封后面的表压力为零时，水封的高度 h 可按下式计算

$$h = 1.5 \times \frac{p}{n} \tag{12-23}$$

式中　p——连接水封处的蒸汽表压力折算的水柱高度（m）；

n——水封级数；

1.5——考虑水流过水封时，因压降产生少量二次汽，使水封中凝结水平均密度比凝水小，水封阻汽能力下降而引起的附加系数。

水封内管径通常可按凝结水流速不大于0.5m/s设计，外套管直径取 $D=2d$。

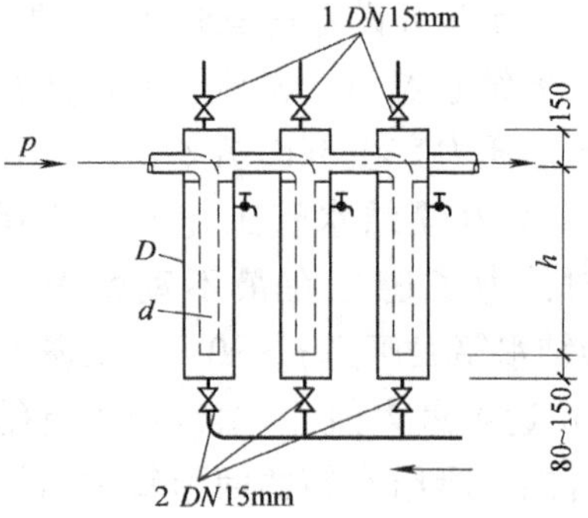

图 12-5　多级水封
1—放气阀　2—放水阀

12.2.4　管段 *DE*

利用凝水泵输送凝结水的管段。管中流过的凝结水不再汽化，同热水的满管流动状态。

当有多个用户或凝结水分站的凝结水泵并联向管网输送凝结水时，凝结水管网的水力计算和水泵选择的步骤和方法如下：

1）以进入用户或凝结水分站的凝水箱的最大回水量，作为计算流量，并根据常用的流速范围（1.0～2.0m/s），确定各管段的管径。摩擦阻力计算可利用附录 G 中表 G-2 热水网路水力计算表，但注意对开式凝结水回收系统，应对管壁绝对粗糙度 K 值予以修正。局部阻力通常折算为当量长度计算。

2）根据主干线各管段的压力损失，绘制凝水管网的动水压线。图12-6所示为开式凝水管网的动水压线示意图。水平基准线取总凝结水箱的回形管的标高。

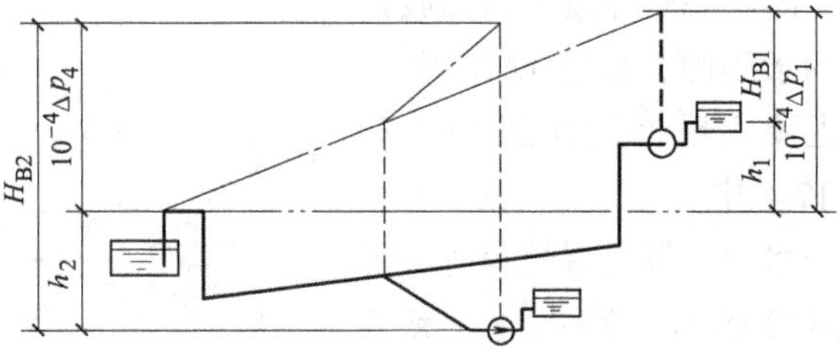

图 12-6　管段 *DE* 的水压线

3）根据绘制出的动水压线，可求出各个凝结水泵所需的扬程 H_B，按下式计算

$$H_B = \Delta p \times 10^{-4} + h \tag{12-24}$$

式中　H_B——凝结水水泵的扬程（m）；

Δp——自凝结水泵至凝结水箱之间凝结水管路的压力损失（Pa）；

h——总凝结水箱回形管顶与凝结水泵分站凝结水箱最低水面的标高差（m）。当凝结水泵分站比总凝结水箱的回形管高时，h 为负值。

在工程设计中，凝结水泵的选用扬程，应留有 30～50kPa 的富裕压力。

12.3 凝结水管网水力计算例题

【例 12-3】 如图 12-7 所示，为一闭式满管流凝结水回收系统示意图。用热设备的凝结水计算流量 $G_1=3.0\text{t/h}$，疏水器前凝结水表压力 $p_1=2.0\text{bar}$，疏水器后表压力 $p_2=1.0\text{bar}$。二次蒸发箱的蒸汽最高表压力 $p_3=0.3\text{bar}$。管段的计算长度 $l_1=160\text{m}$。疏水器后凝结水的提升高度 $h_1=3\text{m}$。二次蒸发箱下面减压水封出口与凝结水箱的回形管标高差 $h_2=3\text{m}$。外网的管段长度 $l_2=300\text{m}$。闭式凝结水箱的蒸汽垫层压力 $p_4=5\text{kPa}$。试选择各管段的管径。

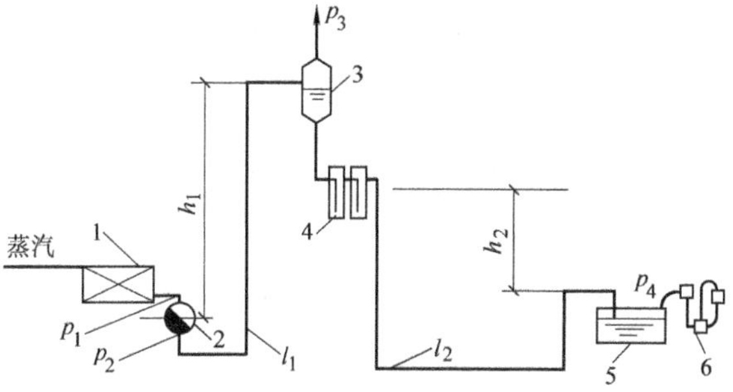

图 12-7 例 12-3 图

1—用汽设备 2—疏水器 3—二次蒸发箱 4—多级水封 5—闭式凝结水箱 6—安全水封

【解】 1. 从疏水器到二次蒸发箱的凝结水管段的水力计算

(1) 计算余压凝结水管段的资用压力及允许平均比摩阻 $R_{p,j}$ 值

该管段的资用压力 Δp_1 为

$$\Delta p_1=(p_2-p_3)-h_1\rho_n g=(1.0-0.3)\times10^5-3\times10^3\times9.81\text{Pa}=40600\text{Pa}$$

该管段的允许平均比摩阻 $R_{p,j}$ 值为

$$R_{p,j}=\frac{\Delta p_1}{l_1(1+\alpha_j)}=\frac{40600}{160\times(1+0.3)}\text{Pa/m}=195.19\text{Pa/m}$$

式中 α_j——局部阻力与总阻力损失的比例，取 $\alpha_j=0.3$（附录 G 中表 G-3）。

(2) 求余压凝结水管中汽水混合物的密度 ρ_r 值

该管段中，疏水器有一部分漏汽，同时凝结水在流动过程中由于压力下降产生二次汽。汽水混合物的含汽量应为：查附录 H 中表 H-4，得出由于压降产生的含汽量 $x_2=0.058$。设疏水器漏汽量为 $x_1=0.03$，则在该余压凝水管的二次含

汽量为

$$x = x_1 + x_2 = (0.03 + 0.058)\text{kg/kg} = 0.088\text{kg/kg}$$

根据式（12-19），可求得汽水混合物的密度 ρ_r

$$\rho_r = \frac{1}{v_r} = \frac{1}{x(v_q - v_s) + v_s} = \frac{1}{0.088 \times (1.1323 - 0.001) + 0.001}\text{kg/m}^3$$

$$= 8.52\text{kg/m}^3$$

（3）确定凝结水管的管径

首先将平均比摩阻 $R_{p,j}$ 值换算为与附录 H 中表 H-3 的水力计算表（ρ_{bi} = 10kg/m^3）相等效的允许比摩阻 $R_{bi,p,j}$ 值

$$R_{bi,p,j} = \left(\frac{\rho_r}{\rho_{bi}}\right)R_{p,j} = \left(\frac{8.52}{10}\right) \times 195.19\text{Pa/m} = 166.3\text{Pa/m}$$

查附录 H 中表 H-3，凝结水计算流量 $G_1 = 3.0\text{t/h}$，选用管径为 108×4mm，相应的 R 及 v 值为

$$R_{bi} = 170.6\text{Pa/m};\ v_{bi} = 10.62\text{m/s}$$

（4）确定实际的比摩阻 R_{sh} 和流速 v_{sh} 值

$$R_{sh} = \left(\frac{\rho_{bi}}{\rho_r}\right)R_{p,j} = \left(\frac{10}{8.52}\right) \times 170.6\text{Pa/m} = 200.2\text{Pa/m}$$

$$v_{sh} = \left(\frac{\rho_{bi}}{\rho_r}\right)v_{bi} = \left(\frac{10}{8.52}\right) \times 10.62\text{Pa/m} = 12.46\text{m/s}$$

计算结束。

2. 从二次蒸发箱到凝水箱的外网凝结水管段的水力计算

（1）该管段流过不再汽化的凝结水，可利用的作用压头 Δp_2 和允许平均比摩阻 $R_{p,j}$ 值，按下式计算

$$\Delta p_2 = \rho_n g(h_2 - 0.5) - p_4 = [1000 \times 9.81 \times (3 - 0.5) - 5000]\text{Pa} = 19525\text{Pa}$$

上式中的 0.5m，表示减压水封出口与设计动水压线的标高差。此段的凝结水管为非满管流，留一富裕值后，可防止产生虹吸作用，使最后一级水封失效。

$$R_{p,j} = \frac{\Delta p_2}{l_2(1 + \alpha_j)} = \frac{19525}{300 \times (1 + 0.3)}\text{Pa/m} = 50.06\text{Pa/m}$$

式中　α_j——室外凝结水管网局部压力损失与沿程压力损失的比值，取 $\alpha_j = 0.3$，（按附录 G 中表 G-3）。

（2）确定该管段的管径

按流过最大量过冷却凝水考虑，$G_2 = 3.0\text{t/h}$。利用附录 G 中表 G-1，按 $R_{p,j} = 50.06\text{Pa/m}$ 选择管径。选用管子的公称直径为 $DN = 50\text{mm}$。相应的比摩阻及流速为

$$R = 71.2\text{Pa/m};\ v = 0.44\text{m/s}$$

计算结束。

具有多个疏水器并联工作的余压凝水管网，它的水力计算比较繁琐。如同蒸汽管网水力计算一样，需要逐段求出该管段的汽水混合物的密度。在余压凝结水管网水力计算中，从偏于设计安全起见，通常以管段末端的密度作为管段的汽水混合物的平均密度。

首先进行主干线的水力计算。通常从凝结水箱的总干管开始进行主干线的各管段的水力计算，直到最不利用户。

主干线各计算管段的二次汽量，可按下式计算

$$x_2 = \frac{\sum (G_i x_i)}{\sum G_i}$$

式中 x_2——计算管段由于凝结水压降产生的二次蒸汽量，kg/kg；

x_i——计算管段所连接的用户，由于凝结水压降产生的二次蒸汽量，kg/kg；

G_i——计算管段所连接的用户的凝结水计算流量，t/h。

该计算管段的 x_2 值，加上疏水器的漏汽量 x_1 后，即为该管段的凝结水含汽量，然后，算出该管段的汽水混合物的密度。

习 题

1. 蒸汽供热管网、凝结水管网的水力计算方法与热水网路的主要区别如何？

2. 某厂区蒸汽供热管网，其平面布置如图 12-8 所示，锅炉出口饱和蒸汽的表压力为 10bar。各热用户蒸汽表压力为 5bar。试进行蒸汽管网的水力计算。主干线不考虑同时使用系数。

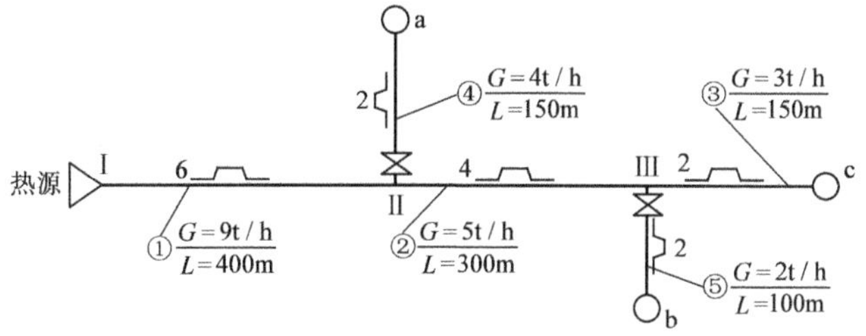

图 12-8 某厂区蒸汽供热管网平面布置图

3. 试分析图 12-9，某厂区凝结水回收系统各管段的作用压力，并画出相应的压力分布图。

4. 某供热管网余压凝结水回收系统，如图 12-10 所示。用户 a、b 、c 的凝结水计算流量分别为 5t/h、2t/h、4t/h，用户蒸汽压力 p 均为 3bar、疏水器前的凝结水表压力 $p_{a1} = 0.95p$，

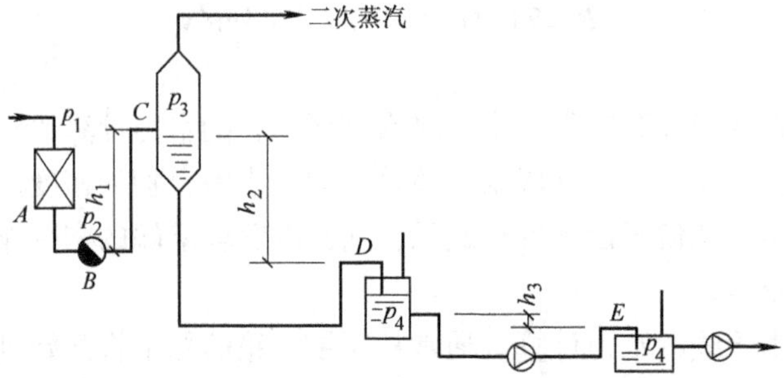

图 12-9　某厂区凝结水回收系统

疏水器后的凝结水表压力 $p_{a2}=0.5p_{a1}$。各管段管线长度及标高标注在图上。凝结水靠疏水器后的压力集中输送回热源的闭式凝结水箱 D，凝结水箱的表压力 $p_3=0.05\text{bar}$。试选择各管段的管径。

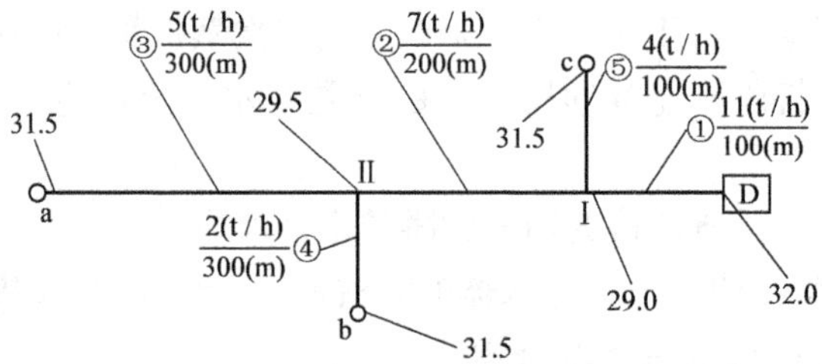

图 12-10　某蒸汽供热管网凝结水回收系统平面图

D—总凝结水箱

第 13 章 集中供热系统的热力站及其主要设备

集中供热系统的热力站是热网与热用户的连接场所。它的作用是根据热网工况和用户的需求，采用不同的连接方式，将热网输送的热媒进行调节、转换，以满足用户要求。同时也可以根据需要，对热媒的参数进行集中计量和检测。

根据热网输送的热媒不同，热力站分为热水供热热力站和蒸汽供热热力站。在热水热力站中以热水作为热媒；在蒸汽热力站中以蒸汽作为热媒。

根据服务对象不同，热力站分为民用热力站和工业热力站。

以来自热电厂或区域锅炉房的蒸汽或高温水作为热源，对较大的建筑物或建筑群进行集中供热，以满足采暖、通风及生活热水供应用户的要求，热力站可设在用户楼内或建筑群内，此类热力站称为民用热力站。

对于工业厂区，生产工艺用户需要用蒸汽，同时还要对厂房或办公室供暖，供应热水等，连接外网与工厂的场所为工业热力站。

根据位置和功能不同分为用户热力站、小区热力站和区域性热力站。

用户热力站也称为用户引入口。它设置在单幢建筑用户的地沟入口或该用户的地下室和底层处，通过它向该用户或相邻几个用户分配热能。

小区热力站大多为单独的建筑物。供热管网通过小区热力站向一个或几个街区的多幢建筑分配热能。

区域性热力站用于特大型的供热网路，设置在供热主干线和分支干线的连接点处。

热力站通常有换热器、循环水泵、补给水泵，混合水泵、除污器、给水箱、补水箱、分汽缸、分水器、集水器、过滤器等设备。有的热力站内还设有凝结水箱、凝结水泵或软化水处理设备等。为保证系统正常安全运行，站内还须设置必要的热工检测和安全保护装置。

13.1 民用热力站

民用热力站的服务对象是民用用热单位，如民用建筑或公共建筑，多以热水作为热媒，属于热水供热热力站。

13.1.1 用户热力站

用户热力站，也称为用户引入口。图 13-1 为供暖用户的热力站示意图。在用户供、回水干管上设置截断阀、温度计和压力表，根据用户要求设置手动调节阀或流量调节器。进水管上安装除污器，以免污物进入供暖系统。如引入用户支线较长，宜在用户供、回水管总管的阀门前设置旁通管。当用户暂停供暖或检修而网络仍在运行时，关闭引入口总阀门，将旁通管阀门打开使水循环，以避免外网的支线冻结。

用户热力站一般较小，适合外网与用户直接连接的低温热水供热系统。当用户要求水温低于外网温度时，也设有换热器、混水器、混水泵等装置，来为用户提供所需温度的热水。如果该用户热力站的供热环路在三个以上，宜设置分水器和集水器，以便于进行调节。

对于分户热计量的供热系统，在热力站处必须安装热量计量装置和水力平衡、气候补偿、变频等调控装置。

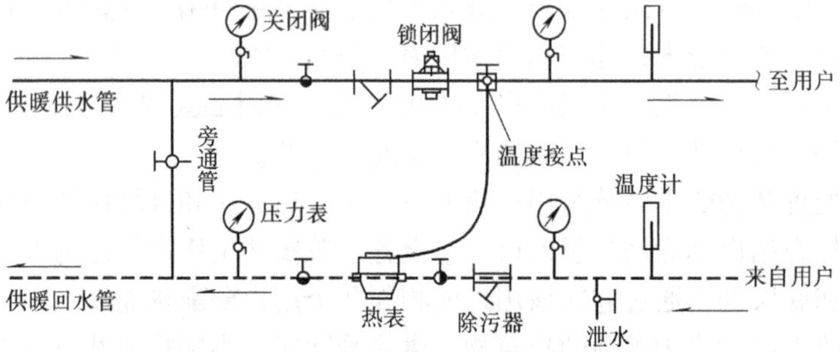

图 13-1 供暖用户的热力站示意图

13.1.2 小区热力站

集中供热网路通过小区热力站向一个或几个街区的多幢建筑分配热能。这种热力站可以是独立建筑，也可设在某幢建筑（多为大型公用建筑）的地下室内的专门房间内。该热力站一般较大，除有热交换设备外，还有补水定压装置、水处理设备等。从热电厂或区域锅炉房来的热媒输送管路称为一次网，从集中热力站输送热媒到各热用户的管网，称为二次网。

图13-2和图13-3为用户与热水外网采用不同连接方式时的两个民用小区热力站示意图。图13-4为用户与蒸汽外网连接的小区热力站。

图13-2所示热力站中通风用户与一次网采用简单的直接连接，热水供应用户与一次网通过水-水换热器间接连接。城市给水经水-水换热器被加热后，沿热水供应网路的供水管输送到各用户。大型热水供应系统一般要设置热水供应循环泵和循环管路（又叫回水管），使热水不断的循环流动，以免在开始取水时出现冷水。当城市上水硬度过高时，还应设必要的水处理设备，以防止设备结垢。

供暖用户采用有混合水泵的直接连接方式。当热网供水温度高于供暖用户设计的供水温度时，热力站内设置混合水泵从回水管取水与热网的供水混合，从而达到用户所需的供水温度，再向各用户输送。

热力站中主要设备包括水-水换热器、循环水泵、混合水泵、除污器、压力表、温度计、流量表和各种阀门等。

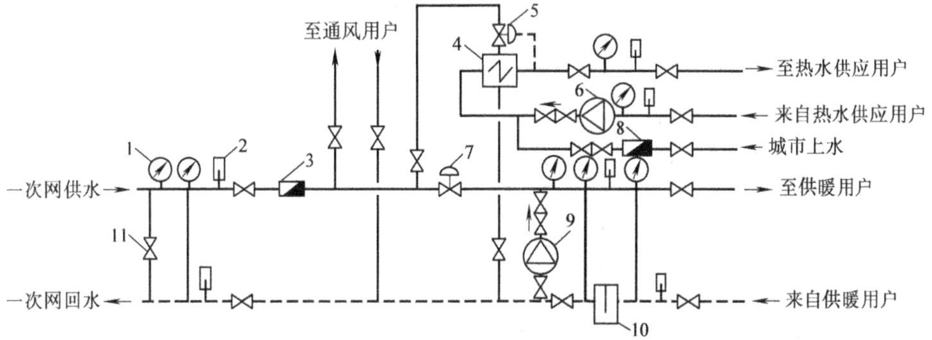

图13-2 民用小区热力站示意图（一）

1—压力表 2—温度计 3—热网流量计 4—水-水换热器 5—温度调节器 6—热水供应循环水泵 7—手动调节阀 8—上水流量计 9—供暖系统混合水泵 10—除污器 11—旁通管

图13-3所示热力站中通风用户与一次网直接连接。采暖用户与一次网通过水-水换热器间接连接。图中的二级网路是一套独立的供暖系统。设有用户系统循环水泵、补水泵、膨胀水箱等。热水供应用户可采用开式连接或闭式连接。开式系统中用户直接使用热网中的热水，连接方式可以为供回水混合后进入热水供应用户或与上水混合后送入用户。闭式系统中用户与热力网采用水-水换热器进行连接。热力站中设备有水-水换热器、循环水泵、补给水泵、压力表、温度计、调节阀等。

图13-4所示为一次网的供热介质为蒸汽时的热力站。换热设备宜采用汽-水换热器和水-水换热器两级串联，以利用凝结水的余热。

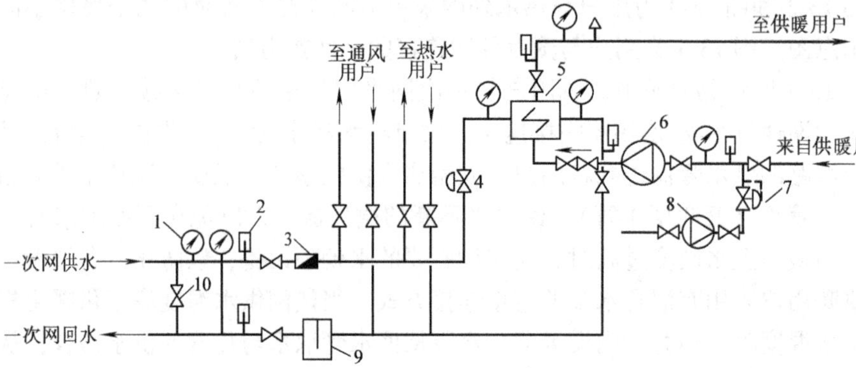

图 13-3 民用小区热力站示意图（二）

1—压力表 2—温度计 3—流量计 4—手动调节阀 5—水-水换热器
6—供暖系统循环水泵 7—补给水调节阀 8—补给水泵 9—除污器 10—旁通管

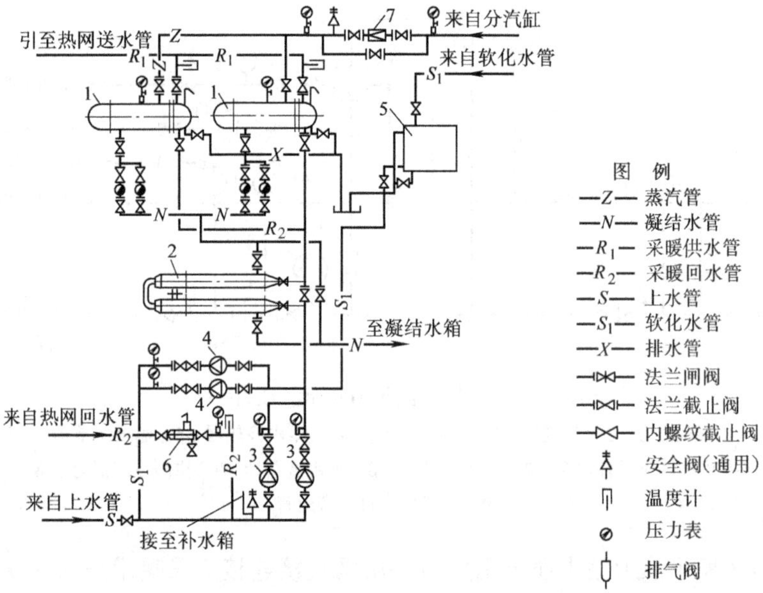

图 13-4 民用小区热力站示意图（三）

1—汽-水换热器 2—水-水换热器 3—循环水泵 4—补给水泵
5—补给水箱 6—除污器 7—减压阀

13.1.3 区域性热力站

设置在供热主干线和分支干线的连接点处的大型热力站为区域性热力站，适用于特大型的供热网路。图 13-5 为当供回水压差较大时区域性热力站的示意图。

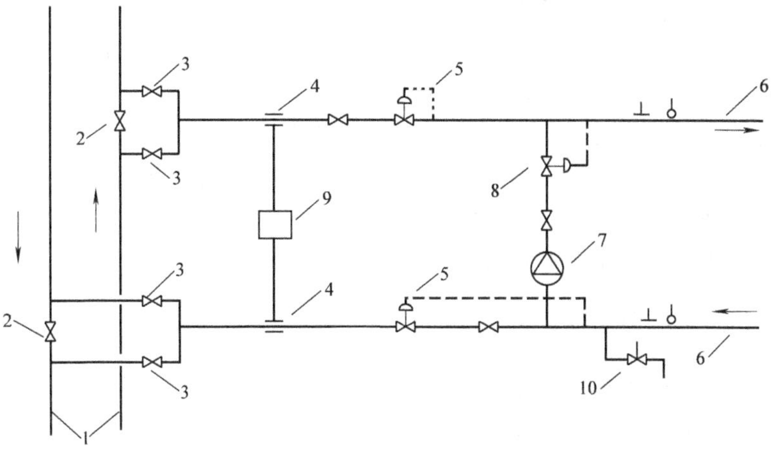

图13-5 区域性热力站示意图

1—供热主干线 2—分段阀门 3—截止阀 4—流量计 5—压力调节器 6—分支干线 7—混合水泵 8—温度调节器 9—继电遥控装置 10—排水阀

13.1.4 民用热力站与用户的连接方式

热用户有供暖、生活热水、通风、空调用户等。它们通常在热网上并联连接，有时为节约循环水量，也可采用串联或混联方式。

1. 用户供暖系统与热力网的连接方式应按下列原则确定

当热力网水力工况能保证用户内部系统不汽化，不超过用户内部系统的允许压力，热力网供回水压差大于用户系统阻力，且用户供暖系统设计供水温度等于热力网设计供水温度时，应采用最简单的直接连接；当用户供暖系统设计供水温度低于热力网设计供水温度时，应采用有混水装置的直接连接。

有以下情况之一时，用户供暖系统应采用间接连接：建筑物供暖系统高度高于热力网水压图供水压力线或静水压线时；供暖系统承压能力低于热力网回水压力时；热力网供回水压差低于用户供暖系统阻力，且不宜采用加压泵时；有其他特殊要求时。

2. 通风、空调系统与热力网的连接方式应按下列原则确定

通风系统、辐射板用热一般可采用直接连接。如用户为空调用热（因用水温度较低，只有50~65℃）需经水-水换热器间接连接，热力网中热水进入换热器把空调回水加热到要求温度。

3. 热水供应用户与热力网的连接方式应按下列原则确定

对于闭式系统，热水供应用户可与热力网通过水-水换热器进行间接连接，根据需要设置水箱或不设水箱。当生活热水热负荷较小，且与闭式热力网连接时，生活热水加热器与供暖系统可采用并联连接；当生活热水热负荷较大时，生

活热水加热器与供暖系统宜采用两级串连或两级混合连接。

对于开式系统，热水供应用户直接从热网中取出热媒进行使用，可以采用与上水混合或供回水混合后送入热水用户。

热力站应设置必要的检测、计量和自控装置。在热水供应系统上，设置给水流量表，热水的供应温度由温度调节器控制，利用热水供水温度控制进入水-水换热器的热网一次水水量。随着城市集中供热技术的发展，在热力站安装流量调节装置以及用微机控制热力站流量的方法，将逐步发展起来。

13.1.5 供暖系统混水装置的选择

当热网供应的热水温度超过供暖用户要求的热水温度时，可采用混水装置把供水与回水混合后，降温再送入供暖用户，以满足要求，如图 13-6 所示。

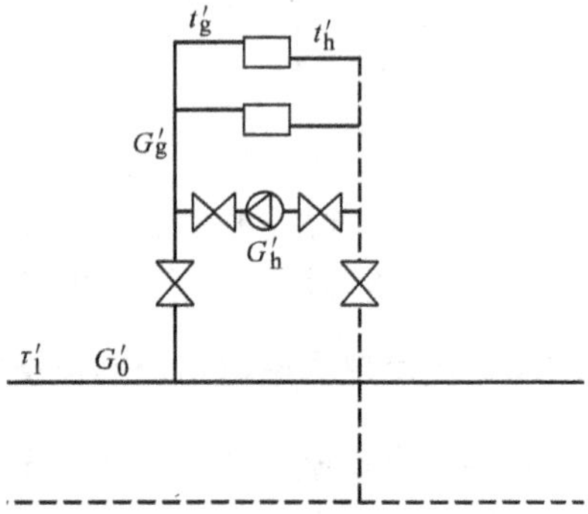

图 13-6 有混水装置的采暖系统

(1) 混水装置设计流量按下式计算

$$G'_h = u'G'_0 \tag{13-1}$$

式中 G'_0——热网供给供暖系统的设计热水流量（t/h）；

G'_h——混水装置的设计水量，即在设计工况下从供暖系统回水管中抽引的回水量（t/h）；

u'——混水装置的设计混合比，按下式计算

$$u' = \frac{\tau'_1 - t'_g}{t'_g - t'_h} \tag{13-2}$$

式中 τ'_1——热水网路的设计供水温度（℃）；

t'_g——供暖系统的设计供水温度（℃）；

t'_h——供暖系统的设计回水温度（℃）。

(2) 混水装置的扬程 混水装置的扬程不应小于混水点以后用户系统的总阻力，如图所示即混水点后供水管的压力损失、用户的压力损失、回水管的压力损失及混水装置两端连接管道的压力损失之和。

采用混合水泵作为混水装置时，混合水泵的台数不应少于两台，其中一台备用。

13.1.6 民用热力站设备选择和布置原则

民用热力站的最佳供热规模，应经过技术经济比较确定，使热力站及室外管网的总基建费用与运行费用最小。当不具备技术经济比较条件时，集中热力站的

规模按下列原则确定：新建的居住小区，以每个小区只设一座热力站为宜；旧有小区，在照顾原有供暖系统的同时，宜减少热力站个数。

热力站内设备的选择和布置根据设备的不同而不同，应遵守以下原则：

（1）热力站加热器的选择应符合下列要求

1）间接连接供暖系统应尽量选用工作可靠、传热性能良好蹬加热器。生活热水系统还应根据水质情况选用易于清除水垢的加热设备。

2）列管式、板式加热器计算时应考虑换热表面污垢的影响，传热系数计算时应乘以0.6～0.85的污垢修正系数。

3）容积式加热器计算传热系数时宜按考虑水垢热阻的方法进行计算。

4）加热器可不设备用。加热器台数的选择和单台能力的确定应适应热负荷的分期增长，并考虑供热可靠性的需要。

（2）热力站加热设备的布置应符合下列要求

1）加热器布置时，应考虑清除水垢、抽管检修的场地。换热器前端应考虑检修和清理加热器管束的空间；换热器侧面距离应具有不小于0.8m的通道。容积式换热器罐底距地不应小于0.5m，罐后距墙不小于0.8m，罐顶距室内梁底不小于2.0m。

2）并联工作的加热器宜按同程连接设计。

3）加热器组一、二次侧进出口应设总阀门，并联工作的加热器，每台加热器一、二次侧进、出口宜设阀门。

4）当容积式加热器热水出口管上装有阀门时，应在每台容积式加热器上设安全阀，当每台容积式加热器出口管不设阀门时，应在生活热水总管阀门前设安全阀。

5）换热器支座应考虑到热膨胀位移，设计只设一个固定支座，并应布置在加热器检修端。

（3）间接连接供暖系统的补水质量应保证加热器不致迅速结垢，必要时应对补给水进行软化处理。

（4）热力站热力网供、回水总管上应设阀门，并应在供水或回水管道上设流量调节装置。热力站内各分支管路的供、回水管道上应设阀门，有条件时宜设流量调节装置。

（5）热力站热力网供水总管上及用户系统回水总管上，应设除污器。

（6）水泵基础应高出地面0.15m，水泵基础之间的距离和水泵基础距墙之间的距离，不应小于0.7m。当地方狭窄时，两台水泵可做成联合基础，机组之间突出部分净距不应小于0.3m，两台以上水泵不得做联合基础。

（7）热力站内热网系统管道上在下列位置应设压力表

1）除污器前后、循环水泵和补给水泵前后。

2）减压阀前后、调压阀（板）前后。

3）供水管及回水管的总管上。

4）一次加热介质总管上，或分水器、分汽缸上。

5）自动调节阀前后。

(8）热力站内热网系统管道上在下列位置应设温度计

1）一次加热介质总管上，或分水器、分水缸上。

2）换热器至热网供水总管上。

3）供暖、空调季节性热网供水、回水管上。

4）生产、生活常年性热网供水、回水管上。

5）循环水水箱、凝结水水箱上。

6）生活热水容积式换热器上。

(9）热力站内热网系统管道上在下列位置应设计量装置

1）城市热网供应总入口处。

2）换热站内一次加热介质的总管上。

3）换热站内二次水供水或回水总管上。

为配合分户计量政策的实施，换热系统的二次水网，应根据实际情况，推荐分区、分系统设置热计量装置及各热用户入口热计量装置。

集中式热力站与分散的用户热力站相比，更便于管理，也便于实现计量、检测的现代化，便于提高管理水平和供热质量，也有利于节约能源。

13.2 工业热力站

工业热力站的服务对象是工厂企业用热单位，多为蒸汽供热热力站。如图13-7所示为工业热力站示意图。热力站连接有多种热用户，包括供暖热用户、通风热用户、热水供应热用户和生产工艺热用户。外网来的蒸汽进入分汽缸，根据各热用户要求的工作压力、温度，经减压阀调节后输送到各个用户。

对于供暖用户若采用热水供暖，在热力站中设置汽-水换热器，利用蒸汽的热量加热供暖用户的循环水。对于热水供应用户，在热力站中设置汽-水换热器，把城市上水加热送入用户使用。生产工艺用户主要用在加热、蒸煮、烘干、汽锤、汽泵等气动装置，若回收凝结水，通过凝结水回收系统返回热力站中的凝结水箱。对于通风用户，直接使用蒸汽加热空气即可。蒸汽在各热用户放热完毕后，变成凝结水进入凝结水箱，然后由凝结水泵再打回热源。

凝结水回收设备是蒸汽供热热力站的重要组成部分，主要包括凝结水箱、凝结水泵以及疏水器、安全水封等附件。所有可回收的凝结水分别从各热用户返回凝结水箱。为节约能源，如果条件允许应考虑凝结水的二次汽的余热利用。

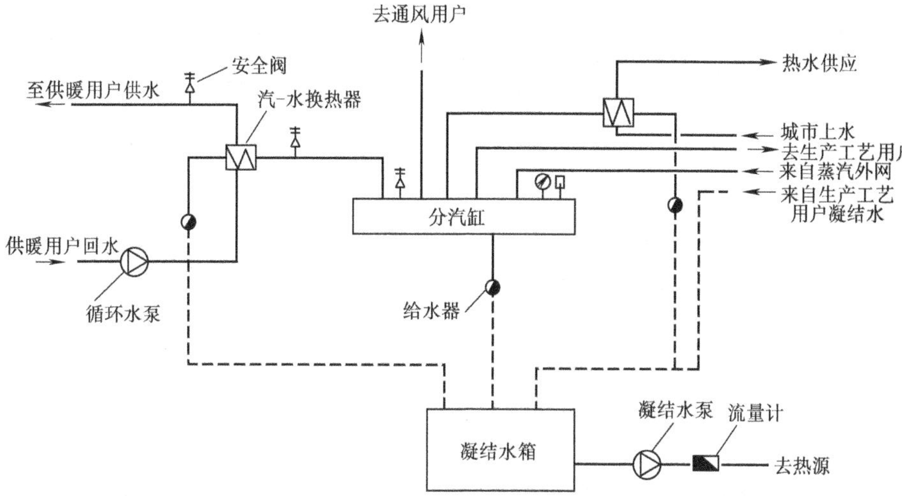

图13-7　工业热力站示意图

工业热力站应设置必要的热工仪表，在分汽缸上设压力表、温度计和安全阀。供汽管道减压阀后应设压力表和安全阀。凝结水箱内设液位计或与凝结水泵联动的液位自动控制装置。换热器上设置压力表和温度计。外网蒸汽入口处设置蒸汽流量计和在凝结水接外网出口处设置凝结水流量计。

凝结水箱包括开式水箱和闭式水箱两种，或称无压水箱和有压水箱。城市蒸汽热力网用户宜采用闭式凝结水回收系统，热力站中应采用闭式凝结水箱。当凝结水量小于10t/h或距热源小于500m时，可采用开式凝结水回收系统，这时凝结水温度不应低于95℃。水箱通常用3～10mm厚的钢板制成。凝结水箱的总储水量，按照10～20min的最大小时回水量计算。凝结水箱一般设两个，对于单纯供暖用的凝结水箱其水量在10t/h以下时，可只设一个。

开式水箱多为长方形，如图13-8所示。开式水箱附件一般应有人孔盖、水位计、温度计、进出水管、空气管和泄水管等。当水箱高度大于1.5m时，应设内外扶梯。

闭式水箱多为圆筒形，是承压水箱，如图13-9所示。闭式水箱附件一般应有人孔盖、水位计、温度计、进出水管、空气管、泄水管、压力表、取样装置和安全水封等。

在闭式水箱上应装设安全水封，安全水封的作用是：

1）防止水箱压力过高。

2）防止空气进入箱内。

3）兼作溢流管用。

安全水封的构造和工作原理简述如下：

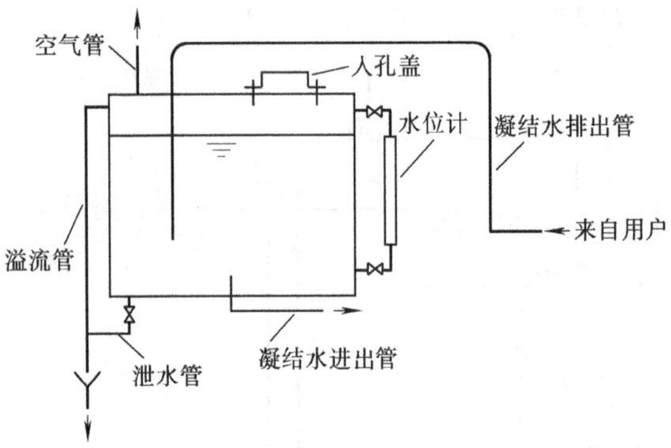

图 13-8　开式凝结水箱

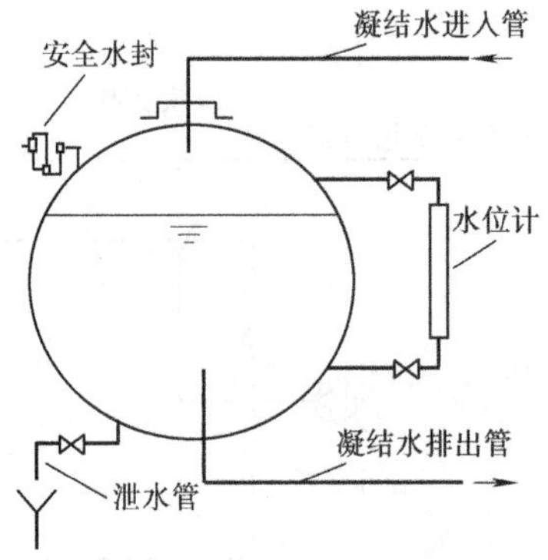

图 13-9　闭式凝结水箱

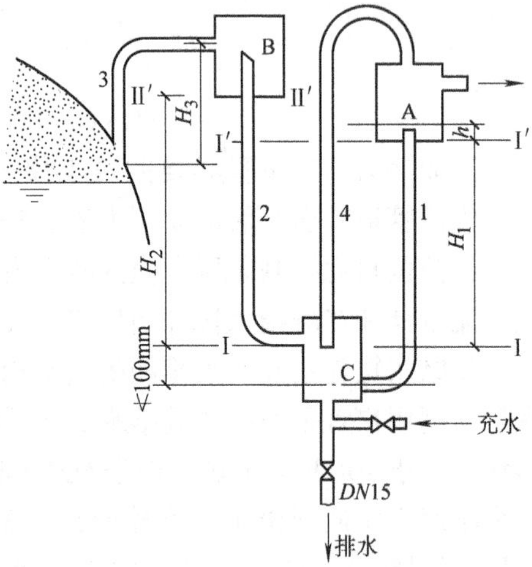

图 13-10　安全水封示意图

如图 13-10 所示，安全水封由水室 A、B、C 及连通管 1、2、4 组成，由管 3 与闭式凝结水箱连通。系统运行前，由下部充水管充水至Ⅰ′—Ⅰ′水面。在正常箱内压力下，管 2 中水面下降，管 4 及管 1 水面上升 h 高度。当箱内的压力高于大气压 H_1（mH_2O）以上时，水封被突破，箱内蒸汽及不凝结气体从管 2 通过管 4 经 A 室排往大气。由此可见，利用水封高度 H_1（m），可以维持水箱内的蒸汽压力不大于 $10H_1$（kPa）。当水箱压力恢复后，A 室中的水由管 1 自动地返回管 2 和 4，恢复原来的水位。

当水箱无凝结水进入，箱内呈无压，而凝结水泵起动抽水时，密闭箱体内出现负压。此时，管 1、4 中水面下降，管 2 中水面上升。只要箱内负压与大气压力之差不大于 H_2（mH_2O），管 1 中水面就不会降到Ⅰ—Ⅰ以下，管 2 中的水封就不会被冲破，空气就不能进入水箱。水柱高 H_2 为水箱可能出现的最大真空度。当水箱内的真空度消失后，B 室中的存水由管 2 端的孔眼重新流回管 2、4 和管 1 中。

当水箱内存水过多，水面上升超过 H_3 高度后，水可经由水封管的通气孔排出。与凝结水箱连接的管 3 应在水箱的溢流水位高度处。

安全水封的连通管直径 d 应根据排气量来确定。水室 A、B 的直径，可参阅有关供热设计手册计算确定。

凝结水泵不应少于两台，其中一台备用。选择凝结水泵时，其流量应按进入凝结水箱的最大回流量计算；扬程应按凝结水管网水压图的要求确定，并留有30~50kPa的富裕压力。

蒸汽系统应按要求设置疏水装置：

1）过热蒸汽管路的最低点、流量测量孔板前和分汽缸底部应设起动疏水阀，流量孔板装置如图13-11所示。

2）分汽缸底部和饱和蒸汽管路安装起动疏水阀处还应安装经常疏水器。

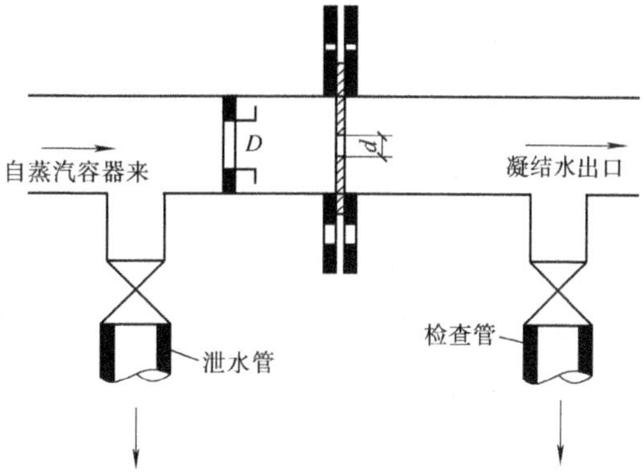

图13-11 孔板装置

3）换热设备的凝结水出口应安装经常疏水器。

13.3 换热器

换热器是实施把热量从一种介质传给另一种介质的热交换设备。它广泛地应用于石油、化工、动力、冶金、制冷、空调和供热等工程中。在供热领域，换热器是大型集中供热热力站系统中的主要设备，其作用是将一次网蒸汽或热水的热量，传递给二次网（用户系统）的低温回水，使其升温后再进入用户。

13.3.1 换热器的分类

1. 按工作原理分类

1）间壁式：又称表面式。在此种换热器中，冷热介质在各自流道内连续流动完成热量交换，彼此之间不接触。

2）直接接触式：又称混合式。在此类换热器中，两种流体介质直接接触相互搀混传递热量。

3）蓄热式：又称再生式换热器。它借助由固体构件组成的蓄热体传递热量。在此种换热器中，热冷流体依时间先后交替流过由蓄热体组成的流道。流体先对其加热，使蓄热体升温，把热量储存于固体蓄热体内，随即冷流体流过，吸收蓄热体内放出的热量。

4）中间载热体式：是把两个间壁式换热器由在其中循环的载热体连接起来的换热器。载热体在高低温流体换热器间循环，使低温流体吸收高温流体的热量。

5）热管式换热器：是以热管为换热元件，由若干支热管组成的换热管束通过中隔板置于壳体内，中隔板与热管加热段、冷却段及相应的壳体内腔分别形成热、冷流体通道。

2. 按用途分类

按用途可以把换热器分为：加热器、预热器、过热器、冷却器、蒸发器、冷凝器等。

3. 按制作材料分类

按制造材料可分为金属材料、非金属材料及稀有金属材料换热器。

13.3.2 常用换热器简介

下面介绍几种常用换热器设备：

1. 管壳式换热器

管壳式换热器是目前应用较广泛，技术上最成熟的传统的换热器，其特点是制作容易，生产成本低，选材范围广泛，适应性强，换热量大，能承受较高的温度和压力，维护管理方便，不宜泄漏。但传热系数较低，所需传热面积较大。由于管壳式换热器的诸多优点，使它能在近代出现的各种新型、高效和紧凑型换热器的竞相发展中得以生存，至今在热能动力工程领域的使用仍占主导地位。

（1）管壳式换热器的组成　管壳式换热器主要由壳体、换热管束、管板、前端管箱（又称顶盖或封头）和后端结构等部件组成。

（2）管壳式换热器的分类　按照传热介质不同，管壳式换热器有汽-水换热器和水-水换热器两类。当加热的热媒为蒸汽时称为壳管汽-水换热器；加热的热媒为高温水时称为壳管水-水换热器。

按照管板和壳体及其配合部分的形式汽-水换热器可分为以下几种：固定管板式、浮头式、填料函式、U 形管式、釜式。

固定管板式汽-水换热器的两端管板和壳体连为一体，结构比较简单、紧凑，不宜结垢，容易清洗，如图 13-12 所示。

浮头式管壳汽-水换热器两端管板只有一端与壳体固定，另一端则可相对于壳体滑动，该端称为浮头。浮头式换热器结构复杂，造价高，笨重，材料消耗量大，如图 13-13 所示

U 形管式管壳式汽-水换热器只有一个管板，管子两端均固定于同一管板上，这类换热器的特点是管束可以自由伸缩，管程为双管程，流程较长，流速较高，传热性能较好，承压能力强，便于维修和清洗，如图 13-14 所示。

釜式管壳换热器在壳体上部设置适当的蒸发空间并兼有汽室作用，适用于液体-气体换热。

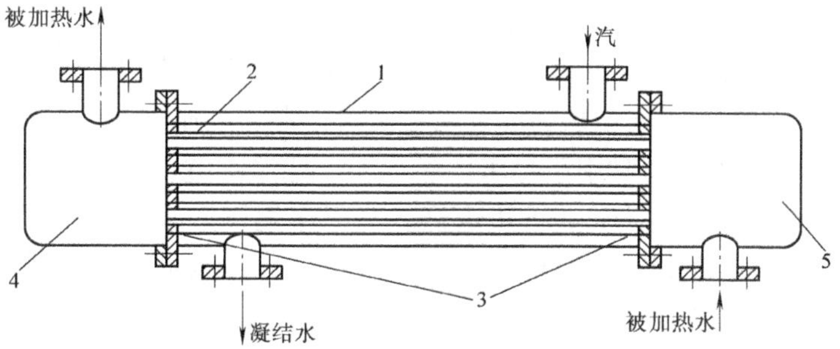

图 13-12 固定管板式汽-水换热器

1—外壳 2—管束 3—固定管板 4—前水室 5—后水室

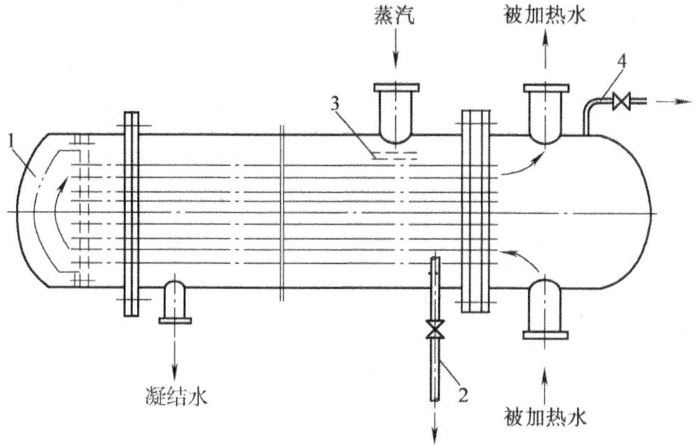

图 13-13 浮头式管壳汽水换热器

1—浮头 2—汽侧排气口 3—挡板 4—水侧排气口

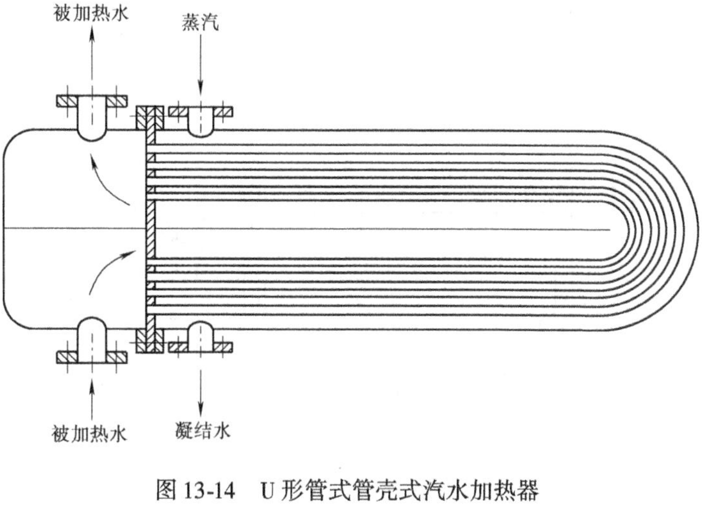

图 13-14 U形管式管壳式汽水加热器

水-水换热器包括分段式水-水换热器、套管式水-水换热器和浮头式水-水换热器。分段式水-水换热器由于小管内外都是水，为使小管两侧水流速接近，圆形外壳直径不能太大，当加热面积要求较大时，常几段连起来，如图 13-15 和图 13-16 所示。该类换热器常用于热水供暖系统、低温水空调系统及某些连续性用热水的生产工艺用户。对于生活热水供应，则需配备贮水罐。在蒸汽供热系统中，凝结水冷却常使用分段式水-水换热器。套管式水-水换热器如图 13-17 所示。浮头式水-水换热器如图 13-18 所示。

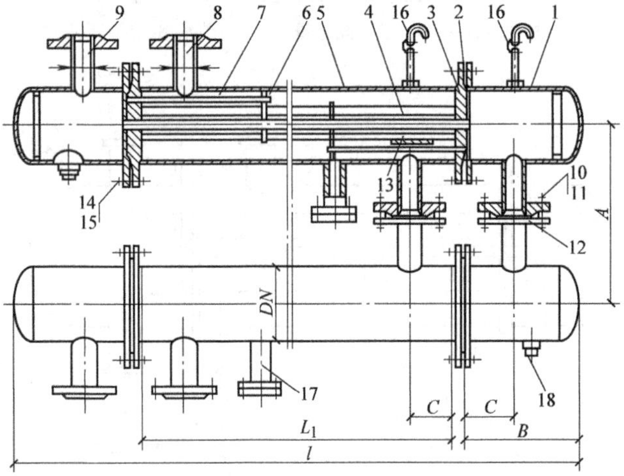

图 13-15 分段式水-水换热器（一）

1—管箱 2—垫片 3—管板 4—换热管 5—壳体 6—支承板 7—拉杆 8—壳体连接管 9—管箱连接管 10—螺母 11—螺栓 12—垫片 13—防冲板 14—螺母 15—螺栓 16—放气管 17—泄水管 18—排污管

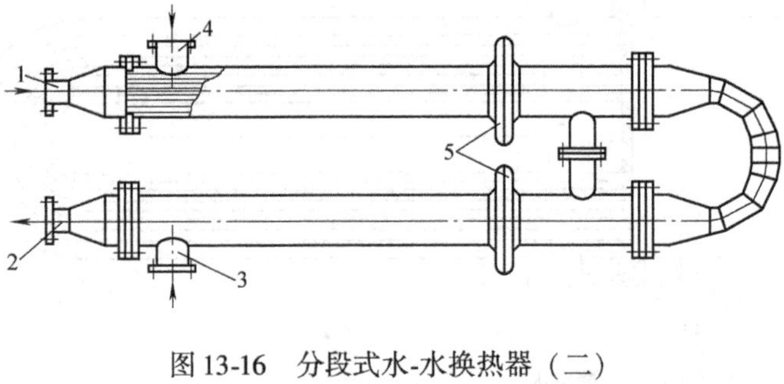

图 13-16 分段式水-水换热器（二）

1—凝结水入口 2—凝结水出口 3—被加热水（回水）入口 4—被加热水（回水）出口 5—膨胀节

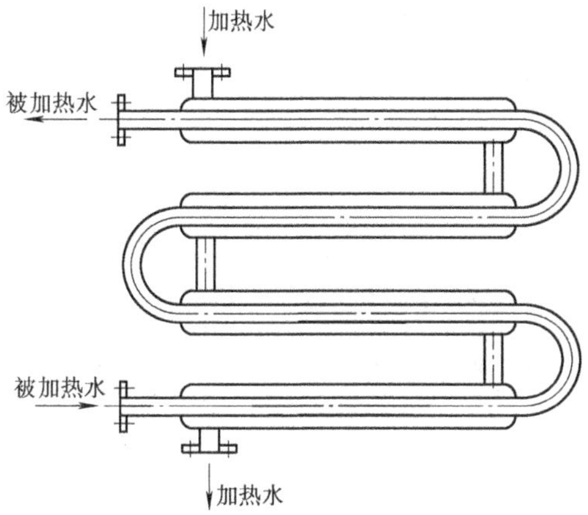

图 13-17　套管式水-水换热器

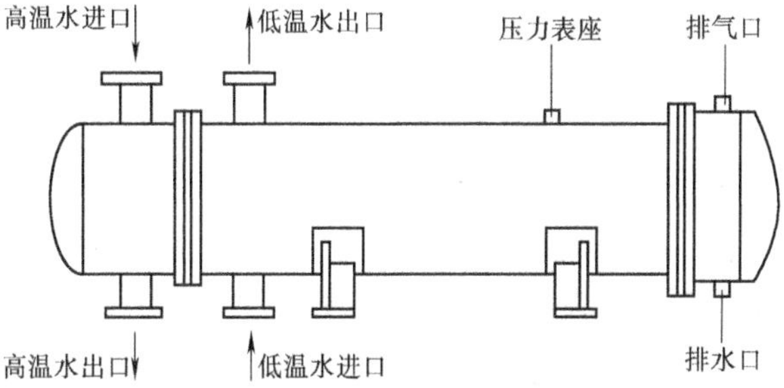

图 13-18　浮头式水-水换热器

（3）管壳式换热器的型号　管壳式换热器标准系列产品的基本参数如下：

1）换热器壳体直径 *DN*。以公称直径 *DN* 作为换热器壳体直径。对于卷制壳体，以壳体内直径作为换热器的公称直径，以 400mm 为基础，以 100mm 为进级档；无缝钢管壳体，以钢管外直径作为换热器的公称直径。通常壳体直径有下列标准：*DN*159、*DN*273、*DN*400、*DN*500、*DN*600、*DN*700、*DN*800。

2）换热器的公称长度 *L*。以换热器的长度作为换热器的公称长度。但对于 U 形管换热器其换热管长度为 U 形管的直管段长度。换热管长度推荐使用 1500mm、2000mm、2500mm、3000mm、4500mm、6000mm、7500mm、9000mm、12000mm。

3）换热面积 *F*。换热器的换热面积以公称换热面积给出。公称换热面积系指实际换热面积经圆整后的整数值换热面积。

4）管径及管壁厚。管径指换热管外直径。

(4) 管壳式换热器型号表示方法

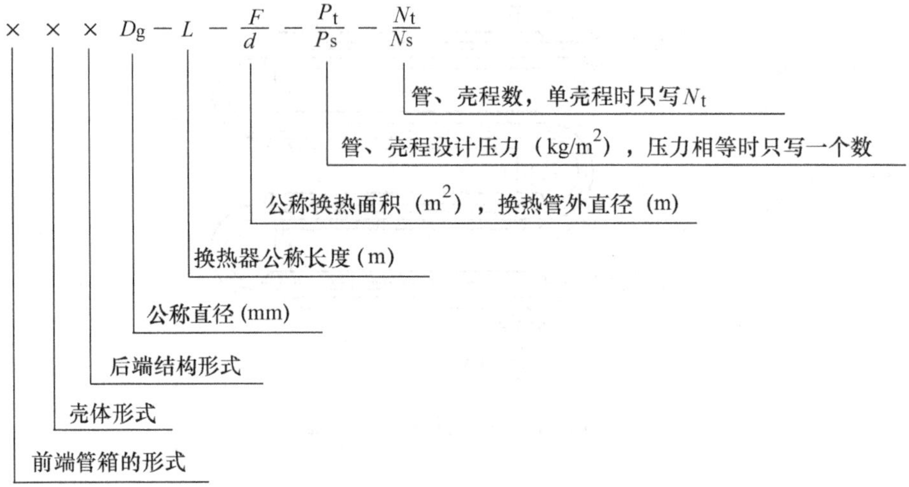

举例：

BEM 700—9—$\frac{200}{25}$—$\frac{25}{16}$—4 表示封头管箱，公称直径 700mm，换热管长 9m，换热管外直径 25mm，公称换热面积 200m²，管程设计压力 25kg/cm²，壳程设计压力 16kg/cm²，4 管程、单壳程的固定管板式换热器。

AES 600—6—$\frac{85}{25}$—16—4 表示平盖管箱，公称直径 600mm，换热管长 6m，换热管外直径 25mm，公称换热面积 85m²，管程设计压力 16kg/cm²，4 管程、单壳程的浮头式换热器。

管壳式换热器的规格和性能可参考参考文献［21］或其他设计手册。

2. 螺旋板式换热器

螺旋板式换热器具有传热效率较高，结构紧凑的优点。螺旋板式换热器有汽-水换热器和水-水换热器两种。这两类换热器结构见图 13-19 和图 13-20。

3. 板式换热器

板式换热器是一种传热效率高、结构紧凑的新型换热器。

(1) 板式换热器的特点　高效传热，传热系数高达 2000～7000W/（m²·℃）；流动阻力小；占地面积小，每立方米空间内传热面积可达 150～200m²；拆装方便，可以拆洗，不会串液；调节方便，很容易改变流量；板片采用不锈钢或钛板压制，耐腐蚀，耐高温。

板式换热器在结构上采用特殊的波纹金属板为换热板片，使换热流体在板间

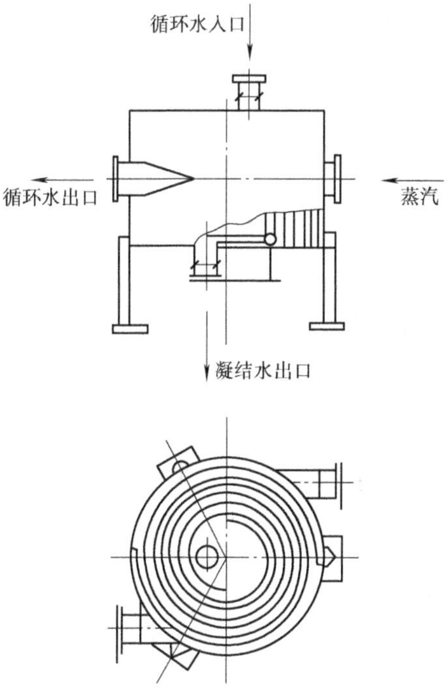

图 13-19　汽-水螺旋板式换热器

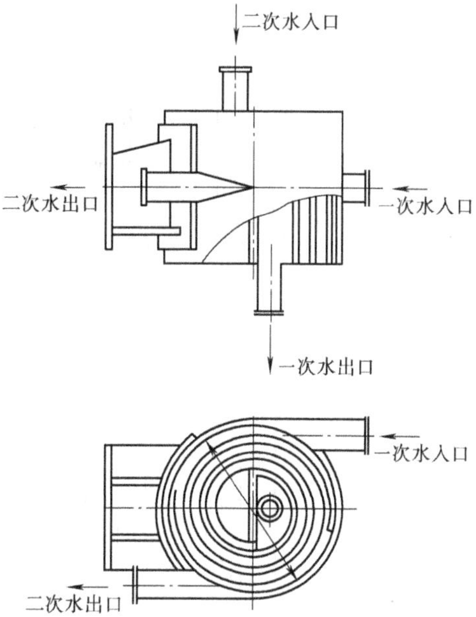

图 13-20　水-水螺旋板式换热器

流动时，能够不断改变流动方向和速度，形成激烈的湍流，以达到强化传热的效果。由于传热板片采用 $\delta=0.6\sim1.2\text{mm}$ 的薄板，大大提高了换热能力。一般总传热系数达 2500 ~ 5000W/（m^2 · ℃），最高达 7000W/（m^2 · ℃），比管壳式换热器高 3 ~ 5 倍。当一次水和二次水逆流换热时，可以获得非常接近的出水温度。板式换热器主要用于水-水热交换的场合。

（2）板式换热器的构造　板式换热器主要由换热板、密封圈、盖板和紧固装置组成。换热板是板式换热器的核心部分。换热板片之间用垫片密封，形成水流通道。垫片采用优质合成橡胶制成，耐一定高温，有弹性。由于传热板片紧密排列，板间距较小，而板片表面经冲压成形的波纹又大大增加了有效换热面积，所以单位容积中所容纳的换热面积很大，占地面积比同样换热面积的管壳式换热器小许多。同时，金属耗率小，质量轻。

板式换热器两侧流体（热流体和冷流体）的流程配合很灵活。如图 13-21 所示，每个板片有四个孔，同侧的上、下两孔通同一种流体。如左侧上下两孔通被加热流体，右侧上下两孔通加热流体。组合方式有单流程组合和多流程组合。在整个流程中某种流体（冷流体或热流体）的流向是同方向的，如图 13-21 中冷流体由上向下流动，热流体由下向上流动，此种组合方式为单流程组合。在整个流程中某种流体（冷流体或热流体）的流向是变化的，如图 13-21 中冷流体先由上向下流动，然后再由下向上流动，热流体与冷流体流动方向相反，此种组合方式为多流程组合。

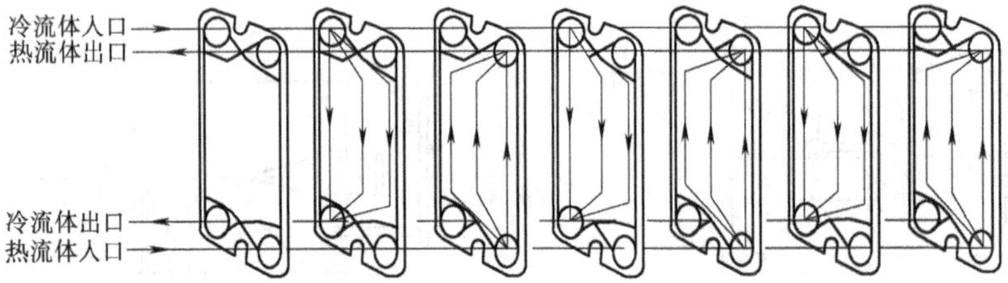

单流程组合

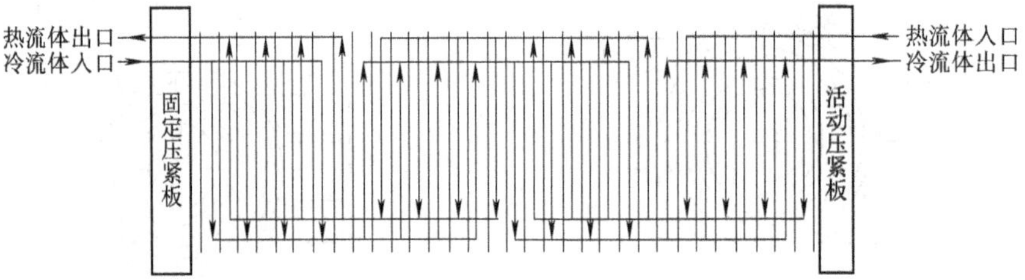

多流程组合

图 13-21　板式换热器流程示意图

将传热板片、板片间的密封垫，用固定盖板、活动盖板、定位螺栓、压紧螺栓夹紧，固定在框架上，盖板上设冷热媒进出口短管。板式换热器可以是组装成形出厂，也可在热力站组装。换热器的外形如图 13-22 所示。

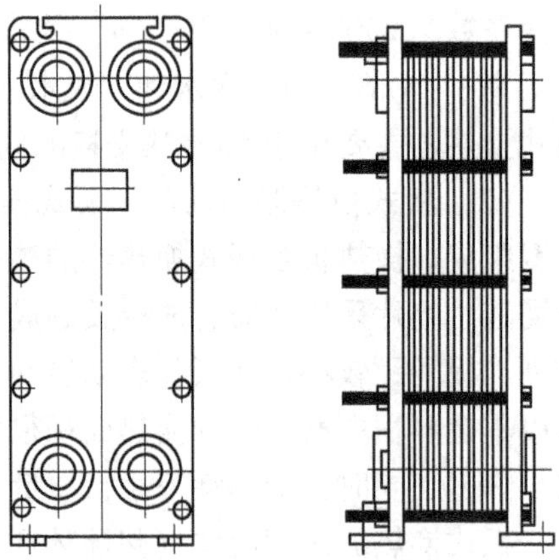

图 13-22　板式换热器

板式换热器多用于水-水换热，两侧压力不宜相差过大，最高水温不宜超过 150℃。板式换热器要定期进行维护，包括拆洗和更换垫片。由于板片间间隙较小，对水质要求高，一旦形成水垢，水力工况与热力工况将大大恶化。

（3）板式换热器技术标准　板式换热器常用的板片波纹形式如下：人字形波纹，代号为 R；水平平直波纹，代号为 P；球形波纹，代号为 Q；斜波纹，代号为 X；竖直波纹，代号为 S。

板式换热器框架的形式有：双支撑框架式，代号为Ⅰ；带中间隔板双支撑框架式，代号为Ⅱ；带中间隔板三支撑框架式，代号为Ⅲ；悬臂式，代号为Ⅳ；顶杆式，代号为Ⅴ；带中间隔板顶杆式，代号为Ⅵ；活动压紧板落地式，代号为Ⅶ。

（4）板式换热器型号表示方法

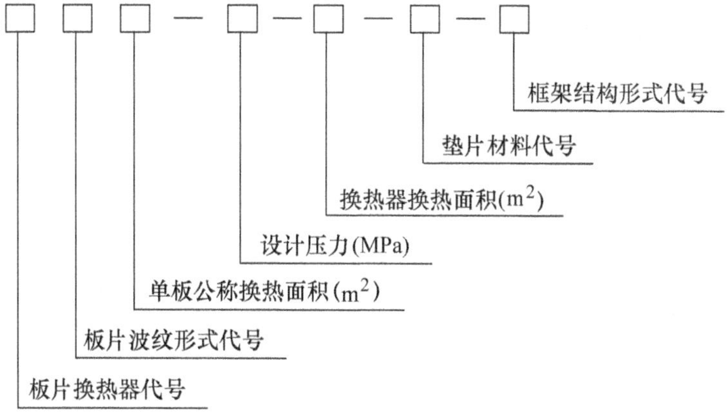

举例：

BP1.0-1.0-100-E-Ⅱ表示水平平直波纹，单板公称换热面积为1.0m^2，设计压力为1.0MPa，换热面积为100m^2，用三元乙丙垫片密封的带中间隔板双支撑框架结构的板式换热器。

（5）板式换热器的规格和性能　采暖用板式水-水换热器和汽-水换热器的选型见附录I中表I-1和表I-2。

4. 容积式换热器

容积式换热器既是换热器又是贮水罐，多用于生活热水和用水不均匀的工业用热水系统。主要由罐体及加热排管两部分组成。

容积式换热器目前尚无国家标准，多数生产厂家按照建设部批准的，中国建筑标准设计研究所审定的S154和S155图样加工制作。一般排管工作压力≤0.4MPa，壳体工作压力0.6~1.0MPa。壳体材料为碳素钢Q235，U形排管材料有碳钢无缝钢管20及黄铜管H_{68}两种。可按需要加以选用。有的生产厂在引进国外技术的基础上做了技术改进，如使用浮动管等。

容积式换热器有卧式、立式两种，如图13-23和图13-24。

卧式容积式换热器有1~10个型号。1~7号为单孔式，8~10号为双孔式。可按所需加热面积及容积选用。

卧式容积式换热器主要参数参见相关文献。

5. 单元组合式换热器

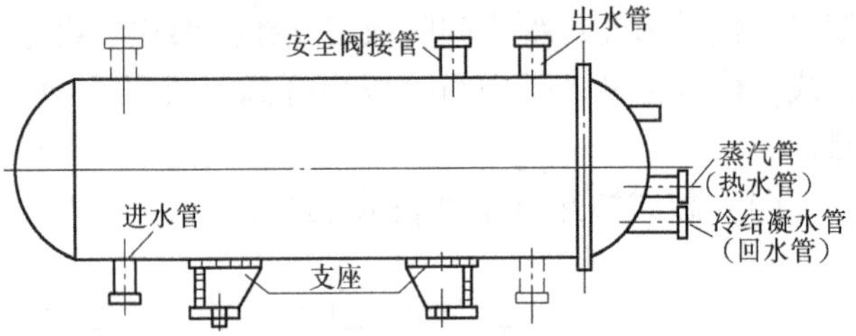

图 13-23　卧式容积式换热器

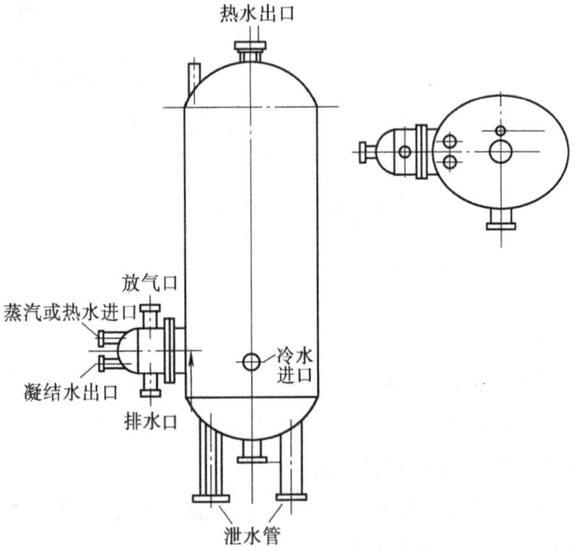

图 13-24　立式容积式换热器

单元组合式换热器是一种适合现代供热发展需要的新型换热设备，采用了多单元立体组合的模块化设计，每个单元具有较小的储水容积，能迅速补充热量，使供热量与需热量达到动态平衡。采用全铜质浮动盘管作为换热元件进行强化传热，使被加热水处于湍流状态，从而提高了换热效果。具有结构紧凑、组合方便、换热效率高、自动除垢、节省能源以及被加热水温升快等优点。可用于一般工业及民用建筑的生活热水供应及空调、供暖系统，尤其适用于大型热力站和发电厂的热电联供热交换系统，如图 13-25 所示。

单元组合式换热器具有如下特点：①换热效率高。由于采用了全铜质浮动盘管作为换热元件及采用独特的强化传热技术，增大了被加热水和热媒的扰动，强化了传热，并具有热媒温降大、被加热水温升快、冷凝水温度低，可有效地增大换热量，通常采用一级换热即可满足要求。②适用范围广。采用蒸汽、高温水、低温水三种不同的热媒，均可取得理想的效果。③节能效果显著。由于热媒在盘管内，被加热水在壳体内，因此壳体表面温度低，散热损失小，节约能源。尤其是以蒸汽为热媒时凝结水温度低，节能效果尤其显著。④可自动除垢，使用寿命长。由于浮动盘管材质为纯铜管，管壁光滑且不易锈蚀，盘管在水中可自由浮动，水垢不易粘附管壁。同时由于铜盘管和水垢的膨胀系数差别很大，当盘管自由伸缩时，水垢自动脱落，从而实现自动除垢功能。⑤该换热器结构紧凑、占地面积小、易于搬运、安装维修方便、操作简单，即可单独使用，也可根据用户需要进行立体组合。⑥该换热器可依用户需求配备先进的温度调节阀，热水出水温度可自动调节，出水温度稳定。

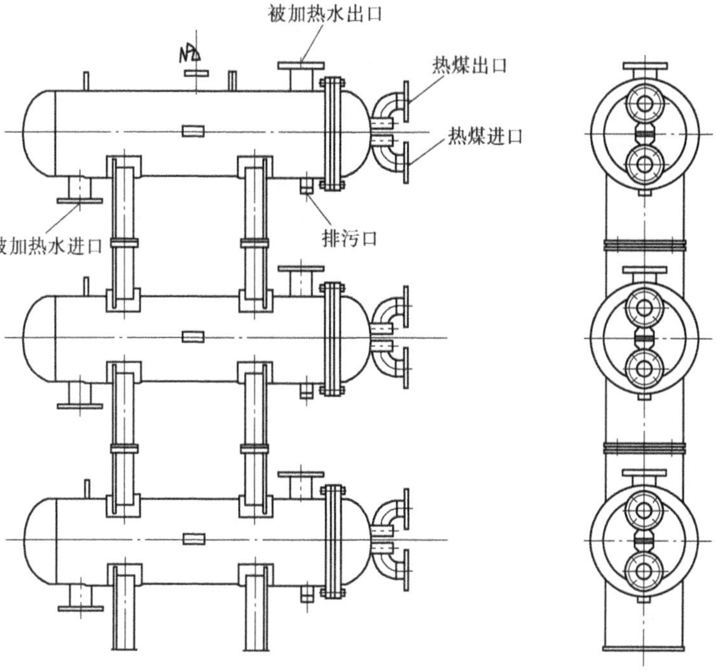

图 13-25 单元组合式换热器组合示意图

6. 半即热式换热器

该产品是一种新型换热设备，具有较小的储水容积，能迅速地补充热量，使供热量与需热量达到动态平衡。本设备可广泛应用于一般工业及民用建筑的生活热水、供暖和空气调节等系统。

(1) 产品代号

BJR－××
- ××：盘管数量
- BJR：半即热式换热器（汽-水）

FBR－××
- ××：盘管数量
- FBR：半即热式换热器（汽-水、水-水）

(2) 技术特点　由于在换热管束内外采取了强化传热措施以及盘管上下浮动，使被加热水加强扰动，因而传热效率高、换热充分，具有换热量大，热媒温降大，被加热水温升高等优点。适用范围广，可适用于蒸汽、高温水、低温水三种不同的热媒，均可取得较好的效果。一级换热即可满足使用要求。在汽-水换热时，凝结水温度可降低到50℃以下，简化了系统，给安装维修带来了方便。节能效果显著，由于热媒在盘管内，被加热水在壳体内，因而壳体表面温度低，散热损失小，节约能源，尤其在以蒸汽为热媒时，因为凝结水回水温度低，能回收约占整个换热量15%左右的凝结水热量，具有较大的节能效益。体积小，占空间小，易于搬运。由于壳体内换热盘管可随被加热水流上下浮动及盘管的热胀冷缩，盘管外壁积结水垢自动脱落。主要技术参数见表13-1。

表13-1 半即热式换热器技术参数

序号	型号	公称直径 *DN*	最大工作压力/MPa		容积/m^3	换热面积/m^2	质量/kg	DN_1/mm	DN_2/mm	D_1/mm	D_2/mm	*H*/mm
			壳程	管程								
1	BJR-03	450	1.0	1.0	0.12	1.41	243	50	25	560	500	1726
2	BJR-05				0.16	2.35	272					1956
3	BJR-07				0.20	3.29	300					2186
4	BJR-09				0.23	4.23	327					2416
5	BJR-11				0.27	5.17	356					2646
6	BJR-13				0.30	6.11	384					2876
7	BJR-15				0.34	7.05	412					3106
8	FBR-06	600	1.0	1.0	0.30	5.52	470	65	65	800	720	2166
9	FBR-08				0.37	7.36	520					2416
10	FBR-10				0.44	9.20	570					2666
11	FBR-12				0.51	11.04	620					2916
12	FBR-14				0.59	12.88	670					3166
13	FBR-16				0.65	14.72	720					3416
14	FBR-18				0.72	16.56	770					3666
15	FBR-20				0.79	18.40	820					3916

半即热式换热器的外形结构见图13-26所示。

供暖系统汽-水换热设计工况和水-水换热设计工况如表13-2和表13-3所示。

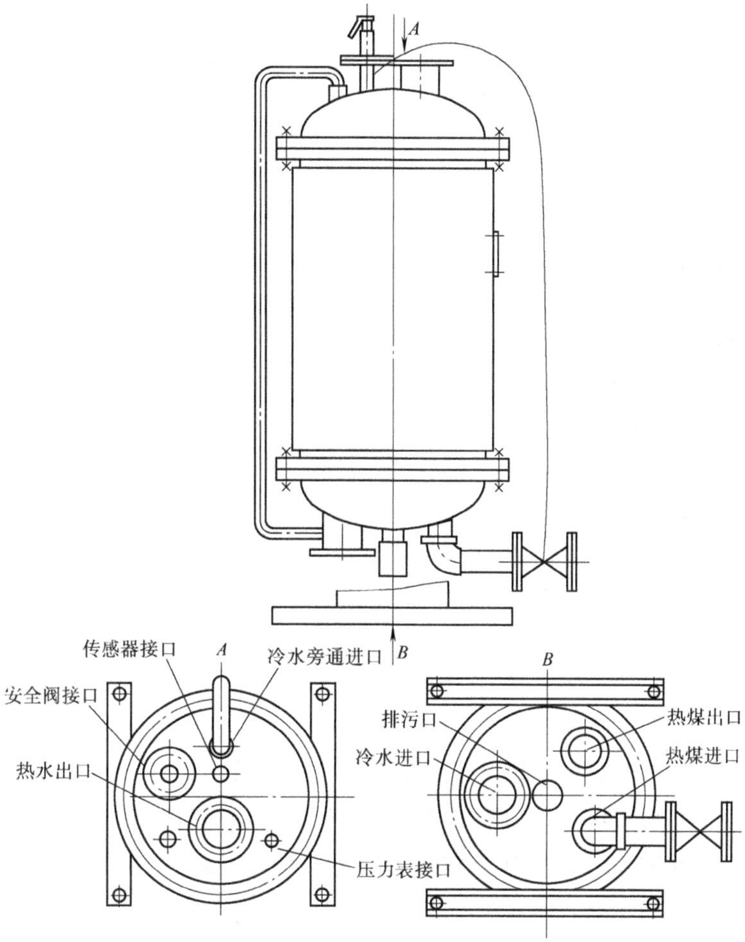

图 13-26 半即热式换热器

表 13-2 汽-水换热设计工况

压力和温度 / 热媒	压力 $p/$（kgf/cm^2）	热媒温度 $T/℃$		被加热水温度 $t/℃$		对数平均温差/℃
		进口	出口	进口	出口	
饱和蒸汽	2	133	55	70	95	49.5
	3	143	55	70	95	59.6
	4	151	55	70	95	67.7
	5	158	55	70	95	74.8
	6	164	55	70	95	80.8
	2	133	55	50	60	77.9
	3	143	55	50	60	87.9
	4	151	55	50	60	95.9
	5	158	55	50	60	103
	6	164	55	50	60	108.9

表 13-3　水-水换热设计工况

温度 热媒	热媒温度 T/℃		被加热水温度 t/℃		算术平均温差/℃
	进口	出口	进口	出口	
高温	95	70	50	60	27.5
热水	110	70	50	60	35

13.3.3　换热器的热工计算

换热器热工计算的任务是在换热量和结构已经给定，换热器出入口的加热介质和被加热介质的温度为已知的条件下，确定换热器的必要换热面积，又称为设计性计算。或根据选用的换热器的形式和规格，根据上述给定条件，校核选用的换热器换热量是否满足要求，又称校核性计算。

1. 换热器热工计算的基本公式

换热器热工计算的基本公式是传热方程式和热平衡方程式。

（1）热平衡方程式　热流体（高温水或蒸汽）放出的热量等于冷流体吸收的热量。

热水作热媒　$$Q = G_1c_1(t'_1 - t''_1) = G_2c_2(t''_2 - t'_2) \tag{13-3}$$

蒸汽作热媒　$$Q = D(h_1 - h_n) = G_2c_2(t''_2 - t'_2) \tag{13-4}$$

式中　Q——热流体放出的热量或冷流体吸收的热量（W）；

G_1、G_2——分别为热流体和冷流体的质量流量（kg/s）；

c_1、c_2——分别为热流体和冷流体的比热容［J/（kg·K）］；

t'_1、t''_1——分别为热流体进口温度和出口温度（℃）；

t'_2、t''_2——分别为冷流体的进口温度和出口温度（℃）。

D——蒸汽的流量（kg/s）；

h_1——蒸汽的比焓（J/kg）；

h_n——凝结水的比焓（J/kg）。

（2）传热方程式　热流体通过壁面向冷流体传递的热量等于传热系数、传热面积和传热温差的乘积。

$$Q' = KA\Delta t_m \tag{13-5}$$

式中　Q'——传热量（W）；

K——传热系数［W/（m^2·K）］；

A——传热面积（m^2）；

Δt_m——传热温差（℃）。

若考虑设备散入周围环境的热损失，则

$$Q' = \frac{Q}{\eta} \tag{13-6}$$

式中 η——换热设备的热效率。

（3）传热系数 对于无污垢光管管壁，当以外表面面积 A_0 为基准时，传热系数可以写为

$$K_0 = \frac{1}{\dfrac{d_0}{d_i}\dfrac{1}{h_i} + \dfrac{d_0}{2\lambda}\ln\left(\dfrac{d_0}{d_i}\right) + \dfrac{1}{h_0}} \tag{13-7}$$

以内表面面积 A_i 为基准时，传热系数为

$$K_i = \frac{1}{\dfrac{d_i}{d_0}\dfrac{1}{h_0} + \dfrac{d_i}{2\lambda}\ln\left(\dfrac{d_0}{d_i}\right) + \dfrac{1}{h_i}} \tag{13-8}$$

不同面积基准的传热系数有下列关系：

$$K_0A_0 = K_iA_i$$

式中 d_0——管子的外径（m）；

d_i——管子的内径（m）；

h_0——流体与管外壁之间的表面传热系数［W/（m^2·K）］；

h_i——流体与管内壁之间的表面传热系数［W/（m^2·K）］；

λ——管壁的热导率［W/（m·K）］。

对于有污垢光管管壁，可以引进一个附加热阻来处理，这个热阻就称为污垢热阻。其数值取决于运行温度、流体的速度以及换热器工作时间的长短等。

以外表面面积 A_0 为基准时，传热系数可以写为

$$K_0 = \frac{1}{\dfrac{d_0}{d_i}\dfrac{1}{h_i} + \dfrac{d_0}{d_i}R_{f,i} + \dfrac{d_0}{2\lambda}\ln\left(\dfrac{d_0}{d_i}\right) + R_{f,0} + \dfrac{1}{h_0}} \tag{13-9}$$

以内表面面积 A_i 为基准时，传热系数为

$$K_i = \frac{1}{\dfrac{d_i}{d_0}\dfrac{1}{h_0} + \dfrac{d_i}{d_0}R_{f,0} + \dfrac{d_i}{2\lambda}\ln\left(\dfrac{d_0}{d_i}\right) + R_{f,i} + \dfrac{1}{h_i}} \tag{13-10}$$

式中 $R_{f,0}$——管外壁的污垢热阻［（m^2·K）/W］；

$R_{f,i}$——管内壁的污垢热阻［（m^2·K）/W］。

（4）传热温差 顺流和逆流的对数平均温差的公式为

$$\Delta t_p = \frac{\Delta t_d - \Delta t_x}{\ln\dfrac{\Delta t_d}{\Delta t_x}} \tag{13-11}$$

式中 Δt_d——换热设备进口和出口处流体的最大温差（℃）；

Δt_x——换热设备进口和出口处流体的最小温差（℃）。

对于交叉流、混合流或其他形式的流动方式，在计算对数平均温差时，可先按纯逆流方式计算温差，然后再乘以温差修正系数。温差修正系数可从整理好的图中查出，详见相关文献。

2. 热工计算的基本方法

热工计算通常采用下列两种方法：对数平均温差法和效能传热单元数法。

对数平均温差法的基本计算公式为

$$Q = KA\Delta t_m \tag{13-12}$$

效能传热单元数法是利用推导对数平均温差时得出的无量纲化方程建立的一种热工计算方法。在该方法中，定义了以下三个无量纲的量，即热容比、传热单元数和传热效能。

热容比又称水当量比，用符号 C_r 表示，它的计算公式为

$$C_r = \frac{(Gc)_{min}}{(Gc)_{max}} \tag{13-13}$$

传热单元数（NTU）的计算公式为

$$\mathrm{NTU} = \frac{KA}{(Gc)_{min}} \tag{13-14}$$

传热效能也称为传热有效度，它表示换热器中的实际换热量和可能有的最大换热量的比值，它的公式为

$$\varepsilon = \begin{cases} \dfrac{t''_2 - t'_2}{t'_1 - t'_2}, G_2c_2 < G_1c_1 \\ \dfrac{t'_1 - t''_1}{t'_1 - t'_2}, G_2c_2 > G_1c_1 \end{cases} \tag{13-15}$$

3. 管壳式换热器的热工计算

管壳式换热器换热量的计算公式与上述相同，即式（13-3）～式（13-6），根据公式，换热器的传热面积为

$$A = \frac{Q}{K\Delta t_p} \tag{13-16}$$

换热器的有效长度

$$L = \frac{F}{f_d} \tag{13-17}$$

式中　f_d——单位长度的加热面积。

换热器内两种流体的温差以对数平均温差公式（13-11）计算。汽-水换热器和逆流式水-水换热器内温度变化示意如图 13-27 所示。

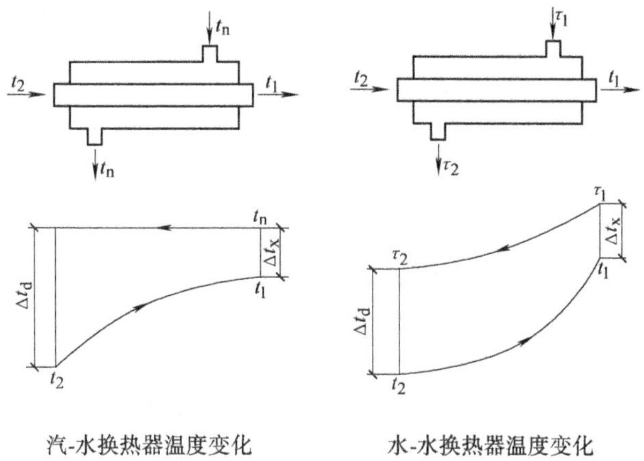

图 13-27　换热器温度变化示意图

以上两种换热器的对数平均温差可以写作：

汽-水换热器

$$\Delta t_p = \frac{t_1 - t_2}{\ln \dfrac{t_n - t_2}{t_n - t_1}} \tag{13-18}$$

水-水换热器

$$\Delta t_p = \frac{(\tau_2 - t_2) - (\tau_1 - t_1)}{\ln \dfrac{(\tau_2 - t_2)}{(\tau_1 - t_1)}} \tag{13-19}$$

式中　t_n——蒸汽压力下的饱和温度（℃）。

管壳式换热器的传热系数按下式计算

$$K = \frac{1}{\dfrac{1}{h_i} + \dfrac{\delta_g}{\lambda_g} + \dfrac{\delta_{wg}}{\lambda_{wg}} + \dfrac{1}{h_0}} \tag{13-20}$$

上式中的对流换热系数 h_i，h_0 按以下公式计算

1）水在管内或管间沿管壁流动，流态处于湍流时。

$$h = (1630 + 21t_{pj} - 0.041t_{pj}^2)\frac{w^{0.8}}{d^{0.2}} \tag{13-21}$$

2）水横穿过管束流动，流态处于湍流时。

$$h = (1164 + 17.5t_{pj} - 0.0466t_{pj}^2)\frac{w^{0.64}}{d^{0.36}} \tag{13-22}$$

3）蒸汽在竖壁或竖管上的膜状凝结。

$$h = \frac{6621 + 88.8t_m - 0.247t_m^2}{[H(t_b - t_{bm})]^{0.25}} \tag{13-23}$$

4）蒸汽在水平管束上的膜状凝结。

$$h = \frac{5028 + 55.3t_m - 0.163t_m^2}{[md_w(t_b - t_{bm})]^{0.25}} \tag{13-24}$$

式中 t_{pj}——水的平均温度（℃），取换热器进出口水温的算术平均值；

d——计算管径（m），若水横向冲刷管束，取管外径，若水在管内流动，取管内径，若水在管间流动时，取管束的当量直径，当量直径 d_d 按下式计算

$$d_d = \frac{4f}{S}$$

f——水在管间流动时的流通截面积（m^2）；

S——湿周，即流动断面上和水接触的周缘长度（m）；

w——水的流速（m/s）；

H——竖壁上层流液膜高度（m），通常就是竖壁的高度；

d_w——管子外径（m）；

m——沿垂直方向管子的平均根数；

t_b——蒸汽的饱和温度（℃）；

t_{bm}——管壁的温度（℃）；

t_m——凝结水膜温度（℃），取蒸汽温度与壁温的平均值。

利用式（13-23）和式（13-24）计算换热系数时，管束的壁面温度是未知的。在计算时，采用试算法。先假设一个 t_{bm}，求出换热系数 h 和传热系数 K，再按下式计算实际的壁温 t_{bm}：

蒸汽在管内流动 $$t'_{bm} = t_b - \frac{K\Delta t_p}{h_i}$$

蒸汽在管外流动 $$t'_{bm} = t_b - \frac{K\Delta t_p}{h_0}$$

若 $|t_{bm} - t'_{bm}| \leq \varepsilon$，则假设是适宜的，否则应重新计算，直到满足要求为止。

除此之外，换热系数也可以通过线算图进行确定，可参考参考文献［22］。

【例 13-1】 某小区供暖热负荷为 4MW，外网蒸汽为饱和蒸汽，表压力为 0.6MPa，小区热力站内设置壳管式汽-水换热器和水-水换热器，供暖用户的循环回水首先进入壳管式水-水换热器，被凝结水加热，然后进入壳管式汽-水换热器，被外网蒸汽加热。流程见图 13-28。用户要求的设计供回水温度为 95/70℃。选择汽-水换热器。

（1）确定计算数据 查表知蒸汽压力为 0.6MPa，外网蒸汽的温度为 165℃，蒸汽焓为 2763kJ/kg，饱和水焓为 694kJ/kg，从水-水换热器出来的凝结水温取 80℃。

（2）计算用户循环水量和外网的蒸汽流量

用户循环水流量

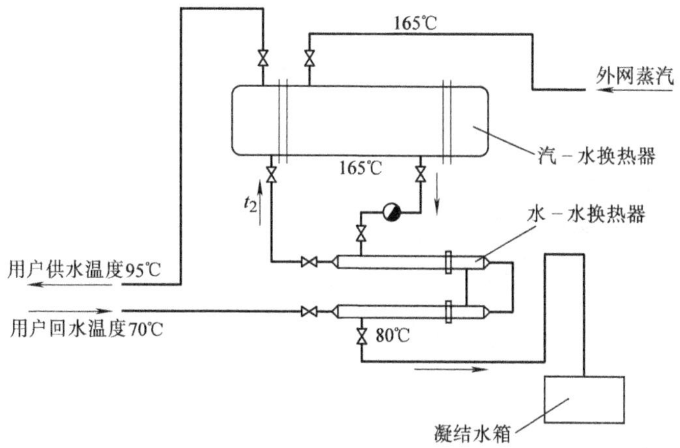

图 13-28　热力站内换热器加热系统

$$G = \frac{Q}{c(t'_g - t'_h)} = \frac{4 \times 10^6}{4187(95 - 70)}\text{kg/s} = 38.2\text{kg/s}$$

外网蒸汽进入热力站的流量

$$D = \frac{Q}{(h_q - h_n)} = \frac{4 \times 10^6}{(2763 \times 10^3 - 4187 \times 80)}\text{kg/s} = 1.65\text{kg/s}$$

（3）热网回水从水-水换热器出来进入汽-水换热器前的水温 t_2

$$Dc(163 - 80) = Gc(t_2 - 70)$$

$$1.65 \times 4187 \times 85 = 38.2 \times 4187 \times (t_2 - 70)$$

$$t_2 = 73.7℃$$

（4）选择汽水换热器的型号　因为热负荷较大，初步选择 N107-3DN650 型汽-水换热器两台并联。换热器的主要技术数据如下：

管内水流总净断面积为 $87.9 \times 10^{-4}\text{m}^2$，管内径为 0.02m，外径为 0.025m，单位长度加热面积 7.9m^2，总管根数/行程数为 112/4，最大一排管根数为 12 根，每纵排平均管数为 9 根。

（5）计算汽-水换热器换热量和温差　单台汽水换热器的换热量为

$$Q = \frac{D(h_q - h_b)}{2} = \frac{1.65(2763000 - 694000)}{2}\text{MW} = 1.71\text{MW}$$

汽-水换热器的平均温差为

$$\Delta t_p = \frac{t_1 - t_2}{\ln\dfrac{t_n - t_2}{t_n - t_1}} = \frac{95 - 73.7}{\ln\dfrac{165 - 73.7}{165 - 95}}℃ = 80℃$$

热网循环水在换热器内的流速

$$t_{pj}=\frac{95+73.7}{2}℃=84.4℃$$

$$\rho_p=969kg/m^3$$

$$w_n=\frac{G}{f\rho_p}=\frac{38.2/2}{87.9\times10^{-4}\times969}m/s=2.3m/s$$

该流速在推荐流速范围内。

（6）计算汽水换热器的传热系数

1）管内壁与水的换热系数

$$h_i=(1630+21t_{pj}-0.041t_{pj}^2)\frac{w^{0.8}}{d^{0.2}}$$

$$=(1630+21\times84.4-0.041\times84.4^2)\frac{2.3^{0.8}}{0.02^{0.2}}W/(m^2\cdot℃)$$

$$=13297W/(m^2\cdot℃)$$

2）假设管外壁温度比蒸汽饱和温度低32℃，则管外壁温度为

$$t_{bm}=(165-32)℃=133℃$$

$$t_m=\frac{133+165}{2}℃=149℃$$

$$h_0=\frac{5028+55.3t_m-0.163t_m^2}{[md_w(t_b-t_{bm})]^{0.25}}$$

$$=\frac{5028+55.3\times150-0.163\times149^2}{[9\times0.025(165-133)]^{0.25}}W/(m^2\cdot℃)$$

$$=5924W/(m^2\cdot℃)$$

3）传热系数

$$K=\frac{1}{\frac{1}{h_i}+\frac{\delta_g}{\lambda_g}+\frac{\delta_{wg}}{\lambda_{wg}}+\frac{1}{h_0}}$$

$$=\frac{1}{\frac{1}{13297}+\frac{0.0025}{50}+\frac{0.0003}{3}+\frac{1}{5924}}W/(m^2\cdot℃)$$

$$=2538W/(m^2\cdot℃)$$

4）验算：$t'_{bm}-t_b=\frac{K\Delta t_p}{h_0}=\frac{2538\times80}{5924}℃=31.6℃$

与假设接近，不再重新计算。

5）传热面积

$$F=\frac{Q}{K\Delta t_p}=\frac{1.71\times10^6}{2538\times73.7}m^2=9.14m^2$$

6）换热器有效长度

$$L = \frac{F}{f_d} = \frac{9.14}{7.9}\mathrm{m} = 1.16\mathrm{m}$$

$$L' = 1.25 \times L = 1.16 \times 1.25\mathrm{m} = 1.45\mathrm{m}$$

4. 板式热水换热器的热工计算

板式换热器的基本计算公式和计算方法与管壳式换热器的类似。板式换热器热工计算的主要任务是确定所需换热面积，组合片数和阻力计算。下面以例题来说明板式换热器热工计算方法。

【例 13-2】　用户热水供应系统采用板式水-水加热器加热上水。外网设计供回水温度为 95℃/70℃，热水供应系统的上水为 20℃，要求被加热到 65℃ 供给用户，热水用户的流量为 10000kg/h。试选择一板式换热器。

（1）换热器换热量的计算

$$Q = Gc\Delta t = \frac{10000}{3600} \times 4187 \times (65 - 20)\mathrm{W} = 523375\mathrm{W}$$

（2）外网进入热水供应用户的水流量

$$G_0 = \frac{Q}{c\Delta t} = \frac{523375}{4187(95 - 70)}\mathrm{kg/s} = 5\mathrm{kg/s}$$

（3）加热水的流通断面积　换热器内水的推荐流速为 0.1 ~0.5m/s。取加热水的流速为 0.3m/s。加热水的平均温度为（95 +70）/2℃ =82.5℃，该温度下水的密度为 970.2kg/m^3。

$$f_r = \frac{G_0}{w_r\rho_r} = \frac{5}{0.3 \times 970.2}\mathrm{m}^2 = 0.01718\mathrm{m}^2$$

（4）被加热水的流通断面积　取被加热水的流速为 0.3m/s。被加热水的平均温度为（65 +20）/2℃ =42.5℃，该温度下水的密度为 991.2kg/m^3。

$$f_1 = \frac{G}{w_1\rho_1} = \frac{10000}{3600 \times 0.3 \times 991.2}\mathrm{m}^2 = 0.00934\mathrm{m}^2$$

（5）选型　初选 BR12 型板式换热器，单片换热面积为 0.12m^2/片，单通道流通断面积为 0.72×10^{-3}。

（6）实际流速　加热水流道数为

$$n_r = \frac{f_r}{f_d} = \frac{0.01718}{0.72 \times 10^{-3}} = 24$$

被加热水流道数为

$$n_1 = \frac{f_1}{f_d} = \frac{0.00934}{0.72 \times 10^{-3}} = 13$$

取流道数为 20。

加热水实际流速

$$w_r = \frac{G_0}{n_r f_d \rho_r} = \frac{5}{20 \times 0.72 \times 10^{-3} \times 970.2}\mathrm{m/s} = 0.36\mathrm{m/s}$$

被加热水实际流速

$$w_1 = \frac{G}{n_1 f_d \rho_1} = \frac{2.78}{20 \times 0.72 \times 10^{-3} \times 991.2}\text{m/s} = 0.19\text{m/s}$$

(7) 传热系数　查相关图（陆耀庆主编《实用供热空调设计手册》第1版，199页图4.4-8）知当冷热流体的流速分别为0.36m/s和0.19m/s时，传热系数为3100W/（m^2·K）。

(8) 传热温差

$$\Delta t_p = \frac{(\tau_2 - t_2) - (\tau_1 - t_1)}{\ln\dfrac{(\tau_2 - t_2)}{(\tau_1 - t_1)}} = \frac{(70-20)-(95-62)}{\ln\dfrac{(70-20)}{(95-65)}}℃ = 39℃$$

(9) 传热面积

$$F = \frac{Q}{K\Delta t_p} = \frac{523375}{3100 \times 39} = 4.33\text{m}^2$$

(10) 需要的片数

$$N = \frac{F}{F_d} = \frac{4.33}{0.12} = 36$$

(11) 实际片数　考虑一个富裕量。

$$36 \times 1.25 = 45$$

(12) 流动阻力

查相关图（陆耀庆主编《实用供热空调设计手册》第1版，199页图4.4-9）知加热水侧的流动阻力为37kPa，被加热水侧的流动阻力为25kPa。

13.4 喷射装置

13.4.1 喷射泵的类型和用途

喷射泵是利用喷管把压力较高的流体喷出，形成高速低压流体，使其压力低于被引射流体的压力，这样就把被引射流体吸入混合室混合，进行热质交换，再一起进入扩压管，达到同样的压力和温度后流出喷射泵。

喷射泵构造简单，工作可靠，造价较低，在热质交换过程中不直接消耗机械能，所以喷射泵被广泛应用于工程实践中。

根据喷射泵中流体的相态不同，喷射泵分为水-水型、汽-水型、汽-汽型和水-气型。进入喷射泵的压力较高的流体称为工作流体，压力较低的流体称为被引射流体。

喷射泵被广泛应用于供热系统中。例如水-水喷射泵和汽-水喷射泵可以用在热水供热系统中，作为室内供暖系统与外网的连接装置。当外网的温度不符合采暖用户要求，或外网的热媒为蒸汽时，可以采用喷射泵把来自外网的热水或蒸汽与用户的回水进行混合，降低温度后再送入用户。在这种情况下，喷射泵起到了换热器和循环水泵的双重作用。汽-汽喷射泵用高压蒸汽抽引低压蒸汽，形成中压蒸汽，它可用在提高工业废气或凝结水回收系统中二次汽的压力，扩大其应用范围。水-汽喷射泵用来抽引设备内的空气，如真空除氧器中利用高压水抽引空气，在设备内形成真空的喷射泵。水-水喷射泵和汽-水喷射泵是较常用的设备。

13.4.2　喷射泵的构造和工作原理

喷射泵的主要部件包括工作喷管、引入室、混合室和扩散管，如图 13-29 所示。

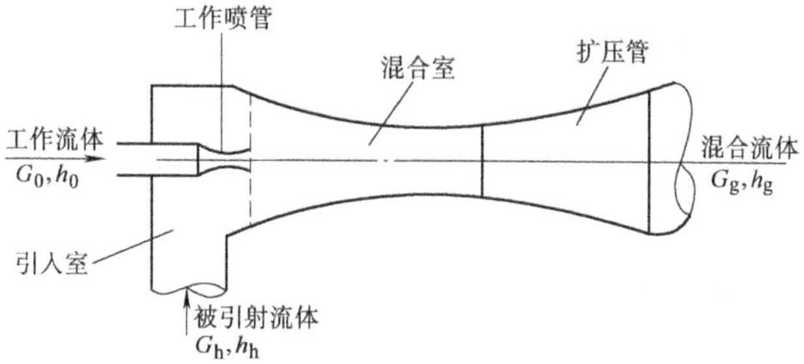

图 13-29　喷射泵示意图

较高压力的工作流体进入工作喷管，在其中进行膨胀，压力降低而速度升高，势能转变为动能，以很高的流速从喷管中喷出，在引入室处造成低压，将被引射流体吸入引入室，然后进入混合室，在其内进行热质交换，同时工作流体把一部分动能传给被引射流体，在沿喷射泵流动过程中，工作流体与被引射流体混合后的速度渐趋均衡，在扩散管内，动能转变为势能，压力升高后进入用户。喷射泵内发生的过程可用质量守恒定律、动量守恒定律和能量守恒定律来描述。

13.4.3　水喷射泵的热工计算

水喷射泵是以高温水作为工作流体，引射低温水进行混合换热的装置。喷管多为渐缩喷管，混合室做成等截面的圆筒形。

（1）水喷射泵的热工计算公式和方法　水喷射泵中两种流体混合前后符合质量守恒原理，即

$$G_g = G_0 + G_h \tag{13-25}$$

$$u = \frac{G_h}{G_0} = \frac{t_0 - t_g}{t_g - t_h}$$

$$G_g = (1 + u)G_0 \tag{13-26}$$

式中 G_0——工作流体的质量流量（kg/s）；

G_h——被引射流体的质量流量（kg/s）；

G_g——混合流体的质量流量（kg/s）；

u——喷射系数。

能量守恒方程式为

$$h_0 + uh_h = (1 + u)h_g \tag{13-27}$$

式中 h_0、t_0——喷射器前工作流体的比焓（kJ/kg）、温度（℃）；

h_h、t_h——喷射器前被引射流体的比焓（kJ/kg）、温度（℃）；

h_g、t_g——喷射器后混合流体的比焓（kJ/kg）、温度（℃）。

圆筒形混合室的动量守恒方程式为

$$\varphi_2(G_0 w_p + G_h w_2) - (G_0 + G_h)w_3 = (p_3 - p_2)A_3 \tag{13-28}$$

式中 w_p——混合室入口截面上工作流体的流速（m/s）；

w_2——混合室入口截面上被引射流体的流速（m/s）；

w_3——混合室出口截面上混合流体的流速（m/s）；

p_2——混合室入口截面流体的压力（Pa）；

p_3——混合室出口截面流体的压力（Pa）；

A_3——混合室截面积（m^2）；

φ_2——混合室的速度系数。

被引射流体在混合室前所占面积为

$$A_2 = A_3 - A_p \tag{13-29}$$

式中 A_p——工作喷管出口截面（m^2）；

A_3——混合室截面积（m^2）；

A_2——被引射流体在混合室入口截面所占面积（m^2）。

工作流体的质量流量为

$$G_0 = \varphi_1 A_p \sqrt{\frac{2(p_0 - p_h)}{v_p}} \tag{13-30}$$

式中 φ_1——喷管的速度系数；

p_0——工作流体进喷管的压力（Pa）；

p_h——被引射流体进入引入室的压力（Pa）；

v_p——工作流体的比体积（m^3/kg）。

忽略引入室中扩散管出口流体速度和被引射水在引入室中的流速。根据动量守恒原理，有下列公式

$$p_2 = p_h - \frac{(\varphi_4 w_2)^2}{2v_h} \tag{13-31}$$

$$p_3 = p_g - \frac{(\varphi_3 w_3)^2}{2v_g} \tag{13-32}$$

式中　p_g——扩散管出口处混合流体的压力（Pa）；

v_g——混合流体的比体积（m^3/kg）；

v_h——被引射流体的比体积（m^3/kg）；

φ_3——扩散管的速度系数；

φ_4——混合室入口段的速度系数。

在水喷射器各截面处，水的流速可用连续性方程表示

$$w_p = \frac{G_0 v_p}{A_p} = \varphi_1 \sqrt{2v_p(p_0 - p_h)} \tag{13-33}$$

$$w_2 = \frac{uG_0 v_h}{A_2} = \varphi_1 u A_p \frac{v_h}{A_2}\sqrt{\frac{2(p_0 - p_h)}{v_p}} \tag{13-34}$$

$$w_3 = (1+u)\frac{G_0 v_g}{A_2} = (1+u)\varphi_1 A_p \frac{v_g}{A_3}\sqrt{2v_p(p_0 - p_h)} \tag{13-35}$$

以上各式整理之后，可得到水喷射器的特性方程式

$$\begin{aligned}\frac{\Delta p_g}{\Delta p_p} &= \frac{p_g - p_h}{p_0 - p_h} \\ &= \varphi_1^2 \frac{A_p}{A_3}\left[2\varphi_2 + \left(2\varphi_2 - \frac{A_3}{\varphi_4^2 A_2}\right)\frac{A_p}{A_2}\frac{v_h}{v_p}u^2 - (2-\varphi_3^2)\frac{A_p}{A_3}\frac{v_g}{v_p}(1+u)^2\right]\end{aligned} \tag{13-36}$$

式中　Δp_g——水喷射器的扬程；

Δp_p——工作流体在喷管内的压降；

$\frac{\Delta p_g}{\Delta p_p}$——喷射器的相对压降。

若 $v_g = v_p = v_h$，并给定各速度系数：$\varphi_1 = 0.95$，$\varphi_2 = 0.975$，$\varphi_3 = 0.9$，$\varphi_4 = 0.925$，特性方程式可简化为

$$\begin{aligned}\frac{\Delta p_g}{\Delta p_p} &= \frac{p_g - p_h}{p_0 - p_h} \\ &= \frac{A_p}{A_3}\left[1.76 + \left(1.76 - 1.05\frac{A_3}{A_2}\right)\frac{A_p}{A_2}u^2 - 1.07\frac{A_p}{A_3}(1+u)^2\right]\end{aligned} \tag{13-37}$$

进一步变换，还可得到以下公式

$$\frac{\Delta p_g}{\Delta p_p} = \frac{p_g - p_h}{p_0 - p_h}$$

$$= \frac{1.76}{\frac{A_3}{A_p}} + 1.76\frac{u^2}{\frac{A_3}{A_p}\left(\frac{A_3}{A_p}-1\right)} - 1.05\frac{u^2}{\left(\frac{A_3}{A_p}-1\right)} - 1.07\frac{(1+u)^2}{\left(\frac{A_3}{A_p}\right)^2} \tag{13-38}$$

在设计水喷射器时，要求选择最佳截面比，当工作流体压降和喷射系数一定时，具有最大的扬程。部分最大相对压降与最佳截面比的数据见表13-4。

表13-4 最大压降比、最佳截面比与喷射系数的关系

u	0.2	0.4	0.6	0.8	1.0	1.2	1.4	1.6	1.8	2.0	2.2
$\left(\frac{\Delta p_g}{\Delta p_p}\right)_{max}$	0.4869	0.3673	0.2930	0.2419	0.2046	0.1761	0.1538	0.1358	0.1211	0.1087	0.0983
$\left(\frac{A_3}{A_p}\right)_{opt}$	1.9	2.6	3.2	3.8	4.5	5.2	5.9	6.7	7.5	8.3	9.2
u	2.4	2.6	2.8	3.0	3.2	3.4	3.6	3.8	4.0	4.2	4.4
$\left(\frac{\Delta p_g}{\Delta p_p}\right)_{max}$	0.0895	0.0818	0.0751	0.0693	0.0642	0.0596	0.0555	0.0518	0.0486	0.0456	0.0419
$\left(\frac{A_3}{A_p}\right)_{opt}$	10.1	11.0	11.9	12.9	14.0	15.0	16.1	17.2	18.4	19.6	20.8

（2）水喷射器的几何尺寸的确定

工作喷管出口截面积

$$A_p = \frac{G_0}{\varphi_1}\sqrt{\frac{v_p}{2\Delta p_p}} \tag{13-39}$$

混合室截面积

$$A_3 = A_p\left(\frac{A_3}{A_p}\right)_{zj} \tag{13-40}$$

工作喷管出口到混合室入口的距离

$$L_c = (1.0 \sim 1.5)\ d_3 \tag{13-41}$$

混合室的长度

$$L_h = (6 \sim 10)\ d_3 \tag{13-42}$$

扩散管出口截面积

$$A_g = \frac{G_g}{w_g\rho_g} = \frac{(1+u)G_0}{w_g\rho_g} \tag{13-43}$$

扩散管长度

$$L_k = \frac{d_g - d_3}{2\text{tg}\frac{\theta}{2}} \tag{13-44}$$

θ 为扩散角取 6～8℃。

【例 13-3】　室外热水管网设计供水温度 $\tau'_1=130℃$，回水温度 $\tau'_2=70℃$；供暖用户系统设计供、回水温度 $t'_g/t'_h=95℃/70℃$。供暖用户系统的压力损失 $\Delta p_g=p_g-p_h=5\text{kPa}$。供暖设计热负荷 $Q'=120\text{kW}$。试确定安装在用户入口处水喷射器的主要尺寸，并计算在设计工况下，热网需要提供的最小供、回水管资用压差值。

【解】　（1）确定水喷射器的喷射系数 u

$$u=\frac{\tau'_1-t'_g}{t'_g-t'_h}=\frac{130-95}{95-70}=1.4$$

（2）确定水喷射器的最佳截面比和最佳压降比

按表 13-7，查出当 $u=1.4$ 时

$$\left(\frac{A_3}{A_p}\right)_{zj}=5.9$$

$$\left(\frac{\Delta p_g}{\Delta p_p}\right)_{opt}=0.154$$

（3）根据最佳压降比，求热网需要提供的最小供、回水管的资用压差值

$$\Delta p_p=\frac{\Delta p_g}{\left(\dfrac{\Delta p_g}{\Delta p_p}\right)_{opt}}=\frac{5}{0.154}\text{kPa}=32.5\text{kPa}$$

（4）确定喷管出口截面面积和直径

首先计算工作流体（热网水）的流量

$$G_0=\frac{Q}{c(\tau'_1-\tau'_2)}=\frac{120}{4.187(130-70)}\text{kg/s}=0.477\text{kg/s}$$

确定喷管出口截面积和直径

$$A_p=\frac{G_0}{\varphi_1}\sqrt{\frac{v_p}{2\Delta p_p}}=\frac{0.477}{0.95}\times\sqrt{\frac{0.001}{2\times32500}}\text{m}^2=6.23\times10^{-5}\text{m}^2$$

$$d_p=\sqrt{\frac{4A_p}{\pi}}=8.9\text{mm}$$

（5）确定圆筒型混合室的截面积和直径

截面积

$$A_3=A_p\left(\frac{A_3}{A_p}\right)_{opt}=6.23\times10^{-5}\times5.9\text{m}^2=3.7\times10^{-4}\text{m}^2$$

直径

$$d_3=\sqrt{\frac{4A_3}{\pi}}=21.6\text{mm}$$

（6）混合室长度

$$L_h = 8d_3 = 173\text{mm}$$

（7）喷管出口截面与混合室入口截面之间的距离

$$L_p = 1.2d_3 = 25.9\text{mm}$$

（8）确定扩压管出口截面积及直径

设扩压管出口水流速为 1.0m/s，则

$$A_g = \frac{(1+u)G_0 v_g}{w_g} = 1.15 \times 10^{-3}\text{m}^2$$

扩压管出口直径

$$d_g = \sqrt{\frac{4A_g}{\pi}} = 38.2\text{mm}$$

（9）确定扩压管长度，取扩散角 $\theta = 8°$

$$L_k = \frac{d_g - d_3}{2\text{tg}\frac{\theta}{2}} = 118.7\text{mm}$$

习　　题

1. 热力站主要有哪些设备和装置？

2. 热力站内热网系统管道上应在哪些位置设压力表？

3. 安全水封的作用是什么？

4. 换热器热工计算的主要任务是什么？以管壳式换热器为例，详细说明换热器的设计计算过程。

5. 喷射泵主要有哪些类型？举例说明在实际中有哪些应用？

6. 分户热计量采暖系统入户热力站须安装什么热计量设备？

7. 蒸汽系统在哪些地方应设置疏水装置？

第 14 章

14

供热管道的敷设和构造

供热管网由管线系统组成，主要是把热媒从热源输送并分配到各个热用户。供热管线的构造包括：供热管道及附件、保温结构、补偿器、管道支座以及地上敷设的管道支架、操作平台和地下敷设的地沟、检查室等构筑物。

14.1 供热管网的布置与敷设

14.1.1 供热管网的布置

供热管网的布置主要包括管网的布置形式及供热管线位置的确定。管网的布置形式有支状管网和环状管网，前边已经讲过。管线位置的确定主要包括横向位置和纵向位置，即定线。

供热管线的平面布置原则应在城市建设规划指导下，根据城市或厂区的总平面图和地形图，考虑热负荷分布，热源位置，地上、地下管道及构筑物的分布，水文、地质条件等多种因素，经技术经济比较后确定。供热管线的平面位置的确定，应遵循如下基本原则：

（1）经济合理　主干线力求短直，主干线尽量布置在热负荷密集区，并靠近热负荷大的用户。合理布置管线上的阀门、补偿器和管道附件，因为这将涉及检查室（或操作平台）的位置和数量，尽可能使其数量减少。

（2）技术可靠　供热管线应尽量避开土质松软地区、地震断裂带、滑坡危险地带以及地下水位高等不利地段。

（3）对环境影响少而协调　供热管线应少穿主要交通线，一般平行于道路中心线，并尽量敷设在车行道以外的地方，通常情况下管线应只沿道路的一侧敷设。地上敷设的管道，不应影响市容环境，不防碍交通。供热管线与各种管道、构筑物应协调安排，相互之间的距离应保证运行安全、施工及检修方便。

14.1.2 供热管道的敷设方式

室外供热管网是集中供热系统投资较大的部分。合理地选择供热管道的敷设方式及合理的定线，对节省投资、保证热网安全可靠地运行和方便施工维修等，都有重要意义。

供热管道敷设，是指将供热管道及附件按设计条件组成并使之就位的工作。供热管道的敷设可分为地上（架空）敷设和地下敷设两大类。

1. 地上敷设

地上敷设是将管道敷设在地面上或附墙、支架上的敷设方式，又称架空敷设。按照支架的高度不同有以下三种敷设方式：

（1）低支架敷设　低支架敷设方式，多用于不妨碍交通，不影响厂区、街区扩建的地段。通常沿着工厂的围墙或平行于公路或铁路敷设。为了避免雨雪的侵袭，供热管道保温结构底距地面净高不得小于0.3m。低支架大多采用毛石砌筑或混凝土浇筑。

（2）中支架敷设　中支架敷设方式，如图14-1所示，管道保温层底面距地面净高为2.0~4.0m，多用于人行频繁和非机动车辆通行地段。中支架一般采用钢筋混凝土浇（或预）筑或钢结构。

（3）高支架敷设　高支架敷设方式，大多用于跨越公路、铁路或其他障碍物的地段，管道保温层底距地面净高一般为4.0~6.0m。高支架通常采用钢结构或钢筋混凝土结构。

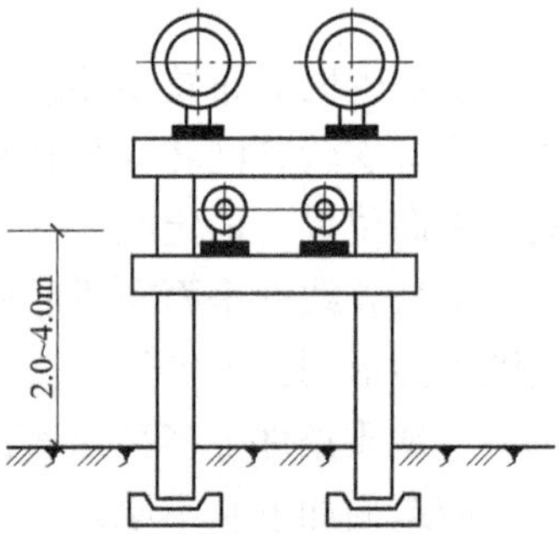

图14-1　中支架示意图

地上敷设作为一种较为经济的敷设方式，适用于地下水位较高、年降雨量大、地下土质为湿陷性黄土或腐蚀性土壤；难以采用地沟敷设、直埋敷设的地段，地形复杂或土石方工程量大的地段；地上敷设便于运行管理，但占地面积大，管道的无效热损失较大，对环境美观有一定影响。

2. 地下敷设

地下敷设不影响市容和交通，因而是城镇集中供热管道广泛采用的敷设方式。地下敷设分为地沟敷设和直埋敷设两大类。

（1）地沟敷设　地沟敷设是将管道敷设在专用地沟内，地沟的作用是承受土压力和地面荷载，并防止水的侵入。

根据横截面尺寸和功能特点，可以将地沟分为通行、半通行和不通行三大类。

1）通行地沟。通行地沟，如图14-2所示，工作人员可以在内直立行走，其净高一般为 1.8～2.0m，沟内布管方式分单侧和双侧两种。沟内管道敷设的相关尺寸见表 14-1，人行通道宽度不小于 0.6m，人行通道还应满足最大直径的管道可以通过的条件。地沟盖板或检查室盖板覆土深度不应小于 0.2m。

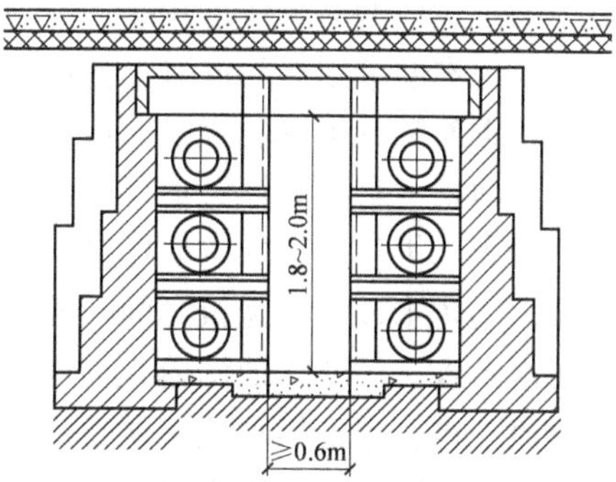

图 14-2　通行地沟

为了方便管理人员的出入和安全，通行地沟应设有事故人孔。用于蒸汽管道的通行地沟，事故人孔间距不应大于 100m；热水管道的通行地沟，事故人孔间距不应大于 400m。对整体混凝土结构的通行地沟，每隔 200m 还应设一个安装孔。安装孔宽度不应小于 0.6m，且应大于管沟内最大管道的外径加 0.1m，其长度应保证 6m 长的管子能顺利进入地沟，相关尺寸见表 14-1。

工作人员经常进入的通行地沟内，应设有永久性的照明设备和良好的自然通风或机械通风措施。人员在沟内工作时，沟内空气温度不得超过 40℃。

通行地沟大多用在供热管径较大，管道数目较多，或与其他管道共沟敷设，以及不允许开挖检修的地段。通行地沟的主要优点是操作人员可在地沟内进行管道的日常维修以至大修更换管道，但其造价较高。

2）半通行地沟。半通行地沟，工作人员能弯腰行走，能进行管道检查和小型修理工作的地沟。但更换管道等大修工作仍需挖开地面进行。沟内管道敷设的相关尺寸见表 14-1，半通行地沟一般每隔 60m 应设置一个检修入口。

3）不通行地沟。不通行地沟横截面较小，工作人员不能在沟内行走，其断面尺寸往往根据管道施工的具体要求来决定。管道的中心距离，通常根据管道上阀门或附件的法兰盘外缘之间的最小操作净距的要求确定。当地沟宽度超过 1.5m 时，推荐采用双槽地沟。沟内管道敷设的相关尺寸见表 14-1。

不通行地沟的造价较低，占地较小，是城市供热管网经常采用的敷设形式。其缺点是管道检修时必须挖开地面。

表 14-1　管沟敷设有关尺寸　（单位：m）

名称 / 地沟类型	地沟净高	人行通道宽	管道保温表面与沟壁净距	管道保温表面与沟顶净距	管道保温表面与沟底净距	管道保温表面间净距
通行地沟	≥1.8	≥0.6	≥0.2	≥0.2	≥0.2	≥0.2
半通行地沟	≥1.2	≥0.5	≥0.2	≥0.2	≥0.2	≥0.2
不通行地沟	—	—	≥0.1	≥0.05	≥0.15	≥0.2

注：当必须在沟内更换钢管时，人行通道宽度还不应小于管子外径加 0.1m。

地沟横截面常做成矩形或拱形。地沟通常可分为砌筑、装配和整体式三大类。砌筑式地沟的墙体采用砖、石或大型砌体砌筑，盖板采用钢筋混凝土预制。装配式地沟通常用钢筋混凝土预制构件现场装配，施工速度较快。整体式地沟通常是用钢筋混凝土现场浇筑而成，防水性能较好。

沟内积水容易破坏管道保温结构，从而增大散热损失，腐蚀管道，缩短系统使用寿命。供热管道的沟底标高一般应敷设在当地最高水位以上，并且在地沟内壁表面刷防水砂浆。盖板之间、盖板与沟壁之间要用水泥砂浆或沥青封缝，防止地面水渗入。另外，地沟盖板应有1%～2%的水平坡度；为了保证沟内的水能及时流入检查室的集水坑，便于用水泵抽出，沟底应有2‰以上且与供热管道同坡向的纵向坡度。如果沟底标高只能低于当地最高水位，则应在沟内采用可靠的防水措施。

(2) 直埋敷设　直埋敷设是将管道直接埋设在土壤里的敷设方式。在热水供热管网中，无沟敷设在国内外已得到广泛应用。

1) 直埋管道的结构特点。供热管道直埋结构由供热管道、保温层和保护外壳三部分紧密结合在一起，形成整体式的预制保温管结构，也称“管中管”，如图14-3所示。

保温层材料多采用硬质聚氨脂泡沫塑料，其优点是密度小、导热系数低、保温性能好、吸水性小、机械强度较高。缺点是耐热温度不高。根据现行《高密度聚乙烯外护管聚氨酯泡沫塑料预制直埋保温管》(CJ/T 114—2000) 的要求：其密度为60～80 kg/m^3，热导率 $\lambda \leqslant 0.027W/(m \cdot ℃)$，抗压强度 $p \geqslant 200kPa$，吸水性 $g \leqslant 0.3kg/m^2$，耐热温度不超过120℃。

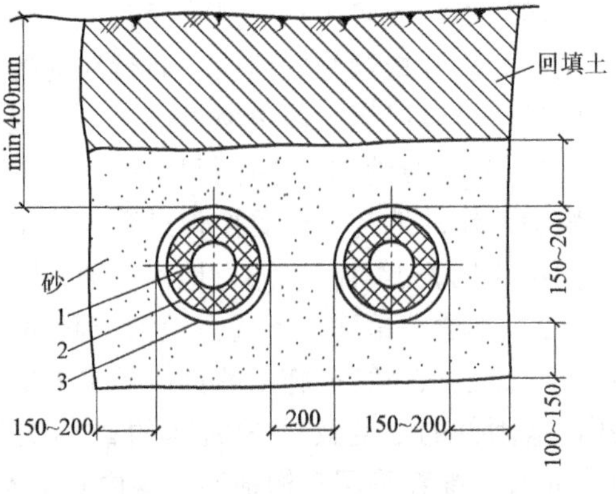

图14-3　预制保温管直埋敷设示意图
1—钢管　2—聚氨脂硬质泡沫塑料保温层　3—高密度聚乙烯保温外壳

保护外壳多采用高密度聚乙烯硬质塑料管，其特点是力学性能较高，耐磨损，抗冲击性能较好，化学稳定性好，具有良好的耐腐蚀性和抗老化性能，可焊接且便于施工。根据国家标准：高密度聚乙烯外壳的密度≥940kg/m^3，抗拉强度≥20MPa，断裂伸长率≥350%。另外，玻璃钢也是一种常见的管中管保护外壳，其优点是抗压强度较高，耐蚀性能好，造价低，缺点是抗老化性能不如高密度聚乙烯。

供热管道直埋敷设不需要砌筑地沟，土建工程量明显减少，施工进度较快，可节省供热管网的投资。直埋结构占地较少，易于与其他地下管道和设施相协调。整体式预制保温管严密性好，管道不易腐蚀，使用寿命长。由于受土壤摩擦力的约束，预制保温管可实现无补偿直埋敷设，节省了基建费用。

2）直埋管道的敷设方式。供热管道直埋敷设主要有三种方式：第一种是无补偿直埋敷设。无补偿直埋又分为冷安装和预热方式两种。由于冷安装目前国内尚无成熟经验，对管道安装要求很高，所以需慎重选用。预热方式理论相对完善，国内目前应用较广。该方式是指供热管道具有一定的埋深，靠土壤与管道的摩擦，限制热力管道的热伸长。在管道沟槽敷土前进行预热，预热温度一般取运行温度与安装温度差的一半，这种敷设方式一般适用于以热水为热媒的供热管道，且管径不宜过大。

第二种方式是增设一次性补偿器。该方式补偿器的补偿能力要满足安装温度至预热温度管道的热伸长量。在供热管道施工安装后进行预热，待管道伸长后将一次性补偿活动处焊牢，然后再埋土。这种敷设方式多用在车辆运行频繁的公路上，由于管道预热之前可以埋土，所以不致影响交通。

第三种方式是增设直埋式管道补偿器。该方式需设固定墩。直埋式供热管道补偿器的补偿能力要满足两固定墩间直管道的热伸长量。

直埋管道尽可能直线敷设，减少弯管。为保证保温层与钢管之间产生强大的粘结力，应直接在钢管四周发泡生成聚氨酯保温材料。当管道直埋与地沟或架空混合敷设，应在直埋管伸出土壤2m处捣制一座钢筋混凝土固定墩。直埋敷设最小覆土深度应考虑土壤和地面活荷载对管道强度的影响并保证管道不发生纵向失稳。

直埋结构通常在工厂或现场制造。其两端一般都留有约150mm长的裸露钢管，目的是便于现场管线的槽沟内焊接，最后再将接口处作保温处理。

施工安装时，在管道沟槽底部需预铺200mm左右厚1~8mm粗砂砾夯实，保温管四周至少应覆盖200mm左右厚的细砂后，再回填原土，分层夯实。目前，为节约材料费用，国内也有采用四周回填无杂物的净土的施工方式。

3）报警系统。直埋供热管道深埋地下，焊口被泡沫包围，当出现漏点、超压或其他问题时，很难准确判断位置。为保证供热系统运行可靠，需要给直埋管网设置监视报警系统。报警系统一般由埋在保温层内的警报线、信息传递光纤电缆、温（湿）度检测装置、处理信息的微机等组成。若系统在运行过程中发生管道渗漏，埋在保温层内的光纤分布温（湿）度传感器就会感应到渗漏附近温（湿）度发生的变化，并迅速将报警信号传输到计算机，从而实现对直埋管道的全面监控。

综上所述，热水供热管道采用地下敷设方式时，应优先采用直埋方式；热水或蒸汽管道采用管沟敷设时，应首先选用不通行地沟方式；穿越不允许开挖检修的地段时，应采用通行地沟方式；当设置通行地沟有困难时，可采用半通行地沟方式。蒸汽管道采用管沟敷设困难时，可采用保温性能良好、防水性能可靠、保护管耐腐蚀的预制保温管直埋敷设，其设计寿命不应低于25年。

14.1.3 操作平台与检查室

1. 操作平台

操作平台通常设在管网为中、高支架敷设的供热系统中，一般设置位置在装有阀门、放水、放气、除污等装置的地方。操作平台的尺寸应保证维修人员操作方便，平台周围应设防护栏杆。操作平台的位置及数量应与管道平面定线和设计时一并考虑。在保证安全运行和检修方便前提下，尽可能减少其数量。

2. 检查室

检查室通常设在管网为地下敷设的供热系统中，一般设置位置定在装有阀门、套筒补偿器、放水和排气装置、疏水器和除污装置等管路设备和附件处。检查室的结构尺寸，应根据管道的根数、管径、阀门及附件的数量和规格来确定，既要考虑维护检修方便，又要尽可能紧凑，如图 14-4 所示。

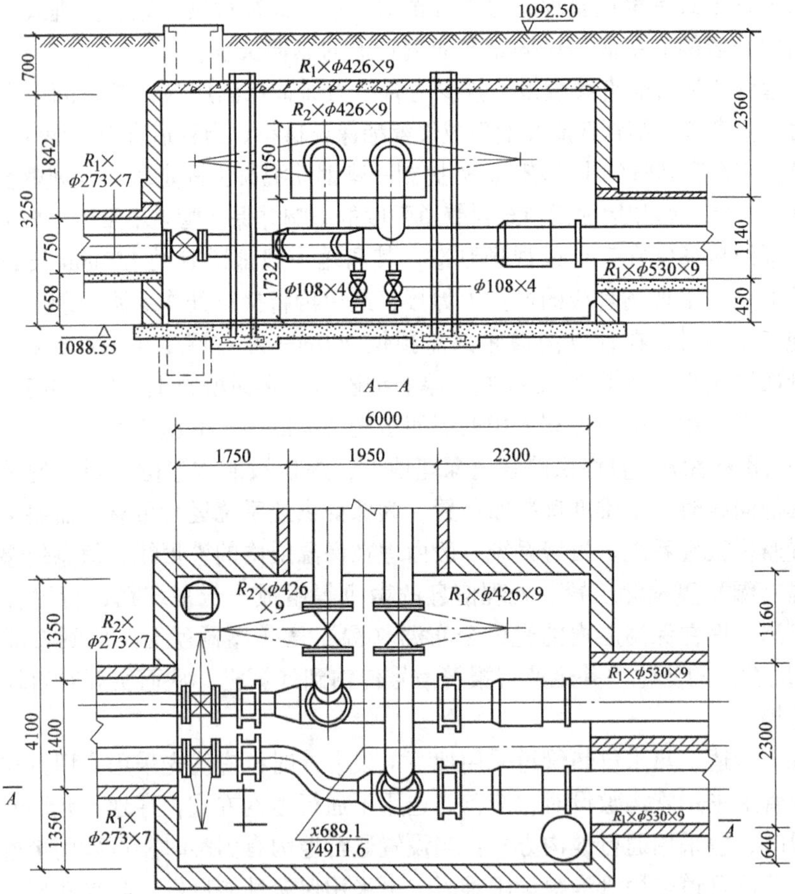

图 14-4 检查室布置图例

检查室的净空高度一般不得小于1.8m，人行通道宽道不小于0.6m，干管保温结构表面与检查室地面距离不小于0.6m。检查室顶部应设入口及入口扶梯，入口人孔直径不小于0.7m。为了检修时安全和通风换气，人孔数量不应少于2个，并应对角布置。当热水管网检查室只有放气门或其净空面积小于$0.4m^2$时，可只设一个人孔。为了便于汇集和排除渗入地沟或由管道放出的水，检查室地面低于地沟底面应不小于0.3m。检查室内至少设一个集水坑，尺寸不小于0.4m×0.4m×0.5m，并应置于人孔下方，以便抽出积水。检查室地面应1%坡向集水坑。当检查室内设备和附件不能从人孔进出时，在检查室顶板上应设安装孔，安装孔的位置和尺寸应保证最大设备的出入和安装方便。所有分支管路在检查室内均应安装关断阀门和排水管，以便当支管发生故障时能及时切断管路，并将管道中的积水排除。

检查室的位置及数量同样应该和管道定线设计时一起考虑。在保证安全运行和检修方便前提下，尽可能减少其数目。

14.2 供热管道及其附件

供热管道及其附件是构成供热管线，并保证供热系统正常运行的重要部分。供热管道附件主要包括供热管道上的阀门、补偿器、支座、器具（放气、放水、疏水，除污等装置）和管件（三通、弯头等）等。管道附件是构成供热管道和保证供热管道正常运行的重要部分。

14.2.1 供热管道

供热管道一般应采用无缝钢管、电弧焊和高频焊焊接钢管，钢管的最大优点是能承受较大的内压力和动荷载，管道连接简便；但缺点是钢管内部及外部易受腐蚀。室内供热管道常采用水煤气管或无缝钢管。室外供热管道采用无缝钢管和钢板卷焊管。管材钢号应符合《热网规范》的规定，见表14-2。

表14-2 供热管道钢材钢号及适用范围

钢号	适用范围	钢板厚度
Q235—A·F	p≤1.0MPa，t≤150℃	≤8mm
Q235—A	p≤1.6MPa，t≤300℃	≤16mm
Q235—B、20、20g、20R及低合金钢	蒸汽网 p≤1.6MPa，t≤350℃ 热水网 p≤2.5MPa，t≤200℃	不限

注：p—管道设计压力；t—管道设计温度。

钢管的连接可采用焊接、法兰盘连接和螺纹连接。焊接方式连接可靠、施工简便迅速，广泛用于管道之间及管道与补偿器的连接。法兰连接装卸方便，通常用在管道与设备、阀门等需要拆卸的附件连接上。对于室内供热管道，通常借助三通、四通、管接头等管件，进行螺纹连接，也可采用焊接或法兰连接。地沟内及直埋管道通常不采用螺纹连接。

从耐腐蚀的角度考虑，供热管道也有石棉水泥管、玻璃纤维增强塑料（玻璃钢）管、塑料管等，但这些管道耐温较低，一般供热工程中较少采用。

14.2.2 阀门

阀门是用来开启、关闭管路和调节输送介质流量的设备。常用的阀门形式有：截止阀、闸阀、蝶阀、止回阀和调节阀等。

1. 截止阀

根据介质流向的不同，常见的截止阀可分为直通式、直角式和直流式（斜杆式）三种；根据阀杆螺纹位置的不同，又可分为明杆截止阀和暗杆截止阀两种。如图 14-5 所示，是最常用的直通式截止阀结构示意图。截止阀关闭严密性较好，但阀体长，局部阻力系数较大，公称通径一般不大于 200mm。

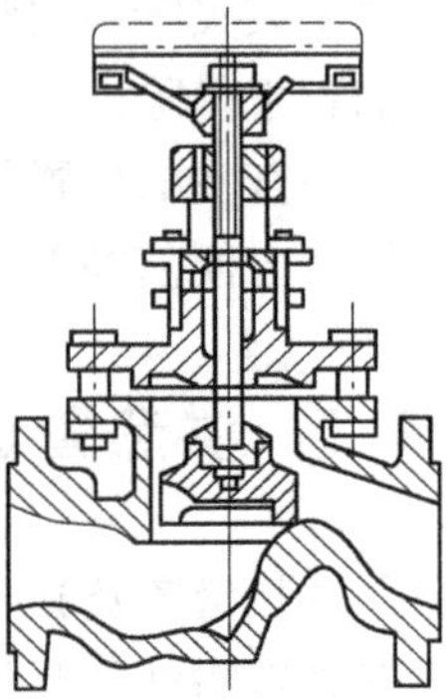

图 14-5 直通式截止阀

2. 闸阀

根据结构形式不同，闸阀也分明杆和暗杆两种；根据闸板的形状不同，又可分为楔式与平行式两种；根据闸板的数目不同，还可分为单板与双板两种。如图 14-6 所示，是明杆平行式双板闸阀的结构示意图。闸阀关闭时，严密性不如截止阀好，但阀体短，局部阻力系数较小，常用在公称通径大于 200mm 的管道上。

截止阀和闸阀主要起开闭管路的作用。由于其调节性能不是很理想，所以一般不适于用作调节流量。

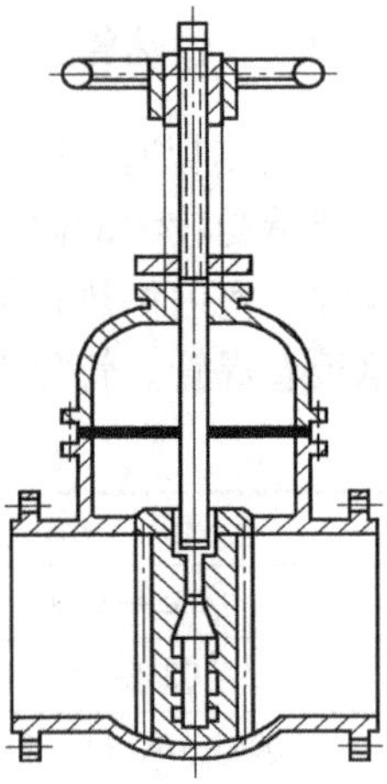

图 14-6 明杆平行式双板闸阀

3. 蝶阀

如图 14-7 所示，是蜗轮传动型蝶阀的结构示意图，阀板可沿垂直管道轴线的立轴旋转，当阀板与管道轴线垂直时，阀门全闭；阀板与管道轴线平行时，阀门全开。蝶阀阀体长度小，局部阻力系数较小，调节性能稍优于截止阀和闸阀，但造价较高。

截止阀、闸阀和蝶阀可用法兰、螺纹连接或焊接连接。它们的传动方式有手动（用于小口径）、齿轮、电动、液动和气动等（用于大口径）传动方式。公称直径大于或等于 600mm 的阀门，应采用电动驱动装置。

4. 止回阀（逆止阀）

止回阀大多安装在泵的出口、疏水器出口管道上，主要用于阻止管道或设备中介质逆向流动，阀门开启的动力来自流体的动能。供热系统中常用的止回阀主要有旋启式和升降式两种。

如图 14-8 所示，是旋启式止回阀的结构示意图。它的阀瓣 1 吊挂在本体 2 或阀盖 3 上，当流体不流动时，阀瓣严密地贴合在本体连接管的孔口上。当流体从左向右流动时，将阀瓣抬起，阀瓣围绕固定轴从关闭位置自由地转动到开启位置，并且差不多与流体的流向相平行。旋启式止回阀密封性差些，一般多用在垂直向上流动或大直径的管道上。

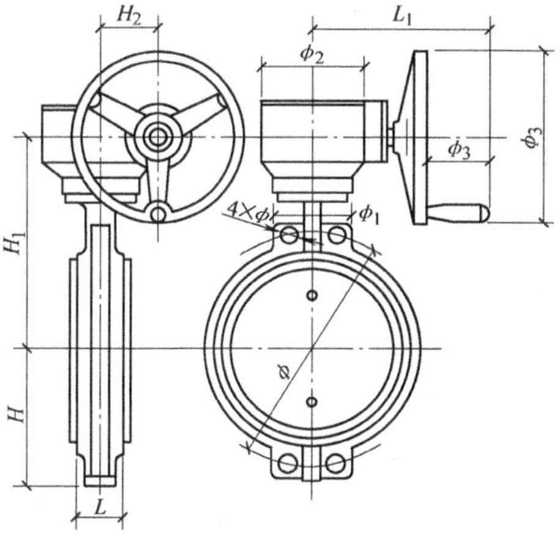

图 14-7　蝶阀结构示意图

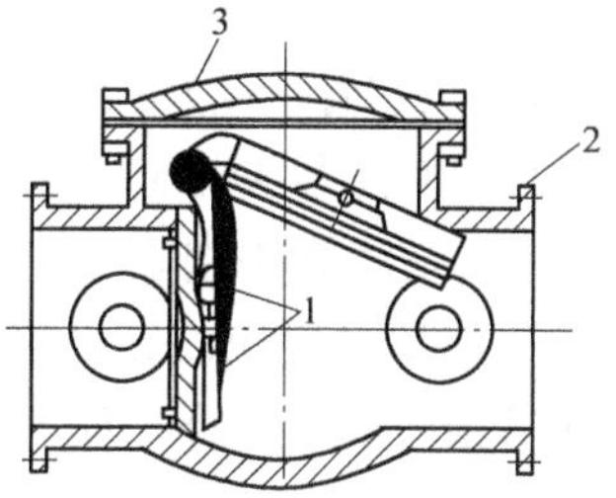

图 14-8　旋启式止回阀

1—阀瓣　2—主体　3—阀盖

5. 手动调节阀

手动调节阀，如图 14-9 所示，一般设置在需要调节热媒流量的位置，其阀瓣大多呈锥形，通过转动手轮调节阀瓣的位置，可以改变阀瓣与阀体通径之间所形成的缝隙面积，从而调节热媒流量。调节性能好的调节阀，其阀瓣启升高度与通过流量的大小应近似呈线性关系。

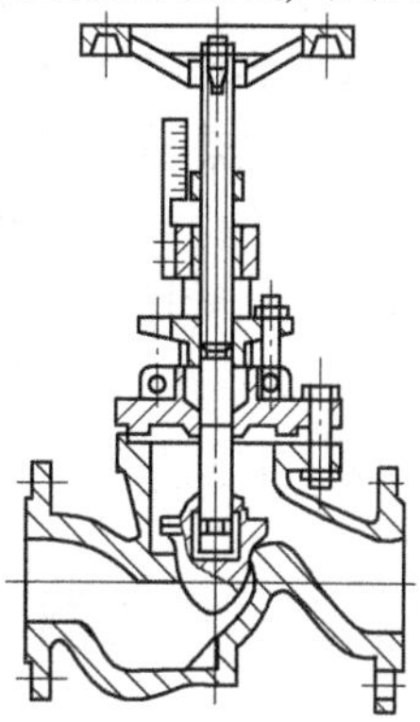

图 14-9　手动调节阀

阀门是供热系统运行中的薄弱环节，设置太多或不当，会降低供热管网运行的可靠性，并会增加供热管网的造价。

供热管网阀门布置，一般应遵循如下原则：热水和蒸汽供热管网在主干管上一般均不装设阀门；在与干管相连接的分支管路上均应装设阀门，以便减少分支管路发生故障时对整个供热管网的影响；每一个用户支管上，一般都应装设两个阀门，一个在靠近分支点处，另一个装在用户引入口处。

14.2.3 放气、排水及疏水装置

为便于热水管道和凝水管道排气，系统运行和检修时排空管道中存水，蒸汽管道排出凝水，供热管道易设坡度，同时配置相应的放气、排水及疏水装置，如图 14-10 所示。

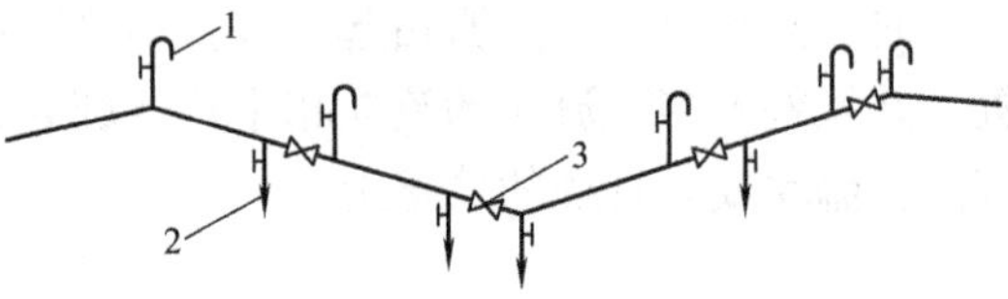

图 14-10 热水和凝水管道放气和排水装置位置示意图
1—放气阀 2—排水阀 3—阀门

热水、凝结水管道的低点处(包括分段阀门划分的每个管段的低点处)应安装放水装置。热水管道的放水装置应保证一个放水段的排水时间不超过下面的规定：对 *DN*≤300mm 的管道，放水时间为 2～3h，放水管管径为 *DN*25～*DN*50mm；对 *DN*350～*DN*500mm 的管道，放水时间为 4～6h，放水管管径为 *DN*80～*DN*100mm；对 *DN*≥600mm 的管道，放水时间为 5～7h，放水管管径为 *DN*125～*DN*150mm。规定放水时间主要是考虑在冬季出现事故时能迅速放水，缩短抢修时间，以免系统管路和设备冻结。

放气装置一般应设在管段的高点处（包括分段阀门划分的每个管段的高点处），放气阀门的管径一般采用 *DN*15～*DN*32mm。

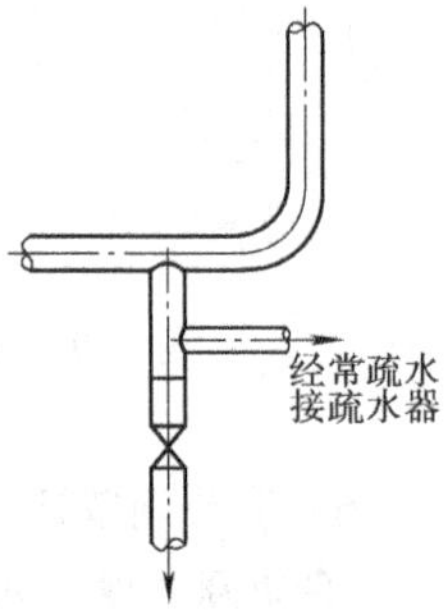

图 14-11 疏水装置图

为了排除蒸汽管道的沿途凝水，一般在蒸汽管道的低点和垂直升高的管道前应设启动疏水装置和经常疏水装置，如图 14-11 所示。此外，同一坡向的管段，在顺坡情况下每隔 400～500m，逆坡时每隔 200～300m 应设启动疏水和经常疏水装置。经常疏水装置排出的凝结水，宜排入凝结水管道，以减少热量和水量的损失。当管道中的蒸汽在任何运行工况下均为过热状态时，可不装经常疏水装置。

为了保证放气和排水顺利进行，应根据管道所经地区的地形状况来确定管道的坡度，管坡一般不小于 2‰，对于汽水逆向流动的蒸汽管道，其坡度不小于 5‰。室外热水管道的坡向，因受地形限制不可能都满足坡向与水流方向一致的要求，尤其是直埋敷设的管道。

14.3 补偿器

为了防止管道升温时，由于热伸长或温度应力而引起管道变形或破坏，需要

在管道上设置补偿器，以补偿管道的热伸长，从而减小管壁的应力和作用在阀件或支架结构上的作用力。

供热工程中常见的补偿器主要有自然补偿器、方形补偿器、波纹管补偿器、套筒补偿器和球形补偿器等。前三种是利用补偿器材料的变形来吸收热伸长，后两种是利用管道的位移来吸收热伸长。

14.3.1 自然补偿器

自然补偿器是利用供热管道自身的弯曲管段（如L形、Z形或直角弯等）来补偿管段的热伸长。自然补偿不必特设补偿器，是一种最简单、最经济的补偿方式。因此考虑管道的热补偿时，应充分利用自然补偿。自然补偿的缺点是管道变形时会产生横向位移，而且补偿的管段不能很长。

14.3.2 方形补偿器

方形补偿器在供热管道上应用很普遍，它是由四个90°弯头构成的“U”形补偿器，如图14-12所示，靠其弯管的变形来补偿管段的热伸长。方形补偿器通常用无缝钢管 揻弯或机制弯头组合而成。此外，也有将钢管弯曲成S形或Ω形的补偿器。这种用与供热直管同径的钢管构成呈弯曲形状的补偿器，总称为弯管补偿器。

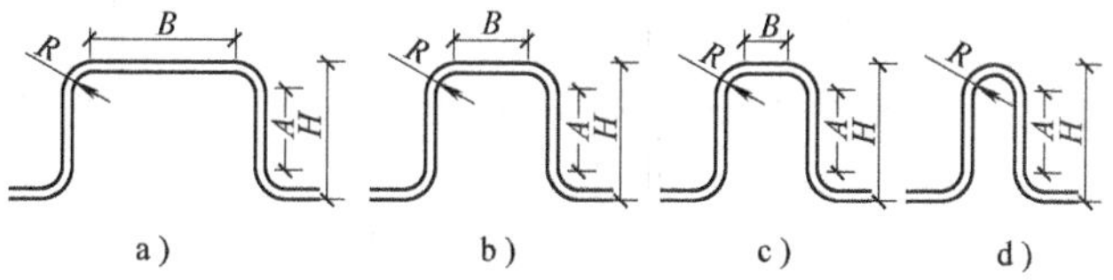

图14-12 方形补偿器

a）1型（$B=2A$） b）2型（$B=A$） c）3型（$B=0.5A$） d）4型（$B=0$）

弯管补偿器显著的优点是制造和安装方便，不用专门维修，因此不需要为它设置检查室；工作可靠，补偿能力大；作用在固定支架上的轴向推力相对较小，可用于各种压力和温度条件。其缺点是局部阻力系数较大，外形尺寸大，占地多。安装弯管补偿器时，经常采用预先冷拉（冷紧）的方法来增加其补偿能力或达到减少对固定支座推力的目的。一般预拉伸量为管子伸长量的50%，在极限情况下，其补偿能力可比无预拉时提高一倍。

14.3.3 波纹管补偿器

波纹管补偿器是用多层或单层薄壁金属管制成的具有轴向波纹的管状补偿设备，它主要利用波纹的变形进行管道热补偿。供热管道中使用的多是不锈钢波纹管补偿器。波纹管补偿器按波纹形状主要分为U形和Ω形两种；按补偿方式分为轴向、横向和铰接等形式。轴向补偿器可吸收轴向位移，按其承压方式又分为内压式和外压式。如图 14-13 所示，为内压轴向式波纹管补偿器的结构示意图。横向式补偿器可沿补偿器径向变形，常装于管道中的横向管段上吸收管道热伸长。铰接式补偿器可以其铰接轴为中心折曲变形，类似球形补偿器。它需要成对安装在转角段上进行管道热补偿。

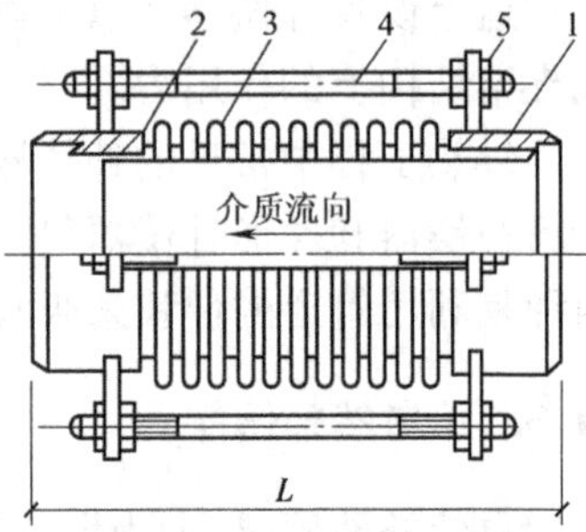

图 14-13 轴向波纹管补偿器
1—端管 2—导流管 3—波纹管 4—限位拉杆 5—限位螺母

波纹管补偿器的突出优点是体积较小，占地不大，易于布置，安装方便，局部阻力系数小，具有较好的密封性，不需要专门维修，承压能力和工作温度较高。但其缺点是补偿能力较小，价格也较高。

14.3.4 套筒（管）补偿器

套筒（管）补偿器是由填料密封的套管和外壳管同心组成。一般有单向和双向补偿两种形式。如图 14-14 所示，为一单向套筒补偿器。套管 1 与外壳体 3 之间用填料圈 4 密封，填料被紧压在前压兰 2 与后压兰 5 之间，以保证封口紧密。补偿器直接焊接在供热管道上。填料采用石棉夹铜丝盘根，更换填料时需要松开前压兰，维修不方便。另外还有采用柔性密封填料的套筒补偿器。柔性密封填料可直接通过外壳小孔注入补偿器的填料函中，因而可以在不停止运行情况下进行维护和检修，维修工艺相对比较简便。

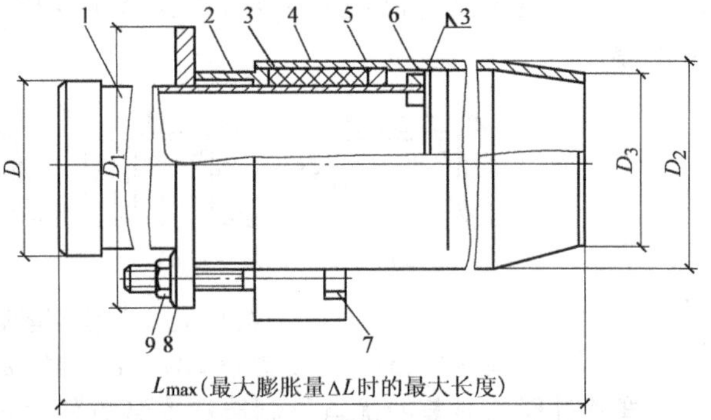

图 14-14 单向套筒补偿器
1—套管 2—前压兰 3—壳体 4—填料圈 5—后压兰
6—防脱肩 7—T 形螺栓 8—垫圈 9—螺母

套筒补偿器的补偿能力较大，通常可达 250 ~ 400mm，占地小，局部阻力系数小，造价较低。但由于其轴向推力大，易发生介质泄漏，压紧、补充和更换填料的维修工作量大，同时管道地下敷设时，要增设检查室。如管道变形有横向位移时，易造成填料圈卡住，它只能用在直线管段上。当其使用在弯管或阀门处时，其轴向产生的盲板推力（由内压引起的不平衡水力推力）也较大，需要设置加强的固定支座。套筒补偿器适用于工作压力小于或等于 1.6MPa，工作温度低于 300℃的管路上。

14.3.5 球形补偿器

球形补偿器主要由球体和外壳组成。球体与外壳可相对折曲或旋转一定的角度（一般可达30°），以此进行热补偿。该补偿器一般两个配对为一组，其补偿原理可参图14-15。球形补偿器的球体与外壳间的密封性能良好，寿命较长。它的特点是能作空间变形，补偿能力大，适用于架空敷设。

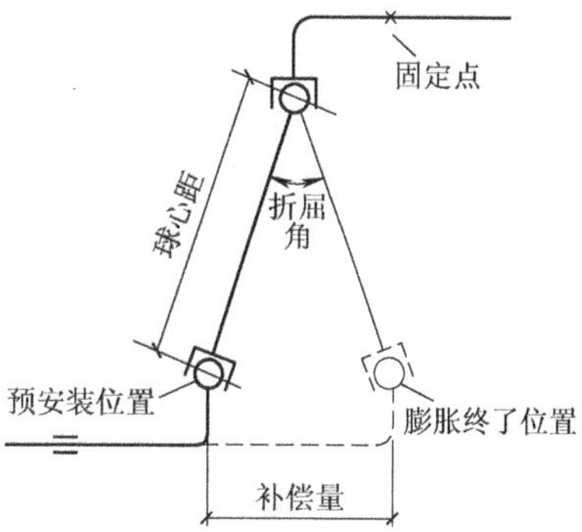

图14-15 球形补偿器补偿原理图

14.4 管道支座（架）

供热管道支座是主要用来支承管道并承受管道的作用力的管道附件，其作用是支撑管道并限制管道的位移。支座承受管道重力和内压力、外载荷以及温度变化引起的作用力，并将这些力传递到建筑结构或地面的管道构件上。根据支座对管道位移的限制情况，一般分为活动支座和固定支座两大类。

14.4.1 活动支座

活动支座是在管道发生温度变形时，允许管道和支承结构有相对位移的管道支座。

活动支座按构造和功能不同可分为滑动、滚动、弹簧、悬吊和导向等形式。

（1）滑动支座 滑动支座是由卡固或焊接在管子上的钢制管托与下面的支承结构构成。它承受着管道的垂直荷载，允许管道在水平方向滑动位移。根据管托横截面的形状不同，可分为曲面槽式、丁字托式和弧形板式。如图14-16所示，是弧形板式滑动支座。

（2）滚动支座 滚动支座是由卡固或焊接在管子上的钢制管托与设置在支承结构上的辊轴、滚柱或滚珠盘等部件构成的。滚动支座有辊轴式和滚柱式支座，如图14-17所示为辊轴式滚动支座。

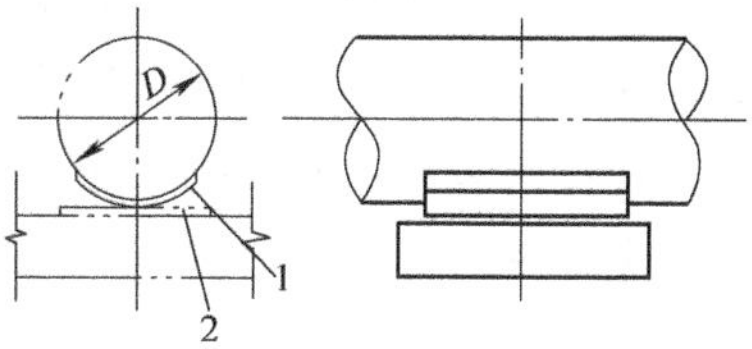

图14-16 弧形板式滑动支座
1—弧形板 2—支承板

由于滚动支座是利用滚子的转动来减小管道滑动时的摩擦力，这样可以减小支承结构的尺寸。滚动支座一般只用在架空敷设管道上，地沟敷设的管道不宜使用这种支座，因为滚动支座的滚柱或滚轴在潮湿环境内会很快腐蚀而不能转动，反而变成了滑动支座。

（3）弹簧支座　弹簧支座（图14-18）一般由在滑动支座、滚动支座的管托下或在悬吊支架的构件中加弹簧而构成。其特点是允许管道水平位移，并可适应管道的垂直位移，使支座承受的管道垂直荷载变化不大。该支座常用于管道有较大的垂直位移处，目的是防止管道脱离支座，导致相邻支座和相应管段受力过大。

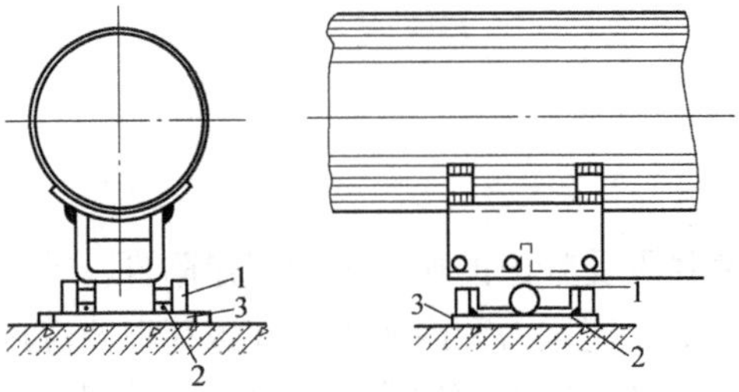

图14-17　辊轴式滚动支座

1—辊轴　2—导向板　3—支承板

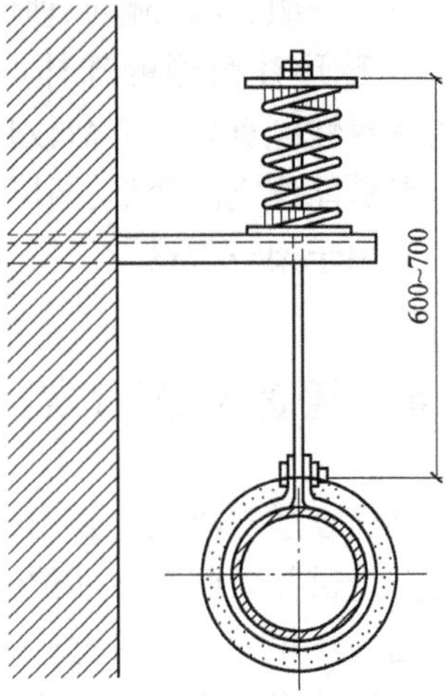

图14-18　弹簧悬吊支座

（4）悬吊支座　悬吊支座大多用在室内供热管道上。管道用抱箍、吊杆等构件悬吊在承力结构下面，如图14-19所示。悬吊支架构造简单，管道伸缩阻力小。管道位移时吊杆摆动，因各支架吊杆摆动幅度不一，难以保证管道轴线为一直线，因此管道热补偿需采用不受管道弯曲变形影响的补偿器。

（5）导向支座　导向支座通常是在滑动支座或滚动支座沿管道轴向的管托两侧设置导向挡板而构成，其特点是只允许管道沿着轴向伸缩，限制管道横向位移。导向支座的主要作用是防止管道纵向失稳，保证补偿器正常工作。

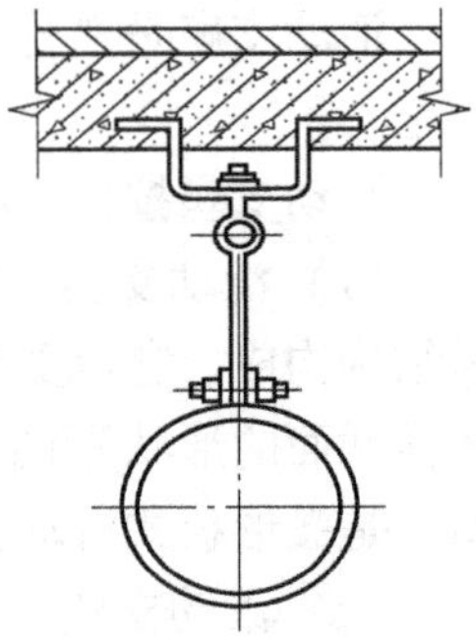

图14-19　悬吊支架

（可在纵向及横向移动）

14.4.2　固定支座

固定支座是不允许管道和支承结构之间产生相对位移的管道支座。其作用是将管道划分成若干补偿管段，分别进行热补偿，从而保证补偿器的正常工作。另外，固定支座还可以防止作用力依次叠加而传递到管路的附件和阀件上去。

常见的金属结构固定支座一般有卡环式、焊接角钢式、曲面槽式、固定墩式和挡板式等。如图 14-20 所示，为挡板式固定支座。

供热管网中的固定支座是供热管道中主要受力构件，通常设置在以下位置：有支管分出的干管上，以及其他不允许管道有轴向位移的节点处；热源出口、热力站和热用户出入口处。用来消除外部管路作用于附件和阀件上的作用力，使室内管道相对稳定；弯曲管道的两侧。用来保证管道弯曲部位的弯曲应力不超过管子的许用应力范围。

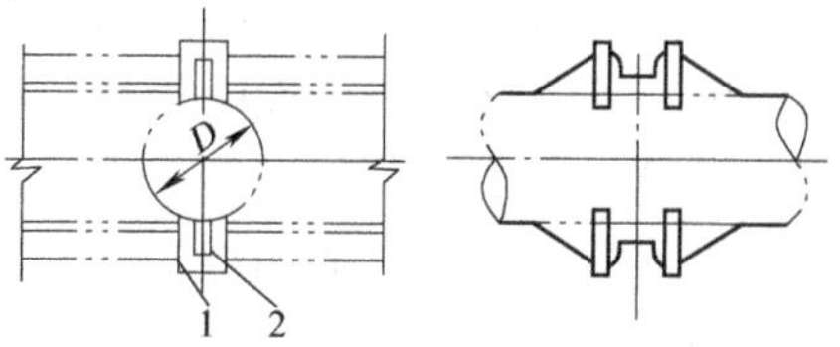

图 14-20　挡板式固定支座

1—挡板　2—肋板

14.5　供热管道的保温及热力计算

供热管道在输送热媒到各个用户系统的过程中，由于管内热媒温度高于管外空气温度，热量将不断地通过供热管道的壁面传递给管外空气。称为无效热损失（或无益热损失）。无效热损失不仅会造成热媒参数的变化而影响供热质量，而且还会造成较大的能源浪费。

目前，集中供热系统的热水管网，即使有良好的保温措施，其无效热损失仍约占总输送热量的5%～8%，蒸汽管网约为8%～12%。而且这种热损失是持续存在的。由此，供热管道及其附件采取合理的保温措施，对有效地减少热媒在输送过程中的热损失，节约燃料，保证热媒的使用温度及改善工作人员劳动条件等有着重要的意义。

14.5.1　供热管道的保温层材料

保温材料应符合热导率小、质轻、疏松、多孔，在工作温度下不变形（质）、不腐蚀金属、吸水率低、不易燃、有一定机械强度、成本低廉，且易于加工成型等要求。

《热网规范》规定，供热介质设计温度高于50℃的热力管道、阀门、设备一般应保温。保温材料及其制品应该符合下列规定：

1）平均工作温度下的热导率值不得大于 0.12W/（m·K），并应有明确的随温度变化的热导率方程式或图表；对于松散或可压缩的保温材料及其制品，应具有在使用密度下的热导率方程式或图表。

2）密度不应大于 350kg/m³。

3）除软质、散状材料外，硬质预制成型制品的抗压强度不应小于 0.3MPa；半硬质的保温材料压缩 10%时的抗压强度不应小于 0.2MPa。

常用保温材料及其制品的技术性能及参数可从生产厂家以及相关专业设计手册中查阅。

供热管道及热力设备的保温材料多用无机保温材料，该类材料具有不腐烂、耐高温、不燃烧、物理性能较稳定等特点，常见的有石棉、膨胀蛭石、膨胀珍珠岩、玻璃棉、矿渣棉、岩棉、泡沫混凝土、硅藻土等。

直埋蒸汽供热管道的保温材料应符合国家现行标准《城镇供热预制直埋蒸汽保温管技术条件》（CJ/T 200—2004）的规定。

14.5.2 供热管道的保温结构

保温结构按照材料和施工方法不同，可分为绑扎式、胶泥式、预制保温管式和浇灌式等。绑扎式一般用镀锌铁丝或钢带将保温材料固定在设备或管道上，胶泥式一般将胶泥状的硅酸盐保温涂料、碳酸盐石棉粉或硅藻土等分层多次涂抹在管道或设备上，每次涂抹厚度可根据材料性质和施工环境来定；预制保温管式一般是将提前预制好的保温构件用镀锌铁丝直接捆绑在供热管道上，或在管道外表面涂一层绞泥后再将预制保温层构件捆绑于管道上。预制构件的接缝要错开，接触面要用石棉泥或胶泥等保温材料粘合，使之纵向和横向接缝都没有缝隙，以提高其保温效果；浇灌式一般是将聚氨酯等发泡材料在施工现场浇灌到被保温的管道或设备的模壳中，发泡而成保温层结构。浇灌式结构在整体性、防水性、防腐性和保温性等方面都明显优于其他结构，但造价较高，耐热性略差。

按照从内到外的层次来分，一般供热管道的保温结构主要由防锈层、保温层和保护层三部分组成。

1. 防锈层

对供热管道表面清除铁锈、油脂和污垢之后，通常要涂抹1~2道防锈底漆，这就是保温结构的防锈层。

2. 保温层

保温层是保温结构中的主要组成部分，从施工角度讲，常见的形式有涂抹式、灌注式、预制式、缠绕式、填充式和喷涂式等。弧形预制保温瓦保温结构如图14-21所示。

3. 保护层

保温结构外层必须设置保护层，主要用来防止保温层受到机械损伤和水分侵入，同时还能起到美化保温结构外观的作用。它是保证保温结构性能和寿命的重要组成部分，要求具有足够的机械强度和必要的防水性能。

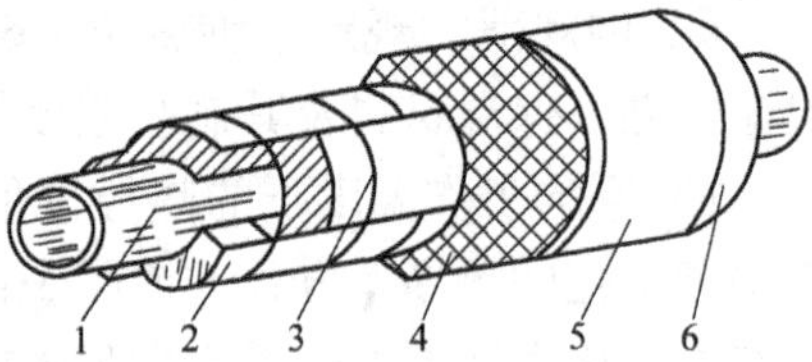

图14-21 弧形预制保温瓦保温结构

1—管道 2—保温层 3—镀锌铁丝 4—镀锌铁丝网 5—保护层 6—油漆

常用的保护层根据所用的材料和施工方法不同可分为包扎式复合保护层、金属保护层和涂抹式保护层三类。

14.5.3　供热管道保温的热力计算

供热管道保温热力计算的任务是通过计算管路散热损失、供热介质沿途温降、管道表面温度及地沟、土壤等环境温度，从而确定保温层的厚度。

供热管道增加保温层厚度，可以减少其散热损失，节省燃料，减少运行费用，然而却增加了保温结构的投资。

供热管道保温层厚度是由技术和经济两方面因素来决定的，计算原则应该按《设备及管道保温设计导则》（GB/T 8175—1987）中的规定执行。按照规定的散热损失、环境温度等技术条件计算双管或多管地下敷设管道的保温层厚度时，应选取满足技术条件的最经济的保温层厚度组合。

所谓“保温层经济厚度”是指包括供热管道保温结构的投资、折旧费、年运行维修费和管道保温后的散热损失费在内的总费用为最小时的保温层厚度。

供热管道热损失的计算是根据传热学原理，供热管道的敷设方式不同，计算方法有所不同。

1. 架空敷设管道的热损失

如图14-22所示，架空敷设供热管路的散热损失，可用下式计算

$$\Delta Q = \frac{(t - t_0)}{R_n + R_g + R_b + R_w} \cdot (1 + \beta) l \qquad (14\text{-}1)$$

式中　ΔQ——管道热损失（W）；

t——管道中热媒温度（℃）；

t_0——管道周围环境（空气）温度（℃）；

R_n——从热媒到管内壁的热阻（$m^2 \cdot K/W$）；

R_g——管壁热阻（$m^2 \cdot K/W$）；

R_b——保温材料的热阻（$m^2 \cdot K/W$）；

R_w——从管道保温层外表面到周围介质（空气）的热阻（$m^2 \cdot K/W$）；

l——管道长度（m）；

β——管道附件、阀门、补偿器、支座等的散热损失附加系数，对架空敷设 $\beta = 0.25$；对地沟敷设 $\beta = 0.2$；对直埋敷设 $\beta = 0.15$。

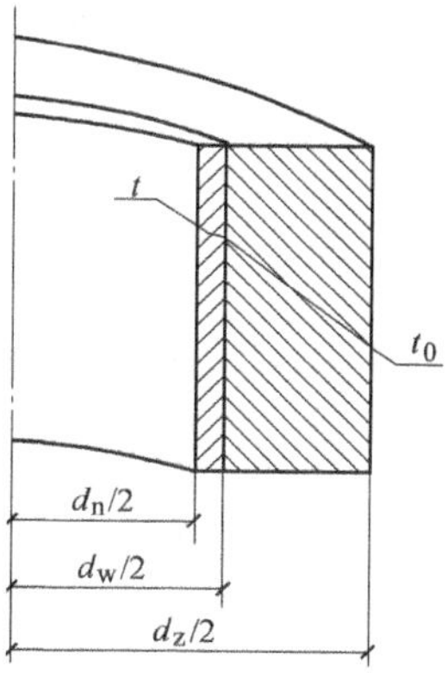

图14-22　架空敷设管道散热损失计算图

其中

$$R_b = \frac{1}{2\pi\lambda_b} \cdot \ln \frac{d_z}{d_w} \qquad (14\text{-}2)$$

$$R_w = \frac{1}{\pi \alpha_w d_z} \tag{14-3}$$

式中　d_w——管道外径（m）；

λ_b——保温材料的热导率［W/（m·K）］；

d_z——保温层外表面的直径（m）；

α_w——保温层外表面对空气的传热系数［W/（m^2·K）］。

热媒对管内壁的热阻和金属管壁的热阻与其他两项热阻相比数值很小，在实际计算中可将其忽略不计。这样公式（14-1）就可简化为

$$\Delta Q = \frac{(t - t_o)}{R_b + R_w} \cdot (1+\beta) l = \frac{(t - t_o)}{\frac{1}{2\pi\lambda_b}\ln\frac{d_z}{d_w} + \frac{1}{\pi d_z \alpha_w}} \cdot (1+\beta) l \tag{14-4}$$

2. 直埋敷设

（1）单根管道　进行单根直埋敷设（图 14-23）管道散热损失计算时，需要考虑土壤的热阻。土壤热阻可用下式计算

$$R_t = \frac{1}{2\pi\lambda_t}\ln\left(\frac{2H}{d_z} + \sqrt{\left(\frac{2H}{d_z}\right)^2 - 1}\right) \tag{14-5}$$

式中　d_z——与土壤接触的管子外表面直径（m）；

λ_t——土壤的热导率［W/（m·K）］。当土壤温度为 10～40℃时，中等温度土壤的导热系数 λ_t = 1.5 ～ 2.5 W/(m·K)；

H——管子的折算埋深（m），按下式进行计算。

$$H = h + h_j = h + \frac{\lambda_t}{\alpha_k}$$

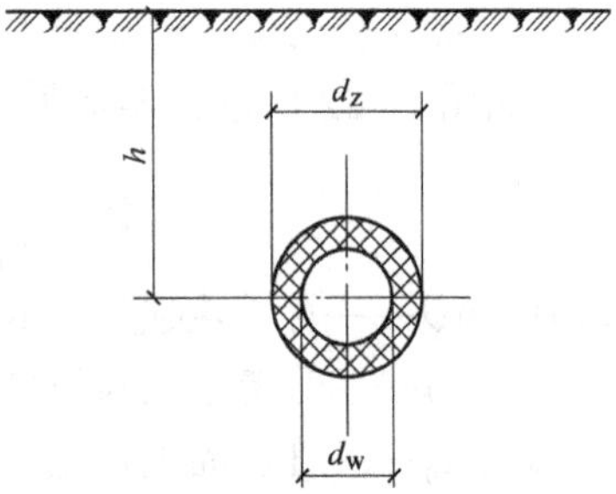

图 14-23　直埋敷设管道散热损失计算图

式中　h——从地表面到管中心线的埋设深度（m）；

h_j——假想土壤层厚度（m），此厚度的热阻等于土壤表面的热阻；

α_k——土壤表面的表面传热系数，可采用 α_k = 12 ～ 25W/(m^2·K)。

则在 h/d_z <2 的条件下，直埋敷设保温管道的散热损失为

$$\Delta Q = \frac{t - t_{d,b}}{R_b + R_t} = \frac{t - t_{d,b}}{\frac{1}{2\pi\lambda_b}\ln\frac{d_z}{d_w} + \frac{1}{2\pi\lambda_t}\ln\left[\frac{2H}{d_z} + \sqrt{\left(\frac{2H}{d_z}\right)^2 - 1}\right]} \cdot (1+\beta) l \tag{14-6}$$

式中　$t_{d,b}$——土壤地表面温度（℃）。

如埋设深度较深（在 h/d_z≥2 的条件下）时，可近似地表示为

$$R_t = \frac{1}{2\pi\lambda_t}\ln\frac{4H}{d_z} \tag{14-7}$$

$$\Delta Q = \frac{t - t_{d,b}}{\frac{1}{2\pi\lambda_b}\ln\frac{d_z}{d_w} + \frac{1}{2\pi\lambda_t}\ln\frac{4H}{d_z}} \cdot (1+\beta)l \tag{14-8}$$

（2）多根管道　当多根管道并列直埋敷设时，需要考虑其相互间的传热影响。根据前苏联学者 E. П. 舒宾提出的方法，其相互传热影响可以考虑为一个假象的附加热阻 R_c。在双管直埋敷设的情况下，如图 14-24 所示。

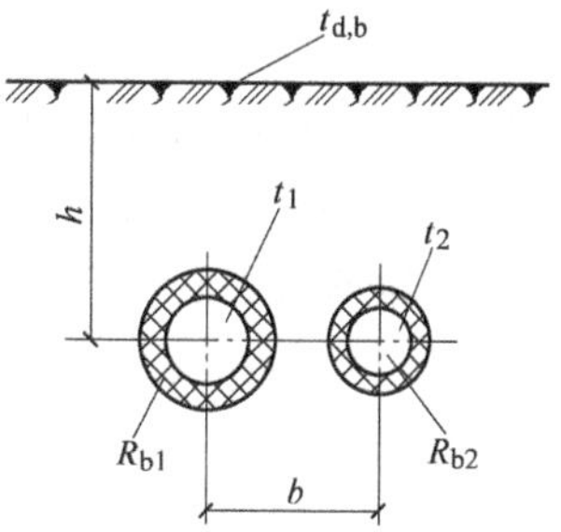

图 14-24　直埋敷设双管散热损失计算图

附加热阻可用下式表示

$$R_c = \frac{1}{2\pi\lambda_t}\ln\sqrt{\left(\frac{2H}{b}\right)^2 + 1} \tag{14-9}$$

式中　b——两管中心线间的距离（m）。

其他符号同前。

第一根管的散热损失

$$q_1 = \frac{(t_1 - t_{d,b})\sum R_2 - (t_2 - t_{d,b})R_c}{\sum R_1 \sum R_2 - R_c^2} \tag{14-10}$$

第二根管的散热损失

$$q_2 = \frac{(t_2 - t_{d,b})\sum R_1 - (t_1 - t_{d,b})R_c}{\sum R_1 \sum R_2 - R_c^2} \tag{14-11}$$

式中　q_1、q_2——第一根和第二根管道单位长度的散热损失（W/m）；

t_1、t_2——第一根和第二根管内的热媒温度（℃）；

R_c——附加传热阻（$m^2 \cdot K/W$）；

$\sum R_1$、$\sum R_2$——第一根和第二根管道的总传热阻（$m^2 \cdot K/W$）。

$$\sum R_1 = R_{b1} + R_t \tag{14-12}$$

$$\sum R_2 = R_{b2} + R_t \tag{14-13}$$

式中　R_{b1}、R_{b2}——第一根和第二根管道保温层的传热阻（$m^2 \cdot K/W$）；

R_t——土壤传热阻（$m^2 \cdot K/W$）。

（3）蒸汽管道　直埋蒸汽（工作压力≤1.6MPa，工作温度≤350℃）管道的保温层厚度、散热损失、保温层界面温度、保温管外表面温度以及管道邻近温度场等计算方法可参见《城镇供热直埋蒸汽管道技术规程》（CJJ 104—2005），同时还应注意以下问题：

1）按保护层外表面温度或管道周围土壤的环境温度计算保温厚度时，蒸汽介质温度应取设计最高值；土壤的自然温度应取管道运行期间管中心埋深处最高月平均温度；地面大气温度应取管道年运行或季节运行期间最热月地面平均大气温度。

2）按蒸汽介质温度降计算保温层厚度时，蒸汽介质温度应取设计最高值；土壤的自然温度应取管道运行期间管中心埋深处最低月平均温度；地面大气温度应取管道运行期间最低月平均大气温度。

3）计算蒸汽管道年散热损失时，蒸汽介质温度应取年平均温度；土壤的自然温度应取管中心埋深处的年平均地温；地面大气温度应取年平均大气温度。

4）地表温度应取运行期间最热月份的空气平均温度。

3. 地沟敷设

敷设在地沟内的管道，其保温结构热力计算方法与直埋敷设管道基本一致，不同的只是总热阻在原来的基础上，增加了从保温层表面到地沟内空气的传热阻、从地沟内空气到地沟内壁的传热阻以及地沟壁传热阻三部分。

$$\sum R = R_b + R_w + R_{ngo} + R_{go} + R_t \tag{14-14}$$

式中 R_b、R_w、R_t——各符号意义及计算方法同前（$m^2 \cdot K/W$）；

R_{ngo}——从地沟内空气到沟内壁之间的传热阻（$m^2 \cdot K/W$）；

R_{go}——地沟壁的传热阻（$m^2 \cdot K/W$）。

其中

$$R_{ngo} = \frac{1}{\pi \alpha_{ngo} d_{ngo}} \tag{14-15}$$

$$R_{go} = \frac{1}{2\pi\lambda_{go}} \ln \frac{d_{wgo}}{d_{ngo}} \tag{14-16}$$

式中 α_{ngo}——地沟内壁表面传热系数，一般近似取 $\alpha_{ngo} = 12W/(m^2 \cdot K)$；

d_{ngo}——地沟内廓横截面的当量直径（m），计算详见式（14-17）；

d_{wgo}——地沟外廓横截面的当量直径（m），计算详见式（14-18）。

$$d_{ngo} = \frac{4F_{ngo}}{S_{ngo}} \tag{14-17}$$

式中 F_{ngo}——地沟内廓净横截面面积（m^2）；

S_{ngo}——地沟内廓净横截面周长（m）。

$$d_{wgo} = \frac{4F_{wgo}}{S_{wgo}} \tag{14-18}$$

式中 F_{wgo}——地沟外廓净横截面面积（m^2）；

S_{wgo}——地沟外廓净横截面周长（m）。

当地沟内只有一根管道时，散热损失可按下式计算

$$q = \frac{t - t_{d,b}}{\sum R} \tag{14-19}$$

式中 $t_{d,b}$——土壤地表面温度（℃）。

当地沟内有两条及以上供热管道时，为了考虑管道间的相互影响，一般先确定沟内空气温度。根据热平衡原理，地沟内所有管道的散热量应等于地沟向土壤散失的热量，即

$$\frac{(t_{\mathrm{I}} - t_{go})}{R_{\mathrm{I}}} + \frac{(t_{\mathrm{II}} - t_{go})}{R_{\mathrm{II}}} + \cdots + \frac{(t_m - t_{go})}{R_m} = \frac{(t_{go} - t_{d,b})}{R_o} \tag{14-20}$$

则 $$t_{go} = \left(\frac{t_{\mathrm{I}}}{R_{\mathrm{I}}} + \frac{t_{\mathrm{II}}}{R_{\mathrm{II}}} + \cdots + \frac{t_m}{R_m} + \frac{t_{d,b}}{R_0}\right)\left(\frac{1}{R_{\mathrm{I}}} + \frac{1}{R_{\mathrm{II}}} + \cdots + \frac{1}{R_m} + \frac{1}{R_0}\right) \tag{14-21}$$

式中 t_{go}——地沟内空气温度（℃）；

t_{I}、t_{II}、t_m——地沟中敷设的第Ⅰ、Ⅱ、m 根管路中热媒温度（℃）；

R_{I}、R_{II}、R_m——第Ⅰ、Ⅱ、m 根管路从热媒到地沟中空气间的热阻（$m^2 \cdot K/W$），计算详见式（14-22）；

R_0——从地沟内空气到室外空气的热阻（$m^2 \cdot K/W$）。

$$R_{\mathrm{I}} = R_{b,\mathrm{I}} + R_{w,\mathrm{I}};R_{\mathrm{II}} = R_{b,\mathrm{II}} + R_{w,\mathrm{II}};R_m = R_{b,m} + R_{w,m} \tag{14-22}$$

$$R_0 = R_{ngo} + R_{go} + R_t \tag{14-23}$$

如果计算管道设置在通行地沟内，并且沟内设有通风系统，则根据热平衡原理可知，沟内各管路的总散热量应该等于从沟壁到周围土壤的散热量与通风系统排热量之和

$$Q_t = \sum Q - \Delta Q_{go} \tag{14-24}$$

式中 Q_t——通风系统排热量（W），计算详见式（14-25）；

$\sum Q$——地沟内各供热管路散热量之和（W）；

ΔQ_{go}——从沟壁到周围土壤的散热量（W）。

$$Q_t = \left[\frac{(t_{\mathrm{I}} - t'_{go})}{R_{\mathrm{I}}} + \frac{(t_{\mathrm{II}} - t'_{go})}{R_{\mathrm{II}}} + \cdots + \frac{(t_m - t'_{go})}{R_m} - \frac{(t'_{go} - t_{d,b})}{R_o}\right] \cdot (1 + \beta)l \tag{14-25}$$

式中 t'_{go}——通风系统运行状态下，地沟内的空气通风设计温度（℃），一般 $t'_{go} \leqslant 40$℃。

习　　题

1. 简述集中供热管网定线原则。
2. 常见供热管网的敷设方式有哪几种？各自的特点及应用。
3. 供热管道中常用的阀门有哪些？简述各自的工作原理和特点。
4. 供热管道中如何设置排气、放水装置？
5. 简述补偿器的类型、工作原理。
6. 简述管道支座形式及作用。
7. 供热管道保温的目的是什么？
8. 供热管道保温热力计算的主要任务及计算原理是什么？

第 15 章 供热管道的强度计算

15

15.1 概述

供热管道强度计算的任务是，计算供热管道由内压力、外部载荷和因热胀冷缩引起的力、力矩和应力，从而确定或校核管壁厚度、确定管道支座间距、计算固定支座受力、选择合适的补偿器等，保证设计的管道安全可靠，并尽可能经济合理。

15.1.1 供热管道的主要荷载

作用在供热管道上的荷载是多种多样的。进行强度计算时，主要考虑下列荷载所引起的应力：

1）管道内的流体压力（简称内压力）作用所产生的应力。

2）外载荷作用在管道上所产生的应力。外载负荷主要是管道的自重（管子、流体和保温结构的重量）和风雪载荷。

3）供热管道热胀和冷缩所产生的应力。

根据《热网规范》规定，供热管道的应力计算，采用我国现行的《火力发电厂汽水管道应力计算技术规定》（SDGJ 6—1990）的方法。该规定是按应力分类法的原理进行应力计算。

15.1.2 应力分类

应力分类法原理：作用在结构物上的各种应力，对结构物危害程度差别很大。例如：管内介质压力或持续外载产生的应力的特点是没有自限性。它始终随内压力或外载增加而增大。当超过某一限度时，将使管道变形增加直至破坏。这类应力称为一次应力。又管道由热胀、冷缩和其他位移作用产生的应力认为是二次应力。它是由于变形受约束或结构各部分间变形协调而引起的应力。二次应力的主要特征是部分材料产生小变形或进入屈服后，变形协调即得到满足，变形不再继续发展，应力不再增加，即它具有自限性。对于塑性良好的钢管，二次应力一般不会直接导致破坏。另一类应力称为峰值应力，它是由结构形状的局部突变而引起的局部应力集中。它的基本特征是不引起任何显著变形，但它是材料疲劳破坏的主要原因。

根据上述原理，应力分类法将危害程度不同的应力分为一次应力、二次应力和峰值应力三大类。采用不同的应力分析理论和许用应力值，能够在保证安全工作条件下，充分发挥结构的承载能力。

15.2 管壁厚度及活动支座间距的确定

15.2.1 管道壁厚的确定

1. 管道壁厚的确定

供热管道的内压力为一次应力。承受内压力的理论计算壁厚应按下式计算

$$S_1 = \frac{p_{js}D_w}{2[\sigma]_j^t\eta + p_{js}} \tag{15-1}$$

式中 S_1——管子理论计算壁厚（mm）；

p_{js}——计算压力（MPa）；

D_w——管子外径（mm）；

$[\sigma]_j^t$——钢材在计算温度下的基本许用压力（MPa）。取值见附录K中表K-1；

η——纵向焊缝减弱系数，无缝钢管 $\eta=1.0$；单面焊接的螺旋缝焊接钢管 $\eta=0.6$；纵缝焊接钢管 η，按附录K中表K-2选取。

管子的计算壁厚 S_{js} 和取用壁厚 S，可按下式确定

$$S_{js} = S_1 + C \tag{15-2}$$

$$S \geqslant S_{js}$$

式中 S_{js}——管子的计算壁厚（mm）；

C——管子壁厚附加值（mm）。无缝钢管 $C=A_1S_1$，其中 A_1 为管子壁厚负偏差系数，根据管子产品技术条件中规定的壁厚允许负偏差百分数值，按表15-1取值。焊接钢管壁厚为5.5mm及以下时 $C=0.5$mm；壁厚为6～7mm时 $C=0.6$mm；壁厚为8～25mm时 $C=0.8$mm。

表15-1 管子壁厚负偏差系数选用表

管	0	−5	−8	−9	−10	−11	−12	−15
A_1	0.0	0.1	0.1	0.1	0.1	0.1	0.2	0.2

在各种情况下，计算采用的管子壁厚附加值 C 都不得小于 0.5mm。根据钢管规格选用壁厚，取用壁厚 S 值，应不小于管子计算壁厚 S_{js} 值。

2. 管道应力的确定

如果已知管壁厚度，进行应力验算时，由内力产生的折算应力 σ_{zs}，不得大于钢材在计算温度下的基本许用应力 $[\sigma]_j^t$，即

$$\sigma_{zs} \leqslant [\sigma]_j^t \tag{15-3}$$

内折算应力 σ_{zs} 按下式计算

$$\sigma_{zs} = \frac{p_{js}[D_w - (S - C_1)]}{2\eta(S - C_1)} \text{MPa} \tag{15-4}$$

式中 C_1——验算时的管子壁厚附加值（mm）。对无缝钢管和产品技术条件提供有壁厚允许负偏差百分数的焊接钢管，按 $C_1 = SA_1/(1+A_1)$ 计算，A_1 值按表 15-1 取用。对未提供壁厚允许负偏差值的焊接钢管，C_1 值等于按式（15-2）规定的壁厚附加值。

15.2.2 活动支座间距的确定

管道活动支座间距是由管道的允许跨距来决定的，其值大小决定着整个管网系统支座的数量，影响到供热管网的投资。因此，在确保安全运行的前提下，应尽可能地减少支座的数量，以降低工程造价。

活动支座的最大间距（允许间距），通常按强度条件和刚度条件来确定。

1. 按强度条件

在计算活动支座间距时，通常主要考虑供热管道承受由内压和持续外载产生的一次应力的影响。管道在工作状态下，由内压和持续外载产生的应力应不大于钢材在计算温度下的基本许用应力 $[\sigma]_j^t$ 值。根据这一原则确定的活动支座的允许间距，称之为按强度条件确定的间距。

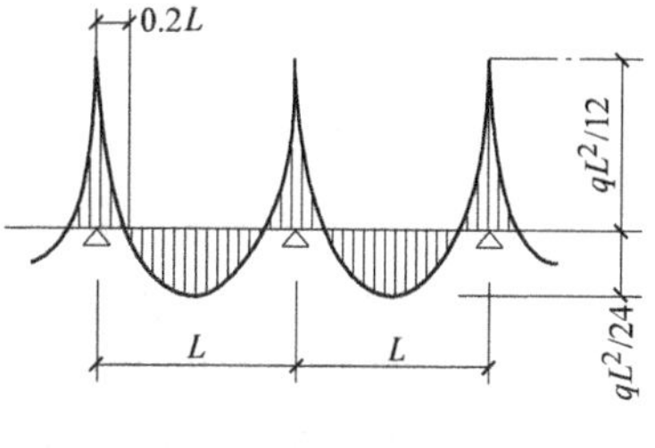

图 15-1 多跨距供热管道弯矩图

支承在多个活动支座上的管道，可视为均匀荷载的多跨梁，其弯矩如图15-1所示，最大弯矩出现在活动支座处。根据均匀荷载所产生的弯曲应力，活动支座的允许间距可按下式计算

$$L_{max} = \sqrt{\frac{15[\sigma_w]W\varphi}{q}} \tag{15-5}$$

式中 L_{max}——供热管道活动支座的允许间距（m）；

$[\sigma_w]$——管材的许用外载综合应力（MPa），可按附录 K 中表 K-3 确定；

W——管子断面抗弯截面系数（cm^3）；

φ——管子横向焊缝系数，可按表15-2选用；

q——外载负荷作用下的管子单位长度的计算质量，N/m。

室内的供热管道和地下敷设管道q指的是管道的总质量（蒸汽管含管子和保温结构的质量，水管还包括水的质量）；室外架空敷设的供热管道的q值还应该考虑风载荷的影响。

表15-2 管子横向焊缝系数

焊接方式	φ值	焊接方式	φ值	焊接方式	φ值
有垫环对焊	0.9	手工电弧焊	0.7	自动双面焊	1.0
无垫环对焊	0.7	手工双面加强焊	0.95	自动单面焊	0.8

2. 按刚度条件

管道在一定的跨距下会产生一定的挠度。根据对挠度的限制而确定活动支座的允许间距，称为按刚度条件确定的支座间距。

如果保证管道挠曲时不出现反坡，即保证管道挠曲后产生的最大角应变不大于管道的坡度（图15-2，管线1）。此时管道在支座的挠曲部分不会积水。

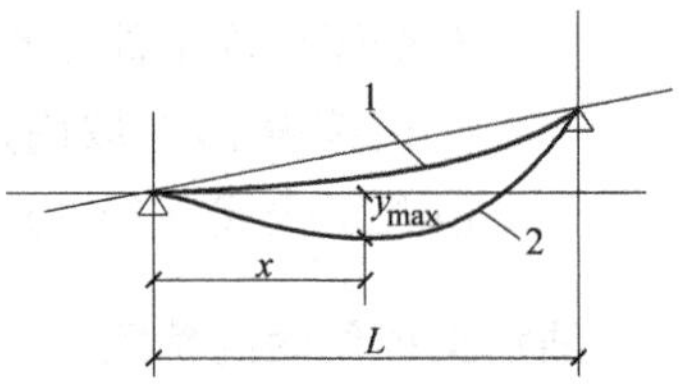

图15-2 活动支座间供热管道变形示意图
1—管线按最大角度不大于管线坡度条件下的变形线
2—管线按允许最大挠度y_{max}条件下的变形线

根据材料力学中受均布荷载的连续梁的角变方程式，可求得活动支座允许间距的计算公式

$$L=4.6\sqrt[3]{\frac{iEI}{q}} \tag{15-6}$$

式中 i——管道的坡度；

I——管道断面惯性矩（m^4），可按附录K中表K-3确定；

E——管材的弹性模量（N/m^2），可按附录K中表K-1确定；

q——外载负荷作用下管子的单位长度的计算质量（N/m）。

热水供热管道如果存在反坡现象，对系统的正常运行一般影响不是很大。所以，对于热水供热管道也可采用控制管道的最大允许挠度y_{max}的方法来加大活动支座的允许间距，如图15-2，管线2所示。通常$y_{max}=(0.02\sim0.1)DN$（DN为管子的公称直径），此时可通过下列方程组确定

$$L=L_1=\frac{24EI}{qx^3}\left(y_{max}+\frac{ix}{2}\right)+x \tag{15-7}$$

$$L=L_2=2x+\sqrt{x^2-\frac{24EI}{q}\cdot y_{max}\cdot\frac{1}{x^2}} \tag{15-8}$$

式中　L、L_1、L_2——活动支座的允许间距（m）；

x——管道活动支座到管子最大挠曲面的距离（m）；

EI——管子的刚度（$N \cdot m^2$）；

q——单位管长的计算重量（N/m）；

y_{max}——最大允许挠度（m），$y_{max} = (0.02 \sim 0.1)DN$；

i——管道的坡度。

上述方程组，用试算法求解，直到 $L = L_1 = L_2$ 为止。由此可确定活动支座的允许间距 L 值。

为便于选用，附录 K 中表 K-4 给出了部分按强度条件和刚度条件计算的地沟与架空敷设活动支座允许间距 L 值。

应该注意，供热管道敷设在不通行地沟中时，由于无法检修，当个别支座下沉时会使弯曲应力增大，所以从安全角度考虑，活动支座的间距宜采用比最大允许间距缩短一些的间距。供热管道架空敷设时，在扩大活动支座间距的同时，推荐采用基本容许应力较高的钢号制作钢管，或在管道上增设部分肋板以提高其刚度。

15.3　管道的热伸长及其补偿

15.3.1　热伸长量的计算

供热管道因热媒温度升高而产生的热伸长量可按下式计算

$$\Delta x = a(t_1 - t_2)L \tag{15-9}$$

式中　Δx——管道的热伸长量（m）；

a——管道的线膨胀系数，参见附录 K 中表 K-1，一般取 $a = 0.012$ mm/（m·℃）；

t_1——管壁最高温度（℃），可取热媒的最高温度；

t_2——管道安装时的温度（℃），在温度不能确定时，可取最冷月平均温度；

L——计算管段的长度（m）。

在供热管道中设置固定支架，并在固定支架之间设置补偿器，其目的在于补偿该管段的热伸长，从而减轻或消除因热胀冷缩产生的应力。下面就补偿器的受力分析和强度计算，予以简要介绍。

15.3.2　方形补偿器

在进行方形补偿器的强度计算时，一般需要确定以下内容：

1）方形补偿器所补偿的伸长量。

2）选择方形补偿器的形式和几何尺寸。

3）根据方形补偿器的几何尺寸和热伸长量，计算方形补偿器的弹性力，从而确定对固定支座产生的水平推力的大小。

4）进行应力验算。验算最不利断面上的应力不大于规定的许用应力范围。

1. *方形补偿器弹性力的计算*

根据《火力发电厂汽水管道应力计算技术规定》（SDGJ 6—1990），方形、S形、自然等弯管形补偿器的弹性力和热胀应力，推荐采用力学的“弹性中心法”进行计算。

（1）柔性系数 K_r　方形补偿器的弯管部分受热变形而发生弯曲时，管壁外侧受拉，内侧受压，其合力均垂直于中性轴，于是管的横截面因内外两侧的挤压力而变得较为平直，由圆形变为椭圆形。此时管子的刚度将会降低。弯管刚度降低的系数称为减刚系数 K_g。减刚系数的倒数称为弯管柔性系数 K_r，K_r 表示弯管相对于直管在承受弯矩时柔性增大的程度。

煨制或热压弯管的柔性系数可根据下式来计算

$$K_r = \frac{\lambda}{1.65}（当 \lambda < 1 时） \tag{15-10a}$$

$$K_r = \frac{1+12\lambda^2}{10+12\lambda^2}（当 \lambda > 1 时） \tag{15-10b}$$

而

$$\lambda = \frac{R\delta}{r_p^2} \tag{15-11}$$

式中　K_r——弯管柔性系数；

λ——弯管尺寸系数；

R——弯管段弯曲半径（mm）；

δ——管壁厚度（mm）；

r_p——弯管横截面的平均半径（mm），$r_p = \frac{D_w - \delta}{2}$mm，其中 D_w 为弯管外径，mm。

当计算得出的柔性系数 K_r 值小于1时，取 $K_r = 1$。常见管子弯管段的柔性系数和尺寸系数详见附录K中表K-3。

（2）方形补偿器弹性力 p_x 的确定方法　如图15-3所示，为采用“弹性中心法”计算煨制弯管补偿器的弹性力和热胀弯曲应力的计算图。方形补偿器的弹性中心坐标位置（x_0，y_0）可为

$$x_0 = 0 \tag{15-12a}$$

$$y_0 = \frac{(L_2 + 2R)\left(L_2 + L_3 + \frac{\pi R}{K_g}\right)}{L_{zh}} \tag{15-12b}$$

式中　L_{zh}——光滑弯管方形补偿器的折算长度（m）；

$$L_{zh}=2(L_1+L_2)+L_3+\frac{2\pi R}{K_g} \tag{15-13}$$

L_1——方形补偿器两边的自由臂长（m）；

L_2——方形补偿器外伸臂的直管段长度（m）；

L_3——方形补偿器宽边的直管段长度（m）。

计算中引入折算长度 L_{zh} 和自由臂长 L_1，是为了表征方形补偿器受热时参与形变的计算管段。认为在自由臂长 L_1 以外的管段，由于支座和摩擦阻力的影响，管道的自由横向位移受到了限制。方形补偿器的自由臂长 L_1，可近似地取为 40*DN*（*DN* 管子公称直径，m）。

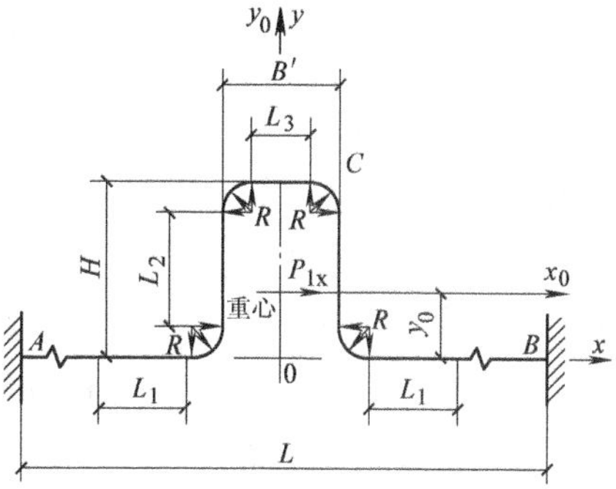

图 15-3　弯管补偿器计算图

方形补偿器的弹性力 p_x，可由下式计算

$$p_x=\frac{\Delta xEI}{I_{x0}}\times10^{-3} \tag{15-14a}$$

$$p_y=0 \tag{15-14b}$$

式中　Δx——固定支座间供热管道的计算热伸长量，m。采用应力分类法时，不论管道是否冷紧（预拉），均应按全补偿量计算；

E——管道在 20℃时的弹性模量（N/m^2）；

I——管道断面的惯性矩（m^4）；

I_{x0}——折算管段对 x_0 轴的线惯性矩（m^3）。

$$I_{x0}=\frac{L_2^3}{6}+(2L_2+4L_3)\left(\frac{L_2}{2}+R\right)^2+\frac{2\pi R}{K_g}\left(\frac{L_2^2}{2}+1.635L_2R+1.5R^2\right)-L_{zh}y_0^2 \tag{15-15}$$

式中符号同前。

2. *方形补偿器的应力验算*

由于方形补偿器的弹性力 p_x 的作用，在弯管段危险截面上的最大热胀弯曲应力 σ_f（MPa）可按下式确定

$$\sigma_f=\frac{M_{max}m}{W} \tag{15-16}$$

式中　W——管子断面抗弯截面系数（m^3），可按附录 K 中表 K-3 确定；

M_{max}——弹性力 p_x 作用下的最大热胀弯曲力矩（N·m）；

m——弯管应力加强系数。

最大热胀弯曲力矩 M_{max} 为：

当 $y_0 < H$ 时，位于 C 点，$M_{max} = (H - y_0)p_x$ (15-17a)

当 $y_0 \geqslant H$ 时，位于 D 点，$M_{max} = -y_0 p_x$ (15-17b)

弯管应力加强系数 m，可由下式计算

$$m = \frac{0.9}{\lambda^{2/3}}(\lambda \leqslant 0.854) \tag{15-18}$$

式中，λ 为弯管尺寸系数。

当 $\lambda > 0.854$ 时，由式（15-18）计算所得的 $m < 1$，取 $m = 1$。

根据《火力发电厂汽水管道应力计算技术规定》，管道由热胀冷缩和其他位移受约束而产生的热胀二次应力，不得大于按下式计算的许用应力值

$$\sigma_f \leqslant 1.2[\sigma]_j^{20} + 0.2[\sigma]_j^t \tag{15-19}$$

式中 $[\sigma]_j^{20}$——钢材在20℃时的基本许用应力（MPa），可按附录 K 中表K-1确定；

$[\sigma]_j^t$——钢材在计算温度下的基本许用应力（MPa），可按附录 K 中表K-1确定；

σ_f——热胀二次应力（MPa），取补偿器危险断面的应力值。

一般，在实际工程中先将方形补偿器预拉伸一半。此时，其实际的弹性力可以按照50%的量来计算对固定支座的推力。

为了简化计算，在工程设计中通常用线算图选定方形补偿器的结构尺寸及其弹性力。方形补偿器的线算图见设计手册。

15.3.3 自然补偿器

自然补偿是利用供热管道自身的弯曲管段（如 L 形、Z 形或直角弯等）来补偿管段的热伸长。自然补偿不必特设补偿器，是一种简单、经济的补偿方式。因此考虑管道的热补偿时，应充分利用自然补偿。自然补偿的缺点是管道变形时会产生横向位移，而且补偿的管段不能很长。

如图 15-4 所示，是几种常见自然补偿器的受力和热伸长后的变形分析情况。

自然补偿器的强度计算同样按“弹性中心法”原理进行。自然补偿器的弹性力和热胀弯曲应力的计算及线算图见相关设计手册。

需要强调，在自然补偿器受热发生形变时，与方形补偿器的不同点在于直管段部分有横向位移，因而作用在固定支点上有两个方向的弹性力 p_x、p_y，如图 15-4 所示。此外，所有自然补偿管段理论计算公式，都是基于管路可以自由横向位移的假设条件计算得出的。但实际上，由于存在着活动支座，它妨碍着管路

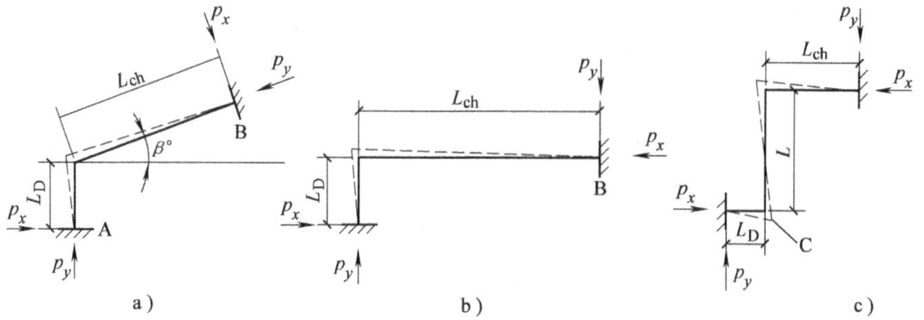

图15-4 自然补偿器受力及变形分析图

a) L形自然补偿器 b) 直角弯自然补偿器 c) Z形自然补偿器

L_{ch}—长臂 L_D—短臂 L—中间臂

的横向位移，而使管路的应力会增大。因此，采用自然补偿器补偿热伸长时，其各臂的长度不宜过大，其自由臂长一般小于30m。还有，当短臂过短，或长臂与短臂之比过大时，短臂固定支座的应力会超过许用应力值。一般专业设计手册通常会给出限定短臂的最短长度。

15.3.4 套筒补偿器

1. 最大补偿量的确定

考虑到管道安装后可能达到的最低温度会低于补偿器安装时的温度，导致补偿器产生冷缩。因此，两个固定支座之间被补偿管段的长度 L 一般由下式计算

$$L=\frac{L_{max}-L_{min}}{\alpha(t_{max}-t_a)} \tag{15-20}$$

式中 L_{max}——套筒行程（即最大补偿能力）(mm)；

L_{min}——考虑管道可能冷却的安装裕度，$L_{min}=\alpha(t_a-t_{min})$；

α——钢管的线膨胀系数，通常取 $\alpha=1.2\times10^{-2}$mm/（m·℃）；

t_{max}——供热管道的最高温度（℃）；

t_a——补偿器安装时的温度（℃）；

t_{min}——供热管道安装后可能达到的最低温度（℃）。

套筒补偿器的最大补偿量可从产品样本上查出。

2. 拉紧螺栓产生的摩擦力 p_m 的确定

在套筒补偿器中，由于拉紧螺栓挤压密封填料而产生的摩擦力 p_m，可由下式计算

$$p_m=\frac{4n\pi D_{tw}\mu B}{f_t} \tag{15-21}$$

式中 n——螺栓个数（个）；

f_t——填料的横断面积（cm^2）；
D_{tw}——套筒补偿器的套筒外径（cm）；
B——沿补偿器轴线的填料长度（cm）；
μ——填料与管道的摩擦系数，橡胶填料 $\mu=0.15$，油浸和涂石墨的石棉圈 $\mu=0.1$；
4——用螺母扳手拧紧螺栓的最大作用力（kN）；

由于管道热媒内压力所产生的摩擦力 p_m，可由下式计算

$$p_m = A\pi p_n D_{tw}\mu B \tag{15-22}$$

式中 p_n——管道内压力（表压）（Pa）；
A——系数，当 $DN \leqslant 400$mm，$A=0.2$；当 $DN>450$mm 时，取 $A=0.175$。

其余符号同前。

计算时，应分别按拉紧螺栓产生的摩擦力或由内压力产生的摩擦力的两种情况算出其数值后，取用其较大值。

15.3.5 波纹管补偿器

1. 位移产生的弹性力 p_t

应用较为广泛的轴向波纹管补偿器，用以补偿直管段的热伸长量。受热膨胀时，由于位移产生的弹性力 p_t 可按下式计算

$$p_t = K\Delta x \tag{15-23}$$

式中 Δx——波纹管补偿器的轴向位移（cm），可从产品样本中查出；
K——波纹管补偿器的轴向刚度（N/cm），可从产品样本中查出。

通常在安装时，将波纹管补偿器进行预拉伸一半，以减少其弹性力。

2. 管道内压力产生的推力 p_h

管道内压力作用在波纹管环面上产生的推力 p_h，可按下式近似计算

$$p_h = pA \tag{15-24}$$

式中 p——管道内压力（Pa）；
A——有效面积（m^2），$A=\pi\delta^2/4$（δ 为波纹高度），A 值可从产品样本中直接查出。

为使轴向波纹管补偿器严格的按管轴线位移，补偿器应靠近固定支座设置，并设置导向支座，以控制管道横向位移和防止管道纵向变形。

15.4 固定支座的跨距及其受力

固定支座的作用，是限制管道轴向位移。用于将管道划分成若干补偿管段，

分别进行热补偿，从而保证补偿器的正常工作。

15.4.1 固定支座的最大间距

固定支座是供热管道的主要受力构件。减少固定支座数量，可以节约投资，但同时还必须满足以下条件：

1）管段的热伸长量不得超过补偿器所允许的补偿量。

2）管段因膨胀和其他作用而产生的推力，必须小于固定支架所能承受的允许推力。

3）不应使管道产生纵向弯曲。

根据上述要求，并结合设计和运行经验，地沟与架空敷设的直管段固定支座的最大间距，不易超过附录J中表J-2中的数值。

15.4.2 固定支座受力分析

1. 固定支座水平推力的计算

固定支座所受水平推力主要由以下三方面产生：

1）活动支座上的摩擦力对固定支座形成的水平推力 $p_{g,m}$，可按下式计算

$$p_{g,m}=\mu qL \tag{15-25}$$

式中 q——计算管段单位长度的自重（N/m）；

μ——摩擦系数，钢对钢 $\mu=0.3$；

L——管段计算长度（m）。

2）弯管或波纹管补偿器的弹性力 p_t，或套筒补偿器的摩擦力 p_m 对固定支座形成的水平推力。

3）由不平衡内压力对固定支座形成的水平推力。

a. 固定支座两端管段上设置套筒或波纹管补偿器，但两边管径不同时，不平衡轴向力可按下式计算

$$p_{ch}=p(F_1-F_2) \tag{15-26}$$

式中 p_{ch}——不平衡轴向力（N）；

p——介质的工作压力（Pa）；

F_1、F_2——计算截面积（m^2），套筒补偿器 $F_i=\pi D_i^2/4$（D_i 为外套管的内径），波纹管补偿器 $F_i=\pi\delta_i^2/4$（δ_i 为波纹高度）。

b. 固定支座一端管段上设置阀门、堵板或弯管，而在另一端管段上设置套筒或波纹管补偿器时，内压力产生的轴向力 p_n 可按下式计算

$$p_n=pF \tag{15-27}$$

式中符号同前。

附录K中表K-4和附录K中表K-5例举了常用的补偿器和固定支座的布置以及相应固定支座水平推力的计算公式。一些较复杂的布置可参见相关设计手册。

2. 两个方向水平推力的作用

固定支座在两个方向水平推力作用下，计算水平推力的公式，应考虑下述几个原则：

1）从安全方面考虑，对管道由于温度变化而产生的水平推力（摩擦力和补偿器弹性力等），不按照理论合成的水平推力值作为计算水平推力。

以附录K中表K-4中序号1的为例：固定支座F，由温度升高而产生的反作用力，一个向右推力（$p_{t1}+\mu q_1L_1$），而同时产生一个向左推力（$p_{t2}+\mu q_2L_2$）。假设$L_1>L_2$，则理论上可认为作用在固定支座F上的合成水平推力为向右推力（$p_{t1}+\mu q_1L_1$）－（$p_{t2}+\mu q_2L_2$）。假设$L_1=L_2$，$p_{t1}=p_{t2}$，则理论上可认为固定支座F不承受任何水平推力。

考虑到固定支座两侧的管道升温时间先后的差异，和摩擦面光滑程度不尽相同等因素，从安全角度出发，认为固定支座两侧只抵消70%（指推力小的一侧）。所以附录K中表K-4中1号计算公式为$F=(p_{t1}+\mu q_1L_1)-0.7(p_{t2}+\mu q_2L_2)$。

2）对由内压力而产生的水平推力，作用在固定支座两侧的数值，如实计算其不平衡力，不作任何折扣计算。管道内压力传播速度很快，固定支座两侧的压力可认为在每一时刻都是同时起作用。如附录K中表K-5中序号1套筒补偿器为例：由于内压力产生的不平衡水平推力，如实按$p(f_1+f_2)$计算。

3）固定支座两侧配置有阀门和套筒补偿器时，需按可能出现的最不利情况进行计算。

以附录K中表K-5中序号4为例：最不利情况应该出现在阀门全闭的状态下，以单侧水平推力的最大值作为设计依据。此外，还必须注意，因设置了阀门（堵板或弯管段），管道介质内压力会产生盲板力（表中的水平推力pf_1或pf_2）。

3. 多根管道共架敷设的作用

当多根管道共架敷设时，还要考虑管道间的相互牵制作用。管道在热伸长时所产生的水平推力会受到温度较低或冷管道的牵制而相互抵消掉一部分，致使固定支架所承受的水平推力减小。

15.5 直埋供热管道应力计算

直埋敷设供热管道在热胀冷缩过程中，受到土壤与管道保护外壳之间的摩擦力约束，其应力验算和热伸长计算方法，与地上及地沟敷设管道的计算有很大不同。下面对供热管道直埋敷设应力计算原理和方法做一简介。

15.5.1　嵌固条件下的应力分析

采用直埋方式敷设，管道的受力情况属于嵌固条件。因为其热伸长受到摩擦力的阻碍，导致管壁应力增大，直埋管道在受热状态下，管壁上某一单元体的受力情况，如图 15-5 所示。该单元体上作用着因管道内压而产生的三个力——环向拉应力 σ_{tan}、轴向压应力 σ_{ax}和径向应力 σ_{ra}，其中径向应力 σ_{ra}的值很小，可以忽略不计。

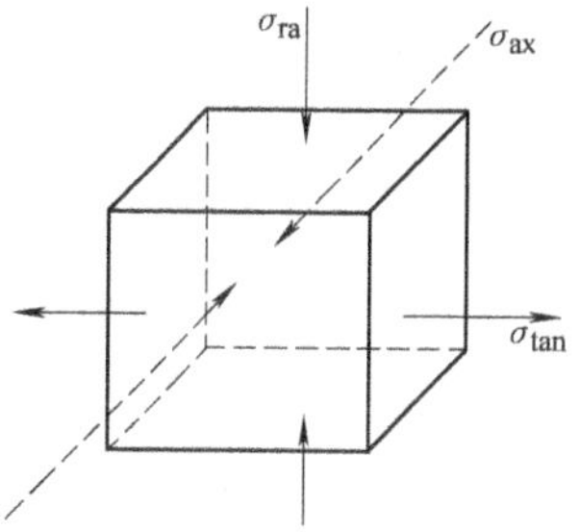

图 15-5　嵌固受热管道单元体受力示意图

对于直埋管道的应力验算，目前国内外最常用的是弹性分析法和弹塑性分析法。

1. 弹性分析法

弹性分析法，即按照第四强度理论——变形能强度理论进行应力验算。采用此分析方法，管道只容许在弹性状态下运行。

直埋敷设管道通常都直接敷设在砂垫层或回填净土层上。它主要承受内压和温差产生的应力。

根据材料力学理论，内压作用在管内壁边上的环向拉应力 σ_{tan}可按下式计算

$$\sigma_{tan}=p(D_w^2+D_n^2)/(D_w^2-D_n^2) \tag{15-28}$$

式中　p——管道的内压力（表压）(MPa)；

D_w——管道的外直径（mm)；

D_n——考虑管壁减薄后的管子内直径（mm)。

在环向应力的作用下，单元体的轴向会伴随出现轴向泊松应力，使热胀状态下保持单元体不发生变形，轴向泊松应力 σ_{ax}^{μ}为

$$\sigma_{ax}^{\mu}=\nu\sigma_{tan} \tag{15-29}$$

式中　ν——材料的泊松比，对于钢材 $\nu=0.3$。

由温度升高而引起的轴向热胀压应力 σ_{ax}^{t}可按下式计算

$$\sigma_{ax}^{t}=-\alpha E(t_1-t_2) \tag{15-30}$$

式中　α——管材的线膨胀系数［m/（m·K)］；

E——管材的弹性模量（MPa)；

t_1——供热管道的最高温度（℃)；

t_2——供热管道的安装温度（℃)。

总的轴向压应力 σ_{ax}为

$$\sigma_{ax}=\sigma_{ax}^{\mu}+\sigma_{ax}^{t}=\nu\sigma_{tan}-\alpha E(t_1-t_2) \tag{15-31}$$

在计算两向应力作用下，按照第四强度理论，利用米基斯（Von Mises）塑性条件，管道在弹性状态下运行的应力验算条件的表达式为

$$\sigma_{eq}=\sqrt{\sigma_{tan}^2+\sigma_{ax}^2-\sigma_{tan}\sigma_{ax}}\leqslant 1.35[\sigma]_j^t \quad (15\text{-}32)$$

式中 σ_{eq}——当量应力强度（应力验算的对比值）（MPa）；

$[\sigma]_j^t$——钢材在温度 t 下的许用应力（MPa）；

1.35——许用应力放大系数。考虑土壤不可能将管道完全嵌固而释放部分盈利的因素。

根据式（15-29）和式（15-30）得

$$\sigma_{eq}=\sqrt{\sigma_{tan}^2+[\nu\sigma_{tan}-\alpha E(t_1-t_2)]^2-\sigma_{tan}(\nu\sigma_{tan}-\alpha E(t_1-t_2))}\leqslant 1.35[\sigma]_j^t \quad (15\text{-}33)$$

根据式（15-32），可求出支脉管道在嵌固条件下，满足应力验算条件下的供热管道的最大温升 $\Delta t_{max}=(t_1-t_2)_{max}$ 值。

表 15-3 给出了管道的内压力 $p=1.6$MPa 时，工程中常用规格管道的最大允许温升 Δt_{max} 计算结果。

表 15-3 直埋敷设供热管道的最大允许温升和屈服温差

公称直径 DN/mm	管子外径 D_w/mm	管子壁厚 S/mm	管子内径 D_n/mm	最大允许温升 Δt_{max}/℃	屈服温差 Δt_y/℃
50	57	3.5	50	66	91.4
70	76	3.5	69	66	90
80	89	3.5	82	65	89
100	108	4	100	65	88.7
125	133	4	125	65	87.1
150	159	4.5	150	64	86.7
200	219	6	207	64	86.5
250	273	7	259	64	86.1
300	325	8	309	63	85.5
350	377	9	359	63	85.3
400	426	9	408	63	84.0
500	530	9	512	61	81.1

表 15-3 中的屈服温差 Δt_y 是根据屈斯卡（Tresca）塑性条件公式（15-32）计算得出的。式中各参数取值：钢号（Q235-A），弹性模量 $E=19.613\times10^4$MPa，线膨胀系数 $\alpha=12.6\times10^{-6}$m/（m·K），屈服点 $\sigma_s=235.44$MPa。则

$$\Delta t_y=\frac{1}{\alpha E}[\sigma_s-(1-\nu)\sigma'_{tan}] \quad (15\text{-}34)$$

根据表 15-3 中的计算结果，结合前面的分析可知：按照弹性分析法进行应

力验算，如果直埋敷设供热管道的温升控制在61～66℃以内，钢材料不会进入塑性状态，应力不超过1.35 $[\sigma]_j^t$，就可以采用无补偿直埋敷设方式。

2. 弹塑性分析法

弹塑性分析法采用安定性分析原理，按最大剪应力强度理论（即第三强度理论）进行应力验算。

由温度引起的应力属于二次应力。管道在升温热胀过程中，可以允许有限量的塑性变形。认为材料进入屈服和产生微小变形时，变形协调即得到满足，变形不会继续发展。安定性分析原理认为，结构某些部分的材料交替地发生拉、压屈服，只要压缩屈服（升温）和拉伸屈服（冷却）的总弹性应力变化范围是两倍屈服极限（即 $2\sigma_s=3[\sigma]_j^t$）之内，则结构不会发生破坏，仍能安定在弹性状态下工作。

根据上述分析，在设计中可以采用更高的当量应力强度 σ_{eq} 值，即

$$\sigma_{eq}<3[\sigma]_j^t \tag{15-35}$$

嵌固直管段的各项应力为

$$\sigma'_{tan}=\frac{pD_n}{2\delta} \tag{15-36}$$

$$\sigma_{ax}^{\mu}=\nu\sigma_{tan} \tag{15-37}$$

$$\sigma_{ax}^{t}=-1.05\alpha E(t_1-t_3) \tag{15-38}$$

$$\sigma_b=0.01[\sigma_{tan}+\alpha E(t_1-t_3)] \tag{15-39}$$

式中 σ'_{tan}——由内压力产生的管壁环向平均应力（一次应力）(MPa)；

p——管道的内压力（表压）(MPa)；

D_n——管道内径（mm）；

δ——考虑管壁减薄后的管壁厚度（mm）；

σ_{ax}^{μ}——由内压产生的轴向泊松拉应力（MPa）；

ν——泊松比，对钢材 $\nu=0.3$；

σ_{ax}^{t}——由温升引起的轴向热胀应力（MPa）；

σ_b——管子连续处考虑边缘应力的应力附加值（MPa）；

t_1——管道最高工作温度（℃）；

t_3——管道循环升温、降温下的冷却终温（℃）。

式（15-38）、式（15-39）的1.05系数及 σ_b 值，是考虑各相邻管道间由于制造公差而增加的应力附加值。

根据第三强度理论，在两向力作用下，当量应力强度 σ_{eq} 按下式计算

$$\sigma_{eq}=\sigma_{max}-\sigma_{min}=(\sigma'_{tan}+\sigma_b)-(\sigma_{ax}^{\mu}+\sigma_{ax}^{t}) \tag{15-40}$$

式中 σ_{max}、σ_{min}——最大主应力和最小主应力（MPa）。

将式（15-36）~式（15-39）代入（15-38），得

$$\sigma_{eq}=(1.01-\nu)\sigma'_{tan}+1.06\alpha E(t_1-t_3)=[\frac{0.71PD_n}{2\delta}+1.06\alpha E(t_1-t_3)]\leqslant 3[\sigma]_j^t \tag{15-41}$$

通过上式，可以确定采用安定性分析原理时的直埋敷设供热管道的最大允许循环温差 $\Delta t'_{max}=(t_1-t_3)_{max}$ 值。由于采用了相当高的二次应力许用值，$\Delta t'_{max}$ 值比用弹性分析法进行应力验算所控制的 Δt_{max} 值高得多。即使在高温水网路的设计供水温度高达130℃时，也可以考虑采用无补偿直埋敷设，这正是弹塑性分析法的最大特点。

然而，由于采用相当高的当量应力强度值，也就增大了薄弱环节（管道三通、弯头等）处，以及由于其他缺陷而引起管道应力集中的地方产生疲劳破坏的危险性。所以，需要对三通、弯头等进行仔细的应力验算，必要时应参照相关设计手册采取措施。

15.5.2 沿管道轴向力的分布

如图15-6所示，为一端有补偿器的直埋敷设供热管道。管道升温时，管道向补偿器方向伸长，受到补偿器的阻力 p_{bu}（摩擦力或弹性力）以及土壤与管道外壳形成的摩擦力 p_m 的阻碍。在距离补偿器自由端 $L(m)$ 位置，土壤与管道外壳形成的总摩擦力可按下式计算

$$p_m=p_fL \tag{15-42}$$

式中 p_f——每米管长与土壤之间的摩擦力，N/m。

根据前面的分析，管道在完全嵌固条件下，由温升引起的轴向热胀应力 σ^t_{ax} 可按式（15-30）计算。在上图中，距离补偿器自由端 L 位置（即断面Ⅰ—Ⅰ处），如果（$p_{bu}+p_fL$）的约束力总和小于管道温升的热胀力时，管道不能完全被嵌固，仍然会向补偿器侧热伸长，产生位移使热胀力得到释放。约束力呈现为该断面上的轴向力。在远离自由端的某一断面（如断面Ⅱ—Ⅱ及其右侧断面处），其总约束力（$p_{bu}+p_fL$）的总和等于或大于管道温升的热胀力时，管道伸长完全受到阻止。这时，该断面的轴向力会达到最大值，等于热胀力。

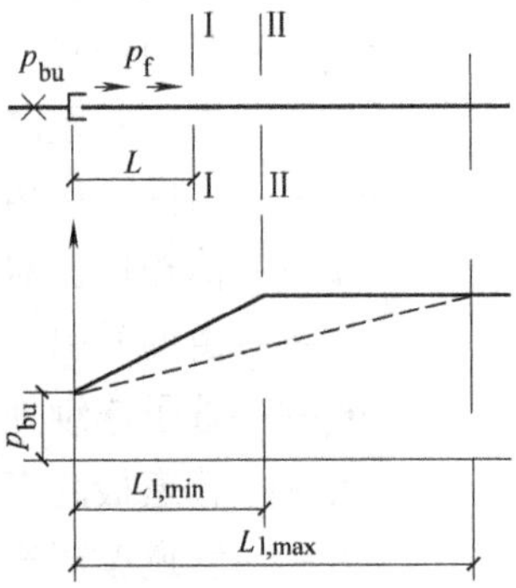

图15-6 轴向力分布图

断面Ⅱ—Ⅱ左侧的管段称为过渡段（活动段），其条件是 $p_{bu}+p_fL<(\alpha E\Delta t-\nu\sigma'_{tan})F$（$F$ 为钢管的横截面积）。过渡段上任一截面的轴向力 N_{ax} 可由下式求得

$$N_{ax} = p_{bu} + p_f L \tag{15-43}$$

断面Ⅱ—Ⅱ右侧的管段，称为嵌固段。其条件为：$p_{bu} + p_f L \geqslant (\alpha E\Delta t - \nu\sigma'_{tan})F$。嵌固段上任一截面上的最大轴向力 $N_{ax,max}$ 为

$$N_{ax,max} = (\alpha E\Delta t - \nu\sigma'_{tan})F \tag{15-44}$$

如采用弹性分析法进行管道应力验算和设计时，式（15-44）中的 Δt 最大值不得超过最大温升 $(t_1 - t_2)_{max}$ 值。如网路供水温度与安装温度差值大于屈服温度与安装温度差值，即 $(t_1 - t_2) > (t_y - t_2)$，由于管子已进入屈服状态，管段出现应变伸长，但应力不再增加，所以式（15-39）中的 Δt 最大值，取 $\Delta t = \Delta t_y$ $(t_y - t_2)$ 来计算最大轴向力。屈服温差 Δt_y 按照式（15-32）计算。

图15-6中把沿管线轴向力的分布情况用实线表示，过渡段的轴向力分布为一斜直线，嵌固段轴向力分布为一水平直线，过渡段与嵌固段的分界处，通常称其为自然嵌固点或驻点。

15.5.3 摩擦系数μ与单位长度摩擦力p_f

在通常埋设深度（管顶覆土1.5m以内）（图15-7），条件下，假设土壤作用在管道上的垂直压力与侧压力相同，则单位长度摩擦力可用下式计算

$$p_f = \mu\rho g\left(H + \frac{D_y}{2}\right)\pi D_y \tag{15-45}$$

式中 p_f——每米长土壤与保护外壳之间的摩擦力（N/m）；

ρ——管道四周土壤的密度（kg/m^3）；

g——重力加速度（m/s^2）；

H——管顶埋深（m）；

D_y——保护壳外径（m）；

μ——土壤与保护外壳之间的摩擦系数。

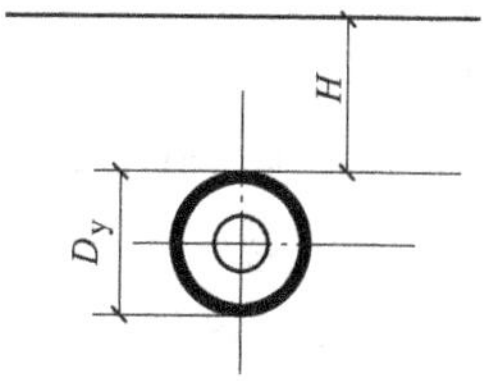

图15-7 单位管长摩擦力计算示意图

μ 值的大小，取决于保温外壳的材质、四周土壤或回填砂型以及填土的密实程度等诸多因素。当保护外壳为高密度聚乙烯管，保温材料为聚氨酯，管道四周填砂时，$\mu = 0.2 \sim 0.6$。

15.5.4 弹性分析法设计要点

弹性分析法的基本原则是保证管道在整个运行期间，都处于弹性状态下工作。以图15-8为例，驻点A处的最大轴向力，不得超过其极限值，即

$$N_{ax,max} = p_f L_{lm} + p_{bu} = (\alpha E\Delta t_{max} - \nu\sigma_{tan})F \tag{15-46}$$

式中 Δt_{max}——按弹性分析法控制管道的最大容许温升（℃），$\Delta t_{max} = (t_1 - t_2)_{max}$；

L_{lm}——过渡段（活动段）的极限长度（m），又称最大摩擦长度。

北欧国家有关资料，给出了一个比上式更简单的确定过渡段的极限线长度 L_{lm} 公式

$$L_{lm}=\frac{\alpha E\Delta t_{max}F}{p_{f,me}}=\frac{\alpha E\Delta t_{max}F}{\mu_{me}\rho g\left(H+\frac{D_y}{2}\right)\pi D_y} \tag{15-47}$$

式中 $p_{f,me}$——按平均摩擦系数 μ_{me}，利用式（15-43）求出每米管长的摩擦力（N/m），北欧资料按 $\mu_{me}=0.4$ 计算。

式（15-47）只考虑温度应力的主要影响，不计内压环向应力产生的轴向泊松拉应力及补偿器阻力两项对总轴向力合成的影响；同时，假定在平均摩擦系数 μ_{me} 的状况下，来确定最大摩擦长度 L_{lm} 值。

对于低温热水供热系统，如果设计供水温度与安装温度温差很小，小于或等于 Δt_{max}（如热力站后二级管网供水温度为 80～85℃，安装温度约为 20℃），直埋敷设管线布置将非常简单，在整个直线管段上，可以实现无补偿直埋敷设方式。其轴向力的分布，如图 15-8 所示。

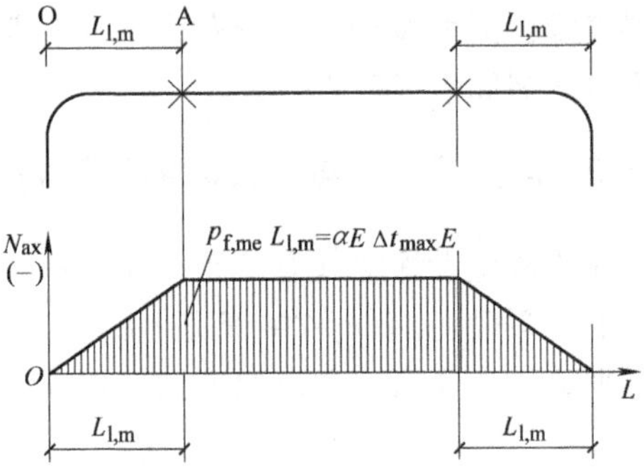

图 15-8 按弹性分析法确定的管道轴向受力分布图

低温热水管线：L_{lm}—对应 Δt_{max} 时的最大摩擦长度（m）

对于最高设计供水温度与安装温度之差 t_1-t_2 高于 Δt_{max} 多数热水网路，如在直线管线上不设置补偿器或采取特殊的措施，则管线温度应力超过屈服极限，就违背了弹性分析法的基本原则。在此情况下，可采用下述的“预应力”法或设置补偿器，以补偿受热管段的伸长。

1. “预应力”法

常见的预应力法有两种，一种为“一次性补偿器”法，另一种为分段预热。

（1）“一次性补偿器”法 该方法是在直线管段上设置一种特殊的补偿器——一次性补偿器，如图15-9 所示。其结构形式与波纹管补偿器

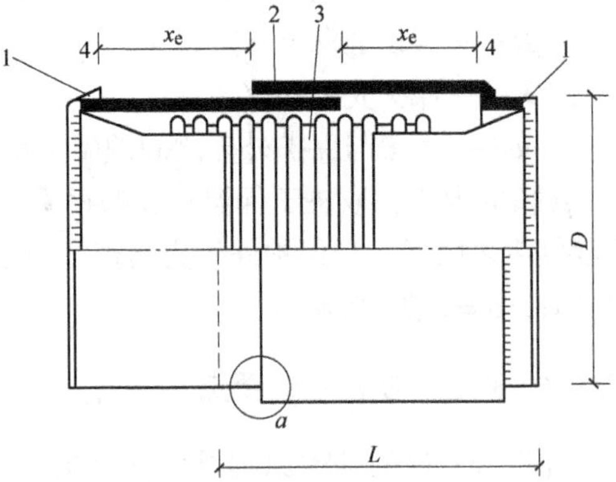

图 15-9 一次性补偿器结构示意图

1—工作管道 2—导向套管

3—钢制波纹管补偿器 4—最大压缩距离

基本相同，只是在波纹管补偿器外面增加了一个随其一起活动的钢制导向套管。

在供热管道开始运行时，先将管线预热到某一温度 t_{pr}，最高供水温度与预热温度之差（$t_1 - t_{pr}$）等于或小于按弹性分析法控制的 Δt_{max}值。在到达预热温度 t_{pr}时，将一次性补偿器的钢外套与管道四周焊牢。管线降温后，由于管线无法收缩而会产生一个拉应力。只要在运行期间预热温度与管道可能出现的最低温度之差（$t_{pr} - t_{min}$）小于 Δt_{max}值，管线也就不会出现拉伸屈服状态；而当供热管道温度升高，直至最高温度 t_1 时，管线也不会出现压缩屈服状态。由于该补偿器只在预热管线时一次性起作用，因而该方法称为“一次性补偿器”法。管线可能达到的最大轴向拉伸或压缩力，如图 15-10 所示。

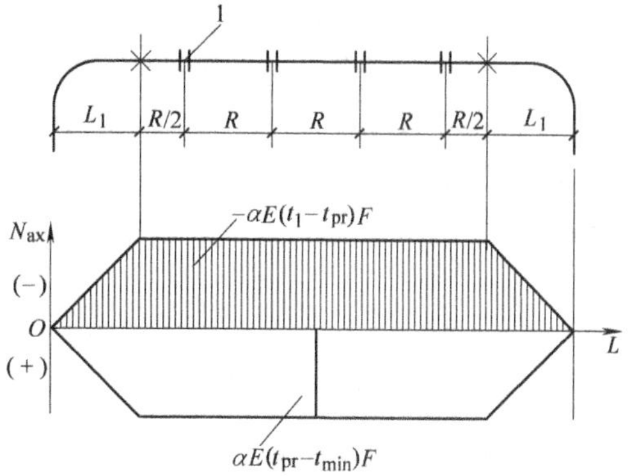

图 15-10 采用预应力法管线轴向力分布示意图

1— 一次性补偿器

R— 一次性补偿器可能补偿的管段长度

（2）分段预热法 该方法工作原理与“一次性补偿器”法基本相同，分段预热法将管线在现场分段预热。一段预热的管段预热到预热温度 t_{pr}，待管段已充分热伸长后，然后与后面未预热的管线焊接在一起。按此步骤将整个管线逐步预热并焊接起来。此法在管线降温后同样也残留一个预拉应力。

预应力法，可应用在 $t_1 - t_2 \geqslant \Delta t_{max}$的热水管网上，可应用的极限范围一般在 $t_1 - t_{min} \leqslant 2\Delta t_{max}$之内。

分段预热法需在现场验管线，分段预热，实现较为困难。采用一次性补偿器方法较为可行，但相应增加了管网投资。

2. 设置补偿器的直埋敷设

对热水或蒸汽供热管网，最高供水温度与安装温度之差（$t_1 - t_2$）> Δt_{max}时，如不采用预应力方法进行直埋管道的安装，为了使超过 Δt_{max}的热胀力得到释放，在直线管段上设置补偿器，使管段进行热伸长补偿。管道轴向力分布，如图 15-11 所示。为了避免从自由端到固定支座之间的土壤总摩擦约束力超过与 Δt_{max} 相应的最大轴向

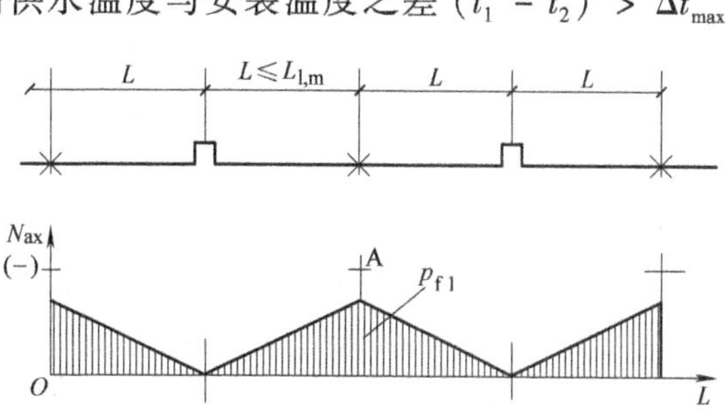

图 15-11 有补偿直埋敷设管道轴向力分布图

力，从自由端到固定支座的距离 L 应控制在等于或小于按式(15-11) 计算的最大摩擦长度 L_{lm} 值范围内。

下面分析直埋敷设管道热伸长量的理论计算方法。

在弹性工作状态下，过渡段管道断面，应力与应变关系应符合胡克定律。如图 15-12 所示，管道在自由端处得到自由热伸长，其应变 $\varepsilon_0=0$。在固定支点处，土壤对管道的约束力为最大，其应变为

$$\varepsilon_A=-\frac{\sigma}{E}=-\frac{N_{ax}}{EF}=-\frac{p_f L}{EF} \tag{15-48}$$

由此可见，轴向压缩应变 ε 与土壤摩擦力 $p_f L$ 呈线性关系。则整个过渡段的轴向压缩应变 ε_{me}，可由下式计算

$$\varepsilon_{me}=\frac{\varepsilon_0+\varepsilon_A}{2}=-\frac{p_f L}{2EF} \tag{15-49}$$

整个管线受土壤摩擦力约束的热伸长的减小量为

$$\Delta l_r=\varepsilon_{me}L=-\frac{p_f L^2}{2EF} \tag{15-50}$$

因此，整个管段（从自由端到固定支座处）的实际热伸长量 Δl 为

$$\Delta l=\Delta x-\Delta l_r=\alpha(t_1-t_2)L-\frac{p_f L^2}{2EF} \tag{15-51}$$

式中　Δx——该过渡段管段（$L\leqslant L_{lm}$）的自由热伸长量，m，按式（15-9）计算；

p_f——每米长直埋管保护外壳与土壤之间的摩擦力（N/m）。从安全角度考虑，用式（15-47）计算 p_f 时，μ 值取土壤与保护壳之间的最小摩擦系数，即

$$p_f=\mu_{min}\rho g\left(H+\frac{D_y}{2}\right)\pi D_y \tag{15-52}$$

15.5.5　弹塑性分析法设计要点

按弹塑性分析法进行应力验算和直埋管道设计，由于管道在运行期间可在塑性状态下工作，因而无论在确定过渡段的极限长度和补偿器的热伸长量计算等方面都有其特点。而且采用了较高的二次应力许用值，因而要认真分析管道在不同运行条件下的各项受力情况。

1. 过渡段极限长度的确定

根据式（15-44）中的讨论结果，当管道的最高供水温度高于其屈服温度，即 $t_1>t_y$ 时，在驻点位置的最大轴向力为

$$N_{ax,max}=(\alpha E\Delta t_y-\nu\sigma'_{tan})F=p_f L+p_{bu} \tag{15-53}$$

式中　Δt_y——管道的屈服温差（℃），$\Delta t_y=t_y-t_2$（t_2 为管道的安装温度）。

实际运行过程中，土壤与直埋管外壳之间的摩擦力不断地发生变化，从开始运行的最大值逐渐达到最小值并趋于稳定，驻点位置也随之变化。在驻点处，根据上述轴向力平衡公式，可得出过渡段的最大和最小极限长度

$$L_{1,\max}=\frac{(\alpha E\Delta t_{y}-\nu\sigma'_{\tan})F-p_{bu}}{p_{f,\min}} \tag{15-54}$$

$$L_{1,\min}=\frac{(\alpha E\Delta t_{y}-\nu\sigma'_{\tan})F-p_{bu}}{p_{f,\max}} \tag{15-55}$$

式中 $p_{f,\min}$、$p_{f,\max}$——按最小摩擦系数$\mu_{\min}$和按最大摩擦系数$\mu_{\max}$计算的每米长摩擦力，N/m；

$L_{1,\min}$、$L_{1,\max}$——过渡段的最小和最大极限长度（m）。

2. 补偿器热伸长量的确定

采用弹性分析法和弹塑性分析法进行设计的主要区别在于：弹性分析法要求从补偿器自由端到固定支座的距离$L\leqslant L_{1m}$（极限长度L_{1m}由式（15-45）确定），如此，在一条较长的直线管段上就需要设置较多的补偿器和固定支座。而采用弹塑性分析法设计时，即使在设计供水温度为130℃时，在很长的直线管段上也可以不设置补偿器，从而实现了高温水供热管网的无补偿敷设。

但是，在实际工程设计中，为了保护管线上的阀门免受升温时的管壁挤压或降温时的受拉而损坏，或在分支管线处，为了保护三通及主干线的安全，在这些位置也设补偿器。下面按弹塑性分析法原则，确定补偿器热伸长量的计算。

如图15-12所示，假设两个固定支座间距$L>L_{1,\max}$，管道最高供水温度$t_1>t_y$（t_y为管道屈服温度），管道安装温度为t_2。

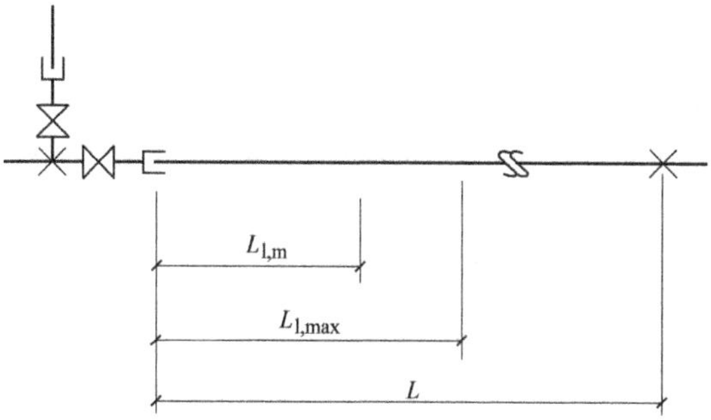

图15-12 根据弹塑性条件确定补偿器伸长量示意图

系统初次升温时，摩擦系数为最大值$\mu_{\max}$。当管道水温到达屈服温度t_y时，超过最大极限长度$L_{1,\max}$的管段就会进入塑性阶段工作，小于最小极限长度$L_{1,\min}$的管段则始终处于弹性状态下工作。当继续升温，位于$L_{1,\min}$右侧的管段在塑性阶段工作，出现塑性应变ε_{s0}。当温度达到最高供水温度t_1时，摩擦系数达

到最小值μ_{min}，此时塑性应变ε_{s0}及极限塑性变形量L_{s0}，可按下式计算

$$\varepsilon_{s0}=\alpha(t_1-t_y) \tag{15-56}$$

$$L_{s0}=\varepsilon_{s0}(L_{1,max}-L_{1,min}) \tag{15-57}$$

因此，在弹塑性条件下的热伸长量，应等于在弹性状态下的热伸长量减去压缩屈服所产生的塑性变形量，即

$$\Delta l=\Delta x-\Delta l_r-\Delta L_{s0}=\alpha(t_1-t_2)L_{1,max}-\frac{p_{f,min}L_{1,max}^2}{2EF}-\alpha(t_1-t_y)(L_{1,max}-L_{1,min}) \tag{15-58}$$

上式中，$\Delta x-\Delta l_r$表示按弹性状态计算的直埋管道热伸长量，ΔL_{s0}表示管道温度超过屈服温度t_y后，由于压缩屈服所产生的塑性变形量。

当两个固定支座距离L满足$L_{1,max}>L>L_{1,min}$，按下式计算热伸长量

$$\Delta l=\alpha(t_1-t_2)L-\frac{p_{f,min}L^2}{2EF}-\alpha(t_1-t_y)(L-L_{1,min}) \tag{15-59}$$

如$L\leqslant L_{1,min}$时，管道极限塑性变形量$L_{s0}=0$，则其间管道的热伸长量可按弹性工作阶段计算，见式（15-51）。

直埋敷设方式相对于地上和地沟敷设，由土壤约束管道的摩擦力大得多。其轴向推力，一般要比架空或地沟敷设滑动支座形成的摩擦力大十余倍。其固定墩造价以及固定支架的占地面积都较大。

目前，关于直埋敷设供热管道设计计算方法的经济性和科学性评价，观点尚不一致，有待工程实践的进一步验证。工程中常用设计计算方法的更详细内容可参阅国家现行相关规范、标准和专业设计手册。

习　题

1. 供热管道强度计算的目的和内容是什么？
2. 在进行管道热伸长量计算中，套筒补偿器补偿量的计算特点是什么？
3. 供热管道活动支座的允许间距如何确定？
4. 供热管道固动支座的间距应满足哪些条件？
5. 简述应力分类法的主要特点。
6. 供热直埋管道应力验算时，采用弹性分析法和弹塑性分析法的条件是什么？两种方法分别有何特点？

16

第 16 章

集中供热系统的热源

集中供热系统的热源是供热系统的重要组成部分，它是由管道和设备组成的一个热力系统，其主要任务是生产和供给热媒。

当集中供热系统的设计热负荷、热媒种类及其参数确定之后，就需要正确地选定热源型式、热源的热力系统及其设备。由于热源是供热系统的动力中心和能耗中心，所以，对其选择、设计是否合理直接影响着供热系统的正常、经济运行。

目前，供热工程中可选择和利用的热源型式主要有区域锅炉房、热电厂、地热、工业余热、核能和太阳能等。

16.1 区域锅炉房

16.1.1 概述

为一个或几个建筑物供热的锅炉房通常称为局部锅炉房。局部锅炉房一般配备一台或几台功率不大的小型锅炉。有些大型公共建筑或高层建筑中采用这种自备热源。

区域锅炉房指的是为一个城市（镇）或其中某些区域的所有热用户供热的大型锅炉房。以区域锅炉房为热源，经供热管网向热用户供应热能的集中供热系统称为区域锅炉房集中供热系统。

相对于热电厂等其他热源的供热系统，区域锅炉房集中供热系统具有以下特点：

1）区域锅炉房供热设备比较简单，建厂条件要求不高，投资较低，易于实现。

2）以区域锅炉房为热源的集中供热系统，供热范围可大可小，比较灵活。

3）区域锅炉房集中供热系统热媒的种类及其参数，主要是根据热用户用热设备的需求而选定的，比较简便。

4）供热管网施工安装工程量较小，工期短，见效快。

5）系统建设周期短，易于与城市建设同步进行。

6）区域锅炉房热效率低于热电厂的热能利用效率，但远远高于局部锅炉房的热效率。

根据国内外经验，调峰区域锅炉房与热电厂相结合的集中供热系统，可以使热电厂的运行达到最佳经济效益。

根据制备热媒的种类不同，区域锅炉房通常可分为热水锅炉房和蒸汽锅炉房两大类。

16.1.2 热水锅炉房

为热水集中供热系统生产和供给热媒的热水锅炉及其附属设备称为热水锅炉房。以热水锅炉房为热源的集中供热系统称为热水锅炉房集中供热系统。热水锅炉房大多用于城市区域或街区的供暖，或用于工矿企业中供暖通风热负荷较大的场合。

热水锅炉房热力系统比较简单，热水供热管网中的回水回到锅炉房之后一般经过除污器除去悬浮在水中的杂质，然后由循环泵加压送入热水锅炉内加热，被加热的热水沿着热水供热管网的供水管送往各个热用户。热水在各个用户系统的用热设备放出热量后，沿着供热管网的回水管返回热水锅炉房，经除污器后，由循环水泵加压进入热水锅炉内再次加热，如此周而复始。

热水供热系统中的核心设备是热水锅炉，常见热水锅炉主要有带锅筒的水管式、管壳式以及管架式等。这些锅炉的结构、特征等相关内容参见参考文献[20]和其他有关资料。

带锅筒的水管式锅炉的水循环方式分强制循环和自然循环两种。强制循环是指锅炉给水从下部通过并联水管分别送入锅炉本体的水冷壁和对流管束等受热面，在各部分入口处，应装设用以调节流量的阀门，目的是使各部分出口的水温温差减小，从而减小热水锅炉的热偏差，防止出现局部汽化。由于在实际工程中通过阀门调节水量的做法其效果并不理想，很容易造成热偏差增大，所以上述进水方式一般仅适宜用于大流量、低温差、高水压的热水供热系统中。自然循环是指锅炉给水从上锅筒进入，自上而下地自然循环，受热升温之后再从上锅筒引出。由于该方式锅炉内的水循环可靠，符合对流循环的规律，所以目前较大型的热水锅炉多采用自然循环的进水方式。

管壳式热水锅炉主要通过从双侧下联箱分别进水的方式制备热水。为了调节水量，同样需要在各个下联箱进水管上设置阀门。该锅炉出力一般不大，而且锅筒内水流速较小，易出现冷热水分层现象，有时甚至会由于热应力作用而使管栅板漏水，所以管壳式热水锅炉的进、出口水温差一般不宜大于50℃。这种锅炉大多用在供水温度在 110 ~ 130℃以下，以及热负荷不是很大的供热系统中。

管架式热水锅炉的受热面主要由钢管和联箱管构成，该锅炉虽然节省金属，重量较轻，但其缺点是水容量偏小，炉内水循环系统多为串联式布置，遇到意外停泵现象时，炉内水温会急剧上升，有可能产生局部汽化和汽水撞击事故。该锅炉通常只宜用在低温热水供暖系统中。

另外，热水锅炉的循环水量和进水温度对锅炉的安全运行影响较大。当锅炉循环水流量减小时，在锅炉下降管束中某些受热强度大的管子内，会产生一个较大的反向重力压头，该压头会阻滞水的流动，严重时还会出现水循环停滞，锅水在管中汽化，甚至破坏管束。同时，锅炉管束中水流速如果过低，还会影响传热以及水中游离气体的排除。还有，当室外温度较高时，低温回水直接送入锅炉尾部，会使锅炉烟气中的水分凝结下来，使锅炉尾部受热面遭受腐蚀。为了解决该问题，工程中有另设专门的锅炉循环水泵的方法，如图 16-1 所示，专设水泵必须采用耐高温的水泵，主要用于保证锅炉的最小循环水量，同时还可以间接提高锅炉的进水温度。

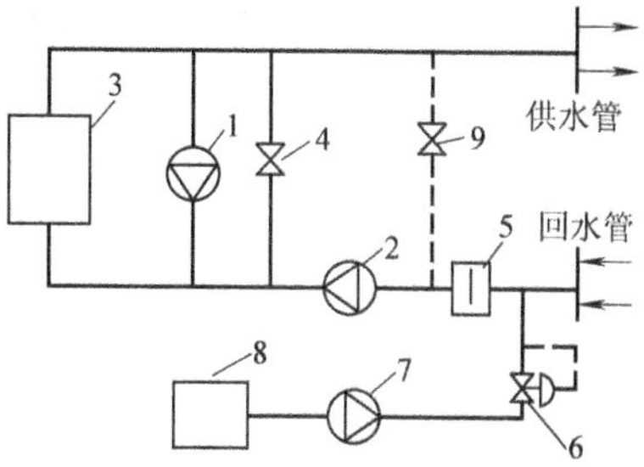

图 16-1 热水锅炉房双泵系统示意图
1—锅炉循环水泵 2—网路循环水泵
3—热水锅炉 4—旁通阀 5—除污器
6—补水压力调节器 7—补给水泵
8—水处理装置 9—旁通阀

图 16-1 所示的系统又称“双泵系统”。该系统将锅炉循环水泵 1 跨接在锅炉供水管与供热系统循环水泵 2 的出口至锅炉 3 间的压水管路上。水泵 1 抽引一部分锅炉供水（高温），使它与系统回水（低温）混合，使锅炉的进水温度提高到烟气露点以上，与此同时又可以保证锅炉的最小循环流量。系统供水温度可以通过旁通阀 4 来调节。

如果将锅炉供水通过图 16-1 中虚线的旁通管与系统回水混合，这时不用设专门的锅炉循环水泵也可以达到上述目的。不过此法会增加系统循环水泵的电耗（比双泵系统所消耗的电能大）。

热水供热系统不可能十分严密，漏水损失很难避免，所以需要不断地向系统补充水。常用的补水方法是设置补给水泵，经循环泵的吸入端向系统补充水，并通过压力调节器保持该点压力恒定，使热水供热系统在最佳工况下运行。

热水锅炉房集中供热系统的定压装置大多设在热源处，常见的定压方式见本书第 8 章。

热力网补给水应满足《工业锅炉水质》（GB 1576—2001）锅炉水质标准的

规定。以热电厂和区域锅炉房为热源的热水热力网，补给水水质应符合下列四项规定：①悬浮物≤5mg/L；②总硬度≤0.6mmol/L；③溶解氧≤0.1mg/L；④含油量≤2mg/L；⑤pH（25℃）=7～12。锅炉水质标准的要求要比热力网的严格，满足热水锅炉要求的水质必然满足热力网管道的要求。另外，锅炉内水的pH值通常控制在10～12，规定热力网补给水pH值为7～12，可以利用锅炉排污水作热力网的补水。

开式热水热力网直接取用热网中的热媒作为生活热水使用。所以《热网规范》还参照《建筑给水排水设计规范》（GB 50015—2003）提出规定：开式热水热力网补给水质量除了应符合上述强制性规定外，还应符合《生活饮用水卫生标准》（GB 5749—2006）的规定。

水处理相关的具体内容参见参考文献［20］和其他有关资料。

16.1.3 蒸汽锅炉房

为集中供热系统生产和供给热媒的蒸汽锅炉及其附属设备称为蒸汽锅炉房。以蒸汽锅炉房为热源的集中供热系统称为蒸汽锅炉房集中供热系统。蒸汽锅炉房普遍用于工矿企业中供应生产工艺热负荷，同时也可供应供暖、通风以及热水供应热负荷。根据集中供热系统热用户使用热媒方式的不同，常见蒸汽锅炉房可分为两大类：

1. *只生产蒸汽的锅炉房*

蒸汽锅炉房生产的蒸汽通过蒸汽管网输送到各个热用户去，可以满足生产工艺、热水供应、供暖及通风等不同用途热用户的需求，凝结水沿着专设的凝水管道送回锅炉房。

只生产和供给蒸汽的蒸汽锅炉房供热系统的主要优点是系统简单，基建投资较低，适用于以生产用汽为主的工矿企业。对一些采用热水供暖的热用户，可以通过设置在用户或热力站处的汽－水换热器或其他热能转换装置将蒸汽热量传递给热水，然后供用户使用。其缺点是蒸汽供热系统的疏水器管理不便，如果维修不善会使蒸汽跑、冒、滴、漏的现象难以消除，另外该系统的凝水回收率比较低，运行费用较高。

2. *同时生产蒸汽和热水的锅炉房*

通过一定的设备和技术措施，可以在蒸汽锅炉房内同时生产蒸汽和热水两种热媒。蒸汽一般主要供应生产工艺用热，热水作为供暖、通风等热用户的热媒。根据在蒸汽锅炉房集中制备热水的方式不同，又可分为三种热源形式：

（1）设置集中热交换站的热源　在蒸汽锅炉房设置集中热交换站（图16-2）的热源通常用在系统供暖热负荷较大，而且供暖时间又较长的情况下。室外管网一般由蒸汽供热系统和热水供热系统并行构成。

图16-2中蒸汽锅炉1产生的蒸汽先进入分汽缸2，从分汽缸2出来的一部分蒸汽沿着蒸汽管网向生产工艺及热水供应热用户供热，另一部分蒸汽通过减压阀3之后进入集中热交换站，热水管网的回水在这里被加热之后送出，以供应供暖、通风等热用户所需的热量。蒸汽系统及热交换站的凝结水分别由凝水管道送回凝结水箱4。

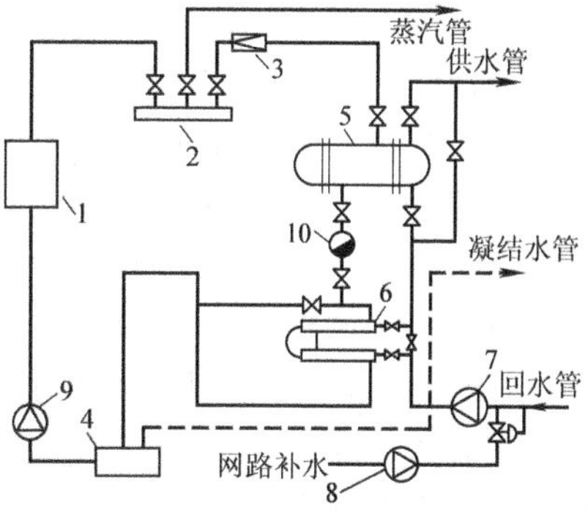

图16-2 设置集中热交换站的热源
1—蒸汽锅炉 2—分汽缸 3—减压阀 4—凝结水箱 5—蒸汽-水换热器 6—凝结水冷却器 7—热水网路循环水泵 8—热水网路补给水泵 9—锅炉给水泵 10—疏水器

为了充分利用蒸汽的热能，集中热交换站大多采用两级加热的方式：热水管网的回水首先进入凝结水冷却器6，被初步加热后再送进蒸汽-水换热器5吸收蒸汽的热量。为了便于调节水温和维修，凝结水冷却器6和汽-水换热器5的管道上均设有旁通管。

设置集中热交换站的热源具有以下主要特点：

1）与只生产蒸汽的热源相比，用热水供暖代替了蒸汽供暖，系统的热能利用率提高了，节约能源。

2）凝结水回收率较高，水质相对容易保证，能较大地减少水处理设施的投资和运行费用。

3）热交换站设在锅炉房内或附近，运行管理可靠、方便。

4）因为增设交换站及相关装置，锅炉房土建及设备的投资较大。

5）与利用热水锅炉直接生产热水的热源相比，蒸汽锅炉需要定期和连续排污，无效热损失较大。

（2）设置蒸汽喷射装置的热源　在蒸汽锅炉房内设置蒸汽喷射装置（图16-3）的热源，一部分高压蒸汽从分汽缸2出来后直接进入蒸汽喷射器3，利用蒸汽喷射器3抽引热水管网回水并对其进行加热。该系统通常在喷射器进汽管处设有止回阀，其目的是防止停止送汽时热水管网中的水倒灌入分汽缸。

蒸汽喷射器结构简单、造价低，既可设在蒸汽锅炉房内，也可设置在用户入口或热力站处。它既能加热系统回水，又能提供系统水循环的动力。与机械循环低温热水供暖系统相比，它还能节省较多的电耗。但由于蒸汽和热水直接接触换热，不能回收纯凝水，无形中增加了锅炉水处理设备的投资及运行费用。尤其对高压锅炉，水质要求十分严格时，该影响更大。关于蒸汽喷射器的结构、原理等相关内容参见本书第13章。

图16-3所示系统在热水管网回水管上设有一台高位膨胀水箱8。它一方面起

着给系统定压的作用，另一方面又可以将蒸汽经喷射器3后冷却变相给系统增加的水量，通过溢流管送回锅炉房的给水箱5。喷射器进、出口位置安装压力表和温度计是为了便于在系统运行过程中调整蒸汽压力。

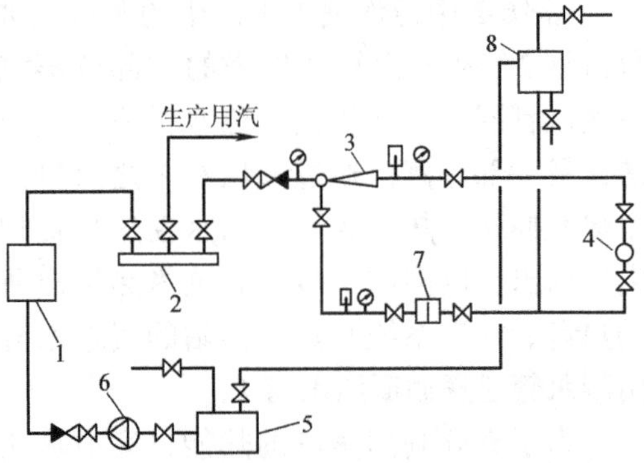

图16-3　利用膨胀水箱定压的蒸汽喷射系统
1—蒸汽锅炉　2—分汽缸　3—蒸汽喷射器
4—热用户　5—给水箱　6—给水泵
7—除污器　8—膨胀水箱

在实际工程中，有时会遇到安装高位水箱困难比较大或者热水管网要求的供水温度比较高的情况。此时可以考虑利用压力调节器定压的方式，如图16-4所示。图中设有两个压力调节器8、9，蒸汽经喷射器3后冷却变相，给系统增加的水量通过压力调节器8控制的管道流回锅炉给水箱5，系统的补水可通过接在补给水管上的压力调节器9来控制。

应该注意，进汽压力是保证蒸汽喷射器正常工作的一个重要参数，如蒸汽压力调节不当，超出了喷射器正常工作所要求的范围，就会出现噪声、振动等现象，严重时会破坏整个系统的正常运行。

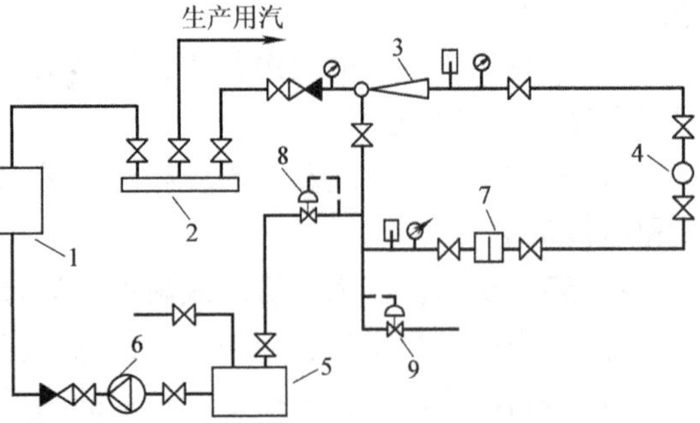

图16-4　利用压力调节器定压的蒸汽喷射系统
1—蒸汽锅炉　2—分汽缸　3—蒸汽喷射器　4—热用户
5—给水箱　6—给水泵　7—除污器
8—回收凝结水的压力调节器　9—补水的压力调节器

此外，单级蒸汽喷射器的理想供回水温差一般为20℃左右。为了提高蒸汽喷射系统的供水温度、增大供回水温差，工程中有采用双级蒸汽喷射系统的，一般一级喷射器即承担加热回水的任务，又承担提供系统水循环动力的任务，而二级喷射器往往只承担二次加热回水的任务。

（3）设置淋水式换热器的热源　在蒸汽锅炉房设置淋水式换热器（图16-5）的热源，系统循环水泵5将热水管网的回水送进淋水式换热器3的上部，水穿过换热器3上部的淋水盘12的细孔束，呈分散的细水束流下。同时，从蒸汽锅炉送出的蒸汽经压力调节阀2从换热器3的顶部（或下部）进入换热器内，与淋水盘下流的细水束直接接触，可将水加热到接近其沸腾温度。热水管网的供水从淋水式换热器3的下部蓄水箱11引出，经过混水器4时和从系统循环水泵5出口之后抽引过来的一小部分回水混合，然后送向系统外网。

当淋水式换热器下部蓄水箱11的水位超过最高水位Ⅱ—Ⅱ时，水位信号器就会控制电磁阀13开启，排出多余的水量。当系统漏水量较大，或系统水因温降而收缩，致使蓄水箱11的水位降到最低水位Ⅰ—Ⅰ时，水位信号器就会控制补水泵8起动，给系统补水。

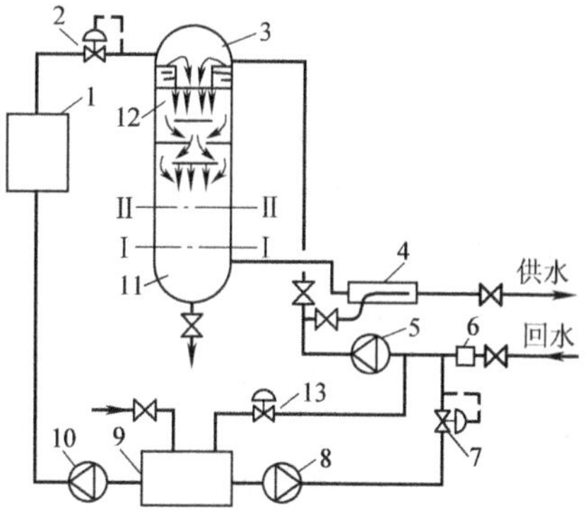

图16-5 设置淋水式换热器的热源
1—蒸汽锅炉 2—减压阀 3—淋水式换热器
4—混水器 5—循环水泵 6—除污器
7—补水压力调节器 8—补给水泵
9—锅炉给水箱 10—锅炉给水泵
11—淋水式换热器的下部蓄水箱
12—淋水盘 13—电磁阀

淋水式换热器具有加热、对系统定压以及容纳系统膨胀水量的作用。它是一种混合式换热器，其传热效率比表面式换热器高，单台设备的换热量比蒸汽喷射装置大，土建和设备的投资比蒸汽喷射系统高，同样不能回收纯凝水，会增加锅炉水处理设备的投资及运行费用。关于淋水式换热器的结构、原理等相关内容参见本书第13章。

另外，在区域锅炉房集中供热系统中，为了满足多种类型热用户对热媒的不同要求，实际工程中也有在锅炉房内既安装热水锅炉，又安装蒸汽锅炉的，这种锅炉房通常称为蒸汽-热水锅炉房（简称汽-水锅炉房）。因其系统形式和工作原理并无特别之处，不再赘述。

16.2 热电厂

火力发电厂在生产电能的过程中，利用汽轮机排汽或从汽轮机中间抽出一部分蒸汽提供给供热系统以满足生产和生活的需要，我们把这种联合生产、供给热能和电能的火力发电厂称为热电厂。

供热汽轮机是热电厂实现热电联产过程中的关键装置，大体可分为背压式和抽汽式两大类。背压式汽轮机是排汽压力高于大气压力的供热汽轮机。抽汽式汽轮机是从汽轮机中间抽汽对外供热的汽轮机。抽汽式汽轮机组又可分两种形式：一种是单抽式供热汽轮机组，另一种是双抽式供热汽轮机组，前者带一个可调节抽汽口，后者带两个（高、低压）可调节抽汽口。

热电厂根据其供热汽轮机组的形式、供热系统热媒种类及其参数的不同，主要有以下几种常见的热力系统。

16.2.1 背压式汽轮机热力系统

背压式汽轮机热力系统分析如图 16-6 所示，其中图 a 为热力系统示意图，图 b 为其热力循环的 *T-s* 图。图中把汽轮机内过热蒸汽的绝热膨胀过程表示为 1-2；被排出的过热蒸汽在外用户的凝结放热过程表示为 2-3；水在锅炉中受热，由未饱和水等压加热成为饱和水的过程表示为 3-4；饱和水在锅炉内的等压汽化过程表示为 4-5，过热器内饱和蒸汽被等压加热成为过热蒸汽的过程表示为5-1。则图 b 中 12673451 所围的面积表示蒸汽从热源所吸纳的热量，这部分热量一部分转变成了电能（图中 123451 所围的面积），另一部分供应给热用户（图中 26732 所围的面积）。可见，如果忽略不计管路沿途及动力装置的热损失，背压式热电联产过程的理论热能利用率为 100%。

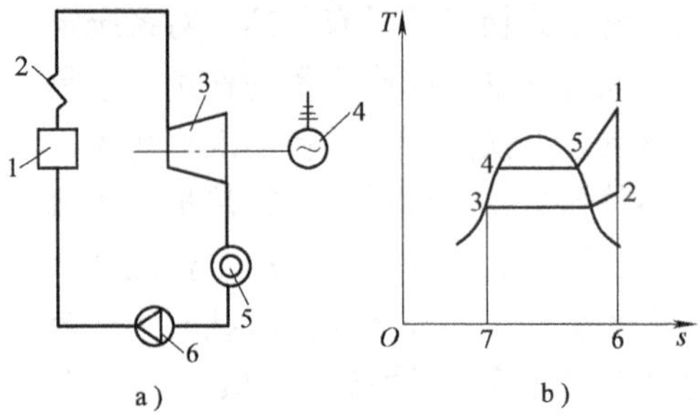

图 16-6 背压式汽轮机热力系统分析图
a）热力系统示意图 b）热力循环 *T-s* 图
1—锅炉 2—过热器 3—蒸汽汽轮机
4—发电机 5—热用户 6—给水泵

背压式汽轮机的发电功率是由通过汽轮机的蒸汽量决定的，而通过背压式汽轮机的蒸汽量决定于热用户热负荷的大小，所以背压式汽轮机的发电功率受用户热负荷的制约，不能分别地独立进行调节。因而限制了背压式汽轮机供热系统只适用于用户热负荷比较稳定的供热系统。

16.2.2 抽汽式汽轮机热力系统

抽汽式供热汽轮机上有多个抽汽口，其中多数不可调节，它的抽汽量是随汽轮机的负荷变化的。前面我们曾提及，双抽式供热汽轮机有两个可调节抽汽口。由于它的抽汽量可以调节使其不随汽轮机负荷改变而变化，所以即可以保证供汽量随着用户的要求而变化，又可以保证在一定范围内不影响发电量。

图 16-7 所示的是一个具有双抽式供热汽轮机的热电厂的热力系统图。图中的双抽式供热汽轮机通常高压可调节抽汽压力为 0.785 ~ 1.27MPa，主要用来向用户供应高压蒸汽，满足生产工艺用热量。低压可调节抽汽压力为 0.118 ~ 0.245 MPa。抽出的蒸汽大部分送进主加热器（又称基本加热器）4，用来加热热水供热管网的回水。被主加热器加热的系统水，如供水温度还达不到热水系统供热调节曲线图所要求的供水温度，则再送入高峰加热器 5 进一步加热到所需的温度。高峰加热器所需的蒸汽量，可由高压抽汽口供给，也可由来自锅炉的蒸汽经减压加湿装置 6 之后供给。蒸汽管道上还设置有备用的减压加湿装置 7，其作

用是保证在汽轮机检修或事故时仍能供热。

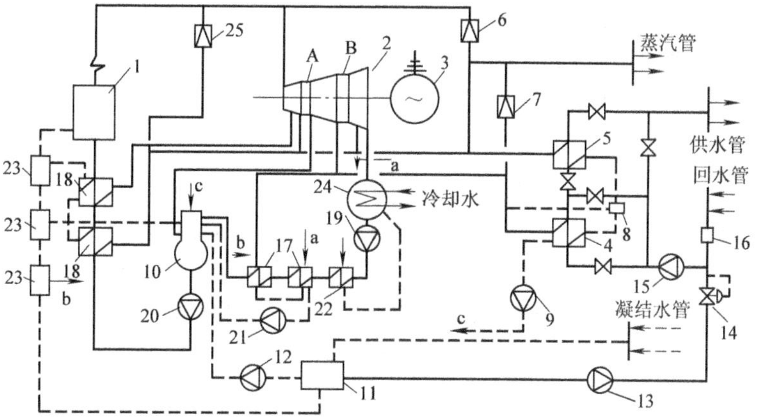

图 16-7 双抽式供热汽轮机的热力系统图

A—高压可调节抽汽口 B—低压可调节抽汽口

1—锅炉 2—蒸汽汽轮机 3—发电机 4—主加热器（基本加热器） 5—高峰加热器

6、7、25—减压加湿装置 8—膨胀箱 9、21—凝结水泵 10—除氧器 11—水处理站

12—补水泵 13—网路补给水泵 14—网路补水压力调节器 15—网路循环水泵

16—除污器 17—低压预热器 18—高压预热器 19—凝结水泵

20—锅炉给水泵 22—射流预热器 23—膨胀箱 24—冷凝器

对于高峰加热器5中产生的凝结水，可经过疏水器后进入主加热器4，也可以先进入膨胀箱8进行二次汽化，产生的蒸汽再送入主加热器4的蒸汽管道，余下的凝水与主加热器4的凝结水一起由凝结水泵9送入锅炉给水的除氧器10进行处理。从蒸汽管网系统回来的凝结水先回到热电厂的水处理站11再通过锅炉补水泵12送到除氧器10。经过处理的补给水通过补水泵13进入热水管网中，同时通过设置在补水管上的压力调节器14控制热水管网的压力工况。

从汽轮机可调节抽汽口抽出的蒸汽，一部分直接供给蒸汽供热系统或间接供给热水供热系统，还有一部分会输送到热电厂内部的回热系统，专门用来加热锅炉给水。由汽轮机不可调节抽汽口抽出的蒸汽，一般用来加热锅炉给水。工程中把这种利用汽轮机抽汽加热锅炉给水的方法称为“回热加热”，在电厂中用来进行回热加热的全套装置称为“回热系统”。进入回热系统的汽轮机抽汽已在汽轮机做功发电，但它的冷凝潜热并没有被冷凝器24带走，而被锅炉给水带回了锅炉，这相当于减少了电厂的冷源损失，提高了电厂的热效率，这也正是设置回热系统的主要目的所在。

图16-7中的除氧器10、低压预热器17和高压预热器18等构成了一个回热系统，由于除氧器将高、低压预热器之间的锅炉给水管路隔开了，所以高压预热器承受锅炉给水泵20的高压，而低压预热器只承受凝结水泵19的压力，凝结水

泵21将低压预热器的凝结水送进除氧器，由于高压预热器的凝水压力高于除氧器的压力，所以凝结水会自流进入除氧器。

图16-7中膨胀箱23的作用是将锅炉排污水进行二次蒸发后再送到回热系统中加以利用，如此可以有效利用锅炉排污水的热能。

和背压式汽轮机相比，抽汽式汽轮机的突出优点就是抽汽量的多少不影响额定发电功率，亦即热、电负荷不相互制约，因而运行灵活。但由于热力循环过程中存在冷凝器的冷源损失，其热能利用效率明显低于背压式汽轮机。尤其是当抽汽量减少的时候，为了保证额定发电功率，进入冷凝器的汽量增多，冷源损失就会随之增加；而且，由于抽汽式汽轮机增设了调节抽汽量的节流机构，降低了其相对内效率，甚至比同参数、同容量的纯凝汽式机组的相对内效率还要低。

16.2.3 抽汽背压式汽轮机热力系统

图16-8所示的是抽汽背压式汽轮机热力系统图。通过带有抽汽的背压式汽轮机抽出的高压蒸汽一般供给工业用热用户，而汽轮机排汽一般都用于加热热水管网热媒。和背压式汽轮机组相比，抽汽背压式机组在供热上具有一定的灵活性，但它仍然没有克服热、电负荷相互制约的缺点。抽汽背压式汽轮机组实质上仍属于背压式汽轮机组的范畴。

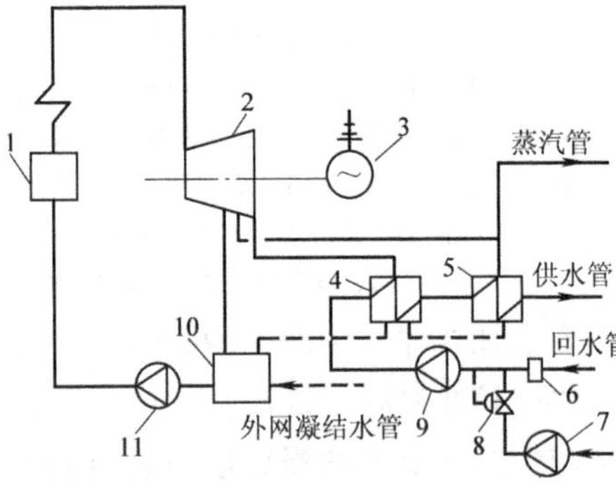

图16-8 抽汽背压式汽轮机热力系统图

1—蒸汽锅炉 2—抽汽背压式汽轮机 3—发电机 4—主加热器 5—高峰加热器 6—除污器 7—补给水泵 8—补水压力调节器 9—网路循环水泵 10—回热装置 11—锅炉给水泵

16.2.4 凝汽式电厂改为热电厂的热力系统

凝汽式火电厂的生产过程是按照朗肯循环进行的，过热蒸汽从锅炉出来以后经热力管道进入汽轮机，过热蒸汽在汽轮机内膨胀做功，推动汽轮机转子高速旋转，带动发电机转动而产生电能，生产出来的电能由发电厂的配电车间通过电网输送给各个用户。

凝汽式电厂改造为热电厂的热力系统通常有两种方法：①中间抽汽：在凝汽式汽轮机的中间导汽管上抽出部分蒸汽向外供热；②恶化真空：提高凝汽式汽轮机排汽压力，使其在供暖期间降低真空运行（称为恶化真空），把冷凝器作为热网回水加热器，用热水管网的循环水供暖。两种方法都降低了机组的发电功率和

年总发电量，但由于实现了热电联产，提高了电厂的热能利用率。

图16-9所示的是汽轮机恶化真空式供热的热力系统图，该系统又名循环水供热方式。为满足供热需要，使热水供热系统的循环水能在冷凝器中加热到70～80℃，凝汽式汽轮机在低真空下运行，排汽压力从原来的4～6kPa提高到50kPa左右。由于冷凝器的承压能力较低，热水供热系统的循环水泵应设置在供水总管上。

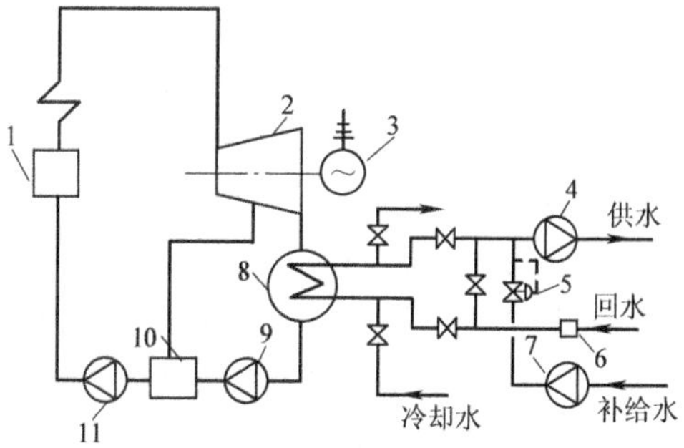

图16-9　汽轮机恶化真空式运行的热力系统图
1—蒸汽锅炉　2—凝汽式汽轮机　3—发电机
4—网路循环水泵　5—补水压力调节器　6—除污器
7—补给水泵　8—冷凝器（热网换热器）
9—凝结水泵　10—回热装置　11—锅炉给水泵

采用恶化真空式供热，由于供水温度低，供回水温差小，所以外网管径较大。当需要更高的供水温度，扩大供热系统的供热量时，可利用电厂蒸汽增设高峰加热器或添置热水锅炉（又称高峰热源），在设置的高峰热源中继续加热到所需的温度。高峰加热器所用的蒸汽直接来自锅炉，经减压降温装置后进入高峰加热器中。

总之，以热电厂为热源采用热电联产的方式可以有效提高热能利用率，节约燃料，减少有害物排放量，供热范围比较大。但是，建设热电厂的投资比较高，建设周期也较长。

16.3　其他热源

16.3.1　地热

1. 概述

地热是地热资源的简称，通常指能够经济地为人类所利用的地球内部的热资源。地热资源是一种典型的清洁能源，同时它也被称为“绿色能源”和“可再生能源”。在地球的最外层——地壳（平均厚度33km）中蕴藏着巨大的热水库。据科学家推算，地壳内地热水约有1亿km^3，相当地球上全部海水总量的10%。

地下水并不是在地壳内天然存在的，而是地面上的雨水沿着岩石、土壤的空隙、裂缝深入地壳深处，这些水被周围的热岩所加热。如果地壳深处有较大的空隙层，就可能形成具有开采价值地热水层。我国的地热资源非常丰富，在我国大陆地区地热资源分布丰富的地区有西藏、云南、广东、河北、天津、北京等地。

将地热能直接用于集中供热系统是仅次于地热发电的地热利用方式。由于这种利用方式简单、经济性好，所以倍受各国重视，特别是位于高寒地区的西方国家，其中冰岛开发利用状况最为突出。冰岛早在1928年就在首都雷克雅未克建成了世界上第一个地热供热系统，现今这一供热系统已发展得非常完善，每小时可从地下抽取近万吨80℃的热水，供全市11万居民使用。由于没有高耸的烟囱，冰岛首都已被誉为“世界上最清洁无烟的城市”。

2. 地热水利用形式

在集中供热系统中利用地热水作为热源通常采用双井系统，一井抽水，一井回灌。热力系统形式主要有两类：直接供热和间接供热。

直接供热的热源系统设计施工简便，基建费用较少。但地热水中大多含有硫化氢等腐蚀性成分，容易对系统的管道和设备产生腐蚀和发生沉积现象。为了降低地热水的腐蚀性，通常可以采用加入脱腐蚀性气体（O_2、H_2S、CO_2 等）和盐分（$CaSO_4$、$CaCO_3$ 等）的措施，工程中也有用硅酸钠等缓蚀剂与六聚偏磷酸钠等防垢剂的方法。

间接利用地热水作供热系统热源的管路（图16-10）相对复杂一些，地热井1中的地热水被抽水泵2抽出后，先通过表面式换热器（地热水-水换热器）3将供暖系统的回水预加热，高峰热源4（如热水锅炉等）会给从表面式换热器3出来的热水再加热。地热水在表面式换热器放出热量后返回到回灌井9。

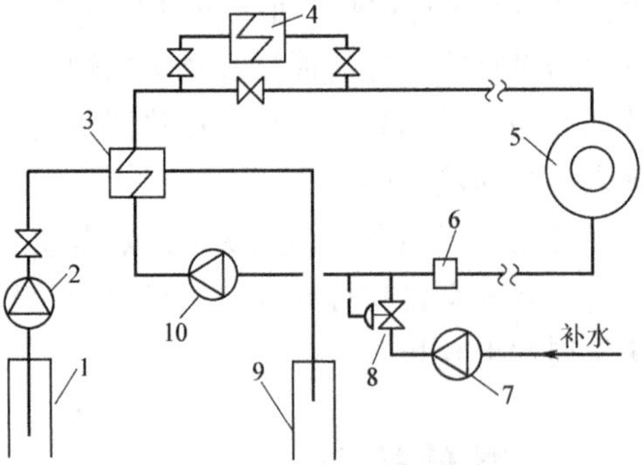

图16-10 间接利用地热水示意图

1—地热井 2—抽水泵 3—地热水-水换热器 4—高峰热源 5—供暖热用户 6—除污器 7—补给水泵 8—水压力调节器 9—回灌井 10—供暖系统循环水泵

间接利用地热水供热的突出优点是表面式换热器后面用热系统的管道和设备不受腐蚀和沉积，从而可延长使用寿命和减少维修费用。但因增加了中间换热器导致系统复杂，基建投资较高。

3. 地热水利用中应注意的问题

由于原始存在状态的特殊性，地热水的温度、压力等物理参数及其化学成分在不同的环境条件下会有较大变化。地热水的腐蚀性应该受到充分重视，尤其是在传热表面和管路上要注意防腐措施。

对于一个具体的地热水井，地热水的温度几乎是全年不变的。地热水的参数不能适应供热系统热负荷的变化，使得利用地热水的供热系统变得复杂。

提倡在地热水开采利用的同时进行回灌，以达到地热水利用的可持续发展。

地热水回灌可起到保护地热资源，保护热储压力，延长开采寿命的作用。但由于地热水回灌使系统建设和运行费用同时加大，又无短期经济效益，所以在实际工程中实施阻力较大。

开采深层地热水对地面沉降的影响虽不像浅层水那么严重，但应引起重视。从保护地热资源和防止地面沉降考虑，地热资源的开采要合理规划井群布局，做好开采层位的调整，控制每眼井开采指标。统一规划，严格控制井位、井数、井距和开采强度，有计划有步骤地科学开发利用，才能更好地发挥地热资源的作用。

16.3.2　工业余热

工业余热通常指的是工业生产过程中产品和排放物料所含的热以及设备散发出来的热。可回收和利用的工业余热根据其载体不同通常分为三大类：①气态余热：如化工设备中排出的可燃气体、工业炉中排出的高温烟气、工业设备中蒸发出来的蒸汽以及动力设备中排出的乏汽等所含热量；②液态余热：如从工业炉或其他设备排出的冷却水等所含热量；③固态余热：如高温焦炭、各种金属的铸锭或熔渣所带有的物理热等。

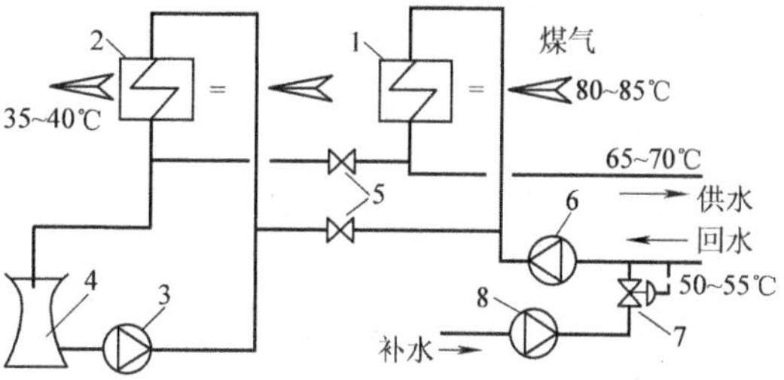

图 16-11　利用煤气余热的热力系统图

1—一段初冷器　2—二段初冷器　3—冷却水循环水泵　4—冷却塔　5—旁通管路及阀门　6—供热系统循环水泵　7—补水调节器　8—补给水泵

利用工业余热的方法很多。图 16-11 所示的是一个利用煤气余热作为城市集中供热系统热源的热力系统图。该系统生产工艺要求，用冷却水系统的初冷器将焦炉产生的煤气从 80～85℃冷却到 35～40℃，然后送出使用。本系统将初冷器设计为两段式冷却。煤气首先进入一段初冷器 1，利用 50～55℃的集中供热系统管网回水，先将煤气冷却到 60～65℃，供热系统循环水同时可被加热到 65～70℃。然后再让 60～65℃的煤气进入二段初冷器 2，通过由二段初冷器、冷却水循环泵 3、冷却塔 4 及管路等组成的冷却水系统，将煤气冷却到 35～40℃。在非供暖季节可利用旁通管，一段初冷器也可用冷却水来直接冷却煤气。

总之，在集中供热系统中利用工业余热还要注意以下问题：

1）对于大多数工业余热，其数量和参数主要取决于生产工艺过程，而且波动比较大，一般不受供热系统热负荷状况的制约。设计工业余热利用方案时，应从生产实际出发，先深入研究工艺流程，尽量提高生产过程中的热能利用效率，然后再考虑向外供热或转换为电能外送。

2）工业余热的载体大都属于高温和非洁净的载能体。在工业余热利用中，设置换热器或废热锅炉等热能转换装置时要充分考虑换热面和设备的腐蚀、磨损以及沾污等问题。

工业余热利用是节约能源的一个重要途径。据不完全统计，我国目前许多大中型工矿企业中还存在着大量的工业余热未被利用；被利用的部分，大多都用在企业内部的供热系统中。关于集中供热系统中利用工业余热作热源的技术经济评价问题，还有待于进一步研究和实践。

16.3.3 核能

在集中供热系统中利用核裂变过程所产生的能量作为热源是补充能源供应、减轻运输压力和改善环境污染状况的一种新途径。

目前有两种利用核能供热的方式：①核电厂供热：该方式的工作原理与利用火力发电厂供热类似，不同之处是用核反应堆代替了锅炉。②低温核供热堆供热：该方式是专门设置低温核供热堆为集中供热系统供给热能。二者相比，由于核电厂一般距供热用户系统较远，这就给供热系统的设计和施工带来了技术、经济上的双重困难。而低温核供热堆因其压力参数较低（一般为 1～2MPa），可建在城郊，应用前景比核电厂供热广阔。

目前，我国推荐的低温核供热堆按照堆型的不同可分为池式和自然循环微沸腾式两种。清华大学核能技术研究所曾成功地试制了 5MW 的自然循环微沸腾式低温核供热试验堆，并向周围 5 万多平方米建筑物连续试验供暖两个供暖季节，取得了很好的运行效果。

低温核供热的热力系统一般由三个水循环回路组成。第一个循环回路在反应堆内部，是一个自然循环回路；第二个循环回路是连接供热系统和第一回路的中间回路，一、三回路的热媒在这里通过表面式换热器来传递热量，这是一个机械循环回路；第三个循环回路就是供热系统的外网回路。该系统要求第二回路的压力高于第一回路与第三回路的压力，目的是避免第一回路含放射性元素的水传给第三回路。

16.3.4 太阳能和热泵

太阳能是取之不尽、用之不竭、清洁可再生的能源，必将成为未来的主要能源。目前，太阳能作为热源已成功应用于单户和单幢建筑的供暖及热水供应系统之中，在集中供热系统中利用太阳能的技术正处于研究开发过程中。

热泵是可以用作集中供热系统辅助热源的一种设备。其工作原理与制冷机相类似，主要是靠机械能、电能或其他能量的作用，把低温热源的能位提高到可被供热系统利用的能位水平。热泵用于供热系统的技术在我国目前电力紧张的条件下发展较慢。

总之，集中供热系统可供选择和利用的热源形式较多，具体设计时要从能耗指标、经济性（初投资和运行费用）、使用寿命、维护管理难易程度、安全性和可靠性、对环境的影响、当地能源结构以及供热用户建筑物特点等众多方面综合考虑。

习　　题

1. 集中供热系统的热源形式有哪些？
2. 什么是区域锅炉房？区域锅炉房供热有哪些特点？
3. 蒸汽锅炉房作为热源有哪几种形式？
4. 试比较热水锅炉房和蒸汽锅炉房的特点。
5. 热电厂供热有哪几种形式？
6. 试比较区域锅炉房和热电厂作为集中供热系统热源的特点。
7. 如图 16-12 所示，为热水锅炉房双泵系统。试与图 16-1 的双泵系统比较，哪一种双泵系统更好，为什么？

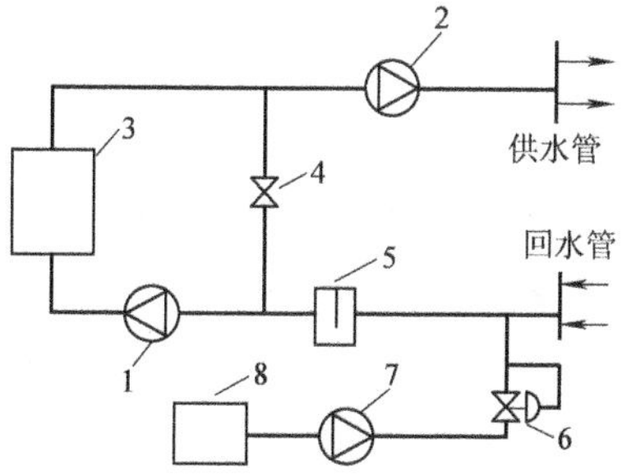

图 16-12　热水锅炉房双泵系统示意图

1—锅炉循环水泵　2—网路循环水泵

3—热水锅炉　4—旁通阀　5—除污器

6—补水压力调节器　7—补给水泵　8—水处理装置

第 17 章 供热系统的技术经济分析简介

17.1 基本概述

供热系统的技术经济分析，就是对供热系统中不同技术方案的经济效果进行计算、分析和评价，通过比较选择最佳方案。

17.1.1 经济效益

经济效益是指人们从事实践活动时所取得的有用效果，也就是使用价值与所消耗的劳动的比值，用公式表示为

$$E=\frac{V}{L} \tag{17-1}$$

式中 E——经济效益；

V——使用价值；

L——劳动消耗。

使用价值 V 就是所使用的技术方案产生的有用实物，例如热电厂供热系统中生产的电能和热能。劳动消耗 L 包括劳动的占有和劳动的直接消耗两部分。劳动的占有主要反映在技术方案的一次性基建投资中；劳动的直接消耗主要指技术方案的经常性费用。经济效益可以用实物形式表示，如生产单位产品消耗原材料的数量，单位设备的产品率，也可以用价值形式表示，如利润、成本利润率、资金利润率等。

用式（17-1）计算经济效果，当使用价值和劳动消耗计量单位相同时，得到经济效益的绝对数量，当计量单位不同时，得到经济效益与费用的比例，或输出与投入的比例。劳动消耗越少，劳动成果或实用价值越大，则经济效益越好；反之，则经济效益越差。为了获得一定的使用价值或劳动成果，劳动消耗越少越好。

最佳技术方案的衡量标准应是经济效果最佳，即

$$E=\frac{V}{L}=\max \tag{17-2}$$

当不同技术方案所产生的有用实物相同时，最佳方案的劳动消耗应该是最少的，即

$$L=\min \qquad (V=\text{常数}) \tag{17-3}$$

在工程设计中，使用价值的实物量（所得量）和劳动消耗量（所耗量）在衡量方案的经济效果时都以货币量（资金）的形式来计算。因此，经济效益最佳的方案也可用下式表示

$$E=V-L=\max \tag{17-4}$$

17.1.2　技术经济分析方法比较

技术经济分析的基本方法有两种：数学分析法和方案分析法。

数学分析法又叫函数分析法，它运用数学方法来进行方案的技术经济分析。这种方法的基本原理，就是根据技术方案的基本参数与各项费用之间的函数关系，建立经济数学模型，然后通过数学计算或图解分析，找出最经济合理的参数值的有效范围。数学分析法有微分法和系统分析法等。

方案比较法又叫对比分析法，它通过一组能从各个方面说明技术经济效果的指标体系，对实现同一目标的几个不同技术方案进行计算、分析和比较，然后选用最优方案。方案比较法简单明确，考虑的指标和因素比较全面，既可定性分析，也可定量计算。因此，方案比较法是目前工程项目中最普遍应用的一种方法。

在工程项目的技术经济分析中，衡量经济效益主要是以货币量的形式来进行计算。投资效益的计算和评价方法分为静态分析法和动态分析法。

静态分析法不考虑资金的时间因素，计算简单，但没有很好的反映资金和时间的关系，不能准确地反映经济领域中的真正经济效益。

动态分析法考虑了资金的时间因素。资金与时间的关系体现在资金的时间价值，即货币的时间价值上，资金的价值随时间的推移而增值。资金在单位时间内的增值（利润或利息）与投入的资金额（本金）之比，称为利润或收益率。

时间价值计算常采用复利法，复利法以本金与累计利息之和作为基数计算利息。下面是几种常用的复利的计算公式：

1）当资金的现值为 P，利率为 $i\%$，几年后资金的终值 F 为

$$F=P\times(1+i)^n \tag{17-5}$$

2）已知资金现值为 P，考虑时间因素，分摊到每年的等额值 A 即年金为

$$A=\theta_g P=\frac{i(1+i)^n}{(1+i)^n-1}P \tag{17-6}$$

式中 θ_g——资金回收系数，表示资金现值等额分摊到每年的份额；

n——周期数（一般按年计算）。

17.2 经济效果的指标计算和评价方法

下面介绍常见的几种评价方法。

17.2.1 年计算费用法

所得量与所费量的比例体现了技术经济效果的大小。在相同所得量情况下，所费量最小的方案是最佳方案。

技术方案的所费量包括工程投资和年经营费用两部分。工程投资属于一次性支出，主要内容包括：用于建设工程的各项费用；用于安装工程的各项费用；用于购置各种设备、工具和器具的费用；其他建设费用，如土地征购费、人员培训费、工程的勘查和设计费用等。

经营性费用属于经常性支出，在能源工程中，它包括燃料费、水费、材料费、基建折旧费、大修费、职工工资、职工福利资金和其他费用。

在计算费用法中，利用投资效果系数来折算参与比较的各个方案的投资和经营费，即将投资折算成与经营费用类似的费用，然后相加，算出“年计算费用”。年计算费用最小的方案就是最佳方案。

静态法年计算费用的计算公式为

$$Z = x_t \times K + C \tag{17-7}$$

式中 Z——年计算费用（元/年）；

C——年经营费（总成本）（元/年）；

K——投资额（元）；

x_t——标准投资效果系数，$x_t = 1/\tau$；

τ——标准投资回收期。

年计算费用法概念清楚，计算公式简单，可适用于多个方案的比较，并且便于在数学分析法中应用。年计算费用法在实际工作中应用较广，但它并不反映资金的时间价值因素，使用上有一定的局限性。

动态法年计算费用的计算公式为

$$Z_d = \theta_g K + C = \frac{i(1+i)^m}{(1+i)^m - 1}K + C \tag{17-8}$$

式中 Z_d——按动态法计算的年计算费用（元/年）；

K——建设期 p 年中每年的投资 K_i 折算到开始正常投产时的总投资额（元）；

i——利率或采用部门的内部收益率（%）；

p——建设期；

m——生产期，年，热电工程 $m=20$ 年，热力管网，$m=16$；

θ_g——资金回收系数。

17.2.2 投资回收期法

所谓投资回收期，是指投资回收的期限，也就是用投资方案所生产的净现金收入回收初始全部投资所需的时间。根据是否考虑资金的时间价值，投资回收期可分为静态投资回收期和动态投资回收期。投资回收期从工程项目开始投入之日算起包括建设期，单位通常用年来表示。

静态投资回收期 T 的计算公式有以下几种：

1）项目或方案一次性支付全部投资 P，当年产生受益，每年的净现金收入不变，等于收入 B 减去支出 C。

静态投资回收期的计算公式为

$$T=P/(B-C) \tag{17-9}$$

2）项目一次性支付投资 P，每年的净现金收入发生变化。设 t 年的收入为 B_t，支出为 C_t，则静态投资回收期为

$$P=\sum_{t=0}^{T}(B_t-C_t) \tag{17-10}$$

3）投资在建设期 m 年内分期投入。设 t 年的投资为 P_t，净现金收入为 B_t-C_t，则静态投资回收期为

$$\sum_{t=0}^{m}P_t=\sum_{t=0}^{T}(B_t-C_t) \tag{17-11}$$

动态投资回收期 T_P 的计算公式为

$$\sum_{t=0}^{T_P}(CI-CO)_t(1+i_0)^{-t}=0 \tag{17-12}$$

式中 CI——t 年的现金收入；

CO——t 年的现金流出；

i_0——折现率，对于方案的财务评价，i_0 取行业的基准收益率；对于方案的国民经济评价，i_0 取社会折现率，现行规定社会折现率为12%。

动态投资回收期的计算公式表明，在给定的折现率 i_0 下，要经过 T_P 年，才能使累计的现金流入折现值抵消累计的现金流出折现值，投资回收期反映了投资回收的快慢。在热电工程中，基准投资回收期一般为8～10年（小型项目一般为7年）。

投资回收期指标直观、简单，尤其是静态投资回收期，表明投资需要多少年才能回收，便于为投资者衡量风险。投资者关心的使用较短的时间回收全部投资，减少投资风险。但投资回收期指标没有反映投资回收期以后方案的情况，因而不能全面反映项目在整个寿命期内真实的经济效果。所以投资回收期一般用于粗略评价，需要和其他指标结合起来使用。

17.2.3 现值法

现值法是将方案的各年收益、费用或净现金流量，按照要求达到的折现率折算到期初的现值，并根据现值之和（或年值）来评价、选择方案的方法。现值法是动态的评价方法。

1. 费用现值与费用年值

费用现值的计算式为

$$PC = \sum_{t=0}^{n} CO_t (P/F, i_0, t) \tag{17-13}$$

费用年值的计算式为

$$AC = PC(A/P, i_0, n) = \sum_{t=0}^{n} CO_t (P/F, i_0, t)(A/P, i_0, n) \tag{17-14}$$

式中 PC——费用现值；

AC——费用年值；

CO_t——第 t 年的现金流出；

n——方案寿命年限；

i_0——基准收益率（或基准折现率）。

费用现值和费用年值用于多个方案的比较，费用现值或费用年值最小为最佳方案。费用现值最小的方案即为费用年值最小的方案，二者是等效评价指标。费用现值适用于多个方案寿命相同的情况比较；费用年值适用于多个方案寿命不等时的比较。

2. 内部收益率法

内部收益法不需要事先给定折现率，它求出的是项目实际能达到的投资效率（即内部收益率）。在所有的经济评价指标中，内部收益率是最重要的评价指标之一。

内部收益率（IRR），简单地说就是净现值为零时的折现率。随着折现率的增大，净现值减小，当折现率取 i^* 时，净现值为零，此时的折现率 i^* 即为内部收益率。内部收益率也可通过解下述方程求得

$$\sum_{t=0}^{n} (CI - CO)_t (1 + IRR)^{-t} = 0 \tag{17-15}$$

若 $IRR \geqslant i_0$，则项目在经济效果上可以接受；若 $IRR < i_0$，则项目在经济效果上应予否定。内部收益率法能清楚地反映该项目的收益情况，目前应用较广，但需要进行试算才能确定。

17.2.4 其他指标评价法

1. 投资收益率

投资收益率是指项目在正常生产年份的净收益与投资总额的比值。其一般表达式为

$$R = \frac{NB}{I} \tag{17-16}$$

式中 R——投资收益率；

NB——正常生产年份或者年平均净收益，根据不同的分析目的，NB 可以是利润，可以是利润税金总额，也可以是年净现金流入等；

I——投资总额，$I = \sum_{t=0}^{m} I_t$，I_t 为第 t 年的投资额，m 为建设期，根据分析目的不同，I 可以是全部投资额（即固定资产投资、建设期借贷利息和流动资金之和），也可以使投资者的权益投资额（如资本金）。

投资收益率指标主要反映投资项目的盈利能力，没有考虑资金的时间价值。用投资收益率评价投资方案的经济效果，需要与本行业的平均水平（行业平均投资收益率）对比，以判别项目的盈利能力是否达到本行业的平均水平。

2. 效益—费用比

对于一些非营利性的机构或投资者，投资的目的是为公众创造福利或效果，并非一定要获得直接的超额受益。评价公用事业投资方案的经济效果，一般采用效益－费用比（$B-C$ 比），其计算表达式为

$$B-C\text{ 比} = \frac{\text{净效益(现值或年值)}}{\text{净费用(现值或年值)}} \tag{17-17}$$

计算 $B-C$ 比时，需要分别计算净效益和净费用。净效益包括投资方案对承办者的所有费用支出，并扣除方案实施对投资者带来的所有节约。实际上，净效益是指公众得益的净累积值，净费用是指公用事业部门净支出的累积值。

计算净效益和净费用常采用现值或年值。计算采用的折现率应该是公用事业资金的基准收益率或基金的利率。若方案净效益大于净费用，即 $B-C$ 比大于1，则这个方案在经济上认为是可以接受的，反之，则是不可取的。因此，效益—费用比的评价标准是

$$B-C > 1 \tag{17-18}$$

17.3 热网的经济比摩阻

确定热水管路的经济比摩阻时采用技术经济分析中数学分析法的微分法。列出比摩阻与各项费用之间的函数关系，求出最优值。

当系统设计供、回水温度及设计热负荷确定后，热水网路各管段的计算流量也随之确定。选用的比摩阻越大，流速越大，管径越小，降低了管网的投资和热损失费用；但管网的总压力损失增大，电能的费用也增大。因而，经济比摩阻应按年计算费用最小的原则来确定。

热网的年计算费用 Z（元/年）可用下式表示

$$Z=\omega K+C \tag{17-19}$$

式中 K——投资额（元）；

C——年经营费（总成本）（元/年）；

ω——系数，当采用静态法时，$\omega=x_t$。x_t 为标准投资效果系数。

热水网路的年经营费，主要计算如下几项：输送热水的电费 C_d（元/年）；管网的热损失费用 C_r（元/年）；管网的折旧、维修的年扣除费用，一般按管网投资的百分率计算。根据规定：热电工程中，管网的基本折旧率按4.8%计算；大修理费率按1.4%计算，再考虑经常小修和其他费用，总的折旧率可暂按 $f_j=8\%\sim10\%$ 计算。则式（17-19）可改写为

$$Z=\omega K+C_d+C_r+(f_j+\omega)K \tag{17-20}$$

17.3.1 管网基建总投资 K

热水网路每米管长（双管）的投资费用，近似按下式计算

$$K_m=a+bd \tag{17-21}$$

式中 K_m——每米管长（双管）的基建费用（元/m）；

d——管子的公称直径（m）；

a、b——与管网敷设方式有关的常数（元/m）。可根据当地管网投资统计值，用线性回归计算确定。

整个热水管网的总投资费为

$$K=\sum_{i=1}^{n}(a+bd_i)l_i=a\sum_{i=1}^{n}l_i+b\sum_{i=1}^{n}d_il_i=a\sum_{i=1}^{n}l_i+bM \tag{17-22}$$

式中 M——网路的材料特性（m^2），表示网路消耗材料多少的指标。

首先假定采用主干线的平均比摩阻 R_o，则

$$M_0=\sum_{i=1}^{n}d_{i0}l_{i0}=\sum_{i=1}^{n}0.387\frac{K^{0.0476}}{\rho^{0.19}}\cdot\frac{G_{io}^{0.381}}{R_{I0}^{0.19}}\cdot l_{i0}=\sum_{i=1}^{n}A_s\cdot\frac{G_{i0}^{0.381}}{R_{i0}^{0.19}}\cdot l_{i0} \tag{17-23}$$

式中，A_s 值在已知水温和绝对粗糙度 K 值下为一定值。

若通过各管段的流量 G 和管段长度 l 不变，根据式（17-23），某方案采用某一平均比摩阻 R 时，它的相应 M 可按下式求出

$$M = \frac{M_0 R_0^{0.19}}{R^{0.19}} \tag{17-24}$$

相比投资费用 K' 为

$$K' = bM_0 R_0^{0.19} / R^{0.19} \tag{17-25}$$

17.3.2　输送热水消耗的电能费用 C_d

驱动热水在热网中循环流动所消耗的电能费用，可按下式计算

$$C_d = 2.78 \times 10^{-4} \frac{GRL(1+\alpha_j)}{\rho \eta_p} \cdot n_0 j_d \tag{17-26}$$

式中　G——热网中热水总计算流量（t/h）；

R——热网主干线的平均比摩阻（Pa/m）；

L——热网主干线（供、回水管）总长度（m）；

α_j——局部阻力所占的百分数；

ρ——热水的密度（kg/m^3）；

η_p——水泵的效率，一般取 0.5～0.7；

j_d——电能价格［元/（kW · h）］；

n_0——循环水泵的年最大工作小时数，即相应总计算流量下的工作小时。

17.3.3　管网的热损失费用 C_r

管网的年热损失量 Q_r（MW · h/年），可按下式近似计算

$$Q_r = K\pi(t_p - t_0)(1+\beta)m \times 10^{-6} \sum_{i=1}^{n} d_i l_i \tag{17-27}$$

式中　K——管道的平均传热系数，约为 1.1～1.5W/（m^2 · ℃）；

t_p——热水年平均水温（℃）；

t_0——周围介质的平均温度（℃）；

β——管道各局部附件的热损失系数；

m——热网的年工作小时数（h/年）。

当方案采用平均比摩阻 R 时，管网的热损失费用为

$$C_r = 10^{-6} k\pi(t_p - t_0)(1+\beta) m M_0 \frac{R_0^{0.19}}{R^{0.19}} \cdot j_r \tag{17-28}$$

式中　j_r——热能价格［元/（MW · h）］。

17.3.4 热水网路经济比摩阻的计算公式

把以上的初投资和运行费用求和，然后对比摩阻求导数，可得到总费用最小时的比摩阻，即经济比摩阻。如下所示，总费用为

$$Z=2.78\times10^{-4}\frac{GRL(1+\alpha_j)}{\rho\eta_p}\cdot n_0j_d+10^{-6}k\pi(t_p-t_0)(1+\beta)m\frac{M_0R_0^{0.19}}{R^{0.19}}\cdot j_r+b(f_j+\omega)\frac{M_0R_0^{0.19}}{R^{0.19}} \tag{17-29}$$

令 $\mathrm{d}Z/\mathrm{d}R=0$，求最小值。得到热水网路经济比摩阻为：

$$R_j=240.52\left\{\frac{M_0R_0^{0.19}\rho\eta_p}{GL(1+\alpha_jn_0j_d)}[10^{-6}k\pi(t_p-t_0)(1+\beta)mj_r+b(f_j+\omega)]\right\}^{0.84} \tag{17-30}$$

从上式可见，热水网路的经济比摩阻与诸多因素有关，如网路的平面布置形式，热网的工作状况，设备状况以及价格等因素。

17.4 热电联产与热电分产的技术经济比较

由热电厂联合供应电能和热能称为热电联产。由凝汽式发电厂供应电能，而由区域性或分散式锅炉房供应热能，称为热电分产。在进行城市供热规划或兴建热电厂进行可行性研究时，需对热电联产和热电分产方案进行技术经济比较。其中的一项重要指标，就是要考虑在两个方案所供应的热能和电能完全相等条件下年燃料消耗量的大小。

以下简单介绍热电联产与热电分产相比所节约的燃料量的计算方法。

17.4.1 热电分产方案的燃料消耗量

1. 凝汽式电厂生产电能的煤耗率

煤耗率可用下式计算

$$b_{f(n)}=\frac{3600}{29309\eta_{ndc}}=\frac{0.123}{\eta_{gl}\eta_{gd}\eta_{jd}\eta_i} \tag{17-31}$$

式中 $b_{f(n)}$——凝汽式电厂生产电能的煤耗率［kg/（kW·h)］；

29309——标准煤的低位发热量（kJ/kg)；

η_{ndc}——凝汽式电厂的效率，$\eta_{ndc}=\eta_{gl}\eta_{gd}\eta_{jd}\eta_i$；

η_{gl}——锅炉效率，一般约为80%～90%；

η_{gd}——管道效率，一般约为98%～99%；

η_{jd}——机电效率，为汽轮机的机械效率 η_j 与发电机效率 η_d 之乘积。机

械效率与发电机效率值，一般约为96%～99%；

η_i——蒸汽式汽轮机绝对内效率，即循环热效率η_t与汽轮机的相对内效率η_{0i}的乘积。η_t值取决于热力循环的形式与初参数，一般约为20%～45%；凝汽式电厂的年消耗然热量$B_{f(n)}$为

$$B_{f(n)}=b_{f(n)}W_d \tag{17-32}$$

式中 W_d——凝汽式汽轮机的年发电量（kW·h）。

2. 区域性或分散式锅炉房生产热能的煤耗率

煤耗率可用下式计算

$$b_{f(gr)}=\frac{10^6}{29309\eta_{f(gr)}}=\frac{34.1}{\eta_{f(gr)}} \tag{17-33}$$

式中 $b_{f(gr)}$——热电分产方案中，区域性或分散式锅炉房生产热能的煤耗率（kg/GJ）；

$\eta_{f(gr)}$——区域性或分散式锅炉房的锅炉效率。

热电分产下生产热能的年消耗燃料量$B_{f(gr)}$为

$$B_{f(gr)}=b_{f(gr)}Q_{gr} \tag{17-34}$$

式中 Q_{gr}——热电分产方案的年供热量（GJ/年）。

3. 热电分产总年燃料消耗量B_f

总年燃料消耗量B_f为

$$B_f=B_{f(n)}+B_{f(gr)} \tag{17-35}$$

17.4.2 热电联产方案的燃料消耗量

1. 热电厂生产电能的煤耗率和年消耗燃料量

在装有供热汽轮机的热电厂中，电能生产的一部分由供热汽流完成，供热汽流在汽轮机做功发电后用来供热；电能生产的另一部分是由凝汽流完成。

1）供热汽流因无“冷源”损失，因而认为它的循环绝对内效率$\eta_i=100\%$。供热汽流生产电能的煤耗率可用下式表示

$$b_{l(g)}=\frac{3600}{29309\eta'_{gl}\eta'_{gd}\eta'_{jd}}=\frac{0.123}{\eta'_{gl}\eta'_{gd}\eta'_{jd}} \tag{17-36}$$

式中 $b_{l(g)}$——供热汽轮机中供热气流产生电能的煤耗率[kg/（kW·h）]；

η'_{gl}、η'_{gd}、η'_{jd}——热电厂的锅炉效率、管道效率、供热汽轮机的机电效率。通常凝汽式电厂和热电厂的几个效率，大致可取相同数值。

2）供热汽轮机中凝汽流产生的电能，取决于排向凝汽器的热量。它有“冷源损失”一项。因此，凝汽流生产电能的煤耗率可用下式表示

$$b_{l(n)}=\frac{0.123}{\eta'_{gl}\eta'_{gd}\eta'_{jd}\eta_{i(n)}} \tag{17-37}$$

式中 $b_{1(n)}$——供热汽轮机中凝汽流生产电能的煤耗率 [kg/ (kW·h)];

$\eta_{i(n)}$——供热汽轮机中凝汽流循环的绝对内效率。

3) 设热电厂中供热汽流每年所产生的电能为 $W_{1(g)}$，凝汽流每年所产生的电能为 $W_{1(n)}$，两个方案的电能相同，即 $W_d = W_{1(g)} + W_{1(n)}$。

热电厂中生产电能的年总燃料消耗量为

$$B_{1(d)} = b_{1(g)} W_{1(g)} + b_{1(n)} W_{1(n)} \tag{17-38}$$

式中 $B_{1(d)}$——热电厂生产电能的年总燃料消耗量 (kg/年)。

2. 热电厂供应热能的煤耗率和年燃料消耗量

热电厂锅炉供应热能的煤耗率为

$$b_{1(gr)} = \frac{34.1}{\eta'_{1(gr)}\eta_{rw}} \tag{17-39}$$

年燃料消耗量为

$$B_{1(gr)} = b_{1(gr)} Q_{gr} \tag{17-40}$$

式中 $b_{1(gr)}$——热电厂供应热能的煤耗率 (kg/GJ);

$\eta'_{1(gr)}$——热电厂的锅炉和管道效率，$\eta'_{1(gr)} = \eta'_{gl}\eta'_{gd}$;

η_{rw}——热网效率，一般 $\eta_{rw} = 0.92 \sim 0.95$;

$B_{1(gr)}$——热电厂供应热能的年消耗燃料量 (kg/年);

Q_{gr}——热电分产方案的年供热量 (GJ/年)。

17.4.3 节约燃料量

热电联产与热电分产相比，年节约燃料量 ΔB 为

$$\begin{aligned}\Delta B &= B_f - B_1 = (B_{f(n)} + B_{f(gr)}) - (B_{1(d)} + B_{1(gr)}) \\ &= (B_{f(n)} - B_{1(d)}) + (B_{f(gr)} - B_{1(gr)}) \\ &= (b_{f(n)} W_d - b_{1(g)} W_{1(g)} - b_{1(n)} W_{1(n)}) + (b_{f(gr)} - b_{1(gr)} Q_{gr})\end{aligned} \tag{17-41}$$

两个方案生产的电能相等，即 $W_d = W_{1(g)} + W_{1(n)}$，则有

$$\Delta B = (b_{f(n)} - b_{1(g)}) W_{1(g)} + (b_{f(n)} - b_{1(n)}) W_{1(n)} + (b_{f(gr)} - b_{1(gr)}) Q_{gr} \tag{17-42}$$

由式 (17-42) 可见，热电联产年节约的燃料量由三部分组成:

第一部分 $(b_{f(n)} - b_{1(g)}) W_{1(g)}$ 表示供热汽轮机的供热汽流生产电能 $W_{1(g)}$ 的年节约燃料量。由于供热汽流生产电能过程中没有冷源损失，$b_{f(n)} > b_{1(g)}$，因而第一部分 $(b_{f(n)} - b_{1(g)})$ $W_{1(g)}$ 总为正值。这部分的年节约燃料量表示热电厂生产电能可能达到的最大年节约燃料量。

第二部分 $(b_{f(n)} - b_{1(n)}) W_{1(n)}$ 表示供热汽轮机的凝汽流生产电能 $W_{1(n)}$ 的年节约燃料量。供热汽轮机生产电能的煤耗率 $b_{1(n)}$ 一般都高于所对比的凝汽式汽轮机生产电能的煤耗率 $b_{f(n)}$，因而这部分的数值，一般为负值。它表示供热汽轮

机凝汽汽流生产电能多消耗的燃料量。

第一部分与第二部分的代数和，就是热电厂生产电能 W_d 的年节约燃料量。

第三部分$(b_{f(gr)}-b_{l(gr)})Q_{gr}$是表示热电联产供热的年节约燃料量，它的正负可由下面条件确定

$$b_{f(gr)}-b_{l(gr)}=34.1\times\left(\frac{1}{\eta_{f(gr)}}-\frac{1}{\eta'_{l(gr)}\eta_{rw}}\right) \tag{17-43}$$

热电厂供热消耗燃料量小于区域或分散式锅炉房供热，就必须满足条件：

$$\eta'_{l(gr)}\eta_{rw}>\eta_{f(gr)} \tag{17-44}$$

在对热电联产和热电分产进行技术经济分析时，经常会采用热化系数 α 的概念，作为衡量热电联产的综合经济决策的宏观控制指标。

在热电厂供热系统中，热化系数 α 定义为：供热汽轮机抽（排）汽的最大小时供热量 $Q'_{l(g)}$ 与热电厂供热系统的设计热负荷 Q'_{max}之比值。即

$$\alpha=Q'_{l(g)}/Q'_{max} \tag{17-45}$$

在热电联产和热电分产的方案比较中，热化系数 α 值的大小，都影响到热电厂的燃料节约量和两个方案的初投资差额。

热电厂供热系统的设计热负荷一定条件下，如假定安装参数相同的供热汽轮机，提高热化系数则意味着要增大热电厂的安装容量，热电厂的单位功率投资（万元/MW）比凝汽式电厂的高，热电厂与凝汽式电厂的基建投资差额将增大，但同时尖峰热源的投资则相应地减少。

综上所述，在工程上由于考虑热化系数对两方案的初投资和年节约燃料量的综合影响，在两种方案进行技术经济分析中，通常采用节约年计算费用最大值方法，来确定经济上最佳的热化系数值。

根据我国建设热电厂的经验和理论计算：对以民用负荷为主的热电厂供热，其热化系数值宜在0.5左右；对以工业负荷为主的热电厂，由于负荷比较稳定，其热化系数值宜在0.8左右。

最后强调，所有技术经济比较中，采用的全部数据都是根据预测、估算，以及根据现状及现行价格计算的。其中对热电联产技术经济分析中，影响最重要的是对热电厂供热系统热负荷的预测，以此作为工程设计的依据。通常用热单位提供的需热量往往偏大，造成热电厂装机容量过大，基建投资增加，而且长期热电厂的热化系数过大，甚至大于1，使得供热汽流年发电量很小，而在凝汽工况运行中发电量很大，热电厂的节能效果不能发挥，甚至浪费能源。因此，预测的热负荷应尽可能准确，“以热定电”的发展热电厂的技术政策必须认真贯彻。

常用术语英汉对照表

供暖设计热负荷　design space-heating load
供暖室外计算温度　outdoor design temperature for heating
冷风渗透耗热量　heat loss by infiltration
冷风侵入耗热量　heat loss by inrush
基本耗热量　basic heat loss
附加耗热量　additional heat loss
朝向修正率　correction factor for orientation
风力附加率　additional factor for wind force
外门附加率　additional factor for exterior door
高度附加率　additional factor for room height
最小传热阻　minimum resistance of heat transfer
经济传热阻　economic resistance of heat transfer
对流供暖　convection heating
辐射供暖　panel heating
热风供暖　warm-air heating
铸铁散热器　cast iron radiator
钢制散热器　steel radiator
热水辐射供暖　hot-water radiant heating
电热辐射供暖　electric radiant heating
燃气辐射供暖　gas-fired radiant heating
低温热水地板辐射供暖　Low temperature hot water floor radiant heating
热水供暖系统　hot water heating system
单管供暖系统　one-pipe heating system
双管供暖系统　two-pipe heating system
垂直式系统　vertical heating system
水平式系统　loop circuit heating system
同程式系统　reversed return system
异程式系统　direct return system
膨胀水箱　expansion tank
自动排气阀　automatic vent

水力计算 hydraulic calculation
当量局部阻力系数 equivalent coefficient of local resistance
折算局部阻力系数 effective coefficient of local resistance
当量长度 equivalent length
折算长度 effective length
热力工况 thermodynamic condition
热力失调 thermal misadjustment
水平失调 horizontal thermal misadjustment
垂直失调 vertical thermal misadjustment
集中供热系统 centralized heat-supply system
热媒 heating medium
热源 heat source
热网 heat supply network
热用户 heat consuming installation
热水供热系统 hot water heat-suply system
直接连接 direct connection
间接连接 indirect connection
热水供应热用户 hot-water supply installation
通风系统热用户 ventilation installation
生产工艺用户 process-heating installation
枝状管网 tree-shaped heat-supply network
环状管网 ring-shaped heat-supply network
主干线 trunk main
支干线 main branch
热水网路 hot water networking
水压图 hydraulic pressure diagram
平均比摩阻 average specific frictional head loss
动水压曲线 operation pressure line
静水压曲线 static pressure line
补给水泵 make-up water pump
膨胀水箱 expansion tank
定压方式 pressurization methods
中继加压泵 Relaying pressurization pump
循环水泵 circulating pump
水力失调 hydraulic misadjustment

水力工况　hydraulic regime
水力稳定性　hydrodynamic stability
水力失调度　degree of hydraulic misadjustment
水力稳定性　hydrodynamic stability
初调节　initial adjustment
运行调节　operation regulation
供热调节　heating regulation
设计工况　design regime
运行工况　operation regime
高压蒸汽供暖系统　high-pressure steam heating system
低压蒸汽供暖系统　low-pressure steam heating system
真空蒸汽供暖系统　vacuum steam heating system
重力回水蒸汽供暖系统　gravity return steam heating system
机械回水蒸汽供暖系统　forced return steam heating system
余压回水蒸汽供暖系统　back pressure return steam heating system
上供式蒸汽供暖系统　upfeed steam heating system
中供式蒸汽供暖系统　midfeed steam heating system
下供式蒸汽供暖系统　downfeed steam heating system
单管式蒸汽供暖系统　one-pipe steam heating system
双管式蒸汽供暖系统　two-pipe steam heating system
热动力型疏水器　thermodynamic type steam trap
热静力型疏水器　thermostatic type steam trap
浮筒式疏水器　upright bucket type steam trap
蒸汽供热管网　Steam heating pipe network
蒸汽供热系统　steam heat-supply system
凝结水管网　Condense water pipe network
二次蒸发箱　the second time Distiller
凝水箱　condensate tank
水封　hydraulicefficiency seal
凝水泵　Condensate pump
凝结水回收系统　condensate return system
开式凝结水回收系统　open-type condensate return system
闭式凝结水回收系统　closed-type condensate return system
满管流　full-section pipe-flow
非满管流　partly-filled pipe-flow

区域锅炉房集中供热系统 centralized heat-supply system based upon heating plant
热电厂集中供热系统 centralized heat-supply system based upon heat-power co-generation lant
工业余热集中供热系统 centralized heat-supply system based upon industrial waste heat
地热集中供热系统 centralized heat-supply system based upon geothermal energy
单管制集中供热系统 one-pipe centralized heat-supply system
双管制集中供热系统 two-pipe centralized heat-supply system
多管制集中供热系统 multipipe centralized heat-supply system
热力站 substation
民用热力站 civil substation
工业热力站 industrial substation
用户热力站 consumer substation
小区热力站 area substation
区域性热力站 branch-line substation
表面式换热器 indirect heat exchanger
蓄热式换热器 heat-storing heat exchanger
热管式换热器 heat-pipe heat exchanger
管壳式换热器 shell-and-tube heat exchanger
汽-水换热器 steam-water type heat exchanger
水-水换热器 water-water type heat exchanger
板式换热器 plate heat exchanger
喷射装置 ejector
区域锅炉房 regional heating plant
热电厂 heat-power congeneration plant
背压式汽轮机 back-pressure turbine
抽汽式汽轮机 extraction turbine
热电联产 heat and power congeneration
基本加热器 primary calorifier
高峰加热器 peak-load calorifier
地上敷设 above-ground installation
地沟敷设 in-duct installtion
直埋敷设 directly buried installtion

操作平台 operation platform
检查室 inspection well
补偿器 compensator for thermal expansion
管道支座 pipe support
保温材料 insulation material
保温层经济厚度 economical thickness of insulating layer

附　　录

附录 A　第 1 章附录

表 A-1　辅助建筑及辅助用室冬季供暖室内计算温度

序　　号	建筑类别和用处	冬季供暖室内计算温度/℃
1	民用建筑：次要房间（走道、楼梯间、厕所）	14～16 比赛厅（不含体操）、练习厅
2	辅助建筑：淋浴室 更衣室 办公室、休息室 食堂 盥洗室、厕所 技术资料室 医务室、幼儿园	25～27 25 18～20 18 12 20～22 20

表 A-2　我国部分城市的室外气象参数

地名	供暖室外计算温度/℃	供暖期天数		极端最低温度/℃	极端最高温度℃	冬季大气压力/kPa	室外风速/(m/s)		冬季		冬季日照率(%)	最大冻土深度/cm
		日平均温度≤+5℃（+8℃）的天数					冬季最多风向平均	冬季平均	风向	频率(%)		
北京	-9	129	(149)	-27.4	40.6	102.04	4.8	2.8	CN NNW	19 13 13	67	85
天津	-9	122	(147)	-22.9	39.7	102.66	6.0	3.1	C NNW	13 13	62	69
石家庄	-8	117	(140)	-26.5	42.7	101.69	2.3	1.8	C N	32 10	68	54
太原	-12	144	(162)	-25.5	39.4	93.29	3.3	2.6	C NNW	26 13	64	77

（续）

地名	供暖室外计算温度/℃	供暖期天数 日平均温度≤+5℃（+8℃）的天数		极端最低温度/℃	极端最高温度℃	冬季大气压力/kPa	室外风速/(m/s) 冬季最多风向平均	冬季平均	冬季 风向	频率（%）	冬季日照率（%）	最大冻土深度/cm
呼和浩特	-19	171	(188)	-32.8	37.3	90.09	4.5	1.6	C NW	42 7	69	143
沈阳	-19	152	(177)	-30.6	39.3	102.08	3.2	3.1	N	17	58	148
大连	-11	132	(158)	-21.1	35.3	101.38	7.4	5.8	N	25	66	93
吉林	-25	175	(195)	-40.2	36.6	100.13	4.5	3.0	C SW	24 19	59	190
长春	-23	174	(192)	-36.5	38.0	99.4	5.1	4.2	SW	20	66	169
齐齐哈尔	-25	186	(204)	-39.5	40.1	100.46	3.0	2.8	NW	16	70	225
哈尔滨	-26	179	(198)	-38.1	36.4	100.15	4.7	3.8	S SSW	13 13	63	205
上海	-2	62	(109)	-10.1	38.9	102.51	3.8	3.1	NW WNW	14 12	43	8
南京	-3	83	(115)	-14.0	40.7	102.52	3.8	2.6	C NE	25 10	46	9
杭州	-1	61	(102)	-9.6	39.9	102.09	3.6	2.3	C NNW	18	39	—
合肥	-3	75	(109)	-20.6	41.0	102.23	3.5	2.5	C ENE	21 9	46	11
福州	6	0	(0)	-1.2	39.8	101.26	3.7	2.7	C NW	18 12	36	—
南昌	0	35	(83)	-9.3	40.6	101.88	5.4	3.8	N	29	34	—
济南	-7	106	(124)	-19.7	42.5	102.02	4.3	3.2	C ENE	16 15	61	44
郑州	-7	102	(125)	-17.9	43.0	101.28	4.3	3.4	C NE	15 14	53	27
武汉	-2	67	(105)	-18.1	39.4	102.33	4.2	2.7	NNE	19	39	10
长沙	0	45	(84)	-11.3	40.6	101.99	3.7	2.8	NW	31	27	5

（续）

地名	供暖室外计算温度/℃	供暖期天数		极端最低温度/℃	极端最高温度℃	冬季大气压力/kPa	室外风速/(m/s)		冬季		冬季日照率(%)	最大冻土深度/cm
		日平均温度≤+5℃（+8℃）的天数					冬季最多风向平均	冬季平均	风向	频率(%)		
成都	2	0	(80)	-5.9	37.3	96.32	1.8	0.9	C NNE	46 12	21	—
重庆	4	0	(32)	-1.8	42.2	99.12	2.2	1.2	C N	44 11	13	—
贵阳	-1	42	(89)	-7.8	37.5	89.75	2.6	2.2	NE	22	19	—
拉萨	-6	149	(182)	-16.5	29.4	65.00	2.4	2.2	C E	25 15	77	26
西安	-5	101	(127)	-20.6	41.7	97.87	2.7	1.8	C NE	33 13	43	45
兰州	-11	135	(160)	-21.7	39.1	85.14	2.2	0.5	C NE	69 4	61	103
西宁	-13	165	(191)	-26.6	33.5	77.51	4.3	1.7	C SE	44 22	70	134
银川	-15	149	(170)	-30.6	39.3	89.57	2.2	1.7	C N	31 11	75	103
固原	-14	162	(189)	-28.1	34.6	82.65	4.1	2.8	C NW	17 11	65	114
乌鲁木齐	-22	157	(177)	-41.5	40.5	91.99	2.5	1.7	C S	30 11	50	133
哈密	-19	138	(161)	-32.0	43.9	93.97	2.4	2.3	NE	18	74	127

表 A-3 温差修正系数 a 值

围护结构特征	a
外墙、屋顶、地面以及与室外相通的楼板等	1.00
闷顶和与室外空气相通的非供暖地下室上面的楼板等	0.90
与有外门窗的不供暖楼梯间相邻的隔墙（1~6层建筑）	0.60
与有外门窗的不供暖楼梯间相邻的隔墙（7~30层建筑）	0.50
非供暖地下室上面的楼板。外墙上有窗时	0.75
非供暖地下室上面的楼板。外墙上无窗且位于室外地坪以上时	0.60
非供暖地下室上面的楼板。外墙上无窗且位于室外地坪以下时	0.40

（续）

围护结构特征	a
与有外门窗的非供暖房间相邻的隔墙	0.70
与无外门窗的非供暖房间相邻的隔墙	0.40
伸缩缝墙、沉降缝墙	0.30
防震缝墙	0.70

表 A-4 部分常用建筑材料的热物理特性表

材料名称	密度 ρ	热导率 λ	蓄热系数 S（24h）	比热容 C
	kg/m^3	W/（m·K）	W/（m^2·K）	J/（kg·K）
一、混凝土类				
钢筋混凝土	2500	1.74	17.20	920
碎石、卵石混凝土	2300	1.51	15.36	920
膨胀矿渣珠混凝土	2000	0.77	10.49	960
加气混凝土、泡沫混凝土	700	0.22	3.56	1050
二、砂浆和砌体类				
水泥砂浆	1800	0.93	11.37	1050
石灰、水泥、砂、砂浆	1700	0.87	10.75	1050
石灰、砂、砂浆	1600	0.81	10.07	1050
保温砂浆	800	0.29	4.44	1050
重砂浆粘土砖砌体	1800	0.81	10.63	1050
轻砂浆粘土砖砌体	1700	0.76	9.96	1050
硅酸盐砖砌体	1800	0.87	11.11	1050
炉渣砖砌体	1700	0.81	10.43	1050
三、热绝缘材料类				
矿棉、岩棉、玻璃棉板	<150	0.064	0.93	1218
	150~300	0.07~0.093	0.98~1.60	1218
水泥膨胀珍珠岩	800	0.26	4.37	1176
	600	0.21	3.44	1176
	400	0.16	2.49	1176
聚苯乙烯泡沫塑料	100	0.047	0.70	1380
聚氨酯硬泡沫塑料	50	0.037	0.43	1380
四、木材、建筑板材类				
橡木、枫木（热流方向垂直木纹）	700	0.17	4.90	2510

（续）

材料名称	密度 ρ	热导率 λ	蓄热系数 S（24h）	比热容 C
	kg/m^3	W/（m·K）	W/（m^2·K）	J/（kg·K）
橡木、枫木（热流方向平行木纹）	700	0.35	6.93	2510
松、枞木、云杉（热流方向垂直木纹）	500	0.14	3.85	2510
松、枞木、云杉（热流方向平行木纹）	500	0.29	5.55	2510
胶合板	600	0.17	4.57	2510
软木板	300	0.093	1.95	1890
纤维板	1000	0.34	8.13	2510
石棉水泥隔热板	500	0.16	2.58	1050
石棉水泥板	1800	0.52	8.52	1050
石膏板	1050	0.33	5.28	1050
稻草板	300	0.13	2.33	1.68
木屑板	200	0.065	1.54	2100
五、松散材料类				
锅炉渣	1000	0.29	4.40	920
粉煤灰	1000	0.23	3.93	920
膨胀珍珠岩	120	0.07	0.84	1170
	80	0.058	0.63	1170
木屑	250	0.093	1.84	2010
干草	100	0.047	0.83	2010
六、其他材料				
夯实粘土	2000	1.16	12.99	1010
轻质粘土	1200	0.47	6.36	1010
建筑用砂	1600	0.58	8.26	1010
花岗岩、玄武岩	2800	3.49	25.49	920
大理石	2800	2.91	23.27	920
沥青油毡、油毡纸	600	0.17	3.33	1471

表 A-5　常用围护结构的传热阻 R [$m^2 \cdot K/W$] 及传热系数 K [$W/(m^2 \cdot K)$] 值

围护结构特征	厚度/mm	R	K
砖墙（无抹灰）	120	0.299	3.344
	180	0.372	2.688
	240	0.446	2.242
	370	0.607	1.647
	490	0.755	1.323
	620	0.915	1.093
砖墙（单面抹灰）	120	0.321	3.115
	180	0.395	2.532
	240	0.469	2.132
	370	0.630	1.587
	490	0.778	1.285
	620	0.938	1.066
砖墙（双面抹灰）	120	0.344	2.907
	180	0.418	2.392
	240	0.492	2.033
	370	0.653	1.531
	490	0.801	1.248
	620	0.961	1.041
空心砖墙（无抹灰）	120	0.357	2.801
	180	0.460	2.174
	240	0.564	1.773
	370	0.788	1.269
	490	0.995	1.005
	620	1.219	0.886
空心砖墙（单面抹灰）	120	0.380	2.631
	180	0.483	2.070
	240	0.587	1.704
	370	0.811	1.233
	490	1.018	0.982
	620	1.242	0.805
加气混凝土块	100	0.455	2.198
	125	0.568	1.757
	150	0.682	1.466
	175	0.795	1258
	200	0.909	1.100
	225	1.023	0.977
	250	1.136	0.880
	275	1.250	0.800
	300	1.364	0.733
	325	1.477	0.677
	350	1.591	0.629
水泥膨胀珍珠岩	40	0.250	4.000
	50	0.313	3.195
	60	0.375	2.667
	70	0.438	2.283
	80	0.500	2.000
	90	0.563	1.776
	100	0.625	1.600
	125	0.781	1.280
	150	0.938	1.066
	175	1.094	0.914
	200	1.250	0.800
	225	1.406	0.711
	250	1.563	0.640
	275	1.719	0.582
	300	1.875	0.533
	325	2.031	0.492
	350	2.188	0.457
水泥膨胀蛭石	40	0.286	3.450
	50	0.357	2.801

（续）

围护结构特征	厚度/mm	R	K
空心砖墙（双面抹灰）	120	0.403	2.481
	180	0.506	1.976
	240	0.610	1.639
	370	0.834	1.199
	490	1.041	0.961
	620	1.256	0.796
沥青膨胀珍珠岩	40	0.333	3.003
	50	0.417	2.398
	60	0.500	2.000
	70	0.583	1.715
	80	0.667	1.499
	90	0.750	1.333
	100	0.833	1.200
	125	1.042	0.960
	150	1.250	0.800
	175	1.458	0.686
	200	1.667	0.599
	225	1.875	0.533
	250	2.083	0.480
	275	2.292	0.436
	300	2.500	0.400
	325	2.708	0.340
	350	2.917	0.343
加气混凝土块	40	0.182	5.494
	50	0.227	4.405
	60	0.273	3.663
	70	0.318	3.145
	80	0.364	2.747
	90	0.409	2.445

围护结构特征		厚度/mm	R	K
水泥膨胀蛭石		60	0.429	2.331
		70	0.500	2.000
		80	0.571	1.751
		90	0.643	1.555
		100	0.714	1.401
		125	0.893	1.120
		150	1.071	0.933
		175	1.250	0.800
		200	1.429	0.700
		225	1.607	0.622
		250	1.786	0.560
		275	1.964	0.509
		300	2.143	0.467
		325	2.321	0.431
		350	2.500	0.400
钢、铝	单层窗	—	0.156	6.4
	单框双玻窗	12	0.256	3.9
		16	0.270	3.7
		20～30	0.278	3.6
	双层窗	100～140	0.333	3.0
	单层＋单框双玻窗	100～140	0.400	2.5
木、塑料	单层窗	—	0.213	4.7
	单框双玻窗	12	0.370	2.7
		16	0.385	2.6
		20～30	0.400	2.5
	双层窗	100～140	0.435	2.3
	单层＋单框双玻窗	100～140	0.500	2.0

注：1. 窗的厚度为空气间层厚度。

2. 非保温地面的传热系数和换热热阻按每2m划分一个地带采用；第一地带 $R=2.15$，$K=0.47$；第二地带 $R=4.3$，$K=0.23$；第三地带 $R=8.6$，$K=0.12$；第四地带 $R=14.2$，$K=0.07$。

表 A-6 我国部分城市渗透空气量的朝向修正系数 *n* 值

城市＼朝向	N	NE	E	SE	S	SW	W	NW
北京	1.00	0.50	0.15	0.10	0.15	0.15	0.40	1.00
天津	1.00	0.40	0.20	0.10	0.15	0.20	0.40	1.00
石家庄	1.00	0.70	0.50	0.65	0.50	0.55	0.85	0.90
太原	0.90	0.40	0.15	0.20	0.30	0.40	0.70	1.00
呼和浩特	0.70	0.25	0.10	0.15	0.20	0.15	0.70	1.00
沈阳	1.00	0.70	0.30	0.30	0.40	0.35	0.30	0.70
大连	1.00	0.70	0.15	0.10	0.15	0.15	0.15	0.70
长春	0.35	0.35	0.15	0.25	0.70	1.00	0.90	0.40
齐齐哈尔	0.95	0.70	0.25	0.25	0.40	0.40	0.70	1.00
哈尔滨	0.30	0.15	0.20	0.70	1.00	0.85	0.70	0.60
上海	0.70	0.50	0.35	0.20	0.10	0.30	0.80	1.00
南京	0.80	1.00	0.70	0.40	0.20	0.25	0.40	0.55
杭州	1.00	0.65	0.20	0.10	0.20	0.20	0.40	1.00
合肥	0.85	0.90	0.85	0.35	0.35	0.25	0.70	1.00
福州	0.75	0.60	0.25	0.25	0.20	0.15	0.70	1.00
南昌	1.00	0.70	0.25	0.10	0.10	0.10	0.10	0.70
济南	0.45	1.00	1.00	0.40	0.55	0.55	0.25	0.15
郑州	0.65	0.90	0.65	0.15	0.20	0.40	1.00	1.00
武汉	1.00	1.00	0.45	0.10	0.10	0.10	0.10	0.45
长沙	0.85	0.35	0.10	0.10	0.10	0.10	0.70	1.00
成都	1.00	1.00	0.45	0.10	0.10	0.10	0.10	0.40
重庆	1.00	0.60	0.55	0.20	0.15	0.15	0.40	1.00
贵阳	0.70	1.00	0.70	0.15	0.25	0.15	0.10	0.25
拉萨	0.15	0.45	1.00	1.00	0.40	0.40	0.40	0.25
西安	0.70	1.00	0.70	0.25	0.40	0.50	0.35	0.25
兰州	1.00	1.00	1.00	0.70	0.50	0.20	0.15	0.50
西宁	0.10	0.10	0.70	1.00	0.70	0.10	0.10	0.10
银川	1.00	0.95	0.40	0.20	0.20	0.20	0.40	1.00
固原	0.80	0.50	0.65	0.45	0.20	0.40	0.70	1.00
乌鲁木齐	0.35	0.35	0.55	0.75	1.00	0.70	0.25	0.35
哈密	0.70	1.00	1.00	0.40	0.10	0.10	0.10	0.10

表 A-7 严寒地区围护结构传热系数限值 [单位：W/（m^2·K）]

围护结构部位		体形系数≤0.3	0.3<体形系数≤0.4
屋面		≤0.35（0.45）	≤0.3（0.35）
外墙（包括非透明幕墙）、底面接触室外空气的架空或外挑楼板		≤0.45（0.5）	≤0.4（0.45）
非供暖房间与供暖房间的隔墙或楼板		≤0.6（0.8）	≤0.6（0.8）
单一朝向外墙（包括透明幕墙）	窗墙面积比≤0.2	≤3.0（3.2）	≤2.7（2.8）
	0.2<窗墙面积比≤0.3	≤2.8（2.9）	≤2.5（2.5）
	0.3<窗墙面积比≤0.4	≤2.5（2.6）	≤2.2（2.2）
	0.4<窗墙面积比≤0.5	≤2.0（2.1）	≤1.7（1.8）
	0.5<窗墙面积比≤0.7	≤1.7（1.8）	≤1.5（1.6）
屋顶透明部分		≤2.5（2.6）	

表 A-8 允许温差 Δt_y 值 （单位:℃）

建筑物及房间类别	外 墙	屋 顶
居住建筑、医院和幼儿园等	6.0	4.0
办公建筑、学校和门诊部等	6.0	4.5
公共建筑（上述指明者除外）和工业企业辅助建筑物（潮湿的房间除外）	7.0	5.5
室内空气干燥的生产厂房	10.0	8.0
室内空气湿度正常的生产厂房	8.0	7.0
室内空气潮湿的公共建筑、生产厂房及辅助建筑物： 当不允许墙和顶棚内表面结露时 当仅不允许顶棚内表面结露时	 t_n-t_l 7.0	 $0.8(t_n-t_l)$ $0.9(t_n-t_l)$
室内空气潮湿且具有腐蚀性介质的生产厂房	t_n-t_l	t_n-t_l
室内散热量大于23W/m^3，且计算相对湿度不大于50%的生产厂房	12.0	12.0

说明：1. 室内空气干湿程度的区分，根据室内温度和相对湿度确定。

2. 与室外空气相通的楼板和非供暖地下室上面的楼板，其允许温差值可采用2.5℃。

3. t_n 为冬季室内计算温度，t_l 为室内计算温度和相对湿度状况下的露点温度（℃）。

附录B 第2章附录

表B-1 一些铸铁散热器规格及其传热系数 K 值

型号	散热面积/（m^2/片）	水容量（l/片）	质量/（kg/片）	工作压力/MPa	传热系数计算式 K/[$W/m^2\cdot℃$]	热水热媒当 $\Delta t=64.5℃$ 时的 K 值/[$W/m^2\cdot℃$]	不同蒸汽表压力/MPa		
							0.03	0.07	≥0.1
TG0.28/5-4，长翼型（大60）	1.16	8	28	0.4	$K=1.743\Delta t^{0.28}$	5.59	6.12	6.27	6.36
TZ2-5-5，（M-132型）	0.24	1.32	7	0.5	$K=2.426\Delta t^{0.286}$	7.99	8.75	8.97	9.10
TZ4-6-5，（四柱760型）	0.235	1.16	6.6	0.5	$K=2.503\Delta t^{0.298}$	8.49	9.31	9.55	9.69
TZ4-5-5，（四柱640型）	0.20	1.03	5.7	0.5	$K=3.663\Delta t^{0.16}$	7.13	7.51	7.61	7.67
TZ2-5-5，（二柱700型）	0.24	1.35	6	0.5	$K=2.02\Delta t^{0.271}$	6.25	6.81	6.97	7.07
四柱813型（带腿）	0.28	1.4	8	0.5	$K=2.237\Delta t^{0.302}$	7.87	8.66	8.89	9.03
单排						5.81	6.97	6.97	7.79
双排						5.08	5.81	5.81	6.51
三排						4.65	5.23	5.23	5.81

注：1. 散热器表面喷银粉漆，明装，同侧连接上进下出。

2. 此表为密闭实验台测试数据，在实际情况下，散热器的 K 和 Q 值，比表中数值增大10%左右。

表B-2 一些钢制散热器规格及其传热系数 K 值

型号	散热面积/（m^2/片）	水容量（l/片）	质量/（kg/片）	工作压力/MPa	传热系数计算式 K/[W/（$m^2\cdot℃$）]	热水热媒当 $\Delta t=64.5℃$ 时的 K 值/[$W/m^2\cdot℃$]	备注
钢制柱式散热器 600×800	0.15	1	2.2	0.8	$K=2.489\Delta t^{0.3069}$	8.94	钢板厚1.5mm，表面涂调和漆
钢制板式散热器 600×1000	2.75	4.6	18.4	0.8	$K=2.5\Delta t^{0.239}$	6.76	钢板厚1.5mm，表面涂调和漆
钢制扁管散热器							

（续）

型 号	散热面积/（m^2/片）	水容量（l/片）	质量（kg/片）	工作压力/MPa	传热系数计算式 K/[W/（m^2·℃）]	热水热媒当 $\Delta t=64.5$℃时的 K 值/[W/m^2·℃]	备 注
单板 520×1000	1.151	15.1	15.1	0.6	$K=3.53\Delta t^{0.235}$	9.4	钢板厚 1.5mm，表面涂调和漆
单板带对流片 624×1000	5.55	27.4	27.4	0.6	$K=1.23\Delta t^{0.246}$	3.4	钢板厚 1.5mm，表面涂调和漆

型 号	散热面积/（m^2/m）	水容量/（L/m）	质量（kg/m）	工作压力/MPa	传热系数计算式 K/[W/（m^2·℃）]	热水热媒当 $\Delta t=64.5$℃	备 注
闭式钢串片散热片 150×80	3.15	1.05	10.5	1.0	$K=2.07\Delta t^{0.14}$	3.71	相应流量 $G=$ 50kg/h 时的工况
240×100	5.72	1.47	17.4	1.0	$K=1.30\Delta t^{0.18}$	2.75	相应流量 $G=$ 150kg/h 时的工况
500×90	7.44	2.50	30.5	1.0	$K=1.88\Delta t^{0.11}$	2.97	相应流量 $G=$ 250kg/h 时的工况

表 B-3 各层楼梯间散热器的分配（%）

建筑物总层数	计算层数					
	1	2	3	4	5	6
2	65	35				
3	50	30	20			
4	50	30	20			
5	50	25	15	10		
6	50	20	15	15		
7	45	20	15	10	10	
8	40	20	15	10	10	5

表 B-4 散热器组装片数修正系数 β_1

每组片数	<6	6~10	11~20	>20
β_1	0.95	1.00	1.05	1.10

注：本表仅适用于各种柱型散热器，见产品说明。

表 B-5　散热器连接方式修正系数 β_2

连接形式	同侧上进下出	异侧上进下出	异侧下进上出	异侧下进上出	同侧下进上出
四柱 813 型	1.0	1.004	1.239	1.422	1.426
M-132 型	1.0	1.009	1.251	1.386	1.396
长翼型（大 60）	1.0	1.009	1.225	1.331	1.369

表 B-6　散热器安装形式修正系数 β_3

装置示意	装置说明	系数 β_3
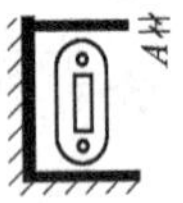	散热器安装在墙面上加盖板	当　$A=40\text{mm}$，$\beta_3=1.05$ $A=80\text{mm}$，$\beta_3=1.03$ $A=100\text{mm}$，$\beta_3=1.02$
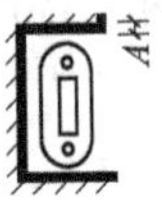	散热器装在墙龛内	当　$A=40\text{mm}$，$\beta_3=1.11$ $A=80\text{mm}$，$\beta_3=1.07$ $A=100\text{mm}$，$\beta_3=1.06$
	散热器安装在墙面，外面有罩。罩子上面及前面之下有空气流通孔	当　$A=260\text{mm}$，$\beta_3=1.12$ $A=220\text{mm}$，$\beta_3=1.13$ $A=180\text{mm}$，$\beta_3=1.19$
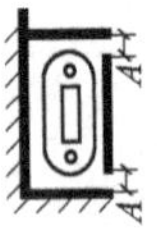	散热器安装形式同前，但空气流通孔开在罩子前面上下两端	当　$A=130\text{mm}$，孔口敞开 $\beta_3=1.2$ 孔口有格栅式网状物盖着 $\beta_3=1.4$
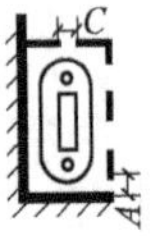	安装形式同前，但罩子上面空气流通孔宽度 C 不小于散热器的宽度，罩子前面下端的孔口高度不小于 100mm，其他部分为格栅	当　$A=100\text{mm}$，$\beta_3=1.15$
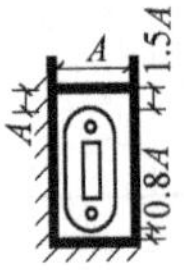	安装形式同前，空气流通口开在罩子前面上下两端，其宽度如图	$\beta_3=1.0$
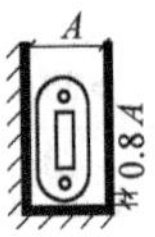	散热器用挡板挡住，挡板下端有空气流通口，其高度为 0.8A	$\beta_3=0.9$

表 B-7 输送热介质的塑料类管材使用条件分级

使用条件等级	正常操作温度		最大操作温度		异常温度		典型应用范围
	℃	时间/Y	℃	时间/Y	℃	时间/h	举 例
应力安全系数	1.5		1.3		1.0		
1	60	49	80	1	95	100	供60℃热水
2	70	49	80	1	95	100	供70℃热水
3	30 40	20 25.5	50	4.5	65	100	低温参数的 地板辐射供热
4	40 60 20	20 25 2.5	70	2.5	100	100	地板辐射供热
5	60 80 20	25 10 14	90	1	100	100	85℃/60℃ 散热器供暖
(5A)	90 80 70 20	7.2 5.5 6 29.6	95	1.7	100	100	95℃/70℃ 散热器供暖

注：1～5 级是根据国际标准 ISO/10508：1995 推荐的方法，按欧洲奥、德、法地区典型使用条件的分级，3 级已一般不被采用。5A 级为北京市建筑设计研究院根据北京地区气象资料，针对热媒设计供水温度 95℃的系统，提出的一组数据。

表 B-8 PE-X 管材在不同使用条件分级对应的管径最小壁厚

使用条件级别	1 级（σ_D =3.85）				2 级（σ_D =3.54）			
系统工作压力 p_D（MPa）	0.4	0.6	0.8	1.0	0.4	0.6	0.8	1.0
管材的 $S_{CALC.MAX}$值	7.6	6.4	4.8	3.8	7.6	5.9	4.4	3.5
应选的管材系列	S6.3	S6.3	S4	S3.2	S6.3	S5	S4	S3.2
管材公称直径 *DN*/mm	应选的最小管壁厚度/mm							
16	1.3	1.3	1.8	2.2	1.3	1.5	1.8	2.2
20	1.5	1.5	2.3	2.8	1.5	1.9	2.3	2.8
25	1.9	1.9	2.8	3.5	1.9	2.3	2.8	3.5
32	2.4	2.4	3.6	4.4	2.4	2.9	3.6	4.4
使用条件级别	4 级（σ_D =4.00）				5 级（σ_D =3.24）			
系统工作压力 p_D（MPa）	0.4	0.6	0.8	1.0	0.4	0.6	0.8	1.0
管材的 $S_{CALC.MAX}$值	7.6	6.6	5.0	4.0	7.6	6.4	4.8	3.8
应选的管材系列	S6.3	S6.3	S5	S4	S6.3	S5	S4	S3.2

（续）

使用条件级别	1级（$\sigma_D=3.85$）				2级（$\sigma_D=3.54$）			
管材公称直径 DN/mm	应选的最小管壁厚度/mm							
16	1.3	1.3	1.5	1.8	1.3	1.5	1.8	2.2
20	1.5	1.5	1.9	2.3	1.5	1.9	2.3	2.8
25	1.9	1.9	2.3	2.8	1.9	2.3	2.8	3.5
32	2.4	2.4	2.9	3.6	2.4	2.9	3.6	4.4

表 B-9　PE-X 管的单位地面面积散热量和向下层房间或土壤的传热损失（W/m^2）

地面层为水泥、陶瓷砖、水磨石或石料，热阻 $R=0.02$（$m^2 \cdot K/W$）

平均水温	室内空气温度	加热管间距/mm									
		300		250		200		150		100	
/℃	/℃	散热量	热损失	散热量	热损失	散热量	热损失	散热量	热损失	散热量	热损失
35	16	84.7	23.8	92.5	24.0	100.5	24.6	108.9	24.8	116.6	24.8
	18	76.4	21.7	83.3	22.0	90.4	22.6	97.9	22.7	104.7	22.7
	20	68.0	19.9	74.0	20.2	80.4	20.5	87.1	20.5	93.1	20.5
	22	59.7	17.7	65.0	18.0	70.5	18.4	76.3	18.4	81.5	18.4
	24	51.6	15.6	56.1	15.7	60.7	15.7	65.7	15.7	70.1	15.7
40	16	108.0	29.7	118.1	29.8	128.7	30.5	139.6	30.8	149.7	30.8
	18	99.5	27.4	108.7	27.9	118.4	28.5	128.4	28.7	137.6	28.7
	20	91.0	25.4	99.4	25.7	108.1	26.5	117.3	26.7	125.6	26.7
	22	82.5	23.8	90.0	23.9	97.9	24.4	106.2	24.6	113.7	24.6
	24	74.2	21.3	80.9	21.5	87.8	22.4	95.2	22.4	101.9	22.4
45	16	131.8	35.5	144.4	35.5	157.5	36.5	171.2	36.8	183.9	36.8
	18	123.3	33.2	134.8	33.9	147.0	34.5	159.8	34.8	171.6	34.8
	20	114.5	31.7	125.3	32.0	136.6	32.4	148.5	32.7	159.3	32.7
	22	106.0	29.4	115.8	29.8	126.2	30.4	137.1	30.7	147.1	30.7
	24	97.3	27.6	106.5	27.3	115.9	28.4	125.9	28.6	134.9	28.6
50	16	156.1	41.4	171.1	41.7	187.0	42.5	203.6	42.9	218.9	42.9
	18	147.4	39.2	161.5	39.5	176.4	40.5	192.0	40.9	206.4	40.9
	20	138.6	37.3	151.9	37.5	165.8	38.5	180.5	38.9	194.0	38.9
	22	130.0	35.2	142.3	35.6	155.3	36.5	168.9	36.8	181.5	36.8
	24	121.2	33.4	132.7	33.7	144.8	34.4	157.5	34.7	169.1	34.7
55	16	180.8	47.1	198.3	47.8	217.0	48.6	236.5	49.1	254.8	49.1
	18	172.0	45.2	188.7	45.6	206.3	46.6	224.9	47.1	242.0	47.1

（续）

平均水温	室内空气温度	加热管间距/mm									
		300		250		200		150		100	
/℃	/℃	散热量	热损失	散热量	热损失	散热量	热损失	散热量	热损失	散热量	热损失
55	20	163.1	43.3	178.9	43.8	195.6	44.6	213.2	45.0	229.4	45.0
	22	154.3	41.4	169.3	41.5	185.0	42.5	201.5	43.0	216.9	43.0
	24	145.5	39.4	159.6	39.5	174.3	40.5	189.9	40.9	204.3	40.9

注：计算条件：加热管公称外径为20mm、填充层厚度为50mm、聚苯乙烯泡沫塑料绝热层厚度20mm、供回水温差10℃。

附录C　第3章附录

表C-1　水在各种温度下的密度ρ（压力100kPa时）

温度/℃	密度/（kg/m³）	温度/℃	密度/（kg/m³）	温度/℃	密度/（kg/m³）	温度/℃	密度/（kg/m³）
0	999.8	58	984.25	76	974.29	94	962.61
10	999.73	60	983.24	78	973.07	95	961.92
20	998.23	62	982.20	80	971.83	97	960.51
30	995.67	64	981.13	82	970.57	100	958.38
40	992.24	66	980.05	84	969.30		
50	988.07	68	978.94	86	968.00		
52	987.15	70	977.81	88	966.68		
54	986.21	72	976.66	90	965.34		
56	985.25	74	975.48	92	963.99		

表C-2　在自然循环上供下回双管热水供暖系统中，水在管路内冷却而产生的附加压力　（单位：Pa）

系统的水平距离/m	锅炉到散热器的高度/m	自总立管至计算立管之间的水平距离/m					
		<10	10~20	20~30	30~50	50~75	75~100
1	2	3	4	5	6	7	8
未保温的明装立管							
（1）1层或2层的房屋							
25以下	7以下	100	100	150	—	—	—
25~50	7以下	100	100	150	200	—	—
50~75	7以下	100	100	150	150	200	—
75~100	7以下	100	100	150	150	200	250

（续）

系统的水平距离/m	锅炉到散热器的高度/m	自总立管至计算立管之间的水平距离/m					
		<10	10~20	20~30	30~50	50~75	75~100
1	2	3	4	5	6	7	8
（2）3层或4层的房屋							
25以下	15以下	250	250	250	—	—	—
25~50	15以下	250	250	300	350	—	—
50~75	15以下	250	250	250	300	350	—
75~100	15以下	250	250	250	300	350	400
（3）高于4层的房屋							
25以下	7以下	450	500	550	—	—	—
25以下	大于7	300	350	450	—	—	—
25~50	7以下	550	600	650	750	—	—
25~50	大于7	400	450	500	550	—	—
50~75	7以下	550	550	600	650	750	—
50~75	大于7	400	400	450	500	550	—
75~100	7以下	550	550	550	600	650	700
75~100	大于7	400	400	400	450	500	650
未保温的暗装立管							
（1）1层或2层的房屋							
25以下	7以下	80	100	130	—	—	—
25~50	7以下	80	80	130	150	—	—
50~75	7以下	80	80	100	130	180	—
75~100	7以下	80	80	80	130	180	230
（2）3层或4层的房屋							
25以下	15以下	180	200	280	—	—	—
25~50	15以下	180	200	250	300	—	—
50~75	15以下	150	180	200	250	300	—
75~100	15以下	150	150	180	230	280	330
（3）高于4层的房屋							
25以下	7以下	300	350	380	—	—	—
25以下	大于7	200	250	300	—	—	—
25~50	7以下	350	400	430	530	—	—
25~50	大于7	250	300	330	380	—	—
50~75	7以下	350	350	400	430	530	—
50~75	大于7	250	250	300	330	380	—
75~100	7以下	350	350	380	400	480	530
75~100	大于7	250	260	280	300	350	450

注：1. 在下供下回式系统中，不计算水在管路中冷却而产生的附加作用压力值。

2. 在单管式系统中，附加值采用本附录所示的相应值的50%。

表 C-3　每供给 1kW 热量系统设备的水容积 V_c

系统的水平距离/m	锅炉到散热器的高度/m	自总立管至计算立管之间的水平距离/m					
		<10	10~20	20~30	30~50	50~75	75~100
1	2	3	4	5	6	7	8

供暖系统设备和附件	V_c/L	供暖系统设备和附件	V_c/L
锅炉设备		KZG1.5—8	4.1
KZG1—8	4.7	KZG^{-8}_{-13}	3.7
SHZ2—13A	4.0		
KZL4—13	3.0	KZFH2—8—1	4.0
SZP6.5—13	2.0	KZZ4—13	3.0
SZP10—13	1.6	SZP10—13	2.0
PSG120—8/130	1.4	RSG60—8/130—1	1.4
散热器			
长翼型（大 60）	16.6	长翼型（小 60）	17.2
长翼型（40 型）	15.1	方翼型（TF 系列）	3.97
圆翼型（D75）	7.59	M—132 型	9.49
四柱 813 型	8.8	六柱 760 型	8.3
四柱 640 型	8.37	四柱 460 型	8.88
四细柱 500 型	5.1	四细柱 600 型	5.2
四细柱 700 型	5.2	四细柱 700 型	5.2
弯肋型	7.03	辐射对流型（TFD_2）	5.24
钢串片	3.6	钢柱	14.5
扁管	4.8	板式	4.1
管道系统 室内机械循环管路	7.8	室内自然循环管路	15.6
		室外机械循环管路	5.9

注：1. 该表按低温水热水供暖系统估算的。
2. 室外管网与锅炉的水容量，最好按实际设计情况，确定总水容量。

附录 D　第 4 章附录

表 D-1　热水供暖系统水力计算表（t_g = 95℃，t_h = 70℃，K = 0.2mm）

公称直径/mm	15		20		25		32		40		50		70	
内径/mm	15.75		21.5		27.00		35.75		41.00		53.00		68.00	
G	R	v	R	v	R	v	R	v	R	v	R	v	R	v
30	2.64	0.04												

（续）

公称直径/mm	15		20		25		32		40		50		70	
内径/mm	15.75		21.5		27.00		35.75		41.00		53.00		68.00	
G	R	v	R	v	R	v	R	v	R	v	R	v	R	v
34	2.99	0.05												
40	3.52	0.06												
42	6.78	0.06												
48	8.6	0.07												
50	9.25	0.07	1.33	0.04										
52	9.92	0.08	1.38	0.04										
54	10.62	0.08	1.43	0.04										
56	11.34	0.08	1.49	0.04										
60	12.84	0.09	2.93	0.05										
70	16.99	0.10	3.85	0.06										
80	21.68	0.12	4.88	0.06										
82	22.69	0.12	5.10	0.07										
84	23.71	0.12	5.33	0.07										
90	26.93	0.13	6.03	0.07										
100	32.72	0.15	7.29	0.08	2.24	0.05								
105	35.82	0.15	7.96	0.08	2.45	0.05								
110	39.05	0.16	8.66	0.09	2.66	0.05								
120	45.93	0.17	10.15	0.10	3.10	0.06								
125	49.57	0.18	10.93	0.10	3.34	0.06								
130	53.35	0.19	11.74	0.10	3.53	0.06								
135	57.27	0.20	12.58	0.11	3.83	0.07								
140	61.32	0.20	13.45	0.11	4.09	0.07	1.04	0.04						
160	78.87	0.23	17.19	0.13	5.20	0.08	1.31	0.05						
180	98.59	0.26	21.38	0.14	6.44	0.09	1.61	0.05						
200	120.48	0.29	26.01	0.16	7.80	0.10	1.95	0.06						
220	144.52	0.32	31.08	0.18	9.29	0.11	2.31	0.06						
240	170.73	0.35	36.58	0.19	10.90	0.12	2.70	0.07						
260	199.09	0.38	42.52	0.21	12.64	0.13	3.12	0.07						
270	214.08	0.39	45.66	0.22	13.55	0.13	3.34	0.08						

（续）

公称直径/mm	15		20		25		32		40		50		70	
内径/mm	15.75		21.5		27.00		35.75		41.00		53.00		68.00	
G	R	v	R	v	R	v	R	v	R	v	R	v	R	v
280	229.61	0.41	48.91	0.22	14.50	0.14	3.57	0.08	1.82	0.06				
300	262.29	0.44	55.72	0.24	16.48	0.15	4.05	0.08	2.06	0.06				
400	458.07	0.58	96.37	0.32	28.23	0.20	6.85	0.11	3.46	0.09				
500			147.91	0.40	43.03	0.25	10.35	0.14	5.21	0.11				
520			159.53	0.41	46.36	0.26	11.13	0.15	5.60	0.11	1.57	0.07		
560			184.07	0.45	53.38	0.28	12.78	0.16	6.42	0.12	1.79	0.07		
600			210.35	0.48	60.89	0.30	14.54	0.17	7.29	0.13	2.03	0.08		
700			283.67	0.56	81.79	0.35	19.43	0.20	9.71	0.15	2.69	0.09		
760			332.89	0.61	95.79	0.38	22.69	0.21	11.33	0.16	3.13	0.10		
780			350.17	0.62	100.71	0.38	23.83	0.22	11.89	0.17	3.28	0.10		
800			367.88	0.64	105.74	0.39	25.00	0.23	12.47	0.17	3.44	0.10		
900			462.97	0.72	132.72	0.44	31.25	0.25	15.56	0.19	4.27	0.12	1.24	0.07
1000			568.94	0.80	162.75	0.49	38.20	0.28	18.98	0.21	5.19	0.13	1.50	0.08
1050			626.01	0.84	178.90	0.52	41.93	0.30	20.81	0.22	5.69	0.13	1.64	0.08
1100			685.79	0.88	195.81	0.54	45.83	0.31	22.73	0.24	6.20	0.14	1.79	0.09
1200			813.52	0.96	231.92	0.59	54.14	0.34	26.81	0.26	7.29	0.15	2.10	0.09
1250			881.47	1.00	251.11	0.62	58.55	0.35	28.98	0.27	7.87	0.16	2.26	0.10
1300					271.06	0.64	63.14	0.37	31.23	0.28	8.47	0.17	2.43	0.10
1400					313.24	0.69	72.82	0.39	35.98	0.30	9.74	0.18	2.79	0.11
1600					406.71	0.79	94.24	0.45	46.47	0.34	12.52	0.20	3.57	0.12
1800					512.34	0.89	118.39	0.51	58.28	0.39	15.65	0.23	4.44	0.14
2000					630.11	0.99	145.28	0.56	71.42	0.43	19.12	0.26	5.41	0.16
2200							174.91	0.62	85.88	0.47	22.92	0.28	6.47	0.17
2400							207.26	0.68	101.66	0.51	27.07	0.31	7.62	0.19
2500							224.47	0.70	110.04	0.53	29.28	0.32	8.23	0.19
2600							242.35	0.73	118.76	0.56	31.56	0.33	8.86	0.20
2800							280.18	0.79	137.19	0.60	36.39	0.36	10.2	0.22

注：1. 本表按采暖季平均水温 $t=60$℃，相应的密度 $\rho=983.248\text{kg/m}^3$。

2. 表中符号：G—管段热水流量，kg/h；R—比摩阻，Pa/m；v—水流速，m/s。

表 D-2 热水及蒸汽供暖系统局部阻力系数 ζ 值

局部阻力名称	ζ	说明	局部阻力系数	在下列管径（DN/mm）时的 ζ 值					
				15	20	25	32	40	>50
双柱散热器	2.0	以热媒在管中的流速计算局部阻力	截止阀	16.0	10.0	9.0	9.0	8.0	7.0
铸铁锅炉	2.5		旋塞	4.0	2.0	2.0	2.0		
钢制锅炉	2.0		斜杆截止阀	3.0	3.0	3.0	2.5	2.5	2.0
突然扩大	1.0	以其中较大的流速计算局部阻力	闸阀	1.5	0.5	0.5	0.5	0.5	0.5
突然缩小	0.5		弯头	2.0	2.0	1.5	1.5	1.0	1.0
直流三通（图①）	1.0		90°煨弯及乙字弯	1.5	1.5	1.0	1.0	0.5	0.5
旁流三通（图②）	1.5		括弯（图⑥）	3.0	2.0	2.0	2.0	2.0	2.0
合流三通（图③）	3.0	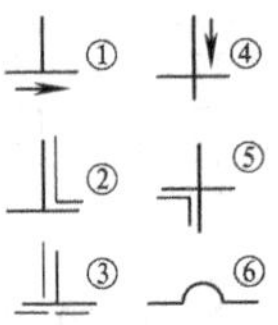	急弯双弯头	2.0	2.0	2.0	2.0	2.0	2.0
分流三通									
直流四通（图④）	2.0		缓弯双弯头	1.0	1.0	1.0	1.0	1.0	1.0
分流四通（图⑤）	3.0								
方形补偿器	2.0								
套管补偿器	0.5								

表 D-3 热水供暖系统局部阻力系数 $\zeta=1$ 的局部损失（动压头）值

$$\Delta p_d=\rho v^2/2\ (\mathrm{Pa})$$

v	Δp_d	v	Δp_d	v	Δp_d	v	Δp_d	v	Δp_d	v	Δp_d
0.01	0.05	0.13	8.31	0.25	30.73	0.37	67.30	0.49	118.04	0.61	182.93
0.02	0.2	0.14	9.64	0.26	33.23	0.38	70.99	0.50	122.91	0.62	188.98
0.03	0.44	0.15	11.06	0.27	35.84	0.39	74.78	0.51	127.87	0.65	207.71
0.04	0.79	0.16	12.59	0.28	38.54	0.40	78.66	0.52	132.94	0.68	227.33
0.05	1.23	0.17	14.21	0.29	41.35	0.41	82.64	0.53	138.10	0.71	247.83
0.06	1.77	0.18	15.93	0.30	44.25	0.42	86.72	0.54	143.36	0.74	269.21
0.07	2.41	0.19	17.75	0.31	47.25	0.43	90.90	0.55	148.72	0.77	291.48
0.08	3.15	0.20	19.66	0.32	50.34	0.44	95.18	0.56	154.17	0.8	314.64
0.09	3.98	0.21	21.68	0.33	53.54	0.45	99.55	0.57	159.73	0.85	355.20
0.10	4.92	0.22	23.79	0.34	56.83	0.46	104.03	0.58	165.38	0.9	398.22
0.11	5.95	0.23	26.01	0.35	60.22	0.47	108.6	0.59	171.13	0.95	443.70
0.12	7.08	0.24	28.32	0.36	63.71	0.48	113.27	0.60	176.98	1.0	491.62

注：本表按 $t_g=95℃$，$t_h=70℃$，整个采暖季的平均水温 $t\approx60℃$，相应水的密度 $\rho=983.284\mathrm{kg/m^3}$ 编制。

表 D-4　一些管径的 λ/d 值和 A 值

公称直径/mm	15	20	25	32	40	50	70	89×3.5	108×4
外径/mm	21.25	26.75	33.5	42.25	48	60	75.5	89	108
内径/mm	15.75	21.25	27	35.75	41	53	68	82	100
λ/d 值（1/m）	2.6	1.8	1.3	0.9	0.76	0.54	0.4	0.31	0.24
A 值 Pa/（kg/h）^{2}	1.03×10^{-3}	3.12×10^{-4}	1.2×10^{-4}	3.89×10^{-4}	2.25×10^{-4}	8.06×10^{-4}	2.97×10^{-4}	1.41×10^{-4}	6.36×10^{-4}

注：本表按 $t'_g=95℃$，$t'_h=70℃$，整个采暖季的平均水温 $t\approx60℃$，相应水的密度 $\rho=983.284kg/m^3$ 编制

表 D-5　按 $\zeta_{zh}=1$ 确定热水供暖系统管段阻力损失的管径计算表

项　目	公称直径 DN/mm									流速	阻力损失
	15	20	25	32	40	50	70	80	100	v/（m/s）	Δp/Pa
水流量 G/（kg/h）	76	138	223	391	514	859	1415	2054	3059	0.11	5.95
	83	151	243	427	581	937	1544	2241	3336	0.12	7.08
	90	163	263	462	608	1015	1628	2423	3615	0.13	8.31
	97	176	283	498	655	1094	1802	2615	3893	0.14	9.64
	104	188	304	533	701	1171	1930	2801	4170	0.15	11.06
	111	201	324	569	748	1250	2059	2988	4449	0.16	12.59
	117	213	344	604	795	1328	2187	3175	4727	0.17	14.21
	124	226	364	640	841	1406	2316	3361	5005	0.18	15.93
	131	239	385	675	888	1484	2445	3548	5283	0.19	17.75
	138	251	405	711	935	1562	2573	3734	5560	0.20	19.66
	145	264	425	747	982	1640	2702	3921	5838	0.21	21.68
	152	276	445	782	1028	1718	2830	4108	6116	0.22	23.79
	159	289	466	818	1075	1796	2959	4295	6395	0.23	26.01
	166	301	486	853	1122	1874	3088	4482	6673	0.24	28.32
	173	314	506	889	1169	1953	3217	4668	6951	0.25	30.73
	180	326	526	924	1215	2030	3345	4855	7228	0.26	33.23
	187	339	547	960	1262	2109	3474	5042	7507	0.27	35.84
	193	351	567	995	1309	2187	3602	5228	7784	0.28	38.54
	200	364	587	1031	1356	2265	3731	5415	8063	0.29	41.35
	207	377	607	1067	1402	2343	3860	5602	8341	0.30	44.25
	214	389	627	1102	1449	2421	3989	5789	8619	0.31	47.25
	221	402	648	1138	1496	2499	4117	5975	8897	0.32	50.34

（续）

项目	公称直径 DN/mm									流速	阻力损失
	15	20	25	32	40	50	70	80	100	v/（m/s）	Δp/Pa
水流量 G /（kg/h）	228	414	668	1173	1543	2577	4246	6162	9175	0.33	53.54
	235	427	688	1209	1589	2655	4374	6349	9453	0.34	56.83
	242	439	708	1244	1636	2733	4503	6535	9731	0.35	60.22
	249	452	729	1280	1683	2811	4632	6722	10009	0.36	63.71
	256	464	749	1315	1729	2890	4760	6909	10287	0.37	67.30
	263	477	769	1351	1766	2968	4889	7096	10565	0.38	70.99
	276	502	810	1422	1870	3124	5146	7469	11121	0.40	78.66
	290	527	850	1493	1963	3280	5404	7842	11677	0.42	86.72
	304	552	891	1564	2057	3436	5661	8216	12233	0.44	95.18
	318	577	931	1635	2150	3593	5918	8590	12789	0.46	104.03
	332	603	972	1706	2244	3749	6176	8963	13345	0.48	113.27
	345	628	1012	1778	2337	3905	6433	9336	13902	0.50	122.91
	380	690	1113	1955	2571	4296	7076	10270	15292	0.55	148.72
	415	753	1214	2133	2805	4686	7719	11203	16681	0.60	176.98
	449	816	1316	2311	3038	5076	8363	12137	18072	0.65	207.71
	484	879	1417	2489	3272	5467	9006	13071	19462	0.70	240.90
		1004	1619	2844	3740	6248	10293	14938	22242	0.80	314.64
				3200	4207	7029	11579	16806	25023	0.90	398.22
						7810	12866	18673	27803	1.00	491.62
								22407	33363	1.20	707.94

表 D-6 供暖系统中摩擦损失与局部损失的概略分配比例 α（%）

供暖系统形式	摩擦损失	局部损失
重力循环热水供暖系统	50	50
机械循环热水供暖系统	50	50
低压蒸汽供暖系统	60	40
高压蒸汽供暖系统	80	20
室内高压凝水管路系统	80	20

表 D-7　单管顺流式热水供暖系统立管的 ζ_{zh} 值

层数	单向连接立管管径/mm				双向连接立管管径/mm							
					15	10		25			32	
					散热器支管直径/mm							
	15	20	25	32	15	15	20	15	20	25	20	32
（一）整根立管的折算阻力系统 ζ_{zh} 值（立管两端安装闸阀）												
3	77	63.7	48.7	43.1	48.4	72.7	38.2	141.7	52.0	30.4	115.1	48.8
4	97.4	80.6	51.1	54.1	59.3	92.6	46.6	185.4	65.8	37.0	150.1	61.7
5	117.9	97.5	74.1	65.0	70.3	112.5	55.0	229.1	79.6	43.6	185.0	74.5
6	138.3	114.5	86.9	76.0	81.2	132.5	63.5	272.9	93.5	50.3	220.0	87.4
7	158.8	131.4	99.6	86.9	92.2	152.4	71.9	316.6	107.3	56.9	254.9	100.2
8	179.2	148.3	112.3	97.9	103.1	172.3	80.3	360.3	121.1	63.5	290.0	113.1
（二）整根立管的折算阻力系统 ζ_{zh} 值（立管两端安装截止阀）												
3	106	827	65.7	601	77.4	91.7	57.2	158.7	69.0	47.4	132.1	65.8
4	126.4	99.6	78.4	71.1	88.3	111.6	65.6	202.4	82.8	54	167.1	78.7
5	146.9	116.5	91.1	82.0	99.3	131.5	74.0	246.1	96.6	60.6	202	91.5
6	167.3	133.5	103.9	93.0	110.2	151.5	82.5	289.9	110.5	67.3	237	104.4
7	187.8	150.4	116.6	103.9	121.2	171.4	90.9	333.6	124.3	73.9	271.9	117.2
8	208.2	167.3	129.3	114.9	132.1	191.3	99.3	377.3	138.1	80.5	307	130.1

注：1. 编制本表条件：建筑物层高为 3.0m，回水干管敷设在地沟内。

2. 计算举例：如以三层楼 $d_1\times d_z=20\times15$ 为例。

层立管之间长度为（3.0 − 0.6）m = 2.4m，层立管的当量阻力系数 $\zeta_{zl}=\frac{\lambda_1}{d_1}\cdot l_1+\sum\zeta_1=1.8\times2.4+0=4.32$。设 n 为建筑物层数，ζ_0 代表散热器及其支管的当量阻力系数。ζ'_0 代表立管与供、回水干管连接部分的当量阻力系数，则整根立管的折算阻力系数 ζ_{zh} 为：$\zeta_{zh}=n\zeta_0+n\zeta_{0.1}+\zeta'_0=3\times15.6+3\times4.32+12.9=72.7$。

表 D-8　塑料管及铝塑复合管水力计算表

比摩阻 R /（Pa/m）	管内径 d_i/管外径 d_w/mm					
	12/16		16/20		20/25	
	流速 v/（m/s）	流量 G/（kg/h）	流速 v/（m/s）	流量 G/（kg/h）	流速 v/（m/s）	流量 G/（kg/h）
0.51	—	—	0.010	6.64	0.010	11.25
1.03	0.010	3.95	0.020	13.27	0.020	22.50

（续）

比摩阻 R /（Pa/m）	管内径 d_i/管外径 d_w/mm					
	12/16		16/20		20/25	
	流速 v/（m/s）	流量 G/（kg/h）	流速 v/（m/s）	流量 G/（kg/h）	流速 v/（m/s）	流量 G/（kg/h）
2.06	0.020	7.90	0.030	19.91	0.030	33.74
4.12	0.030	11.84	0.040	26.55	0.050	56.24
6.17	0.040	15.79	0.060	39.82	0.070	78.73
8.23	0.050	19.74	0.070	46.46	0.080	89.98
10.30	0.060	23.69	0.080	53.10	0.100	112.48
20.60	0.100	39.48	0.120	79.64	0.150	168.71
41.19	0.150	59.22	0.180	119.47	0.220	247.45
61.78	0.190	75.02	0.230	152.65	0.280	314.93
82.37	0.220	86.86	0.270	179.20	0.330	371.17
102.96	0.250	98.71	0.310	205.75	0.370	416.16
123.56	0.280	110.55	0.340	225.66	0.410	461.15
144.15	0.310	122.40	0.370	245.57	0.450	506.14
164.75	0.330	130.29	0.400	265.48	0.480	539.88
185.35	0.350	138.19	0.430	285.39	0.520	584.87
205.94	0.380	150.03	0.450	298.67	0.550	618.62
226.53	0.400	157.93	0.480	318.58	0.580	652.36
247.13	0.420	165.83	0.500	331.85	0.600	674.85
267.72	0.440	173.72	0.520	345.13	0.630	708.60
288.31	0.450	177.67	0.550	365.04	0.660	742.34
308.91	0.470	185.57	0.570	378.31	0.680	764.83
329.50	0.490	193.47	0.590	391.58	0.710	798.58
350.09	0.510	201.36	0.610	404.86	0.730	821.07
370.69	0.520	205.31	0.630	418.13	0.760	854.81
391.28	0.540	231.21	0.650	431.41	0.780	877.31
411.87	0.560	221.10	0.670	444.68	0.800	899.80
432.47	0.570	225.05	0.690	457.95	0.820	922.30
453.06	0.590	232.95	0.700	464.59	0.840	944.79
473.66	0.600	236.90	0.720	477.87	0.870	978.54
494.26	0.610	240.84	0.740	491.14	0.890	1001.03
514.85	0.630	248.74	0.750	497.78	0.910	1023.53

（续）

比摩阻 R /（Pa/m）	管内径 d_i/管外径 d_w/mm					
	12/16		16/20		20/25	
	流速 v/（m/s）	流量 G/（kg/h）	流速 v/（m/s）	流量 G/（kg/h）	流速 v/（m/s）	流量 G/（kg/h）
535.44	0.640	252.69	0.770	511.05	0.930	1046.02
556.04	0.660	260.59	0.790	524.32	0.940	1057.27
576.63	0.670	264.53	0.800	530.96	0.960	1079.76
597.22	0.680	268.48	0.820	544.24	0.980	1102.26
617.82	0.700	276.38	0.830	550.87	1.000	1124.76
638.41	0.710	280.33	0.850	564.15	1.020	1147.25
659.00	0.720	284.28	0.860	570.78	1.040	1169.75
679.60	0.730	288.22	0.880	584.06	1.050	1180.99
700.19	0.750	296.12	0.890	590.69	1.070	1203.49
720.79	0.760	300.07	0.910	603.97	1.090	1225.98
741.38	0.770	304.02	0.920	610.61	1.110	1248.48
761.97	0.780	307.97	0.940	623.88	1.120	1259.73
782.58	0.790	311.91	0.950	630.52	1.140	1282.22
803.17	0.800	315.86	0.960	637.15	1.150	1293.47
823.77	0.820	323.76	0.980	650.43	1.170	1315.96
844.36	0.830	327.71	0.990	657.06	1.190	1338.46
871.25	0.840	331.65	1.000	663.70	1.200	1349.71
885.55	0.850	335.60	1.020	676.98	1.220	1372.20
906.14	0.860	339.55	1.030	683.61	1.230	1383.45
926.73	0.870	343.50	1.040	690.25	1.250	1405.94
947.33	0.880	347.45	1.060	703.52	1.260	1417.19
967.92	0.890	351.40	1.070	710.16	1.280	1439.69
988.51	0.900	355.34	1.080	716.80	1.290	1450.93
1009.11	0.910	359.29	1.090	723.44	1.310	1473.43
1029.70	0.920	363.24	1.100	730.07	1.320	1484.68
1070.90	0.940	371.14	1.130	749.98	1.350	1518.42
1112.08	0.960	379.03	1.150	763.26	1.380	1552.16
1153.27	0.980	386.93	1.170	776.53	1.410	1585.90
1194.46	1.000	394.83	1.200	796.44	1.430	1608.40
1235.64	1.020	402.72	1.220	809.72	1.460	1642.14

（续）

比摩阻 R /（Pa/m）	管内径 d_i 管外径 d_w/mm					
	12/16		16/20		20/25	
	流速 v/（m/s）	流量 G/（kg/h）	流速 v/（m/s）	流量 G/（kg/h）	流速 v/（m/s）	流量 G/（kg/h）
1276.83	1.040	410.62	1.240	822.99	1.480	1664.64
1318.02	1.060	418.52	1.260	836.26	1.510	1698.38
1359.20	1.080	426.41	1.280	849.54	1.540	1732.12
1440.40	1.090	430.36	1.310	869.45	1.560	1754.62
1441.59	1.110	438.26	1.330	882.72	1.590	1788.36
1482.77	1.130	446.15	1.350	896.00	1.610	1810.86
1523.96	1.140	450.10	1.370	909.27	1.630	1833.35
1565.15	1.160	458.00	1.390	922.55	1.660	1867.09
1606.33	1.180	465.90	1.410	935.82	1.680	1889.59
1647.52	1.190	469.84	1.430	949.09	1.700	1912.08
1680.32	1.210	477.74	1.450	952.37	1.730	1945.83
1729.90	1.230	485.64	1.460	959.00	1.750	1968.32
1771.09	1.240	489.59	1.480	982.28	1.770	1990.82

注：此表为热媒平均温度为60℃的水力计算表，当热媒平均温度为50℃时乘修正系数1.03、40℃时乘1.06。

表 D-9 塑料管及塑料复合管局部阻力系数（ζ）值

管路阀件	曲率半径≥5d_c的90°弯头	直流三通	旁流三通	合流三通	分流三通	直流四通
ζ值	0.3～0.5	0.5	1.5	1.5	3.0	2.0
管路阀件	分流四通	乙字弯	括弯	突然扩大	突然缩小	压紧螺母连接件
ζ值	3.0	0.5	1.0	1.0	0.5	1.5

附录 E 第 5 章附录

表 E-1 低压蒸汽供暖系统管路水力计算表

（表压力 p_t =5～20kPa，K=0.2mm）

比摩阻 R /（Pa/m）	上行：通过热量 Q/W 下行：蒸汽流速 v/（m/s）						
	15	20	25	32	40	50	70
5	790 2.92	1510 2.92	2380 2.92	5260 3.67	8010 4.23	15760 5.1	30050 5.75
10	918 3.43	2066 3.89	3541 4.34	7727 5.4	11457 6.05	23015 9.31	43200 8.35
15	1090 4.07	2490 4.88	4395 5.45	10000 6.65	14260 7.64	33050 10.85	53400 10.35
20	1239 4.55	2920 5.65	5240 6.41	11120 7.8	16720 8.83	40800 13.2	61900 12.1
30	1500 5.55	3615 7.01	6350 7.77	13700 9.6	20750 10.95	47800 15.3	76600 14.95
40	1759 6.51	4220 8.2	7330 8.98	16180 11.30	24190 12.7	58900 19.03	89400 17.35
60	2219 8.17	5130 9.94	9310 11.4	20500 14	29550 15.6	67900 22.1	110700 21.4
80	2570 9.55	5970 11.6	10630 13.15	23100 16.3	34400 18.4	76000 24.6	127600 24.8
100	2900 10.7	6820 13.2	11900 14.6	25655 17.9	38400 20.35	93495 30.2	142900 27.6
150	3520 13	8323 16.1	14678 18	31707 22.15	47358 25	108210 35	168200 33.4
200	4052 15	9703 18.8	16975 20.9	36545 25.5	55568 29.4	132870	202800 38.9
300	5049 18.7	11939 23.2	20778 25.6	45140 31.6	68360 35.6	42.8	250000 48.2

注：本表摘自原苏联 ВНБогословский 等著《采暖与通风》一书，1980 年莫斯科版。

表 E-2 低压蒸汽供暖系统管路水力计算用动压头（力）

v/（m/s）	$\frac{v^2}{2}\rho$ /Pa	v/（m/s）	$\frac{v^2}{2}\rho$ /Pa	v/（m/s）	$\frac{v^2}{2}\rho$ /Pa	v/（m/s）	$\frac{v^2}{2}\rho$ /Pa
5.5	9.58	10.5	34.93	15.5	76.12	20.5	133.16
6.0	11.4	11.0	38.34	16.0	81.11	21.0	139.73
6.5	13.39	11.5	41.9	16.5	86.26	21.5	146.46
7.0	15.53	12.0	45.63	17.0	91.57	22.0	153.36
7.5	17.82	12.5	49.5	17.5	97.04	22.5	160.41
8.0	20.28	13.0	53.5	18.0	102.66	23.0	167.61
8.5	22.89	13.5	57.75	18.5	108.44	23.5	174.98
9.0	25.66	14.0	62.1	19.0	114.38	24.0	182.51
9.5	28.6	14.5	66.6	19.5	120.48	24.5	190.19
10.0	31.69	15.0	71.29	20.0	126.74	25.0	198.03

表 E-3 室内高压蒸汽供暖管路局部阻力当量长度，*m*（K=0.2mm）

局部阻力名称	公称直径/mm												
	15	20	25	32	40	50	70	80	100	125	150	175	200
	1/2in	3/4in	1in	$1\frac{1}{4}$in	$1\frac{1}{2}$in	2in	$2\frac{1}{2}$in	3in	4in	5in	6in		
双柱散热器	0.7	1.1	1.5	2.2	—	—	—	—	—	—	—	—	—
铸铁锅炉	—	—	—	—	2.6	3.8	5.2	7.4	10.0	13.0	14.7	17.6	20.0
突然扩大	0.4	0.6	0.8	1.1	1.3	1.9	2.6	—	—	—	—	—	—
突然缩小	0.2	0.3	0.4	0.6	0.7	1.0	1.3	—	—	—	—	—	—
截止阀	6.0	6.4	6.8	9.9	10.4	10.3	18.2	25.9	35.0	45.5	51.3	61.6	70.7
斜杆截止阀	1.1	1.7	2.3	2.8	3.3	3.8	5.2	7.4	10.0	13.0	14.7	17.6	20.2
闸阀	-1.5	0.3	0.4	0.6	0.7	1.0	1.3	1.9	2.5	3.3	3.7	4.4	5.1
旋塞	-0.2	1.5	1.5	2.2	—	—	—	—	—	—	—	—	—
方形补偿器	0.4	—	1.7	2.2	2.6	0.8	5.2	7.4	10.0	13.0	14.7	17.6	20.2
套管补偿器		0.3	0.4	0.6	0.7	1.0	1.3	1.9	2.5	3.3	3.7	4.4	5.1
直流三通 	0.6	0.6	0.8	1.1	1.3	1.9	2.6	3.7	5.0	6.5	7.3	8.8	10.0
旁流三通 	1.1	0.8	1.1	1.7	2.0	2.8	3.9	5.6	7.5	9.8	11.0	13.2	15.1

（续）

局部阻力名称	公称直径/mm												
	15	20	25	32	40	50	70	80	100	125	150	175	200
	1/2in	3/4in	1in	$1^1/_4$in	$1^1/_2$in	2in	$2^1/_2$in	3in	4in	5in	6in		
分流合流三通 	0.7	1.7	2.2	3.3	3.9	5.7	7.8	11.1	15.0	19.5	22.0	26.4	30.3
直流四通 	1.1	1.1	1.5	2.2	2.6	3.8	5.2	7.4	10.0	13.0	14.7	17.6	20.2
分流四通 	0.7 0.6	1.7	2.2	3.3	3.9	5.7	7.8	11.1	15.0	19.5	22.0	26.4	30.3
弯头	1.1	1.1	1.1	1.7	1.3	1.9	2.6	—	—	—	—	—	—
90°煨弯及乙字弯	0.7	0.7	0.8	0.9	1.0	1.1	1.3	1.9	2.5	3.3	3.7	4.4	5.1
括弯	0.4	1.1	1.5	2.2	2.6	3.8	5.2	7.4	10.0	13.0	14.7	17.6	20.2
急弯双弯头		1.1	1.5	2.2	2.6	3.8	5.2	7.4	10.0	13.0	14.7	17.6	20.2
缓弯双弯头		0.6	0.8	1.1	1.3	1.9	2.6	3.7	5.0	6.5	7.3	8.8	10.1

表 E-4　室内高压蒸汽供暖系统管径计算表

（蒸汽表压力 $p_b=200\text{kPa}$，$K=0.2\text{mm}$）

公称直径		15		20		25		32		40	
内径/mm		15.75		21.25		27		35.75		41	
外径/mm		21.25		26.75		32.50		42.25		48	
Q	G	R	v	R	v	R	v	R	v	R	v
4000	7	71	5.7								
6000	10	154	8.6	34	4.7	10	2.9				
8000	13	270	11.5	58	6.3	17	3.9				
10000	17	418	14.4	89	7.9	26	4.9				
12000	20	597	17.2	127	9.5	37	5.9	9	3.3		
14000	23	809	20.1	172	11	50	6.8	12	3.9		
16000	27	1052	23.0	223	12.6	65	7.8	16	4.5	8	3.4
18000	30			281	14.2	82	8.8	20	5.0	10	3.8
20000	33			345	15.8	100	9.8	24	5.6	12	4.2
24000	40			494	18.9	143	11.7	34	6.7	17	5.1
28000	47			670	22.1	194	13.7	46	7.8	23	5.9
32000	53			871	25.3	252	15.6	59	8.9	29	6.8

（续）

公称直径		15		20		25		32		40	
内径/mm		15.75		21.25		27		35.75		41	
外径/mm		21.25		26.75		32.50		42.25		48	
Q	G	R	v	R	v	R	v	R	v	R	v
36000	60			1100	28.4	317	17.6	74	10.0	37	7.6
40000	67			1355	31.6	390	19.6	91	11.2	45	8.5
44000	73			1636	34.7	471	21.5	110	12.3	54	9.3
50000	83			2108	39.5	606	24.4	141	13.9	70	10.6
60000	100					868	29.3	202	16.7	100	12.7
70000	116					1178	34.2	274	19.5	135	14.8
80000	133					1535	39.1	356	22.3	175	17.0
90000	150							449	25.1	220	19.1
100000	166							553	27.9	271	21.2
140000	233							1077	39.0	527	29.7
180000	299							1774	50.2	868	38.2
220000	366									1292	46.6

公称直径		50		70	
内径/mm		53		68	
外径/mm		60		75.5	
Q	G	R	v	R	v
28000	47	6	3.6		
32000	53	8	4.1		
36000	60	10	4.6		
40000	67	12	5.1	3	3.1
48000	73	15	5.6	4	3.4
50000	8083	17	6.1	5	3.7
60000	100	19	6.3	5	3.9
70000	116	27	7.6	7	4.6
80000	133	36	8.9	10	5.4
90000	150	46	10.1	13	6.2
		58	11.4	16	6.9

公称直径		50		70	
内径/mm		53		68	
外径/mm		60		75.5	
Q	G	R	v	R	v
100000	166	72	12.7	20	7.1
140000	233	139	17.8	38	10.8
180000	299	228	22.8	63	13.9
220000	366	339	27.9	93	17.0
260000	433	472	33.0	129	20.0
300000	499	626	38.1	171	23.1
340000	566	803	43.1	219	26.2
380000	632	1001	48.2	273	29.3
420000	699			333	32.4
460000	765			398	35.5
500000	832			470	38.5

注：1. 制表时假定蒸汽运动粘度 $\nu = 8.21 \times 10^{-6} m^2/s$

汽化热 $r = 2146 kJ/kg$，密度 $\rho = 1.651 kg/m^3$

2. 按公式（4-12）确定摩擦系数 λ 值。

3. 表中符号：Q—管段热负荷（W）；G—管段蒸汽流量（kg/h）；R—比摩阻（Pa/m）；v—流速（m/s）。

表 E-5　蒸汽供暖系统干式和湿式自流凝结水管管径选择表

凝水管径 /mm	形成凝水时，由蒸汽放出的热量/kW					
	干式凝结水管			湿式凝结水管（垂直或水平的）		
	低压蒸汽		高压蒸汽	计算管段的长度/m		
	水平管段	垂直管段		50 以下	50～100	100 以上
1	2	3	4	5	6	7
15	4.7	7	8	33	21	9.3
20	17.5	26	29	82	53	29
25	33	49	45	145	93	47
32	79	116	93	310	200	100
40	120	180	128	440	290	135
50	250	370	230	760	550	250
76×3	580	875	550	1750	1220	580
89×3.5	870	1300	815	2620	1750	875
102×4	1280	2000	1220	3605	2320	1280
114×4	1630	2420	1570	4540	3000	1600

注：1. 第 5、6、7 栏计算管段的长度系指由最远散热器到锅炉的长度。

2. 本表选自《供热通风设计手册》上册、《采暖与供热》基辅-1976 年版；单位经换算。

3. 干式水平凝水管坡度 0.005。

附录 F　第 6 章附录

表 F-1　轻工业用汽量估算指标

序　　号	产品名称	规　　模		建筑面积 /（万 m^2）	用地面积 /（万 m^2）	每吨产品用汽量/t	备　　注
1	新闻纸	年产 6.8 万 t	漂白化机浆	6.46	30	0.7	制浆造纸
			新闻纸			2.6	
		年产 10 万 t	漂白化机浆	9.5	33	0.7	
			新闻纸			2.6	
			硫酸盐木浆板			2.5	
		年产 10 万 t	硫酸盐木浆	10.2	75	3.5	
			硫酸盐木浆板			2.5	
6	洗衣粉	年产 5 万 t		2.44	8	0.11	合成洗涤剂
		年产 3～4 万 t		2.2	4.5		

（续）

序　　号	产品名称	规　　模		建筑面积/（万 m^2）	用地面积/（万 m^2）	每吨产品用汽量/t	备　　注
8	咸牛肉罐头	年产1千t		0.079	0.3	1.2	肉类罐头
9	全脂加糖乳粉	年产约0.2万t		0.5～0.8	1.8～2.3	9.5	
10	全脂淡乳粉					8.5	
11	脱脂乳粉					9	
12	电冰箱	年产30万台		3	5	0.02～0.03/台	电冰箱
13	空调器	年产60万台		5	7	0.02～0.03/台	空调器
14	制革	年产30万张		1.2	2.13	20～36/km^2	制革
		年产60～100万张		3.31	5.6		
26	果汁饮料	年产2万吨	橙加工浓缩汁	0.86	4.3	1.2	果汁饮料
			1500ml 聚酯瓶饮料			0.21	
			250ml 玻璃瓶饮料			0.21	

表F-2　我国部分城市室外温度 $t_w \le t_{w,i}$ 时的平均延续小时数 n_i　（单位：h）

城市名称	$t_{w,i}$/℃															
	+5	+3	0	-2	-4	-6	-8	-10	-12	-14	-16	-18	-20	-22	-24	-26
哈尔滨	4296	3935	3483	3198	2960	2727	2509	2268	1997	1689	1331	993	682	389	200	82
佳木斯	4392	3983	3569	3299	3035	2823	2605	2361	2102	1790	1428	1034	694	409	202	85
牡丹江	4320	3938	3471	3204	2937	2682	2441	2193	1911	1590	1249	866	533	268	113	
长春	4176	3732	3293	2997	2731	2471	2204	1923	1570	1216	871	583	327	162	108	
乌鲁木齐	3768	3492	3148	2910	2628	2328	2012	1666	1345	993	664	433	250	122		

（续）

城市名称	$t_{w,i}$/℃															
	+5	+3	0	-2	-4	-6	-8	-10	-12	-14	-16	-18	-20	-22	-24	-26
沈阳	3648	3229	2726	2431	2130	1815	1469	1123	794	528	310	148	106			
通辽	4008	3609	3156	2868	2574	2344	2050	1699	1297	860	517	267	121			
呼和浩特	4104	3652	3071	2744	2428	2108	1732	1303	955	627	361	174	116			
银川	3576	3031	2510	2121	1719	1277	870	523	298	142	92					
西宁	3960	3383	2775	2360	1890	1326	792	383	136	86						
太原	3456	2941	2369	1916	1429	848	485	228	80							
兰州	3240	2827	2292	1877	1383	873	444	164	90							
北京	3096	2599	1989	1469	934	474	188	106								
天津	2928	2465	1833	1235	700	330	127	69								
石家庄	2808	2283	1560	1054	570	258	92									
济南	2544	1873	1141	706	393	165	100									
西安	2424	1824	973	450	161	91										
郑州	2448	1671	891	433	168	100										

附录 G 第 8 章附录

表 G-1 热水网路水力计算表

（$K=0.5\text{mm}$，$t=100℃$，$\rho=958.38\text{kg/m}$，$\nu=0.295\times10^{-6}\text{m}^2/\text{s}$）；表中采用单位：水流量 G（t/h），流速 v（m/s），比摩阻 R（Pa/m）

公称直径/mm	25		32		40		50		70		80		100		125		150		200		250		300	
外径×壁厚/mm	32×2.5		38×2.5		45×2.5		57×3.5		76×3.5		89×3.5		108×4		133×4		159×4.5		219×6		2763×8		325×8	
G	v	R	v	R	v	R	v	R	v	R	v	R	v	R	v	R	v	R	v	R	v	R	v	R
0.6	0.30	77.0	0.20	27.5	0.14	9.0																		
0.8	0.41	137.3	0.27	47.7	0.18	15.8	0.12	5.6																
1.0	0.51	214.8	0.34	73.1	0.23	24.4	0.15	8.6																
1.4	0.71	420.7	0.47	143.2	0.32	47.4	0.21	19.8	0.11	3.0														
1.8	0.91	695.3	0.61	236.3	0.42	84.2	0.27	26.1	0.14	5.0														
2.0	1.01	858.1	0.68	292.2	0.46	104.0	0.30	31.9	0.16	6.1														
2.2	1.11	1038.5	0.75	353.0	0.51	125.5	0.33	36.2	0.17	7.4														
2.6			0.88	493.3	0.60	175.5	0.38	53.4	0.20	10.1														
3.0			1.02	657.0	0.69	234.4	0.44	71.2	0.23	13.2														
3.4			1.15	844.4	0.78	301.1	0.50	91.4	0.26	17.0														

（续）

公称直径/mm	25		32		40		50		70		80		100		125		150		200		250		300	
外径×壁厚/mm	32×2.5		38×2.5		45×2.5		57×3.5		76×3.5		89×3.5		108×4		133×4		159×4.5		219×6		2763×8		325×8	
G	*v*	*R*	*v*	*R*	*v*	*R*	*v*	*R*	*v*	*R*	*v*	*R*	*v*	*R*	*v*	*R*	*v*	*R*	*v*	*R*	*v*	*R*	*v*	*R*
4.0					0.92	415.8	0.59	126.5	0.31	22.8	0.22	9.0												
4.8					1.11	599.2	0.71	182.4	0.37	32.8	0.26	12.9												
5.6							0.83	252	0.43	44.5	0.31	17.5	0.21	6.4										
6.2							0.92	304.0	0.48	54.6	0.34	21.8	0.23	7.8	0.15	2.5								
7.0							1.03	387.4	0.54	69.6	0.38	27.9	0.26	9.9	0.17	3.1								
8.0							1.18	506.0	0.62	90.9	0.44	36.3	0.30	12.7	0.19	4.1								
9.0							1.33	640.4	0.70	114.7	0.49	46.0	0.33	16.1	0.21	5.1								
10.0							1.48	790.4	0.78	142.2	0.55	56.8	0.37	19.8	0.24	6.3								
11.0							1.63	957.1	0.85	171.6	0.60	68.6	0.41	23.9	0.26	7.6								
12.0									0.93	205	0.66	81.7	0.44	28.5	0.28	8.8	0.20	3.5						
14.0									1.09	278.5	0.77	110.8	0.52	38.8	0.33	11.9	0.23	4.7						
15.0									1.16	319.7	0.82	127.5	0.55	44.5	0.35	13.6	0.25	5.4						
16.0									1.24	363.8	0.88	145.1	0.59	50.7	0.38	15.5	0.26	6.1						
18.0									1.40	459.9	0.99	184.4	0.66	64.1	0.43	19.7	0.3	7.6						

（续）

公称直径/mm	25		32		40		50		70		80		100		125		150		200		250		300	
外径×壁厚/mm	32×2.5		38×2.5		45×2.5		57×3.5		76×3.5		89×3.5		108×4		133×4		159×4.5		219×6		2763×8		325×8	
G	*v*	*R*	*v*	*R*	*v*	*R*	*v*	*R*	*v*	*R*	*v*	*R*	*v*	*R*	*v*	*R*	*v*	*R*	*v*	*R*	*v*	*R*	*v*	*R*
20.0									1.55	568.8	1.10	227.5	0.74	79.2	0.47	24.3	0.33	9.3						
22.0									1.71	687.4	1.21	274.6	0.81	95.8	0.52	29.4	0.36	11.2						
24.0									1.86	818.9	1.32	326.6	0.89	113.8	0.57	35.0	0.39	13.3						
26.0									2.02	961.1	1.43	383.4	0.96	133.4	0.62	41.1	0.43	16.7						
28.0											1.54	445.2	1.03	154.9	0.66	47.6	0.46	18.1						
30.0											1.65	510.9	1.11	178.5	0.71	54.6	0.49	20.8						
32.0											1.76	581.5	1.18	203.0	0.76	62.2	0.53	23.7						
34.0											1.87	656.1	1.26	228.5	0.80	70.2	0.56	26.8						
36.0											1.98	735.5	1.33	256.9	0.85	78.6	0.59	30.0						
38.0											2.09	819.8	1.40	286.4	0.90	87.7	0.62	33.4						
40.0													1.48	316.8	0.95	97.2	0.66	37.1	0.35	6.8	0.22	2.3		
42.0													1.55	349.1	0.99	106.9	0.69	40.8	0.36	7.5	0.23	2.5		
44.0													1.63	383.4	1.04	117.7	0.72	44.8	0.38	8.1	0.25	2.7		
45.0													1.66	401.1	1.06	122.6	0.74	46.9	0.39	8.5	0.25	2.8		

（续）

公称直径/mm	25		32		40		50		70		80		100		125		150		200		250		300	
外径×壁厚/mm	32×2.5		38×2.5		45×2.5		57×3.5		76×3.5		89×3.5		108×4		133×4		159×4.5		219×6		2763×8		325×8	
G	*v*	*R*	*v*	*R*	*v*	*R*	*v*	*R*	*v*	*R*	*v*	*R*	*v*	*R*	*v*	*R*	*v*	*R*	*v*	*R*	*v*	*R*	*v*	*R*
48.0													1.77	456.0	1.13	140.2	0.79	53.3	0.41	9.7	0.27	3.2		
50.0													1.85	495.2	1.18	152.0	0.82	57.8	0.43	10.6	0.28	3.5		
54.0													1.99	577.6	1.28	177.5	0.89	67.5	0.47	12.4	0.30	4.0		
58.0													2.14	665.9	1.37	204.0	0.95	77.9	0.50	14.2	0.32	4.5		
62.0													2.29	761.0	1.47	233.4	1.02	88.9	0.53	16.3	0.35	5.0		
66.0													2.44	862.0	1.56	264.8	1.08	101.0	0.57	18.4	0.37	5.7		
70.0													2.59	969.9	1.65	297.1	1.15	113.8	0.60	20.7	0.39	6.4		
74.0															1.75	332.4	1.21	126.5	0.64	23.1	0.41	7.1		
78.0															1.84	369.7	1.28	141.2	0.67	25.7	0.44	8.2		
80.0															1.89	388.3	1.31	148.1	0.69	27.1	0.45	8.6		
90.0															2.13	491.3	1.48	187.3	0.78	34.2	0.5	11.0		
100															2.36	607.0	1.64	231.4	0.86	42.3	0.56	13.5	0.39	5.1
120															2.84	873.8	1.97	333.4	1.03	60.9	0.67	19.5	0.46	7.4

（续）

公称直径/mm	25		32		40		50		70		80		100		125		150		200		250		300	
外径×壁厚/mm	32×2.5		38×2.5		45×2.5		57×3.5		76×3.5		89×3.5		108×4		133×4		159×4.5		219×6		2763×8		325×8	
G	v	R	v	R	v	R	v	R	v	R	v	R	v	R	v	R	v	R	v	R	v	R	v	R
140																	2.30	454.0	1.21	82.9	0.78	26.5	0.54	10.1
160																	2.63	592.3	1.38	107.9	0.89	34.6	0.62	13.1
180																			1.55	137.3	1.01	43.8	0.70	16.6
200																			1.72	168.7	1.12	54.1	0.77	20.5
220																			1.90	205.0	1.23	65.4	0.85	24.8
240																			2.07	243.2	1.34	77.9	0.93	29.5
260																			2.24	285.4	1.45	91.4	1.01	34.7
280																			2.41	331.5	1.57	105.9	1.08	40.2
300																			2.59	380.5	1.68	121.6	1.16	46.2
340																			2.93	488.4	1.90	155.9	1.32	55.9
380																			3.28	611.0	2.13	195.2	1.47	74.0
420																			3.62	745.3	2.35	238.3	1.62	90.5
460																					2.57	286.4	1.78	108.9
500																					2.80	348.1	1.93	128.5

表 G-2 热水网路局部阻力当量长度表

（$K=0.5$mm）（用于蒸汽网路 $K=0.2$mm，乘修正系数 $\beta=1.26$）

公称直径/mm 当量长度/m 名称	局部阻力系数 ξ	32	40	50	70	80	100	125	150	175	200	250	300	350	400	450	500	600	700
截止阀	4～9	6	7.8	8.40	9.6	10.2	13.5	18.5	24.6	39.5	—	—	—	—	—	—	—	—	—
闸阀	0.5～1	—	—	0.65	1	1.28	1.65	2.22	2.24	2.9	3.36	3.73	4.17	4.3	4.5	4.75	5.3	5.7	6
旋启式止回阀	1.5～3	0.98	1.26	1.7	2.8	3.6	4.95	7	9.52	13	16	22.2	29.2	33.9	46	6	66	89.5	112
升降式止回阀套筒补偿器（单向）	7	5.25	6.8	9.16	14	17.9	23	30.8	39.2	50.6	58.8	—	—	—		—	—	—	—
套筒补偿器（双向）	0.2～0.5	—	—	—	—	—	0.66	0.88	1.68	2.17	2.52	3.33	4.17	510.	10	11.7	13.1	16.5	19.4
波纹管补偿器（无内套）	0.6	—	—	—	—	—	1.98	2.64	3.36	4.34	5.04	6.66	8.34	1	12	14	15.8	19.9	23.3
波纹管补偿器（有内套）	1.7～1	—	—	—	—	—	5.57	7.5	8.4	10.1	10.9	13.3	13.9	15.1	16				

（续）

（续）

名称 \ 当量长度/m \ 公称直径/mm	局部阻力系数 ξ	32	40	50	70	80	100	125	150	175	200	250	300	350	400	450	500	600	700
三缝焊弯 $R=1.5d$	2.7	—	—	—	—	—	—	—	17.6	22.1	24.8	33	40	47	55	67	76	94	110
锻压弯头 $R=(1.5\sim2)\ d$	2.3~3	3.5	4	5.2	6.8	7.9	9.8	12.5	15.4	19	23.4	28	34	40	47	60	68	83	95
焊弯 $R\geqslant4d$	1.16	1.8	2	2.4	3.2	3.5	3.8	5.6	6.5	8.4	9.3	11.2	11.5	16	20	—	—	—	—
弯头45°单缝焊接弯头	0.3	—	—	—	—	—	—	—	1.68	2.17	2.52	3.33	4.17	5	6	7	7.9	9.9	11.7
60°单缝焊接弯头	0.7	—	—	—	—	—	—	—	3.92	5.6	5.9	7.8	9.7	11.8	14	16.3	18.4	23.2	27.2
锻压弯头 $R=(1.5\sim2)\ d$	0.5	0.38	0.48	0.65	1	1.28	1.65	2.2	2.8	3.62	4.2	5.55	6.95	8.4	10	11.7	13.1	16.5	19.4
煨弯 $R=4d$	0.3	0.22	0.29	0.4	0.6	0.76	0.98	1.32	1.68	2.17	2.52	3.3	4.17	5	6	—	—	—	—
除污器	10	—	—	—	—	—	—	—	56	72.4	84	111	139	168	200	233	262	331	388

（续）

名称＼当量长度/m＼公称直径/mm	局部阻力系数 ξ	32	40	50	70	80	100	125	150	175	200	250	300	350	400	450	500	600	700
分流三通直通管	1.0	0.75	0.97	1.3	2	2.55	3.3	4.4	5.6	7.24	8.4	11.1	13.9	16.8	20	23.3	28.3	33.1	38.8
分流三通分支管	1.0	1.13	1.45	1.96	3	3.82	4.95	6.6	8.4	10.9	12.6	16.7	20.8	25.2	30	35	39.4	49.6	53.2
合流三通直通管	1.5	1.13	1.45	1.96	3	3.82	4.95	6.6	8.4	10.9	12.6	16.7	20.8	25.2	30	35	39.4	49.6	58.2
合流三通分支管	2.0	1.5	1.94	2.62	4	5.1	6.6	8.8	11.2	14.5	16.8	22.2	27.8	33.6	40	46.6	52.5	66.2	77.6

（续）

名称 ＼ 当量长度/m ＼ 公称直径/mm	局部阻力系数 ξ	32	40	50	70	80	100	125	150	175	200	250	300	350	400	450	500	600	700
三通汇流管	3.0	2.25	2.91	3.93	6	7.65	9.8	13.2	18.8	21.7	25.2	33.3	41.7	50.4	60	69.9	78.8	99.3	116
三通分流管	2.0	1.5	1.94	2.62	4	5.1	6.6	8.8	11.2	14.5	18.8	22.2	27.8	33.6	40	46.6	52.5	66.2	77.6
焊接异径接头（按小管径计算）$F_1/F_2=2$	0.1	—	0.10	0.13	0.2	0.26	0.88	0.44	0.56	0.72	0.84	1.1	1.4	1.68	2	2.4	2.6	3.3	3.9
$F_1/F_2=3$	0.2—0.3	—	0.14	0.2	0.3	0.38	0.98	1.32	1.68	2.17	2.52	3.3	4.17	5	5.7	5.9	6.0	6.6	7.8
$F_1/F_2=4$ D_1 D_2	0.3—0.4	—	0.1	0.26	0.4	0.51	1.6	2.2	2.8	3.62	4.2	5.55	6.95	7.4	7.8	8	8.9	9.9	11.6

表 G-3 热网管道局部损失与沿程损失的估算比例 α_j

补偿器类型	公称直径 /mm	α_j 值	
		蒸汽管道	热水和凝结水管道
输送干线			
套筒或波纹管补偿器（带内衬筒）	≤1200	0.2	0.2
方形补偿器	200～350	0.7	0.5
方形补偿器	400～500	0.9	0.7
方形补偿器	600～1200	0.2	0.0
输配干线			
套筒或波纹管补偿器	≤400	0.4	0.3
（带内衬筒）	450～1200	0.5	0.4
（带内衬筒）	≤150	0.6	0.3
方形 摵弯补偿器	175～200	0.6	0.4
	250～300	0.8	0.6
	175～250	0.8	0.6
方形焊弯补偿器	300～350	1.0	0.8
	400～500	1.0	0.9
	600～1200	1.2	1.0

附录 H　第 12 章附录

表 H-1　室外高压蒸汽管径计算表（$K=0.2\text{mm}$，$\rho=1\text{kg/m}^3$）

公称直径/mm	65		80		100		125		150		175		200		250	
壁厚/mm×外径/mm	73×3.5		89×3.5		108×4		133×4		159×4.5		194×6		219×6		273×7	
G/(t/h)	v/(m/s)	R/(Pa/m)	v/(m/s)	R/(Pa/m)	v/(m/s)	R/(Pa/m)	v/(m/s)	R/(Pa/m)	v/(m/s)	R/(Pa/m)	v/(m/s)	R/(Pa/m)	v/(m/s)	R/(Pa/m)	v/(m/s)	R/(Pa/m)
2.0	164	5213.6	105	1666	70.8	585.1	45.3	184.2	31.5	71.4	21.4	26.5				
2.1	171.6	5754.6	111	1832.6	74.3	644.8	47.6	201.9	33.0	78.8	22.4	28.9				
2.2	180.4	6310.2	116	2018.8	77.9	707.6	49.8	220.5	34.6	86.7	23.5	31.6				
2.3	188.1	6902.1	121	2205	81.4	774.2	52.1	240.1	36.2	94.6	24.6	34.4				
2.4	195.8	7507.8	126	2401	85	842.8	54.4	260.7	37.8	102.9	25.6	37.2				
2.5	204.6	8149.7	132	2597	88.5	914.3	56.6	282.2	39.3	110.7	26.7	41.1	20.7	21.8		
2.6	212.3	8816.1	137	2812.6	92	989.8	59.9	311.6	40.9	119.6	27.8	43.5	21.5	23.5		
2.7	221.1	9508	142	3038	95.6	1068.2	62.2	329.3	42.5	129.4	28.9	47	22.3	25.5		
2.8	228.8	10224.3	147	3263.4	99.1	1146.6	63.4	354.7	44.1	138.2	29.9	51	23.1	27.2		
2.9	237.6	10965.2	153	3498.6	103	1234.8	67.7	380.2	45.6	145.0	31	53.9	24	28.4		
3.0	245.3	11730.6	158	3743.6	106	1313.2	68	406.7	47.2	156.8	32.1	57.8	24.8	30.4		
3.1	253	12533	163	3998.4	110	1401.4	70.2	434.1	48.8	167.6	33.1	61.7	25.6	32.1		
3.2	261.8	13349	168	4263	113	1499.4	72.5	462.6	50.3	179.3	34.2	65.7	26.4	34.8		
3.3	269.5	14200	174	4527.6	117	1597.4	74.8	492	51.9	190.1	35.3	69.6	27.3	37.0		

（续）

公称直径/mm	65		80		100		125		150		175		200		250	
壁厚/mm×外径/mm	73×3.5		89×3.5		108×4		133×4		159×4.5		194×6		219×6		273×7	
G/(t/h)	v/(m/s)	R/(Pa/m)	v/(m/s)	R/(Pa/m)	v/(m/s)	R/(Pa/m)	v/(m/s)	R/(Pa/m)	v/(m/s)	R/(Pa/m)	v/(m/s)	R/(Pa/m)	v/(m/s)	R/(Pa/m)	v/(m/s)	R/(Pa/m)
3.4	278.3	15072	179	4811.8	120	1695.4	77	522.3	53.5	200.9	36.3	73.7	28.1	39.2		
3.5	286	15966	184	5096	124	1793.4	79.3	494.9	55.1	212.7	37.4	78.4	29	41.9		
3.6			190	5390	127	1891.4	81.6	588	56.6	224.4	38.5	83.3	30	44.1		
3.7			195	5693.8	131	1999.2	83.8	619.4	58.2	237.4	39.5	87.2	30.6	46.1		
3.8			200	6007.4	135	2116.8	86.1	652.7	59.8	250.9	40.6	92.6	31.4	49		
3.9			205	6330.8	138	2224.6	88.4	688	61.4	263.6	41.7	97.5	32.2	51.7		
4.0			211.0	6664.0	142.0	2342.2	90.6	723.2	62.9	277.3	42.7	99.6	33.0	54.4		
4.2			221.0	7340.2	149.0	2577.4	97.4	835.9	66.1	305.8	44.9	112.7	34.7	58.8		
4.4			232.0	8055.6	156.0	2832.2	99.7	875.1	69.2	336.1	47.0	122.5	36.4	64.7		
4.6			242.0	8810.2	163.0	3096.8	104.0	956.5	72.4	366.5	49.1	133.3	38.0	70.1		
4.8			253.0	9584.4	170.0	3371.2	109.0	1038.8	75.5	399.8	51.3	145.0	39.7	76.4		
5.0			263.0	10407.6	177.0	3655.4	113.0	1127.0	78.7	433.2	53.4	157.8	41.3	84.3		
6.0					210.0	5262.6	136.0	1626.8	94.4	624.3	64.1	226.4	49.6	117.1	31.7	32.0
7.0					248.0	8232.0	170.0	2538.2	118.0	975.1	80.2	253.8	62.0	180.3	39.6	57.0
8.0					283.0	9359.0	181.0	2891.0	126.0	1107.4	85.5	401.8	66.1	204.8	42.2	64.4
9.0					319.0	1184.8	204.0	3665.2	142.0	1401.4	96.2	508.6	74.4	259.7	47.5	81.1
10.0							227	4517.8	157.0	1734.6	107.0	628.6	82.6	320.5	52.8	99.0
11.0							249	5468.4	173.0	2097.2	118.0	760.5	90.9	387.1	58	119.6
12.0							272	6507.2	189.0	2499	128.0	905.5	99.1	460.6	63.3	142.1

注：编制本表时，假定蒸汽动力粘度 $\mu=2.05\times10^{-6}$kg·s/m，进行验算蒸汽流态。

表 H-2 汽水混合物密度ρ_r（kg/m^3）

凝水管末端压力（abs）	汽水混合物中所含蒸汽的质量百分数 x						
p_3/（10^5Pa）	0.01	0.02	0.05	0.10	0.15	0.20	0.25
1.0	54.8	28.2	11.5	5.8	3.9	2.9	2.3
1.2	64	33.2	13.8	6.8	4.6	3.4	2.7
1.4	73.3	38.1	15.6	7.9	5.3	4.0	3.2
1.6	82.3	43.0	17.6	8.9	5.97	4.5	3.6
1.8	91	47.8	19.8	10	6.7	5	4.0
2.0	99.3	52.4	21.7	11	7.4	5.5	4.4
7.0	258	151	66.9	34.8	23.5	17.7	14.2

表 H-3 凝结水管管径计算表（$\rho_r = 10.0kg/m_3$，$k = 0.5mm$）

上行：流速，m/s 下行：比摩阻，Pa/m

流量	管径/mm								
/（t/h）	25	32	40	57×3	76×3	89×3.5	108×4	133×4	159×4.5
0.2	9.711 626.0	5.539 182.1	4.21 87.5						
0.4	19.43 3288.9	11.07 732.6	8.42 350	5.45 109	2.89 20.2				
0.6	29.14 7397.0	16.62 1590.5	12.63 787.2	8.17 245.2	4.34 45.4	3.16 19.6			
0.8	38.85 13151.6	22.16 2914.5	19.84 1400.4	10.88 436	5.78 80.7	4.21 34.8			
1.0	48.56 20540.8	27.69 4555.0	21.06 2186.4	13.61 681.3	7.33 126.1	5.26 54.4	3.54 18.96		
1.5		41.54 10250.8	31.58 4919.6	20.41 1532.7	10.84 283.7	7.9 122.4	5.31 42.7		
2.0			42.12 8747.5	27.22 2725.4	14.45 504.2	1.52 217.5	7.08 75.9	4.53 23.3	
2.5				34.02 4258.1	18.06 787.9	13.17 339.8	8.85 118.6	5.66 36.3	3.93 13.9
3.0				40.83 6132.8	21.67 1133.9	15.79 489.3	10.62 170.6	6.8 52.3	4.72 20.0
3.5				47.64 8345.7	25.29 1543.5	18.42 666.6	12.39 232.4	7.93 71.2	5.51 27.2

（续）

流量 /（t/h）	管径/mm								
	25	32	40	57×3	76×3	89×3.5	108×4	133×4	159×4.5
4.0					28.9 2016.8	21.06 869.8	14.16 303.4	9.06 93.0	6.3 35.5
4.5					32.51 2552	23.69 1359.3	15.93 384.0	10.19 117.7	7.08 44.9
5.0					36.12 3151.7	26.33 1359.3	17.7 474.0		7.87 55.4
6.0					43.35 4538.4	31.58 1958.0	21.24 682.8	13.6 209.3	9.44 79.8
7.0						36.85 2663.6	24.78 929.2	15.85 284.9	11.01 108.7
8.0						42.12 3479	28.32 1213.2	18.13 372.1	12.59 142
9.0						47.38 4404.1	31.86 1536.6	20.39 471	14.16 179.6
10.0							35.4 1896.3	22.68 581.5	15.73 221.8
11.0							38.94 2295.2	24.93 703.6	17.31 268.2
12.0							42.48 2730.3	27.18 837.3	18.88 319.2
13.0							46.02 3205.6	29.46 982	20.45 374.8

表 H-4　二次蒸发汽数量 x_2（单位：kg/kg）

始端压力 p_1 /10^5Pa	末端压力 p_3/10^5Pa										
	1	1.2	1.4	1.6	1.8	2.0	3.0	4.0	5.0	6.0	7.0
1.2	0.010										
1.5	0.022	0.012	0.004								
2.0	0.039	0.029	0.021	0.013	0.006						
2.5	0.052	0.043	0.034	0.027	0.020	0.014					
3.0	0.064	0.054	0.046	0.039	0.032	0.026					
3.5	0.074	0.064	0.056	0.049	0.042	0.036	0.010				

（续）

始端压力 p_1 /10^5Pa	末端压力 p_3/10^5Pa										
	1	1.2	1.4	1.6	1.8	2.0	3.0	4.0	5.0	6.0	7.0
4.0	0.083	0.073	0.065	0.058	0.051	0.045	0.020				
5.0	0.098	0.089	0.081	0.074	0.067	0.061	0.036	0.017			
8.0	0.134	0.125	0.117	0.110	0.104	0.098	0.073	0.054	0.038	0.024	0.012
10.0	0.152	0.143	0.136	0.129	0.122	0.117	0.093	0.074	0.058	0.044	0.032
15.0	0.188	0.180	0.172	0.165	0.161	0.154	0.130	0.112	0.096	0.083	0.071

附录 I　第 13 章附录

表 I-1　板式换热器供暖用水水换热器选型表

供热量 /MW	冷媒介质供回水温差/℃	冷媒流量 /（t/h）	所需供热面积/m^2	参考选型（型号—单机面积×台数）
0.696	20	30	14	BRS—02 型—14×1
	25	24	12	BRS—02 型—12×1
	30	20	10	BRS—02 型—10×1
1.392	20	60	27	BRS—02 型—9×1
	25	48	24	BRS—02 型—12×2
	30	40	20	BRS—02 型—10×2
2.78	20	120	70	BRS—03 型—35×2
	25	96	60	BRS—02 型—30×2
	30	80	50	BRS—02 型—25×2
4.18	20	180	110	BRS—02 型—55×2
	25	144	90	BRS—02 型—45×2
	30	120	70	BRS—03 型—35×2
6.96	20	300	225	BRS—06 型—75×3
	25	240	180	BRS—06 型—90×2
	30	200	160	BRS—06 型—80×2
13.92	20	600	450	BRS—06 型—90×5
	25	480	360	BRS—06 型—90×4
	30	400	300	BRS—06 型—100×3

（续）

供热量/MW	冷媒介质供回水温差/℃	冷媒流量/（t/h）	所需供热面积/m²	参考选型（型号—单机面积×台数）
24.36	20	1050	800	BRS—06 型—80×10
	25	840	630	BRS—06 型—90×7
	30	700	540	BRS—06 型—90×6
27.84	20	1200	900	BRS—06 型—100×9
	25	960	720	BRS—06 型—90×8
	30	800	600	BRS—06 型—100×6

表 I-2　板式换热器汽水换热器选型表

饱和蒸汽		供热量/10^4W	被加热水				供热面积/m²	参考选型（型号—单机面积×台数）
表压/MPa	温度/℃		热量/10^4W	流量/（t/h）	进口温度/℃	出口温度/℃		
0.3/0.2	143/133	118/120	100/102	34/35	70	95	16/18	BRS—02 型—10×2
		232/240	200/203	69/69.9	70	95	32/38	BRS—02 型—14×3
		355/360	300/304	103/105	70	95	48/54	BRS—03 型—20×3
		473/480	399/406	138/140	70	95	64/72	BRS—03 型—30×3
		592/600	499/510	172/176	70	95	81/92	BRS—03 型—35×3
		877/900	748/766	258/265	70	95	122/138	BRS—06 型—50×3
		1183/1200	974/1014	336/350	70	95	162/184	BRS—06 型—70×3
0.4	152	58	50	17	70	95	6.8	BRS—02 型—4×2
		117	98	34	70	95	13.6	BRS—02 型—8×2
		234	197	68	70	95	27.2	BRS—02 型—14×2
		351	296	102	70	95	40.8	BRS—03 型—20×2
		468	393	136	70	95	54.4	BRS—02 型—28×2
		585	492	170	70	95	68	BRS—02 型—35×3
		877	738	255	70	95	102	BRS—03 型—35×3
		1169	984	340	70	95	136	BRS—06 型—70×2
0.6	165	58	49	17	70	95	6	BRS—02 型—4×2
		116	97	34	70	95	12	BRS—02 型—6×2
		232	195	68	70	95	24	BRS—02 型—12×2
		348	292	102	70	95	36	BRS—03 型—18×2
		464	390	136	70	95	48	BRS—02 型—24×2

（续）

饱和蒸汽		供热量/10^4W	被加热水				供热面积/m^2	参考选型（型号—单机面积×台数）
表压/MPa	温度/℃		热量/10^4W	流量/（t/h）	进口温度/℃	出口温度/℃		
0.6	165	580	487	170	70	95	60	BRS—02 型—30×3
		870	731	255	70	95	90	BRS—03 型—45×2
		1160	975	340	70	95	120	BRS—06 型—60×2
0.8	175	56	47	16	70	95	5	BRS—02 型—3×2
		113	94	32	70	95	10	BRS—02 型—6×2
		226	188	64	70	95	20	BRS—02 型—10×2
		338	283	96	70	95	30	BRS—02 型—15×2
		451	377	128	70	95	40	BRS—02 型—20×2
		564	471	160	70	95	50	BRS—02 型—25×2
		846	706	240	70	95	75	BRS—03 型—38×3
		1128	942	329	70	95	100	BRS—06 型—60×2

表 I-3　容积式换热器主要参数表

换热器型号	容积/m^3	换热管根数	换热管尺寸（管径×壁厚×管长）/mm	换热面积/m^2
1 2 3	11.5 11.7 1.0	2	$\phi42\times3.5\times1.620$	0.86
		3		1.29
		4		1.72
		5		2.15
		6		2.58
2、3	0.7、1.0	7		3.01
3	1.0	5	$\phi42\times3.5\times1870$	2.50
		6		3.00
		7		3.50
		8		4.00
4	1.5	6	$\phi38\times3\times2360$	3.50
		11		6.50
5	2.0	6	$\phi38\times3\times2730$	3.80
		11		7.00
6	3.0	7	$\phi38\times3\times2730$	4.80
		13		8.90
		16		11.00

（续）

换热器型号	容积/m^3	换热管根数	换热管尺寸（管径×壁厚×管长）/mm	换热面积/m^2
7	5.0	8	$\phi38\times3\times3190$	6.30
		15		11.90
		19		15.20
8	8.0	7×2	$\phi38\times3\times3400$	10.62
		13×2		19.94
		16×2		24.72
9	10.0	9×2	$\phi38\times3\times3400$	13.94
		17×2		26.92
		22×2		34.74
10	15.0	9×2	$\phi38\times3\times3400$	20.4
		17×2		38.96
		22×2		50.82

附录 J　第 14 章附录

表 J-1　供热管线与建筑物、构筑物及其他管线的最小距离

建筑物、构筑物或管线名称	与供热管线的最小水平净距/m	与供热管线的最小垂直净距/m
一、地下敷设供热管道		
建筑物基础：对于管沟敷设供热管道	0.5	—
对于直埋闭式热水管道 $DN\leqslant250$mm	2.5	—
$DN\geqslant300$mm	3.0	—
对于直埋开式热水管道	5.0	—
铁路钢轨	钢轨外侧 3.0	轨底 1.2
电车钢轨	钢轨外侧 2.0	轨底 1.0
铁路、公路路基边坡底脚或边沟的边缘	1.0	—
通信、照明或 10kV 以下电力线路的电杆	1.0	—
桥墩（高架桥、栈桥）边缘	2.0	—
架空管道支架基础边缘	1.5	—
高压输电线铁塔基础边缘 35～220kV	3.0	—
通信电缆管块、通信电缆、光缆（直埋）	1.0	0.15

（续）

建筑物、构筑物或管线名称	与供热管线的最小水平净距/m	与供热管线的最小垂直净距/m
电力电缆和控制电缆　35kV 以下	2.0	0.5
110kV	2.0	1.0
燃气管道		
$p<0.005$MPa　对于管沟敷设热力网管道	1.0	0.15
$p\leqslant0.4$MPa　对于管沟敷设热力网管道	1.5	0.15
$p\leqslant0.8$MPa　对于管沟敷设热力网管道	2.0	0.15
$p>0.8$MPa　对于管沟敷设热力网管道	4.0	0.15
$p\leqslant0.4$MPa　对于直埋敷设热水热力网管道	1.0	0.15
$p\leqslant0.8$MPa　对于直埋敷设热水热力网管道	1.5	0.15
$p>0.8$MPa　对于直埋敷设热水热力网管道	2.0	0.15
给水管道、排水管道	1.5	0.15
地铁	5.0	0.8
电气铁路接触网电杆基础	3.0	—
乔木、灌木（中心）	1.5	—
车行道路面	—	0.7
二、地上敷设供热管道		
铁路钢轨	轨外侧 3.0	轨顶一般 5.5 电气铁路 6.55
电车钢轨	轨外侧 2.0	—
公路边缘	1.5	—
公路路面	—	4.5
	导线最大风偏时	在下面交叉通过导线最大垂度时
架空输电线 1kV 以下	1.5	1.0
1～10kV	2.0	2.0
35～110kV	4.0	4.0
220kV	5.0	5.0
330kV	6.0	6.0
500kV	6.5	6.05
树冠	0.5 （到树中不小于 2.0）	—

注：1. 表中不包括直埋敷设蒸汽管道与建筑物（构筑物）或其他管线的最小距离的规定。

2. 当热力网管道的埋设深度大于建（构）筑物基础深度时，最小水平净距应按土壤内摩擦角计算确定。

3. 热力网管道与电力电缆平行敷设时，电缆处的土壤温度与月平均土壤自然温度比较，全年任何时候对于电压 10kV 的电缆不高出 10℃，对于电压 35～110kV 的电缆不高出 5℃时，可减小表中所列距离。

4. 在不同深度并列敷设各种管道时，各种管道间的水平净距不应小于其深度差。

5. 热力网管道检查室、方形补偿器壁龛与燃气管道最小水平净距亦应符合表中规定。

6. 在条件不允许时，可采取有效技术措施并经有关单位同意后，可以减小表中规定的距离。

表 J-2 地沟与架空敷设供热管道活动支座最大允许间距表

序号	管道尺寸（外径 D_w × 壁厚 S）/mm	项目	管道单位长度计算重量的分类							[σ_w]
			1	2	3	4	5	6	7	
1	57 ×3.5	A 项 B 项 C 项	123 8.4 6.0	167 7.2 5.5	255 5.8 4.9	343 5.0 4.5	431 4.5 4.2	520 4.1 4.0	608 3.8 3.8	111.3
2	108 ×4	A 项 B 项 C 项	240 12.6 10.0	314 11.0 9.3	461 9.1 8.3	608 7.9 7.7	755 7.1 7.3	902 6.5 6.9	1049 6.0 6.6	110.68
3	159 ×4.5	A 项 B 项 C 项	363 16.1 13.7	476 14.1 12.7	701 11.6 11.4	927 10.1 10.6	1152 9.1 9.9	1378 8.3 9.5	1603 7.7 9.1	109.65
4	219 ×6	A 项 B 项 C 项	608 19.7 17.6	755 17.7 16.6	1049 15.0 15.1	1344 13.2 14.1	1638 12.0 13.4	1932 11.0 12.8	2226 10.3 12.3	107.91
5	273 ×7	A 项 B 项 C 项	863 22.2 20.9	1040 20.3 19.8	1393 17.5 18.2	1746 15.6 17.1	2099 14.3 16.3	2452 13.2 15.6	2805 12.3 15.0	107.19
6	325 ×8	A 项 B 项 C 项	1128 24.8 24.0	1344 22.7 22.8	1775 19.7 21.1	2206 17.7 19.9	2638 16.2 18.9	3069 15.0 18.2	3501 14.1 17.5	106.77
7	377 ×9	A 项 B 项 C 项	1442 27.6 28.9	1706 25.4 25.6	2236 22.2 23.8	2765 20.0 22.4	3295 18.3 21.4	3825 17.0 20.5	4354 15.9 19.8	106.37
8	426 ×9	A 项 B 项 C 项	1657 28.3 29.2	1971 25.9 27.8	2599 22.6 25.7	3226 20.3 24.3	3854 18.5 23.1	4482 17.2 22.2	5109 16.1 21.4	104.83

注：1. A 项——管子的计算重量（N/m）；B 项——按强度条件计算的跨距（m）；
C 项——按刚度条件 $y_{max}=0.1DN$ 计算的跨距（m）。
2. [σ_w] ——工作温度 200℃，工作压力 13bar 条件下的许用外载综合应力（MPa）。
3. 管子计算重量包括管子重量、容水重量和保温结构的重量。

表 J-3　地沟与架空敷设的直线管段固定支座最大间距表（单位：m）

管道公称直径/mm	方形补偿器				套筒补偿器	
	热　水		蒸　汽		热　水	蒸　汽
	架　空	地　沟	架　空	地　沟	架空或地沟	
≤32	50	50	50	50	—	—
≤50	60	50	60	60	—	—
≤100	80	60	80	70	90	50
125	90	65	90	80	90	50
150	100	75	100	90	90	50
200	120	80	120	100	100	60
250	120	85	120	100	100	60
≤350	140	95	120	100	120	70
≤450	160	100	130	110	140	80
500	180	100	140	120	140	80
≥600	200	120	140	120	140	80

附录 K　第 15 章附录

表 K-1　常用供热钢管的物理特性数据表

钢材物理特性		基本许用应力 $[\sigma]_j^t$/MPa（$10^6N/m^2$）		弹性模量 $E/10^4$MPa（$10^6N/m^2$）		线膨胀系数 α/［10^{-6}m/（m·℃）］	
钢号		Q235—A、Q235—B	20、20g	Q235—A、Q235—B	20、20g	Q235—A、Q235—B	20、20g
计算温度/℃	20	124.3	134.1	20.594	19.809		
	100	124.3	134.1	20.001	18.338	12.20	11.18
	150	124.3	134.1	19.613	17.946	12.60	11.64
	200	124.3	134.1	19.221	17.554	13.00	12.12
	250	112.8	130.8	18.829	17.113	13.23	12.45
	300	101.0	117.7	18.437	16.671	13.45	12.78
	350		104.7		16.230		13.31

表 K-2　纵缝焊接钢管基本许用应力的修正系数表

焊接方式	焊缝型式	η
手工电焊或气焊	双面焊接有坡口的对接焊缝	1.00
	有氩弧焊打底的单面焊接有坡口对接焊缝	0.90
	无氩弧焊打底的单面焊接有坡口对接焊缝	0.75